Stahlbau-Praxis nach Eurocode 3 – Band 2

Prof. Dr.-Ing. Gerd Wagenknecht

Stahlbau-Praxis nach Eurocode 3

Band 2
Verbindungen und Konstruktionen

5., überarbeitete
und erweiterte Auflage

Beuth Verlag GmbH · Berlin · Wien · Zürich

Bauwerk

© 2021 Beuth Verlag GmbH
Berlin · Wien · Zürich
Saatwinkler Damm 42/43
13627 Berlin

Telefon: +49 30 2601-0
Telefax: +49 30 2601-1260
Internet: www.beuth.de
E-Mail: kundenservice@beuth.de

Druck und Bindung: L&C Printing Group, Poland
Gedruckt auf säurefreiem, alterungsbeständigem Papier nach DIN EN ISO 9706.

ISBN 978-3-410-29962-2

Vorwort

Stahlbau-Praxis erscheint in der Neuauflage in drei Bänden. Die ersten beiden Bände wurden aktualisiert, verbessert und erweitert. Das Thema Komponentenmethode und verformbare Verbindungen ist so umfangreich, dass dieses Thema ausführlich in einem gesonderten Band behandelt wird. In dem dritten Band sind auch neue Bemessungstabellen für biegesteife Stirnplattenanschlüsse der „Typisierten Verbindungen im Stahlhochbau“ des DSTV (1979) enthalten, die auf das neue Bemessungskonzept nach EC 3 umgestellt wurden.

Im ersten Band werden die Grundlagen besprochen, die für die Tragwerksplanung von Stahltragwerken in Verbindung mit den Nachweisen nach der europäischen Stahlbaunorm DIN EN 1993 und den zugehörigen Nationalen Anhängen notwendig sind. Es werden das Teilsicherheitskonzept und die Einwirkungen nach den europäischen Normen für den Stahlhochbau erläutert. Die plastische Querschnittstragfähigkeit und der Nachweis ausreichender Beulsicherheit für die Stahlbauquerschnitte werden ausführlich dargestellt. Die Fließgelenktheorie als Grundlage für das Nachweis-verfahren Plastisch-Plastisch und die Torsion, die für das Verständnis des Biegedrillknickens erforderlich ist, werden im Rahmen dieses Buches ausführlich behandelt. Auch auf die plastische Tragwerksberechnung nach der Fließzonentheorie wird eingegangen. Auf die stabilisierende Wirkung von Drehbettungen und Schubfeldsteifigkeiten für das Biegedrillknicken wird besonders eingegangen. Die Berechnung nach Theorie II. Ordnung wird erklärt und ein sehr genaues Näherungsverfahren für einfache Systeme angegeben. Es werden Zugstäbe, Druckstäbe, Biegeträger, Stäbe mit Biegung und Normalkraft, mehrteilige Druckstäbe, rahmenartige Tragwerke und Verbände behandelt.

Besonders hervorzuheben ist das didaktische Konzept dieses Buches. Zunächst werden die Grundlagen der Statik und Festigkeitslehre angegeben, die für das Verständnis der Nachweise nach der Stahlbaunorm erforderlich sind. Nach den Erläuterungen der entsprechenden Abschnitte der Norm folgen ausführliche Beispiele, wobei die Formeln des Nachweises angegeben werden. Eine Auswahl von Tabellen der Querschnittswerte für den Stahlbau erleichtert die Berechnung. Die Anwendung von Programmen in der täglichen Praxis wird hier beispielhaft aufgezeigt. Alle Beispiele werden mit dem Programm GWSTATIK berechnet. Das Programm GWSTATIK und alle gerechneten Beispiele können von www.ing-gg.de heruntergeladen werden.

Im **vorliegenden zweiten Band** wird ausführlich auf die Konstruktion und die Nachweise der Konstruktionsdetails eingegangen. Zunächst werden die Schraubenverbindungen und Schweißverbindungen behandelt. Dann werden die typischen Anschlüsse und Stöße des Stahlbaus besprochen, wie Anschlüsse des Normalkraftstabes, gelenkiger Anschluss des Biegestabes, Rippen und rippenlose Krafteinleitung, Stöße von Stützen und Stützenfüße, biegesteife Verbindungen und Rahmenecken. Der Ermüdung und dem Plattenbeulen wird ein eigenes Kapitel gewidmet. In dem Abschnitt Plattenbeulen werden ausführlich auch Querschnitte mit der Querschnittsklasse 4 behandelt. Von den Stahlbauteilen wird besonders auf Fachwerkträger eingegangen. Ein Kapitel Brandschutz im Stahlbau wurde ergänzt.

Die meisten Beispiele nach Eurocode 3 sind aus den beiden Bänden nach der DIN 18800 übernommen worden, um einen direkten Vergleich der beiden Normen zu ermöglichen.

Im dritten Band wird die Komponentenmethode mit den verformbaren Verbindungen ausführlich besprochen. Da die Vorspannung bei den biegesteifen Stirnplattenanschlüssen auf die Rotationssteifigkeit einen großen Einfluss hat, wird dies besonders behandelt. Es werden Stirnplattenverbindungen mit zwei und mit vier Schrauben in einer Reihe als auch der Einfluss der nachgiebigen Verbindungen auf Tragsysteme untersucht. Es wird angegeben, wie man biegesteife Stirnplattenverbindungen für Normalkraft und zweiachsige Biegung nachweisen kann. Auch auf die verformbaren Stützenfüße wird eingegangen. Abschließend sind neue Bemessungstabellen für biegesteife Stirnplattenanschlüsse der „Typisierten Verbindungen im Stahlhochbau“ des DSTV(1979) in dem Buch enthalten. Diese Bemessungstabellen wurden auf das neue Bemessungskonzept nach EC 3 umgestellt.

Dieses Buch wendet sich an Studierende des Faches Bauingenieurwesen und an Ingenieurinnen und Ingenieure, die sich in der Baupraxis mit der Tragwerksplanung von Stahltragwerken befassen.

Gießen, März 2014 Gerd Wagenknecht

Dank

Im Jahre 1987 wurde ich als Professor für das Fachgebiet Stahlbau an die Fachhochschule Gießen-Friedberg, jetzt Technische Hochschule Mittelhessen, berufen. Herrn Prof. Wolfgang Lindenborn danke ich sehr dafür, dass ich sein Stahlbaukolleg, das er in seiner 30-jährigen Tätigkeit als Dozent und dann als Professor an der Fachhochschule Gießen-Friedberg erarbeitet hat, übernehmen durfte. Er hat schon frühzeitig das neue Sicherheitskonzept berücksichtigt. Besonderen Wert legte er auf die Konstruktion und die Nachweise der Konstruktionsdetails, auf die im Band 2 ausführlich eingegangen wird. Das didaktische Konzept, den Aufbau des Kollegs, viele Ideen und praktische Beispiele habe ich in mein eigenes Kolleg und in dieses Buch übernommen.

Herrn Prof. Dr.-Ing. Wilfried Zwanzig von der Fachhochschule Koblenz danke ich für die langjährige Zusammenarbeit auch in der Weiterbildung und die wertvollen Hinweise und Anregungen für das Manuskript dieses Buches.

Herrn Dipl.-Ing. Gerhard Gröger möchte ich für die langjährige Weiterentwicklung des Programms GWSTATIK meinen Dank sagen.

Meinem Sohn, dem Architekten Frank Wagenknecht, möchte ich besonders danken. Er hat alle Zeichnungen dieses Buches angefertigt und das Layout gestaltet. Ohne seine ständige Mitarbeit und seine Geduld bei den vielen Änderungen wäre dieses Buch nicht zustande gekommen.

Herrn Prof. Dr.-Ing. Jens Minnert möchte ich für die Unterlagen für den Abschnitt Brandschutz im Stahlbau recht herzlich danken.

Dem Beuth Verlag und besonders Herrn Prof. Klaus-Jürgen Schneider möchte ich für die gute Zusammenarbeit bei der Herausgabe dieses Buches meinen Dank aussprechen.

Vorwort zur 5. Auflage

In der 5. Auflage wird das Kapitel „Quasi gelenkige Anschlüsse“, das bisher im 3. Band angegeben ist, in das 5. Kapitel „Gelenkige Anschlüsse“ integriert, da es zum besseren Verständnis des Tragverhaltens von gelenkigen Anschlüssen führt. Im Kapitel Brandschutz im Stahlbau wird in den Beispielen ein neuer Nachweis vorgestellt. Er gibt die Dicke der Brandschutzbekleidung an, die sicherstellt, dass der Stahlquerschnitt eine vorgegebene Temperatur, die Bemessungstemperatur, nicht überschreitet. Weiterhin wurden einige Verbesserungen vorgenommen.

Gießen, Dezember 2020 Gerd Wagenknecht

Armin, Inga und Thore gewidmet

Inhaltsverzeichnis

1 Schraubenverbindungen 1

1.1 Allgemeines 1
1.2 Schraubenarten 1
1.2.1 Schraubenwerkstoffe 1
1.2.2 Kategorien von Schraubenverbindungen 2
1.2.3 Schraubenform und Bezeichnungen 4
1.2.4 Art der Vorspannung 5
1.2.5 Art der Beanspruchung 6
1.2.6 Wirkungsweise der Schrauben 7
1.2.7 Querschnittswerte der Schrauben 9
1.3 Konstruktive Gestaltung 10
1.4 Kontrolliert vorgespannte Schraubenverbindung 13
1.5 Grenztragfähigkeit der Schraubenverbindung 18
1.5.1 Versagensarten 18
1.5.2 Grenzabscherkraft 19
1.5.3 Grenzlochleibungskraft 20
1.5.4 Grenzzugkraft 23
1.5.5 Grenzdurchstanzkraft 23
1.5.6 Zug und Abscheren 24
1.6 Beanspruchung von Schraubengruppen 24
1.6.1 Allgemeines 24
1.6.2 Elastische Berechnung 25
1.6.3 Plastische Berechnung 30
1.7 Beispiele 35

2 Schweißverbindungen 49

2.1 Herstellung 49
2.2 Symbole für Schweißverbindungen 52
2.3 Tragfähigkeit von Stumpfnähten 53
2.4 Beanspruchbarkeit von Kehlnähten 54
2.4.1 Konstruktion 54
2.4.2 Tragfähigkeit von Kehlnähten 55
2.4.3 Linienquerschnitt 62
2.5 Beispiele 72

3 **Anschlüsse des Normalkraftstabes** 86

3.1 Konstruktion 86
3.2 Knotenblechanschlüsse 88
3.3 Knotenblechnachweis 96
3.4 Ausgeschnittene Knotenbleche 99
3.5 Beispiele 106

4 **Rippen und rippenlose Krafteinleitung** 121

4.1 Problemstellung 121
4.2 Rippenlose Krafteinleitung 123
4.3 Rippen 128
4.4 Beispiele 132

5 **Gelenkige Anschlüsse** 139

5.1 Tragwerksplanung 139
5.2 Quasi gelenkige Anschlüsse 141
5.2.1 Stirnplattenanschluss 142
5.2.2 Fahnenblechanschluss 145
5.2.3 Doppelwinkelanschluss 149
5.3 Doppelwinkelanschluss 150
5.3.1 Konstruktion 150
5.3.2 Nachweise 151
5.3.3 Typisierte Anschlüsse 157
5.4 Stirnplattenanschluss 158
5.4.1 Konstruktion 158
5.4.2 Nachweise 159
5.5 Anschluss mit Fahnenblech 161
5.6 Anschluss mit Knagge 163
5.7 Trägerauflager 163
5.8 Wandriegel 165
5.9 Beispiele 166

6 **Biegesteife Stöße** 195

6.1 Konstruktive Lösungen 195
6.2 Geschweißter Stoß 195
6.3 Laschenstoß 196
6.4 Stirnplattenstoß 198
6.5 Biegetragfähigkeit des Stirnplattenstoßes 200
6.5.1 Allgemeines 200

6.5.2 Äquivalenter T-Stummel mit Zug 202
6.5.3 Trägerflansch auf Druck 211
6.5.4 Trägersteg auf Zug 212
6.6 Momententragfähigkeit 212
6.7 Schweißnahtdicken 213
6.8 Beispiele 214

7 Biegesteife Anschlüsse 223

7.1 Konstruktive Lösungen 223
7.2 Geschweißter Anschluss 224
7.3 Geschraubter Anschluss 226
7.4 Schubfeld in der Stütze 227
7.5 Schubfeld im Riegel 234
7.6 Scheibe in der Rahmenecke 236
7.7 Beispiele 238

8 Stützenfüße 243

8.1 Allgemeines 243
8.2 Grenzpressung des Betons 245
8.3 Zentrisch belastete Stützenfüße 246
8.3.1 Elastische Bettung 246
8.3.2 Plattentheorie 255
8.3.3 T-Stummel 258
8.3.4 Bündige Platte 260
8.3.5 Fast bündige Platte 262
8.3.6 Fußplatte für quadratisches Hohlprofil 263
8.3.7 Fußplatte für rechteckiges Hohlprofil 264
8.3.8 Anschluss an die Fußplatte 265
8.4 Übertragung von Scherkräften 265
8.5 Übertragung von Zugkräften 267
8.6 Fußeinspannung 268
8.6.1 Konstruktive Lösungen 268
8.6.2 Fußriegeleinspannung 269
8.6.3 Köcherfundament 278
8.7 Beispiele 284

9 Fachwerke 296

9.1 Anwendungen 296
9.2 Systemwahl 296
9.3 Profilwahl 298

9.4 Fachwerkknoten 299
9.5 Berechnung der Schnittgrößen 302
9.6 Knicklängen der Fachwerkstäbe 305
9.7 Nachweise der Fachwerkstäbe 306

10 Ermüdung 307

10.1 Allgemeines 307
10.2 Begriffe und Bezeichnungen 308
10.3 Wöhlerlinie 309
10.4 Einflussfaktoren für die Ermüdungsfestigkeit 311
10.5 Dauerfestigkeitsdiagramm 313
10.6 Spannungsspektrum 314
10.7 Schädigungsberechnung 315
10.8 Ermüdungsnachweis nach Eurocode 3 316
10.8.1 Allgemeines 316
10.8.2 Ermüdungsfestigkeitskurve 317
10.8.3 Ermüdungsnachweis mit der Schädigungsberechnung 318
10.8.4 Schadensäquivalente Spannungsschwingbreite 321
10.8.5 Klassifizierung in Anwendungsnormen 324

11 Plattenbeulen 326

11.1 Nachweismethoden 326
11.2 Methode der reduzierten Spannungen 328
11.3 Verzweigungslast 329
11.4 Ausgesteifte Platten 336
11.5 Grenzbeulspannungen 339
11.6 Gurtbreite gedrückter Steifen 341
11.6.1 Gurtbreite gedrückter Längssteifen 341
11.6.2 Gurtbreite gedrückter Randsteifen 343
11.6.3 Gurtbreite nicht gedrückter Steifen 344
11.6.4 Gurtbreite von Quersteifen 344
11.7 Knickstabähnliches Verhalten 345
11.8 Nachweis der Quersteifen 348
11.9 Nachweise nach Eurocode 3 350
11.10 Beispiele 355

12 Brandschutz im Stahlbau 386

12.1 Allgemeines 386
12.2 Brandschutzbemessung nach Eurocode 3 387
12.3 Materialeigenschaften 388

12.4	Erwärmungskurve ungeschützter Bauteile	389
12.5	Erwärmungskurve geschützter Bauteile	392
12.6	Bemessung mit kritischer Temperatur	393
12.7	Beanspruchungen im Brandfall	395
12.8	Querschnittsklassifizierung im Brandfall	395
12.9	Zugstäbe im Brandfall	395
12.10	Biegeträger im Brandfall	396
12.11	Querkraftnachweis im Brandfall	396
12.12	Druckstäbe im Brandfall	396
12.13	Biegedrillknicken für Biegung im Brandfall	398
12.14	Biegedrillknicken für Druck und Biegung	398
12.15	Verbindungen im Brandfall	400
12.16	Beispiele	403
13	**Tabellen**	428
14	**Literaturverzeichnis**	434
14.1	Normen	434
14.2	Literatur	436
15	**Stichwörterverzeichnis**	440

1 Schraubenverbindungen

1.1 Allgemeines

Auf die DIN EN 1993 wird sehr oft hingewiesen. Deshalb wird wie im Band 1 die folgende vereinfachende Schreibweise eingeführt: (1-1, 5.3.2 (3))
Dies bedeutet, dass die folgende Regelung in DIN EN 1993-1-1, Abschnitt 5.3.2 Absatz (3), zu finden ist.
Die Schraubenverbindung ist die wichtigste lösbare Verbindung im Stahlbau. Sie dient vorwiegend dazu, die transportfähigen Einzelbauteile auf der Baustelle zu einem Gesamttragwerk zu verbinden. Mit Schrauben können gelenkige und biegesteife Anschlüsse, Stöße von Stützen und Trägern sowie Verbandsanschlüsse realisiert werden. Schraubenverbindungen dienen i. Allg. nicht dazu, aus Einzelteilen einen Gesamtquerschnitt herzustellen. Alle Schrauben, Muttern und Unterlegscheiben müssen den Anforderungen der Bezugsnormengruppe 4 nach (1-8, 1.2.4) erfüllen. Man unterscheidet bei den Schraubenarten nach:

- Schraubenwerkstoff
- Schraubenform
- Art der Vorspannung
- Art der Beanspruchung und
- Wirkungsweise der Schraubenverbindung.

1.2 Schraubenarten

1.2.1 Schraubenwerkstoffe

Für die Berechnung der Beanspruchbarkeiten von Schraubenverbindungen sind die charakteristischen Werte der Schraubenwerkstoffe erforderlich. Die Schraubenwerkstoffe werden nach Festigkeitsklassen unterschieden (1-8, Tabelle 3.1) und sind in Tabelle 1.1 angegeben.

Tabelle 1.1 Charakteristische Werte für Schraubenwerkstoffe

	1	2	3	4
	Festigkeitsklasse	Streckgrenze f_{yb} N/mm^2	Zugfestigkeit f_{ub} N/mm^2	geeignet für Bauteile aus
1	4.6	240	400	S 235
2	5.6	300	500	S 355
3	8.8	640	800	S 235 und S 355
4	10.9	900	1 000	S 235 und S 355

Die Bezeichnung der Festigkeitsklasse ist eine Kombination von zwei Zahlen, die durch einen Punkt getrennt sind. Die erste Zahl mit 100 multipliziert ergibt den charakteristischen Wert f_{ub} in N/mm^2, die zweite Zahl durch 10 geteilt gibt das Verhältnis der Streckgrenze f_{yb} zur Zugfestigkeit f_{ub} an.

Beispiel: M20-4.6

Zugfestigkeit: $f_{ub} = 4 \cdot 100 = 400\ \text{N/mm}^2$

Streckgrenze: $f_{yb} = 0{,}6 \cdot 400 = 240\ \text{N/mm}^2$

Die Schrauben mit der Festigkeitsklasse 4.6 und 5.6 werden als normalfest, die Schrauben mit der Festigkeitsklasse 8.8 und 10.9 als hochfest bezeichnet.
Alle Schrauben und Muttern müssen ein Kennzeichen des Herstellers und der Festigkeitsklasse enthalten. Dies gilt auch für Unterlegscheiben für planmäßig vorgespannte Verbindungen.

1.2.2 Kategorien von Schraubenverbindungen

Die Schraubenverbindungen mit Scherbeanspruchung werden für den Nachweis in folgende Kategorien eingeteilt:

Kategorie A: Scher-/Lochleibungsverbindungen
Zu dieser Kategorie gehören Schrauben der Festigkeitsklasse 4.6 bis 10.9. Es ist keine Vorspannung und keine besondere Oberflächenbehandlung erforderlich.
Nachweiskriterium:

$$\frac{F_{v,Ed}}{F_{v,Rd}} \leq 1 \qquad \frac{F_{v,Ed}}{F_{b,Rd}} \leq 1 \tag{1.1}$$

$F_{v,Ed}$ Bemessungswert der einwirkenden Scherkraft

$F_{v,Rd}$ Grenzabscherkraft

$F_{b,Rd}$ Grenzlochleibungskraft

Kategorie B und C: Gleitfeste Verbindung
Zu dieser Kategorie gehören Schrauben der Festigkeitsklasse 8.8 und 10.9. Im Grenzzustand der Gebrauchstauglichkeit darf kein Gleiten auftreten.
Nachweiskriterium im Grenzzustand der Gebrauchstauglichkeit:

$$\frac{F_{v,Ed,ser}}{F_{s,Rd,ser}} \leq 1 \tag{1.2}$$

Nachweiskriterium im Grenzzustand der Tragfähigkeit:

$$\frac{F_{v,Ed}}{F_{s,Rd}} \leq 1 \qquad \frac{F_{v,Ed}}{F_{v,Rd}} \leq 1 \qquad \frac{F_{v,Ed}}{F_{b,Rd}} \leq 1 \tag{1.3}$$

$F_{v,Ed}$	Bemessungswert der einwirkenden Scherkraft im Grenzzustand der Tragfähigkeit
$F_{v,Ed,ser}$	Bemessungswert der einwirkenden Scherkraft im Grenzzustand der Gebrauchstauglichkeit
$F_{s,Rd,ser}$	Grenzgleitkraft im Grenzzustand der Gebrauchstauglichkeit
$F_{s,Rd}$	Grenzgleitkraft im Grenzzustand der Tragfähigkeit
$F_{v,Rd}$	Grenzabscherkraft
$F_{b,Rd}$	Grenzlochleibungskraft

Liegt im Querschnitt der Verbindung eine Zugkraft vor, ist ein Nachweis des Nettoquerschnittes durch die Schraubenlöcher nach (1-1, 6.2) erforderlich. Zugbeanspruchte Schraubenverbindungen werden für den Nachweis in folgende Kategorien eingeteilt:

Kategorie D: Nicht vorgespannt
Zu dieser Kategorie gehören Schrauben der Festigkeitsklasse 4.6 bis 10.9. Es ist keine Vorspannung erforderlich. Die Kategorie D von zugbeanspruchten Schrauben darf nicht verwendet werden, wenn ein Nachweis der Ermüdungsfestigkeit erforderlich ist.

$$F_{t,Rd} = 0{,}9 \cdot f_{ub} \cdot A_s / \gamma_{M2} \qquad (1.4)$$

$\gamma_{M2} = 1{,}25$

Nachweiskriterium:

$$\frac{F_{t,Ed}}{F_{t,Rd}} \leq 1 \qquad \frac{F_{t,Ed}}{B_{p,Rd}} \leq 1 \qquad (1.5)$$

$F_{t,Ed}$	Bemessungswert der einwirkenden Zugkraft
$F_{t,Rd}$	Grenzzugkraft
$B_{p,Rd}$	Grenzdurchstanzkraft

Kategorie E: Vorgespannt
Zu dieser Kategorie gehören Schrauben der Festigkeitsklasse 8.8 und 10.9. Es ist eine kontrollierte Vorspannung erforderlich. Die Kategorie E von zugbeanspruchten Schrauben darf verwendet werden, wenn ein Nachweis der Ermüdungsfestigkeit erforderlich ist.

$$F_{t,Rd} = 0{,}9 \cdot f_{ub} \cdot A_s / \gamma_{M2} \qquad (1.6)$$

$\gamma_{M2} = 1{,}25$

Nachweiskriterium:

$$\frac{F_{t,Ed}}{F_{t,Rd}} \leq 1 \qquad \frac{F_{t,Ed}}{B_{p,Rd}} \leq 1 \tag{1.7}$$

$F_{t,Ed}$ Bemessungswert der einwirkenden Zugkraft

$F_{t,Rd}$ Grenzzugkraft

$B_{p,Rd}$ Grenzdurchstanzkraft

Weiterhin ist gegebenenfalls zu beachten, dass unter der äußeren Zugkraft noch eine ausreichende Druckvorspannkraft im Bauteil verbleibt. Die Schraubenzugkraft darf dann die Vorspannkraft $F_{p,C}$ nicht überschreiten, wobei der Teilsicherheitsbeiwert γ_{M7} nach (1-8, Tabelle 2.1) zu berücksichtigen ist.
Für diese Fälle ist der Bemessungswert der Vorspannkraft $F_{p,Cd}$ nach (1-8, Gleichung (3.1)) zu beachten:

$$F_{p,Cd} = 0,7 \cdot f_{ub} \cdot A_s \,/\, \gamma_{M7} \tag{1.8}$$

$\gamma_{M7} = 1,10$

Diese reduzierte Grenztragfähigkeit der Schraube sollte angewendet werden, wenn sichergestellt werden muss, dass stets eine ausreichende Restklemmkraft in der vorgespannten Schraube vorhanden ist. Dies ist nach Meinung des Verfassers zum Beispiel der Fall, wenn die größere Steifigkeit der vorgespannten Schraube bei der Berechnung der Anfangsrotationssteifigkeit eines Anschlusses berücksichtigt wird.

1.2.3 Schraubenform und Bezeichnungen

Die Schraube im Stahlbau besteht aus dem Kopf, dem Schaft und dem Gewinde.

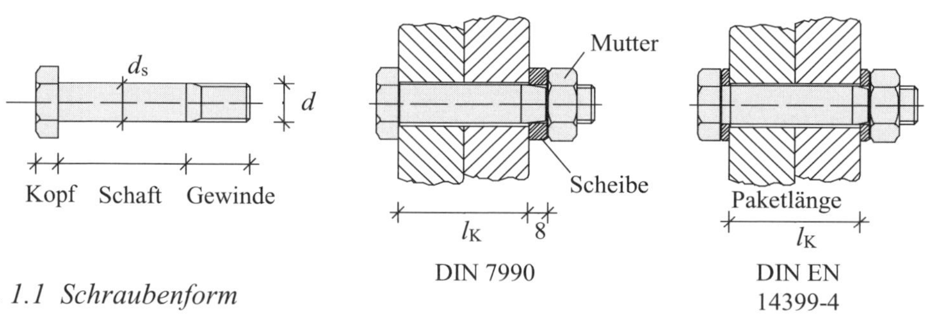

Abb. 1.1 Schraubenform

Schrauben, Muttern und Unterlegscheiben sind im Stahlbau genormte Einzelteile. In den europäischen Normen wird die Klemmlänge als Länge zwischen dem Schraubenkopf und der Mutter festgelegt, d.h. die Klemmlänge ist die Summe aus den Plattendicken und den Dicken der Scheiben.

Tabelle 1.2 Übersicht über die Normung der Schrauben

<table>
<tr><th>Schraubenart</th><th>Kategorie</th><th>Festig-keits-klasse</th><th>Schraube</th><th>Mutter</th><th>Scheibe rund</th><th>Scheibe Keilform</th></tr>
<tr><td>rohe Schrauben</td><td>A</td><td>4.6
5.6</td><td>DIN 7990</td><td rowspan="2">DIN EN ISO 4034</td><td>DIN 7989-1</td><td rowspan="2">I-Profile
DIN 435
U-Profile
DIN 434</td></tr>
<tr><td>Passschrauben</td><td>A</td><td>4.6
5.6</td><td>DIN 7968</td><td>DIN 7989-2</td></tr>
<tr><td>hochfeste Schrauben</td><td>A,B,C</td><td>10.9</td><td>DIN EN 14399-4</td><td rowspan="2">DIN EN 14399-4</td><td rowspan="2">DIN EN 14399-6</td><td rowspan="2"></td></tr>
<tr><td>hochfeste Passschrauben</td><td>A,B,C</td><td>10.9</td><td>DIN EN 14399-8</td></tr>
</table>

Man unterscheidet zwischen rohen Schrauben und Passschrauben. Die Bezeichnung rohe Schrauben ist darauf zurückzuführen, dass der Schaft der Schraube nicht extra bearbeitet wird wie bei den Passschrauben. Rohe Schrauben und Passschrauben der Festigkeitsklasse 8.8 und 10.9 werden als hochfeste Schrauben bezeichnet.

Für die Schrauben im Stahlbau gilt das ISO-Gewinde nach DIN 13-1. Es wird als metrisches Gewinde bezeichnet und mit M abgekürzt. Eine weitere Kennzeichnung der Schraubengröße erfolgt mit dem Nenndurchmesser der Schraube. Der Nenndurchmesser ist gleich dem Gewindedurchmesser d der Schraube.

Bei rohen Schrauben ist der Schaftdurchmesser d der Schraube gleich dem Nenndurchmesser. Bei Passschrauben ist der Schaftdurchmesser d 1 mm größer als der Nenndurchmesser.

Schraubenverbindungen mit Passschrauben haben eine Passung. Dies bedeutet, dass das Nennlochspiel Δd, die Differenz zwischen dem Durchmesser der Schraubenlöcher d_0 und dem Schaftdurchmesser d, kleiner als 0,3 mm sein muss. Dagegen sind bei rohen Schrauben die Schraubenlöcher 1–3 mm größer als der Schaftdurchmesser.

Die hochfesten Schrauben haben zur Unterscheidung gegenüber den rohen Schrauben und aus Sicherheitsgründen eine größere Schlüsselweite.

Bei hochfesten Schrauben der Festigkeitsklasse 10.9 sind Unterlegscheiben kopf- und mutterseitig anzuordnen.

1.2.4 Art der Vorspannung

Bei der Vorspannung von Schrauben unterscheidet man zwischen
– kontrolliert voll vorgespannten Verbindungen und
– nicht voll vorgespannten Verbindungen.

Als nicht planmäßig vorgespannt gelten Schrauben bzw. Verbindungen, wenn die Schrauben entsprechend der gängigen Montagepraxis ohne Kontrolle des Anziehmomentes angezogen werden.

Kontrolliert voll vorgespannte Verbindungen
Zugbeanspruchte Verbindungen der Kategorie E mit **voller** Vorspannkraft und gleitfeste Verbindungen der Kategorie B und C sind kontrolliert voll vorzuspannen.
Für kontrolliert voll vorgespannte Verbindungen sind Schrauben der Festigkeitsklasse 8.8 oder 10.9 zu verwenden.
Für kontrolliert voll vorgespannte Verbindungen ist das kombinierte Vorspannverfahren nach DIN EN 1090-2 anzuwenden.
Für die Berechnung der Vorspannkraft gilt die Formel:

$$F_{\mathrm{p,C}} = 0,7 \cdot f_{\mathrm{ub}} \cdot A_{\mathrm{s}} \tag{1.9}$$

Die gerundeten Werte sind für die Festigkeitsklasse 10.9 in Tabelle 1.3 angegeben.

Nicht voll vorgespannte Verbindungen (1-8/NA,NDP zu 3.4.2 (1))
Für die Vorspannung als Qualitätssicherungsmaßnahme und für nicht voll vorgespannte Verbindungen darf eine Vorspannkraft von bis zu

$$F_{\mathrm{p,C*}} = 0,7 \cdot f_{\mathrm{yb}} \cdot A_{\mathrm{s}} \tag{1.10}$$

angesetzt werden. Diese soll wie in [51] als Regelvorspannkraft bezeichnet werden.
Für die Sicherung der Garnitur gegenüber Lockern reicht eine Vorspannung von 50 % der Vorspannkraft $F_{\mathrm{p,C*}}$.
Diese kann mit den Vorspannverfahren nach (1-8/NA, Anhang A) aufgebracht werden. Die gerundeten Werte sind in Tabelle 1.3 angegeben.

1.2.5 Art der Beanspruchung

Die Schrauben werden vorwiegend zur Kraftübertragung genutzt. Bei der Kraftübertragung quer zur Schraubenachse nach Abb. 1.2a) wird der Schraubenschaft auf Biegung und vor allem durch große Querkräfte auf Abscheren beansprucht. Weiterhin treten in der Kontaktfläche zwischen Schraube und Lochwand große Druckspannungen auf, die man Lochleibungsspannungen nennt, Abb.1.2d). Bei der Kraftübertragung in Richtung der Schraubenachse nach Abb. 1.2b) wird die Schraube im Schaft und im Gewinde auf Zug beansprucht. Die Schraube kann auch auf Abscheren und Zug beansprucht werden. In Abb. 1.2c) ist eine gleitfeste kontrolliert vorgespannte Verbindung gezeigt.

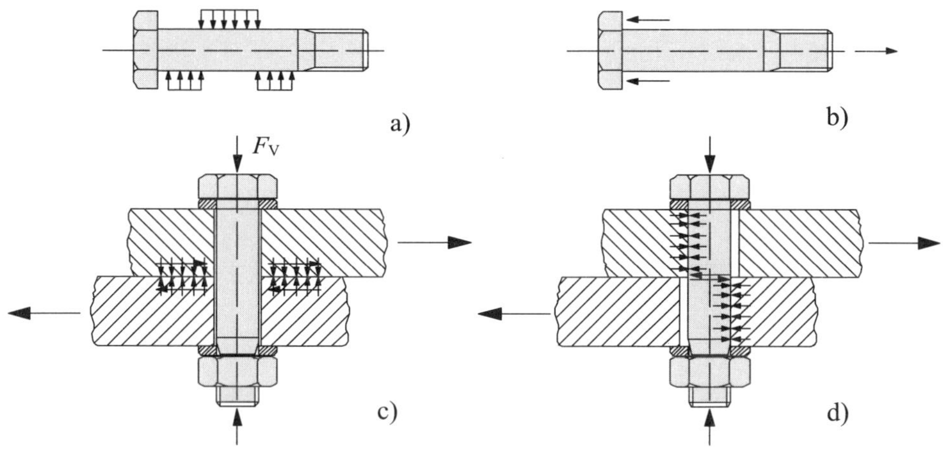

Abb. 1.2 Beanspruchungsarten der Schrauben

Die Vorspannung in Verbindung mit der gleitfesten Reibfläche soll im Zustand der Gebrauchstauglichkeit das Gleiten in der Scherfuge verhindern. Im Zustand der Tragsicherheit verhält sich diese Schraube wie in Abb. 1.2d).

1.2.6 Wirkungsweise der Schrauben

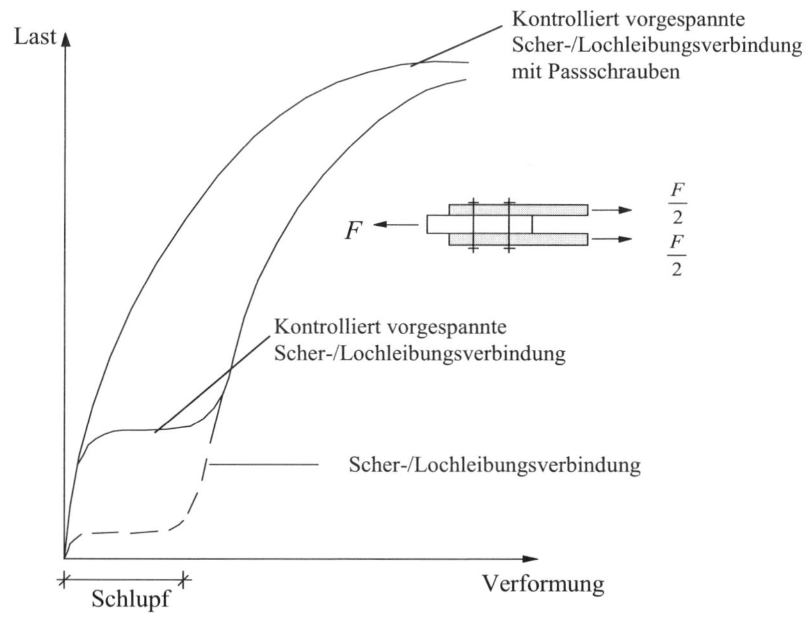

Abb. 1.3 Last-Verformungsdiagramm der Schraubenverbindung

Die Wirkungsweise der Schraubenverbindung ist abhängig vom Nennlochspiel, der Art der Vorspannung und der Ausführung der Reibflächen bei kontrolliert vorgespannten Verbindungen. Die häufigsten Verbindungen im Stahlhochbau sind die Scher-Lochleibungsverbindungen der Kategorie A, da sie sehr wirtschaftlich sind. Sie sind grundsätzlich für vorwiegend ruhende Belastung zugelassen. Gleitfeste Verbindungen der Kategorie B und C sind auch für Bauteile mit vorwiegend nicht ruhender Belastung zugelassen. Die Herstellung dieser Verbindung ist kostenintensiv. Sie wird deshalb vorwiegend für Tragwerke eingesetzt, die auf Ermüdungsfestigkeit zu untersuchen sind.

Das typische Verhalten der Scher-Lochleibungsverbindungen zeigt Abb. 1.3, s. [2]. Bei der Scher-Lochleibungsverbindung der Kategorie A tritt der Schlupf schon bei einer geringen Kraft auf, da die Reibungskraft nur durch normales Anziehen der Schraube entsteht. Dagegen wird bei einer kontrolliert vorgespannten Scher-Lochleibungsverbindung der Kategorie A der Gleitwiderstand erst bei einer größeren Kraft überwunden. Bei einer kontrolliert vorgespannten Scher-Lochleibungsverbindung der Kategorie A mit Passschrauben ist dagegen kein Schlupf möglich. Wichtig ist, dass die Tragfähigkeit der Scher-Lochleibungsverbindung unabhängig von der Vorspannung und dem Lochspiel nahezu den gleichen Wert erreicht. Gleitfeste Verbindungen der Kategorie B und C verhalten sich wie kontrolliert vorgespannte Scher-/Lochleibungsverbindungen der Kategorie A mit Passschrauben.

1.2.7 Querschnittswerte der Schrauben

Der wichtigste Querschnittswert für die Berechnung der Grenztragfähigkeit der Schraube ist die Querschnittsfläche, da die Schraube auf Abscheren und/oder Zug beansprucht wird. In Tabelle 1.3 sind für die im Stahlbau üblichen Schraubengrößen der Schaftquerschnitt A, der Spannungsquerschnitt A_S sowie die Scheibendurchmesser und Scheibendicken angegeben.

Tabelle 1.3 Querschnittswerte der Schrauben

Schraubengröße	M12	M16	M20	M22	M24	M27	M30	M36
Schaftquerschnitt A in cm^2	1,13	2,01	3,14	3,80	4,52	5,73	7,07	10,18
Schaftquerschnitt A in cm^2 für Passschrauben	1,33	2,27	3,46	4,15	4,91	6,16	7,55	10,75
Spannungsquerschnitt A_s in cm^2	0,843	1,57	2,45	3,03	3,53	4,59	5,61	8,17
Scheibendurchmesser D in mm für alle Festigkeitsklassen	24	30	37	39	44	50	56	66
Scheibendicke t in mm für Festigkeitsklasse 4.6 und 5.6	8	8	8	8	8	8	8	8
Scheibendicke t in mm für Festigkeitsklasse 10.9	3	4	4	4	4	5	5	6
Kopfhöhe k in mm für Festigkeitsklasse 10.9	8	10	13	14	15	17	19	23
Mutterhöhe m in mm für Festigkeitsklasse 10.9	10	13	16	18	19	22	24	29
Schlüsselweite s in mm für Festigkeitsklasse 10.9	22	27	32	36	41	46	50	60
Schlüsselweite s in mm für Festigkeitsklasse 4.6 und 5.6	18	24	30	34	36	41	46	55
Eckenmaß min e in mm für Festigkeitsklasse 10.9	23,9	29,6	35,0	39,6	45,2	50,9	55,4	66,4
Eckenmaß min e in mm für Festigkeitsklasse 4.6 und 5.6	19,9	26,2	33,0	37,3	39,6	45,2	50,9	60,8
Vorspannkraft $F_{p,C}$ in kN für Festigkeitsklasse 10.9	59	110	172	212	247	321	393	572
Vorspannkraft $F_{p,C*}$ in kN für Festigkeitsklasse 10.9	50	100	160	190	220	290	350	510

Der Schaftquerschnitt A stimmt bei Schrauben mit dem Nenndurchmesser überein und ist bei Passschrauben 1 mm größer. Der Spannungsquerschnitt A_S ist die anrechenbare Querschnittsfläche für die Grenztragfähigkeit der Schraube im Gewindebereich. Da das Gewinde für Schrauben und Passschrauben gleich ist, sind auch die Werte für den Spannungsquerschnitt A_S gleich. Die Scheibendurchmesser der Unterlegscheiben, die Kopfhöhe und Mutterhöhe sowie die

Vorspannkraft benötigt man für die Berechnung von biegesteifen Stirnplattenverbindungen.

1.3 Konstruktive Gestaltung

Das Nennlochspiel $\Delta d = d_0 - d$ ist in DIN EN 1090-2, Tabelle 11, geregelt. Es ist von der Lochart und der Schraubengröße abhängig. Für die normale Lochart gilt:

Tabelle 1.4 Nennlochspiel $\Delta d = d_0 - d$ von Schrauben

<table>
<tr><td rowspan="2">Lochart</td><td colspan="8">Schraubengröße</td></tr>
<tr><td>M12</td><td>M16</td><td>M20</td><td>M22</td><td>M24</td><td>M27</td><td>M30</td><td>M36</td></tr>
<tr><td>normal</td><td>1 mm</td><td colspan="4">2 mm</td><td colspan="3">3 mm</td></tr>
<tr><td colspan="9">Bei Türmen und Masten ist das Nennlochspiel um 0,5 mm zu reduzieren.
Das Lochspiel von M12 kann bei beschichteten Verbindungsmitteln um die Stärke der Beschichtung erhöht werden.</td></tr>
</table>

Passschrauben werden „stramm“ eingepasst mit $\Delta d \leq 0,3$ mm. Die Löcher werden auf der Baustelle mittels Reibahlen aufgerieben. Sie sind teuer und werden nur selten verwendet.

Die **Wahl des Durchmessers** der Schraube ist grundsätzlich frei. Bei Walzprofilen waren die größtmöglichen Lochdurchmesser nach DIN 997 (2014-04 zurückgezogen) genormt und z. B. in [7] angegeben. Sonst kann näherungsweise angenommen werden:

$$d \approx \sqrt{50 \cdot \min t} - 2 \quad \text{in mm} \tag{1.11}$$

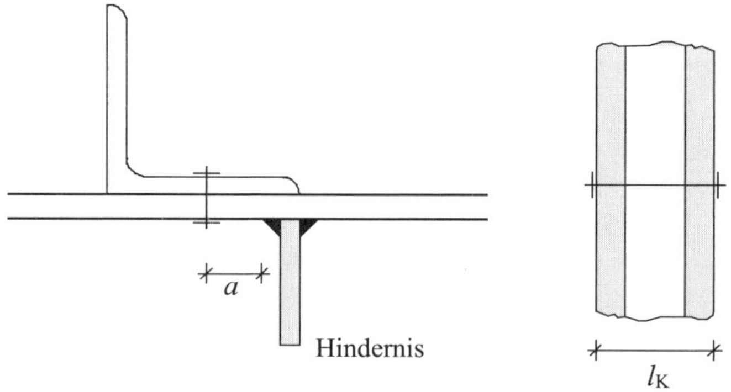

Abb. 1.4 Konstruktive Angaben

Innerhalb einer Konstruktion sollen möglichst nur wenige verschiedene Durchmesser vorkommen, um die Bearbeitung und Montage zu vereinfachen. Man bevorzugt deshalb eher größere Durchmesser, um mit kleinerer

Schraubenzahl auszukommen. Gelegentlich werden aus diesem Grunde Bauteilquerschnitte konstruktiv größer als statisch erforderlich gewählt, um ausreichend Platz für größere Durchmesser zu haben. Besonders gebräuchlich sind M12, M16, M20 und M24, seltener M22, M27 und M30.
Die **Schraubenlänge** richtet sich nach der Klemmlänge l_K, der Gesamtdicke der verschraubten Bauteile. In der DIN EN 14399-4 für hochfeste Schrauben sind Tabellen angegeben, in denen die Schraubenlänge abhängig von dem Nenndurchmesser der Schraube und der Klemmlänge abgelesen werden kann.
Ein ausreichender Abstand von „Hindernissen", wie z. B. Schweißnähten, Hohlkehlen oder anderen Bauteilen, ist wichtig. Der Abstand a von der Lochmitte bis zum Hindernis sollte mindestens so groß wie der Nenndurchmesser der Schraube sein.
Keilscheiben sind quadratisch und dienen zum Ausgleich von geneigten Flanschflächen bei I-Profilen und U-Profilen.
Eine **Sicherung gegen Lockern** ist vorzusehen, wenn ein Lockern der Muttern nicht ausgeschlossen werden kann. Sie werden z. B. durch Kontermuttern, Palmuttern und dergleichen gesichert. Bei vorgespannten Schrauben wirkt die Vorspannung als Sicherung.
Die **Rand- und Lochabstände** dürfen nur innerhalb vorgeschriebener Grenzen frei gewählt werden. Es sind sowohl Größt- als auch Kleinstwerte in (1-8, Tabelle 3.3) festgelegt, die vom Lochdurchmesser d_0 abhängen. Für versetzte Lochanordnung s. (1-8, Tabelle 3.3).

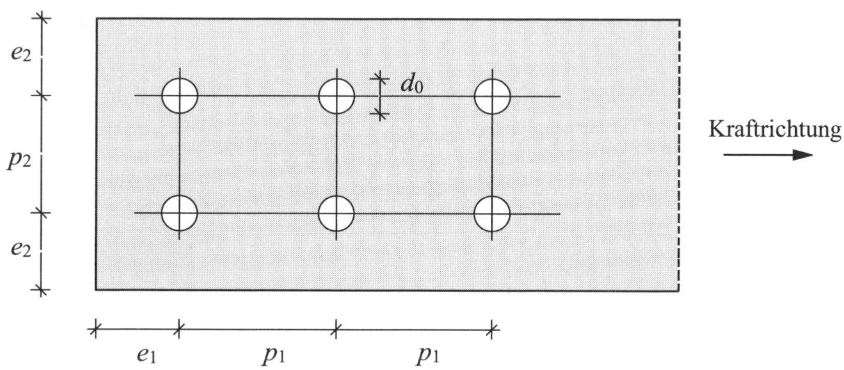

Abb. 1.5 Bezeichnungen der Rand- und Lochabstände

Tabelle 1.5 Rand- und Lochabstände von Schrauben nach Abb. 1.5

Rand- und Lochabstände	Minimum	Maximum	Volle Grenzloch-leibungskraft
p_1	$\geq 2{,}2 \cdot d_0$	$\leq 14 \cdot t$ ≤ 200 mm bei Beulgefahr $\leq 9 \cdot t \cdot \varepsilon$	$\geq 3{,}75 \cdot d_0$
e_1	$\geq 1{,}2 \cdot d_0$	Korrosionsschutz $\leq 4 \cdot t + 40$ mm	$\geq 3{,}0 \cdot d_0$
e_2	$\geq 1{,}2 \cdot d_0$	Korrosionsschutz $\leq 4 \cdot t + 40$ mm bei Beulgefahr $\leq 9 \cdot t \cdot \varepsilon$	$\geq 1{,}5 \cdot d_0$
p_2	$\geq 2{,}4 \cdot d_0$	$\leq 14 \cdot t$ ≤ 200 mm	$\geq 3{,}0 \cdot d_0$

t ist die Dicke des dünnsten außen liegenden Bleches. Die Beschränkung der Randabstände gilt nur bei Bauteilen, die dem Wetter oder anderen korrosiven Einflüssen ausgesetzt sind. Weiterhin ist bei druckbeanspruchten Bauteilen das lokale Beulen für den Lochabstand p_1 und den Randabstand e_2 zu vermeiden. Die Minimalwerte verhindern das Ausreißen zwischen den Löchern und am Rande des Bauteils.

Anschlüsse sollen gedrungen ausgebildet werden. Also wählt man meist ziemlich kleine Abstände. Die letzte Ziffer wird aber durchweg auf 5 bzw. 10 mm aufgerundet. In Tabelle 1.5 ist zusätzlich angegeben, für welche Rand- und Lochabstände die volle Grenzlochleibungskraft erreicht wird.
Man strebt eine symmetrische **Schraubenanordnung** an. Anschlüsse mit nur einer Schraube sind grundsätzlich erlaubt. Dabei sind jedoch noch zusätzliche Forderungen zu erfüllen. Bei langen Stab- und Laschenanschlüssen ist eine Abminderung der Abschertragfähigkeit der Schrauben vorgesehen, vergleiche Abschnitt 3.1.
Die **Sinnbilder für Schrauben** sind in DIN ISO-5845-1 geregelt. Die Schraubenart wird in der Beschriftung angegeben, z. B. 6 M20 DIN 7990-4.6. Die Festigkeitsklasse kann auch global in der Zeichnung festgelegt werden. Der Punkt in der Mitte entfällt, wenn nur die Löcher dargestellt werden. Der Lochdurchmesser ist ebenfalls anzugeben.

Tabelle 1.6 Sinnbilder für Schrauben

Schraube	Zeichenebene senkrecht zur Achse			parallel zur Achse		
	nicht gesenkt	Senkung auf der Vorderseite	Senkung auf der Rückseite	Lage der Mutter frei	Mutter, z. B. rechts	Senkung, z. B. rechts
in der Werkstatt eingebaut	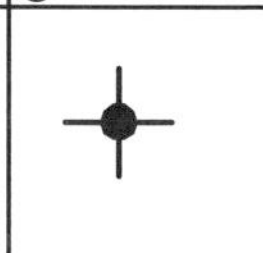	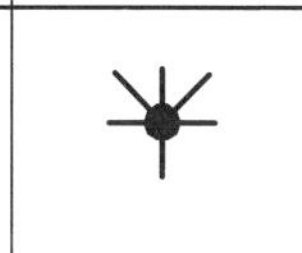	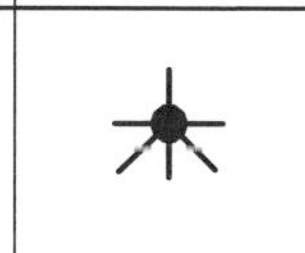	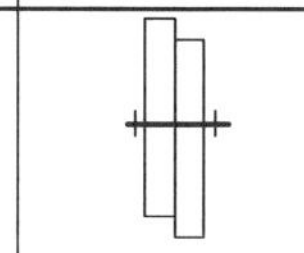	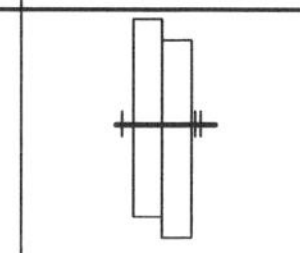	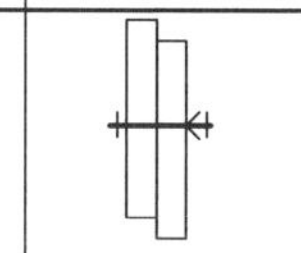
auf der Baustelle eingebaut	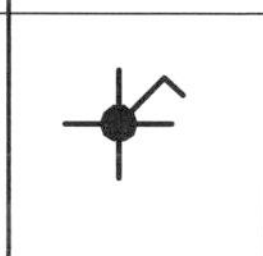	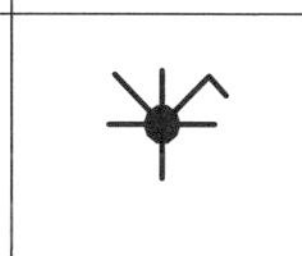	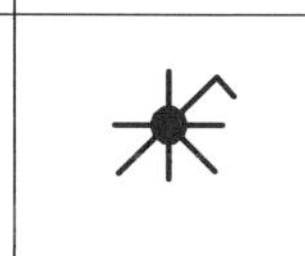	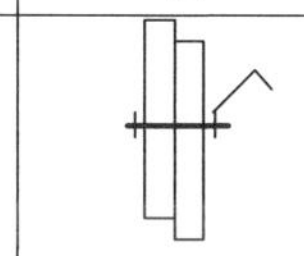	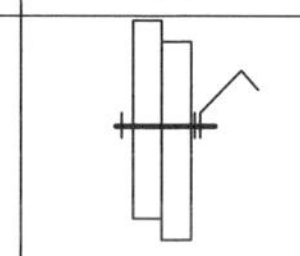	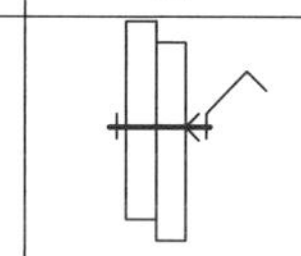
auf der Baustelle gebohrt und eingebaut	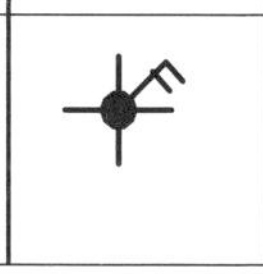	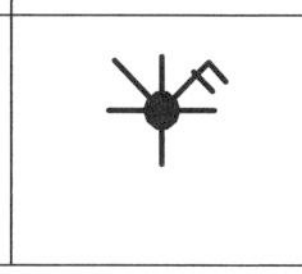	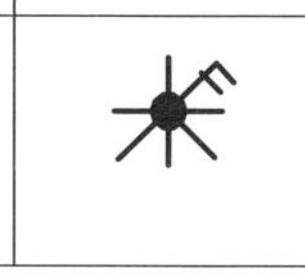	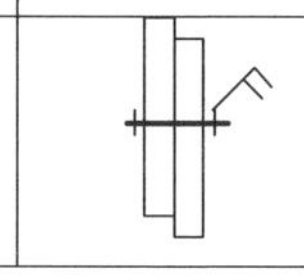	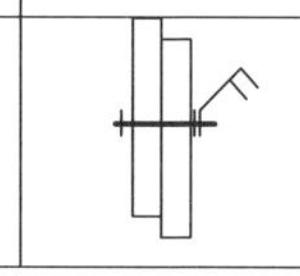	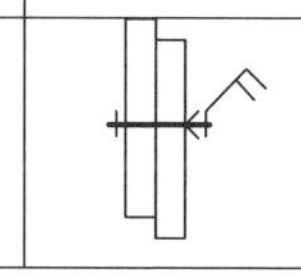

Alle Abstände, die für die Herstellung der Bauteile benötigt werden, werden in der **Werkstattzeichnung** angegeben. Dazu dienen Maß- und Maßhilfslinien. Die Maßlinien enden mit Punkten oder Schräglinien. Die Maßzahlen in Millimetern stehen i. Allg. auf den Maßlinien. Aufeinander folgende Maße bilden eine Maßkette. Werkstattzeichnungen werden meistens im Maßstab 1:10 angefertigt.

1.4 Kontrolliert vorgespannte Schraubenverbindung

Die kontrolliert vorgespannte Schraubenverbindung soll zum besseren Verständnis der folgenden Nachweise erläutert werden.

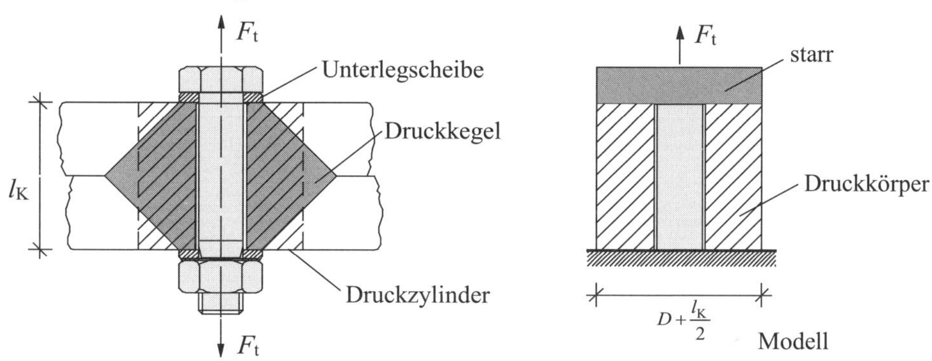

Abb. 1.6 Planmäßig vorgespannte Schraubenverbindung

Die hochfeste Schraubenverbindung kann große Zugkräfte F_t in Richtung der Schraubenachse aufnehmen, wenn sie voll vorgespannt ist. Das statische System dieser Verbindung entspricht einem System parallel geschalteter Federn. Dieses System ist in (Band 1-1.8) besprochen worden. Es sollen die dort angegebenen Bezeichnungen beibehalten werden.

F_1	Zugkraft in der Schraube
F_2	Druckkraft in dem Druckkörper
A_1	Fläche des Schaftquerschnittes
$A_{2,1}$	Fläche des Druckzylinders
$A_{2,2}$	Fläche der Unterlegscheibe
h	Dehnlänge der Unterlegscheibe
l_K	Paketlänge – Dehnlänge des Druckzylinders

$l_1 = l_K + 2 \cdot h + 0{,}5 \cdot (k + m)$
Dehnlänge der Schraube

k_1	Federsteifigkeit der Schraube
k_2	Federsteifigkeit des Druckkörpers

Die Federsteifigkeit k_1 der Schraube ergibt sich mit dem Elastizitätsmodul E:

$$k_1 = \frac{E \cdot A_1}{l_1} \tag{1.12}$$

Der Druckkörper besteht aus dem Druckzylinder in den verschraubten Bauteilen und den beiden Unterlegscheiben. Diese drei Teile verhalten sich wie hintereinander geschaltete Federn (Band 1-1.8).

$$k_{2,1} = \frac{E \cdot A_{2,1}}{l_K} \qquad k_{2,2} = k_{2,3} = \frac{E \cdot A_{2,2}}{h} \tag{1.13}$$

Die Federsteifigkeit k_2 des Druckkörpers folgt aus:

$$\frac{1}{k_2} = \frac{1}{k_{2,1}} + \frac{1}{k_{2,2}} + \frac{1}{k_{2,3}} \tag{1.14}$$

Für die vorgespannte Schraubenverbindung sind zwei Lastfälle zu berechnen und dann zu überlagern.

Lastfall Vorspannung: Die Schraubenverbindung wird mit der Vorspannkraft $F_{p,C}$ voll vorgespannt.

$$F_{1,p,C} = +F_{p,C} \qquad F_{2,p,C} = -F_{p,C} \tag{1.15}$$

In der Schraube entsteht eine Zugkraft und in dem Druckkörper eine Druckkraft gleicher Größe.

Lastfall Zugkraft: Die Schraubenverbindung wird mit der Zugkraft F_t belastet. Für die Berechnung der Schnittgrößen vergisst man die Vorspannung und berechnet dieses System parallel geschalteter Federn. Die Schnittgrößen verteilen sich im Verhältnis der Federsteifigkeiten der Schraube und des Druckkörpers.

$$F_{1,\mathrm{t}} = +F_\mathrm{t} \cdot \frac{k_1}{k_1 + k_2} \qquad F_{2,\mathrm{t}} = +F_\mathrm{t} \cdot \frac{k_2}{k_1 + k_2} \tag{1.16}$$

Die beiden Lastfälle werden überlagert.

$$F_1 = +F_{\mathrm{p,C}} + F_\mathrm{t} \cdot \frac{k_1}{k_1 + k_2} \qquad F_2 = -F_{\mathrm{p,C}} + F_\mathrm{t} \cdot \frac{k_2}{k_1 + k_2} \tag{1.17}$$

Die äußere Zugkraft F_t wird also durch eine Erhöhung der Schraubenkraft F_1 über die Zugvorspannung $+F_{\mathrm{p,C}}$ hinaus und einer Abnahme der Druckvorspannung $-F_{\mathrm{p,C}}$ im verschraubten Bauteil aufgenommen. Da in einer vorgespannten Schraubenverbindung im Stahlbau die Federsteifigkeit der Schraube wesentlich kleiner ist als die des Druckkörpers, wird die Zugkraft F_t zu ca. 90 % durch die Abnahme der Druckvorspannkraft im Bauteil aufgenommen. Nur ca. 10 % der Zugkraft F_t beanspruchen zusätzlich die Schraube. Die Vorspannkraft $F_{\mathrm{p,C}}$ ist so gewählt, dass durch diese Erhöhung der Schraubenkraft die Grenztragfähigkeit der Schraube nicht überschritten wird. Deshalb wird auch beim Nachweis auf Zug die anteilige Vorspannkraft bei der Berechnung von F_t nicht berücksichtigt. Die geringe Änderung der Schraubenkraft wirkt sich besonders günstig auf die Ermüdungsfestigkeit der Schrauben bei nicht vorwiegend ruhender Belastung aus.

Ausführlich ist die Berechnung der hochfesten vorgespannten Schraubenverbindung insbesondere für den Maschinenbau in der VDI-Richtlinie 2230 behandelt, siehe auch [3].

Weiterhin ist zu beachten, dass unter der äußeren Zugkraft F_t noch eine Druckvorspannkraft im Bauteil verbleibt. Dies wird im Nachweis der Gebrauchstauglichkeit berücksichtigt, wobei Teilsicherheitsfaktoren zu beachten sind. Die Grenzbedingung lautet mit Gleichung (1.17):

$$F_2 = -F_{\mathrm{p,C}} + F_\mathrm{t} \cdot \frac{k_2}{k_1 + k_2} \leq 0$$

Daraus folgt die Bedingung:

$$F_\mathrm{t} \leq \frac{k_1 + k_2}{k_2} \cdot F_{\mathrm{p,C}} \approx F_{\mathrm{p,C}} \tag{1.18}$$

Beispiel:

Berechnung einer vorgespannten Schraubenverbindung

Schraube: M20-10.9

$l_\mathrm{K} = 2 \cdot 2{,}0 = 4{,}0$ cm

$d_\mathrm{L} = 2{,}1$ cm $\qquad h = 0{,}4$ cm $\qquad D = 3{,}7$ cm

$d_\mathrm{Sch} = 2{,}0$ cm $\qquad A = A_1 = 3{,}14$ cm^2

Federsteifigkeit k_1 der Schraube:

$$l_1 = l_K + 2 \cdot h + 0{,}5 \cdot (k + m) = 4{,}0 + 2 \cdot 0{,}4 + 0{,}5 \cdot (1{,}3 + 1{,}6) = 6{,}25 \text{ cm}$$

$$k_1 = \frac{E \cdot A_1}{l_1} = \frac{21\,000 \cdot 3{,}14}{6{,}25} = 10\,550 \text{ kN/cm}$$

Federsteifigkeit $k_{2,1}$ des Druckzylinders:

$$A_{2,1} = \frac{\pi}{4} \cdot \left(\left(D + \frac{l_K}{2} \right)^2 - d_L^2 \right) = \frac{\pi}{4} \cdot \left(\left(3{,}7 + \frac{4{,}0}{2} \right)^2 - 2{,}1^2 \right) = 22{,}1 \text{ cm}^2$$

$$k_{2,1} = \frac{E \cdot A_{2,1}}{l_K} = \frac{21\,000 \cdot 22{,}1}{4{,}0} = 116\,025 \text{ kN/cm}$$

Federsteifigkeit $k_{2,2}$ der Unterlegscheibe:

$$A_{2,2} = \frac{\pi}{4} \cdot \left(D^2 - d_L^2 \right) = \frac{\pi}{4} \cdot \left(3{,}7^2 - 2{,}1^2 \right) = 7{,}29 \text{ cm}^2$$

$$k_{2,2} = \frac{E \cdot A_{2,2}}{h} = \frac{21\,000 \cdot 7{,}29}{0{,}4} = 382\,725 \text{ kN/cm}$$

$$k_{2,2} = k_{2,3}$$

Die Federsteifigkeit k_2 des Druckkörpers folgt aus:

$$\frac{1}{k_2} = \frac{1}{k_{2,1}} + \frac{1}{k_{2,2}} + \frac{1}{k_{2,3}} = \frac{1}{382\,725} + \frac{1}{116\,025} + \frac{1}{382\,725}$$

$$k_2 = 72\,231 \text{ kN/cm}$$

Fall 1: Volle Vorspannkraft:

Die volle Vorspannkraft beträgt: $F_{p,C} = 172$ kN

Grenzzugkraft der Schraube: $F_{t,Rd} = 176$ kN

$$F_1 = +F_{p,C} + F_t \cdot \frac{k_1}{k_1 + k_2} = 172 + 176 \cdot \frac{10\,550}{10\,550 + 72\,231} = 172 + 22{,}4 = 194 \text{ kN}$$

$$F_2 = -F_{p,C} + F_t \cdot \frac{k_2}{k_1 + k_2} = -172 + 176 \cdot \frac{72\,231}{10\,550 + 72\,231} = -172 + 153{,}6 = -18{,}4 \text{ kN}$$

Die Zugkraft F_1 in der Schraube liegt 10 % über der Grenzzugkraft der Schraube, überschreitet aber nicht die Zugtragfähigkeit der Schraube:

$$F_{t,R,k} = 176{,}4 \cdot 1{,}25 = 221 \text{ kN}$$

Die Druckkraft F_2 im Druckkörper ist noch vorhanden.

Dieser Fall ist die voll vorgespannte Schraube der Kategorie E nach EC 3.

Fall 2: Regelvorspannkraft:

Die Regelvorspannkraft beträgt: $F_{p,C*} = 160$ kN

Grenzzugkraft der Schraube: $F_{t,Rd} = 176 \text{ kN}$

$$F_1 = +F_{p,C*} + F_t \cdot \frac{k_1}{k_1 + k_2} = 160 + 176 \cdot \frac{10\ 550}{10\ 550 + 72\ 231} = 160 + 22{,}4 = 182 \text{ kN}$$

$$F_2 = -F_{p,C*} + F_t \cdot \frac{k_2}{k_1 + k_2} = -160 + 176 \cdot \frac{72\ 231}{10\ 550 + 72\ 231} = -160 + 153{,}4 = -6{,}6 \text{ kN}$$

Die Zugkraft F_1 in der Schraube liegt 3 % über der Grenzzugkraft der Schraube.

Die Druckkraft F_2 im Druckkörper ist noch vorhanden.

Dieser Fall ist nach dem deutschen NA als Qualitätssicherungsmaßnahme erlaubt.

Fall 3: Volle Vorspannkraft und reduzierte Tragfähigkeit der Schraube

Die volle Vorspannkraft beträgt: $F_{p,C} = 172 \text{ kN}$

Reduzierte Grenzzugkraft der Schraube nach (1-8, Gleichung (3.1): $F_{p,Cd} = 157 \text{ kN}$

$$F_1 = +F_{p,C} + F_t \cdot \frac{k_1}{k_1 + k_2} = 172 + 157 \cdot \frac{10\ 550}{10\ 550 + 72\ 231} = 172 + 20{,}0 = 192 \text{ kN}$$

$$F_2 = -F_{p,C} + F_t \cdot \frac{k_2}{k_1 + k_2} = -172 + 157 \cdot \frac{72\ 231}{10\ 550 + 72\ 231} = -172 + 137 = -35{,}0 \text{ kN}$$

Die Zugkraft F_1 in der Schraube liegt 10 % über der Grenzzugkraft der Schraube, überschreitet aber nicht die Zugtragfähigkeit der Schraube:

$$F_{t,Rk} = 176{,}4 \cdot 1{,}25 = 221 \text{ kN}$$

Eine größere Druckkraft F_2 im Druckkörper ist vorhanden. Dieser Fall ist nach EC 3 (1-8, Gleichung (3.1)) erlaubt.

Federsteifigkeit

Federsteifigkeit k_1 der nicht vorgespannten Schraube:

$$k_1 = \frac{E \cdot A_1}{l_1} = \frac{21\ 000 \cdot 3{,}14}{6{,}25} = 10\ 550 \text{ kN/cm}$$

Federsteifigkeit k_p der vorgespannten Schraube:

$$k_p = k_1 + k_2 = 10\ 550 + 72\ 231 = 82\ 781 \text{ kN/cm}$$

Die Federsteifigkeit k_p der vorgespannten Schraube ist in diesem Fall 7,8-mal größer als die Federsteifigkeit k_1 der nicht vorgespannten Schraube.

Deshalb sollte im EC 3 (1-8, Tabelle 6.11) bei der Berechnung der Steifigkeitskoeffizienten k_i zwischen vorgespannten und nicht vorgespannten Schrauben unterschieden werden. Dies wird ausführlich in Band 3 behandelt.

1.5 Grenztragfähigkeit der Schraubenverbindung

1.5.1 Versagensarten

Die **Scher-Lochleibungsverbindung** kann auf folgende Weise versagen:

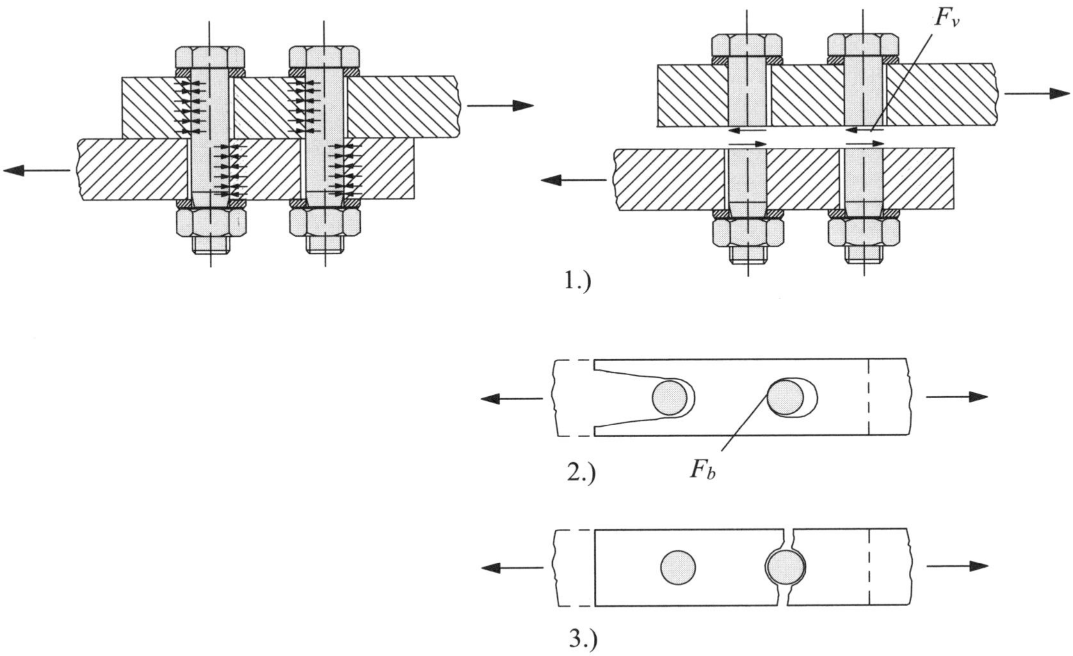

Abb. 1.7 Versagensarten der Schraubenverbindung

1. Abscheren des Schraubenschaftes bzw. Gewindequerschnittes in der Scherfuge durch zu große Scherspannungen. Die zugehörige Grenztragfähigkeit ist die Grenzabscherkraft $F_{\text{v,Rd}}$.

2. Aufweiten des Loches oder Ausreißen des Bleches in Kraftrichtung zwischen den Schrauben bzw. hinter der Schraube im Randbereich. Die zugehörige Grenztragfähigkeit ist die Grenzlochleibungskraft $F_{\text{b,Rd}}$.

3. Aufreißen des Bleches senkrecht zur Kraftrichtung. Die zugehörige Grenztragfähigkeit ist die Grenznormalkraft $N_{\text{t,Rd}}$ des gelochten Querschnittes (Band 1 Kapitel 5.2).

Der wirkliche Spannungszustand ist sehr kompliziert (Abb. 1.8). In der Scherfuge entstehen Spannungsspitzen, die durch örtliches Fließen abgebaut werden. Die Druckspannungen wirken radial in der Kontaktfläche zwischen Schraubenschaft und der Lochwandung. Der Nachweis erfolgt mit mittleren Spannungen, die der Berechnung der Grenzabscherkraft und der Grenzlochleibungskraft zugrunde liegen. Die Grenztragfähigkeit der Schraube wurde durch Versuche ermittelt und wird auch stets durch Versuche geprüft.

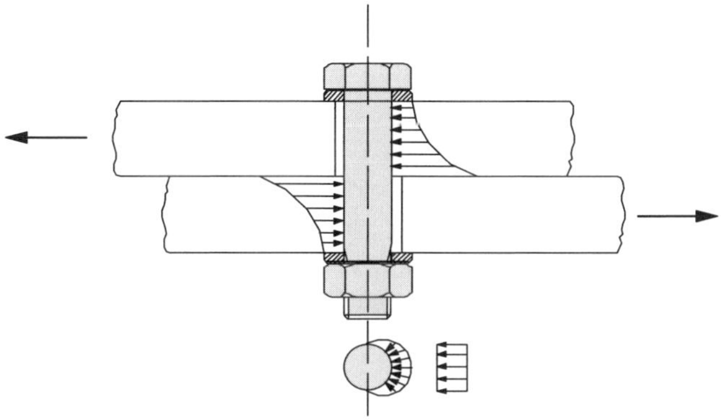

Abb. 1.8 Wirkliche Spannungsverteilung der Lochleibung

1.5.2 Grenzabscherkraft

Die Grenzabscherkraft $F_{v,Rd}$ ist nach (1-8, Tabelle 3.4) zu ermitteln. Dabei ist zu unterscheiden, ob der Schaft oder das Gewinde in der Scherfuge liegt.

Scherfuge im Schaft:

$$F_{v,Rd} = \alpha_v \cdot A \cdot f_{ub} / \gamma_{M2} \tag{1.19}$$

$\alpha_v = 0{,}6$

Scherfuge im Gewinde:

$$F_{v,Rd} = \alpha_v \cdot A_S \cdot f_{ub} / \gamma_{M2} \tag{1.20}$$

$\alpha_v = 0{,}6$ für Schrauben der Festigkeitsklasse 4.6, 5.6 und 8.8

$\alpha_v = 0{,}5$ für Schrauben der Festigkeitsklasse 10.9

$\gamma_{M2} = 1{,}25$

Der Nachweis lautet für die vorhandene Abscherkraft $F_{v,Ed}$:

$$\frac{F_{v,Ed}}{F_{v,Rd}} \leq 1 \tag{1.21}$$

Beispiel: Schraube M20-4.6, Scherfuge im Schaft

$f_{ub} = 400\ \text{N/mm}^2 = 40\ \text{kN/cm}^2$ nach Tabelle 1.1

$A = 3{,}14\ \text{cm}^2$ nach Tabelle 1.3

$\alpha_v = 0{,}6 \qquad \gamma_{M2} = 1{,}25$

$F_{v,Rd} = \alpha_v \cdot A \cdot f_{ub} / \gamma_{M2} = 0{,}6 \cdot 3{,}14 \cdot 40 / 1{,}25 = 60{,}3\ \text{kN}$

Die Grenzabscherkräfte $\boldsymbol{F}_{\mathrm{v,Rd}}$ sind im Abschnitt *Tabellen*, Tabelle 13.1, angegeben.

1.5.3 Grenzlochleibungskraft

Die Grenzlochleibungskraft $F_{\mathrm{b,Rd}}$ wird nach (1-8, Tabelle 3.4) ermittelt. Dabei hängt die Grenzlochleibungskraft von der Lage der Schraube im Punktequerschnitt nach Abb. 1.9 ab. Der Begriff Punktequerschnitt, der näher im Abschnitt Beanspruchung der Schraubenverbindung erläutert wird, wird hier für mehrere Schrauben angewendet, die zusammen als ein Querschnitt aus Schrauben beansprucht werden. Als Randschraube soll hier diejenige Schraube bezeichnet werden, für die der Randabstand e_1 in Kraftrichtung für die Grenzlochleibungskraft maßgebend wird. Als Innenschraube wird hier diejenige Schraube bezeichnet, für die der Lochabstand p_1 in Kraftrichtung für die Grenzlochleibungskraft maßgebend wird.

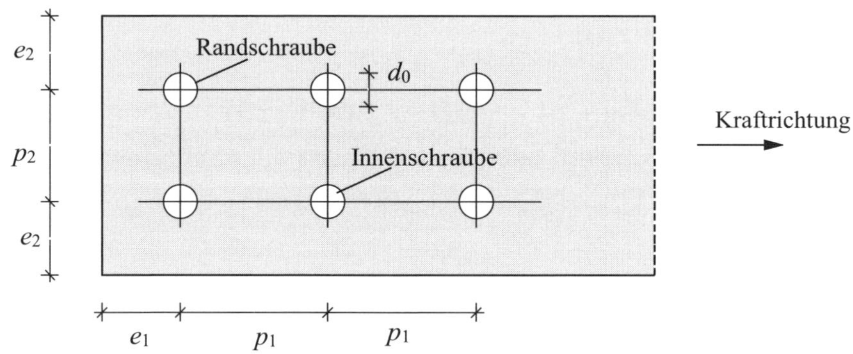

Abb. 1.9 Rand- und Lochabstände und Lage der Schraube

Die Grenzlochleibungskraft ist nach Gleichung (1.22) zu ermitteln und gilt für Blechdicken $t \geq 3$ mm.

$$F_{\mathrm{b,Rd}} = k_1 \cdot \alpha_{\mathrm{b}} \cdot t \cdot d \cdot f_{\mathrm{u}} / \gamma_{\mathrm{M2}} \qquad (1.22)$$

Die Grenzlochleibungskraft $F_{\mathrm{b,Rd}}$ hängt damit ab von:
- der Blechdicke t
- dem Schaftdurchmesser d der Schraube
- der Lage der Schraube in der Schraubenverbindung durch die Werte α_{b} und k_1
- der Stahlsorte.

Die Werte α_{b} und k_1 sind nach Tabelle 1.7 zu berechnen. Dabei darf der Randabstand e_1 in Kraftrichtung höchstens mit $3{,}0 \cdot d_0$ und der Lochabstand p_1 in Kraftrichtung mit $3{,}75 \cdot d_0$ in Rechnung gestellt werden.

Tabelle 1.7 Berechnungsgleichungen für die Beiwerte

	Innenschraube	Randschraube
in Kraftrichtung	kleinster Wert von: $\alpha_b = \frac{p_1}{3 \cdot d_0} - \frac{1}{4}$; $\alpha_b = \frac{f_{ub}}{f_u}$; $\alpha_b = 1,0$	kleinster Wert von: $\alpha_b = \frac{e_1}{3 \cdot d_0}$; $\alpha_b = \frac{f_{ub}}{f_u}$; $\alpha_b = 1,0$
quer zur Kraftrichtung	kleinster Wert von: $k_1 = \frac{1,4 \cdot p_2}{d_0} - 1,7$; $k_1 = 2,5$	kleinster Wert von: $k_1 = \frac{2,8 \cdot e_2}{d_0} - 1,7$; $k_1 = \frac{1,4 \cdot p_2}{d_0} - 1,7$; $k_1 = 2,5$

Man erhält die maximale Grenzlochleibungskraft und damit die geringste Anzahl der Schrauben, wenn die Größtwerte eingehalten werden, s. auch Tabelle 1.5.

Der Nachweis lautet für die vorhandene Grenzlochleibungskraft $F_{v,Ed}$:

$$\frac{F_{v,Ed}}{F_{b,Rd}} \leq 1 \tag{1.23}$$

Bei einschnittigen ungestützten Verbindungen mit nur einer Schraubenreihe (1-8, 3.6.1 (10)) gilt:

$$F_{v,Ed} \leq 1,5 \cdot t \cdot d \cdot f_u / \gamma_{M2} \tag{1.24}$$

Es sollten Unterlegscheiben sowohl unter dem Schraubenkopf als auch unter der Mutter eingesetzt werden.

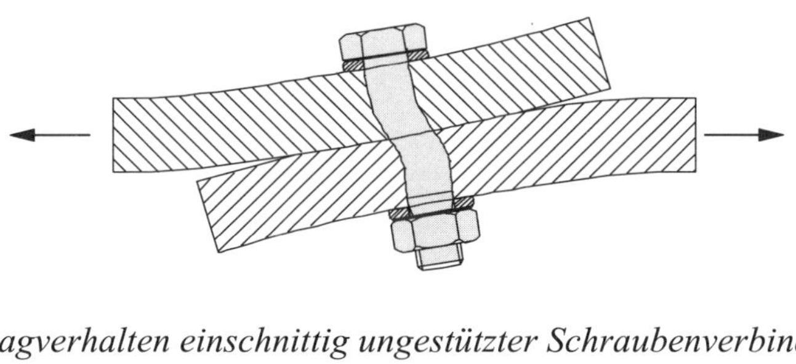

Abb. 1.10 Tragverhalten einschnittig ungestützter Schraubenverbindungen

Beispiel: Schraube M20-4.6 als Innenschraube

Abstände der Innenschraube: $p_1 = 60$ mm $e_2 = 35$ mm $p_2 = 70$ mm

Werkstoff: S235

Blechdicke: $t = 10$ mm
Schaftdurchmesser: $d = 20$ mm
Lochspiel: $\Delta d = 2$ mm
Lochdurchmesser: $d_0 = d + \Delta d = 20 + 2 = 22$ mm

$$e_2 / d_0 = 35 / 22 = 1{,}59 \geq 1{,}5$$

$$p_2 / d_0 = 70 / 22 = 3{,}18 \geq 3{,}0$$

$$\alpha_b = \frac{p_1}{3 \cdot d_0} - \frac{1}{4} = \frac{60}{3 \cdot 22} - \frac{1}{4} = 0{,}659$$

$$\alpha_b = \frac{f_{ub}}{f_u} = \frac{40}{36} = 1{,}11$$

$$\alpha_b = 1{,}0$$

$$k_1 = \frac{1{,}4 \cdot p_2}{d_0} - 1{,}7 = \frac{1{,}4 \cdot 70}{22} - 1{,}7 = 2{,}75$$

$$k_1 = 2{,}5$$

$$F_{b,Rd} = k_1 \cdot \alpha_b \cdot t \cdot d \cdot f_u / \gamma_{M2} = 2{,}5 \cdot 0{,}659 \cdot 1{,}0 \cdot 2{,}0 \cdot 36 / 1{,}25 = 94{,}9 \text{ kN}$$

Das Beispiel zeigt, dass die Berechnung der Grenzlochleibungskraft $F_{b,Rd}$ einer Lochwandung sehr aufwändig ist. Weiterhin wird ersichtlich, dass neben den Rand- und Lochabständen das Lochspiel Δd bekannt sein muss. Deshalb arbeitet man in der Praxis mit Tabellen.

Die Grenzlochleibungskräfte $F_{b,Rd}$ sind in den Tabellen 12.4 und 12.5 angegeben.

Dabei ist zu beachten:

Die Rand- und Lochabstände sind, wie im Stahlbau üblich, auf 5 mm gerundet.

Als Blechdicke wird $t = 1$ cm angenommen, d. h. die Tafelwerte sind mit der Blechdicke t in cm zu multiplizieren.

Für den Werkstoff wird S235 mit der Zugfestigkeit $f_u = 360$ N/mm^2 zugrunde gelegt. Für andere Stahlsorten müssen diese Werte im Verhältnis der Streckgrenzen umgerechnet werden. Dabei ist zu beachten, dass die Streckgrenze auch von der Blechdicke abhängig ist.

Für das Nennlochspiel Δd werden zwei verschiedene Tabellen aufgestellt. $\Delta d = 0$ mm gilt für Verbindungen mit Passschrauben. Die Tabellen sind für die üblichen Abstände $e_2 / d_0 \geq 1{,}5$ und $p_2 / d_0 \geq 3{,}0$ senkrecht zur Kraftrichtung aufgestellt. Die konstruktiven Bedingungen für die Rand- und Lochabstände sind in den Tabellen berücksichtigt.

Bei einer allgemeinen Beanspruchung einer Schraubenverbindung treten schräge Schraubenkräfte auf. Bei **schräg angreifenden Schraubenkräften** darf die Lochleibungstragfähigkeit getrennt für die Kraftkomponenten parallel und senkrecht zum Rand nachgewiesen werden.

1.5.4 Grenzzugkraft

Die Grenzzugkraft $F_{t,Rd}$ ist nach (1-8, Tabelle 3.4) zu ermitteln.

$$F_{t,Rd} = k_2 \cdot A_s \cdot f_{ub} / \gamma_{M2} \qquad (1.25)$$

$k_2 = 0,63$ für Senkschrauben

$k_2 = 0,9$ für alle anderen Schrauben

$\gamma_{M2} = 1,25$

Für Schrauben mit geschnittenem Gewinde, z. B. Ankerschrauben oder Zugstangen, die aus Rundstahl gefertigt werden, dürfen diese Werte angewendet werden. Die Ausführung muss aber DIN EN 1090 entsprechen. Ansonsten sind diese Werte mit dem Faktor 0,85 abzumindern.

Die vorhandene Zugkraft $F_{t,Ed}$ der Schraube ist für die vorliegende Konstruktion zu berechnen.

Der Nachweis lautet:

$$\frac{F_{t,Ed}}{F_{t,Rd}} \leq 1 \qquad (1.26)$$

Beispiel: Schraube M 20-4.6

$f_{ub} = 400 \text{ N/mm}^2 = 40 \text{ kN/cm}^2$ nach Tabelle 1.1

$A_s = 2,45 \text{ cm}^2$ nach Tabelle 1.3

$F_{t,Rd} = k_2 \cdot A_s \cdot f_{ub} / \gamma_{M2} = 0,9 \cdot 2,45 \cdot 40 / 1,25 = 70,6 \text{ kN}$

1.5.5 Grenzdurchstanzkraft

Die Grenzdurchstanzkraft $B_{p,Rd}$ ist nach (1-8, Tabelle 3.4) zu ermitteln.

$$B_{p,Rd} = 0,6 \cdot \pi \cdot d_m \cdot t_p \cdot f_u / \gamma_{M2} \qquad (1.27)$$

t_p Blechdicke unter dem Schraubenkopf oder der Mutter

d_m Mittelwert aus dem Eckenmaß min e und der Schlüsselweite s des Schraubenkopfes oder der Mutter

$\gamma_{M2} = 1,25$

Der Nachweis lautet:

$$\frac{F_{t,Ed}}{B_{p,Rd}} \leq 1 \qquad (1.28)$$

Beispiel: Schraube M20-10.9, S355

$f_u = 490 \text{ N/mm}^2 = 49 \text{ kN/cm}^2$ nach Tabelle 1.1

$t_p = 1,0 \text{ cm}$

$d_m = 3,35 \text{ cm}$ nach Tabelle 1.3

$B_{p,Rd} = 0,6 \cdot \pi \cdot d_m \cdot t_p \cdot f_u / \gamma_{M2} = 0,6 \cdot \pi \cdot 3,35 \cdot 1,0 \cdot 49 / 1,25 = 248 \text{ kN}$

1.5.6 Zug und Abscheren

Die Beanspruchung von Zug und Abscheren von Schrauben in gestützten Verbindungen ist in (1-8, Tabelle 3.4) geregelt. Damit sind Verbindungen gemeint, die sich bei Erreichung des Grenzzustandes nicht verdrehen können. Die Interaktion zwischen Zug und Abscheren ist nach Gleichung (1.29) zu berechnen.

$$\frac{F_{v,Ed}}{F_{v,Rd}} + \frac{F_{t,Ed}}{1,4 \cdot F_{t,Rd}} \leq 1 \qquad (1.29)$$

1.6 Beanspruchung von Schraubengruppen

1.6.1 Allgemeines

Der Nachweis von Schraubengruppen kann durch eine elastische oder eine plastische Berechnung erfolgen (1-8, 3.12).
Bei einer elastischen Berechnung wird bei einem äußeren Moment die Verteilung der einwirkenden Kräfte auf die Verbindungsmittel linear, d. h. proportional zum Abstand zum Rotationszentrum angenommen.
Bei einer plastischen Berechnung kann jede Verteilung der einwirkenden Kräfte angenommen werden, die das Gleichgewicht erfüllt. Dabei wird vorausgesetzt, dass die Tragfähigkeiten der Komponenten nicht überschritten werden und die Duktilitäten der Komponenten ausreichend sind.
Für eine durch eine zentrische Schubkraft beanspruchte Schraubengruppe kann für die Verbindungsmittel eine gleichmäßige Verteilung angenommen werden, wenn nur Verbindungsmittel der gleichen Größe und Klassifizierung verwendet werden.
Die elastische Berechnung ist in der Regel in folgenden Fällen zu verwenden:

- Schrauben in gleitfesten Verbindungen der Kategorie C,
- Scher-/Lochleibungsverbindungen, bei denen die Grenzabscherkraft $F_{v,Rd}$ kleiner ist als die Grenzlochleibungskraft $F_{b,Rd}$,
- Verbindungen unter Stoßbelastung, Schwingbelastung oder mit Lastumkehr (außer Windlasten).

Die plastische Berechnung ist deshalb nur bei den Scher-/Lochleibungsverbindungen erlaubt, bei denen die Grenzabscherkraft $F_{v,Rd}$ größer als die Grenzlochleibungskraft $F_{b,Rd}$ ist.

1.6.2 Elastische Berechnung

Für den Nachweis der Schraubengruppe sind die Beanspruchungen der einzelnen Schrauben zu ermitteln und der Nachweis nach Abschnitt 1.5 zu führen. Die Schraubengruppe besteht aus einzelnen Schrauben, die als Punkte des Querschnittes definiert werden können. Für diesen Querschnittstyp soll hier die Bezeichnung Punktequerschnitt eingeführt werden. Auch Nagelverbindungen und Dübelverbindungen sind Punktequerschnitte.

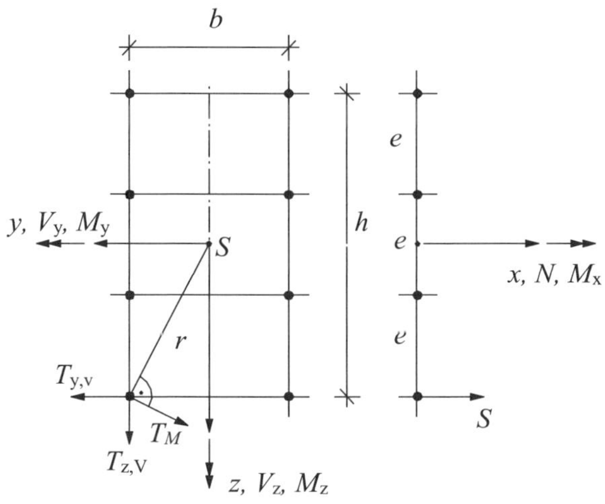

Abb. 1.11 Punktequerschnitt mit n Punkten

Für den Punktequerschnitt mit n Punkten gelten die bekannten Regeln der Festigkeitslehre für die Berechnung des Schwerpunktes und der Querschnittswerte. Dabei ist zu beachten, dass die Querschnittsfläche A_i eines Punktes dimensionslos ist und den Wert

$$A_i = 1$$

hat. Das Flächenmoment 2. Grades ist damit die Summe aller Punkte multipliziert mit dem Quadrat des Abstandes zum Schwerpunkt und hat die Dimension cm^2. Die Beanspruchungen der einzelnen Punkte des Querschnittes sind nicht Spannungen, sondern Kräfte. In Anlehnung an die Bezeichnung σ für die Normalspannungen werden die Schraubenkräfte in x-Richtung mit S bezeichnet. Entsprechend den Schubspannungen τ wird in der Querschnittsebene die Schraubenkraft T eingeführt.

Für die Berechnung der Schraubenkräfte unter allgemeiner Beanspruchung des Punktequerschnittes sind die folgenden Bezeichnungen erforderlich:

$A = n$ Querschnittsfläche (1.30)

$I_y = \sum z_i^2$ Flächenmoment 2. Grades um die y-Achse

$I_z = \sum y_i^2$ Flächenmoment 2. Grades um die z-Achse

$I_p = \sum r_i^2$ polares Flächenmoment 2. Grades

$$I_p = \sum r_i^2 = \sum y_i^2 + \sum z_i^2 = I_y + I_z \tag{1.31}$$

V_y Querkraft in y-Richtung

V_z Querkraft in z-Richtung

N Normalkraft

M_x Moment um die x-Achse

M_y Moment um die y-Achse

M_z Moment um die z-Achse

T_y Schraubenkraft in y-Richtung

$T_{y,V}$ Schraubenkraft in y-Richtung infolge Querkraft

$T_{y,M}$ Schraubenkraft in y-Richtung infolge des Momentes M_x

T_z Schraubenkraft in z-Richtung

$T_{z,V}$ Schraubenkraft in z-Richtung infolge Querkraft

$T_{z,M}$ Schraubenkraft in z-Richtung infolge des Momentes M_x

T_M Schraubenkraft aus dem Moment M_x

T resultierende Schraubenkraft in der Querschnittsebene

S resultierende Schraubenkraft senkrecht zur Querschnittsebene

Zunächst soll die Berechnung der Schraubenkräfte T_{Mi} aus dem Moment M_x hergeleitet werden.

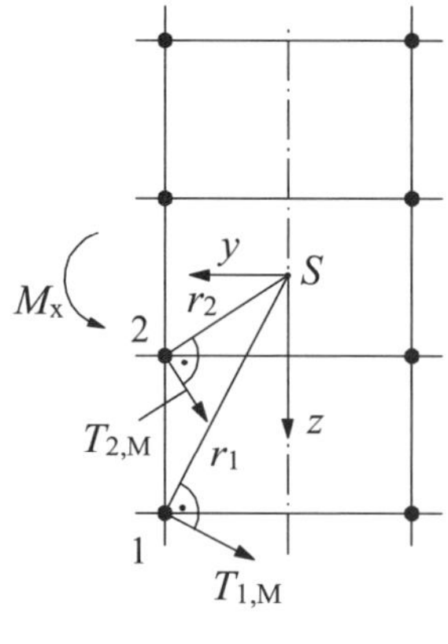

Abb. 1.12 Punktequerschnitt mit Moment M_x

Zur Ermittlung der Schraubenkräfte werden starre Laschen/Platten und elastische Schrauben angenommen. Die Laschen erfahren unter der Momentenbeanspruchung eine Drehung um den Schwerpunkt des Punktequerschnittes, da nur so die Gleichgewichtsbedingungen in *y*- und *z*-Richtung erfüllt sind. Die einzelnen Schraubenkräfte T_{Mi} sind dann proportional zum Abstand vom Schwerpunkt, ihre Kraftrichtung ist senkrecht zum Radius.

$$M_x = T_{1,\mathrm{M}} \cdot r_1 + T_{2,\mathrm{M}} \cdot r_2 + \ldots\ldots = \sum T_{\mathrm{i,M}} \cdot r_{\mathrm{i}}$$

$$T_{1,\mathrm{M}} : T_{2,\mathrm{M}} : T_{\mathrm{i,M}} = r_1 : r_2 : r_{\mathrm{i}}$$

$$T_{\mathrm{i,M}} = T_{1,\mathrm{M}} \cdot \frac{r_{\mathrm{i}}}{r_1}$$

$$M_x = \sum T_{\mathrm{i,M}} \cdot r_{\mathrm{i}} = \sum T_{1,\mathrm{M}} \cdot \frac{r_{\mathrm{i}}^2}{r_1} = \frac{T_{1,\mathrm{M}}}{r_1} \sum r_{\mathrm{i}}^2$$

$$T_{1,\mathrm{M}} = \frac{M_x}{\sum r_{\mathrm{i}}^2} \cdot r_1 = \frac{M_x}{I_{\mathrm{p}}} \cdot r_1$$

Für jeden Punkt *i* gilt:

$$T_{\mathrm{M}} = \frac{M_x}{I_{\mathrm{p}}} \cdot r \qquad (1.32)$$

Es gilt für die elastische Berechnung der Beanspruchungen der einzelnen Punkte des Querschnittes mit den Koordinaten *y*, *z* und *r*, wenn die Vorzeichenregelung nach Abb. 1.12 berücksichtigt wird:

$$S = \frac{N}{A} + \frac{M_y}{I_y} \cdot z - \frac{M_z}{I_z} \cdot y \qquad (1.33)$$

Der Nachweis mit der Grenzzugkraft $F_{\mathrm{t,Rd}}$ lautet dann:

$$\frac{S}{F_{\mathrm{t,Rd}}} \le 1 \qquad (1.34)$$

Für das Moment M_x gilt mit dem polaren Flächenmoment I_{p}:

$$T_{\mathrm{M}} = \frac{M_x}{I_{\mathrm{p}}} \cdot r$$

Die Komponenten in *y*- und *z*-Richtung lauten:

$$T_{y,\mathrm{M}} = -\frac{M_x}{I_{\mathrm{p}}} \cdot z \qquad T_{z,\mathrm{M}} = \frac{M_x}{I_{\mathrm{p}}} \cdot y \qquad (1.35)$$

Die resultierende Schraubenkraft *T* aus V_y, V_z und M_x ergibt:

$$T_y = \frac{V_y}{A} - \frac{M_x}{I_{\mathrm{p}}} \cdot z \qquad (1.36)$$

$$T_z = \frac{V_z}{A} + \frac{M_x}{I_p} \cdot y \tag{1.37}$$

$$T = \sqrt{T_y^2 + T_z^2} \tag{1.38}$$

In diese Gleichungen sind die Schnittgrößen und die Koordinaten des Punktes vorzeichengerecht einzusetzen.
Die Nachweise für jede einzelne Schraube lauten:

$$\frac{T}{m \cdot F_{v,Rd}} \leq 1 \qquad \frac{T_y}{F_{y,b,Rd}} \leq 1 \qquad \frac{T_z}{F_{z,b,Rd}} \leq 1 \tag{1.39}$$

m Anzahl der Scherfugen

Für die Interaktion zwischen Zug und Abscheren gilt nach Gleichung (1.29):

$$\frac{T}{m \cdot F_{v,Rd}} + \frac{S}{1{,}4 \cdot F_{t,Rd}} \leq 1 \tag{1.40}$$

Ein häufiger Sonderfall bei Schraubenverbindungen ist der rechteckige Punktequerschnitt mit der Breite b und der Höhe h und den Schnittgrößen V_y, V_z und M_x in der Querschnittsebene. Für die Eckpunkte gilt:

$$T_y = \frac{V_y}{A} \pm \frac{M_x}{I_p} \cdot \frac{h}{2} \qquad T_z = \frac{V_z}{A} \pm \frac{M_x}{I_p} \cdot \frac{b}{2} \qquad T = \sqrt{T_y^2 + T_z^2}$$

Für den einreihigen Punktequerschnitt mit der Höhe h und den Schnittgrößen V_z und M_x in der Querschnittsebene gilt für die Eckpunkte:

$$T_y = \pm \frac{M_x}{I_p} \cdot \frac{h}{2} = \pm \frac{M_x}{h} \cdot f \qquad \text{mit } f = \frac{6 \cdot (n-1)}{n \cdot (n+1)}$$

2 Schrauben $f = 1{,}0$
3 Schrauben $f = 1{,}0$
4 Schrauben $f = 0{,}9$
5 Schrauben $f = 0{,}8$

$$T_z = \frac{V_z}{A} \qquad T = \sqrt{T_y^2 + T_z^2}$$

Der Nachweis der Schraubenverbindung wird für die am ungünstigsten beanspruchte Schraube geführt. Für T_y und T_z ist die Kraftrichtung zu beachten, um die zugehörige Grenzlochleibungskraft zu berechnen.

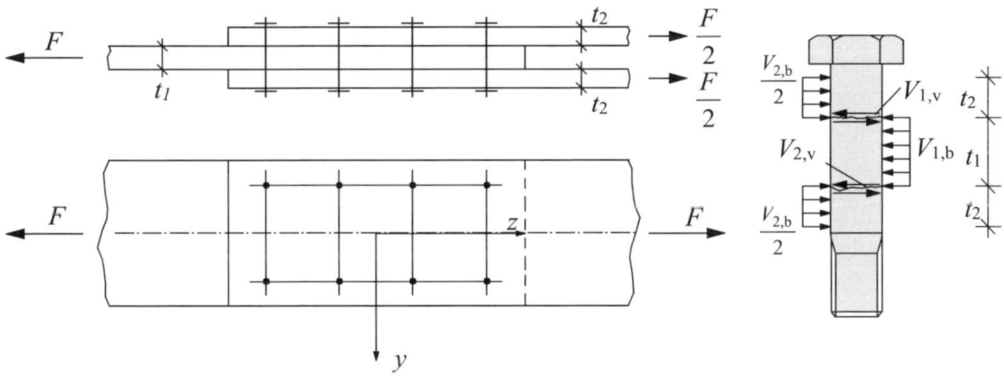

Abb. 1.13 Mittig beanspruchter Laschenstoß

Für den mittig beanspruchten Laschenstoß als Sonderfall gilt:

$$V_z = F \qquad T = \frac{V_z}{A} = \frac{F}{n} \tag{1.41}$$

Das Gleichgewicht an einer Schraube ergibt für die Grenzlochleibungskräfte:

$$V_{1,b} = T \qquad V_{2,b} = T \qquad V_{1,b} - V_{2,b} = 0$$

Der Freischnitt durch die Scherfugen ergibt:

$$V_{1,v} = V_{2,v} = V_v = \frac{T}{2}$$

Die Nachweise für die Schraube lauten: (1.42)

$$\frac{V_{1,b}}{F_{1,b,Rd}} = \frac{T}{F_{1,b,Rd}} = \frac{T}{F_{Rd}} \leq 1$$

$$\frac{V_{2,l}}{F_{2,b,Rd}} = \frac{T}{F_{2,b,Rd}} = \frac{T}{F_{Rd}} \leq 1$$

$$\frac{V_a}{V_{a,R,d}} = \frac{T}{2 \cdot V_{a,R,d}} = \frac{T}{V_{R,d}} \leq 1$$

Diese drei Nachweise können folgendermaßen zusammengefasst werden:

$$\frac{T}{F_{Rd}} \leq 1 \tag{1.43}$$

F_{Rd} ist die kleinste Grenzkraft aller Schrauben, d. h. der kleinste Wert von

$F_{Rd} = m \cdot F_{v,Rd}$	Summe über die Anzahl m der Scherfugen
$F_{Rd} = F_{1,b,Rd}$	Summe der Grenzlochleibungskräfte für Kraftrichtung 1
$F_{Rd} = F_{2,b,Rd}$	Summe der Grenzlochleibungskräfte für die entgegengesetzte Kraftrichtung 2

Zwangsdrehpunkt D

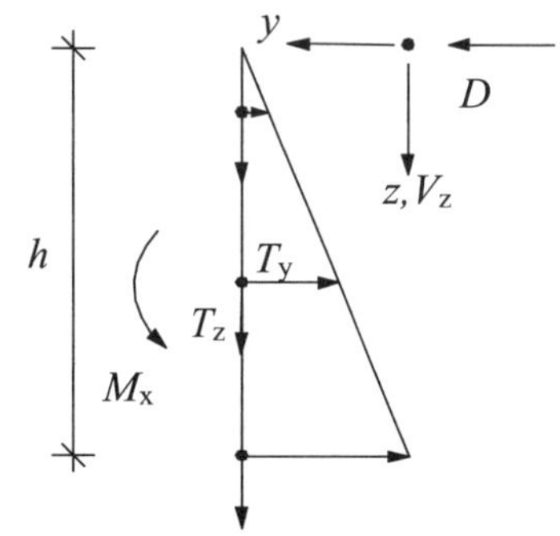

Abb. 1.14 Punktequerschnitt mit Zwangsdrehpunkt

Es gibt im Stahlbau Anschlüsse, bei denen sich ein Druckpunkt D einstellt und eine Zwangsdrehung um diesen Punkt erfolgt. Geht man davon aus, dass im Punkt D keine Kraft D_z aufgenommen werden kann, gilt für die resultierende Schraubenkraft T aus V_z und M_x: (1.44)

$$I_p = I_y = \sum z_i^2 \qquad T_y = -\frac{M_x}{I_p} \cdot z \qquad \max T_y = -\frac{M_x}{I_p} \cdot h$$

$$T_z = \frac{V_z}{A} \qquad T = \sqrt{T_y^2 + T_z^2} \qquad D = \sum T_{yi} = \frac{M_x}{I_p} \cdot \sum z_i$$

Für die Beanspruchung M_y und V_z erhält man folgende Schraubenkräfte: (1.45)

$$I_y = \sum z_i^2 \qquad S = \frac{M_y}{I_y} \cdot z \qquad \max S = \frac{M_y}{I_y} \cdot h$$

$$T_z = \frac{V_z}{A} \qquad D = \sum S = \frac{M_y}{I_y} \cdot \sum z_i$$

1.6.3 Plastische Berechnung

Voraussetzung für die plastische Berechnung ist eine ausreichende Duktilität, d. h. Verformungsfähigkeit der Schraubenverbindung. Diese ist dann vorhanden, wenn die plastischen Verformungen durch Ovalisierung der Schraubenlöcher entstehen. Für den Nachweis des Abscherens ist deshalb die Bedingung für den elastischen Nachweis zu erfüllen. Maßgebend wird der Nachweis für die Grenzlochleibungskraft. Dies ist oft der Fall, wenn Schrauben zweischnittig beansprucht oder Schrauben der Festigkeitsklassen 8.8 und 10. 9 verwendet werden.

Mittige Beanspruchung

Eine mittige Beanspruchung in der Querschnittsebene des Punktequerschnittes liegt vor, wenn die Wirkungslinie der resultierenden Beanspruchung F durch den Schwerpunkt des Punktequerschnittes geht, s. Abb. 1.13. Eine plastische Berechnung ist unter mittiger Beanspruchung nur dann möglich, wenn nicht alle Schrauben die gleichen Grenzkräfte haben. Die Beanspruchbarkeit des Punktequerschnittes ist dann die Summe der Beanspruchbarkeiten der einzelnen Schrauben.

Der Nachweis lautet für jede Kraftrichtung:

$$\frac{F}{\sum F_{b,Rd}} \leq 1 \qquad (1.46)$$

$F_{b,Rd}$ ist die maßgebende Grenzkraft jeder Schraube, d. h. der kleinste Wert.

Voraussetzung ist:

$$F_{v,Rd} \geq F_{b,Rd}$$

Momentenbeanspruchung

Es soll ein einreihiger Punktequerschnitt, wie er bei gelenkigen Anschlüssen angewendet wird, für das Moment M_x untersucht werden. Es wird zunächst vorausgesetzt, dass für alle Querschnittspunkte die Grenztragfähigkeit $F_{b,Rd}$ gleich ist.

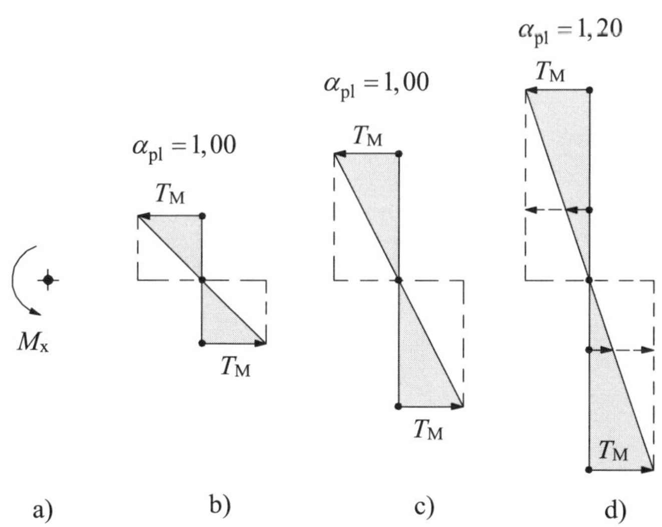

Abb. 1.15 Einreihiger Punktequerschnitt unter Beanspruchung M_x

Besteht der Querschnitt wie im Fall a) nur aus einem Punkt, kann er kein Moment übertragen. Besteht der Querschnitt wie im Fall b) aus zwei Punkten,

dann entsteht ein Kräftepaar mit gleichen Schraubenkräften. In diesem Fall ist die elastische Grenztragfähigkeit gleich der plastischen Grenztragfähigkeit. Auch bei dem Querschnitt mit drei Punkten wie im Fall c) ist keine Steigerung über die elastische Grenztragfähigkeit möglich, da die äußeren Schrauben gleichzeitig die Grenzkraft erreichen. Die mittlere Schraube bleibt kraftlos, da sie in der plastischen neutralen Achse liegt. Erst bei einem Querschnitt mit vier Punkten wie im Fall d) ist eine Steigerung über die elastische Grenztragfähigkeit möglich, bis auch die inneren Schrauben die Grenzkraft erreichen.
Für die maximal beanspruchte Schraube im Punkt 1 gilt mit Gleichung für die elastische Grenztragfähigkeit:

$$T_M = F_{b,Rd}$$

$$M_{el,x,Rd} = T_M \cdot \frac{I_p}{r_1} = T_M \cdot \frac{\sum r_i^2}{r_1} \qquad (1.47)$$

Für die plastische Grenztragfähigkeit des Punktequerschnittes gilt:

$$M_{pl,x,Rd} = T_M \cdot r_1 + T_M \cdot r_2 + ... = T_M \cdot \sum r_i \qquad (1.48)$$

Der Nachweis lautet:

$$\frac{M_x}{M_{pl,x,Rd}} \leq 1 \qquad (1.49)$$

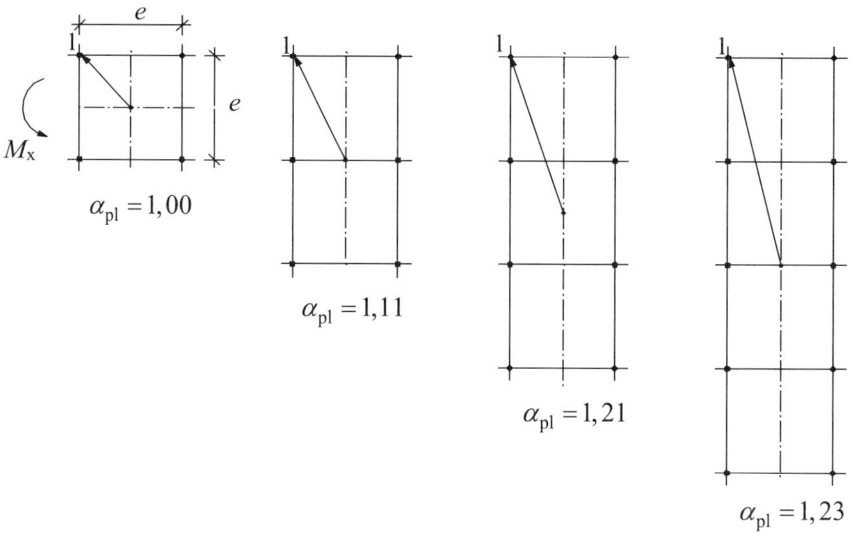

Abb. 1.16 Zweireihiger Punktequerschnitt unter Beanspruchung M_x

Die Zunahme der plastischen gegenüber der elastischen Grenztragfähigkeit wird durch den Formfaktor α_{pl} ausgedrückt.

$$\alpha_{pl} = \frac{M_{pl,x,Rd}}{M_{el,x,Rd}} = \frac{r_1 \cdot \sum r_i}{\sum r_i^2} \tag{1.50}$$

Der Formfaktor α_{pl} ist für diese Querschnitte in Abb. 1.15 eingetragen. Er vergrößert sich noch mit zunehmender Anzahl der Punkte des Querschnittes.
Es soll nun ein zweireihiger Punktequerschnitt, wie er bei gelenkigen Anschlüssen angewendet wird, für das Moment M_x untersucht werden.
Der Formfaktor α_{pl} ist für diese Querschnitte in Abb. 1.16 eingetragen. Die Werte wurden für gleiche Abstände in y- und z-Richtung beispielhaft berechnet.

Beanspruchung aus Moment und Querkraft
Im Allgemeinen treten an einem Querschnitt mehrere Schnittgrößen auf, z. B. bei gelenkigen Anschlüssen das Moment M_x und die Querkraft V_z.

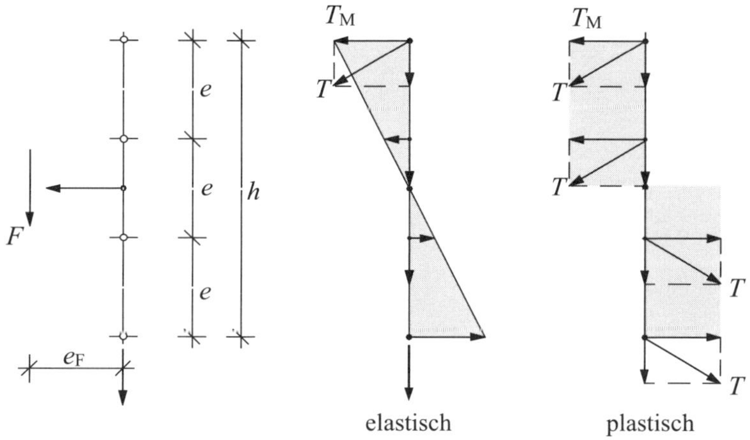

Abb. 1.17 Einreihiger Punktequerschnitt unter Beanspruchung M_x und V_z

Dann ist die Interaktion für diese Schnittgrößen zu berücksichtigen. Auch hier ist die Berechnung der plastischen Grenztragfähigkeit einfach, wenn die Reduktionsmethode (Band 1 Kapitel 2.4.3) angewendet wird. Bei der Reduktionsmethode werden die vorhandenen Schnittgrößen $T_{y,V}$ und $T_{z,V}$ auf alle Punkte verteilt und der Querschnitt entsprechend reduziert.
Reicht der Restquerschnitt auch für die letzte Schnittgröße M_x, dann ist der Tragsicherheitsnachweis erfüllt. Nur wenn für alle Querschnittspunkte die Grenzlochleibungskraft gleich ist, ergibt sich die für die plastische Grenztragfähigkeit in Abb. 1.17 angegebene symmetrische Verteilung, was i. Allg. nicht der Fall ist.

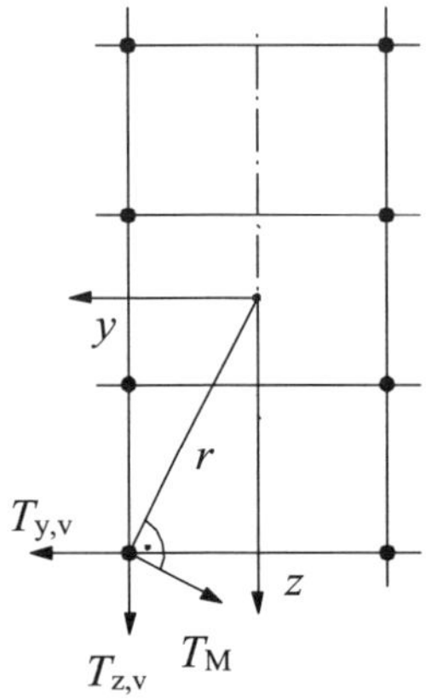

Abb. 1.18 Zweireihiger Punktequerschnitt unter allgemeiner Beanspruchung T

Sind an einem Querschnittspunkt wie in Abb. 1.18 die Schnittgrößen $T_{y,V}$, $T_{z,V}$ und T_M vorhanden, dann gilt für die Grenzlochleibungskraft die Interaktionsbeziehung:

$$\frac{T_y}{F_{y,b,Rd}} \leq 1 \qquad \frac{T_z}{F_{z,b,Rd}} \leq 1 \tag{1.51}$$

mit $T_y = \frac{V_y}{A} - \frac{M_x}{I_p} \cdot z = T_{y,V} - T_M \cdot \frac{z}{r}$

und $T_z = \frac{V_z}{A} + \frac{M_x}{I_p} \cdot y = T_{z,V} + T_M \cdot \frac{y}{r}$

Aus diesen Gleichungen kann die maximale Schnittgröße T_M für das Moment M_x berechnet werden, die bei gegebenem $T_{y,V}$ und $T_{z,V}$ an diesem Querschnittspunkt noch aufgenommen werden kann. Der Punktequerschnitt wird nach der Reduktionsmethode reduziert und das noch aufnehmbare Moment $M_{pl,x,d}$ durch die Summe der möglichen Kräftepaare mit maximalem Abstand berechnet.

Bei dem Nachweis des Punktequerschnittes darf jede sinnvolle Verteilung angenommen werden, wenn die daraus resultierenden Schnittgrößen im Gleichgewicht mit den äußeren Kräften und Momenten stehen. Die Verteilung muss den Steifigkeitsverhältnissen der Konstruktion entsprechen und die Grenzkraft der Schrauben darf nicht überschritten werden. Dieses Nachweisverfahren wird im Beispiel 1.7.4 exemplarisch dargestellt.

1.7 Beispiele

Beispiel 1.7.1: Berechnung der Schraubenkräfte eines einfachsymmetrischen Punktequerschnittes

Dieses Beispiel soll vor allem zeigen, wie die Querschnittswerte und die Schraubenkräfte bei einem einfachsymmetrischen Punktequerschnitt berechnet werden. Maßgebend sei hier der Nachweis des Abscherens für eine einschnittige Verbindung.

Berechnung: Elastisch

Beanspruchung: Moment M_x und Querkräfte V_y und V_z

Schrauben: M24-4.6

Beanspruchbarkeit: $F_{v,Rd} = 86,8$ kN nach Tabelle 13.1

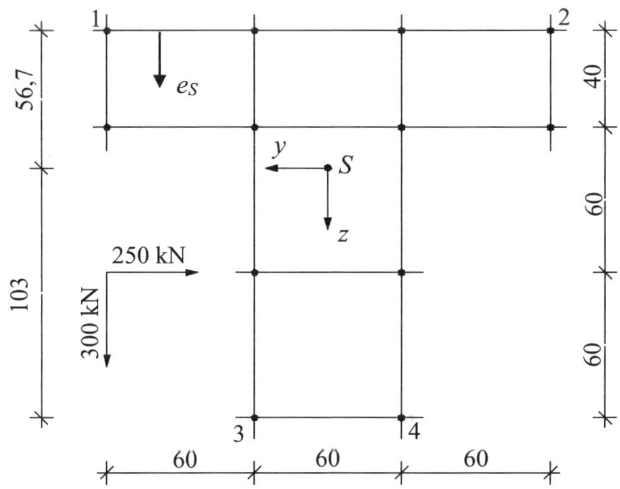

Für die Berechnung des Schwerpunktes wird als Bezugsachse die Achse 1-2 gewählt.

$A = 12$

$$e_S = \frac{\sum A_i \cdot e_i}{A} = \frac{4 \cdot 4 + 2 \cdot 10 + 2 \cdot 16}{12} = \frac{68}{12} = 5,67 \text{ cm}$$

Die Koordinaten der Punkte sind in Tabelle 1.8 angegeben.

Querschnittswerte:

$$I_y = \sum z_i^2 = 4 \cdot 5,67^2 + 4 \cdot 1,67^2 + 2 \cdot 4,33^2 + 2 \cdot 10,3^2 = 389 \text{ cm}^2$$

$$I_z = \sum y_i^2 = 4 \cdot 9,00^2 + 8 \cdot 3,00^2 = 396 \text{ cm}^2$$

$$I_p = I_y + I_z = 389 + 396 = 785 \text{ cm}^2$$

Beanspruchungen:

$V_y = -250$ kN $\quad V_z = 300$ kN $\quad M_x = 300 \cdot 9 + 250 \cdot 4,33 = 3783$ kNcm

Tabellarische Berechnung der Kräfte mit folgenden Gleichungen:

$$T_y = \frac{V_y}{A} - \frac{M_x}{I_p} \cdot z = T_{y,V} + T_{y,M} \qquad T_z = \frac{V_z}{A} + \frac{M_x}{I_p} \cdot y = T_{z,V} + T_{z,M}$$

$$T = \sqrt{T_y^2 + T_z^2}$$

Tabelle 1.8 Kräfte für die elastische Berechnung der Schrauben

Nr.	y_i cm	z_i cm	$T_{y,V}$ kN	$T_{y,M}$ kN	T_y kN	$T_{z,V}$ kN	$T_{z,M}$ kN	T_z kN	T kN
1	9,00	-5,67	-20,8	27,3	6,50	25,0	43,4	68,4	68,7
2	-9,00	-5,67	-20,8	27,3	6,50	25,0	-43,4	-18,4	19,5
3	3,00	10,3	-20,8	-49,6	-70,4	25,0	14,5	39,5	**80,7**
4	-3,00	10,3	-20,8	-49,6	-70,4	25,0	-14,5	10,5	71,2

$$\frac{T}{F_{v,Rd}} = \frac{80,7}{86,8} = 0,93 \leq 1,0$$

Beispiel 1.7.2: Nachweis der Schraubenkräfte eines Zugstabanschlusses

Es soll ein Zugstab aus zwei U-Profilen und einem Knotenblech für einen geschraubten Anschluss nachgewiesen werden. Die Schrauben werden symmetrisch zur Schwerachse nur im Steg angeordnet. Der Nachweis des Zugstabes ist im Band 1, Beispiel 5.4.2, geführt.

Werkstoff: S235

Nachweisverfahren: Elastisch und Plastisch

Beanspruchung: Zug $N_{t,Ed} = 925$ kN

Profil: 2 U 160: $s = 7,5$ mm

Knotenblech: $t_1 = 12$ mm

Schrauben: M16-4.6; $d_0 = 18$ mm

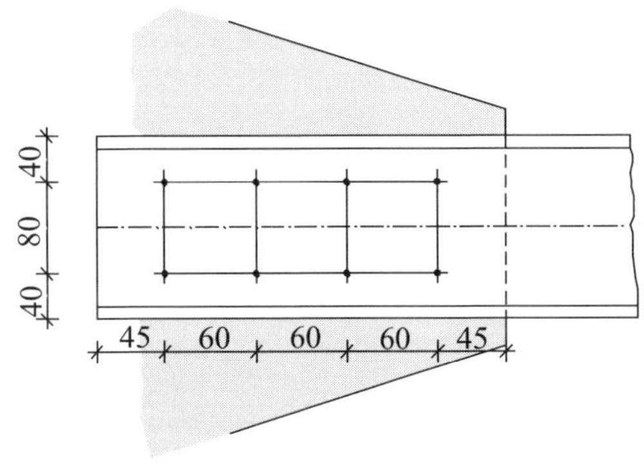

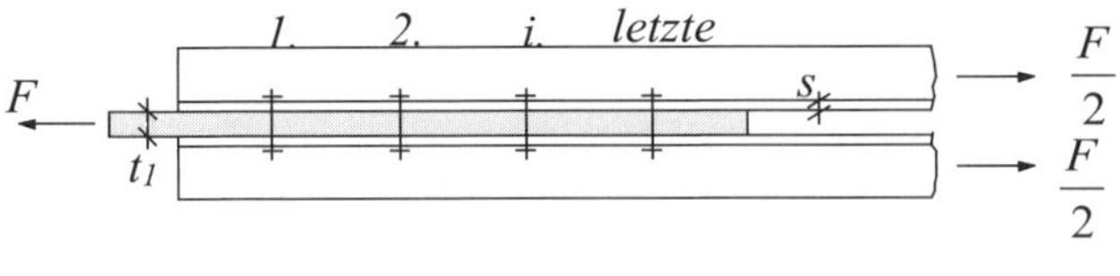

Konstruktion

Die Rand- und Lochabstände werden nach Tabelle 1.5 festgelegt. Dabei soll die maximale Lochleibungskraft angestrebt werden. Die folgenden Maße sind nicht in der Abbildung eingetragen.

Lochabstand p_1:

maximale Lochleibungskraft $p_1 \geq 3{,}75 \cdot d_0 = 3{,}5 \cdot 18 = 67{,}5$ mm

$p_1 \geq 2{,}2 \cdot d_0 = 2{,}2 \cdot 18 = 39{,}6$ mm

$p_1 \leq 14 \cdot t = 14 \cdot 7{,}5 = 105$ mm

$p_1 \leq 200$ mm

gewählt $p_1 = 70$ mm

Randabstand e_1:

maximale Lochleibungskraft $e_1 \geq 3{,}0 \cdot d_0 = 3{,}0 \cdot 18 = 54$ mm

$e_1 \geq 1{,}2 \cdot d_0 = 1{,}2 \cdot 18 = 21{,}8$ mm

$e_1 \leq 4 \cdot t + 40 = 4 \cdot 7{,}5 + 40 = 70$ mm

gewählt $e_1 = 60$ mm

Randabstand e_2:

maximale Lochleibungskraft $e_2 \geq 1{,}5 \cdot d_0 = 1{,}5 \cdot 18 = 27$ mm

$e_2 \geq 1{,}2 \cdot d_0 = 1{,}2 \cdot 18 = 21{,}8$ mm

$e_2 \leq 4 \cdot t + 40 = 4 \cdot 7{,}5 + 40 = 70$ mm

gewählt $e_2 = 40$ mm konstruktiv

Lochabstand p_2:

maximale Lochleibungskraft $p_2 \geq 3{,}0 \cdot d_0 = 3{,}0 \cdot 18 = 54$ mm

$p_2 \geq 2{,}4 \cdot d_0 = 2{,}4 \cdot 18 = 43{,}2$ mm

$p_2 \leq 14 \cdot t = 14 \cdot 7{,}5 = 105$ mm

$p_2 \leq 200$ mm

gewählt $p_2 = 80$ mm konstruktiv

Es ist zu beachten, dass die Unterlegscheibe mit $D = 30$ mm der Schraube M 16 nicht in die Ausrundung des Profils hineinragt. Dies ist hier erfüllt.

$$40 \text{ mm} - 15 \text{ mm} = 25 \text{ mm} > \frac{h - h_1}{2} = \frac{160 - 115}{2} = 22{,}5 \text{ mm}$$

Es wird für jede Schraube die maßgebende Grenzkraft F_{Rd} berechnet.

Voraussetzung: $e_2 = 40 \text{ mm} \geq 1{,}5 \cdot d_0 = 1{,}5 \cdot 18 = 27$ mm

$p_2 = 80 \text{ mm} \geq 3{,}0 \cdot d_0 = 3{,}0 \cdot 18 = 54$ mm

$t_1 = 12$ mm $t_2 = 7{,}5 + 7{,}5 = 15$ mm

1. Schraube

$m \cdot F_{\text{v,Rd}} = 2 \cdot 38{,}6 = 77{,}2$ kN		Tabelle 13.1
$F_{\text{1,b,Rd}} = 1{,}2 \cdot 115 = 138$ kN	$p_1 = 70$ mm	Tabelle 13.4
$F_{\text{2,b,R,d}} = 1{,}5 \cdot 115 = 173$ kN	$e_1 = 60$ mm	Tabelle 13.4
$F_{\text{Rd}} = 77{,}2$ kN		

2. Schraube

$m \cdot F_{\text{v,Rd}} = 2 \cdot 38{,}6 = 77{,}2$ kN — Tabelle 13.1

$F_{1,b,R,d} = 1,2 \cdot 115 = 138$ kN $\quad p_1 = 70$ mm $\quad$ Tabelle 13.4

$F_{2,b,R,d} = 1,5 \cdot 115 = 173$ kN $\quad p_1 = 70$ mm $\quad$ Tabelle 13.4

$F_{Rd} = 77,2$ kN

3. Schraube und weitere Innenschrauben wie 2. Schraube

letzte Schraube

$m \cdot F_{v,Rd} = 2 \cdot 38,6 = 77,2$ kN $\quad$ Tabelle 13.1

$F_{1,b,R,d} = 1,2 \cdot 115 = 138$ kN $\quad e_1 = 60$ mm $\quad$ Tabelle 13.4

$F_{2,b,R,d} = 1,5 \cdot 115 = 173$ kN $\quad p_1 = 70$ mm $\quad$ Tabelle 13.4

$F_{Rd} = 77,2$ kN

Elastische Berechnung der Schraubenverbindung

Die kleinste Grenzkraft F_{Rd} aller Schrauben ist

$$F_{Rd} = 77,2 \text{ kN}$$

$$\text{erf}\, n = \frac{N_{t,Ed}}{F_{Rd}} = \frac{925}{77,2} = 11,98$$

gewählt: 12 M16-4.6

Der Nachweis lautet damit:

$$T = \frac{N_{t,Ed}}{n} = \frac{925}{12} = 77,1 \text{ kN}$$

$$\frac{T}{F_{Rd}} = \frac{77,1}{77,2} = 1,0 \le 1$$

Plastische Berechnung der Schraubenverbindung

Eine plastische Berechnung ist nicht möglich, da die Bedingung $F_{v,Rd} \ge F_{b,Rd}$ für alle Schrauben nicht erfüllt ist.

Der Anschluss kann verkürzt werden, wenn **hochfeste Schrauben** verwendet werden, s. Konstruktionszeichnung.

Schrauben: M16-10.9; $d_0 = 18$ mm

Es wird für jede Schraube die maßgebende Grenzkraft F_{Rd} berechnet.

Voraussetzung: $e_2 = 40 \text{ mm} \ge 1,5 \cdot d_0 = 1,5 \cdot 18 = 27$ mm

$p_2 = 80 \text{ mm} \ge 3,0 \cdot d_0 = 3,0 \cdot 18 = 54$ mm

$t_1 = 12$ mm $\quad t_2 = 7,5 + 7,5 = 15$ mm

1. Schraube

$m \cdot F_{v,Rd} = 2 \cdot 96,5 = 193$ kN $\quad$ Tabelle 13.1

$F_{1,b,R,d} = 1,2 \cdot 99,2 = 119$ kN $\quad p_1 = 60$ mm $\quad$ Tabelle 13.4

$F_{2,b,R,d} = 1,5 \cdot 96 = 144$ kN $\quad e_1 = 45$ mm $\quad$ Tabelle 13.4

$F_{Rd} = 119$ kN

2. Schraube

$m \cdot F_{v,Rd} = 2 \cdot 96,5 = 193$ kN $\quad$ Tabelle 13.1

$F_{1,b,R,d} = 1,2 \cdot 99,2 = 119$ kN $p_1 = 60$ mm Tabelle 13.4

$F_{2,b,R,d} = 1,5 \cdot 99,2 = 149$ kN $p_1 = 60$ mm Tabelle 13.4

$F_{Rd} = 119$ kN

3. Schraube und weitere Innenschrauben wie 2. Schraube

letzte Schraube

$m \cdot F_{v,Rd} = 2 \cdot 96,5 = 193$ kN Tabelle 13.1

$F_{1,b,R,d} = 1,2 \cdot 96 = 115$ kN $e_1 = 45$ mm Tabelle 13.4

$F_{2,b,R,d} = 1,5 \cdot 99,2 = 149$ kN $p_1 = 60$ mm Tabelle 13.4

$F_{Rd} = 115$ kN

Elastische Berechnung der Schraubenverbindung

Die kleinste Grenzkraft F_{Rd} aller Schrauben ist

$$F_{Rd} = 115 \text{ kN}$$

$$\text{erf } n = \frac{N_{t,Ed}}{F_{Rd}} = \frac{925}{115} = 8,04$$

gewählt: 10 M16-10.9

Der Nachweis lautet damit:

$$T = \frac{N_{t,Ed}}{n} = \frac{925}{10} = 92,5 \text{ kN}$$

$$\frac{T}{F_{Rd}} = \frac{92,5}{115} = 0,80 \leq 1$$

Plastische Berechnung der Schraubenverbindung

Eine plastische Berechnung ist möglich, da die Bedingung $F_{v,Rd} \geq F_{b,Rd}$ für alle Schrauben erfüllt ist. Maßgebend ist in diesem Fall $F_{b,Rd}$ für jede Schraube.

Gleichgewicht:

$$2 \cdot 119 + n_i \cdot 119 + 2 \cdot 115 \geq 925 \quad \text{in kN}$$

$$n_i = 3,84$$

n_i –Anzahl der Innenschrauben

gewählt: 8 M16-10.9 wie in der Zeichnung dargestellt.

Der Nachweis lautet damit:

$$\sum F_{b,Rd} = 2 \cdot 119 + 4 \cdot 119 + 2 \cdot 115 = 944 \text{ kN}$$

$$\frac{N_{t,Ed}}{\sum F_{b,Rd}} = \frac{925}{944} = 0,98 \leq 1$$

Die plastische Berechnung ergibt hier einen günstigeren Anschluss mit kleineren Abmessungen.

Beispiel 1.7.3: Laschenstoß des Untergurtes eines Fachwerkbinders

Bei langen Fachwerkbindern ist aus Transportgründen oft ein Baustellenstoß erforderlich. Die Stelle des Stoßes richtet sich nach den möglichen Transportlängen. In diesem Beispiel soll der Stoß in der Bindermitte angenommen werden, auch wenn dies die Stelle der maximalen Zugbeanspruchung ist. Das System mit Bemessungslasten und die Konstruktion des Untergurtstoßes sind in der folgenden Abbildung angegeben.
Im Beispiel 6.5.4 wird dieser Stoß als Stirnplattenstoß ausgebildet und berechnet.

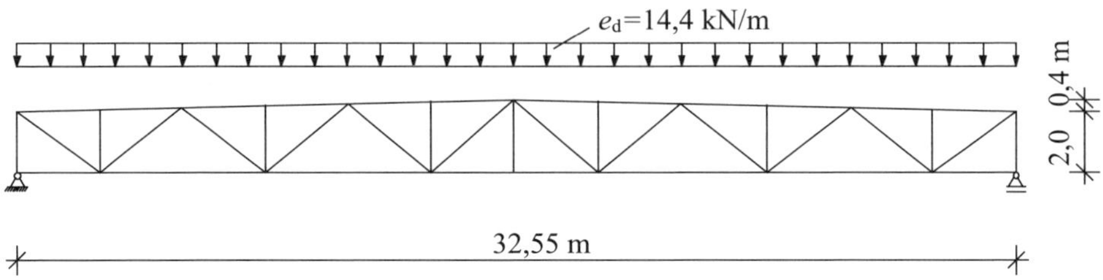

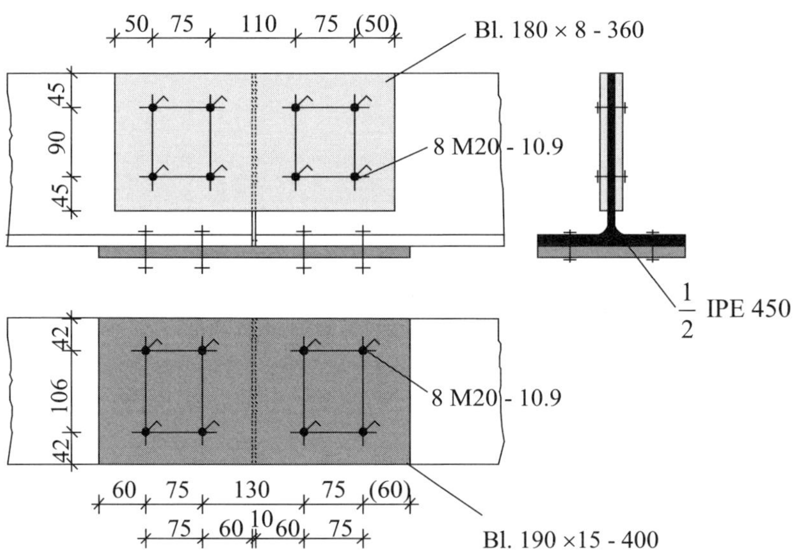

Der Untergurt besteht aus einem halbierten IPE 450. Halbierte Träger werden gerne gewählt, da der Steg des Profils gleichzeitig als Knotenblech für die Anschlüsse der Diagonalen und Pfosten dient.
Prinzip:
Besteht der Stabquerschnitt aus mehreren Teilquerschnitten, dann werden die Schnittgrößen der Teilquerschnitte ermittelt und jeder Teilquerschnitt für sich gestoßen!
Der Stoßquerschnitt besteht damit aus einzelnen Laschen. Die Laschenquerschnitte werden so gewählt, dass

- der Stabquerschnitt ersetzt wird und
- der Schwerpunkt des Stoßquerschnittes mit dem Schwerpunkt des Stabquerschnittes hinreichend genau zusammenfällt.

Dadurch werden unerwünschte Momente vermieden.

Die Stabkraft verteilt sich bei reiner Normalkraftbeanspruchung auf die Teilflachen i im Verhältnis der Querschnittsflächen A_i.

Dies folgt aus:

$$\sigma = \frac{N}{A}$$

$$N_i = \sigma \cdot A_i = \frac{A_i}{A} \cdot N$$

Die Normalkraft am Stoß ist in diesem Beispiel:

$$N_{Ed} = \frac{14,4 \cdot 32,55^2}{8 \cdot 2,4} = 795 \text{ kN}$$

Werkstoff: S235

Nachweisverfahren: Elastisch-Plastisch

Beanspruchung: $N_{Ed} = 795$ kN

Profil: 1/2 IPE 450

Schrauben: M20-10.9; $d_0 = 22$ mm

Querschnittswerte:

$$A = 0,5 \cdot 98,8 = 49,4 \text{ cm}^2 \text{; } b = 190 \text{ mm; } t_f = 14,6 \text{ mm; } t_w = 9,4 \text{ mm}$$

Nachweis des Zugstabes

Siehe Band 1, Abschnitt Zugstab.

$$N_{pl,Rd} = \frac{A \cdot f_y}{\gamma_{M0}} = \frac{49,4 \cdot 23,5}{1,00} = 1161 \text{ kN}$$

$$A_{net} = A - \Delta A = 49,4 - 2 \cdot 2,2 \cdot 0,94 - 2 \cdot 2,2 \cdot 1,46 = 38,8 \text{ cm}^2$$

$$N_{u,Rd} = \frac{0,9 \cdot A_{net} \cdot f_u}{\gamma_{M2}} = \frac{0,9 \cdot 38,8 \cdot 36}{1,25} = 1257 \text{ kN}$$

Der kleinste Wert ist maßgebend.

$$\frac{N_{Ed}}{N_{t,Rd}} = \frac{795}{1161} = 0,68 \leq 1$$

Der Versatz muss nicht berücksichtigt werden. Der Versatz beträgt hier nur $0,5$ mm und kann vernachlässigt werden.

Nachweis der Lasche des Flansches

Normalkraft im Flansch:

$$N_1 = \frac{A_1}{A} \cdot N = \frac{1,46 \cdot 19,0}{49,4} \cdot 795 = 446 \text{ kN}$$

Nachweis als Zugstab

$$N_{pl,Rd} = \frac{A \cdot f_y}{\gamma_{M0}} = \frac{19,0 \cdot 1,5 \cdot 23,5}{1,00} = 670 \text{ kN}$$

$$A_{net} = A - \Delta A = 19,0 \cdot 1,5 - 2 \cdot 2,2 \cdot 1,5 = 21,9 \text{ cm}^2$$

$$N_{u,Rd} = \frac{0,9 \cdot A_{net} \cdot f_u}{\gamma_{M2}} = \frac{0,9 \cdot 21,9 \cdot 36}{1,25} = 568 \text{ kN}$$

Der kleinste Wert ist maßgebend.

$$\frac{N_{\mathrm{Ed}}}{N_{\mathrm{t,Rd}}} = \frac{446}{568} = 0,79 \leq 1$$

Nachweis der Schraubenverbindung der Lasche

Konstruktion

Die Rand- und Lochabstände werden nach Tabelle 1.5 festgelegt. Dabei soll die maximale Lochleibungskraft angestrebt werden.

Lochabstand p_1:

maximale Lochleibungskraft $p_1 \geq 3,75 \cdot d_0 = 3,5 \cdot 22 = 77$ mm

$p_1 \geq 2,2 \cdot d_0 = 2,2 \cdot 22 = 48,4$ mm

$p_1 \leq 14 \cdot t = 14 \cdot 14,6 = 204$ mm

$p_1 \leq 200$ mm

gewählt $p_1 = 75$ mm

Randabstand e_1:

maximale Lochleibungskraft $e_1 \geq 3,0 \cdot d_0 = 3,0 \cdot 22 = 66$ mm

$e_1 \geq 1,2 \cdot d_0 = 1,2 \cdot 22 = 26,4$ mm

$e_1 \leq 4 \cdot t + 40 = 4 \cdot 14,6 + 40 = 98,4$ mm

gewählt $e_1 = 60$ mm

Randabstand e_2:

maximale Lochleibungskraft $e_2 \geq 1,5 \cdot d_0 = 1,5 \cdot 22 = 33$ mm

$e_2 \geq 1,2 \cdot d_0 = 1,2 \cdot 22 = 26,4$ mm

$e_2 \leq 4 \cdot t + 40 = 4 \cdot 14,6 + 40 = 98,4$ mm

gewählt $e_2 = 42$ mm in Anlahnung DIN 997

Lochabstand p_2:

maximale Lochleibungskraft $p_2 \geq 3,0 \cdot d_0 = 3,0 \cdot 22 = 66$ mm

$p_2 \geq 2,4 \cdot d_0 = 2,4 \cdot 22 = 52,8$ mm

$p_2 \leq 14 \cdot t = 14 \cdot 14,6 = 204$ mm

$p_2 \leq 200$ mm

gewählt $p_2 = 106$ mm in Anlehnung an DIN 997

Es wird für jede Schraube die maßgebende Grenzkraft F_{Rd} berechnet.

Voraussetzung: $e_2 = 42\text{ mm} \geq 1,5 \cdot d_0 = 1,5 \cdot 22 = 33$ mm

$p_2 = 106\text{ mm} \geq 3,0 \cdot d_0 = 3,0 \cdot 22 = 66$ mm

$t_1 = 15$ mm ; $t_2 = 14,6$ mm

1. Schraube

$m \cdot F_{\mathrm{v,Rd}} = 1 \cdot 151 = 151$ kN — Tabelle 13.1

$F_{\mathrm{1,b,R,d}} = 1,46 \cdot 128 = 187$ kN — $p_1 = 75$ mm — Tabelle 13.4

$F_{\mathrm{2,b,R,d}} = 1,5 \cdot 131 = 197$ kN — $e_1 = 60$ mm — Tabelle 13.4

$F_{\mathrm{Rd}} = 151$ kN

2. Schraube

$m \cdot F_{v,Rd} = 1 \cdot 151 = 151$ kN — Tabelle 13.1

$F_{1,b,R,d} = 1,46 \cdot 131 = 191$ kN — $e_1 = 60$ mm — Tabelle 13.4

$F_{2,b,R,d} = 1,5 \cdot 128 = 192$ kN — $p_1 = 75$ mm — Tabelle 13.4

$F_{Rd} = 151$ kN

<u>Elastische Berechnung der Schraubenverbindung</u>

Die kleinste Grenzkraft F_{Rd} aller Schrauben ist

$$F_{Rd} = 126 \text{ kN}$$

$$\text{erf } n = \frac{N_{t,Ed}}{F_{Rd}} = \frac{446}{126} = 3,54$$

gewählt: 4 M20-10.9

Der Nachweis lautet damit:

$$T = \frac{N_{t,Ed}}{n} = \frac{446}{4} = 112 \text{ kN}$$

$$\frac{T}{F_{Rd}} = \frac{112}{126} = 0,89 \le 1$$

Nachweis der Laschen des Steges

Normalkraft im Steg:

$N_2 = N_d - N_1 = 795 - 446 = 349$ kN

Nachweis als Zugstab

$$N_{pl,Rd} = \frac{A \cdot f_y}{\gamma_{M0}} = \frac{2 \cdot 18,0 \cdot 0,8 \cdot 23,5}{1,00} = 677 \text{ kN}$$

$$A_{net} = A - \Delta A = 28,8 - 4 \cdot 2,2 \cdot 0,8 = 21,8 \text{ cm}^2$$

$$N_{u,Rd} = \frac{0,9 \cdot A_{net} \cdot f_u}{\gamma_{M2}} = \frac{0,9 \cdot 21,8 \cdot 36}{1,25} = 565 \text{ kN}$$

Der kleinste Wert ist maßgebend.

$$\frac{N_{Ed}}{N_{t,Rd}} = \frac{349}{565} = 0,62 \le 1$$

Nachweis der Schraubenverbindung des Steges

Konstruktion

Die Rand- und Lochabstände werden nach Tabelle 1.5 festgelegt. Dabei soll die maximale Lochleibungskraft angestrebt werden.

Lochabstand p_1:

maximale Lochleibungskraft $p_1 \ge 3,75 \cdot d_0 = 3,5 \cdot 22 = 77$ mm

$$p_1 \ge 2,2 \cdot d_0 = 2,2 \cdot 22 = 48,4 \text{ mm}$$

$$p_1 \le 14 \cdot t = 14 \cdot 9,4 = 132 \text{ mm}$$

$$p_1 \le 200 \text{ mm}$$

gewählt $p_1 = 75$ mm

Randabstand e_1:

maximale Lochleibungskraft $e_1 \ge 3,0 \cdot d_0 = 3,0 \cdot 22 = 66$ mm

$e_1 \geq 1{,}2 \cdot d_0 = 1{,}2 \cdot 22 = 26{,}4$ mm

$e_1 \leq 4 \cdot t + 40 = 4 \cdot 9{,}4 + 40 = 77{,}6$ mm

gewählt $e_1 = 50$ mm

Randabstand e_2:

maximale Lochleibungskraft $e_2 \geq 1{,}5 \cdot d_0 = 1{,}5 \cdot 22 = 33$ mm

$e_2 \geq 1{,}2 \cdot d_0 = 1{,}2 \cdot 22 = 26{,}4$ mm

$e_2 \leq 4 \cdot t + 40 = 4 \cdot 9{,}4 + 40 = 77{,}6$ mm

gewählt $e_2 = 45$ mm

Lochabstand p_2:

maximale Lochleibungskraft $p_2 \geq 3{,}0 \cdot d_0 = 3{,}0 \cdot 22 = 66$ mm

$p_2 \geq 2{,}4 \cdot d_0 = 2{,}4 \cdot 22 = 52{,}8$ mm

$p_2 \leq 14 \cdot t = 14 \cdot 9{,}4 = 132$ mm $\qquad p_2 \leq 200$ mm

gewählt $p_2 = 90$ mm

Es wird für jede Schraube die maßgebende Grenzkraft F_{Rd} berechnet.

Voraussetzung: $e_2 = 45 \text{ mm} \geq 1{,}5 \cdot d_0 = 1{,}5 \cdot 22 = 33$ mm

$p_2 = 90 \text{ mm} \geq 3{,}0 \cdot d_0 = 3{,}0 \cdot 22 = 66$ mm

$t_1 = 16$ mm ; $t_2 = 9{,}4$ mm

1. Schraube

$m \cdot F_{\mathrm{v,Rd}} = 2 \cdot 151 = 302$ kN — Tabelle 13.1

$F_{1,\mathrm{b,R,d}} = 0{,}94 \cdot 128 = 120$ kN — $p_1 = 75$ mm — Tabelle 13.4

$F_{2,\mathrm{b,R,d}} = 1{,}6 \cdot 109 = 174$ kN — $e_1 = 50$ mm — Tabelle 13.4

$F_{\mathrm{Rd}} = 120$ kN

2. Schraube

$m \cdot F_{\mathrm{v,Rd}} = 2 \cdot 151 = 302$ kN — Tabelle 13.1

$F_{1,\mathrm{b,R,d}} = 0{,}94 \cdot 109 = 102$ kN — $e_1 = 50$ mm — Tabelle 13.4

$F_{2,\mathrm{b,R,d}} = 1{,}6 \cdot 128 = 205$ kN — $p_1 = 75$ mm — Tabelle 13.4

$F_{\mathrm{Rd}} = 102$ kN

<u>Elastische Berechnung der Schraubenverbindung</u>

Die kleinste Grenzkraft F_{Rd} aller Schrauben ist

$F_{\mathrm{Rd}} = 102$ kN

$$\operatorname{erf} n = \frac{N_{\mathrm{t,Ed}}}{F_{\mathrm{Rd}}} = \frac{349}{102} = 3{,}42$$

gewählt: 4 M20-10.9

Der Nachweis lautet damit:

$$T = \frac{N_{\mathrm{t,Ed}}}{n} = \frac{349}{4} = 87{,}3 \text{ kN}$$

$$\frac{T}{F_{\mathrm{Rd}}} = \frac{87{,}3}{102} = 0{,}86 \leq 1$$

Beispiel 1.7.4: Berechnung der Schraubenkräfte eines einreihigen Punktequerschnittes

Berechnung: Elastisch und Plastisch

Beanspruchung: Moment M_x und Querkräfte V_y und V_z

Beanspruchbarkeit angenommen: Grenzlochleibungskraft $F_{b,Rd} = 39,8$ kN

Grenzabscherkraft $F_{v,Rd} = 101$ kN

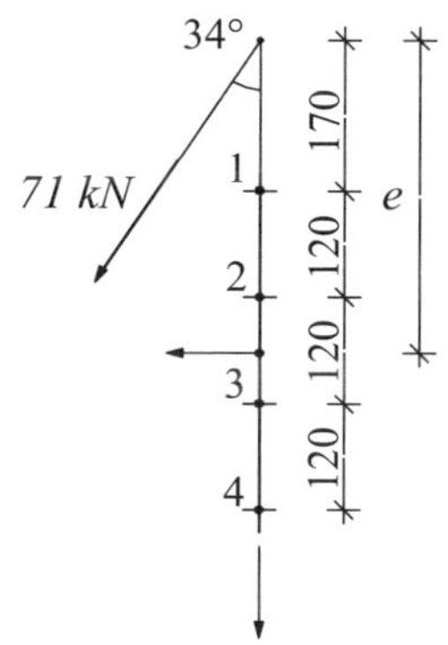

Querschnittswerte:

$$A = 4$$
$$h = 36 \text{ cm}$$
$$I_y = \sum z_i^2 = 2 \cdot 6,00^2 + 2 \cdot 18,0^2 = 720 \text{ cm}^2$$
$$I_z = \sum y_i^2 = 0$$
$$I_p = I_y + I_z = 720 \text{ cm}^2$$

Beanspruchungen:

$$V_y = F \cdot \sin 34^\circ = 71 \cdot \sin 34^\circ = 39,7 \text{ kN}$$
$$V_z = F \cdot \cos 34^\circ = 71 \cdot \cos 34^\circ = 58,9 \text{ kN}$$
$$M_x = V_y \cdot e = 39,7 \cdot 35 = 1390 \text{ kNcm}$$

Elastische Berechnung der maximalen Schraubenkraft T im Punkt 1:

$$T_y = \frac{V_y}{A} - \frac{M_x}{I_p} \cdot z = \frac{39,7}{4} + \frac{1390}{720} \cdot 18 = 44,7 \text{ kN}$$
$$T_z = \frac{V_z}{A} = \frac{58,9}{4} = 14,7 \text{ kN}$$
$$T = \sqrt{T_y^2 + T_z^2} = \sqrt{44,7^2 + 14,7^2} = 47,1 \text{ kN}$$
$$\frac{T}{F_{v,Rd}} = \frac{47,1}{101} = 0,47 \le 1,0$$
$$\frac{T_y}{F_{b,Rd}} = \frac{44,7}{39,8} = 1,12 > 1,0$$ Der Nachweis ist nicht erfüllt.

Plastische Berechnung der maximalen Schraubenkraft T

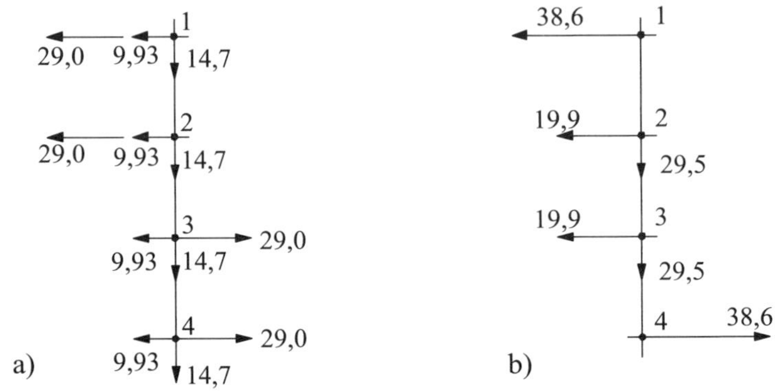

Die plastische Berechnung erfolgt nach dem Verfahren im Eurocode 3. Im Fall a) wird eine gleichmäßige Verteilung der Schnittgrößen auf die einzelnen Punkte angenommen.

$$T_{y,V} = \frac{V_y}{A} = \frac{39,7}{4} = 9,93 \text{ kN}$$

$$T_{y,M} = \frac{M_x}{\sum z_i} = \frac{1390}{6+6+18+18} = \frac{1390}{48} = 29,0 \text{ kN}$$

$$T_y = T_{y,V} + T_{y,M} = 9,93 + 29,0 = 38,9 \text{ kN}$$

$$T_z = \frac{V_z}{A} = \frac{58,9}{4} = 14,7 \text{ kN}$$

$$T = \sqrt{T_y^2 + T_z^2} = \sqrt{38,9^2 + 14,7^2} = 41,6 \text{ kN}$$

$$\frac{T}{F_{v,Rd}} = \frac{41,6}{101} = 0,41 \le 1,0$$

$$\frac{T_y}{F_{b,Rd}} = \frac{38,9}{39,8} = 0,98 > 1,0 \qquad \text{Der Nachweis ist erfüllt.}$$

Im Fall b) werden die Querkräfte V_y und V_z den inneren Punkten 2 und 3 zugeordnet, die äußeren Punkte 1 und 4 nehmen das Moment M_x auf.

Schraubenkraft im Punkt 1:

$$T = T_{y,M} = \frac{M_x}{\sum z_i} = \frac{1390}{18+18} = \frac{1390}{36} = 38,6 \text{ kN}$$

Schraubenkraft im Punkt 2:

$$T_y = \frac{V_y}{2} = \frac{39,7}{2} = 19,9 \text{ kN}$$

$$T_z = \frac{V_z}{2} = \frac{58,9}{2} = 29,5 \text{ kN}$$

$$T = \sqrt{T_y^2 + T_z^2} = \sqrt{19,9^2 + 29,5^2} = 35,6 \text{ kN}$$

$$\frac{T}{F_{v,Rd}} = \frac{35,6}{101} = 0,35 \le 1,0 \qquad \frac{T_y}{F_{b,Rd}} = \frac{38,6}{39,8} = 0,97 > 1,0 \qquad \text{Der Nachweis ist erfüllt.}$$

Beispiel 1.7.5: Plastische Berechnung eines einreihigen Punktequerschnittes

Dieses Beispiel entspricht dem Nachweis der Lochleibung am Trägersteg des typisierten Anschlusses IG2 2014 nach [12], der für diesen Anschluss maßgebend wird. Dort ist als elastische Grenzlast $F_{\text{A,Rd}} = 107,9$ kN angegeben.

Werkstoff: S235

Nachweisverfahren: Elastisch und Plastisch

Beanspruchung: Auflagerkraft $F = 136$ kN

Moment M_x und Querkraft V_z

Profil des Deckenträgers: IPE 450; $t_w = 9,4$ mm

Ausführung: Anschluss mit Doppelwinkel, „Oberkante bündig“ ohne Ausklinkung, s. Abschnitt 5

Anschlusswinkel: JL 200×100×12

Schrauben: M20-4.6; $d_0 = 22$ mm

Der Deckenträger ist durch zwei kräftige Winkel mit dem Steg des Unterzuges verbunden, wo der Momentennullpunkt liegt.

Beanspruchbarkeit:

Es werden für jede Schraube die Grenzkraftlochleibungskräfte in allen Richtungen des Koordinatensystems und die Grenzabscherkraft berechnet. Die Grenzkraftlochleibungskräfte sind in der folgenden Abbildung in kN angegeben.

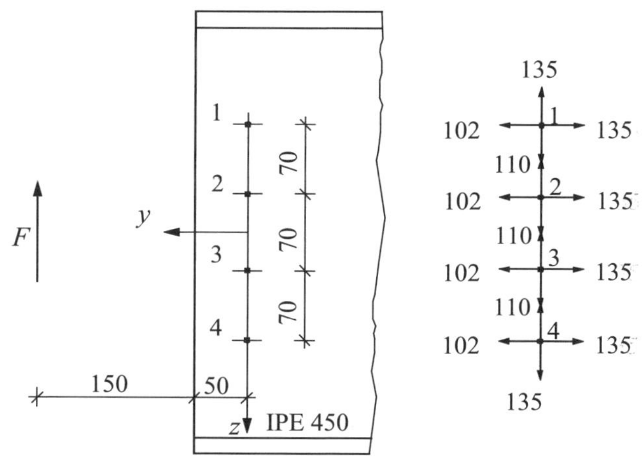

Es wird für jede Schraube die maßgebende Grenzkraft F_{Rd} berechnet.

Voraussetzung: $e_2 = 50 \text{ mm} \geq 1,5 \cdot d_0 = 1,5 \cdot 22 = 33 \text{ mm}$

$p_2 = 70 \text{ mm} \geq 3,0 \cdot d_0 = 3,0 \cdot 22 = 66 \text{ mm}$

$t_1 = 24 \text{ mm} \qquad t_2 = 9,4 \text{ mm}$

1. Schraube

$m \cdot F_{\text{v,Rd}} = 2 \cdot 60,3 = 121 \text{ kN}$ Tabelle 13.1

$F_{\text{z,b,R,d}} = 0,94 \cdot 117 = 110 \text{ kN}$ $p_1 = 70$ mm Tabelle 13.4

$F_{\text{y,b,R,d}} = 0,94 \cdot 109 = 102 \text{ kN}$ $e_1 = 50$ mm Tabelle 13.4

$F_{z,b,R,d} = 0,94 \cdot 144 = 135 \text{ kN}$ $\qquad p_1 \geq 3,75 \cdot d_0$ Tabelle 13.4

Querschnittswerte:

$A = 4 \quad h = 21 \text{ cm}$ $\qquad I_p = \sum z_i^2 = 2 \cdot 3,50^2 + 2 \cdot 10,5^2 = 245 \text{ cm}^2$

Beanspruchungen:

$V_z = -F = -136 \text{ kN}$ $\qquad M_x = F \cdot e_F = -136 \cdot 20 = -2720 \text{ kNcm}$

Elastische Berechnung der maximalen Schraubenkraft im Punkt 4:

$$T_y = -\frac{M_x}{I_p} \cdot z = +\frac{2720}{245} \cdot 10,5 = 116,6 \text{ kN}$$

$$T_z = \frac{V_z}{A} = -\frac{136}{4} = -34,0 \text{ kN}$$

$$T = \sqrt{T_y^2 + T_z^2} = \sqrt{34,0^2 + 116,6^2} = 121,5 \text{ kN}$$

Nachweis des Abscherens:

$$\frac{T}{2 \cdot F_{v,Rd}} = \frac{121,5}{121} = 1,00 \leq 1,0$$

Nachweis der Lochleibung:

$$\frac{T_z}{F_{z,b,Rd}} = \frac{34,0}{110} = 0,31 \leq 1,0$$

$$\frac{T_y}{F_{y,b,Rd}} = \frac{116,6}{102} = 1,14 > 1,0 \quad \text{Der Nachweis ist nicht erfüllt.}$$

Plastische Berechnung

Die plastische Berechnung ist hier zulässig, da der elastische Nachweis für das Abscheren erfüllt ist. Die plastischen Verformungen entstehen durch Ovalisierung der Schraubenlöcher und nicht durch den Scherversatz der Schrauben.

Es wird eine gleichmäßige Verteilung der Schnittgrößen auf die einzelnen Punkte angenommen.

$$T_z = \frac{V_z}{A} = -\frac{136}{4} = -34,0 \text{ kN}$$

$$T_{y,M} = \frac{M_x}{\sum z_i} = \frac{2720}{3,5 + 3,5 + 10,5 + 10,5} = \frac{2720}{28} = 97,1 \text{ kN}$$

$$T_y = T_{y,V} + T_{y,M} = 0 + 97,1 = 97,1 \text{ kN}$$

$$T = \sqrt{T_y^2 + T_z^2} = \sqrt{97,1^2 + 34,0^2} = 103 \text{ kN}$$

Nachweis des Abscherens:

$$\frac{T}{2 \cdot F_{v,Rd}} = \frac{103}{121} = 0,85 \leq 1,0$$

Nachweis der Lochleibung:

$$\frac{T_z}{F_{z,b,Rd}} = \frac{34,0}{110} = 0,31 > 1,0$$

$$\frac{T_y}{F_{y,b,Rd}} = \frac{97,1}{102} = 0,95 \leq 1,0 \quad \text{Der Nachweis ist erfüllt.}$$

2 Schweißverbindungen

2.1 Herstellung

Die wichtigsten Schweißverfahren, die im Stahlbau angewendet werden, sind in der Tabelle 2.1 dargestellt. Beim Schweißen werden die Bauteile fortlaufend erwärmt, dass sie teigig oder flüssig werden. Gleichzeitig liefert die abschmelzende Elektrode den Zusatzwerkstoff aus gleichartigem Stahl zum Aufbau der Schweißnaht. Am häufigsten wird im Stahlbau mit Schutzgas geschweißt.

Tabelle 2.1 Schweißverfahren im Stahlbau

Herstellung	Elektrohandschweißen	Schutzgasschweißen	Unterpulverschweißen
Gerät	Elektrodenhalter	Schweißpistole	Schweißwagen
Führung	von Hand	von Hand	automatisch
Elektrode	Stabelektrode, umhüllt ≈ 3–5 mm ∅	Drahtelektrode blank, endlos ≈1 mm ∅	Drahtelektrode endlos
Vorschub der Elektrode	von Hand	automatisch	automatisch
Schutz der Schweißstelle	abschmelzende Umhüllung bildet Gas und Schlacke	Schutzgas strömt aus der Pistole; CO_2; Mischgas	Schweißpulver schmilzt und bildet Schlacke
Anmerkung	Schlacke muss entfernt werden; Elektrodenwechsel	höhere Abschmelz-leistung als bei Hand-schweißung	nur für lange, waagerechte Nähte, große Dicken möglich
Das Bolzenschweißverfahren ist ein Sonderverfahren für Verbundkonstruktionen.			

Die Eigenschaften verschiedener Stabelektroden, wie
- Stabilität des Lichtbogens
- Abschmelzleistung
- Eignung für Zwangspositionen
- Spaltüberbrückbarkeit
- Zähigkeit und Festigkeit der Naht
- Aussehen der Naht

sind weitestgehend durch die Art der Umhüllung bedingt.

Je nach Lage der Naht während des Schweißens unterscheidet man verschiedene Schweißpositionen. Die Normallage ist die Wannenlage und die horizontale Lage der Naht. Als Schweißen in Zwangsposition bezeichnet man die Nähte, die senkrecht steigend, senkrecht fallend, quer oder über Kopf hergestellt werden müssen.
Die wichtigsten Nahtarten sind die Kehlnaht und die Stumpfnaht.

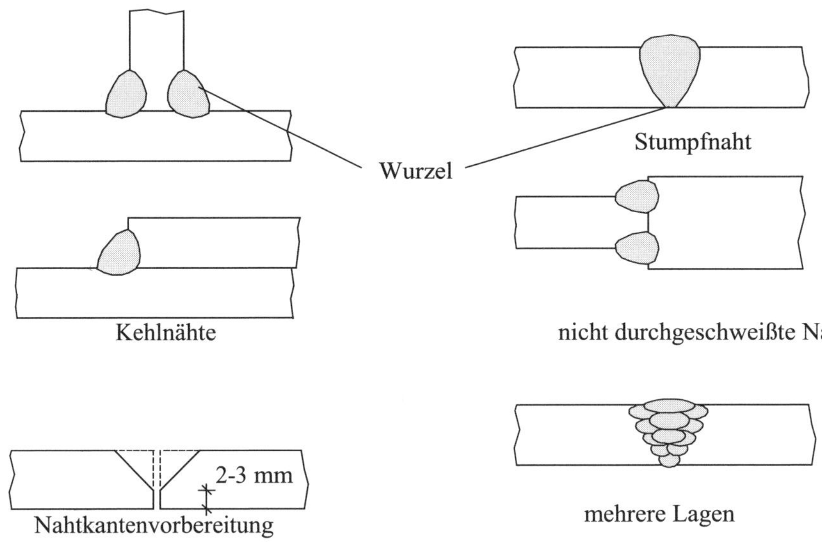

Abb. 2.1 Wichtige Nahtarten im Stahlbau

Eine gut durchgeschweißte Wurzel ist besonders wichtig für die Tragfähigkeit der Naht. Stumpfnähte erfordern eine Nahtkantenvorbereitung durch Abfasen, welche meistens durch Brennschneiden hergestellt wird. Dickere Nähte werden in mehreren „Lagen“, d. h. in mehreren Arbeitsgängen geschweißt.
Ein besonderes Problem für die geschweißten Bauteile ist der Sprödbruch, der schon bei niedrigen Spannungen auftreten kann. Der Sprödbruch ist ein verformungsarmer Bruch ohne Vorwarnung. Zur Sprödbruchsicherung dient die DIN EN 1993-1-10, Abschnitt 2 [C9] über die Auswahl der Stahlsorten im Hinblick auf die Bruchzähigkeit.
Beim Walzen werden nichtmetallische Einschlüsse plättchenartig parallel zur Oberfläche des Bauteils angeordnet. Durch planmäßige Zugbeanspruchungen oder Eigenspannungen in Dickenrichtung der Bleche können Brüche auftreten, die wegen ihres Aussehens als Terrassenbrüche bezeichnet werden. Durch die Wahl des Werkstoffes und die Konstruktion können Terrassenbrüche vermieden werden. Dies ist in der DIN EN 1993-1-10, Abschnitt 3 [C9] über die Auswahl der Stahlsorten im Hinblick auf die Eigenschaften in Dickenrichtung geregelt.
Zur Vertiefung der Schweißtechnik sei auf die Literatur verwiesen, z. B. [12].

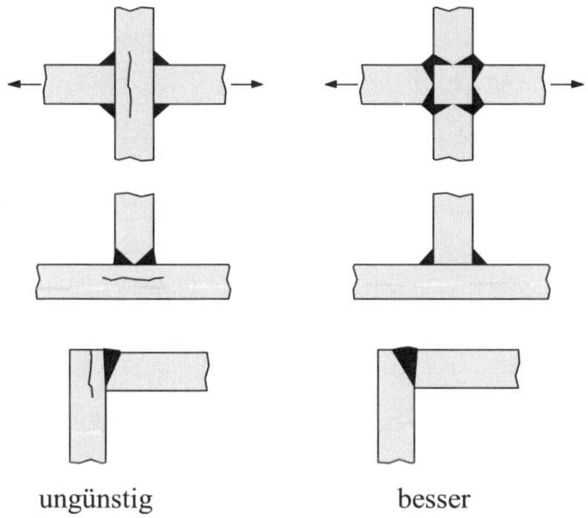

Abb. 2.2 Vermeidung von Terrassenbrüchen

Das Schweißen auf der Baustelle versucht man möglichst einzuschränken, weil Regen, Wind und Kälte die Schweißarbeiten erschweren und der Schweißer bei seiner Arbeit einen sicheren Stand benötigt. Außerdem lassen sich Zwangspositionen auf der Baustelle nicht immer vermeiden.

Schweißer, aber auch andere Personen, müssen vor Gesundheitsschäden durch UV- und Wärmestrahlen und vor Schweißspritzern geschützt werden.
Durch das Schweißen entstehen in den Bauteilen „Schrumpfspannungen". Denn beim Abkühlen des teigigen oder flüssigen, zumindest aber fast spannungslosen Materials wird das Zusammenziehen behindert, weil die nicht gleichzeitig erhitzte Umgebung Widerstand leistet. So entstehen Zugspannungen im Nahtbereich und kleinere Druckspannungen in der weiteren Umgebung. Da keine äußeren Lasten angreifen, entsteht ein Eigenspannungszustand in dem Bauteil. Durch diese Schrumpfspannungen können sich die Bauteile „verziehen" (unerwünscht verformen) und es können auch unter Umständen Risse auftreten.
Um Schrumpfspannungen klein zu halten und das Verziehen zu vermeiden, ist man bestrebt,
– Nähte nicht dicker als erforderlich auszuführen,
– Häufung von Nähten zu vermeiden,
– Nähte symmetrisch zur Stabachse anzuordnen
– und eine günstige Schweißreihenfolge einzuhalten.

Eventuell ist auch ein gesonderter Schweißfolgeplan erforderlich.
Bei der Herstellung von Schweißkonstruktionen werden die Einzelteile erforderlichenfalls erst gerichtet. Dann werden sie durch kurze Nahtstücke zunächst „geheftet". Erst dann werden die Nähte durchgeschweißt. Eventuell müssen anschließend verzogene Teile gerichtet werden. Schließlich werden

wichtige Nähte zerstörungsfrei auf Fehler geprüft, insbesondere durch Ultraschall, aber auch mit Röntgen, Magnetdurchflutung und Farbeindringverfahren. Schweißnahtfehler sind Poren, Schlackeneinschlüsse, Wurzel- und Bindefehler und Risse. Fehlerhafte Nahtbereiche werden mit dem „Fugenhobel" entfernt und erneut geschweißt.
Im Bereich von Schweißzonen ist bei zu geringem Wärmeeinbringen, zu schneller Wärmeableitung und bei niedrigen Werkstücktemperaturen in Abhängigkeit vom Werkstoff ausreichend vorzuwärmen, siehe DIN EN 1090-2.
Der Hersteller von Stahlbauten muss über geeignetes Fachpersonal, Einrichtungen und Geräte verfügen. Schweißaufsichtspersonal muss dem Betrieb ständig angehören, ausreichend qualifiziert sein, Stahlbauerfahrung besitzen und Kenntnisse über die zu überwachenden Schweißarbeiten haben. Näheres regelt die DIN EN 1090-2.

2.2 Symbole für Schweißverbindungen

Die Darstellung von Schweißnähten erfolgt nach DIN EN ISO 2553. Hier werden einige wichtige Symbole angegeben.

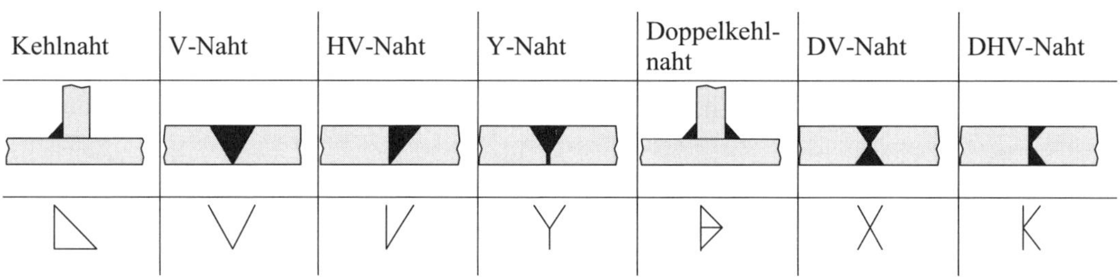

Abb. 2.3 Symbole von Nahtarten

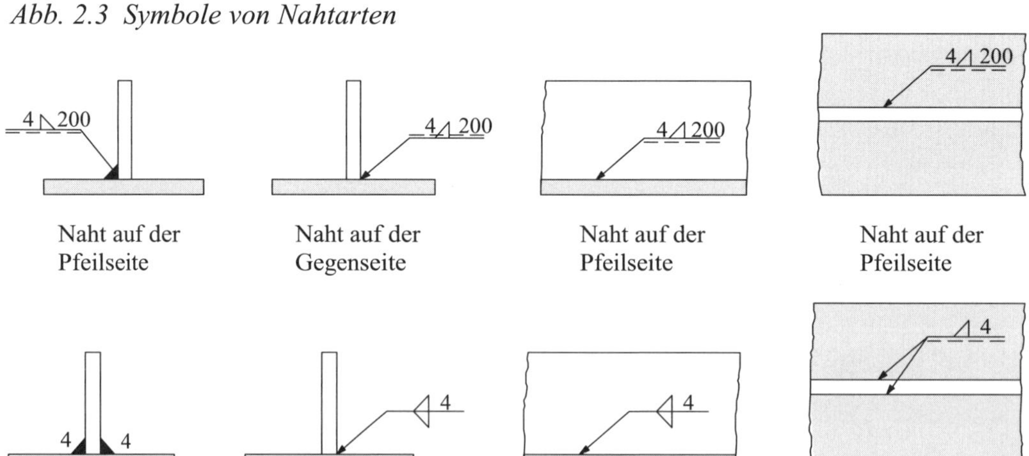

Abb. 2.4 Darstellung von Schweißnähten

Die Schweißnaht wird durch eine Pfeillinie und zusätzliche Symbole dargestellt. Die Nahtdicke wird vor dem Symbol der Nahtart und die Nahtlänge dahinter angegeben. Die Lage der Schweißnaht wird durch die Strichlinie bestimmt. Ist die Strichlinie unterhalb der Pfeillinie, liegt die Naht auf der Pfeilseite, ist sie oberhalb, liegt die Naht auf der Gegenseite. Als Beispiele werden eine einseitige Kehlnaht und eine Doppelkehlnaht mit $a = 4$ mm dargestellt. Fehlt die Schweißnahtlänge, handelt es sich um eine durchgehende Naht.

2.3 Tragfähigkeit von Stumpfnähten

Die Tragfähigkeit von durchgeschweißten Stumpfnähten (1-8, 4.7) ist in der Regel mit der Tragfähigkeit des schwächeren der verbundenen Bauteile gleichzusetzen. Dies trifft dann zu, wenn die Mindestwerte der Streckgrenze und der Zugfestigkeit der Schweißnaht nicht geringer sind als die für den Grundwerkstoff. Die Tragfähigkeit von nicht durchgeschweißten Stumpfnähten ist in der Regel wie für Kehlnähte mit tiefem Einbrand zu berechnen. Dabei sollte die Nahtdicke nicht größer sein als die mit dem Schweißverfahren erreichbare Tiefe des Einbrandes.

T-Stöße

Die Tragfähigkeit eines T-Stoßes mit beidseitig angeordneten nicht durchgeschweißten Stumpfstößen, die durch darübergelegte Kehlnähte verstärkt sind, kann wie bei einer durchgeschweißten Stumpfnaht ermittelt werden, wenn die gesamte Nahtdicke, abgesehen von dem unverschweißten Spalt, mindestens der Dicke t des Stegblechteils entspricht und der unverschweißte Spalt nicht größer als $t/5$ oder 3 mm ist, s. Abb. 2.5 (1-8, 4.7.3).

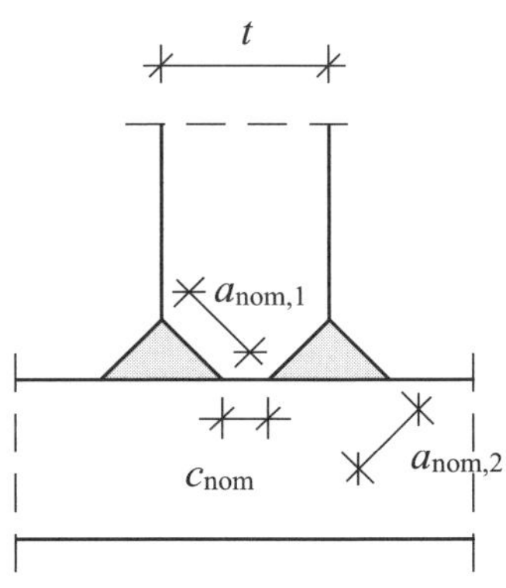

$a_{nom,1} + a_{nom,2} \geq t$

Der kleinere Wert von $c_{nom} \leq t/5$ und 3 mm.

Abb. 2.5 Wirksam durchgeschweißter T-Stoß

2.4 Beanspruchbarkeit von Kehlnähten

2.4.1 Konstruktion

Die Kehlnaht (1-8, 4.5) ist neben der Stumpfnaht die wichtigste Schweißnaht im Stahlbau. Kehlnähte dürfen für die Verbindung von Bauteilen verwendet werden, wenn die Flanken einen Öffnungswinkel von 60° bis 120° bilden. An den Enden von Bauteilen sollten Kehlnähte durchgehend mit voller Abmessung und einer Mindestlänge von $3a$ der Naht um die Ecken der Bauteile herumgeführt werden, soweit dies möglich ist (1-8, 4.3.2.1). Die reale Ausführung einer Kehlnaht ist eine Hohlkehlnaht oder eine Wölbkehlnaht. Für den Nachweis der Kehlnaht gilt die folgende Definition:
Die wirksame Nahtdicke a ist gleich der bis zum theoretischen Wurzelpunkt gemessenen Höhe des einschreibbaren gleichschenkligen Dreiecks.
In Abb. 2.6 sind verschiedene Ausführungen und die Kehlnahtdicke a dargestellt.

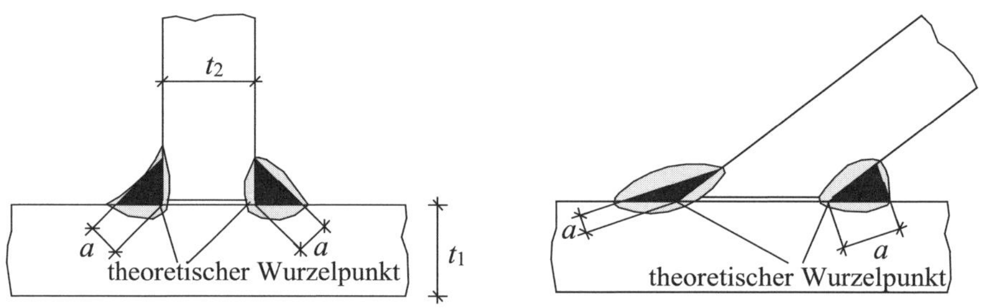

Abb. 2.6 Reale Kehlnaht und Kehlnahtdicke a

Als wirksame Länge l_{eff} einer Kehlnaht ist die Gesamtlänge mit voller Nahtdicke anzusetzen. Diese kann als die tatsächliche Länge der Schweißnaht abzüglich des zweifachen Betrages der wirksamen Kehlnahtdicke a angesetzt werden. Ist dagegen die Kehlnaht über die gesamte Länge einschließlich der Nahtenden voll ausgeführt, braucht keine Abminderung durchgeführt zu werden. Kehlnähte dürfen beim Nachweis nur berücksichtigt werden, wenn $l_{eff} \geq 6 \cdot a$, mindestens jedoch 30 mm ist.
Aus schweißtechnischen Gründen gelten für Kehlnähte die folgenden Bedingungen und Grenzwerte für die Schweißnahtdicke a:

$$t \geq 4 \text{ mm} \qquad a \geq 3 \text{ mm}$$

Nach (1-8/NA, NCI zu 4.5.2) gilt zusätzlich:

$$\min a \geq \sqrt{\max t} - 0{,}5 \text{ mit } a \text{ und } t \text{ in mm} \tag{2.1}$$

In Abhängigkeit von den gewählten Schweißbedingungen darf auf diese Bedingung verzichtet werden. Es sollte jedoch für Blechdicken $t \geq 30$ mm die

Schweißnahtdicke $a \geq 5$ mm gewählt werden. Bei überlappten Stößen, die länger als $150a$ sind, ist die Kehlnaht mit dem Faktor $\beta_{\mathrm{Lw},1}$ abzumindern:

$$\beta_{\mathrm{Lw},1} = 1{,}2 - 0{,}2 \cdot L_{\mathrm{j}} / (150 \cdot a) \qquad \text{jedoch } \beta_{\mathrm{Lw},1} \leq 1{,}0 \qquad (2.2)$$

L_{j} die Gesamtlänge der Überlappung in Kraftrichtung

2.4.2 Tragfähigkeit von Kehlnähten

Die Tragfähigkeit von Kehlnähten kann nach (1-8, 4.5.3) nach zwei Verfahren ermittelt werden:

- richtungsbezogenes Verfahren
- vereinfachtes Verfahren.

Richtungsbezogenes Verfahren
Es werden die Kräfte, die je Längeneinheit übertragen werden können, aufgeteilt in Anteile normal und parallel zur Schweißnaht. Diese Kräfte erzeugen Schubspannungen und Normalspannungen in der wirksamen Kehlnahtfläche, der Nachweisfläche.

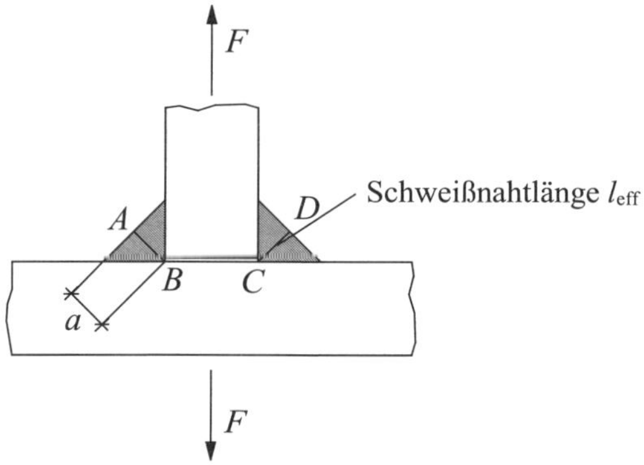

Abb. 2.7 Beanspruchung der Kehlnahtdicke a

Die wirksame Kehlnahtfläche A_{w} der Schweißnaht ist mit der Schweißnahtdicke a und der wirksamen Länge l_{eff}:

$$A_{\mathrm{w}} = a \cdot l_{\mathrm{eff}} \qquad (2.3)$$

Die aus diesen Kräften resultierenden Spannungen werden gleichmäßig über den Nahtquerschnitt angenommen. Man erhält nach Abb. 2.8:

- $\sigma_{\perp}$ Normalspannungen senkrecht zur Schweißnahtachse
- $\sigma_{\parallel}$ Normalspannungen parallel zur Schweißnahtachse
- $\tau_{\perp}$ Schubspannungen in der Kehlnahtfläche senkrecht zur Schweißnahtachse
- $\tau_{\parallel}$ Schubspannungen in der Kehlnahtfläche parallel zur Schweißnahtachse.

Die Normalspannungen $\sigma_{\parallel}$ parallel zur Schweißnahtachse werden bei der Berechnung der Vergleichsspannung $\sigma_{V,w,Ed}$ der Kehlnaht vernachlässigt. Bei dem richtungsbezogenen Verfahren ist ein Doppelnachweis erforderlich.

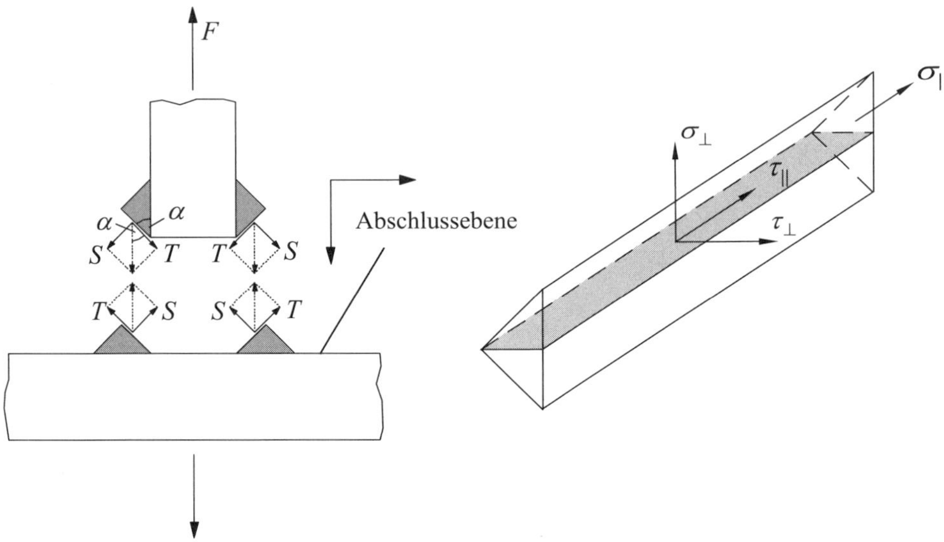

Abb. 2.8 Kritischer Freischnitt der Schweißverbindung mit Kehlnähten

Der Nachweis lautet:

$$\sigma_{V,w,Ed} = \sqrt{\sigma_{\perp}^2 + 3 \cdot \tau_{\perp}^2 + 3 \cdot \tau_{\parallel}^2} \leq \frac{f_u}{\beta_w \cdot \gamma_{M2}} \quad \text{und} \quad \sigma_{\perp} \leq \frac{0{,}9 \cdot f_u}{\gamma_{M2}} \tag{2.4}$$

$$f_{1,w,Rd} = \frac{f_u}{\beta_w \cdot \gamma_{M2}} \qquad \text{s. Tabelle 2.2} \tag{2.5}$$

$$f_{2,w,Rd} = \frac{0{,}9 \cdot f_u}{\gamma_{M2}} \qquad \text{s. Tabelle 2.2} \tag{2.6}$$

- f_u Zugfestigkeit des schwächeren der angeschlossenen Bauteile
- β_w Korrelationsbeiwert, siehe Tabelle 2.2

Der Nachweis nach Gleichung (2.6) ist insbesondere für nicht durchgeschweißte Nähte zu beachten. Dieses Verfahren ergibt die kleineren Kehlnähte.

Beispiel:

Das Gleichgewicht am kritischen Freischnitt nach Abb. 2.8 liefert, wenn man die Symmetrie berücksichtigt:

$$S = \frac{F}{2} \cdot \sin\alpha \qquad T = \frac{F}{2} \cdot \cos\alpha$$

Für die Schweißnahtspannungen folgt mit den Gleichungen:

$$\sigma_{\perp} = \frac{S}{a \cdot l_{eff}} = \frac{F \cdot \sin\alpha}{2 \cdot a \cdot l_{eff}} = \frac{F}{A_w} \cdot \sin\alpha \qquad \tau_{\perp} = \frac{T}{a \cdot l_{eff}} = \frac{F \cdot \cos\alpha}{2 \cdot a \cdot l_{eff}} = \frac{F}{A_w} \cdot \cos\alpha$$

mit $A_w = \Sigma a \cdot l_{eff} = 2 \cdot a \cdot l_{eff}$
Vergleichsspannung $\sigma_{V,w,Ed}$:

$$\sigma_{V,w,Ed} = \sqrt{\sigma_\perp^2 + 3 \cdot \tau_\perp^2}$$

Im allgemeinen Fall des richtungsbezogenen Verfahrens sind die Schweißnahtspannungen σ_w und τ_w in der Anschlussebene bezogen auf die Kehlnaht a nach Abb. 2.8 und 2.9, die mit dem Linienquerschnitt nach Abschnitt 2.4.3 berechnet werden, in die Schweißnahtspannungen $\sigma_\perp$ und $\tau_\perp$ der Kehlnaht zu zerlegen. Dabei ist auch die Richtung der Kehlnaht $+\alpha$ und $-\alpha$ zu beachten, s. Abb. 2.9.

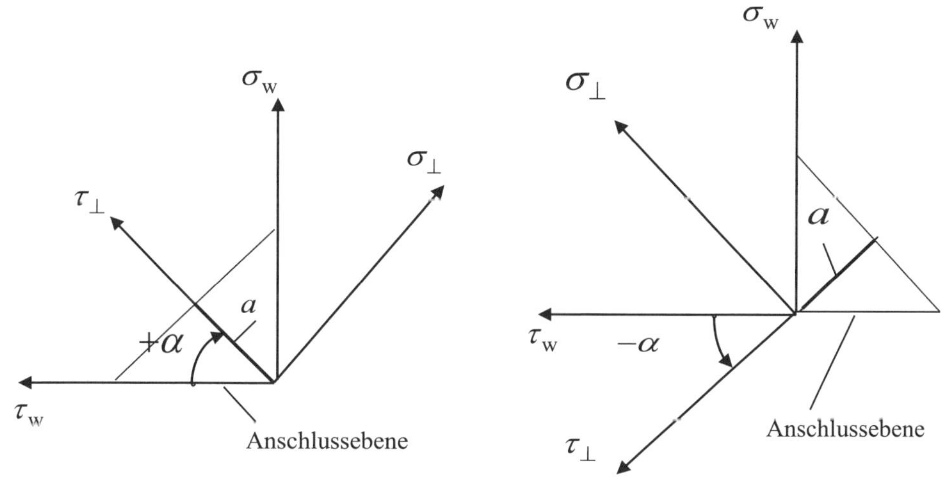

Abb. 2.9 Transformation der Spannungen bei Kehlnähten

– σ_w Normalspannungen senkrecht zur Anschlussebene
– $\tau_{y,w}$ Schubspannungen in der Anschlussebene in y-Richtung des Querschnittes
– $\tau_{z,w}$ Schubspannungen in der Anschlussebene in y-Richtung des Querschnittes

Als Schubspannungen τ_w für die Transformation wird die Spannung bezeichnet, die senkrecht zur Schweißnahtachse wirkt.
Die Transformation der Spannungen lautet:

$$\sigma_\perp = \sigma_w \cdot \cos\alpha - \tau_w \cdot \sin\alpha$$
$$\tau_\perp = \sigma_w \cdot \sin\alpha + \tau_w \cdot \cos\alpha \qquad (2.7)$$

Für den **häufigen Fall**, dass $\tau_w = 0$ und $\alpha = 45°$ sind, folgen für die Schweißnahtspannungen $\sigma_\perp$, $\tau_\perp$ und $\tau_\parallel$:

$$\sigma_\perp = \sigma_w \cdot \cos\alpha = \sigma_w \cdot \frac{1}{2} \cdot \sqrt{2} \qquad \tau_\perp = \sigma_w \cdot \sin\alpha = \sigma_w \cdot \frac{1}{2} \cdot \sqrt{2}$$

Mit Gleichung (2.4) erhält man:

$$\sqrt{2 \cdot \sigma_w^2 + 3 \cdot \tau_{||}^2} \le f_{1,w,Rd} \tag{2.8}$$

Vereinfachtes Verfahren

Bei dem vereinfachten Verfahren wird die Resultierende aller auf die wirksame Kehlnahtfläche einwirkenden Kräfte je Längeneinheit gebildet.

Der Nachweis lautet:

$$F_{w,Ed} \le F_{w,Rd}$$

$$\text{mit} \quad F_{w,Rd} = f_{vw,d} \cdot a \quad \text{und} \quad f_{vw,d} = \frac{f_u}{\sqrt{3} \cdot \beta_w \cdot \gamma_{M2}} \tag{2.9}$$

– $f_{vw,d}$ Bemessungswert der Scherfestigkeit der Schweißnaht, s. Tabelle 2.3

Dieser Nachweis kann auch mit Schweißnahtspannungen in der Anschlussebene geführt werden. Die Schweißnahtspannung, die aus der Resultierenden folgt, wird hier als Vergleichswert $\sigma_{w,Ed}$ bezeichnet.

Der Nachweis lautet dann:

$$\sigma_{w,Ed} = \sqrt{\sigma_w^2 + \tau_{y,w}^2 + \tau_{z,w}^2} \le f_{vw,d} = \frac{f_u}{\sqrt{3} \cdot \beta_w \cdot \gamma_{M2}} \tag{2.10}$$

Es ist zu beachten, dass die Längsschubspannung $\tau_{||}$ für beide Verfahren gleich ist. Für das vereinfachte Verfahren gilt mit den hier gewählten Bezeichnungen $\tau_{y,w} = \tau_{||}$ bzw. $\tau_{z,w} = \tau_{||}$, je nachdem welche Spannung eine Längsschubspannung ist.

Vergleich beider Verfahren

Für den häufigen Fall, dass $\tau_w = 0$ und $\alpha = 45°$ sind, erhält man:

Richtungsbezogen: $\sqrt{2 \cdot \sigma_w^2 + 3 \cdot \tau_{||}^2} \le \dfrac{f_u}{\beta_w \cdot \gamma_{M2}}$

Vereinfacht: $\sqrt{\sigma_w^2 + \tau_{||}^2} \le \dfrac{f_u}{\sqrt{3} \cdot \beta_w \cdot \gamma_{M2}}$

Der vereinfachte Nachweis kann umgeformt werden:

Vereinfacht: $\sqrt{3 \cdot \sigma_w^2 + 3 \cdot \tau_{||}^2} \le \dfrac{f_u}{\beta_w \cdot \gamma_{M2}}$

Die Beanspruchbarkeit ist in dieser Formulierung damit gleich groß. Liegen nur Schweißnahtspannungen $\tau_{||}$ vor, ist der Nachweis identisch. Liegen dagegen nur Schweißnahtspannungen σ_w vor, ist der richtungsbezogene Nachweis um den

Faktor $\sqrt{1,5} = 1,22$ günstiger. Im Mittel sind die Kehlnahtdicken nach dem richtungsbezogenen Verfahren um ca. 10 % günstiger.

Vorbemessung

Näherungsweise können die Spannungen σ und τ des Querschnittes, zumindest als Vorbemessung, für die erforderliche Schweißnahtdicke Σa berücksichtigt werden. Die Näherung besteht darin, dass die Querschnittswerte des Stahlquerschnittes und des Linienquerschnittes der Schweißverbindung im Allgemeinen nicht direkt proportional zu der Schweißnahtdicke Σa ist. Weiterhin werden die Schubspannungen für die Querkräfte in den Kehlnähten konstant angenommen und die Querschnittswerte sind unterschiedlich.

Die Spannung σ_w kann näherungsweise aus der Spannung σ des Stahlquerschnittes und der zugehörigen Blechdicke t folgendermaßen berechnet werden:

$$\sigma_\mathrm{w} = \frac{\sigma \cdot t}{\Sigma a}$$

Die Schweißnahtspannung $\tau_{||}$ folgt aus der Spannung τ in Längsrichtung des Bleches:

$$\tau_{||} = \frac{\tau \cdot t}{\Sigma a}$$

Für den häufigen Fall, dass $\tau_\mathrm{w} = 0$ ist, erhält man für die erforderliche Schweißnahtdicke Σa nach dem vereinfachten Verfahren:

$$\Sigma a \geq t \cdot \frac{\sqrt{\sigma^2 + \tau^2}}{f_\mathrm{vw,d}} \tag{2.11}$$

– σ, τ Querschnittsspannungen

In der folgenden Tabelle 2.2 sind die Beanspruchbarkeiten von Kehlnähten und in Tabelle 2.3 die Nahtarten angegeben.

Tabelle 2.2 Beanspruchbarkeiten von Kehlnähten in kN/cm² für $t \leq 40$ mm

Stahl-sorte	f_u	Korrelations-beiwert β_w	$f_\mathrm{1,w,Rd} = \frac{f_\mathrm{u}}{\beta_\mathrm{w} \cdot \gamma_\mathrm{M2}}$	$f_\mathrm{2,w,Rd} = \frac{0,9 \cdot f_\mathrm{u}}{\gamma_\mathrm{M2}}$	$f_\mathrm{vw,d} = \frac{f_\mathrm{u}}{\sqrt{3} \cdot \beta_\mathrm{w} \cdot \gamma_\mathrm{M2}}$
S 235	36	0,80	36	25,9	20,8
S 275	43	0,85	40,5	31,0	23,4
S 355	49	0,90	43,6	35,3	25,1
S 420	52	0,88	47,3	37,4	27,3
S 460	54	0,85	50,8	38,9	29,3

Tabelle 2.3 Nahtarten in Anlehnung an [11]

	1			2	3
	Nahtart			Bild	Anmerkungen
1	Durch- oder gegengeschweißte Nähte	Stumpfnaht		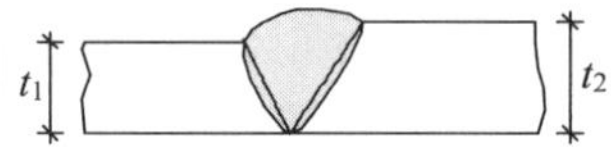	$a = t_1$
2		D(oppel)HV-Naht (K-Naht)		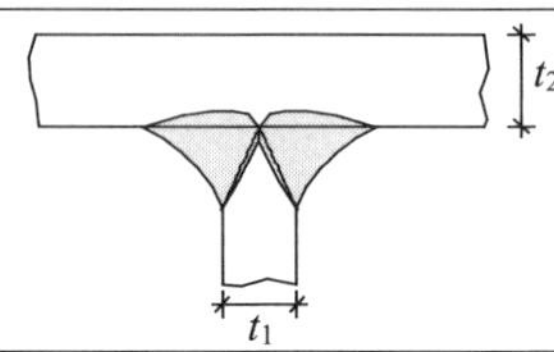	$a = t_1$
3		HV-Naht	Kapplage gegengeschweißt	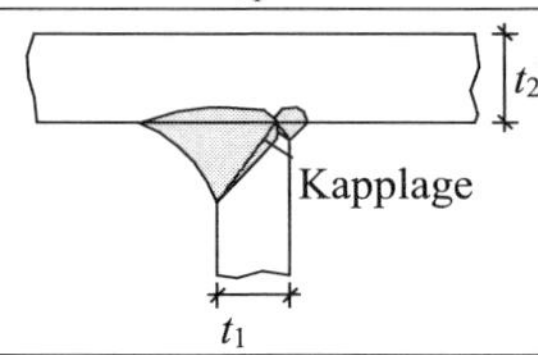	
4			Wurzel durchgeschweißt	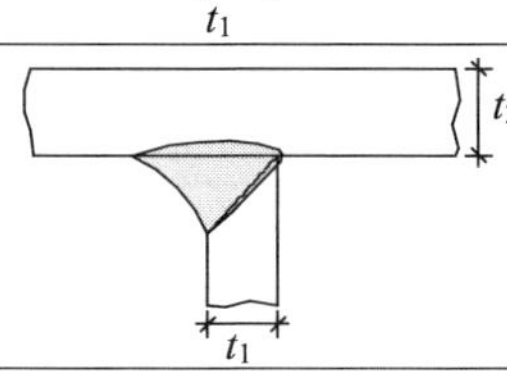	
5	Nicht durchgeschweißte Nähte	HY-Naht mit Kehlnaht		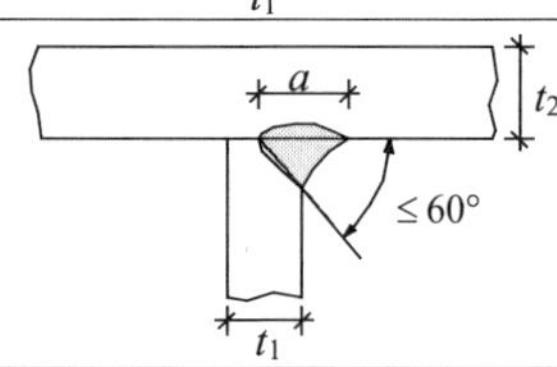	Die Nahtdicke a ist gleich dem Abstand vom theoretischen Wurzelpunkt zur Nahtoberfläche.
6		HY-Naht		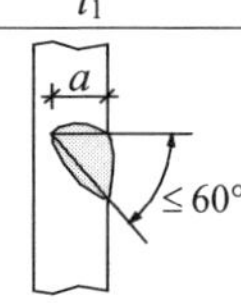	
7		D(oppel)HY-Naht mit Doppelkehlnaht siehe auch Abb. 2.5		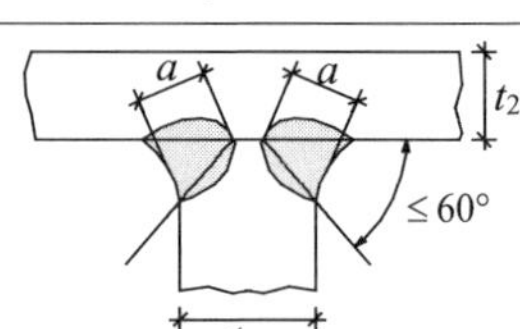	
8		D(oppel)HY-Naht		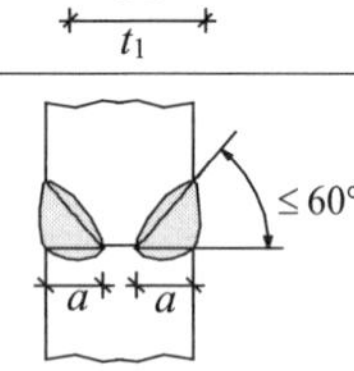	
9		Doppel I-Naht ohne Nahtvorbereitung (Vollmech. Naht)		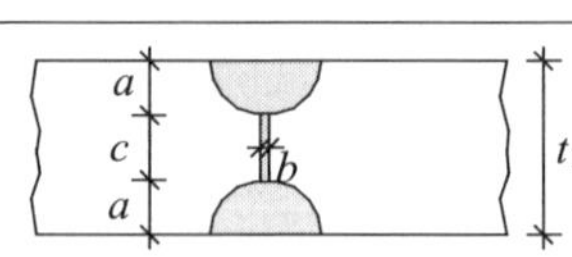	Nahtdicke a mit Verfahrensprüfung festlegen Spalt b ist verfahrensabhängig UP-Schweißung: $b = 0$

Fortsetzung Tabelle 2.3 Nahtarten in Anlehnung an [11]

<table>
<tr><td rowspan="2"></td><td colspan="3">1</td><td>2</td><td colspan="2">3</td></tr>
<tr><td colspan="3">Nahtart</td><td>Bild</td><td colspan="2">Rechnerische Nahtdicke a</td></tr>
<tr><td>10</td><td rowspan="4">Kehlnähte</td><td colspan="2">Kehlnaht</td><td>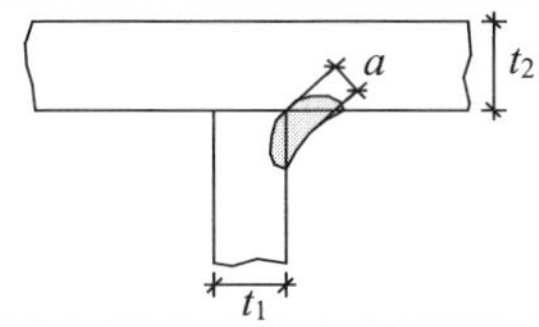</td><td colspan="2" rowspan="2">Nahtdicke a ist gleich der bis zum theoretischen Wurzelpunkt gemessenen Höhe des einschreibbaren gleichschenkligen Dreiecks.</td></tr>
<tr><td>11</td><td colspan="2">Doppelkehlnaht</td><td>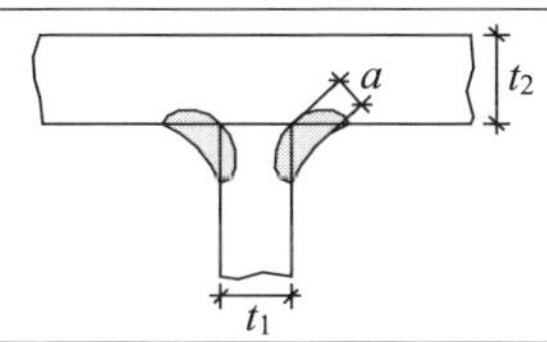</td></tr>
<tr><td>12</td><td>Kehlnaht</td><td rowspan="2">mit tiefem Einbrand</td><td>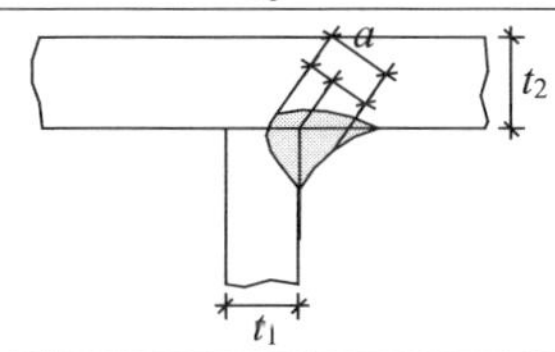</td><td colspan="2" rowspan="2">Der über den theoretischen Wurzelpunkt hinausgehende tiefe Einbrand ist mit einer Verfahrensprüfung festzulegen.</td></tr>
<tr><td>13</td><td>Doppelkehlnaht</td><td>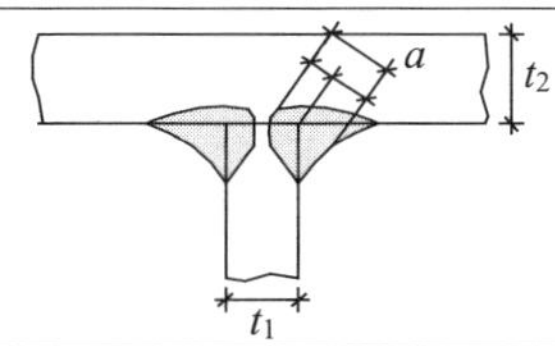</td></tr>
<tr><td>14</td><td colspan="3" rowspan="2">Dreiblechnaht
Steilflankennaht</td><td rowspan="2">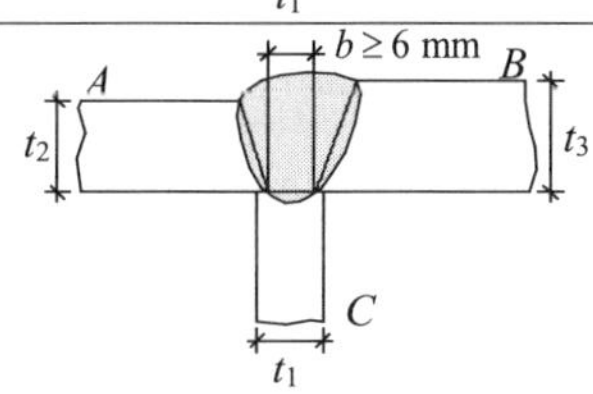</td><td>Kraftübertragung von A nach B</td><td>$a = t_2$ für $t_2 < t_3$</td></tr>
<tr><td>15</td><td>Kraftübertragung von C nach A und B</td><td>$a = b$</td></tr>
</table>

2.4.3 Linienquerschnitt

Die Schweißverbindung zwischen zwei Bauteilen besteht im Allgemeinen aus mehreren Schweißnähten mit unterschiedlichen Schweißnahtlängen l_{eff} und Nahtdicken a. Die einzelnen Kehlnähte können als Linien definiert werden, da die Schweißnaht konzentriert in der Wurzellinie angenommen wird. Für diesen Querschnittstyp soll hier die Bezeichnung **Linienquerschnitt** eingeführt werden.
Für den Linienquerschnitt mit n Linien gelten die bekannten Regeln der Festigkeitslehre. Dabei ist zu beachten, dass der Schwerpunkt der einzelnen Schweißnaht in der Wurzellinie liegt und bei der Berechnung des Flächenmomentes 2. Grades das Eigenträgheitsmoment um die Kehlnahtdicke a vernachlässigt wird.
Die angenommene Verteilung der Schnittgrößen bezüglich der Steifigkeitsverhältnisse in der Verbindung muss wirklichkeitsnah sein. Für ein Moment M_x darf z. B. das polare Flächenmoment 2. Grades nur angewendet werden, wenn beide Teile als Scheibe beansprucht werden und als starr angesehen werden können. Beim Nachweis sind nur die Flächen derjenigen Schweißnähte anzusetzen, die aufgrund ihrer Lage vorzugsweise imstande sind, die vorhandenen Schnittgrößen in der Verbindung zu übertragen.

Für die Berechnung der Schweißnahtspannungen unter allgemeiner Beanspruchung des Linienquerschnittes sind die folgenden Größen erforderlich:

A	Querschnittsfläche für die Normalkraft N
A_y	Querschnittsfläche für die Querkraft V_y
A_z	Querschnittsfläche für die Querkraft V_z
I_y	Flächenmoment 2. Grades um die y-Achse
I_z	Flächenmoment 2. Grades um die z-Achse
$I_p = I_y + I_z$	polares Flächenmoment 2. Grades
V_y	Querkraft in y-Richtung
V_z	Querkraft in z-Richtung
N	Normalkraft
M_x	Moment um die x-Achse
M_y	Moment um die y-Achse
M_z	Moment um die z-Achse
$\tau_{y,w}$	Schubspannung in y-Richtung
$\tau_{z,w}$	Schubspannung in z-Richtung
σ_w	Normalspannung senkrecht zur Querschnittsebene

Die Berechnung soll an einem doppeltsymmetrischen Linienquerschnitt mit zwei Schweißnähten erläutert werden.

Beispiel 1: Linienquerschnitt mit zwei Schweißnähten als Verbindung von zwei starren Scheiben. Die folgende Formelgruppe wird bezeichnet mit:

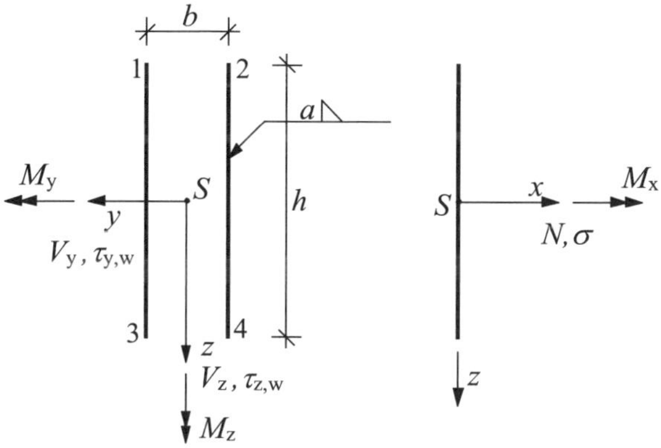

Abb. 2.10 Linienquerschnitt mit zwei Schweißnähten als Verbindung von zwei starren Scheiben

Querschnittswerte: (2.12)

Gegeben sind *a, h, b*

$$A = 2 \cdot a \cdot h \qquad A_y = A \qquad A_z = A$$

$$I_y = 2 \cdot a \cdot \frac{h^3}{12} = \frac{1}{6} \cdot a \cdot h^3 \quad I_z = \frac{1}{2} \cdot a \cdot h \cdot b^2 \qquad I_p = I_y + I_z$$

Beanspruchungen des Linienquerschnittes:

$$\sigma_w = \frac{N}{A} + \frac{M_y}{I_y} \cdot z - \frac{M_z}{I_z} \cdot y$$

$$\tau_{y,w} = \frac{V_y}{A_y} - \frac{M_x}{I_p} \cdot z$$

$$\tau_{z,w} = \frac{V_z}{A_z} + \frac{M_x}{I_p} \cdot y$$

Für das richtungsbezogene Verfahren gilt für die Zerlegung nach Gl. (2.7):

$$\tau_{z,w} = \tau_{\parallel} \qquad \tau_{y,w} = \tau_w$$

Tragsicherheitsnachweis:

$$\sigma_{V,w,Ed} = \sqrt{\sigma_\perp^2 + 3 \cdot \tau_\perp^2 + 3 \cdot \tau_\parallel^2} \le f_{1,w,Rd} \text{ und } \quad \sigma_\perp \le f_{2,w,Rd}$$

Vereinfachtes Verfahren – Tragsicherheitsnachweis:

$$\sigma_{w,Ed} = \sqrt{\sigma_w^2 + \tau_{y,w}^2 + \tau_{z,w}^2} \le f_{vw,d}$$

In diesen Gleichungen sind die Schnittgrößen und die Koordinaten des Linienquerschnittes vorzeichengerecht einzusetzen. Für die Schubspannungen bei dem vereinfachten Verfahren ist es unerheblich, ob sie längs oder quer zu der Schweißnaht wirken. Deshalb kann auf diese Unterscheidung verzichtet werden.

Beispiel 2: Linienquerschnitt mit 3 Schweißnähten als Verbindung von 2 starren Scheiben

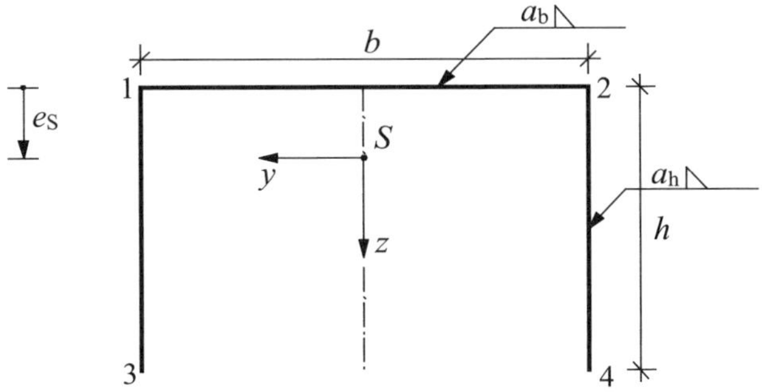

Abb. 2.11 Linienquerschnitt mit drei Schweißnähten als Verbindung von zwei starren Scheiben

Querschnittswerte: (2.13)

Gegeben sind a_h, a_b, h, b

$$A = 2 \cdot a_h \cdot h + a_b \cdot b \qquad A_y = A \qquad A_z = A$$

$$e_S = \frac{2 \cdot a_h \cdot h \cdot \frac{h}{2}}{A} = \frac{a_h \cdot h^2}{A}$$

$$I_y = 2 \cdot \left[\frac{a_h \cdot h^3}{12} + a_h \cdot h \cdot \left(\frac{h}{2} \right)^2 \right] - A \cdot e_S^2 = \frac{2}{3} \cdot a_h \cdot h^3 - A \cdot e_S^2$$

$$I_z = \frac{1}{12} \cdot a_b \cdot b^3 + \frac{1}{2} \cdot a_h \cdot h \cdot b^2$$

$$I_p = I_y + I_z$$

Beanspruchungen des Linienquerschnittes:

$$\sigma_w = \frac{N}{A} + \frac{M_y}{I_y} \cdot z - \frac{M_z}{I_z} \cdot y$$

$$\tau_{y,w} = \frac{V_y}{A_y} - \frac{M_x}{I_p} \cdot z$$

$$\tau_{z,w} = \frac{V_z}{A_z} + \frac{M_x}{I_p} \cdot y$$

Für das richtungsbezogene Verfahren gilt für die Zerlegung nach Gl. (2.7):
Kehlnaht a_b :

$$\tau_{y,w} = \tau_{||} \qquad \tau_{z,w} = \tau_w$$

Kehlnaht a_h :

$$\tau_{z,w} = \tau_{||} \qquad \tau_{y,w} = \tau_w$$

Tragsicherheitsnachweis:

$$\sigma_{V,w,Ed} = \sqrt{\sigma_\perp^2 + 3 \cdot \tau_\perp^2 + 3 \cdot \tau_{||}^2} \le f_{1,w,Rd} \text{ und } \quad \sigma_\perp \le f_{2,w,Rd}$$

Vereinfachtes Verfahren – Tragsicherheitsnachweis:

$$\sigma_{w,Ed} = \sqrt{\sigma_w^2 + \tau_{y,w}^2 + \tau_{z,w}^2} \le f_{vw,d}$$

Beispiel 3: Linienquerschnitt mit vier Schweißnähten als Verbindung von zwei starren Scheiben

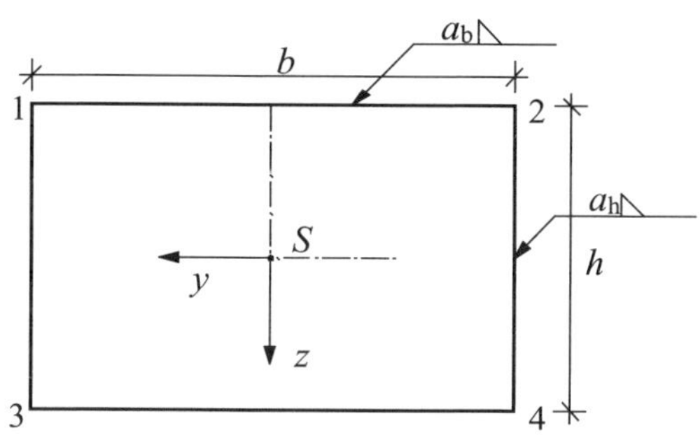

Abb. 2.12 Linienquerschnitt mit vier Schweißnähten als Verbindung von zwei starren Scheiben

Querschnittswerte: (2.14)

Gegeben sind a_h, a_b, h, b

$$A = 2 \cdot a_h \cdot h + 2 \cdot a_b \cdot b \qquad A_y = A \qquad A_z = A$$

$$I_y = \frac{1}{6} \cdot a_h \cdot h^3 + \frac{1}{2} \cdot a_b \cdot b \cdot h^2$$

$$I_z = \frac{1}{6} \cdot a_b \cdot b^3 + \frac{1}{2} \cdot a_h \cdot h \cdot b^2$$

$$I_p = I_y + I_z$$

Beanspruchungen und Nachweis des Linienquerschnittes wie Beispiel 2.

Beispiel 4: Biegesteifer Anschluss eines I-Profils

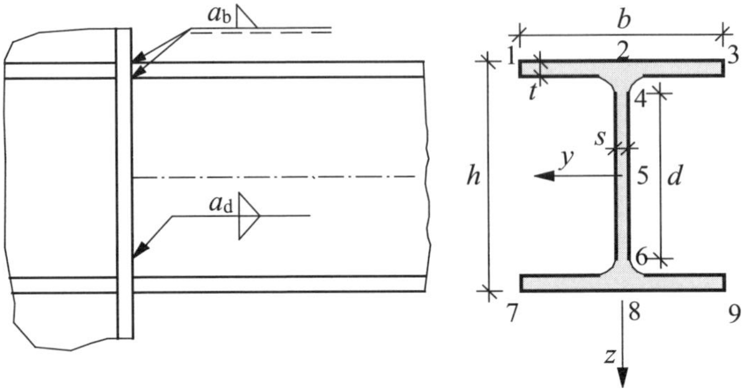

Abb. 2.13 Linienquerschnitt eines biegesteifen Anschlusses eines I-Profils

Die Nähte im Bereich der Ausrundungen werden i. Allg. nicht angesetzt.
Die Nähte am Flansch übernehmen die Querkraft V_y, da zwei senkrecht aufeinanderstehende Scheiben die Querkraft übertragen. Die Nähte am Flansch können wegen der geringen Plattensteifigkeit der Flansche keine Anteile der Querkraft V_z übertragen. Aus denselben Gründen wird die Querkraft V_z allein von den Stegnähten übertragen.
Tritt zusätzlich Torsionsbeanspruchung in dem Linienquerschnitt auf, dann sind die Schnittgrößen nach (Band 1 Kapitel 8.3.3) auf die einzelnen Teilquerschnitte, die beiden Flansche und den Steg zu beziehen und damit der Nachweis der Nähte am Flansch und am Steg zu führen.

Querschnittswerte: (2.15)

Gegeben sind a_b, a_d, h, b, t_f, t_w, r

$$d = h - 2 \cdot t_f - 2 \cdot r$$

$$A_b = a_b \left(2 \cdot b + 2 \cdot t_f - 2 \cdot r - t_w\right)$$

$$A_d = 2 \cdot a_d \cdot d$$

$$A = 2 \cdot A_b + A_d \qquad A_y = 2 \cdot A_b \quad A_z = A_d$$

$$I_y = a_b \cdot b \cdot \frac{h^2}{2} + a_b \cdot \left(b - 2 \cdot r - t_w\right) \cdot \frac{\left(h - 2 \cdot t_f\right)^2}{2} + 2 \cdot a_d \cdot \frac{d^3}{12} + 2 \cdot a_b \cdot t_f \cdot \frac{\left(h - t_f\right)^2}{2}$$

$$I_y = \frac{1}{2} \cdot a_b \cdot b \cdot h^2 + \frac{1}{2} \cdot a_b \cdot \left(b - 2 \cdot r - t_w\right) \cdot \left(h - 2 \cdot t_f\right)^2 + \frac{1}{6} \cdot a_h \cdot d^3 + a_b \cdot t_f \cdot \left(h - t_f\right)^2$$

$$I_z = 4 \cdot a_b \cdot \frac{b^3}{12} - 2 \cdot a_b \cdot \frac{\left(2 \cdot r + t_w\right)^3}{12} + 2 \cdot a_b \cdot t_f \cdot \frac{b^2}{2}$$

$$I_z = \frac{1}{3} \cdot a_b \cdot b^3 - \frac{1}{6} \cdot a_b \cdot \left(2 \cdot r + t_w\right)^3 + a_b \cdot t_f \cdot b^2$$

$$I_p = I_y + I_z$$

Beanspruchungen des Linienquerschnittes des I-Profils:

$$\sigma_w = \frac{N}{A} + \frac{M_y}{I_y} \cdot z - \frac{M_z}{I_z} \cdot y$$

$$\tau_{y,w} = \frac{V_y}{A_y} \quad \text{in den Flanschnähten}$$

$$\tau_{z,w} = \frac{V_z}{A_z} \quad \text{in den Stegnähten}$$

Beanspruchungen und Nachweis des Linienquerschnittes wie Beispiel 2.

Beispiel 5: Biegesteifer Anschluss eines Rechteckhohlprofils

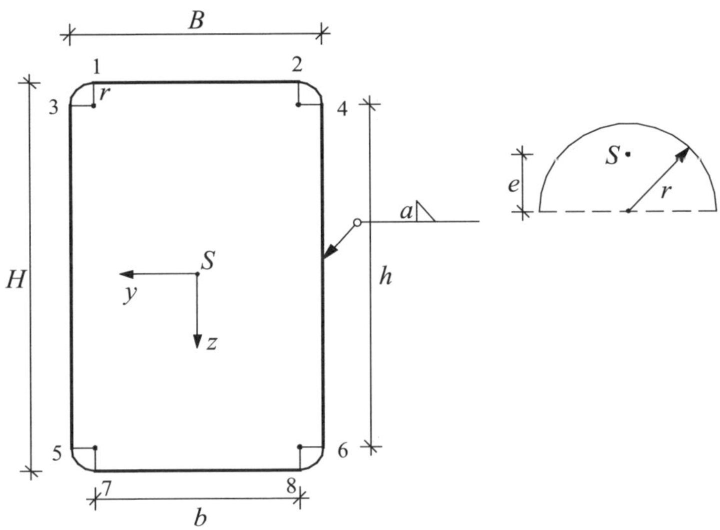

Abb. 2.14 Linienquerschnitt eines biegesteifen Anschlusses eines Rechteckhohlprofils

Die Nähte am Obergurt und Untergurt übernehmen die Querkraft V_y, da zwei senkrecht aufeinanderstehende Scheiben die Querkraft übertragen. Die Nähte an den Stegen übernehmen entsprechend die Querkraft V_z.

Für die Schweißnahtdicken und die konstruktive Ausführung ist die DIN EN 1993-1-8 zu beachten.

Querschnittswerte:

Gegeben sind a, H, B, h, b, r (2.16)

$$b = B - 2 \cdot r \qquad h = H - 2 \cdot r$$

$$A = a(2 \cdot b + 2 \cdot h + 2 \cdot \pi \cdot r)$$

$$A_y = 2 \cdot a \cdot b \qquad A_z = 2 \cdot a \cdot h \qquad e = \frac{2 \cdot r}{\pi}$$

$$I_y = 2 \cdot a \cdot \frac{h^3}{12} + a \cdot b \cdot \frac{H^2}{2} + a \cdot r \cdot \pi \cdot \frac{(h + 2 \cdot e)^2}{2}$$

$$I_y = \frac{1}{6} \cdot a \cdot h^3 + \frac{1}{2} \cdot a \cdot b \cdot H^2 + \frac{1}{2} \cdot a \cdot r \cdot \pi \cdot \left(h + \frac{4 \cdot r}{\pi} \right)^2$$

$$I_z = \frac{1}{6} \cdot a \cdot b^3 + \frac{1}{2} \cdot a \cdot b \cdot B^2 + \frac{1}{2} \cdot a \cdot r \cdot \pi \cdot \left(b + \frac{4 \cdot r}{\pi} \right)^2$$

$W_t = 2 \cdot A_m \cdot a \approx 2 \cdot B \cdot H \cdot a$ siehe (Band 1 Gleichung (8.17))

Beanspruchungen des Linienquerschnittes des Rechteckhohlprofils:
Es gilt für alle Querschnittspunkte:

$$\sigma_w = \frac{N}{A} + \frac{M_y}{I_y} \cdot z - \frac{M_z}{I_z} \cdot y$$

Querschnittspunkte: 1,2 $\tau_{y,w} = \frac{V_y}{A_y} + \frac{M_x}{W_t}$

Querschnittspunkte: 7,8 $\tau_{y,w} = \frac{V_y}{A_y} - \frac{M_x}{W_t}$

Querschnittspunkte: 3,5 $\tau_{z,w} = \frac{V_z}{A_z} + \frac{M_x}{W_t}$

Querschnittspunkte: 4,6 $\tau_{z,w} = \frac{V_z}{A_z} - \frac{M_x}{W_t}$

Für das richtungsbezogene Verfahren ist die Zerlegung in *y*- und *z*-Richtung zu beachten.

Beispiel 6: Biegesteifer Anschluss eines dünnwandigen Rohres

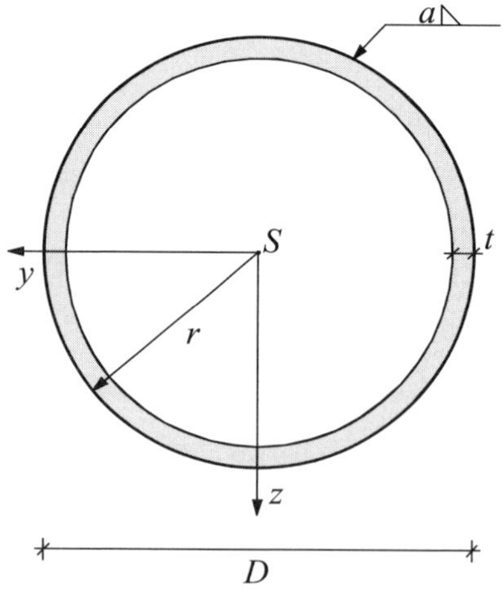

Abb. 2.15 Linienquerschnitt des biegesteifen Anschlusses eines dünnwandigen Rohres

Querschnittswerte:

Gegeben sind a, r (2.17)

$$A = 2 \cdot a \cdot \pi \cdot r \qquad A_{\text{v}} = a \cdot \pi \cdot r$$

$$I = a \cdot \pi \cdot r^3 \qquad W = a \cdot \pi \cdot r^2$$

$$W_{\text{t}} = 2 \cdot A_{\text{m}} \cdot a = 2 \cdot a \cdot \pi \cdot r^2$$ siehe (Band 1 Gleichung (8.17))

Beanspruchungen des Linienquerschnittes eines dünnwandigen Rohres:

Es gilt für alle Querschnittspunkte, wobei die Vorzeichen der Koordinaten zu beachten sind:

$$\sigma_{\text{w}} = \frac{N}{A} + \frac{M_{\text{y}}}{I} \cdot z - \frac{M_{\text{z}}}{I} \cdot y$$

$$\tau = \tau_{||} = \frac{M_{\text{x}}}{W_{\text{t}}} + \frac{V_{\text{z}}}{A_{\text{v}}} \cdot \frac{y}{r} - \frac{V_{\text{y}}}{A_{\text{v}}} \cdot \frac{z}{r}$$

Die Berechnung der Schubspannung τ erfolgt wie bei dem dünnwandigen Querschnitt. Sie wirken in Umfangsrichtung, da radial wegen der geringen Plattensteifigkeit keine Schubspannungen übertragen werden können. Die Schubspannung τ ist hier positiv definiert, wenn sie im Gegenuhrzeigersinn wirkt. Die Schubspannung τ für das Torsionsmoment M_{x} ist konstant über den Linienquerschnitt verteilt. Die Schubspannung unter der Querkraft V_{z} ist in Abb. 2.16 dargestellt.

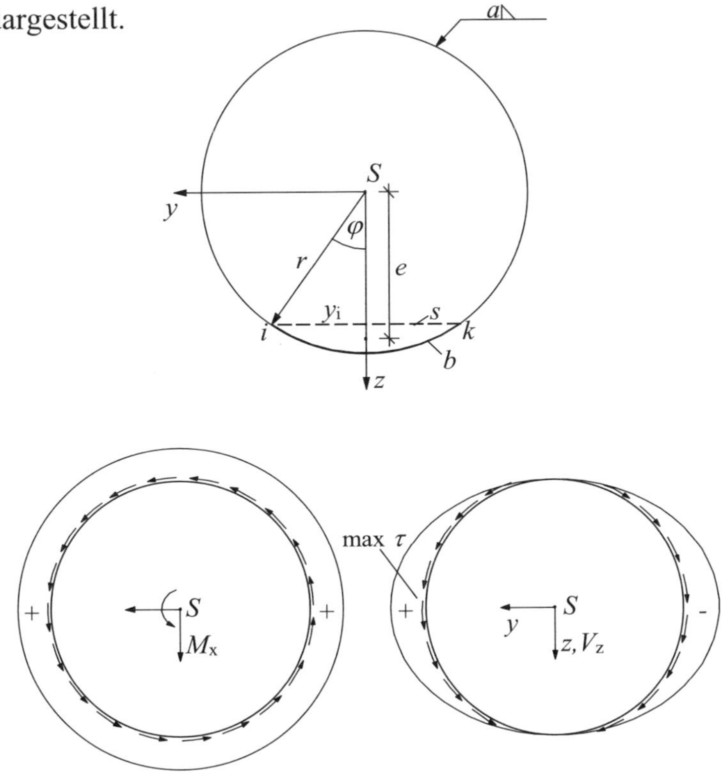

Abb. 2.16 Verlauf der Schubspannungen

In der z-Achse ist die Schubspannung aus Symmetriegründen gleich null. In der y-Achse erreicht sie den Maximalwert. Die Gleichung für die Schubspannung τ unter der Querkraft V_z

$$\tau_{||} = \frac{V_z}{A_v} \cdot \frac{y}{r}$$

soll hier hergeleitet werden. Für die Berechnung der Schubspannung unter der Querkraft V_z gilt allgemein:

$$\tau_{||} = \frac{V_z \cdot S_y}{I \cdot 2 \cdot a}$$

S_y ist das Flächenmoment 1. Grades des Bogens b zwischen den Punkten i und k um die y-Achse nach Abb. 2.16. Mit dem Schwerpunkt e des Bogens und der Sehne s erhält man:

$$S_y = a \cdot b \cdot e \qquad e = \frac{r \cdot s}{b}$$

$$S_y = a \cdot b \cdot e = a \cdot b \cdot \frac{r \cdot s}{b} = a \cdot r \cdot s$$

s ist die Sehne zwischen den Punkten i und k.

$$s = 2 \cdot r \cdot \sin\varphi \qquad \sin\varphi = \frac{y_i}{r}$$

$$S_y = a \cdot r \cdot s = a \cdot r \cdot 2 \cdot r \cdot \sin\varphi = 2 \cdot a \cdot r^2 \cdot \frac{y_i}{r}$$

$$\tau_{||} = \frac{V_z \cdot S_y}{I \cdot 2 \cdot a} = \frac{V_z \cdot 2 \cdot a \cdot r^2 \cdot \frac{y_i}{r}}{a \cdot \pi \cdot r^3 \cdot 2 \cdot a} = \frac{V_z}{a \cdot \pi \cdot r} \cdot \frac{y_i}{r}$$

Mit der Abkürzung folgt: (2.18)

$$A_v = a \cdot \pi \cdot r$$

$$\tau_{||} = \frac{V_z}{A_v} \cdot \frac{y}{r}$$

Für die Schubspannung unter der Querkraft V_y gilt die Herleitung entsprechend, wobei noch die Vorzeichendefinition zu berücksichtigen ist.

Für die Berechnung des maximalen Vergleichswertes $\sigma_{w,v}$ sind noch die Koordinaten der Punkte mit der maximalen Normalspannung und der maximalen Schubspannung zu ermitteln.

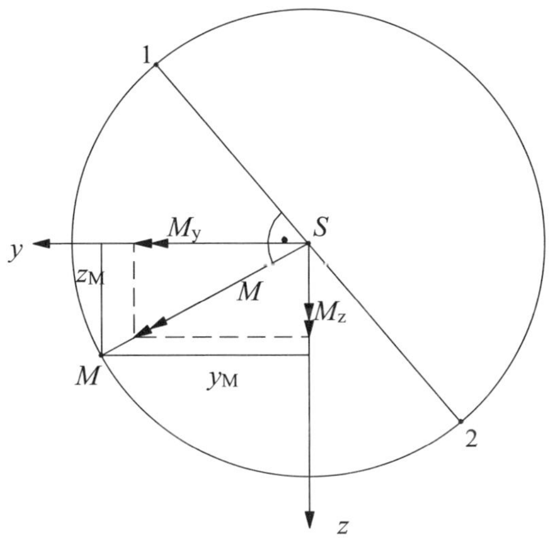

Abb. 2.17 Punkte der maximalen Normalspannungen

Die Koordinaten der Punkte 1 und 2 mit der maximalen Normalspannung erhält man über den resultierenden Momentenvektor.

$$M = \sqrt{M_y^2 + M_z^2} \tag{2.19}$$

Es gilt nach Abb. 2.17: (2.20)

$$y_M = \frac{M_y}{M} \cdot r \quad z_M = \frac{M_z}{M} \cdot r$$

$$y_1 = z_M \qquad y_2 = -y_1$$

$$z_1 = -y_M \qquad z_2 = -z_1$$

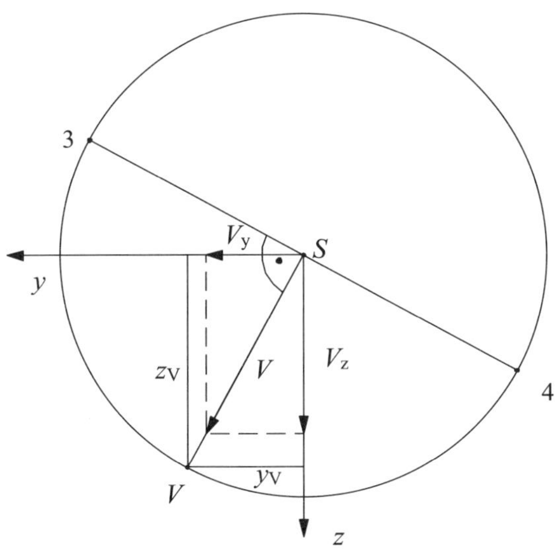

Abb. 2.18 Punkte der maximalen Schubspannungen

Die Koordinaten der Punkte 3 und 4 mit der maximalen Schubspannung erhält man über den resultierenden Querkraftvektor.

$$V = \sqrt{V_y^2 + V_z^2} \tag{2.21}$$

Es gilt nach Abb. 2.18: (2.22)

$$y_V = \frac{V_y}{V} \cdot r \quad z_V = \frac{V_z}{V} \cdot r$$

$$y_3 = z_V \qquad y_4 = -y_3$$

$$z_3 = -y_V \qquad z_4 = -z_3$$

2.5 Beispiele

Beispiel 2.5.1: Anschluss eines Winkels mit 2 Flankenkehlnähten an ein Knotenblech

Dies ist ein Beispiel für einen Linienquerschnitt mit 2 Schweißnähten als Verbindung von 2 starren Scheiben. Weiterhin soll eine Sonderregelung behandelt werden, die in (1-8, 4.13) angegeben ist.

$\gamma_{M0} = 1{,}00 \qquad \gamma_{M2} = 1{,}25$

Werkstoff: S 235

Beanspruchung des Winkels: Zugkraft $N_{Ed} = 118$ kN

Profil: L 70×50×6

Knotenblech: $t = 10$ mm

Schweißnahtdicke: $a = 4$ mm

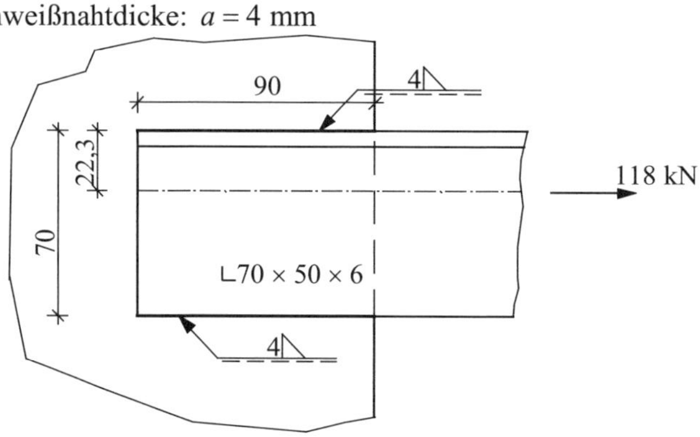

Nachweis des Winkels (Band 1 – Kapitel 5)

Querschnittswerte:

$$A = 6{,}89 \text{ cm}^2$$

$$N_{t,Rd} = N_{pl,Rd} = \frac{A \cdot f_y}{\gamma_{M0}} = \frac{6{,}89 \cdot 23{,}5}{1{,}00} = 162 \text{ kN}$$

$$\frac{N_{Ed}}{N_{t,Rd}} = \frac{118}{162} = 0{,}73 \le 1$$

Nachweis des Linienquerschnittes

Konstruktive Grenzwerte

$a = 4$ mm

$t \geq 4$ mm

$\min a = 3$ mm bzw.

$\min a = \sqrt{\max t} - 0{,}5 = \sqrt{10} - 0{,}5 = 2{,}66$ mm

$l_{\text{eff}} = 90 \text{ mm} \leq 150 \cdot a = 150 \cdot 4 = 600 \text{ mm}$ (1-8, 4.11)

$l_{\text{eff}} = 90 \text{ mm} \geq 6 \cdot a = 6 \cdot 4 = 24 \text{ mm bzw.} \geq 30 \text{ mm}$ (1-8, 4.5.1)

Die Grenzwerte sind eingehalten.

Es werden die Bezeichnungen von Beispiel 1 übernommen. Es gilt:

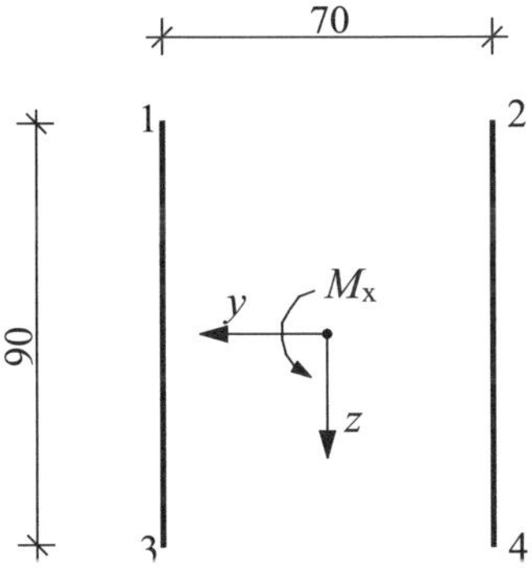

Querschnittswerte:

Gegeben sind $a = 4$ mm; $h = 90$ mm; $b = 70$ mm

$$A = 2 \cdot a \cdot h = 2 \cdot 0{,}4 \cdot 9 = 7{,}2 \text{ cm}^2$$

$$A_y = A = 7{,}2 \text{ cm}^2 \qquad A_z = A = 7{,}2 \text{ cm}^2$$

$$I_y = \frac{1}{6} \cdot a \cdot h^3 = \frac{1}{6} \cdot 0{,}4 \cdot 9{,}0^3 = 48{,}6 \text{ cm}^4$$

$$I_z = \frac{1}{2} \cdot a \cdot h \cdot b^2 = \frac{1}{2} \cdot 0{,}4 \cdot 9{,}0 \cdot 7{,}0^2 = 88{,}2 \text{ cm}^4$$

$$I_p = I_y + I_z = 48{,}6 + 88{,}2 = 137 \text{ cm}^4$$

Die Schnittgrößen des Winkels sind mit den neuen Bezeichnungen auf den Schwerpunkt des Linienquerschnittes zu beziehen.

$$M_x = -118 \cdot (3{,}50 - 2{,}23) = -150 \text{ kNcm}$$

$$V_y = 0 \text{ kN} \qquad V_z = 118 \text{ kN}$$

Tabellarische Berechnung der Spannungen mit folgenden Gleichungen:

$$\tau_{y,w} = \frac{V_y}{A_y} - \frac{M_x}{I_p} \cdot z = \tau_{y,V} + \tau_{y,M}$$

$$\tau_{z,w} = \frac{V_z}{A_z} + \frac{M_x}{I_p} \cdot y = \tau_{z,V} + \tau_{z,M}$$

Vereinfachtes Verfahren – Tragsicherheitsnachweis:

$$\sigma_{w,Ed} = \sqrt{\sigma_w^2 + \tau_{y,w}^2 + \tau_{z,w}^2} \leq f_{vw,d} = 20{,}8 \text{ kN/cm}^2$$

Tabelle 2.4 Tragsicherheitsnachweis – vereinfachtes Verfahren

Nr.	y_i cm	z_i cm	$\tau_{y,V}$ kN/cm²	$\tau_{y,M}$ kN/cm²	$\tau_{y,w}$ kN/cm²	$\tau_{z,V}$ kN/cm²	$\tau_{z,M}$ kN/cm²	$\tau_{z,w}$ kN/cm²	$\sigma_{w,Ed}$ kN/cm²	$\frac{\sigma_{w,Ed}}{f_{vw,d}}$
1	+3,50	–4,50	0	–4,93	–4,93	+16,4	–3,83	+12,6	13,5	0,65
2	–3,50	–4,50	0	–4,93	–4,93	+16,4	+3,83	+20,2	20,8	1,00
3	+3,50	+4,50	0	+4,93	+4,93	+16,4	–3,83	+12,6	13,5	0,65
4	–3,50	+4,50	0	+4,93	+4,93	+16,4	+3,83	+20,2	20,8	1,00

Für das **richtungsbezogene Verfahren** gilt für die Zerlegung nach Gl. (2.7):

$$\tau_{w,z} = \tau_{||} \qquad \tau_{w,y} = \tau_w$$

$\alpha = +45°$ für Punkt 1,3

$\alpha = -45°$ für Punkt 2,4

$$\sigma_{\perp} = \sigma_w \cdot \cos\alpha - \tau_w \cdot \sin\alpha$$

$$\tau_{\perp} = \sigma_w \cdot \sin\alpha + \tau_w \cdot \cos\alpha$$

Tragsicherheitsnachweis:

$$\sigma_{V,w,Ed} = \sqrt{\sigma_{\perp}^2 + 3 \cdot \tau_{\perp}^2 + 3 \cdot \tau_{||}^2} \le f_{1,w,Rd} = 36 \text{ kN/cm}^2 \text{ und}$$

$$\sigma_{\perp} \le f_{2,w,Rd} = 25,9 \text{ kN/cm}^2$$

Tabelle 2.5 Tragsicherheitsnachweis – richtungsbezogenes Verfahren

Nr.	$\tau_{y,w} = \tau_w$ kN/cm²	$\sigma_{\perp}$ kN/cm²	$\tau_{\perp}$ kN/cm²	$\tau_{z,w} = \tau_{||}$ kN/cm²	$\sigma_{V,w,Ed}$ kN/cm²	$\frac{\sigma_{V,w,Ed}}{f_{1,w,Rd}}$	$\sigma_{\perp}$ kN/cm²	$\frac{\sigma_{\perp}}{f_{2,w,Rd}}$
1	–4,93	+3,49	–3,49	+12,6	22,9	0,64	+3,49	0,13
2	–4,93	–3,49	–3,49	+20,2	35,7	0,99	–3,49	0,13
3	+4,93	–3,49	+3,49	+12,6	22,9	0,64	–3,49	0,13
4	+4,93	+3,49	+3,49	+20,2	35,7	0,99	+3,49	0,13

Da die Schubspannungen für den Nachweis maßgebend sind, bringt das richtungsbezogene Verfahren keinen Vorteil.

Nach (1-8, 4.13) dürfen die Momente im Anschluss aus den Außermittigkeiten des Schweißnahtschwerpunktes zur Stabachse unberücksichtigt bleiben, wenn der Zugstab mit einer wirksamen Querschnittsfläche nachgewiesen wird. Bei gleichschenkligen Winkeln und bei unleichschenkligen Winkeln, die am größeren Schenkel angeschlossen sind, ist die wirksame Querschnittsfläche gleich der Bruttoquerschnittsfläche. Bei ungleichschenkligen Winkeln, die an dem kleineren Schenkel angeschlossen sind, ist als wirksame Querschnittsfläche die Bruttoquerschnittsfläche eines gleichschenkligen Winkels mit der kleineren Schenkellänge anzusetzen. Diese Bedingung ist hier erfüllt.

$$A = a \cdot \Sigma l_1$$

$$A = A_z = a \cdot 2 \cdot h = 0,4 \cdot 2 \cdot 9 = 7,2 \text{ cm}^2$$

$$\tau_{z,w} = \frac{V_z}{A_z} = \frac{118}{7,2} = 16,4 \text{ kN/cm}^2$$

Vereinfachtes Verfahren – Tragsicherheitsnachweis:

$$\sigma_{\mathrm{w,Ed}} = \sqrt{\sigma_{\mathrm{w}}^2 + \tau_{\mathrm{w,y}}^2 + \tau_{\mathrm{w,z}}^2} \le f_{\mathrm{vw,d}} = 20{,}8 \text{ kN/cm}^2$$

$$\sigma_{\mathrm{w,Ed}} = \tau_{\mathrm{z,w}} = 16{,}4 \text{ kN/cm}^2$$

$$\frac{\sigma_{\mathrm{w,Ed}}}{f_{\mathrm{vw,d}}} = \frac{16{,}4}{20{,}8} = 0{,}79 \le 1{,}0$$

Eine Schweißnahtlänge von $h = 75$ mm ist hier ausreichend für den Nachweis.

Beispiel 2.5.2: Biegesteifer Anschluss eines I-Profils

Der Nachweis des Querschnittes für dieses Beispiel wurde im Band 1, Beispiel 2.5.2, geführt. Es soll hier der biegesteife Anschluss nachgewiesen werden. Die Dicke der Schweißnähte wird zunächst nach der Ausnutzung gewählt, dann nachgewiesen und gegebenenfalls neu gewählt.

Werkstoff: S 235

Nachweisverfahren: Elastisch-Elastisch

Beanspruchung des Profils: zweiachsige Biegung und Normalkraft

Normalkraft $N_{\mathrm{Ed}} = -1190$ kN

Biegemoment $M_{\mathrm{y,Ed}} = +225$ kNm Biegemoment $M_{\mathrm{z,Ed}} = -26{,}0$ kNm

Querkraft $V_{\mathrm{z,Ed}} = +370$ kN Querkraft $V_{\mathrm{y,Ed}} = -180$ kN

Profil: HEA 400 Platte: $t = 24$ mm

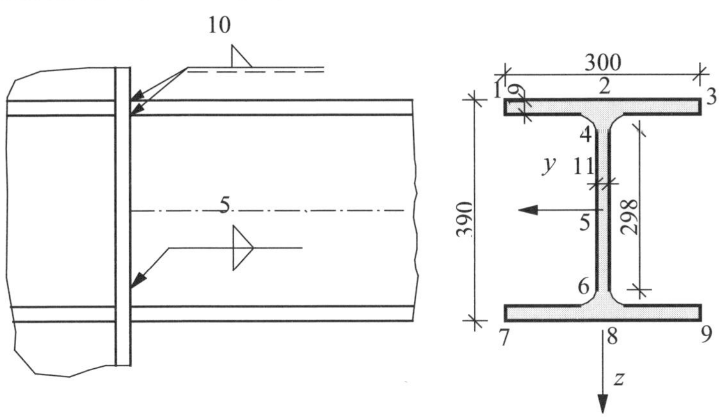

Vorbemessung mit den Querschnittsspannungen Band 1, Beispiel 2.5.2

Tabelle 2.6 Vorbemessung – erforderliche Kehlnaht Σ *a*

Nr.	σ kN/cm²	τ kN/cm²	t mm	$\Sigma a \ge t \cdot \frac{\sqrt{\sigma^2 + \tau^2}}{f_{\mathrm{vw,d}}}$ mm
3	−21,8	0,00	19	19,9
4	−14,9	8,64	11	9,11
5	−7,48	9,55	11	6,41

1. Vereinfachtes Verfahren

Gewählt: $a_{\text{b}} = 10$ mm; $a_{\text{d}} = 5$ mm

Konstruktive Grenzwerte:

$$a_{\text{b}} = 10 \text{ mm}$$
$$t \geq 4 \text{ mm}$$
$$\min a = 3 \text{ mm bzw.}$$
$$\min a = \sqrt{\max t} - 0{,}5 = \sqrt{24} - 0{,}5 = 4{,}40 \text{ mm}$$
$$a_{\text{d}} = 5 \text{ mm}$$
$$t \geq 3 \text{ mm}$$
$$\min a = 3 \text{ mm bzw.}$$
$$\min a = \sqrt{\max t} - 0{,}5 = \sqrt{24} - 0{,}5 = 4{,}40 \text{ mm}$$

Die Grenzwerte sind eingehalten.

Querschnittswerte des Linienquerschnittes des I-Profils:

$$a_{\text{b}} = 10 \text{ mm}; \; a_{\text{d}} = 5 \text{ mm};$$
$$h = 390 \text{ mm}; \; b = 300 \text{ mm}; \; t_{\text{f}} = 19 \text{ mm}; \; t_{\text{w}} = 11 \text{ mm}; \; r = 27 \text{ mm}; \; d = 298 \text{ mm}$$

Die Nähte im Bereich der Ausrundungen werden nicht angesetzt.

$$A_{\text{b}} = a_{\text{b}}\left(2 \cdot b + 2 \cdot t_{\text{f}} - 2 \cdot r - t_{\text{w}}\right) = 1{,}0 \cdot \left(2 \cdot 30 + 2 \cdot 1{,}9 - 2 \cdot 2{,}7 - 1{,}1\right) = 57{,}3 \text{ cm}^2$$
$$A_{\text{d}} = 2 \cdot a_{\text{d}} \cdot d = 2 \cdot 0{,}5 \cdot 29{,}8 = 29{,}8 \text{ cm}^2$$
$$A = 2 \cdot A_{\text{b}} + A_{\text{d}} = 2 \cdot 57{,}3 + 29{,}8 = 144 \text{ cm}^2$$
$$A_{\text{y}} = 2 \cdot A_{\text{b}} = 2 \cdot 57{,}3 = 115 \text{ cm}^2$$
$$A_{\text{z}} = A_{\text{d}} = 29{,}8 \text{ cm}^2$$
$$I_{\text{y}} = \frac{1}{2} \cdot a_{\text{b}} \cdot b \cdot h^2 + \frac{1}{2} \cdot a_{\text{b}} \cdot \left(b - 2 \cdot r - t_{\text{w}}\right) \cdot \left(h - 2 \cdot t_{\text{f}}\right)^2 + \frac{1}{6} \cdot a_{\text{d}} \cdot d^3 + a_{\text{b}} \cdot t_{\text{f}} \cdot \left(h - t_{\text{f}}\right)^2$$
$$I_{\text{y}} = \frac{1}{2} \cdot 1{,}0 \cdot 30 \cdot 39^2 + \frac{1}{2} \cdot 1{,}0 \cdot \left(30 - 2 \cdot 2{,}7 - 1{,}1\right) \cdot \left(39 - 2 \cdot 1{,}9\right)^2$$
$$+ \frac{1}{6} \cdot 0{,}5 \cdot 29{,}8^3 + 1{,}0 \cdot 1{,}9 \cdot \left(39 - 1{,}9\right)^2 = 42\ 194 \text{ cm}^4$$
$$I_{\text{z}} = \frac{1}{3} \cdot a_{\text{b}} \cdot b^3 - \frac{1}{6} \cdot a_{\text{b}} \cdot \left(2 \cdot r + t_{\text{w}}\right)^3 + a_{\text{b}} \cdot t_{\text{f}} \cdot b^2$$
$$I_{\text{z}} = \frac{1}{3} \cdot 1{,}0 \cdot 30^3 - \frac{1}{6} \cdot 1{,}0 \cdot \left(2 \cdot 2{,}7 + 1{,}1\right)^3 + 1{,}0 \cdot 1{,}9 \cdot 30^2 = 10\ 664 \text{ cm}^4$$

Beanspruchungen des Linienquerschnittes:

$$\sigma_{\text{w}} = \frac{N}{A} + \frac{M_{\text{y}}}{I_{\text{y}}} \cdot z - \frac{M_{\text{z}}}{I_{\text{z}}} \cdot y = \sigma_{\text{N}} + \sigma_{\text{My}} + \sigma_{\text{Mz}}$$
$$\tau_{\text{y,w}} = \tau_{||} = \frac{V_{\text{y}}}{A_{\text{y}}} \text{ in den Flanschnähten}$$
$$\tau_{\text{z,w}} = \tau_{||} = \frac{V_{\text{z}}}{A_{\text{z}}} \text{ in den Stegnähten}$$
$$\sigma_{\text{w,Ed}} = \sqrt{\sigma_{\text{w}}^2 + \tau_{\text{w,y}}^2 + \tau_{\text{w,z}}^2} \leq f_{\text{vw,d}} = 20{,}8 \text{ kN/cm}^2$$

Tabelle 2.7 Tragsicherheitsnachweis – vereinfachtes Verfahren

Nr.	y_i cm	z_i cm	σ_N kN/cm²	σ_{My} kN/cm²	σ_{Mz} kN/cm²	σ_w kN/cm²	$\tau_{y,w}$ kN/cm²	$\tau_{z,w}$ kN/cm²	$\sigma_{w,Ed}$ kN/cm²	$\frac{\sigma_{w,Ed}}{f_{vw,d}}$
3	–15,0	–19,5	–8,26	–10,4	–3,66	–22,3	–1,57	0	22,3	**1,07**
4	0	–14,9	–8,26	–7,95	0	–15,8	0	+12,4	20,1	0,97

Der Anschluss ist nach dem vereinfachten Verfahren nicht ausreichend bemessen. Der Punkt 3 wird deshalb nach dem richtungsbezogenen Verfahren nachgewiesen.
Für das **richtungsbezogene Verfahren** gilt:

$$\tau_{y,w} = \tau_{||} \qquad \tau_w = 0 \quad \alpha = +45°$$

$$\sigma_{V,w,Ed} = \sqrt{2 \cdot \sigma_w^2 + 3 \cdot \tau_{||}^2} \le f_{1,w,Rd} = 36 \text{ kN/cm}^2$$

Tabelle 2.8 Tragsicherheitsnachweis – richtungsbezogenes Verfahren

Nr.	σ_w kN/cm²	$\tau_{y,w} = \tau_{||}$ kN/cm²	$\sigma_{V,w,Ed}$ kN/cm²	$\frac{\sigma_{V,w,Ed}}{f_{1,w,Rd}}$
3	–22,3	–1,57	31,7	0,88

Die Naht ist ausreichend bemessen.

2. Richtungsbezogenes Verfahren
Die Flanschnaht kann noch reduziert werden.
Gewählt: $a_b = 9$ mm; $a_d = 5$ mm

$$A = 133 \text{ cm}^2 \quad A_y = 103 \text{ cm}^2 \quad A_z = 29{,}8 \text{ cm}^2$$

$$I_y = 38\,195 \text{ cm}^4 \quad I_z = 9\,598 \text{ cm}^4$$

Für das **richtungsbezogene Verfahren** gilt:

$$\tau_{y,w} = \tau_{||} \text{ oder } \tau_{z,w} = \tau_{||} \qquad \tau_w = 0 \quad \alpha = +45°$$

$$\sigma_{V,w,Ed} = \sqrt{2 \cdot \sigma_w^2 + 3 \cdot \tau_{||}^2} \le f_{1,w,Rd} = 36 \text{ kN/cm}^2$$

$$\sigma_\perp \le f_{2,w,Rd} = 25{,}9 \text{ kN/cm}^2 \text{ nicht maßgebend für diese Kehlnaht}$$

Tabelle 2.9 Tragsicherheitsnachweis – richtungsbezogenes Verfahren

Nr.	σ_w kN/cm²	$\tau_{||}$ kN/cm²	$\sigma_{V,w,Ed}$ kN/cm²	$\frac{\sigma_{V,w,Ed}}{f_{1,w,Rd}}$
3	–24,5	–1,75	34,7	0,96
4	–17,7	+12,4	33,0	0,92

Beispiel 2.5.3: Biegesteifer Anschluss eines dünnwandigen Rohres als Stütze

$\gamma_M = \gamma_{M1} = 1{,}10$
Werkstoff: S 235
Nachweisverfahren: Elastisch-Elastisch
Beanspruchung des Profils: zweiachsige Biegung mit Normalkraft und Torsion

Normalkraft	$N_{Ed} = -525$ kN
Biegemoment	$M_{y,Ed} = +86$ kNm
Biegemoment	$M_{z,Ed} = +57{,}5$ kNm
Torsionsmoment	$M_{x,Ed} = -85$ kNm
Querkraft	$V_{y,Ed} = -110$ kN
Querkraft	$V_{z,Ed} = +120$ kN

Profil: Rohr 457×10
Anschlussblech: 15 mm
Schweißnahtdicke: gewählt $a = 5$ mm
Beanspruchbarkeit des Bauteils: $\sigma_{Rd} = 21{,}4$ kN/cm^2

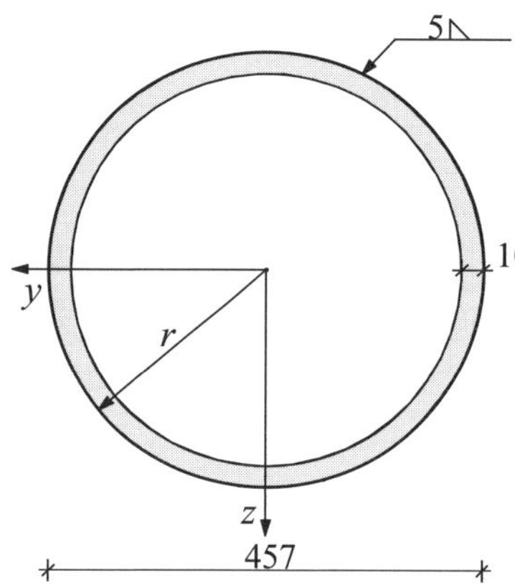

Tragsicherheitsnachweis des dünnwandigen Rohres
Querschnittswerte: siehe Band 1, Tabellen

$$A = 140 \text{ cm}^2;\ I = 35\ 091 \text{ cm}^4;\ W_t = 3071 \text{ cm}^3$$

$$r = \frac{D}{2} = \frac{45{,}7}{2} = 22{,}85 \text{ cm}$$

$$R = \frac{D-t}{2} = \frac{45{,}7-1{,}0}{2} = 22{,}35 \text{ cm}$$

$$A_v = t \cdot \pi \cdot R = 1{,}0 \cdot \pi \cdot 22{,}35 = 70{,}2 \text{ cm}^2$$

Die Koordinaten der Punkte 1 und 2 mit der maximalen Normalspannung erhält man über den resultierenden Momentenvektor.

$$M = \sqrt{M_y^2 + M_z^2} = \sqrt{86^2 + 57{,}5^2} = 103 \text{ kNm}$$

$$y_M = \frac{M_y}{M} \cdot r = +\frac{86}{103} \cdot 22{,}85 = 19{,}1 \text{ cm}$$

$$z_M = \frac{M_z}{M} \cdot r = +\frac{57,5}{103} \cdot 22,85 = 12,8 \text{ cm}$$

$$y_1 = z_M = 12,8 \text{ cm} \qquad y_2 = -y_1 = -12,8 \text{ cm}$$

$$z_1 = -y_M = -19,1 \text{ cm} \qquad z_2 = -z_1 = 19,1 \text{ cm}$$

Die Koordinaten der Punkte 3 und 4 mit der maximalen Schubspannung erhält man über den resultierenden Querkraftvektor.

$$V = \sqrt{V_y^2 + V_z^2} = \sqrt{110^2 + 120^2} = 163 \text{ kN}$$

$$y_V = \frac{V_y}{V} \cdot r = -\frac{110}{163} \cdot 22,85 = -15,4 \text{ cm}$$

$$z_V = \frac{V_z}{V} \cdot r = +\frac{120}{163} \cdot 22,85 = 16,8 \text{ cm}$$

$$y_3 = z_V = +16,8 \text{ cm} \qquad y_4 = -y_3 = -16,8 \text{ cm}$$

$$z_3 = -y_V = +15,4 \text{ cm} \qquad z_4 = -z_3 = -15,4 \text{ cm}$$

Es gilt für alle Querschnittspunkte, wobei die Vorzeichen der Koordinaten zu beachten sind:

$$\sigma = \frac{N}{A} + \frac{M_y}{I} \cdot z - \frac{M_z}{I} \cdot y = \sigma_N + \sigma_{My} + \sigma_{Mz}$$

$$\tau = \frac{M_x}{W_t} - \frac{V_y}{A_v} \cdot \frac{z}{r} + \frac{V_z}{A_v} \cdot \frac{y}{r} = \tau_{Mx} + \tau_{Vy} + \tau_{Vz}$$

$$\sigma_V = \sqrt{\sigma^2 + 3 \cdot \tau^2}$$

Tabelle 2.10 Schubspannungsberechnung des dünnwandigen Rohres

Nr.	y_i cm	z_i cm	τ_{Mx} kN/cm²	τ_{Vy} kN/cm²	τ_{Vz} kN/cm²	τ kN/cm²
1	+12,8	−19,1	−2,77	−1,31	+0,958	−3,12
2	−12,8	+19,1	−2,77	+1,31	−0,958	−2,42
3	+16,8	+15,4	−2,77	+1,05	+1,26	−0,46
4	−16,8	−15,4	−2,77	−1,05	−1,26	−5,08

Tabelle 2.11 Spannungsberechnung des dünnwandigen Rohres

Nr.	y_i cm	z_i cm	σ_N kN/cm²	σ_{My} kN/cm²	σ_{Mz} kN/cm²	σ kN/cm²	τ kN/cm²	σ_V kN/cm²	$\frac{\sigma_V}{\sigma_{Rd}}$
1	+72,8	−19,1	−3,75	−4,68	−2,10	−10,5	−3,12	11,8	0,55
2	−12,8	+19,1	−3,75	+4,68	+2,10	+3,03	−2,42	5,17	0,24
3	+16,8	+15,4	−3,75	+3,77	−2,75	−2,73	−0,46	2,84	0,13
4	−16,8	−15,4	−3,75	−3,77	+2,75	−4,77	−5,08	10,0	0,47

Vorbemessung mit den Querschnittsspannungen

$$a \geq t \cdot \frac{\sqrt{\sigma^2 + \tau^2}}{f_{vw,d}} = 10 \cdot \frac{\sqrt{10,5^2 + 3,12^2}}{20,8} = 5,26 \text{ mm}$$

1. Vereinfachtes Verfahren
Gewählt: $a = 5$ mm
Konstruktive Grenzwerte:

$a = 5$ mm
$t \geq 4$ mm
$\min a = 3$ mm bzw.
$\min a = \sqrt{\max t} - 0{,}5 = \sqrt{15} - 0{,}5 = 3{,}37$ mm

Die Grenzwerte sind eingehalten.
Nachweis des Linienquerschnittes
Querschnittswerte:
Gegeben sind $a = 0{,}5$ cm; $r = 22{,}85$ cm

$$A = 2 \cdot a \cdot \pi \cdot r = 2 \cdot 0{,}5 \cdot \pi \cdot 22{,}85 = 71{,}8 \text{ cm}^2$$

$$A_\mathrm{v} = a \cdot \pi \cdot r = 0{,}5 \cdot \pi \cdot 22{,}85 = 35{,}9 \text{ cm}^2$$

$$I = a \cdot \pi \cdot r^3 = 0{,}5 \cdot \pi \cdot 22{,}85^3 = 18\ 740 \text{ cm}^4$$

$$W_\mathrm{t} = 2 \cdot A_\mathrm{m} \cdot a = 2 \cdot a \cdot \pi \cdot r^2 = 2 \cdot 0{,}5 \cdot \pi \cdot 22{,}85^2 = 1640 \text{ cm}^3$$

Es gilt für alle Querschnittspunkte, wobei die Vorzeichen der Koordinaten zu beachten sind:

$$\sigma_\mathrm{w} = \frac{N}{A} + \frac{M_\mathrm{y}}{I} \cdot z - \frac{M_\mathrm{z}}{I} \cdot y = \sigma_\mathrm{N} + \sigma_\mathrm{My} + \sigma_\mathrm{Mz}$$

$$\tau_{||} = \frac{M_\mathrm{x}}{W_\mathrm{t}} - \frac{V_\mathrm{y}}{A_\mathrm{v}} \cdot \frac{z}{r} + \frac{V_\mathrm{z}}{A_\mathrm{v}} \cdot \frac{y}{r} = \tau_\mathrm{Mx} + \tau_\mathrm{Vy} + \tau_\mathrm{Vz}$$

$$\sigma_\mathrm{w,Ed} = \sqrt{\sigma_\mathrm{w}^2 + \tau_{||}^2} \leq f_\mathrm{vw,d} = 20{,}8 \text{ kN/cm}^2$$

Tabelle 2.12 Schubspannungsberechnung des Anschlusses des dünnwandigen Rohres

Nr.	y_i cm	z_i cm	τ_Mx kN/cm²	τ_Vy kN/cm²	τ_Vz kN/cm²	$\tau_{\|\|}$ kN/cm²
1	+12,8	−19,1	−5,18	−2,56	+1,87	−5,87

Tabelle 2.13 Spannungsberechnung des Anschlusses des dünnwandigen Rohres

Nr.	y_i cm	z_i cm	σ_N kN/cm²	σ_My kN/cm²	σ_Mz kN/cm²	σ_w kN/cm²	$\tau_{\|\|}$ kN/cm²	$\sigma_\mathrm{w,Ed}$ kN/cm²	$\frac{\sigma_\mathrm{w,Ed}}{f_\mathrm{vw,d}}$
1	+12,8	−19,1	−7,31	−8,77	−3,92	−20,0	−5,87	20,8	1,00

2. Richtungsbezogenes Verfahren
Gewählt: $a = 4$ mm
In diesem Fall können die Schweißnahtspannungen direkt umgerechnet werden.

$$\sigma_\mathrm{w} = 20{,}0 \cdot \frac{5}{4} = 25{,}0 \text{ kN/cm}^2 \quad \tau_{||} = 5{,}87 \cdot \frac{5}{4} = 7{,}34 \text{ kN/cm}^2$$

$$\sigma_\mathrm{V,w,Ed} = \sqrt{2 \cdot \sigma_\mathrm{w}^2 + 3 \cdot \tau_{||}^2} = \sqrt{2 \cdot 25{,}0^2 + 3 \cdot 7{,}34^2} = 37{,}6 \text{ kN/cm}^2 \leq f_\mathrm{1,w,Rd} = 36 \text{ kN/cm}^2$$

Der Nachweis ist nicht erfüllt. Eine Kehlnaht von $a = 4$ mm ist nicht möglich.

Beispiel 2.5.4: Biegesteifer Anschluss eines geschweißten T-Querschnittes

$\gamma_M = \gamma_{M1} = 1{,}10$
Werkstoff: S 235
Nachweisverfahren: Elastisch-Elastisch
Beanspruchung des Profils: Biegung und Normalkraft
Normalkraft $N_{Ed} = -300$ kN
Biegemoment $M_{y,Ed} = +28{,}0$ kNm
Querkraft $V_{z,Ed} = -95$ kN
Profil: geschweißter T-Querschnitt
Anschlussblech: 12 mm
Schweißnahtdicke: $a_b = 5$ mm; $a_h = 3$ mm
Halsnaht: $a = 4$ mm
Beanspruchbarkeit des Bauteils: $\sigma_{Rd} = 21{,}4$ kN/cm²
Vereinfachtes Verfahren
Beanspruchbarkeit der Schweißnaht: $f_{vw,d} = 20{,}8$ kN/cm²

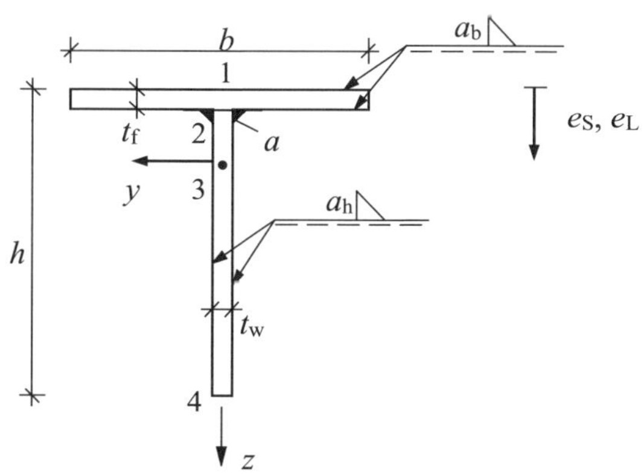

Tragsicherheitsnachweis des geschweißten T-Querschnittes
Querschnittswerte:
Gegeben sind

$$a = 4 \text{ mm}$$

$$h = 250 \text{ mm};\ b = 200 \text{ mm};\ t_f = 16 \text{ mm};\ t_w = 10 \text{ mm}$$

$$A_1 = b \cdot t_f = 20 \cdot 1{,}6 = 32{,}0 \text{ cm}^2$$

$$A_2 = (h - t_f) \cdot t_w = (25 - 1{,}6) \cdot 1{,}0 = 23{,}4 \text{ cm}^2$$

$$A = A_1 + A_2 = 32{,}0 + 23{,}4 = 55{,}4 \text{ cm}^2$$

Berechnung des Schwerpunktes und des Flächenmomentes 2. Grades:

$$e_1 = \frac{1}{2} \cdot t_f = \frac{1}{2} \cdot 1{,}6 = 0{,}8 \text{ cm}$$

$$e_2 = \frac{1}{2} \cdot (h + t_f) = \frac{1}{2} \cdot (25 + 1{,}6) = 13{,}3 \text{ cm}$$

$$e_S = \frac{\Sigma A_i \cdot e_i}{A} = \frac{32 \cdot 0{,}8 + 23{,}4 \cdot 13{,}3}{55{,}4} = 6{,}08 \text{ cm}$$

$$I_y = \frac{1}{12} \cdot t_w \cdot (h - t_f)^3 + \frac{1}{12} \cdot b \cdot t_f^3 + A_1 \cdot e_1^2 + A_2 \cdot e_2^2 - A \cdot e_S^2$$

$$I_y = \frac{1}{12} \cdot 1{,}0 \cdot (25 - 1{,}6)^3 + \frac{1}{12} \cdot 20 \cdot 1{,}6^3 + 32 \cdot 0{,}8^2 + 23{,}4 \cdot 13{,}3^2 - 55{,}4 \cdot 6{,}08^2 = 3186 \text{ cm}^4$$

Flächenmomente 1. Grades:

$$S_1 = \frac{b}{2} \cdot t_f \cdot \left(e_S - \frac{t_f}{2} \right) = \frac{20}{2} \cdot 1{,}6 \cdot \left(6{,}08 - \frac{1{,}6}{2} \right) = 84{,}5 \text{ cm}^3$$

$$S_2 = b \cdot t_f \cdot \left(e_S - \frac{t_f}{2} \right) = 20 \cdot 1{,}6 \cdot \left(6{,}08 - \frac{1{,}6}{2} \right) = 169 \text{ cm}^3$$

$$S_3 = S_2 + \frac{1}{2} \cdot t_w \cdot (e_S - t_f)^2 = 169 + \frac{1}{2} \cdot 1{,}0 \cdot (6{,}08 - 1{,}6)^2 = 179 \text{ cm}^3$$

Tabellarische Berechnung der Spannungen mit folgenden Gleichungen:

$$\sigma = \frac{N}{A} + \frac{M_y}{I_y} \cdot z = \sigma_N + \sigma_{My} \qquad \tau = \frac{V_z \cdot S_y}{I_y \cdot s} \qquad \sigma_V = \sqrt{\sigma^2 + 3 \cdot \tau^2}$$

Tabelle 2.14 Spannungsberechnung des T-Querschnittes

Nr.	z_i cm	σ_N kN/cm²	σ_{My} kN/cm²	σ kN/cm²	τ kN/cm²	σ_V kN/cm²	$\frac{\sigma_V}{\sigma_{Rd}}$
1	−6,08	−5,42	−5,34	−10,8	0	10,8	0,50
2	−4,48	−5,42	−3,94	−9,36	−5,05	12,8	0,56
3	0	−5,42	0	−5,42	−5,35	10,7	0,50
4	+18,9	−5,42	+16,6	+11,2	0	11,2	0,52

Nachweis der Halsnaht

$$\tau_{||} = \frac{V_{z,d} \cdot S_y}{I_y \cdot \Sigma a} = \frac{95 \cdot 169}{3186 \cdot 2 \cdot 0{,}4} = 6{,}30 \text{ kN/cm}^2$$

$$\frac{\sigma_{w,Ed}}{f_{vw,d}} = \frac{6{,}30}{20{,}8} = 0{,}30 \le 1{,}0$$

Nachweis neben der Naht

Im Bereich des Anschlusses liegt eine weitgehend konstante Verteilung der Schubspannungen über den Steg vor.

$$\tau = \frac{V_{z,Ed}}{A_z} = \frac{95}{23{,}4} = 4{,}06 \text{ kN/cm}^2$$

Nachweis der maximalen Vergleichsspannung im Punkt 4:

$$\sigma_V = \sqrt{\sigma^2 + 3 \cdot \tau^2} = \sqrt{11{,}2^2 + 3 \cdot 4{,}06^2} = 13{,}2 \text{ kN/cm}^2$$

$$\frac{\sigma_V}{\sigma_{Rd}} = \frac{13{,}2}{21{,}4} = 0{,}62 \le 1{,}0$$

Der Nachweis max c/t ist eingehalten.

Siehe Band 1, Kapitel Querschnittsklassifizierung. Biegedrillknicken sei verhindert.

<u>Nachweis des Linienquerschnittes</u>

Konstruktive Grenzwerte

$$a_b = 5 \text{ mm}$$
$$t \geq 4 \text{ mm}$$
$$\min a = 3 \text{ mm bzw.}$$
$$\min a = \sqrt{\max t} - 0,5 = \sqrt{16} - 0,5 = 3,5 \text{ mm}$$
$$a_h = 3 \text{ mm}$$
$$t \geq 3 \text{ mm}$$
$$\min a = 3 \text{ mm bzw.}$$
$$\min a = \sqrt{\max t} - 0,5 = \sqrt{12} - 0,5 = 2,96 \text{ mm}$$

Die Grenzwerte sind eingehalten.

Querschnittswerte:

Gegeben sind

$$a_b = 5 \text{ mm};\ a_h = 3 \text{ mm};\ a = 4 \text{ mm}$$
$$h = 250 \text{ mm};\ b = 200 \text{ mm};\ t_f = 16 \text{ mm};\ t_w = 10 \text{ mm}$$
$$h_1 = h - t_f - a \cdot \sqrt{2} = 25 - 1,6 - 0,4 \cdot \sqrt{2} = 22,8 \text{ cm}$$
$$A_b = a_b\left(2 \cdot b - 2 \cdot a \cdot \sqrt{2} - t_w\right) = 0,5\left(2 \cdot 20 - 2 \cdot 0,4 \cdot \sqrt{2} - 1,0\right) = 18,9 \text{ cm}^2$$
$$A_h = 2 \cdot a_h \cdot h_1 = 2 \cdot 0,3 \cdot 22,8 = 13,7 \text{ cm}^2$$
$$A = A_b + A_h = 18,9 + 13,7 = 32,6 \text{ cm}^2$$
$$A_z = A_h = 13,7 \text{ cm}^2$$

Berechnung des Schwerpunktes und des Flächenmomentes 2. Grades:

$$e_L = \frac{a_b \cdot \left(b - 2 \cdot a \cdot \sqrt{2} - t_w\right) \cdot t_f + A_h\left(h - \frac{h_1}{2}\right)}{A}$$

$$e_L = \frac{0,5 \cdot \left(20 - 2 \cdot 0,4 \cdot \sqrt{2} - 1,0\right) \cdot 1,6 + 13,7 \cdot \left(25 - \frac{22,8}{2}\right)}{32,6} = 6,15 \text{ cm}$$

$$I_y = \frac{1}{6} \cdot a_h \cdot h_1^3 + a_b \cdot \left(b - 2 \cdot a \cdot \sqrt{2} - t_w\right) \cdot t^2 + A_h \cdot \left(h - \frac{h_1}{2}\right)^2 - A \cdot e_L^2$$

$$I_y = \frac{1}{6} \cdot 0,3 \cdot 22,8^3 + 0,5 \cdot \left(20 - 2 \cdot 0,4 \cdot \sqrt{2} - 1,0\right) \cdot 1,6^2 + 13,7 \cdot \left(25 - \frac{22,8}{2}\right)^2 - 32,6 \cdot 6,15^2$$

$$I_y = 1916 \text{ cm}^4$$

Die Schnittgrößen sind auf den Schwerpunkt des Linienquerschnittes zu beziehen.

$$N_{Ed} = -300 \text{ kN}$$

$$M_{L,y,Ed} = M_{y,Ed} - N_{Ed} \cdot \left(e_L - e_S\right) = +28,0 + 300 \cdot \frac{(6,15 - 6,08)}{100} = 28,2 \text{ kNm}$$

$$V_{z,Ed} = -95 \text{ kN}$$

Tabellarische Berechnung der Spannungen mit folgenden Gleichungen:

$$\sigma_w = \frac{N}{A} + \frac{M_y}{I_y} \cdot z = \sigma_N + \sigma_{My}$$

$$\tau_{z,w} = \frac{V_z}{A_z} \quad \text{in den Stegnähten}$$

$$\sigma_{w,Ed} = \sqrt{\sigma_w^2 + \tau_{w,y}^2 + \tau_{w,z}^2} \leq f_{vw,d} = 20,8 \text{ kN/cm}^2$$

Tabelle 2.15 Tragsicherheitsnachweis – vereinfachtes Verfahren

Nr.	y_i cm	σ_N kN/cm²	σ_{My} kN/cm²	σ_w kN/cm²	$\tau_{z,w}$ kN/cm²	$\sigma_{w,Ed}$ kN/cm²	$\frac{\sigma_{w,Ed}}{f_{vw,d}}$
1	–6,15	–9,20	–9,05	–18,3	0	18,3	0,88
2	–4,55	–9,20	–6,69	–15,9	–6,93	17,3	0,83
4	+18,9	–9,20	+27,8	+18,6	–6,93	19,8	0,95

Beispiel 2.5.5: Geschweißter Anschluss einer Einspannstütze am Fußriegel

In diesem Beispiel soll nur der geschweißte Anschluss zwischen der Stütze und dem Fußriegel nachgewiesen werden. Es sind 4 Kehlnähte zwischen der Stütze und dem Fußriegel vorgesehen. Die Nähte sollen bemessen und nachgewiesen werden.

Werkstoff: S 235
Beanspruchung der Stütze: Biegung und Normalkraft in Fußplattenhöhe
Normalkraft $N_{Ed} = -270$ kN
Biegemoment $M_{y,Ed} = +315$ kNm
Querkraft $V_{z,Ed} = 20$ kN
Stütze: HEA 340
Fußriegel: U 350
Vereinfachtes Verfahren
Schweißnahtdicke: $a = ?$ mm
Beanspruchbarkeit der Schweißnaht: $f_{vw,d} = 20,8$ kN/cm²

Nachweis der Kehlnaht

Zunächst ist die maximale Beanspruchung in der Schweißnaht zu bestimmen. Es treten vor allem Schubspannungen $\tau_{||}$ in der Naht auf, da die Flansche wegen der geringen Plattensteifigkeit kaum Biegemomente übernehmen. Es handelt sich statisch hier um ein räumliches Problem.

$$F = \frac{N}{4} + \frac{M}{2 \cdot h} = \frac{270}{4} + \frac{315}{2 \cdot 0,33} = 545 \text{ kN}$$

Der Nachweis lautet:

$$\tau_{||} = \frac{F}{A_w} = \frac{F}{a \cdot l_{eff}} \leq f_{vw,d}$$

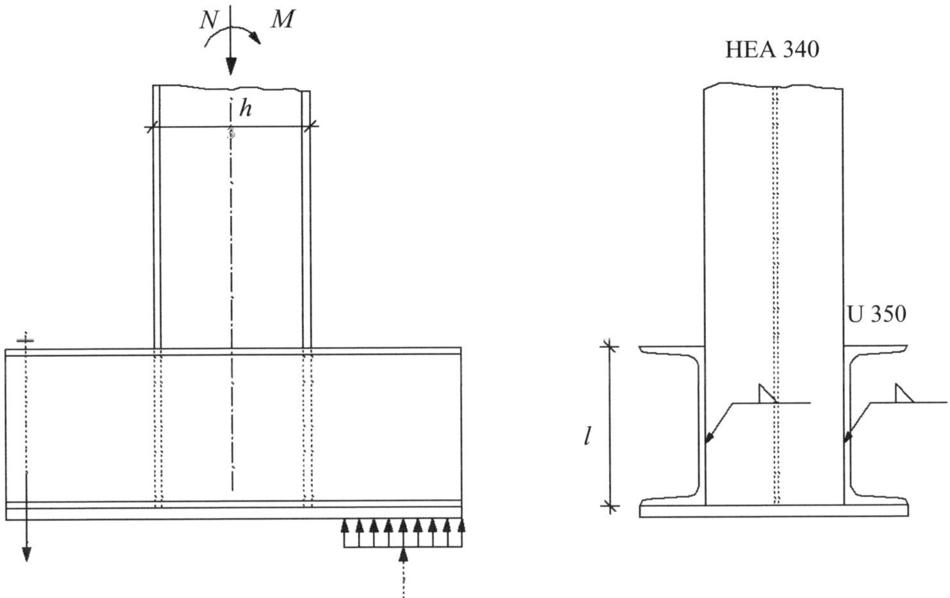

Die Schweißnahtlänge l ist durch die Höhe des U-Profils festgelegt. Damit ist es möglich, die Nachweisgleichung in eine Bemessungsformel für die erforderliche Schweißnahtdicke a umzuformen.

$$a \geq \frac{F}{l_{\text{eff}} \cdot f_{\text{vw,d}}} \text{ bzw.}$$

$$\text{erf}\, a = \frac{F}{l_{\text{eff}} \cdot f_{\text{vw,d}}} = \frac{545}{35 \cdot 20{,}8} = 0{,}75 \text{ cm}$$

Gewählt: $a = 8$ mm

Konstruktive Grenzwerte

$a = 8$ mm $\qquad t \geq 4$ mm

$\min a = 3$ mm bzw.

$\min a = \sqrt{\max t} - 0{,}5 = \sqrt{16{,}5} - 0{,}5 = 3{,}56$ mm

$l_{\text{eff}} = l - 2 \cdot a = 350 - 2 \cdot 8 = 334$ mm

$l_{\text{eff}} = 334 \text{ mm} \leq 150 \cdot a = 150 \cdot 8 = 1200$ mm (1-8, 4.11)

$l_{\text{eff}} = 334 \text{ mm} \geq 6 \cdot a = 6 \cdot 8 = 48 \text{ mm bzw.} \geq 30$ mm (1-8, 4.5.1)

Die Grenzwerte sind eingehalten.

In der statischen Berechnung wird der Nachweis angegeben.

$$\tau_{\|} = \frac{F}{A_{\text{w}}} = \frac{F}{a \cdot l_{\text{eff}}} \frac{545}{0{,}8 \cdot 33{,}4} = 20{,}4 \text{ kN/cm}^2$$

$$\frac{\sigma_{\text{w,Ed}}}{f_{\text{vw,d}}} = \frac{20{,}4}{20{,}8} = 0{,}98 \leq 1{,}0$$

Die Querkraft wird durch einen Schubdübel übertragen, s. Abschnitt 8.4.

3 Anschlüsse des Normalkraftstabes

3.1 Konstruktion

Bei diesen Anschlüssen handelt es sich vorwiegend um Stäbe bei Fachwerken und Verbänden sowie Zuglaschen in abgehängten Konstruktionen. Der Tragsicherheitsnachweis für Zugstäbe und Druckstäbe ist in Band 1 angegeben. In diesem Abschnitt werden die Konstruktion und Tragsicherheitsnachweise der Stabanschlüsse behandelt.
In der Werkstatt hergestellte Stabanschlüsse werden fast immer geschweißt. Baustellenverbindungen werden vorwiegend geschraubt, meistens mit rohen Schrauben der Festigkeitsklasse 4.6, zunehmend auch hochfeste Schrauben der Festigkeitsklasse 10.9.
Stöße und Anschlüsse sollen gedrungen ausgebildet werden. Kurze Stabanschlüsse bedingen auch kleine Knotenbleche. Dabei ist eine unmittelbare und symmetrische Stoßdeckung anzustreben.
Die Verbindungsmittel sollen symmetrisch zur Stabachse angeordnet werden, um eine zentrische Beanspruchung zu erzielen. Bei geschraubten und i. Allg. auch geschweißten Anschlüssen von Stäben aus Winkelstäben ist dies nicht möglich, da die Schwerachse des Stabes mit der Schwerachse der Verbindung nicht zusammenfällt. Dann wird der Anschluss zusätzlich durch ein Moment belastet.
Treten in den Knotenpunkten Exzentrizitäten auf, so sind in der Regel die Anschlüsse und die angeschlossenen Bauteile für die resultierenden Schnittgrößen zu bemessen.
Für den einschenkligen Schraubenanschluss zugbeanspruchter Winkel kann das vereinfachte Bemessungsverfahren nach (1-8, 3.10.3) angewendet werden, das in Band 1, Kapitel 5.3 angegeben ist. In diesem Fall darf die Exzentrizität des Anschlusses vernachlässigt werden.
Nach (1-8, 4.13) dürfen bei einschenkligen Anschlüssen von Winkelprofilen die Momente im Anschluss aus den Außermittigkeiten des Schweißnahtschwerpunktes zur Stabachse unberücksichtigt bleiben, wenn der Zugstab mit einer wirksamen Querschnittsfläche nachgewiesen wird. Bei gleichschenkligen Winkeln und bei unleichschenkligen Winkeln, die am größeren Schenkel angeschlossen sind, ist die wirksame Querschnittsfläche gleich der Bruttoquerschnittsfläche. Bei ungleichschenkligen Winkeln, die an dem kleineren Schenkel angeschlossen sind, ist als wirksame Querschnittsfläche die Bruttoquerschnittsfläche eines gleichschenkligen Winkels mit der kleineren Schenkellänge anzusetzen. Die rechnerische Schweißnahtlänge kann nach Tabelle 3.1 bestimmt werden, wobei das vereinfachte Verfahren anzuwenden ist.

Tabelle 3.1 Rechnerische Schweißnahtlängen Σl_{eff} bei unmittelbaren Stabanschlüssen nach dem vereinfachten Verfahren [11]

	Nahtart	Bild	Rechnerische Nahtlänge
1	Flankenkehlnähte	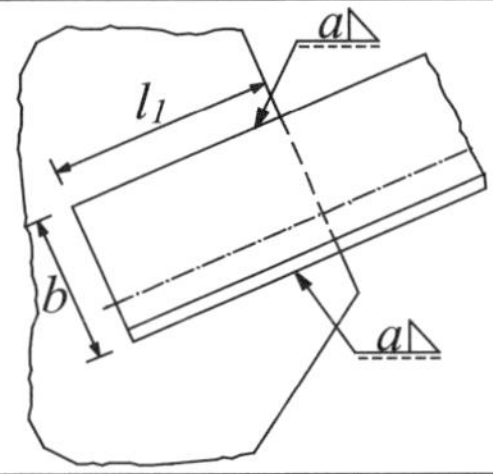	$\Sigma l_{\text{eff}} = 2 \cdot l_1$
2	Stirn- und Flankenkehlnähte	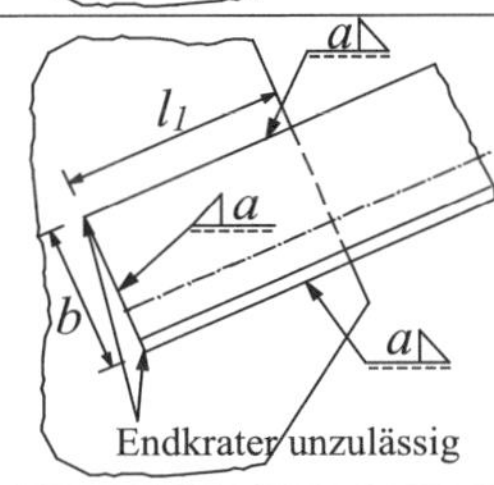	$\Sigma l_{\text{eff}} = b + 2 \cdot l_1$
3	Ringsum laufende Kehlnaht / Schwerachse näher zur längeren Naht	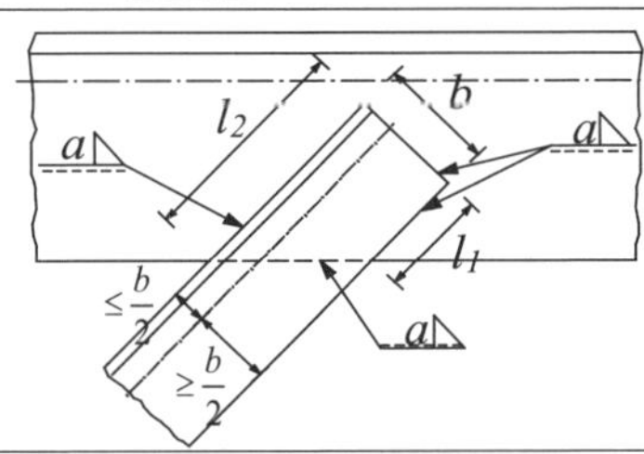	$\Sigma l_{\text{eff}} = l_1 + l_2 + 2 \cdot b$
4	Ringsum laufende Kehlnaht / Schwerachse näher zur kürzeren Naht	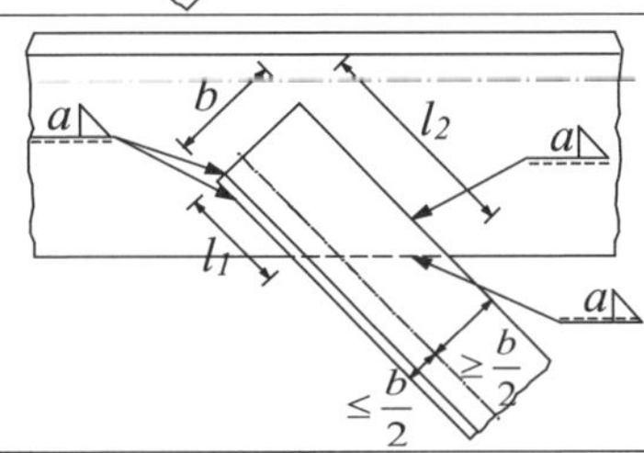	$\Sigma l_{\text{eff}} = 2 \cdot l_1 + 2 \cdot b$
5	Kehlnaht oder HV-Naht bei geschlitztem Winkelprofil	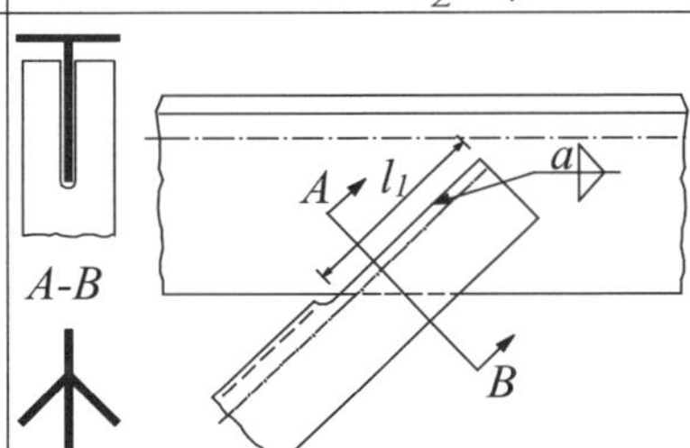	$\Sigma l_{\text{eff}} = 2 \cdot l_1$

Ob als wirksame Länge l_{eff} die Längen l und b ohne Abzug von $2a$ eingesetzt werden können, hängt von der Art der Herstellung, An- und Ablaufbleche sowie Qualität der Ausführung, ab.

Lange Anschlüsse (1-8, 3.8)
Mit zunehmender Anschlusslänge werden die Anschlüsse ungleichmäßig beansprucht. Dies kann nach Abb. 3.1 anschaulich erklärt werden.

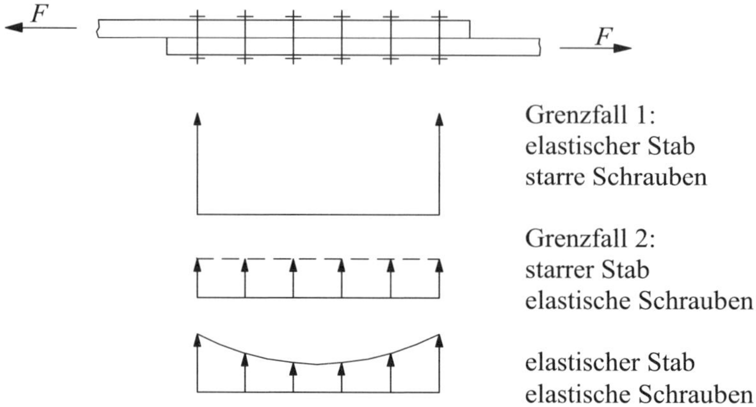

Abb. 3.1 Beanspruchung der Verbindung

Grenzfall 1:
Es wird angenommen, dass die Schrauben starr sind und die Stäbe elastisch. Dann tragen nur die erste und die letzte Schraube.
Grenzfall 2:
Es wird angenommen, dass die Stäbe starr sind und die Schrauben elastisch. Dann tragen alle Schrauben gleich.
Da aber die Stäbe und die Schrauben elastisch sind, stellt sich eine Verteilung der Schraubenkräfte ein, wie sie in Abb. 3.1 dargestellt ist.
Bei langen Anschlüssen ist deshalb eine Abminderung der Abschertragfähigkeit $F_{\mathrm{v,Rd}}$ vorgesehen, wenn die Kraftübertragungslänge L_{j} von der ersten bis zur letzten Schraube $15d$ überschreitet. Der Abminderungsfaktor β_{Lf} lautet:

$$\beta_{\mathrm{Lf}} = 1 - \frac{L_{\mathrm{j}} - 15 \cdot d}{200 \cdot d} \tag{3.1}$$

jedoch $\beta_{\mathrm{Lf}} \leq 1{,}0$ und $\beta_{\mathrm{Lf}} \geq 0{,}75$

3.2 Knotenblechanschlüsse

Wenn ein direkter Anschluss des Normalkraftstabes nicht möglich oder unwirtschaftlich ist, werden Knotenbleche als Verbindung zwischen dem Stab und dem Anschlussteil angeordnet. Knotenbleche werden oft an Fachwerkgurten oder an Stützen angeschweißt, um Fachwerkfüllstäbe oder Verbandsstäbe anzuschließen.
In Abb. 3.2 ist der exzentrische Anschluss eines Zugstabes an eine Stütze dargestellt. Das Knotenblech ist in der Ebene des Steges durch 2 Kehlnähte an

den Flansch der Stütze angeschweißt. Hier soll die Schweißverbindung bemessen und nachgewiesen werden. Bemessung bedeutet hier, die Gleichungen für den Tragsicherheitsnachweis so umzuformen bzw. anzuwenden, dass die erforderliche Schweißnahtdicke a bestimmt werden kann. Ist diese Berechnung keine Näherung ersetzt sie den Tragsicherheitsnachweis.
Es handelt sich hier um einen Linienquerschnitt mit zwei Schweißnähten. Zunächst sind die Schnittgrößen der Schweißverbindung zu ermitteln.

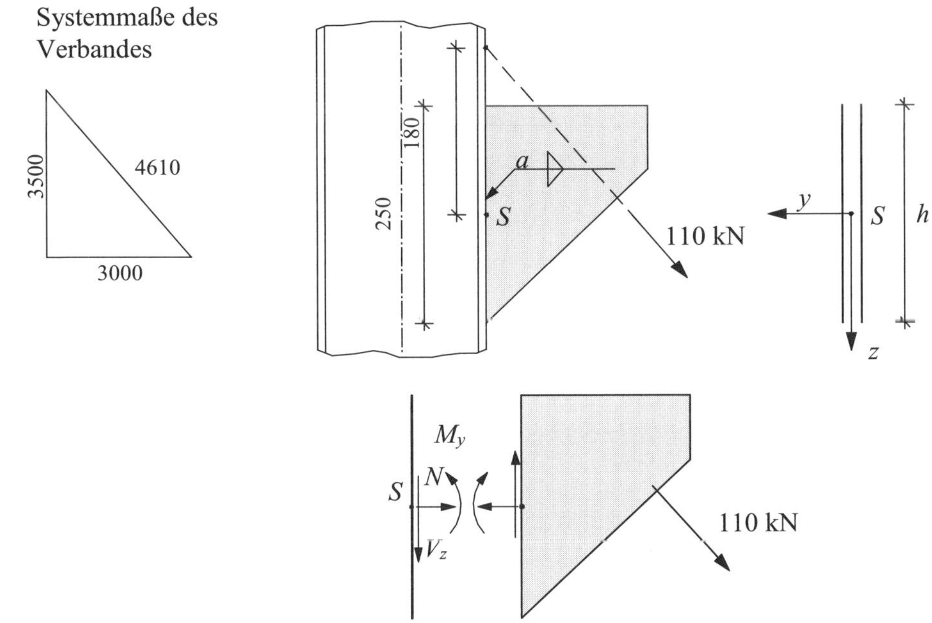

Abb. 3.2 Exzentrischer Anschluss eines Zugstabes an eine Stütze

Berechnung der Schnittgrößen

1. Das Knotenblech wird im Anschluss frei geschnitten.
2. Der Schwerpunkt des Linienquerschnittes wird ermittelt.
3. Die Schnittgrößen nach der technischen Biegelehre werden eingetragen.
4. Die Gleichgewichtsbedingungen liefern die Schnittgrößen.

Diese Berechnung wird bei Knotenblechen angewendet. Sie stellt nur eine Näherung dar, da es sich hier um ein komplexes Scheibenproblem handelt.
Die Schnittgrößen lauten für dieses Beispiel:

$$N_{\text{Ed}} = 110 \cdot \frac{3000}{4610} = +71{,}6 \text{ kN} \quad V_{\text{z,Ed}} = 110 \cdot \frac{3500}{4610} = +83{,}5 \text{ kN}$$

$$M_{\text{y,Ed}} = -71{,}6 \cdot 18 = -1289 \text{ kNcm}$$

Bemessung der Schweißnaht

Werkstoff: S 235

Beanspruchbarkeit der Schweißnaht: $f_{\mathrm{vw,d}} = 20{,}8\ \mathrm{kN/cm^2}$

Querschnittswerte:

Gegeben ist h

Gesucht ist a

Zunächst wählt man $2 \cdot a = 1$ cm

$$A = 2 \cdot a \cdot h = 1 \cdot 25 = 25\ \mathrm{cm^2}$$

$$A_z = A = 25\ \mathrm{cm^2}$$

$$W_y = 2 \cdot a \cdot \frac{h^2}{6} = 1 \cdot \frac{25^2}{6} = 104\ \mathrm{cm^3}$$

Maximale Beanspruchungen des Linienquerschnittes:

$$\sigma_w = \frac{N}{A} + \frac{M_y}{W_y} = \frac{71{,}6}{25} + \frac{1289}{104} = 15{,}3\ \mathrm{kN/cm^2}$$

$$\tau_{z,w} = \frac{V_z}{A_z} = \frac{83{,}5}{25} = 3{,}34\ \mathrm{kN/cm^2}$$

$$\sigma_{\mathrm{w,Ed}}(1\ \mathrm{cm}) = \sqrt{\sigma_w^2 + \tau_{z,w}^2} = \sqrt{15{,}3^2 + 3{,}34^2} = 15{,}7\ \mathrm{kN/cm^2}$$

Für die erforderliche Schweißnahtdicke a gilt somit:

$$\mathrm{erf}(2 \cdot a) = \frac{\sigma_{\mathrm{w,Ed}}(1\ \mathrm{cm})}{f_{\mathrm{vw,d}}} = \frac{15{,}7}{20{,}8} = 0{,}75\ \mathrm{cm} \qquad (3.2)$$

gewählt: $a = 4$ mm

Ein zusätzlicher Nachweis mit dieser Schweißnahtdicke ist hier nicht erforderlich, da die Gleichungen für den Nachweis nur umgestellt wurden. Die Schubspannung in der Schweißnaht wird konstant über den Querschnitt angenommen, da diese bei Scheiben in der Nähe des Randes den maximalen Wert erreichen.

Nachweis des Knotenblechs neben der Naht

$$\gamma_{\mathrm{M0}} = 1{,}00$$

Beanspruchbarkeit des Bauteils: $\sigma_{\mathrm{Rd}} = 23{,}5\ \mathrm{kN/cm^2}$

gewählt: $t = 8$ mm

Die Schnittgrößen neben der Naht ändern sich nicht. Für die Schubspannung neben der Naht wird ebenfalls die konstante Verteilung angenommen.

Querschnittswerte des Rechteckquerschnittes:

$$A = t \cdot h = 0{,}8 \cdot 25 = 20\ \mathrm{cm^2}$$

$$A_z = A = 20\ \mathrm{cm^2}$$

$$W_y = t \cdot \frac{h^2}{6} = 0{,}8 \cdot \frac{25^2}{6} = 83{,}3\ \mathrm{cm^3}$$

Maximale Beanspruchungen des Rechteckquerschnittes:

$$\sigma = \frac{N}{A} + \frac{M_y}{W_y} = \frac{71{,}6}{20} + \frac{1289}{83{,}3} = 19{,}1 \text{ kN/cm}^2$$

$$\tau_z = \frac{V_z}{A_z} = \frac{83{,}5}{20} = 4{,}18 \text{ kN/cm}^2$$

$$\sigma_V = \sqrt{\sigma^2 + 3 \cdot \tau_z^2} = \sqrt{19{,}1^2 + 3 \cdot 4{,}18^2} = 20{,}4 \text{ kN/cm}^2$$

$$\frac{\sigma_V}{\sigma_{Rd}} = \frac{20{,}4}{23{,}5} = 0{,}87 \leq 1$$

Die Nachweise von Anschlüssen sind ein wichtiger Teil der statischen Berechnung. Die Konstruktion und die Abmessungen müssen in den Konstruktionszeichnungen der statischen Berechnung entsprechen.
Bei Fachwerken greifen an einem Knoten mehrere Stäbe an. Deshalb wird, wie in Abb. 3.3 dargestellt, der Knotenblechanschluss durch eine Kräftegruppe belastet. Die Berechnung der Schnittgrößen folgt aus den Gleichgewichtsbedingungen am Knotenblechanschluss wie bei dem angegebenen Beispiel.

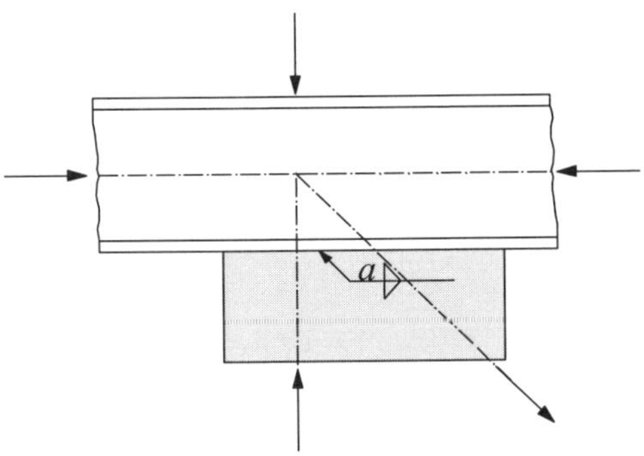

Abb. 3.3 Kräftegruppe eines Fachwerkknotens

Zentrisch belasteter Knotenblechanschluss

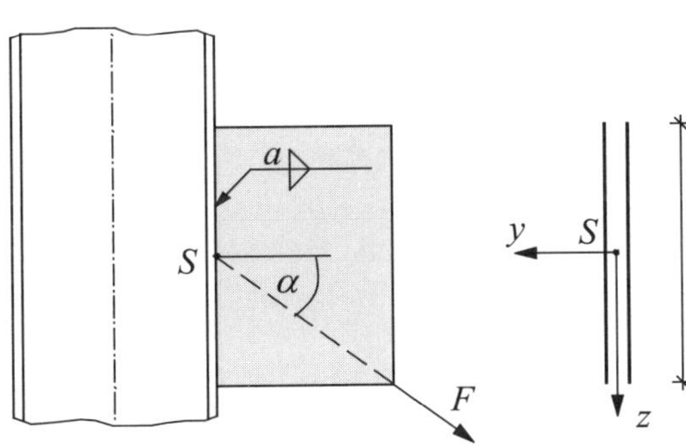

Abb. 3.4 Zentrisch belasteter Knotenblechanschluss

Ein Knotenblechanschluss ist zentrisch belastet, wenn die Wirkungslinie der Stabkraft F durch den Schwerpunkt des Linienquerschnittes geht. Für diesen Fall vereinfacht sich der Nachweis.

$$N = F \cdot \cos\alpha \qquad V_z = F \cdot \sin\alpha$$

Für den Vergleichswert $\sigma_{\mathrm{w,Ed}}$ folgt mit $A_z = A$:

$$\sigma_{\mathrm{w,Ed}} = \sqrt{\sigma_{\mathrm{w}}^2 + \tau_{\mathrm{z,w}}^2} = \sqrt{\left(\frac{F}{A} \cdot \sin\alpha\right)^2 + \left(\frac{F}{A} \cdot \cos\alpha\right)^2}$$

$$\sigma_{\mathrm{w,Ed}} = \frac{F}{A}\sqrt{\sin^2\alpha + \cos^2\alpha}$$

$$\sigma_{\mathrm{w,Ed}} = \frac{F}{A} \tag{3.3}$$

Knotenblechanschluss zwischen zwei dünnen Bauteilen

Knotenblechanschlüsse an zwei dünne Bauteile kommen bei Anschlüssen von Verbandsstäben vor.

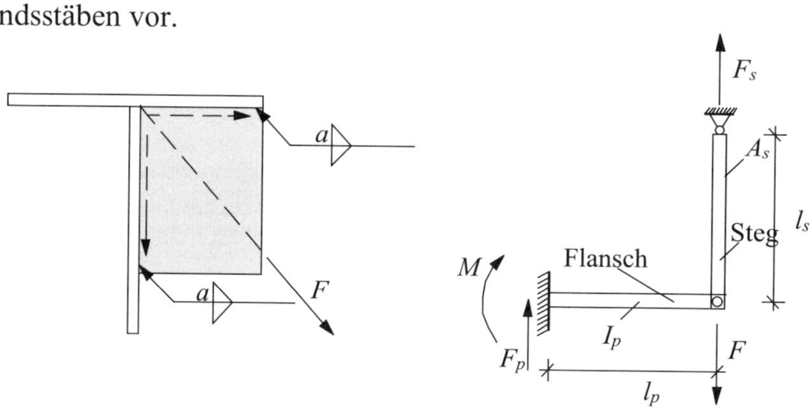

Abb. 3.5 Knotenblechanschluss zwischen zwei dünnen Bauteilen und Stabmodell

Dünne Bauteile können nur wenig Belastung senkrecht zu ihrer Ebene aufnehmen (Plattenwirkung). In diesen Fällen setzt man nur Kräfte in der Bauteilebene an (Scheibenwirkung). Die Nähte werden nur in ihrer Längsrichtung beansprucht.

Dies soll an einem einfachen Stabmodell aufgezeigt werden. Bei den Stäben entspricht der Scheibe der Fachwerkstab und der Platte der Biegestab.

In der Abb. 3.5 werden bei der angegebenen Belastung der Flansch durch Biegung und der Steg durch eine Zugkraft belastet. Es soll nun berechnet werden, welcher Anteil der Kraft durch den Zugstab und welcher Anteil durch den Biegestab aufgenommen werden. Dieses System ist einfach statisch unbestimmt und verhält sich wie parallel geschaltete Federn. Das Ergebnis nach (Band 1 Kapitel 1.5) lautet:

$$k_S = \frac{E \cdot A_S}{l_S} \qquad k_P = 3 \cdot \frac{E \cdot I_P}{l_P^3}$$

$$F_S = \frac{k_S}{k_S + k_P} \cdot F \qquad F_P = \frac{k_P}{k_S + k_P} \cdot F$$

Beispiel:
Die Berechnung erfolgt hier für einen „1 cm“ Streifen.
Werkstoff: S 235

$$l_S = l_P = 150 \text{ mm} \quad t_S = 6 \text{ mm} \quad t_P = 20 \text{ mm}$$

$$k_S = \frac{E \cdot A_S}{l_S} = \frac{21000 \cdot 1 \cdot 0{,}6}{15} = 840 \text{ kN/cm}$$

$$k_P = 3 \cdot \frac{E \cdot I_P}{l_P^3} = 3 \cdot \frac{21000 \cdot 1 \cdot 2^3}{12 \cdot 15^3} = 12{,}4 \text{ kN/cm}$$

$$F_S = \frac{k_S}{k_S + k_P} \cdot F = \frac{840}{840 + 12{,}4} \cdot F = 0{,}985 \cdot F$$

$$F_P = \frac{k_P}{k_S + k_P} \cdot F = \frac{12{,}4}{840 + 12{,}4} \cdot F = 0{,}015 \cdot F$$

Der Steg übernimmt in diesem typischen Beispiel 98,5 % und der Flansch nur 1,5 % der Belastung, was bestätigt, dass dünne Bauteile nur wenig Belastung senkrecht zu ihrer Ebene aufnehmen können.

Schwächung des Bauteilquerschnittes

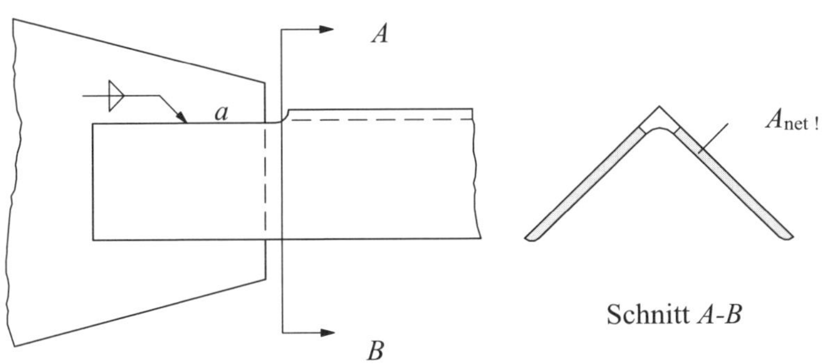

Abb. 3.6 Schwächung des Bauteilquerschnittes (Beispiel)

Wenn bei Zugstäben eine wesentliche Schwächung des Bauteilquerschnittes schon vor dem Schweißnahtanschluss beginnt, ist diese bei dem Nachweis des Zugstabes zu berücksichtigen.

Schubspannung neben der Naht

Bei geschweißten Anschlüssen kann die Schubspannung im Bauteil direkt neben der Naht für die Bemessung des Bauteils oder des Schweißnahtanschlusses maßgebend sein. Deshalb ist stets der Nachweis neben der Naht zu führen.

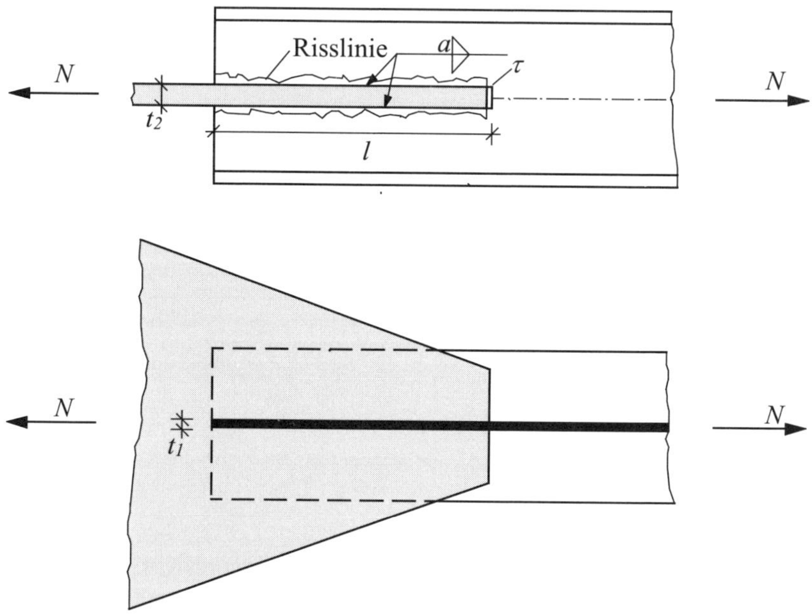

Abb. 3.7 Anschluss mit geschlitztem Stabende

Ein typisches Beispiel ist der Anschluss eines Knotenbleches in einem geschlitzten Stabende. Die großen Schubspannungen entstehen deshalb, weil die gesamte Stabkraft durch den Steg eingeleitet werden muss. Die Flansche sind nicht direkt angeschlossen. In dem Knotenblech entstehen im Anschlussbereich zusätzlich Querzugspannungen.

Wenn $t_1 < t_2$ ist, gilt für die Schubspannung τ neben der Naht:

$$\tau = \frac{N}{2 \cdot l \cdot t_1} \le \tau_{\mathrm{Rd}} \tag{3.4}$$

Diese Gleichung kann als Bemessungsgleichung für die erforderliche Länge des Schlitzes bzw. der Schweißnaht umgestellt werden.

$$\operatorname{erf} l = \frac{N}{2 \cdot t_1 \cdot \tau_{\mathrm{Rd}}} \tag{3.5}$$

Der Nachweis der Schweißnaht lautet:

$$\tau_{\parallel} = \frac{N}{4 \cdot a \cdot l_{\mathrm{eff}}} \le f_{\mathrm{vw,d}} \qquad \text{mit } l_{\mathrm{eff}} = l - 2a \tag{3.6}$$

Mittelbarer Anschluss

Bei zusammengesetzten Querschnitten ist auch die Schweißverbindung zwischen mittelbar und unmittelbar angeschlossenen Querschnittsteilen nachzuweisen. Als rechnerische Nahtlänge des mittelbaren Anschlusses gilt die Schweißnahtlänge l vom Beginn des unmittelbaren Anschlusses bis zum Ende des mittelbaren Anschlusses gemäß Abb. 3.8 [11].

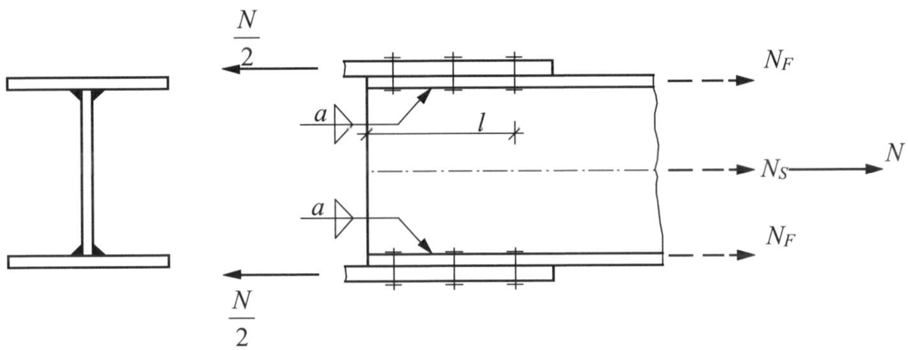

Abb. 3.8 Mittelbarer Anschluss

In dem in Abb. 3.8 dargestellten geschweißten Träger ist die Schraubenverbindung zwischen dem Flansch des Trägers und dem Knotenblech ein unmittelbarer Anschluss. Die Normalkraft N_F des Flansches wird unmittelbar in das Knotenblech übertragen. Dagegen ist die Schweißverbindung zwischen dem Steg des Trägers und dem Knotenblech ein mittelbarer Anschluss. Die Normalkraft N_S des Steges wird mittelbar in das Knotenblech übertragen, d.h. zunächst über die Schweißnaht in den Flansch und dann über die Schrauben in das Knotenblech.

Die Schraubenverbindung ist für $N/2$ und die Schweißnaht für $N_S/2$ nachzuweisen.

$$\tau_{||} = \frac{N_S}{4 \cdot a \cdot l_{eff}} \leq \sigma_{w,R,d} \tag{3.7}$$

Konstruktive Ergänzungen

Manchmal ist es notwendig, das Ende des Stabes konstruktiv zu ergänzen, um einen geschraubten Montageanschluss zu ermöglichen. In diesen Fällen wird die Stabkraft einmal ausschließlich durch Schweißnähte und danach ausschließlich durch Schrauben übertragen. Dies ist kein Zusammenwirken verschiedener Verbindungsmittel in einem Anschlussquerschnitt.

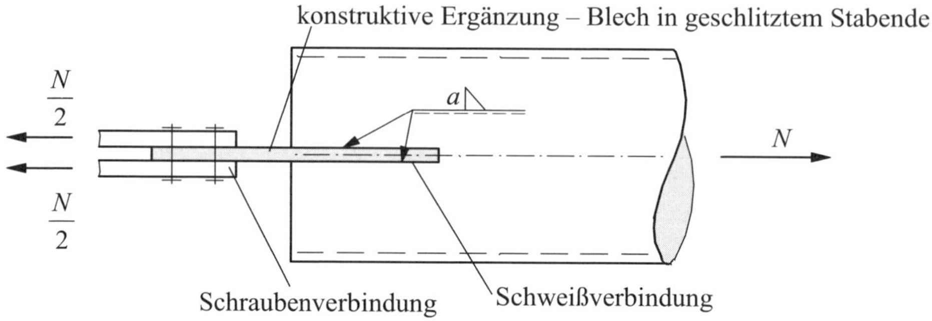

Abb. 3.9 Konstruktive Ergänzung (Beispiel)

Zusammenwirken verschiedener Verbindungsmittel

Eine gemeinsame Kraftübertragung verschiedener Verbindungsmittel (1-836) in einem Anschluss darf nur bei ausreichender Verträglichkeit der Verformungen angenommen werden. Zum Beispiel kann eine Schweißverbindung nicht mit einer Scher-Lochleibungsverbindung zusammenwirken, da diese Schrauben ein Lochspiel haben.
Zusammenwirken ist zulässig bei

- Flankenkehlnähten und Stirnkehlnähten
- Kehlnähten und Stumpfnähten
- Schweißnähten und gleitfesten Verbindungen.

Die Grenzschnittgrößen ergeben sich durch Addition der Grenzschnittgrößen der einzelnen Verbindungsmittel.
Zusammenwirken ist unzulässig bei

- Schweißverbindungen mit Scher-/Lochleibungsverbindungen
- gleitfesten Verbindungen mit Scher-/Lochleibungsverbindungen.

3.3 Knotenblechnachweis

Bei der Ausbildung der Knoten strebt man kleine Bleche an, um Kosten zu sparen. Deshalb werden bei Fachwerken Füllstäbe nahe an den Gurt herangeführt. Dies ergibt außerdem eine größere Steifigkeit der Konstruktion quer zur Blechebene. Von Hindernissen, wie z. B. Schweißnähten, hält man einen Abstand von 10 bis 20 mm ein. Bei den Knotenblechen werden, wenn keine dynamische Belastung vorliegt, einfache Umrissformen wie Rechteck oder Trapez angestrebt, um den Verschnitt der Bleche zu minimieren. Dabei sind zu spitze Winkel zu vermeiden. Natürlich sind aus architektonischen

Gründen auch andere Formen möglich. Gebräuchlich sind im Hochbau je nach Stabkraft Blechdicken von 6 bis 15 mm.
Die Umrissform und die Dicke der Bleche werden meistens ohne Berechnung konstruktiv festgelegt. Ein exakter Nachweis des Knotenbleches ist mit einfachen Mitteln nicht möglich. Die am stärksten beanspruchten Knotenbleche werden durch Näherungsberechnungen nachgewiesen. Entweder untersucht man „verdächtige“ Schnitte mit den Spannungsnachweisen der Balkenbiegung, obwohl das Blech statisch als Scheibe anzusehen ist, oder man betrachtet einen plausiblen Gleichgewichtszustand.

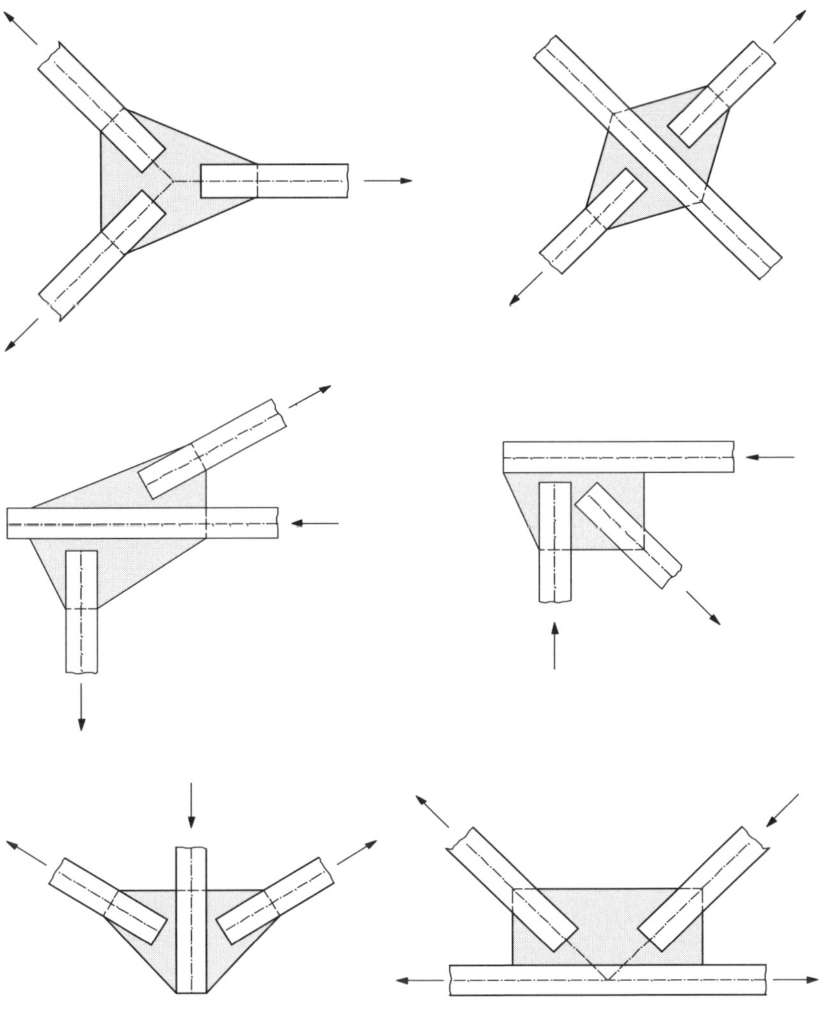

Abb. 3.10 Keilförmige Krafteinleitungsbereiche

Bei vielen Knoten hat jeder Stab, der nicht über den Systempunkt durchgeht, einen „keilförmigen Krafteinleitungsbereich“ innerhalb des Bleches. Das

Knotenblech ist so zu gestalten, dass dieser Krafteinleitungsbereich sich ausbilden kann. Die keilförmigen Bereiche stützen sich dabei gegenseitig ab. Sie dürfen nicht ins Leere gehen. Diese Krafteinleitungsbereiche sind nachzuweisen. Zur Verdeutlichung dienen die folgenden Prinzipskizzen.
Für den Nachweis des keilförmigen Krafteinleitungsbereiches wird exemplarisch ein symmetrischer Anschluss aus einem keilförmigen Knotenblech und einem zweiteiligen Zugstab gewählt. Der Zugstab ist durch die Normalkraft N beansprucht und durch zwei Schrauben mit dem Knotenblech verbunden.
Wenn das Knotenblech versagt, wird im Krafteinleitungsbereich ein Stück des Bleches herausgerissen. Ein solcher „verdächtiger Schnitt“ ist der Schnitt a-a der Abb. 3.11.

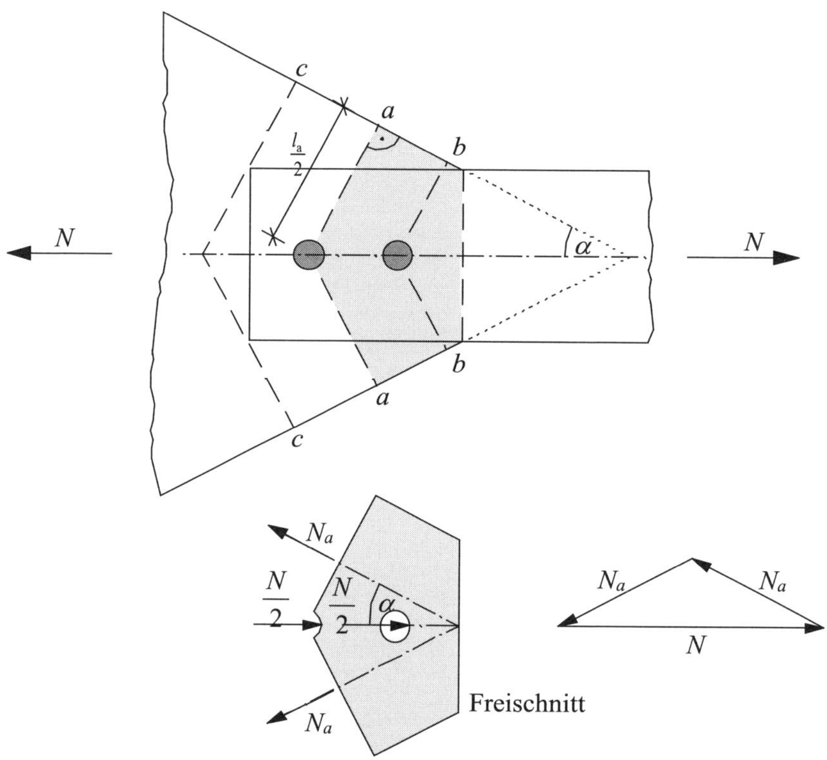

Abb. 3.11 Nachweis des keilförmigen Krafteinleitungsbereiches

Der Riss geht vom Lochrand der letzten Schraube aus in kürzester Verbindung zum Rand des Knotenbleches. Die Normalkraft des Stabes ist voll in das Knotenblech eingeleitet. Die Spannungsverteilung über den Schnitt a-a ist nicht konstant. Die Annahme einer konstanten Spannung führt hier zu einem einfachen plausiblen Gleichgewichtszustand nur durch Normalkräfte. Die Wirkungslinien der vier Kräfte, die an dem Freischnitt des Knotenbleches angreifen, schneiden sich in einem Punkt und müssen im Gleichgewicht sein. Ist der maßgebende Schnitt a-a symmetrisch zur Schwerachse des Stabes, gilt für die Beanspruchung im Knotenblech:

$$N_\mathrm{a} = \frac{N}{2 \cdot \cos\alpha} \qquad \sigma = \frac{2 \cdot N_\mathrm{a}}{t \cdot l_\mathrm{a}} \qquad \sigma = \frac{N}{\cos\alpha \cdot t \cdot l_\mathrm{a}} \le \sigma_\mathrm{Rd} \tag{3.8}$$

t Knotenblechdicke

l_a Länge des Schnittes a-a (abzüglich d_0)

Gegebenenfalls ist auch nach der ersten Schraube im Schnitt b-b ein Nachweis zu führen. Ist der Zugstab angeschweißt, dann ist der Schnitt c-c maßgebend. Bei beliebigen Knotenblechen kann man zur Abschätzung der Tragfähigkeit mit einem gedachten symmetrischen Bereich innerhalb des Bleches rechnen, s. Abb. 3.12.

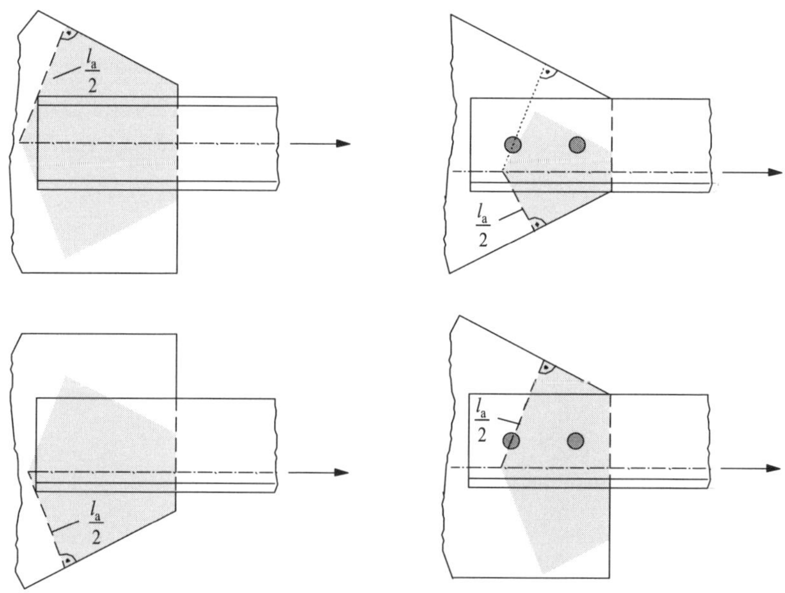

Abb. 3.12 Vereinfachter Nachweis des Knotenbleches

3.4 Ausgeschnittene Knotenbleche

Der Anschluss mit ausgeschnittenen Knotenblechen ist eine wirtschaftliche Lösung für Fachwerkkonstruktionen. Die Füllstäbe aus I-Profilen werden mit dem Knotenblech durch Kehlnähte verbunden. Es verbleibt am Ende ein Spalt von ca. 10 mm zum Ausgleich der unvermeidbaren Fertigtoleranzen. In [13] und [14] werden praxisnahe Nachweise für ausgeschnittene Knotenbleche am Flansch oder Steg des Gurtes angegeben. Der hier dargestellte Nachweis für das

Knotenblech am Flansch entspricht dem Nachweisverfahren nach [14]. Grundlage dieses Berechnungsverfahrens sind experimentelle Untersuchungen und FEM-Berechnungen. Dieser Nachweis gilt nur für ruhende Beanspruchung. Die Geometrie des Knotenbleches von zwei Fachwerken ist vorgegeben, s. Abb. 3.13.

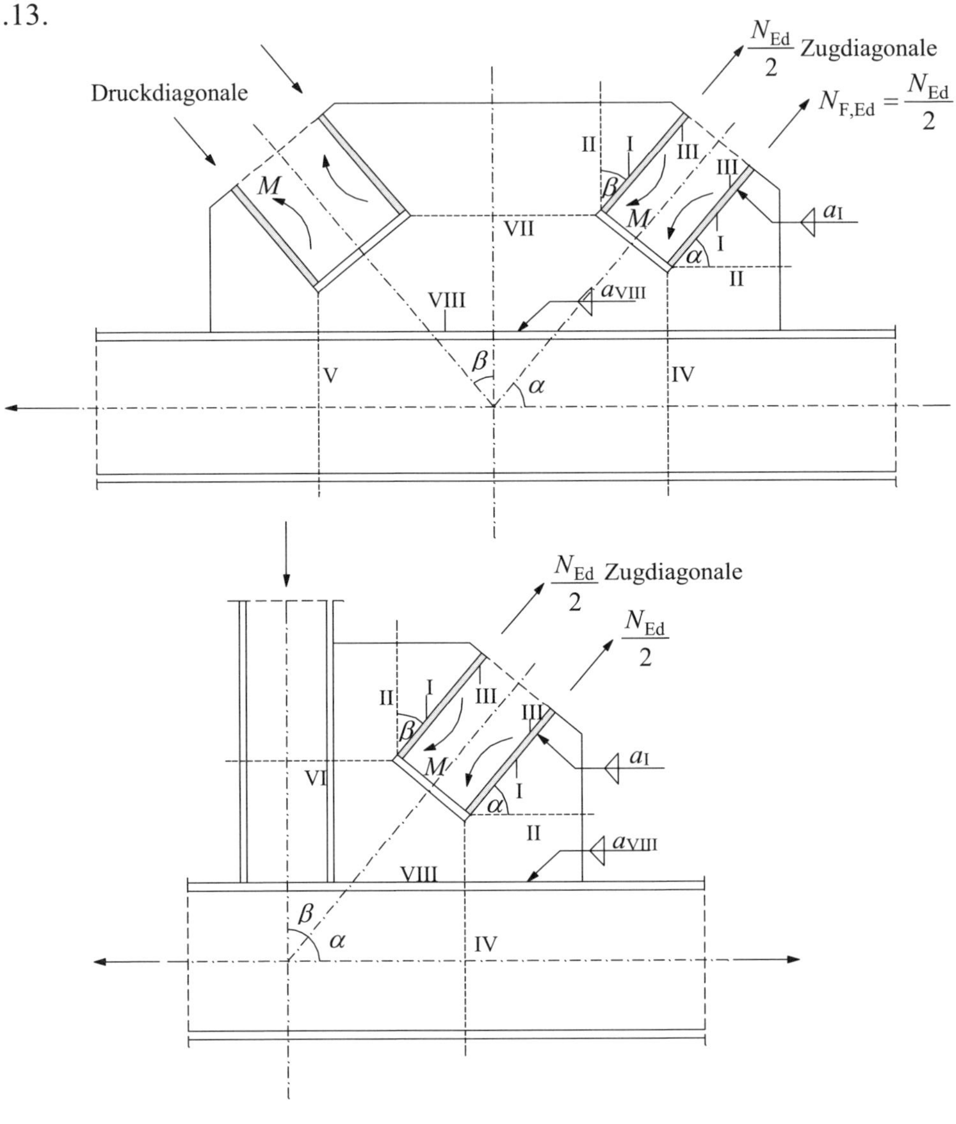

Abb. 3.13 Geometrie und maßgebende Schnitte in dem Knotenblech

In allen durchgeführten Versuchen versagte nicht der dünne Steg der Fachwerkdiagonale, sondern das Knotenblech. Die Anschlusskonstruktion wird so bemessen, dass das Knotenblech wie in den durchgeführten Versuchen in den Anschlussflächen (Schnitt I) versagt. Die Einbindelänge l_D sollte zwischen dem 1,0- bis 1,4fachen der Höhe des Profils der Fachwerkdiagonale liegen.

Das Tragverhalten im Bereich der Knotenblechöffnung kann folgendermaßen beschrieben werden. Die Normalkräfte konzentrieren sich im Bereich des Anschlusses der Fachwerkdiagonalen in den Flanschen des I-Profils. Schneidet man die Anschlussfläche zwischen I und II heraus, erkennt man, dass kein Gleichgewicht herrscht. Das Moment $M = N_{F,Ed} \cdot e$ kann durch Biegemomente und ein zusätzliches Kräftepaar aufgenommen werden, s. Abb. 3.14.

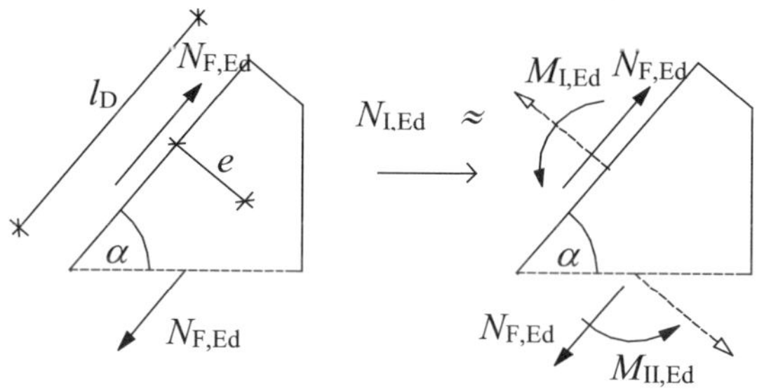

Abb. 3.14 Gleichgewicht in der Anschlussfläche

Die FEM-Berechnungen haben gezeigt, dass im Schnitt I nur geringe Normalkräfte auftreten und die plastische Querkraft zu 90 % ausgenutzt werden kann. Unter diesen Voraussetzungen kann das Moment $M_{I,Ed}$ berechnet werden.

$$V_{I,Ed} = N_{F,Ed} \le 0{,}9 \cdot V_{pl,I,Rd} \tag{3.9}$$

$$V_{pl,I,Rd} = t \cdot l_D \cdot \tau_{Rd} = t \cdot l_D \cdot \tau_{Rd} \tag{3.10}$$

$$M_{pl,I,Rd} - \frac{1}{4} \cdot t \cdot l_D^2 \cdot \sigma_{Rd} - \frac{1}{4} \cdot t \cdot l_D^2 \cdot \tau_{Rd} \cdot \sqrt{3} \tag{3.11}$$

Mit der Interaktionsbeziehung zwischen dem Biegemoment und der Querkraft nach (Band 1 Gleichung (2.37)) folgt für den Nachweis Elastisch-Plastisch des Rechteckquerschnittes:

$$\left(\frac{M_{I,Ed}}{M_{pl,I,Rd}}\right)^2 + \left(\frac{V_{I,Ed}}{V_{pl,I,Rd}}\right)^2 = 1 \qquad \left(\frac{M_{I,Ed}}{M_{pl,I,Rd}}\right)^2 + (0{,}9)^2 = 1$$

$$M_{I,Ed} = 0{,}436 \cdot M_{pl,I,Rd} = 0{,}436 \cdot \frac{1}{4} \cdot t \cdot l_D^2 \cdot \tau_{Rd} \cdot \sqrt{3} \cdot \frac{0{,}9}{0{,}9}$$

$$M_{I,Ed} = 0{,}19 \cdot V_{I,Ed} \cdot l_D = 0{,}21 \cdot N_{F,Ed} \cdot l_D \tag{3.12}$$

Damit sind die Beanspruchungen des ausgeschnittenen Knotenbleches bekannt und es können für alle „verdächtigen Schnitte“ die Schnittgrößen nach der Balkenbiegung berechnet und die Nachweise geführt werden. In [36] werden alle Nachweise nach dem Nachweisverfahren Elastisch-Plastisch geführt. Die Reduktionsmethode ist in (Band 1 Kapitel 2.5.2) angegeben. Für den Rechteckquerschnitt gilt für Biegemoment, Querkraft und Normalkraft:

$$\sqrt{1-\left(\frac{V_{\mathrm{Ed}}}{V_{\mathrm{pl,Rd}}}\right)^2}\cdot\frac{M_{\mathrm{Ed}}}{M_{\mathrm{pl,Rd}}}+\left(\frac{N_{\mathrm{Ed}}}{N_{\mathrm{pl,Rd}}}\right)^2+\left(\frac{V_{\mathrm{Ed}}}{V_{\mathrm{pl,Rd}}}\right)^2\le 1 \qquad (3.13)$$

Nachweis im Schnitt I (3.14)

Die Länge l_{D} wird gewählt: $l_{\mathrm{D}}=(1{,}0\div 1{,}4)\cdot h_{\mathrm{D}}$

h_{D} Höhe des Profils der Fachwerkdiagonale

Schnittgrößen:

$$V_{\mathrm{I,Ed}}=N_{\mathrm{F,Ed}}=\frac{N_{\mathrm{Ed}}}{2}$$

$$M_{\mathrm{I,Ed}}=0{,}21\cdot N_{\mathrm{F,Ed}}\cdot l_{\mathrm{D}}$$

Die Bemessung der Knotenblechdicke t erfolgt aus dem exakten Nachweis, sodass auch kein weiterer Nachweis erforderlich ist. Zunächst wird angenommen: $t=1{,}0$ cm

$$V_{\mathrm{pl,I,Rd}}=1\cdot l_{\mathrm{D}}\cdot\tau_{\mathrm{Rd}} \quad M_{\mathrm{pl,I,Rd}}=\frac{1}{4}\cdot 1\cdot l_{\mathrm{D}}^2\cdot\sigma_{\mathrm{Rd}}$$

$$\eta=\left(\frac{M_{\mathrm{I,Ed}}}{M_{\mathrm{pl,I,Rd}}}\right)^2+\left(\frac{V_{\mathrm{I,Ed}}}{V_{\mathrm{pl,I,Rd}}}\right)^2 \qquad t\ge \mathrm{erf}\,t=\sqrt{\eta}$$

Da $t\ge \mathrm{erf}\,t$ ist und sich aus der Konstruktion auch meist etwas andere Abmessungen für die einzelnen Schnitte ergeben, sollten die folgenden Nachweise stets geführt werden. Für die Bemessung der Konstruktion sind die angegebenen erforderlichen Abmessungen sehr gut geeignet.

Nachweis im Schnitt II (3.15)

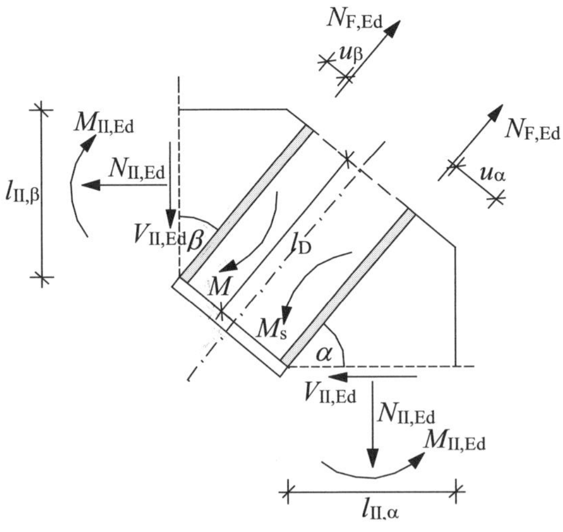

Abb. 3.15 Gleichgewicht im Schnitt II

Die folgenden Betrachtungen gelten sowohl für die Anschlussfläche mit dem Winkel α als auch für die Anschlussfläche mit dem Winkel β. Es ist α durch β zu ersetzen. Es gilt $\alpha + \beta = 90°$.

$$l_{\text{II}} = l_{\text{D}} \cdot \cos\alpha + u_{\alpha} \cdot \sin\alpha$$

$$N_{\text{II,Ed}} = N_{\text{F,Ed}} \cdot \sin\alpha$$

$$V_{\text{II,Ed}} = N_{\text{F,Ed}} \cdot \cos\alpha$$

$$M_{\text{II,Ed}} = N_{\text{II,Ed}} \cdot l_{\text{II}} / 2 - M_{\text{I,Ed}}$$

Mit diesen Schnittgrößen ist der Nachweis mit Gleichung (3.13) zu führen. Diese Schnittgrößen gelten auch für eine Druckkraft. Dann ändert sich das Vorzeichen von $N_{\text{F,Ed}}$ und $M_{\text{I,Ed}}$. Die Länge l_{II} ist dabei abhängig vom Winkel α und dem Überstand u_{α}. Führt man den Nachweis für die Knotenblechdicke erf t mit den maximalen Beanspruchungen

$$V_{\text{I,Ed}} = 0{,}9 \cdot V_{\text{pl,I,Ed}} \qquad M_{\text{I,Ed}} = 0{,}21 \cdot V_{\text{I,Ed}} \cdot l_{\text{D}}$$

erhält man den erforderlichen Überstand u nach Tabelle 3.2.

Tabelle 3.2 Erforderlicher Überstand *u*

Winkel α, β	Überstand u
$\alpha, \beta < 40°$	$u = 0$
$40° \leq \alpha, \beta < 45°$	$u = 0{,}08 \cdot l_{\text{D}}$
$\alpha, \beta = 45°$	$u = 0{,}10 \cdot l_{\text{D}}$
$45° > \alpha, \beta \leq 50°$	$u = 0{,}20 \cdot l_{\text{D}}$
$50° > \alpha, \beta \leq 55°$	$u = 0{,}25 \cdot l_{\text{D}}$
$55° > \alpha, \beta \leq 60°$	$u = 0{,}30 \cdot l_{\text{D}}$

Die Länge l_{II} ist für größere Winkel α kleiner als l_{D}, da die Normalkraft $N_{\text{F,Ed}}$ nicht nur durch Schubspannungen, sondern vorwiegend durch Normalspannungen übertragen wird.

Nachweis im Schnitt III (3.16)

Der Schnitt III betrifft den Nachweis des Steges der Fachwerkdiagonale. Für die Länge l_{III} wird die Vergrößerung nach [11, Element 744] am Ende der Ausrundung genutzt. Der Steg wird nur durch das Moment $M_{\text{I,Ed}}$ beansprucht. Mit den Abmessungen der Fachwerkdiagonale gilt:

$$l_{\text{III}} = l_{\text{D}} + 2{,}5 \cdot (t_{\text{D}} + r_{\text{D}})$$

$$M_{\text{I,Ed}} = 0{,}21 \cdot N_{\text{F,Ed}} \cdot l_{\text{D}}$$

$$M_{\text{pl,III,Ed}} = \frac{1}{4} \cdot t_{\text{w}} \cdot l_{\text{III}}^2 \cdot \sigma_{\text{Rd}}$$

$$\frac{M_{\mathrm{I,Ed}}}{M_{\mathrm{pl,III,Rd}}} \leq 1$$

Führt man den Nachweis für die Knotenblechdicke erf t und die Länge $l_{\mathrm{III}} = l_{\mathrm{D}}$ mit der maximalen Beanspruchung

$$M_{\mathrm{I,Ed}} = 0{,}21 \cdot V_{\mathrm{I,Ed}} \cdot l_{\mathrm{D}}$$

erhält man die folgende Bedingung:

$$t_{\mathrm{w}} \geq 0{,}44 \cdot t \qquad (3.17)$$

Nachweis im Schnitt IV (3.18)

Die folgenden Betrachtungen gelten für den Schnitt IV, V und VI. Im Schnitt V und VI sind alle Beanspruchungen und Schnittgrößen spiegelbildlich angeordnet. Die Beanspruchungen $N_{\mathrm{F,Ed}}$ und $M_{\mathrm{I,Ed}}$ sowie die Normalkräfte in den Gurten und Pfosten des Fachwerkes sind für eine Zugkraft positiv und für eine Druckkraft negativ einzusetzen.

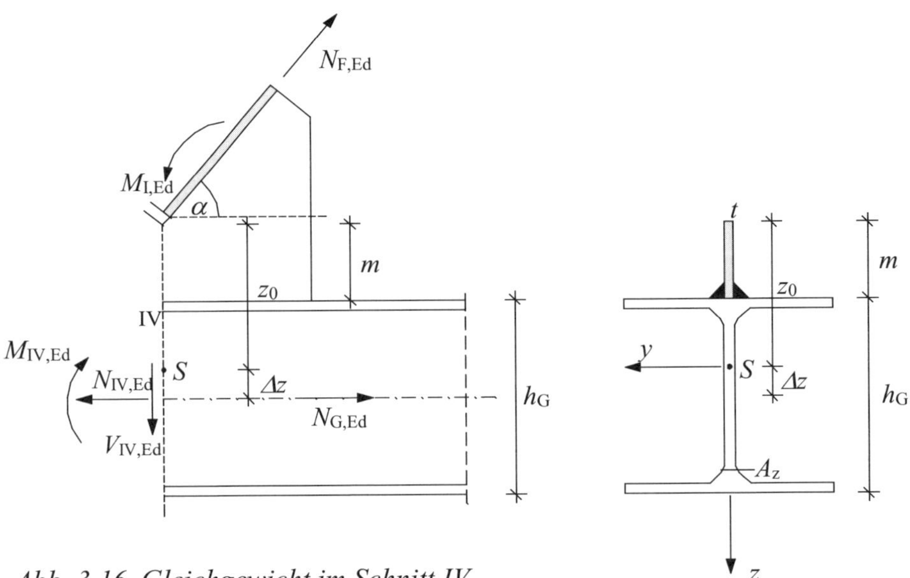

Abb. 3.16 Gleichgewicht im Schnitt IV

Im Schnitt IV entsteht durch das Knotenblech ein einfachsymmetrischer Querschnitt. Es ist der Schwerpunkt zu bestimmen und die Schnittgrößen auf diesen Schwerpunkt zu beziehen.

$$\Delta z = \frac{m \cdot t \cdot (h_{\mathrm{G}} + m)}{2 \cdot (A + m \cdot t)}$$

$$z_0 = \frac{h_{\mathrm{G}}}{2} + m - \Delta z$$

Das Gleichgewicht ergibt:

$$N_{\mathrm{IV,Ed}} = N_{\mathrm{F,Ed}} \cdot \cos\alpha + N_{\mathrm{G,Ed}}$$

$$V_{\mathrm{IV,Ed}} = N_{\mathrm{F,Ed}} \cdot \sin\alpha$$

$$M_{\mathrm{IV,Ed}} = M_{\mathrm{I,Ed}} - N_{\mathrm{F,Ed}} \cdot \cos\alpha \cdot z_0 + N_{\mathrm{G,Ed}} \cdot \Delta z$$

Grenzschnittgrößen:

$$N_{\mathrm{pl,IV,Rd}} = (m \cdot t + A) \cdot \sigma_{\mathrm{Rd}}$$

$$V_{\mathrm{pl,IV,Rd}} = (m \cdot t + A_z) \cdot \tau_{\mathrm{Rd}}$$

$$M_{\mathrm{pl,IV,Ed}} = W_{\mathrm{pl}} \cdot \sigma_{\mathrm{Rd}} \approx 2 \cdot S_y \cdot \sigma_{\mathrm{Rd}}$$

Der Nachweis kann auch nach der Reduktionsmethode geführt werden. Vereinfachend kann für das Grenzbiegemoment das Knotenblech unberücksichtigt bleiben. Für das Maß m ist i. Allg. der Nachweis der Querkraft maßgebend. Für die Bemessung von m gilt:

$$\frac{V_{\mathrm{IV,Ed}}}{V_{\mathrm{pl,IV,Rd}}} = \frac{N_{\mathrm{F,Ed}} \cdot \sin\alpha}{(m \cdot t + A_z) \cdot \tau_{\mathrm{Rd}}} \le 1$$

$$m \ge \left(1{,}11 \cdot \frac{N_{\mathrm{F,Ed}} \cdot \sin\alpha}{\tau_{\mathrm{Rd}}} - A_z \right) \cdot \frac{1}{t}$$

jedoch $m \ge 30$ mm

Nachweis im Schnitt VII (3.19)

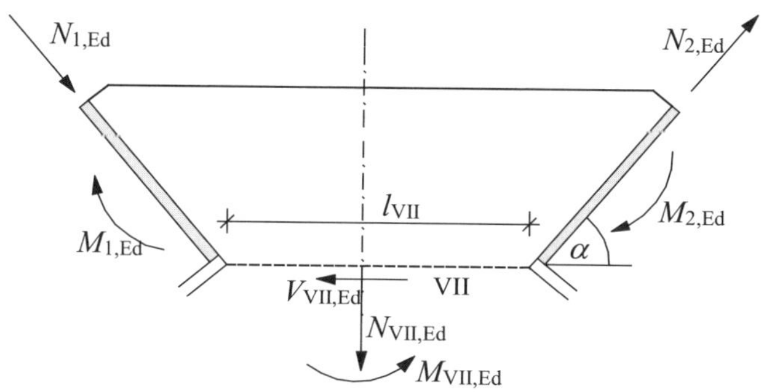

Abb. 3.17 Gleichgewicht im Schnitt VII

Greifen Kräfte am Fachwerkknoten an, sind die Kräfte in den Fachwerkdiagonalen für dieses System nicht gleich. Das Gleichgewicht ergibt:

$$N_{\mathrm{VII,Ed}} = N_{\mathrm{1,Ed}} \cdot \sin\alpha - N_{\mathrm{2,Ed}} \cdot \sin\alpha$$

$$V_{\mathrm{VII,Ed}} = N_{\mathrm{1,Ed}} \cdot \cos\alpha + N_{\mathrm{2,Ed}} \cdot \cos\alpha$$

$$M_{\mathrm{VII,Ed}} = M_{\mathrm{1,Ed}} + M_{\mathrm{2,Ed}} - 0{,}5 \cdot N_{\mathrm{1,Ed}} \cdot \sin\alpha \cdot l_{\mathrm{VII}} - 0{,}5 \cdot N_{\mathrm{2,Ed}} \cdot \sin\alpha \cdot l_{\mathrm{VII}}$$

Greifen keine Kräfte am Fachwerkknoten an, gilt:

$$N_{\mathrm{F,Ed}} = N_{\mathrm{1,Ed}} = N_{\mathrm{2,Ed}}$$

$$N_{\mathrm{VII,Ed}} = 0$$

$$V_{\mathrm{VII,Ed}} = 2 \cdot N_{\mathrm{F,Ed}} \cdot \cos\alpha$$

$$M_{\text{VII,Ed}} = 2 \cdot M_{\text{I,Ed}} - N_{\text{F,Ed}} \cdot \sin\alpha \cdot l_{\text{VII}}$$

Mit diesen Schnittgrößen ist der Nachweis mit Gleichung (3.13) zu führen.

Da die Bemessung von t mit der maximalen Normalkraft in den Diagonalen erfolgt, kann diese auch symmetrisch angesetzt werden, um den Nachweis für l_{VII} auszuwerten. Man erhält dann:

$$\alpha < 40° \quad \rightarrow \quad l_{\text{VII}} \geq 1{,}7 \cdot l_{\text{D}} \tag{3.20}$$

$$40° \leq \alpha \leq 60° \rightarrow \quad l_{\text{VII}} \geq 1{,}6 \cdot l_{\text{D}} \tag{3.21}$$

Weitere Nachweise

Das Knotenblech am Anschnitt und alle Schweißnähte sind nachzuweisen. Bei einem echten Fachwerk, wie es hier vorliegt, schneiden sich die Wirkungslinien der Fachwerkstäbe in einem Punkt. Am Anschnitt des Knotenblechs zum Gurt als auch zum Pfosten entstehen deshalb aus Gleichgewichtsgründen zusätzliche Biegemomente.

$$M_{\text{G,Ed}} = V_{\text{G,Ed}} \cdot \frac{h_{\text{G}}}{2} \text{ bzw. } \quad M_{\text{P,Ed}} = V_{\text{P,Ed}} \cdot \frac{h_{\text{P}}}{2} \tag{3.22}$$

Diese Nachweise werden nach dem Verfahren Elastisch-Elastisch geführt.

3.5 Beispiele

Beispiel 3.5.1: Geschweißter Anschluss eines Doppelwinkels an ein Knotenblech

Für das folgende Fachwerk ist die maximale Zugdiagonale im ersten Feld 1 zu bemessen und nachzuweisen. Der Zugstab wird an ein Knotenblech angeschweißt. Die statische Berechnung von Fachwerken mit Zwischenbiegung wird im Kapitel 9 behandelt.

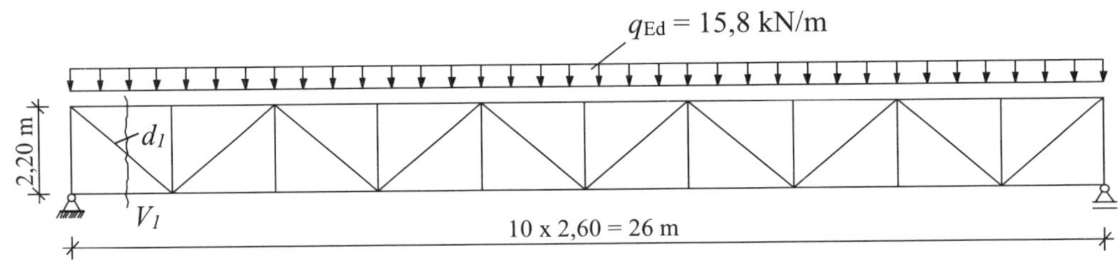

Die Stabkraft Z_1 folgt aus dem Ritterschnitt im Feld 1 des Fachwerkes, wobei die Gleichstreckenlast in Knotenlasten umzurechnen ist. V_1 ist die Vertikalkomponente der Stabkraft Z_1.

Länge der Diagonale:

$$d_1 = \sqrt{2{,}20^2 + 2{,}60^2} = 3{,}41 \text{ m} \qquad V_1 = 15{,}8 \cdot \frac{26{,}0}{2} - 15{,}8 \cdot \frac{2{,}6}{2} = 185 \text{ kN}$$

$$Z_1 = 185 \cdot \frac{3{,}41}{2{,}20} = 287 \text{ kN}$$

$\gamma_{M0} = 1,00$

Werkstoff: S 235
Plastische Querschnittsausnutzung
Beanspruchung des Doppelwinkels: Zug
Normalkraft $N_{Ed} = +287$ kN

Bemessung des Stabes für einseitig angeschlossene Winkel (Band 1-5.3):

$$\text{erf}\, A = \frac{N_{Ed} \cdot \gamma_{M0}}{f_y} = \frac{287 \cdot 1,00}{23,5} = 12,2 \text{ cm}^2$$

Profil: ⅃L 75×50×7
Knotenblech: $t = 10$ mm
Schweißnahtdicke: $a = 4$ mm

Beanspruchbarkeit des Bauteils: $\sigma_{R,d} = 23,5 \text{ kN/cm}^2$

Beanspruchbarkeit der Schweißnaht: $f_{vw,d} = 20,8 \text{ kN/cm}^2$

Querschnittswerte:
Größerer Schenkel ist angeschweißt.

$$A = 2 \cdot 8,3 = 16,6 \text{ cm}^2$$

$$N_{t,Rd} = N_{pl,Rd} = \frac{A \cdot f_y}{\gamma_{M0}} = \frac{16,6 \cdot 23,5}{1,00} = 390 \text{ kN}$$

$$\frac{N_{Ed}}{N_{t,Rd}} = \frac{287}{390} = 0,74 \leq 1$$

Konstruktive Alternativen für den geschweißten Anschluss

$$\text{erf}\, A_w = \frac{N_d}{f_{vw,d}} = \frac{287}{20,8} = 13,8 \text{ cm}^2$$

1) 2×2 Flankenkehlnähte mit gleicher Länge

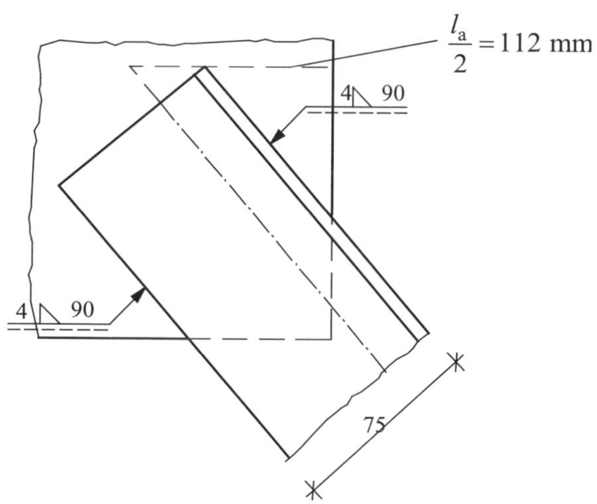

$$A_w = 4 \cdot a \cdot l_{eff}$$

Die Schweißnahtdicke soll hier mit $a = 4$ mm gewählt werden. Daraus folgt für die Länge einer Schweißnaht:

$$\text{erf}\, l_{\text{eff}} = \frac{A_{\text{w}}}{4 \cdot a} = \frac{13{,}8}{4 \cdot 0{,}4} = 8{,}63 \text{ cm}$$

gewählt: $l_{\text{eff}} = 90$ mm

Konstruktive Grenzwerte

$a = 4$ mm

$t \geq 3$ mm

$\min a = 3$ mm bzw.

$\min a = \sqrt{\max t} - 0{,}5 = \sqrt{10} - 0{,}5 = 2{,}66$ mm

$l_{\text{eff}} = 90 \text{ mm} \leq 150 \cdot a = 150 \cdot 4 = 600 \text{ mm}$ (1-8, 4.11)

$l_{\text{eff}} = 90 \text{ mm} \geq 6 \cdot a = 6 \cdot 4 = 24 \text{ mm bzw.} \geq 30 \text{ mm}$ (1-8, 4.5.1)

Die Grenzwerte sind eingehalten.

2) 2×2 Flankenkehlnähte + 2×1 Stirnkehlnaht

Die Anschlusslänge der Flankenkehlnähte kann noch verkürzt werden, wenn zusätzlich Stirnkehlnähte mit der Länge *b* vorgesehen werden.

$$\text{erf}\, l_{\text{eff}} = \frac{A_{\text{w}} - 2 \cdot a \cdot b}{4 \cdot a} = \frac{13{,}8 - 2 \cdot 0{,}4 \cdot 7{,}5}{4 \cdot 0{,}4} = 4{,}9 \text{ cm}$$

gewählt: $l = 50$ mm

3) Die Gurte werden als T-Profil ausgebildet, um einen Anschluss **ohne Knotenblech** zu ermöglichen. Der Anschluss soll nur mit Flankenkehlnähten erfolgen. Die erforderliche Gesamtlänge der Flankenkehlnähte für einen Winkel beträgt:

$$\text{erf}\, l_{\text{eff}} = \frac{A_{\text{w}}}{2 \cdot a} = \frac{13{,}9}{2 \cdot 0{,}4} = 17{,}4 \text{ cm}$$

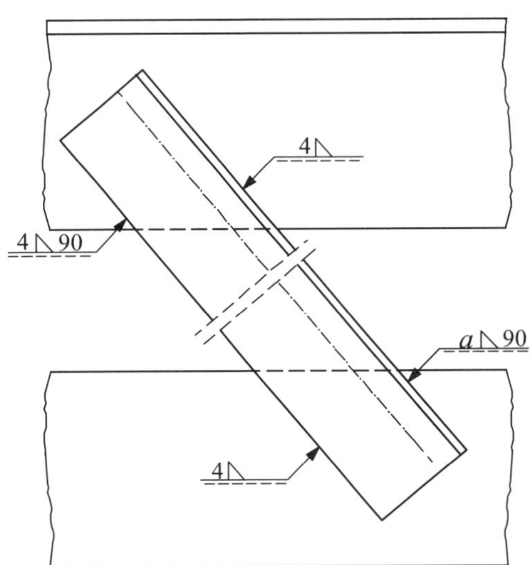

Die Bedingungen von Tabelle 3.1 sind bei Festlegung der Einzellängen einzuhalten. Eine ringsum laufende Kehlnaht kann hier nicht realisiert werden.

Beispiel 3.5.2: Stabwerk mit Vertikalverband

Das Stabwerk ist Teil eines größeren Gebäudes. Die Stützen sind durchgehend ausgebildet und die Unterzüge gelenkig an die Stützen angeschlossen. Die Stabilisierung des Tragwerkes erfolgt in dieser Ebene durch einen Fachwerkverband mit gekreuzten Diagonalen. Die Zugdiagonalen sollen alle gleich und als Doppelwinkel ausgebildet werden.
Es soll in diesem Beispiel die maximale Zugkraft des Verbandes ermittelt und der Zugstab mit Anschluss bemessen und nachgewiesen werden. Bei der Berechnung des Tragwerkes sind geometrische Ersatzimperfektionen zu berücksichtigen. Diese sind in (Band 1-10.3.3) behandelt. Die Berechnung wird nach Theorie II. Ordnung durchgeführt. Nach Abschluss der Berechnung wird überprüft, ob auch eine Berechnung nach Theorie I. Ordnung erlaubt ist.

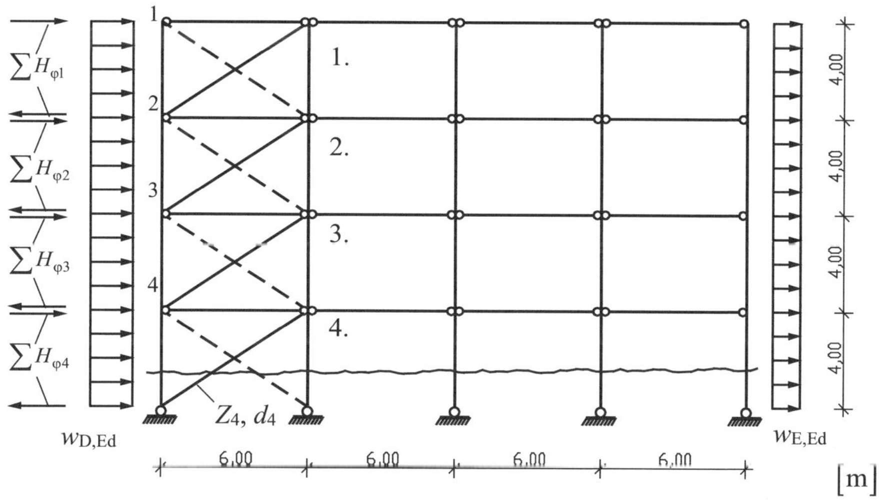

Abstand der Rahmen: $a = 5,00$ m
Anzahl der Felder: 8

Ständige Einwirkungen G_k :

Unterzug mit Decke $\quad g_{Ek} = g_1 \cdot a = 6 \cdot 5 = 30,0$ kN/m

Stütze pro Stockwerk $\quad G_{Ek} = g_2 \cdot h = 1 \cdot 4 = 4,00$ kN

Veränderliche Einwirkungen Q_k :

Verkehrslast (Annahme) $\quad q_{Ek} = q_k \cdot a = 5 \cdot 5 = 25,0$ kN/m

Für die veränderlichen Einwirkungen aus Wind wird das vereinfachte Verfahren angewendet. Z.B. gilt für den Standort Gießen die Windzone WZ1 und für Bauwerke mit $h \leq 18$ m der Geschwindigkeitsdruck $q = 0,65$ kN/m^2 nach Tabelle B.3 der DIN EN 1991-1-4/NA.

Wind $\quad h = 16$ m $\quad b = 40$ m $\quad d = 24$ m
$\quad h/d = 16/24 = 0,667$

nach Tabelle 7.1 der DIN EN 1991-1-4

Bereich D $c_{\text{pe},10} = +0{,}80$

$$w_{\text{D,Ek}} = c_{\text{pe},10} \cdot q \cdot a = +0{,}80 \cdot 0{,}65 \cdot 5 = +2{,}60 \text{ kN/m}^2$$

Bereich E $c_{\text{pe},10} = -0{,}500$

$$w_{\text{E,Ek}} = c_{\text{pe},10} \cdot q \cdot a = -0{,}5 \cdot 0{,}65 \cdot 5 = -1{,}63 \text{ kN/m}^2$$

Ersatzimperfektionen

Systemschiefstellung:

$$\alpha_{\text{h}} = \frac{2}{\sqrt{h}} = \frac{2}{\sqrt{16}} = 0{,}50 \quad \frac{2}{3} \leq \alpha_{\text{h}} \leq 1{,}0$$

$$\alpha_{\text{m}} = \sqrt{0{,}5 \cdot \left(1 + \frac{1}{m}\right)} = \sqrt{0{,}5 \cdot \left(1 + \frac{1}{5}\right)} = 0{,}775$$

$$\phi = \phi_0 \cdot \alpha_{\text{h}} \cdot \alpha_{\text{m}} = \frac{1}{200} \cdot 0{,}667 \cdot 0{,}775 = \frac{1}{387}$$

Bemessungslasten

Es ist die Lastkombination zu ermitteln, die die maximale Zugkraft ergibt. Daher müssen mehrere Lastkombinationen berechnet werden. Es ist sinnvoll und wirtschaftlich, die statische Berechnung mit einem Stabwerksprogramm durchzuführen, da die endgültige Festlegung der Querschnitte eine iterative Berechnung erfordert. Das System wurde mit dem Stabwerksprogramm GWSTATIK (Band 1 Kapitel 13) mit den folgenden Querschnitten untersucht:

Stütze: HEA 400

Unterzug: HEA 400

Zugdiagonale: ⌋L 60×30×5

$$\text{LT}(1{,}35 \cdot g + 1{,}50 \cdot w + 1{,}05 \cdot q)$$

Maßgebend ist die Lastkombination $\text{LT}(1{,}35 \cdot g + 1{,}50 \cdot w + 1{,}05 \cdot q)$

$$e_{\text{Ed}} = 1{,}35 \cdot g_{\text{Ek}} + 1{,}05 \cdot q_{\text{Ek}} = 1{,}35 \cdot 30 + 1{,}05 \cdot 25 = 66{,}8 \text{ kN/m}$$

$$G_{\text{Ed}} = 1{,}35 \cdot G_{\text{Ek}} = 1{,}35 \cdot 4{,}00 = 5{,}40 \text{ kN}$$

$$w_{\text{D,Ed}} = 1{,}50 \cdot w_{\text{Dk}} = 1{,}50 \cdot 2{,}60 = 3{,}90 \text{ kN/m}$$

$$w_{\text{S,Ed}} = 1{,}50 \cdot w_{\text{Sk}} = 1{,}50 \cdot 1{,}63 = 2{,}45 \text{ kN/m}$$

Die Ersatzimperfektionen werden bei der Berechnung ohne EDV durch den Ansatz gleichwertiger Ersatzlasten berücksichtigt. Die Ersatzbelastung ist ein Kräftepaar und abhängig von der Normalkraft in den Stützen. Man erhält folgende Normalkräfte pro Stockwerk:

$$\Sigma N_1 = 66{,}8 \cdot 24 + 5 \cdot 5{,}4 = 1630 \text{ kN}$$

$$\Sigma N_2 = 1630 + 1630 = 3260 \text{ kN}$$

$$\Sigma N_3 = 3260 + 1630 = 4890 \text{ kN}$$

$$\Sigma N_4 = 4890 + 1630 = 6520 \text{ kN}$$

Kräftepaare pro Stockwerk:

$$\Sigma H_{\varphi 1} = \Sigma N_1 \cdot \varphi_0 = 1630 \cdot \frac{1}{387} = 4{,}21 \text{ kN}$$

$$\Sigma H_{\varphi 2} = \Sigma N_2 \cdot \varphi_0 = 3260 \cdot \frac{1}{387} = 8{,}42 \text{ kN}$$

$$\Sigma H_{\varphi 3} = \Sigma N_3 \cdot \varphi_0 = 4890 \cdot \frac{1}{387} = 12{,}6 \text{ kN}$$
$$\Sigma H_{\varphi 4} = \Sigma N_4 \cdot \varphi_0 = 6520 \cdot \frac{1}{387} = 16{,}8 \text{ kN}$$

In jedem Stockwerk werden nur die Differenzkräfte ΔH_φ für die Berechnung des Verbandes wirksam.

$$\Delta H_{\varphi 1} = \Sigma H_{\varphi 1} = 4{,}21 \text{ kN}$$
$$\Delta H_{\varphi 2} = \Sigma H_{\varphi 2} - \Sigma H_{\varphi 1} = 13{,}12 - 6{,}56 = 4{,}21 \text{ kN}$$
$$\Delta H_{\varphi 3} = \Sigma H_{\varphi 3} - \Sigma H_{\varphi 2} = 19{,}68 - 13{,}12 = 4{,}21 \text{ kN}$$
$$\Delta H_{\varphi 4} = \Sigma H_{\varphi 4} - \Sigma H_{\varphi 3} = 26{,}24 - 19{,}68 = 4{,}21 \text{ kN}$$
$$\Sigma\ \Delta H_\varphi = 16{,}8 \text{ kN}$$

Die Summe der Ersatzlasten am Tragwerk muss gleich null sein.
Die Stabkraft Z_4 folgt aus dem Ritterschnitt im Feld 4 des Fachwerkes und Stockwerks, wobei die Gleichstreckenlasten in Knotenlasten umzurechnen sind. H_4 ist die Horizontalkomponente der Stabkraft Z_4.
Länge der Diagonale:

$$d_4 = \sqrt{4{,}00^2 + 6{,}00^2} = 7{,}21 \text{ m}$$
$$H_4 = \Sigma H_\text{w} + \Sigma\ \Delta H_\varphi$$
$$\Sigma H_\text{w} = 3{,}90 \cdot 16 + 2{,}45 \cdot 16 = 102 \text{ kN}$$
$$\Sigma\ \Delta H_\varphi = \Sigma N_4 \cdot \frac{1}{\phi} = 6520 \cdot \frac{1}{387} = 16{,}8 \text{ kN}$$
$$H_4 = \Sigma H_\text{w} + \Sigma\ \Delta H_\varphi = 102 + 16{,}8 = 119 \text{ kN}$$
$$Z_4 = 119 \cdot \frac{7{,}21}{6{,}00} = 143 \text{ kN}$$

Berechnung des Verbandes nach Theorie II. Ordnung
Die Berechnung erfolgt näherungsweise mit dem Vergrößerungsfaktor k für Theorie II. Ordnung (Band 1Kapitel 1.3.3).

$$Z_\text{II} = k \cdot Z_\text{I}$$
$$k = \frac{1}{1 - \dfrac{N_\text{Ed}}{N_\text{cr}}}$$

Die Verzweigungslast N_cr dieses Systems wird nach (Band 1 Kapitel 12.2) berechnet. Der Vertikal-verband stellt eine schubweiche eingespannte Stütze dar, die alle Normalkräfte stabilisieren muss. Es wird vereinfachend angenommen, dass die Normalkraft $N_\text{Ed} = \Sigma N_4$ konstant in der Stütze wirkt. Diese Annahme liegt auf der sicheren Seite.

Gurt des Verbandes: HEA 400 $\quad A_\text{O} = A_\text{U} = 159 \text{ cm}^2$

Pfosten des Verbandes: HEA 400 $\quad A_\text{V} = 159 \text{ cm}^2$

Diagonale des Verbandes: ⅃L 60×30×5 $\quad A_\text{D} = 2 \cdot 5{,}68 = 11{,}4 \text{ cm}^2$

$a = 400$ cm; $h = 400$ cm; $d = 721$ cm

$$N_{\mathrm{cr,S}} = \frac{E \cdot a \cdot h^2}{\frac{d^3}{A_\mathrm{D}} + \frac{h^3}{A_\mathrm{V}}} = \frac{21\,000 \cdot 400 \cdot 600^2}{\frac{721^3}{11{,}4} + \frac{600^3}{159}} = 88\,328 \text{ kN}$$

$$I = \frac{h^2}{\frac{1}{A_\mathrm{O}} + \frac{1}{A_\mathrm{U}}} + I_\mathrm{O} + I_\mathrm{U} \approx I = \frac{600^2}{\frac{1}{159} + \frac{1}{159}} = 28\,620\,000 \text{ cm}^4$$

$$N_{\mathrm{cr,M}} = \frac{\pi^2 \cdot E \cdot I}{L_\mathrm{cr}^2} = \frac{\pi^2 \cdot 21\,000 \cdot 28\,620\,000}{3200^2} = 579\,280 \text{ kN}$$

$$\frac{1}{N_\mathrm{cr}} = \frac{1}{N_\mathrm{cr,S}} + \frac{1}{N_\mathrm{cr,M}} = \frac{1}{88\,328} + \frac{1}{579\,280}$$

$$N_\mathrm{cr} = 76\,642 \text{ kN}$$

$$a_\mathrm{cr} = \frac{N_\mathrm{cr}}{N_\mathrm{Ed}} = \frac{76\,642}{6520} = 11{,}8 \geq 10$$

Da der Verzweigungslastfaktor $a_\mathrm{cr} \geq 10$, ist in diesem Fall keine Berechnung nach Theorie II. Ordnung erforderlich. Ansonsten gilt:

$$k = \frac{1}{1 - \frac{N_\mathrm{Ed}}{N_\mathrm{cr}}} = \frac{1}{1 - \frac{6520}{76\,642}} = 1{,}08 \qquad Z_\mathrm{II} = k \cdot Z_\mathrm{I} = 1{,}08 \cdot 143 = 154 \text{ kN}$$

Die genauere Berechnung unter Berücksichtigung der veränderlichen Normalkraft in den Stützen mit dem Stabwerksprogramm GWSTATIK ergibt für die maximale Zugkraft und den Verzweigungslastfaktor a_cr:

$$Z_\mathrm{II} = 135 \text{ kN}$$

$$a_\mathrm{cr} = 15{,}5 \geq 10$$

Nachweis des Zugstabes

$\gamma_\mathrm{M0} = 1{,}00$

Werkstoff: S 235
Plastische Querschnittsausnutzung
Beanspruchung des Doppelwinkels: Zug
Normalkraft $N_\mathrm{Ed} = +143$ kN
Bemessung des Stabes für einseitig angeschlossene Winkel (Band 1 Kapitel 5.3):
Profil: ⅃L 60×40×6
Knotenblech: $t = 12$ mm
Schweißnahtdicke: $a = 4$ mm
Beanspruchbarkeit des Bauteils: $\sigma_\mathrm{Rd} = 23{,}5$ kN/cm^2
Beanspruchbarkeit der Schweißnaht: $f_\mathrm{vw,d} = 20{,}8$ kN/cm^2
Systemmaße des Verbandes:
Querschnittswerte:
Schrauben: M12-10.9; $d_0 = 13$ mm

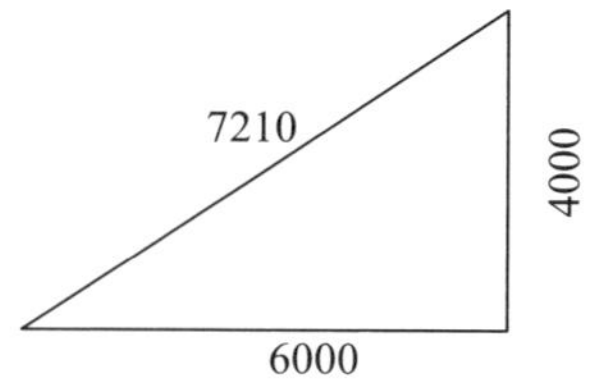

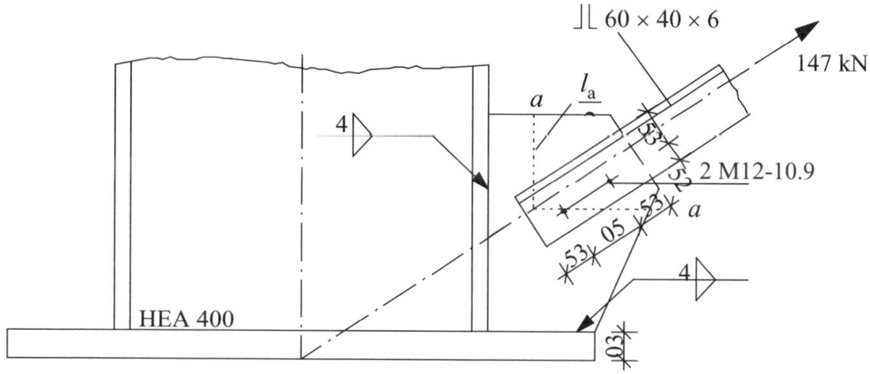

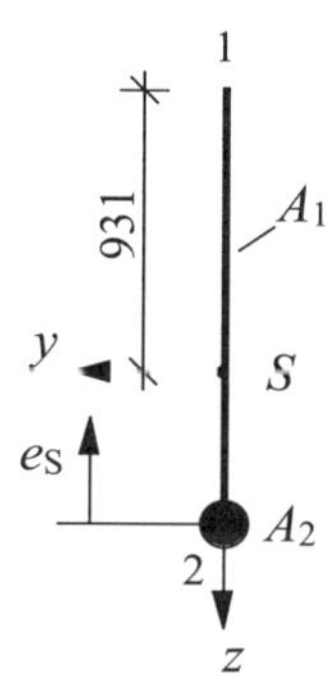

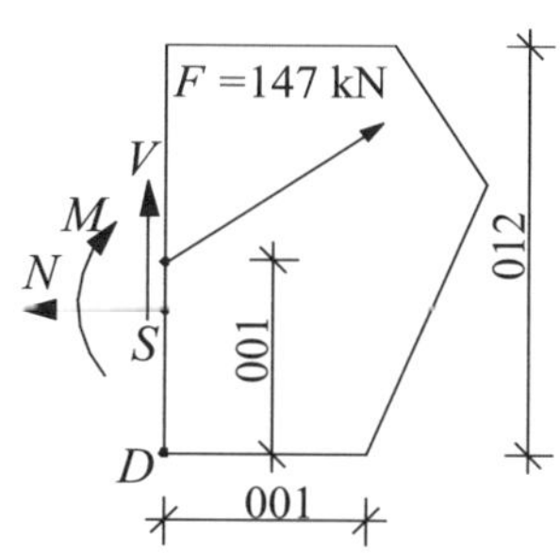

$$A = 2 \cdot 5{,}68 = 11{,}4 \text{ cm}^2$$

$$A_{\text{net}} = A - \Delta A = 11{,}4 - 2 \cdot 1{,}3 \cdot 0{,}6 = 9{,}84 \text{ cm}^2$$

$$p_1 = 50 \text{ mm} \quad \frac{p_1}{d_0} = \frac{50}{13} = 3{,}85 \text{ Interpolation nach Tabelle 5.1 für } \beta_2$$

$$N_{\text{u,Rd}} = \frac{\beta_2 \cdot A_{\text{net}} \cdot f_{\text{u}}}{\gamma_{\text{M2}}} = \frac{0{,}562 \cdot 9{,}84 \cdot 36}{1{,}25} = 159 \text{ kN}$$

$$\frac{N_{\text{Ed}}}{N_{\text{t,Rd}}} = \frac{143}{159} = 0{,}90 \le 1$$

Nachweis der Schraubenverbindung

Die Exzentrizität der Schraubenverbindung zur Schwerachse des Stabes darf für das vereinfachte Bemessungsverfahren nach (1-8, 3.10.3) unberücksichtigt bleiben.

Die Rand- und Lochabstände werden nach Tabelle 1.5 festgelegt. Dabei soll die maximale Lochleibungskraft angestrebt werden.

Lochabstand p_1:

maximale Lochleibungskraft $p_1 \geq 3,75 \cdot d_0 = 3,5 \cdot 22 = 77$ mm

$p_1 \geq 2,2 \cdot d_0 = 2,2 \cdot 13 = 28,6$ mm

$p_1 \leq 14 \cdot t = 14 \cdot 6 = 84$ mm

$p_1 \leq 200$ mm

gewählt $p_1 = 50$ mm

Randabstand e_1:

maximale Lochleibungskraft $e_1 \geq 3,0 \cdot d_0 = 3,0 \cdot 22 = 66$ mm

$e_1 \geq 1,2 \cdot d_0 = 1,2 \cdot 13 = 15,6$ mm

$e_1 \leq 4 \cdot t + 40 = 4 \cdot 6 + 40 = 64$ mm

gewählt $e_1 = 35$ mm

Randabstand e_2:

maximale Lochleibungskraft $e_2 \geq 1,5 \cdot d_0 = 1,5 \cdot 22 = 33$ mm

$e_2 \geq 1,2 \cdot d_0 = 1,2 \cdot 13 = 15,6$ mm

$e_2 \leq 4 \cdot t + 40 = 4 \cdot 6 + 40 = 64$ mm

gewählt $e_2 = 25$ mm in Anlehnung an DIN 997:

Es wird für jede Schraube die maßgebende Grenzkraft F_{Rd} berechnet.

Voraussetzung: $e_2 = 25 \text{ mm} \geq 1,5 \cdot d_0 = 1,5 \cdot 13 = 19,5$ mm

$t_1 = 12$ mm ; $t_2 = 6 + 6 = 12$ mm

1. Schraube

$m \cdot F_{\text{v,Rd}} = 2 \cdot 54,2 = 108$ kN — Tabelle 13.1

$F_{\text{1,b,R,d}} = 1,2 \cdot 86,4 = 104$ kN — $p_1 = 50$ mm — Tabelle 13.4

$F_{\text{2,b,R,d}} = 1,2 \cdot 77,5 = 93,0$ kN — $e_1 = 35$ mm — Tabelle 13.4

$F_{\text{Rd}} = 93,0$ kN

2. Schraube

$m \cdot F_{\text{v,Rd}} = 2 \cdot 54,2 = 108$ kN — Tabelle 13.1

$F_{\text{1,b,R,d}} = 1,2 \cdot 86,4 = 104$ kN — $p_1 = 50$ mm — Tabelle 13.4

$F_{\text{2,b,R,d}} = 1,2 \cdot 77,5 = 93,0$ kN — $e_1 = 35$ mm — Tabelle 13.4

$F_{\text{Rd}} = 93,0$ kN

Elastische Berechnung der Schraubenverbindung

Die kleinste Grenzkraft F_{Rd} aller Schrauben ist

$$F_{\text{Rd}} = 93,0 \text{ kN}$$

Der Nachweis lautet damit:

$$T = \frac{N_{\text{Ed}}}{n} = \frac{143}{2} = 71,5 \text{ kN}$$

$$\frac{T}{F_{\text{Rd}}} = \frac{71,5}{93,0} = 0,77 \leq 1$$

Plastische Berechnung der Schraubenverbindung

Eine plastische Berechnung ist möglich, da die Bedingung $F_{v,Rd} \geq F_{b,Rd}$ für alle Schrauben erfüllt ist. Der Nachweis lautet damit:

$$\sum F_{b,Rd} = 93 + 93 = 186 \text{ kN}$$

$$\frac{N_{Ed}}{\sum F_{b,Rd}} = \frac{143}{186} = 0,77 \leq 1$$

Nachweis des geschweißten Knotenblechanschlusses an der Stütze

Das Knotenblech ist mittig in der Ebene des Steges des I-Profils angeordnet. In dem Freischnitt sind die unbekannten Schnittgrößen eingetragen. Während im Anschluss am Flansch alle Schnittgrößen der Balkenbiegung auftreten, werden im Anschluss an die Fußplatte nur Kräfte in Längsrichtung angesetzt. Die Nähte an der Fußplatte mit der Fläche A_2 wirken hier wie ein zusätzlicher Gurt der Schweißverbindung.

$$A_1 = 2 \cdot 0,4 \cdot 21 = 16,8 \text{ cm}^2$$

$$A_2 = 2 \cdot 0,4 \cdot 10 = 8,00 \text{ cm}^2$$

$$A = 16,8 + 8,00 = 24,8 \text{ cm}^2$$

$$e_S = \frac{16,8 \cdot 10,5}{24,8} = 7,11 \text{ cm}$$

$$z_1 = 7,11 \text{ cm} \quad z_2 = -13,9 \text{ cm}$$

$$I_y = 2 \cdot 0,4 \cdot \frac{21^3}{12} + 16,8 \cdot 10,5^2 - 24,8 \cdot 7,11^2 = 1216 \text{ cm}^4$$

$$N_{Ed} = 143 \cdot \frac{6000}{7210} = +119 \text{ kN} \quad V_{z,Ed} = 147 \cdot \frac{4000}{7210} = +79,3 \text{ kN}$$

$$M_{y,Ed} = -119 \cdot (13,9 - 11,0) = -345 \text{ kNcm}$$

$$\sigma_{1,w} = \frac{119}{24,8} + \frac{345}{1216} \cdot 13,9 = 8,74 \text{ kN/cm}^2$$

$$\tau_{z,w} = \frac{79,3}{16,8} = 4,72 \text{ kN/cm}^2$$

$$\sigma_{w,Ed} = \sqrt{\sigma_w^2 + \tau_{w,y}^2 + \tau_{w,z}^2} = \sqrt{8,74^2 + 4,72^2} = 9,93 \text{ kN/cm}^2$$

$$\frac{\sigma_{w,Ed}}{f_{vw,d}} = \frac{9,93}{20,8} = 0,48 \leq 1,0$$

Der Nachweis neben der Naht ist ebenfalls eingehalten.

Nachweis des Knotenbleches

$\gamma_{M0} = 1,00$

Für den Nachweis des Knotenblechs wird die maßgebende Länge l_a aus der maßstäblichen Zeichnung ermittelt.

$$l_a = 180 \text{ mm} \qquad \cos\alpha = \frac{4000}{7210} = 0,555$$

$$\sigma_{Ed} = \frac{N_{Ed}}{\cos\alpha \cdot t \cdot l_a} = \frac{143}{0,555 \cdot 1,2 \cdot 18} = 11,9 \text{ kN/cm}^2 \qquad \frac{\sigma_{Ed}}{\sigma_{Rd}} = \frac{12,6}{23,5} = 0,54 \leq 1,0$$

Beispiel 3.5.3: Anschluss mit ausgeschnittenen Knotenblechen

Die Schnittgrößen des Fachwerkes werden mit dem Programm GWSTATIK berechnet.
Die Einheiten sind kN und m.

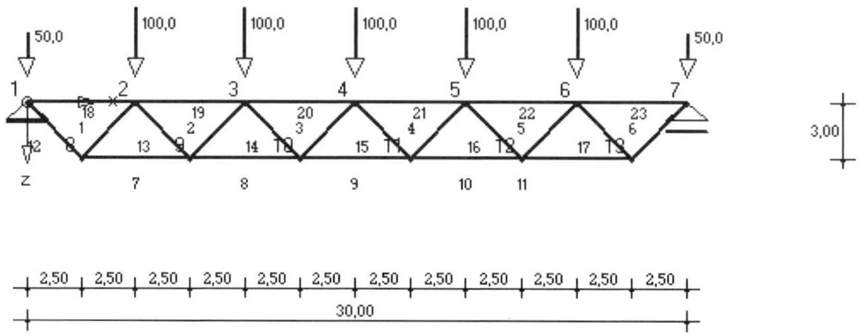

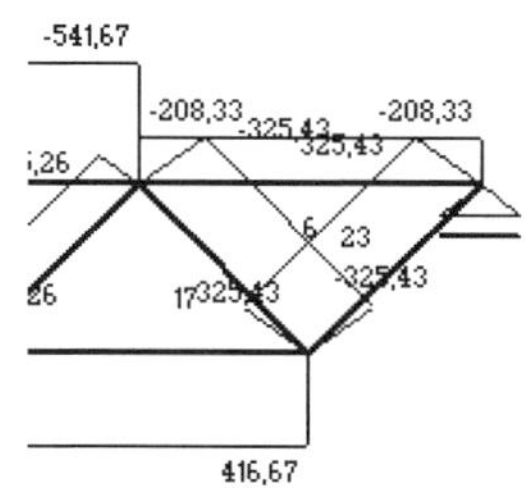

Es soll der Knoten 13 konstruktiv als Anschluss mit ausgeschnittenem Knotenblech ausgebildet und nachgewiesen werden, wobei der Untergurt als Nullstab weitergeführt wird und an der Stütze horizontal gelagert ist.

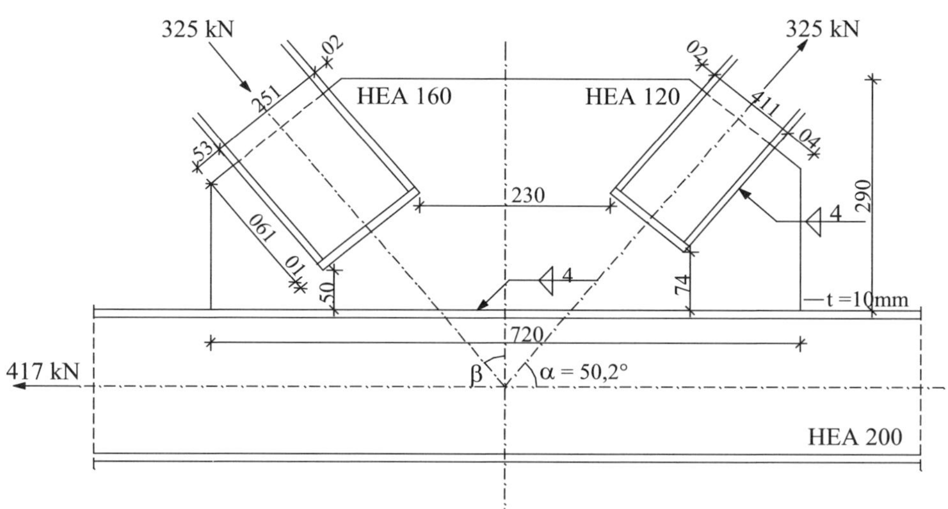

$\gamma_{M0} = 1,00$

Werkstoff: S 235
Nachweisverfahren: Elastisch-Plastisch
Beanspruchung des Knotens:

Zugdiagonale: HEA 120 $N_{Ed} = +325$ kN ; $t_w = 5$ mm

Druckdiagonale: HEA 160 $N_{Ed} = -325$ kN ; $t_w = 6$ mm

Untergurt: HEA 200 links $N_{G,Ed} = +417$ kN ; $A_z = (h - t_f) \cdot t_w = 11,7$ cm^2

rechts $N_{G,Ed} = 0$

Nachweis im Schnitt I

Die Länge l_D wird gewählt: $l_D = 160$ mm

Schnittgrößen:

$$V_{I,Ed} = N_{F,Ed} = \frac{N_{Ed}}{2} = \frac{325}{2} = 163 \text{ kN}$$

$$M_{I,Ed} = 0,21 \cdot N_{F,Ed} \cdot l_D = 0,21 \cdot 163 \cdot 16 = 548 \text{ kNcm}$$

Bemessung der Knotenblechdicke t:

$$t = 1,0 \text{ cm}$$

$$V_{pl,I,Ed} = 1 \cdot l_D \cdot \tau_{Rd} = 1 \cdot 16 \cdot 13,6 = 218 \text{ kN}$$

$$M_{pl,I,Ed} = \frac{1}{4} \cdot 1 \cdot l_D^2 \cdot \sigma_{Rd} = \frac{1}{4} \cdot 1 \cdot 16^2 \cdot 23,5 = 1504 \text{ kNcm}$$

$$\eta = \left(\frac{M_{I,Ed}}{M_{pl,I,Rd}} \right)^2 + \left(\frac{V_{I,Ed}}{V_{pl,I,Rd}} \right)^2 = \left(\frac{548}{1504} \right)^2 + \left(\frac{163}{218} \right)^2 = 0,692$$

$$t \geq \text{erf}\, t = \sqrt{\eta} = \sqrt{0,805} = 0,83 \text{ cm}$$

gewählt: $t = 10$ mm

Nachweis im Schnitt II

$\alpha = 50,2°$ Tabelle 3.2 $u_\alpha = 0,2 \cdot l_D = 0,2 \cdot 160 = 32$ mm

gewählt: $u_\alpha = 35$ mm

$$l_{II} = l_D \cdot \cos\alpha + u_\alpha \cdot \sin\alpha = 160 \cdot \cos 50,2° + 35 \cdot \sin 50,2° = 129 \text{ mm}$$

$$N_{II,Ed} = N_{F,Ed} \cdot \sin\alpha = 163 \cdot \sin 50,2° = 125 \text{ kN}$$

$$V_{II,Ed} = N_{F,Ed} \cdot \cos\alpha = 163 \cdot \cos 50,2° = 104 \text{ kN}$$

$$M_{II,Ed} = N_{II,Ed} \cdot l_{II} / 2 - M_{I,Ed} = 125 \cdot 12,9 / 2 - 548 = 258 \text{ kNcm}$$

$$N_{pl,II,Rd} = t \cdot l_{II} \cdot \sigma_{Rd} = 1,0 \cdot 12,9 \cdot 23,5 = 303 \text{ kN}$$

$$V_{pl,II,Rd} = t \cdot l_{II} \cdot \tau_{Rd} = 1,0 \cdot 12,9 \cdot 13,6 = 175 \text{ kN}$$

$$M_{pl,II,Rd} = \frac{1}{4} \cdot 1 \cdot l_{II}^2 \cdot \sigma_{Rd} = \frac{1}{4} \cdot 1,0 \cdot 12,9^2 \cdot 23,5 = 978 \text{ kNcm}$$

$$\sqrt{1 - \left(\frac{V_{Ed}}{V_{pl,Rd}} \right)^2} \cdot \frac{M_{Ed}}{M_{pl,Rd}} + \left(\frac{N_{Ed}}{N_{pl,Rd}} \right)^2 + \left(\frac{V_{Ed}}{V_{pl,Rd}} \right)^2 =$$

$$\sqrt{1 - \left(\frac{104}{175} \right)^2} \cdot \frac{258}{978} + \left(\frac{125}{303} \right)^2 + \left(\frac{104}{175} \right)^2 = 0,74 \leq 1$$

$\beta = 39,8°$ Tabelle 3.2 $u_\beta = 0$

gewählt: $u_\beta = 20$ mm

$$l_{II} = l_D \cdot \cos\beta + u_\beta \cdot \sin\beta = 160 \cdot \cos 39,8° + 20 \cdot \sin 39,8° = 136 \text{ mm}$$

$$N_{\text{II,Ed}} = N_{\text{F,Ed}} \cdot \sin\alpha = 163 \cdot \sin 39{,}8° = 104 \text{ kN}$$
$$V_{\text{II,Ed}} = N_{\text{F,Ed}} \cdot \cos\alpha = 163 \cdot \cos 39{,}2° = 125 \text{ kN}$$
$$M_{\text{II,Ed}} = N_{\text{II,Ed}} \cdot l_{\text{II}} / 2 - M_{\text{I,Ed}} = 104 \cdot 13{,}6/2 - 548 = 159 \text{ kNcm}$$
$$N_{\text{pl,II,Rd}} = t \cdot l_{\text{II}} \cdot \sigma_{\text{Rd}} = 1{,}0 \cdot 13{,}6 \cdot 23{,}5 = 320 \text{ kN}$$
$$V_{\text{pl,II,Rd}} = t \cdot l_{\text{II}} \cdot \tau_{\text{Rd}} = 1{,}0 \cdot 13{,}6 \cdot 13{,}6 = 185 \text{ kN}$$
$$M_{\text{pl,II,Rd}} = \frac{1}{4} \cdot 1 \cdot l_{\text{II}}^2 \cdot \sigma_{\text{Rd}} = \frac{1}{4} \cdot 1{,}0 \cdot 13{,}6^2 \cdot 23{,}5 = 1087 \text{ kNcm}$$
$$\sqrt{1 - \left(\frac{V_{\text{Ed}}}{V_{\text{pl,Rd}}}\right)^2} \cdot \frac{M_{\text{Ed}}}{M_{\text{pl,Rd}}} + \left(\frac{N_{\text{Ed}}}{N_{\text{pl,Rd}}}\right)^2 + \left(\frac{V_{\text{Ed}}}{V_{\text{pl,Rd}}}\right)^2 =$$
$$\sqrt{1 - \left(\frac{125}{185}\right)^2} \cdot \frac{159}{1087} + \left(\frac{104}{320}\right)^2 + \left(\frac{125}{185}\right)^2 = 0{,}67 \le 1$$

Nachweis im Schnitt III

Die Zugdiagonale hat den dünnsten Steg.

$$t_{\text{w}} = 5 \text{ mm} \ge 0{,}44 \cdot t = 0{,}44 \cdot 10 = 4{,}4 \text{ mm}$$
$$l_{\text{III}} = l_{\text{D}} + 2{,}5 \cdot (t_{\text{D}} + r_{\text{D}}) = 160 + 2{,}5 \cdot (8 + 12) = 210 \text{ mm}$$
$$M_{\text{I,Ed}} = 0{,}21 \cdot N_{\text{F,Ed}} \cdot l_{\text{D}} = 0{,}21 \cdot 163 \cdot 16 = 548 \text{ kNcm}$$
$$M_{\text{pl,III,Rd}} = \frac{1}{4} \cdot t_{\text{w}} \cdot l_{\text{III}}^2 \cdot \sigma_{\text{Rd}} = \frac{1}{4} \cdot 0{,}5 \cdot 21{,}0^2 \cdot 23{,}5 = 1295 \text{ kNcm}$$
$$\frac{M_{\text{I,Ed}}}{M_{\text{pl,III,Rd}}} = \frac{548}{1295} = 0{,}42 \le 1$$

Nachweis im Schnitt IV und V

Die größte Querkraft ist im Schnitt IV.

$$m \ge \left(1{,}11 \cdot \frac{N_{\text{F,Ed}} \cdot \sin\alpha}{\tau_{\text{Rd}}} - A_{\text{z}}\right) \cdot \frac{1}{t} = \left(1{,}11 \cdot \frac{163 \cdot \sin 50{,}2°}{13{,}6} - 11{,}7\right) \cdot \frac{1}{1{,}0} = -1{,}48 \text{ cm}$$

jedoch $m \ge 30$ mm

Gewählt: $m = 50$ mm, um die erforderliche Länge von l_{VII} zu erreichen. Für den Schnitt IV erhält man dann $m = 74$ mm.

Schnitt IV: Zugkraft

$$\Delta z = \frac{m \cdot t \cdot (h_{\text{G}} + m)}{2 \cdot (A + m \cdot t)} = \frac{7{,}4 \cdot 1{,}0 \cdot (19{,}0 + 7{,}4)}{2 \cdot (53{,}8 + 7{,}4 \cdot 1{,}0)} = 1{,}60 \text{ cm}$$
$$z_{\text{o}} = \frac{h_{\text{G}}}{2} + m - \Delta z = \frac{19{,}0}{2} + 7{,}4 - 1{,}60 = 15{,}3 \text{ cm}$$

Das Gleichgewicht ergibt:

$$N_{\text{IV,Ed}} = N_{\text{F,Ed}} \cdot \cos\alpha + N_{\text{G,Ed}} = 163 \cdot \cos 50{,}2° + 0 = 104 \text{ kN}$$
$$V_{\text{IV,Ed}} = N_{\text{F,Ed}} \cdot \sin\alpha = 163 \cdot \sin 50{,}2° = 125 \text{ kN}$$
$$M_{\text{IV,Ed}} = M_{\text{I,Ed}} - N_{\text{F,Ed}} \cdot \cos\alpha \cdot z_{\text{o}} + N_{\text{G,Ed}} \cdot \Delta z = 548 - 163 \cdot \cos 50{,}2° \cdot 15{,}3 + 0 = -1048 \text{ kNcm}$$

Schnitt V: Druckkraft

$$\Delta z = \frac{m \cdot t \cdot (h_{\text{G}} + m)}{2 \cdot (A + m \cdot t)} = \frac{5{,}0 \cdot 1{,}0 \cdot (19{,}0 + 5{,}0)}{2 \cdot (53{,}8 + 5{,}0 \cdot 1{,}0)} = 1{,}02 \text{ cm}$$

$$z_o = \frac{h_G}{2} + m - \Delta z = \frac{19,0}{2} + 5,0 - 1,02 = 13,5 \text{ cm}$$

Das Gleichgewicht ergibt:

$$N_{IV,Ed} = N_{F,Ed} \cdot \cos\alpha + N_{G,Ed} = -163 \cdot \cos 50,2° + 417 = 313 \text{ kN}$$

$$V_{IV,Ed} = N_{F,Ed} \cdot \sin\alpha = -163 \cdot \sin 50,2° = -125 \text{ kN}$$

$$M_{IV,Ed} = M_{I,Ed} - N_{F,Ed} \cdot \cos\alpha \cdot z_o + N_{G,Ed} \cdot \Delta z = -548 + 163 \cdot \cos 50,2° \cdot 13,5 + 417 \cdot 1,02 = +1286 \text{ kNcm}$$

Nachweis am Schnitt V ist maßgebend.
Grenzschnittgrößen:

$$N_{pl,V,Rd} = (m \cdot t + A) \cdot \sigma_{Rd} = (5,0 \cdot 1,0 + 53,8) \cdot 23,5 = 1382 \text{ kN}$$

$$V_{pl,V,Rd} = (m \cdot t + A_z) \cdot \tau_{Rd} = (5,0 \cdot 1,0 + 11,7) \cdot 13,6 = 227 \text{ kN}$$

$$M_{pl,V,Rd} = W_{pl} \cdot \sigma_{Rd} \approx 2 \cdot S_y \cdot \sigma_{Rd} = 2 \cdot 215 \cdot 23,5 = 10\,105 \text{ kNcm}$$

Die Interaktion erfolgt nach DIN 18800-1, da dem Nachweiskonzept die Querkraftfläche A_z zugrunde liegt:

$$\frac{N_{Ed}}{N_{pl,Rd}} = \frac{312}{1382} = 0,24 > 0,1$$

$$\frac{V_{z,Ed}}{V_{pl,z,Rd}} = \frac{125}{227} = 0,55 > 0,33$$

$$0,8 \cdot \frac{M_{y,Ed}}{M_{pl,y,Rd}} + 0,89 \cdot \frac{N_{Ed}}{N_{pl,Rd}} + 0,33 \cdot \frac{V_{z,Ed}}{V_{pl,z,Rd}} \leq 1$$

$$0,8 \cdot \frac{1286}{10\,105} + 0,89 \cdot \frac{312}{1382} + 0,33 \cdot \frac{125}{227} = 0,48 \leq 1$$

Nachweis im Schnitt VII

$$40° \leq \alpha \leq 60° \rightarrow \qquad l_{VII} \geq 1,6 \cdot l_D = 1,6 \cdot 160 = 256 \text{ mm}$$

Vorhanden: $l_{VII} = 230$ mm

$$N_{VII,Ed} = 0$$

$$V_{VII,Ed} = 2 \cdot N_{F,Ed} \cdot \cos\alpha = 2 \cdot 163 \cdot \cos 50,2° = 209 \text{ kN}$$

$$M_{VII,Ed} = 2 \cdot M_{I,Ed} - N_{F,Ed} \cdot \sin\alpha \cdot l_{VII} = 2 \cdot 548 - 163 \cdot \sin 50,2° \cdot 23,0 = -1784 \text{ kNcm}$$

$$V_{pl,VII,Rd} = t \cdot l_{VII} \cdot \tau_{Rd} = 1,0 \cdot 23,0 \cdot 13,6 = 313 \text{ kN}$$

$$M_{pl,VII,Rd} = \frac{1}{4} \cdot 1 \cdot l_{VII}^2 \cdot \sigma_{Rd} = \frac{1}{4} \cdot 1,0 \cdot 23,0^2 \cdot 23,5 = 3108 \text{ kNcm}$$

$$\left(\frac{M_{Ed}}{M_{pl,Rd}}\right)^2 + \left(\frac{V_{Ed}}{V_{pl,Rd}}\right)^2 = \left(\frac{1784}{3108}\right)^2 + \left(\frac{209}{313}\right)^2 = 0,78 \leq 1$$

Nachweis am Anschnitt des Knotenblechs

Schnittgrößen:

$$V_{G,Ed} = N_{Ed} \cdot \cos\alpha + N_{Ed} \cdot \cos\alpha = 325 \cdot \cos 50,2° + 325 \cdot \cos 50,2° = 416 \text{ kN}$$

$$M_{G,Ed} = V_{G,Ed} \cdot \frac{h_G}{2} = 416 \cdot \frac{19,0}{2} = 3952 \text{ kNcm}$$

$$l = 71,0 \text{ cm} \qquad t = 1,0 \text{ cm}$$

$$\tau = \frac{V_{Ed}}{A} = \frac{416}{1,0 \cdot 71,0} = 5,86 \text{ kN/cm}^2$$

$$W = \frac{1}{6} \cdot t \cdot l^2 = \frac{1}{6} \cdot 1{,}0 \cdot 71{,}0^2 = 840 \text{ cm}^3$$

$$\sigma = \frac{M_{\text{Ed}}}{W} = \frac{3952}{840} = 4{,}70 \text{ kN/cm}^2$$

$$\sigma_{\text{V}} = \sqrt{\sigma^2 + 3 \cdot \tau^2} = \sqrt{4{,}70^2 + 3 \cdot 5{,}86^2} = 11{,}2 \text{ kN/cm}^2$$

$$\frac{\sigma_{\text{V}}}{\sigma_{\text{Rd}}} = \frac{11{,}2}{23{,}5} = 0{,}48 \le 1{,}0$$

Nachweis der Schweißnähte

Konstruktive Grenzwerte

$a = 4$ mm

$t \ge 3$ mm

$\min a = 3$ mm bzw.

$\min a = \sqrt{\max t} - 0{,}5 = \sqrt{10} - 0{,}5 = 2{,}66$ mm

Anschnitt des Knotenblechs:

$V_{\text{G,Ed}} = 416$ kN $\qquad M_{\text{G,Ed}} = 3952$ kNcm

$l_{\text{eff}} = 71{,}0$ cm $\qquad a = 0{,}4$ cm

$$W = \frac{1}{6} \cdot 2 \cdot a \cdot l_{\text{eff}}^2 = \frac{1}{6} \cdot 2 \cdot 0{,}4 \cdot 71{,}0^2 = 672 \text{ cm}^3$$

$$\sigma_{\text{w}} = \frac{M_{\text{Ed}}}{W} = \frac{3952}{672} = 5{,}88 \text{ kN/cm}^2$$

$$\tau_{\text{z,w}} = \frac{V_{\text{Ed}}}{A} = \frac{416}{2 \cdot 0{,}4 \cdot 71} = 7{,}32 \text{ kN/cm}^2$$

$$\sigma_{\text{w,Ed}} = \sqrt{\sigma_{\text{w}}^2 + \tau_{\text{w,y}}^2 + \tau_{\text{w,z}}^2} = \sqrt{5{,}88^2 + 7{,}32^2} = 9{,}34 \text{ kN/cm}^2$$

$$\frac{\sigma_{\text{w,Ed}}}{f_{\text{vw,d}}} = \frac{9{,}39}{20{,}8} = 0{,}45 \le 1{,}0$$

Schnitt I:

$V_{\text{Ed}} = 163$ kN $\quad M_{\text{Ed}} = 548$ kNcm

$l_{\text{eff}} = 16{,}0$ cm $\qquad a = 0{,}4$ cm

$$W = \frac{1}{6} \cdot 2 \cdot a \cdot l_{\text{eff}}^2 = \frac{1}{6} \cdot 2 \cdot 0{,}4 \cdot 16{,}0^2 = 34{,}1 \text{ cm}^3$$

$$\sigma_{\text{w}} = \frac{M_{\text{Ed}}}{W} = \frac{548}{34{,}1} = 16{,}1 \text{ kN/cm}^2$$

$$\tau_{\text{z,w}} = \frac{V_{\text{Ed}}}{A} = \frac{163}{2 \cdot 0{,}4 \cdot 16} = 12{,}7 \text{ kN/cm}^2$$

$$\sigma_{\text{w,Ed}} = \sqrt{\sigma_{\text{w}}^2 + \tau_{\text{w,y}}^2 + \tau_{\text{w,z}}^2} = \sqrt{16{,}1^2 + 12{,}7^2} = 20{,}5 \text{ kN/cm}^2$$

$$\frac{\sigma_{\text{w,Ed}}}{f_{\text{vw,d}}} = \frac{20{,}5}{20{,}8} = 0{,}99 \le 1{,}0$$

4 Rippen und rippenlose Krafteinleitung

4.1 Problemstellung

Zur Erläuterung des vorliegenden Problems dient das in Abb. 4.1 dargestellte zentrierte Auflager.

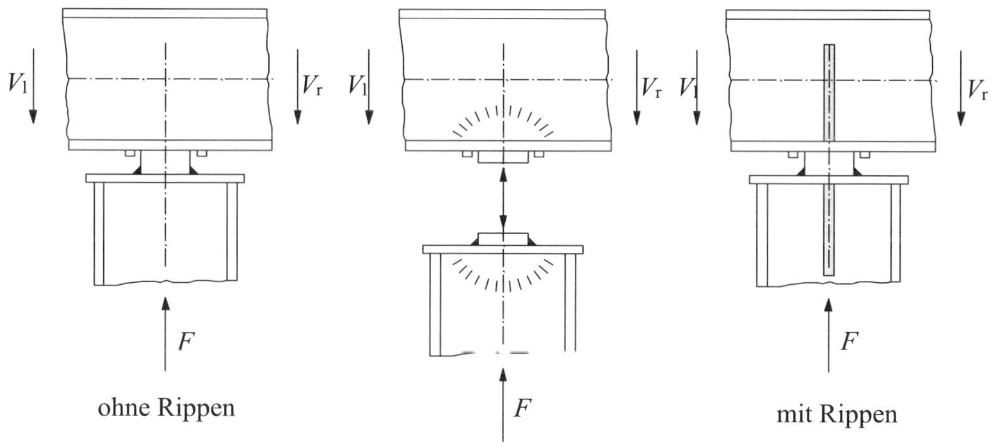

Abb. 4.1 Krafteinleitung eines zentrierten Auflagers

Bei stark belasteten zentrierten Auflagern werden die Stege örtlich hoch beansprucht. Es entstehen Spannungen σ_z im Steg. Falls die Grenzkraft F_{Rd} des Steges überschritten wird, sind zusätzliche Aussteifungen erforderlich, die hier als Rippen bezeichnet werden. Aus Kostengründen versucht man aber, diese Rippen zu vermeiden.

Zunächst muss die Konstruktion dahingehend überprüft werden, ob Rippen erforderlich sind,

– um quer zur Stegebene wirkende Lasten weiterzuleiten,

– um eine ausreichende Stabilität zu erhalten oder

– um ein Gabellager für die Stütze oder den Träger zu realisieren.

In Abb. 4.2 ist eine Giebelwandstütze dargestellt, die eine Belastung aus Wind über einen Riegel in den Dachverband einleitet, der das obere Auflager darstellt. Die Querkräfte und Biegemomente müssen über den Steg unter Berücksichtigung einer mitwirkenden Breite weitergeleitet werden. Dies ist bei den kleinen Querschnittswerten des Steges oft nicht möglich. Deshalb werden Rippen, falls erforderlich, angeordnet, um diese Schnittgrößen aufnehmen zu können.

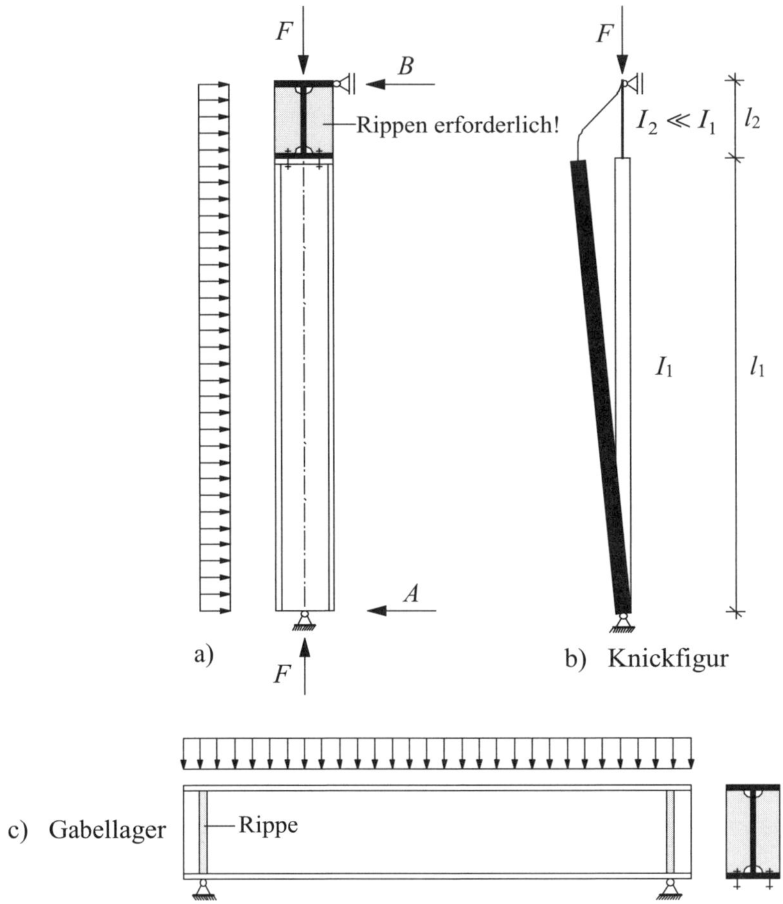

Abb. 4.2 Rippen in einer Konstruktion

In Abb. 4.2 c) ist ein Biegeträger dargestellt. Ist der Druckgurt des Trägers nicht gegen Ausweichen senkrecht zur Biegeebene gehalten, muss an der Auflagerung ein Gabellager ausgebildet werden. Die Konstruktion soll die Verdrehung verhindern und ein Torsionsmoment in die Unterkonstruktion weiterleiten können. Rippen mit einer geschraubten Lagerung oder genügend breiten Auflagerung stellen ein Gabellager dar.

Ein weiteres Beispiel ist die Stabilität der Konstruktion, wenn über dünne Stege Normalkräfte weitergeleitet werden müssen. Das dargestellte Beispiel knickt quer zur Stegebene schon unter einer geringen Normalkraft aus. Mit dem Programm GWSTATIK wurden die Knicklasten des folgenden typischen Beispiels nach Abb. 4.2 b) für das Verhältnis $I_2 : I_1$ ermittelt.

Werkstoff: S 235

Profil: HEA 160

Abmessungen nach Abb. 4.2 b): $l_1 = 4{,}00$ m; $l_2 = 0{,}30$ m

Querschnittswerte: $I_1 = 1670\ \text{cm}^4$

Tabelle 4.1 Vergleich von Knicklasten von Stäben mit bereichsweise kleinen Trägheitsmomenten

Nr	I_2 cm^4		N_{cr} kN
1	I_1	1670	1872
2	$I_1/10$	167	1829
3	$I_1/100$	16,7	907
4	$I_1/1000$	1,67	101

Rippen mit der Dicke $d = 10$ mm und einer Gesamtlänge von $h = 150$ mm am Stabende ergeben:

$$I = d \cdot \frac{h^3}{12} = 1{,}0 \cdot \frac{15^3}{12} = 281\ \text{cm}^4$$

Die Knicklast wird in diesem Fall dann kaum verringert.

4.2 Rippenlose Krafteinleitung

Die Beanspruchbarkeit bei Querbelastung eines Trägersteges ist in (1-5, 6) geregelt. Dabei wird vorausgesetzt, dass die Querlasten über die Flansche des gewalzten oder geschweißten Trägers eingeleitet werden und die Flansche infolge ihrer eigenen Querbiegesteifigkeit oder durch Verbände seitlich gehalten werden.

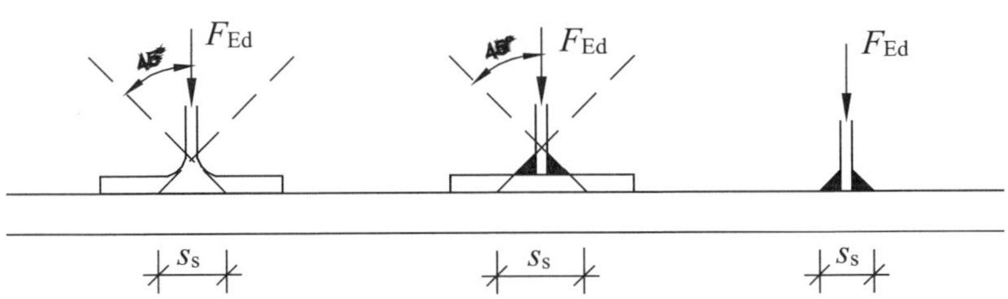

Abb. 4.3 Länge der starren Lasteinleitung

Ausgehend von der Zentrierleiste mit der starren Lasteinleitung s_s wird die wirksame Lastausbreitungslänge L_{eff} berechnet. Die starre Lasteinleitung s_s ist die Länge, über die die Querlast eingeleitet wird. Diese kann über einen Lastausbreitungswinkel 1:1 berechnet werden, s. Abb. 4.3.
Weiterhin ist zu unterscheiden, ob der Steg unter Querlasten ausbeult. Dies ist von der Stegschlankheit $\overline{\lambda}_F$ abhängig.

$\bar{\lambda}_F \leq 0{,}5$ kein Stegbeulen $\gamma_M = \gamma_{M0}$

$\bar{\lambda}_F > 0{,}5$ Stegbeulen $\gamma_M = \gamma_{M1}$

Liegt Stegbeulen vor, ist der zugehörige Abminderungsfaktor χ_F zu berücksichtigen.

Bemessungswert der Beanspruchbarkeit

Allgemein gilt für das beulgefährdete Stegblech unter der Querbelastung

$$F_{Rd} = \frac{f_{yw} \cdot L_{eff} \cdot t_w}{\gamma_{M1}} \tag{4.1}$$

mit $L_{eff} = \chi_F \cdot l_y$ (4.2)

t_w die Stegblechdicke

f_{yw} die Streckgrenze des Stegbleches

l_y die wirksame Lastausbreitungslänge ohne Stegbeulen

χ_F Abminderungsfaktor infolge Stegbeulen bei Querlasten

Der Nachweis lautet:

$$\frac{F_{Ed}}{F_{Rd}} \leq 1 \tag{4.3}$$

Abminderungsfaktor χ_F für die wirksame Lastausbreitungslänge

Der Abminderungsfaktor χ_F und die Verzweigungslast F_{cr} lauten:

$$\chi_F = \frac{0{,}5}{\bar{\lambda}_F} \leq 1{,}0 \tag{4.4}$$

mit $\bar{\lambda}_F = \sqrt{\frac{l_y \cdot t_w \cdot f_{yw}}{F_{cr}}}$ (4.5)

$$F_{cr} = 0{,}9 \cdot k_F \cdot E \cdot \frac{t_w^3}{h_w} \tag{4.6}$$

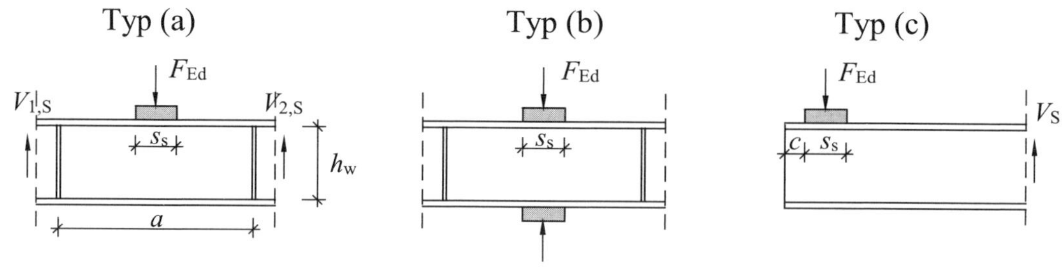

$k_F = 6 + 2 \cdot \left(\frac{h_w}{a}\right)^2$ $\quad k_F = 3{,}5 + 2 \cdot \left(\frac{h_w}{a}\right)^2$ $\quad k_F = 2 + 6 \cdot \left(\frac{s_s + c}{h_w}\right) \leq 6$

Abb. 4.4 Beulwerte für verschiedene Arten der Lasteinleitung

Der Faktor k_F ist in Abb. 4.4 angegeben. Für Stege mit Längssteifen ist (1-5/NA, NDP zu 6.4(2) Anmerkung) zu beachten.

Für $\overline{\lambda}_F \leq 0{,}5$ tritt kein Stegbeulen auf. Dann gilt für die wirksame Lastausbreitungslänge l_y folgende Bedingung:

$$l_y \leq 0{,}225 \cdot k_F \cdot \frac{E \cdot t_w^2}{f_{yw} \cdot h_w} \tag{4.7}$$

Daraus folgt auf der sicheren Seite für Typ (a), Typ (b)und Typ (c):

	Werkstoff S 235	Werkstoff S 355
Typ (a)	$l_y \leq 1206 \cdot \frac{t_w^2}{h_w}$ in cm	$l_y \leq 799 \cdot \frac{t_w^2}{h_w}$ in cm
Typ (b)	$l_y \leq 704 \cdot \frac{t_w^2}{h_w}$ in cm	$l_y \leq 466 \cdot \frac{t_w^2}{h_w}$ in cm
Typ (c)	$l_y \leq 402 \cdot \frac{t_w^2}{h_w}$ in cm	$l_y \leq 266 \cdot \frac{t_w^2}{h_w}$ in cm

Wirksame Lastausbreitungslänge l_y

Die wirksame Lastausbreitungslänge l_y ohne Stegbeulen wird mit den folgenden dimensionslosen Parametern m_1 und m_2 berechnet:

$$m_1 = \frac{f_{yb} \cdot b_f}{f_{yw} \cdot t_w} \tag{4.8}$$

$$m_2 = 0{,}02 \cdot \left(\frac{h_w}{t_f}\right)^2 \quad \text{für} \quad \overline{\lambda}_F > 0{,}5 \tag{4.9}$$

$$m_2 = 0 \qquad \text{für } \overline{\lambda}_F \leq 0{,}5$$

Wirksame Lastausbreitungslänge l_y für Typ (a) und Typ (b):

$$l_y = s_s + 2 \cdot t_f \cdot \left(1 + \sqrt{m_1 + m_2}\right) \quad \text{mit } l_y \leq a \text{ (Quersteifenabstand)} \tag{4.10}$$

Wirksame Lastausbreitungslänge l_y für Typ (c) folgt aus dem kleinsten Wert von Gleichung (4.10), (4.11) und (4.12):

$$l_y = l_e + t_f \cdot \sqrt{\frac{m_1}{2} + \left(\frac{l_e}{t_f}\right)^2 + m_2} \tag{4.11}$$

$$l_y = l_e + t_f \cdot \sqrt{m_1 + m_2} \tag{4.12}$$

mit $l_e = \dfrac{k_F \cdot E \cdot t_w^2}{2 \cdot f_{yw} \cdot h_w} \leq s_s + c$

Interaktion mit Biegemoment und Normalkraft

Bei gemeinsamer Wirkung von Querlasten, Biegemoment und Normalkraft ist für das beulgefährdete Stegblech zusätzlich folgende Interaktionsbeziehung zu prüfen:

$$\eta_2 + 0{,}8 \cdot \eta_1 \leq 1{,}4 \tag{4.13}$$

mit $\eta_2 = \dfrac{F_{\text{Ed}}}{F_{\text{Rd}}}$ und η_1 nach (1-5, 4.6)

Ist das Stegblech nicht beulgefährdet, ist der Nachweis für die Vergleichsspannung aus der Normalspannung σ_x infolge Biegung und Normalkraft und der Normalspannung σ_z aus der Querlast zu führen.

$$\sigma_V = \sqrt{\sigma_x^2 + \sigma_z^2 - \sigma_x \cdot \sigma_z + 3 \cdot \tau^2} \leq \sigma_{\text{Rd}} \qquad \text{mit} \quad \gamma_M = \gamma_{M0} \tag{4.14}$$

$$\sigma_z = \frac{F_{\text{Ed}}}{l_y \cdot t_w} \tag{4.15}$$

Die Interaktion ist nur zu berücksichtigen, wenn die Vorzeichen von σ_x und σ_z unterschiedlich sind.

Träger auf Träger

Lagert ein Träger auf einem Träger, wird die Lasteinleitung s_s berechnet. Dabei ist zu beachten, dass der obere Träger 1 den unteren Träger 2 und umgekehrt belastet. Bei der Lagerung „Träger auf Träger" erhält man i. Allg. sehr große Grenzkräfte. Deshalb kann auf einen Nachweis wie z. B. bei Pfettenauflagerungen oft verzichtet werden.

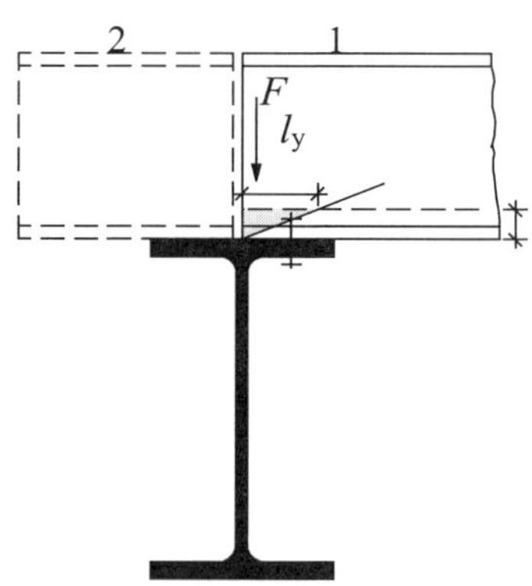

Abb. 4.5 Lagerung eines Trägerendes

Endet, wie in Abb. 4.5 dargestellt, ein einzelner Träger genau über der Stegmitte des anderen Trägers, kann sich Lasteinleitung s_s nicht ausbilden. Für den Nachweis des Trägers 1 gilt $s_s = 0$. Dies gilt auch für einen möglichen zweiten

Träger, wenn dessen Auflagerkraft ≈ 0 ist. Auch für einen Träger 2 mit $A \neq 0$ rechnet man vorsichtig mit $s_s = 0$.

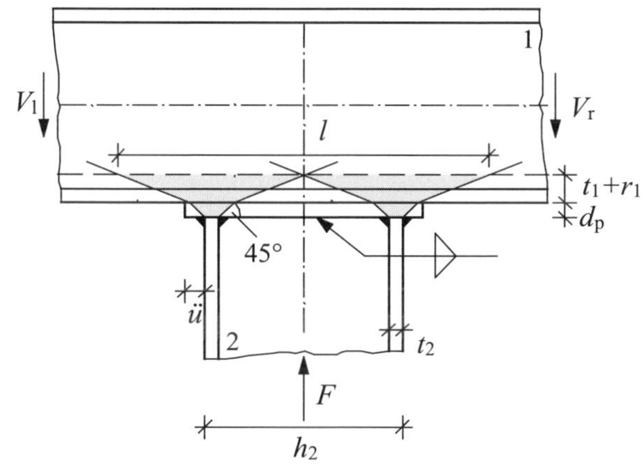

Abb. 4.6 Lagerung eines Trägers auf einer Stütze

Lagert ein Träger 1 auf einer Stütze 2 wie in Abb. 4.6, dann wird die Auflagerkraft F über den Steg und die Flansche der Stütze übertragen. Vom Flansch der Stütze wird eine Lastverteilung von 45° in der Stirnplatte angenommen, aber nicht größer als der Überstand $ü$ der Platte.

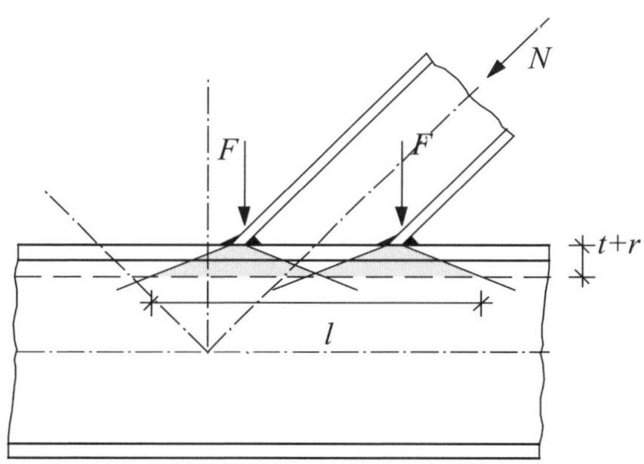

Abb. 4.7 Krafteinleitung bei Fachwerken

Bei schrägen Anschlüssen, wie sie bei Fachwerken vorkommen, wird die Stegbelastung mit der senkrechten Komponente zum Flansch gerechnet, s. Abb. 4.7.

Lastangriff an Platten

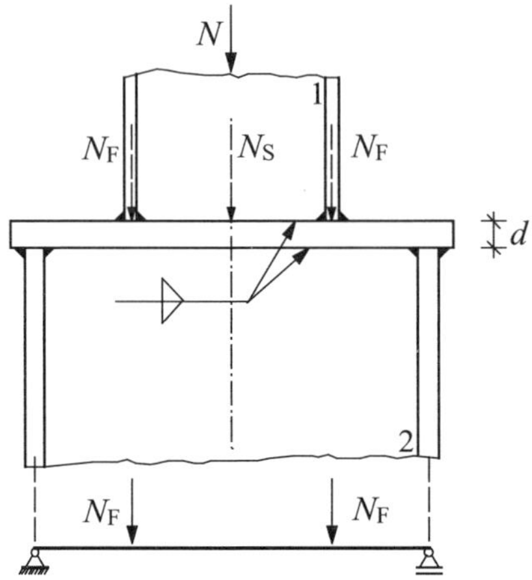

Abb. 4.8 Krafteinleitung bei Platten

Bei dem Stützenstoß nach Abb. 4.8 fehlen die lastverteilenden Ausrundungen. Die Normalkraft im Steg der Stütze 1 wird direkt in den unteren Steg eingeleitet, wenn die Querschnittsflächen übereinanderstehen. Dabei darf die Grenztragfähigkeit des Stegbereiches der Stütze 1 bis an den Rand der Flansche voll ausgenutzt werden. Die restliche Kraft wird durch Biegung in der Platte übertragen. Es wird die zugehörige Plattendicke mit den Schnittgrößen aus einfachen Balkenmodellen ermittelt.

4.3 Rippen

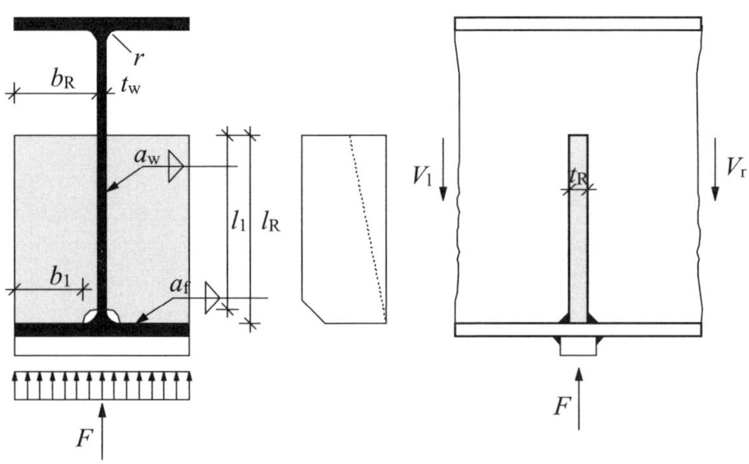

Abb. 4.9 Rippen zur Krafteinleitung

Falls der Nachweis der Grenzkraft F_{Rd} des Steges nicht eingehalten ist, sind Rippen zur Krafteinleitung notwendig. Die Rippen werden paarweise angeordnet und mit Kehlnähten am Flansch und Steg angeschweißt. Wegen der Hohlkehle des Walzprofils oder vorhandener Schweißnähte bei geschweißten Querschnitten wird die Ecke ausgerundet oder schräg abgeschnitten.

Durch die Anordnung von Rippen ändern sich die Steifigkeitsverhältnisse im Krafteinleitungsbereich. Ein kleinerer Anteil der Kraft wird über die mittragende Breite durch Spannungen σ_z übertragen. Der größte Anteil wird über die Flanschnähte in die Rippe und über die Stegnähte durch Schubspannungen in den Steg des Querschnittes eingeleitet.

Breite der Rippe
Die Breite b_R der Rippe wird konstruktiv gewählt.

Länge der Rippe

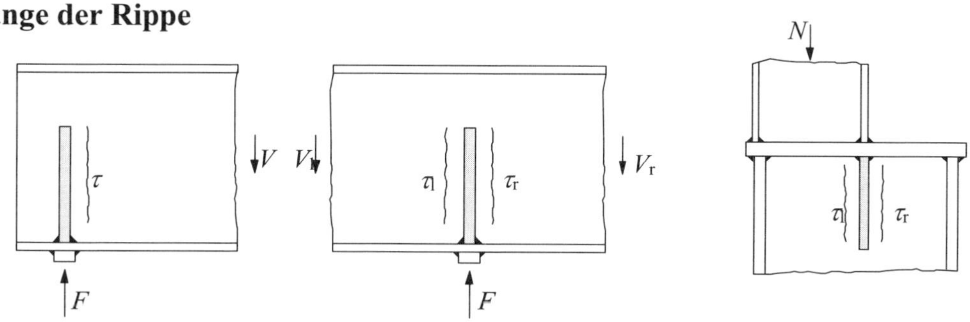

Abb. 4.10 Schubspannung neben der Naht

Die Länge l_R der Rippe folgt aus dem Nachweis der Schubspannungen neben der Naht im Steg des Querschnittes. Dabei muss man den Querkraftverlauf durch die örtliche Krafteinleitung beachten. Der Nachweis lautet:

$$\tau = \frac{\max V}{t_w \cdot l_1} \leq \tau_{Rd} \quad \text{mit } \gamma_M = \gamma_{M0} \tag{4.16}$$

Rippendicke und Schweißnähte
Bei Rippen für Walzprofile kann angenommen werden, dass der Teil der Kraft im Ausrundungsbereich direkt in den Steg eingeleitet wird. Es gilt:

$$F_R = \frac{F}{2} \cdot \frac{b - 2 \cdot r - t_w}{b} \tag{4.17}$$

In anderen Fällen ohne günstig wirkende Ausrundung rechnet man:

$$F_R = \frac{F}{2} \tag{4.18}$$

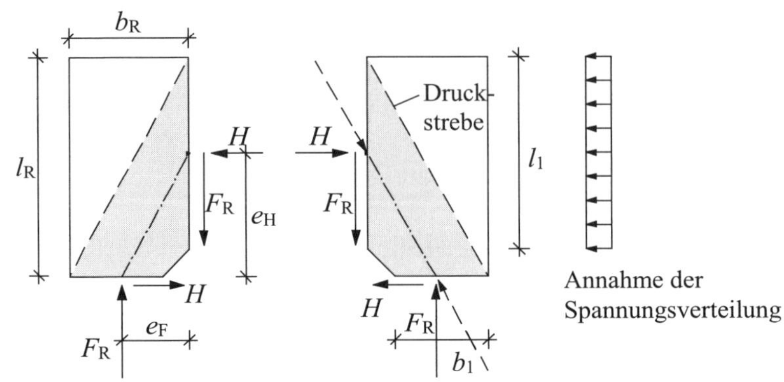

Abb. 4.11 Gleichgewicht an der Rippe

Da die Kraft F_R nur durch die Schweißnähte am Steg aufgenommen werden kann, entsteht aus Gleichgewichtsgründen an einer Rippe das Moment

$$M = F_R \cdot e_F \text{ mit } e_F = b_R - \frac{b_1}{2} \tag{4.19}$$

Dieses Moment kann durch ein Kräftepaar aufgenommen werden, da die Rippen sich gegenseitig abstützen. Für die Verteilung der Spannungen am Steg wird ein konstanter Verlauf angenommen. Die Berechnung der Rippe mit der Annahme $\sigma = \tau = \text{const.}$ ist besonders einfach.

$$H = F_R \cdot \frac{e_F}{e_H} \text{ mit } e_H = l_R - \frac{l_1}{2} \tag{4.20}$$

Die Kräfte F_R und H greifen im Schwerpunkt des Linienquerschnittes der Schweißverbindung am Flansch und Steg an. Die Resultierende lautet:

$$S = \sqrt{F_R^2 + H^2} \tag{4.21}$$

Es gelten folgende Nachweise:
Schweißnähte am Flansch:

$$\sigma_{w,Ed} = \frac{S}{2 \cdot a_f \cdot b_1} \leq f_{vw,d} \tag{4.22}$$

Schweißnähte am Steg:

$$\sigma_{w,Ed} = \frac{S}{2 \cdot a_w \cdot l_1} \leq f_{vw,d} \tag{4.23}$$

Rippe am Flansch: (4.24)

$$\sigma = \frac{F_R}{t_R \cdot b_1}$$

$$\tau = \frac{H}{t_R \cdot b_1}$$

$$\sigma_V = \sqrt{\sigma^2 + 3 \cdot \tau^2} \le \sigma_{Rd} \quad \text{mit } \gamma_M = \gamma_{M0}$$

I. Allg. ist für die Rippe der Nachweis am Flansch maßgebend, da meist $b_1 < l_1$ ist. Sonst gilt für den Nachweis der Rippe am Steg entsprechend: (4.25)

$$\sigma = \frac{H}{t_R \cdot l_1}$$

$$\tau = \frac{F_R}{t_R \cdot l_1}$$

$$\sigma_V = \sqrt{\sigma^2 + 3 \cdot \tau^2} \le \sigma_{Rd} \quad \text{mit } \gamma_M = \gamma_{M0}$$

Die Nachweise können in Bemessungsformeln für die Schweißnähte a_f und a_w sowie die Rippendicke d umgeformt werden, s. Beispiel 4.4.5.
Zu dünne Rippen können ausbeulen. Die Druckstrebe ist deshalb vereinfacht als Druckstab oder über max c/t nachzuweisen.

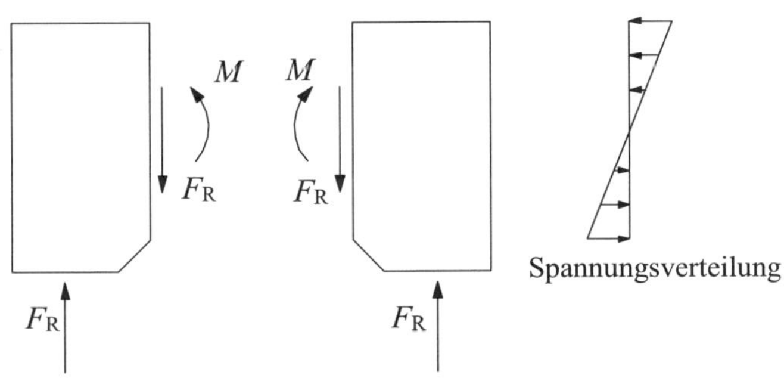

Abb. 4.12 Gleichgewicht an der Rippe mit Kontakt am Flansch

Bei Konstruktionen, die auf Ermüdung zu untersuchen sind, erfolgt die Krafteinleitung am Flansch in manchen Fällen durch Kontakt, um einen ungünstigen Kerbfall zu vermeiden, s. Abschnitt Ermüdung.

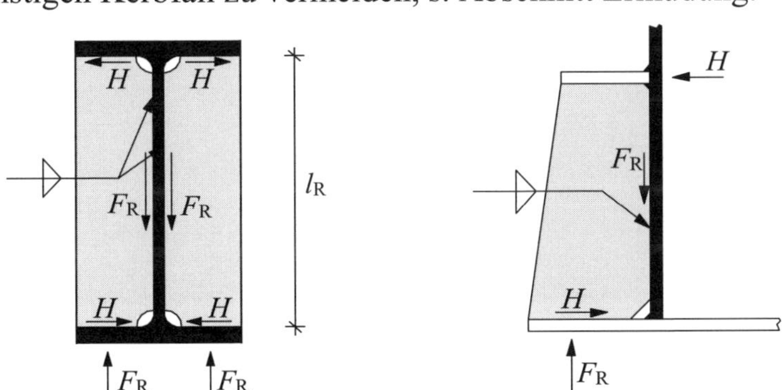

Abb. 4.13 Rippe mit Schweißnähten an beiden Flanschen

Dann wird das Moment M durch Biegespannungen am Steg aufgenommen. Im Druckbereich ist max c/t der Rippe nachzuweisen.
Bei Rippen, die an beiden Flanschen des Querschnittes angeschweißt sind, wird das Moment M als Kräftepaar an den Flanschen aufgenommen. Es gilt:

$$e_H = l_R \quad (4.26)$$

Bei einseitig angeordneten Rippen, wie sie z. B. bei Hohlprofilkonstruktionen auftreten können, ist eine gegenseitige Abstützung nicht möglich. Dann muss ein oberes Lager für die Rippe durch eine Steife wie in Abb. 4.13 vorgesehen werden, wenn die Rohrwandung die Beanspruchung nicht durch Biegung aufnehmen kann.

4.4 Beispiele

Beispiel 4.4.1: Zwischenauflager mit Zentrierleiste

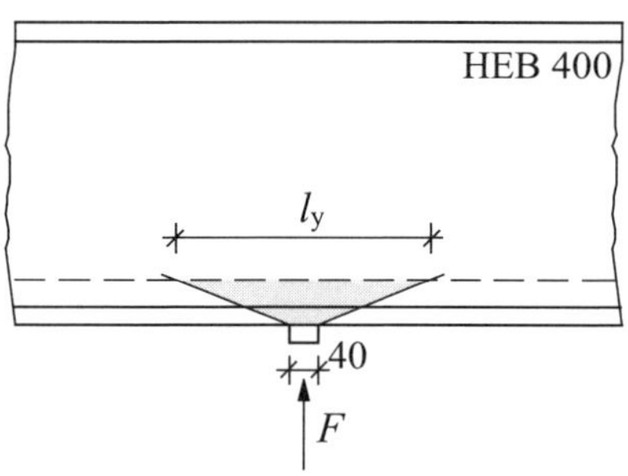

Werkstoff: S 235
Annahme: kein Stegbeulen
$\gamma_M = \gamma_{M0}$
Nachweisverfahren: Elastisch-Plastisch
Beanspruchung des Profils: rippenlose Krafteinleitung
Auflagerkraft $F_{Ed} = 447$ kN
Vorzeichen von σ_x und σ_z sind gleich.
Profil: HEB 400
Zentrierleiste: $s_s = 40$ mm
Beanspruchbarkeit des Steges: $\sigma_{Rd} = 23{,}5$ kN/cm^2
Typ (a)
Querschnittswerte:

$$h = 400 \text{ mm};\ b_f = 300 \text{ mm};\ t_f = 24 \text{ mm};\ t_w = 13{,}5 \text{ mm};\ h_w = 352 \text{ mm}$$

$$m_1 = \frac{f_{yb} \cdot b_f}{f_{yw} \cdot t_w} = \frac{235 \cdot 300}{235 \cdot 13{,}5} = 22{,}2$$

$$m_2 = 0 \qquad \text{für } \overline{\lambda}_F \le 0{,}5$$

$$l_y = s_s + 2 \cdot t_f \cdot \left(1 + \sqrt{m_1 + m_2}\right) = 40 + 2 \cdot 24 \cdot \left(1 + \sqrt{22{,}2 + 0}\right) = 314 \text{ mm}$$

$$l_y = 31,4 \text{ cm} \le 1206 \cdot \frac{t_w^2}{h_w} = 1206 \cdot \frac{1,35^2}{35,2} = 62,4 \text{ cm}$$

Kein Stegbeulen:

$$F_{Rd} = l_y \cdot t_w \cdot \sigma_{Rd} = 31,4 \cdot 1,35 \cdot 23,5 = 996 \text{ kN}$$

$$\frac{F_{Ed}}{F_{Rd}} = \frac{447}{996} = 0,45 \le 1$$

Beispiel 4.4.2: Knaggenauflager

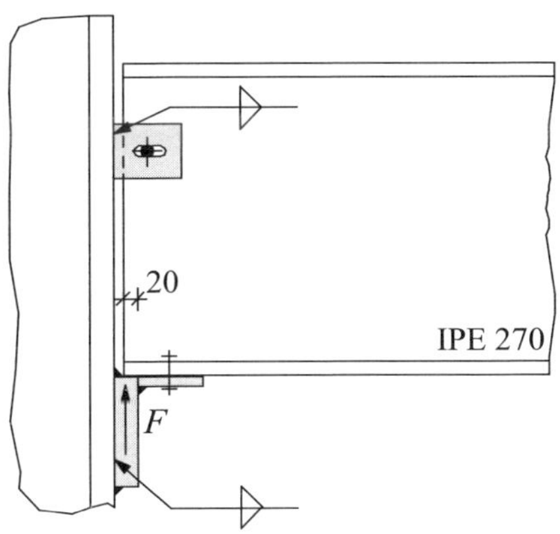

Werkstoff: S 235
Annahme: kein Stegbeulen
$\gamma_M = \gamma_{M0}$
Nachweisverfahren: Elastisch-Plastisch
Beanspruchung des Profils: rippenlose Krafteinleitung
Auflagerkraft $F_{Ed} = 75,5$ kN
Vorzeichen von σ_x und σ_z sind gleich.
Profil: IPE 270
Zentrierleiste: $s_s = 20$ mm ; $c = 0$ mm
Beanspruchbarkeit des Steges: $\sigma_{Rd} = 23,5$ kN/cm^2
<u>Nachweis des Stegbereiches Typ (c)</u>
Querschnittswerte:

$$h = 270 \text{ mm};\ b_f = 135 \text{ mm};\ t_f = 10,2 \text{ mm};\ t_w = 6,6 \text{ mm};\ h_w = 250 \text{ mm}$$

$$m_1 = \frac{f_{yb} \cdot b_f}{f_{yw} \cdot t_w} = \frac{235 \cdot 135}{235 \cdot 6,6} = 20,5$$

$$m_2 = 0 \qquad \text{für } \overline{\lambda}_F \le 0,5$$

$$k_F = 2 + 6 \cdot \left(\frac{s_s + c}{h_w} \right) = 2 + 6 \cdot \left(\frac{20 + c}{250} \right) = 2,48$$

$$l_e = \frac{k_F \cdot E \cdot t_w^2}{2 \cdot f_{yw} \cdot h_w} = \frac{2,48 \cdot 210\ 000 \cdot 6,6^2}{2 \cdot 235 \cdot 250} = 193 \text{ mm} \le s_s + c = 20 + 0 = 20 \text{ mm}$$

$$l_y = s_s + 2 \cdot t_f \cdot \left(1 + \sqrt{m_1 + m_2}\right) = 20 + 2 \cdot 10{,}2 \cdot \left(1 + \sqrt{20{,}5 + 0}\right) = 133 \text{ mm}$$

$$l_y = l_e + t_f \cdot \sqrt{\frac{m_1}{2} + \left(\frac{l_e}{t_f}\right)^2 + m_2} = 20 + 10{,}2 \cdot \sqrt{\frac{20{,}5}{2} + \left(\frac{20}{10{,}2}\right)^2 + 0} = 58{,}3 \text{ mm}$$

$$l_y = l_e + t_f \cdot \sqrt{m_1 + m_2} = 20 + 10{,}2 \cdot \sqrt{20{,}5 + 0} = 66{,}1 \text{ mm}$$

$$l_y = 5{,}83 \text{ cm} \le 402 \cdot \frac{t_w^2}{h_w} = 402 \cdot \frac{0{,}66^2}{25{,}0} = 7{,}00 \text{ cm}$$

Kein Stegbeulen:

$$F_{Rd} = l_y \cdot t_w \cdot \sigma_{Rd} = 5{,}83 \cdot 0{,}66 \cdot 23{,}5 = 90{,}4 \text{ kN}$$

$$\frac{F_{Ed}}{F_{Rd}} = \frac{75{,}5}{90{,}4} = 0{,}84 \le 1$$

Beispiel 4.4.3: Träger auf Träger

Werkstoff: S 235 Annahme: kein Stegbeulen

$\gamma_M = \gamma_{M0}$

Nachweisverfahren: Elastisch-Plastisch

Beanspruchung des Profils: rippenlose Krafteinleitung

Auflagerkraft $F_{Ed} = 130$ kN

Vorzeichen von σ_x und σ_z sind gleich.

Beanspruchbarkeit des Steges: $\sigma_{Rd} = 21{,}4$ kN/cm^2

Profil Träger 1: IPE 220 Profil Träger 2: IPE 300

Träger 1 IPE 220: Nachweis des Stegbereiches Typ (a)

Die starre Lasteinleitung folgt aus dem Träger 2 IPE 300

$$t_w = 7{,}1 \text{ mm};\ r = 15 \text{ mm};\ t_f = 10{,}7 \text{ mm}$$

$$s_s = t_w + 1{,}17 \cdot r + 2 \cdot t_f = 7{,}1 + 1{,}17 \cdot 15 + 2 \cdot 10{,}7 = 46{,}1 \text{ mm}$$

Querschnittswerte Träger 1 IPE 220:

$$h = 220 \text{ mm};\ b_f = 110 \text{ mm};\ t_f = 9{,}2 \text{ mm};\ t_w = 5{,}9 \text{ mm};\ h_w = 202 \text{ mm}$$

$$m_1 = \frac{f_{yb} \cdot b_f}{f_{yw} \cdot t_w} = \frac{235 \cdot 110}{235 \cdot 5{,}9} = 18{,}6$$

$$m_2 = 0 \qquad \text{für } \bar{\lambda}_F \le 0{,}5$$

$$l_y = s_s + 2 \cdot t_f \cdot \left(1 + \sqrt{m_1 + m_2}\right) = 46{,}1 + 2 \cdot 9{,}2 \cdot \left(1 + \sqrt{18{,}6 + 0}\right) = 144 \text{ mm}$$

$$l_y = 14{,}4 \text{ cm} \le 1206 \cdot \frac{t_w^2}{h_w} = 1206 \cdot \frac{0{,}59^2}{20{,}2} = 20{,}8 \text{ cm}$$

Kein Stegbeulen:

$$F_{Rd} = l_y \cdot t_w \cdot \sigma_{Rd} = 14{,}4 \cdot 0{,}59 \cdot 23{,}5 = 200 \text{ kN}$$

$$\frac{F_{Ed}}{F_{Rd}} = \frac{130}{200} = 0{,}65 \le 1$$

Träger 2 IPE 300: Nachweis des Stegbereiches

Vorzeichen von σ_x und σ_z sind verschieden.

Die starre Lasteinleitung folgt aus dem Träger 1 IPE 220

$t_w = 5,9$ mm; $r = 12$ mm; $t_f = 9,2$ mm

$s_s = t_w + 1,17 \cdot r + 2 \cdot t_f = 5,9 + 1,17 \cdot 12 + 2 \cdot 9,2 = 38,3$ mm

Querschnittswerte Träger 1 IPE 300:

$h = 300$ mm; $b_f = 150$ mm; $t_f = 10,7$ mm; $t_w = 7,1$ mm; $h_w = 279$ mm

$$m_1 = \frac{f_{yb} \cdot b_f}{f_{yw} \cdot t_w} = \frac{235 \cdot 150}{235 \cdot 7,1} = 21,1$$

$$m_2 = 0 \qquad \text{für } \bar{\lambda}_F \le 0,5$$

$$l_y = s_s + 2 \cdot t_f \cdot \left(1 + \sqrt{m_1 + m_2}\right) = 38,3 + 2 \cdot 10,7 \cdot \left(1 + \sqrt{21,1 + 0}\right) = 158 \text{ mm}$$

$$l_y = 15,8 \text{ cm} \le 1206 \cdot \frac{t_w^2}{h_w} = 1206 \cdot \frac{0,71^2}{27,9} = 21,8 \text{ cm}$$

Kein Stegbeulen:

$$F_{Rd} = l_y \cdot t_w \cdot \sigma_{Rd} = 15,8 \cdot 0,71 \cdot 23,5 = 264 \text{ kN}$$

$$\frac{F_{Ed}}{F_{Rd}} = \frac{130}{264} = 0,49 \le 1$$

Nachweis der Vergleichspannung:

$\sigma_x = +13,8$ kN/cm² aus Berechnung, hier angenommen.

$$\sigma_z = \frac{F_{Ed}}{l_y \cdot t_w} = -\frac{130}{15,8 \cdot 0,71} = -13,4 \text{ kN/cm}^2$$

$$\sigma_V = \sqrt{\sigma_x^2 + \sigma_z^2 - \sigma_x \cdot \sigma_z} =$$

$$\sqrt{13,8^2 + 13,4^2 + 13,8 \cdot 13,4} = 23,6 \text{ kN/cm}^2 \approx \sigma_{Rd} = 23,5 \text{ kN/cm}^2$$

Beispiel 4.4.4: Lastangriff an Platten bei einem Stützenstoß

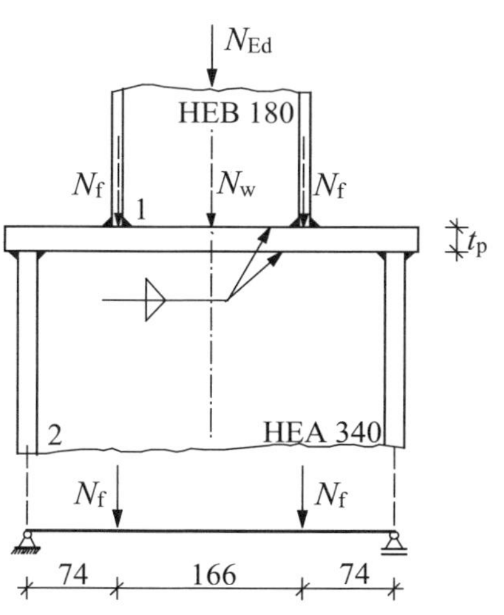

Werkstoff: S 235

$\gamma_M = \gamma_{M0}$

Nachweisverfahren: Elastisch-Plastisch
Beanspruchung des Profils: rippenlose Krafteinleitung
Normalkraft $N_{\text{Ed}} = 1020 \text{ kN}$

Beanspruchbarkeit des Bauteils: $\sigma_{\text{Rd}} = 23{,}5 \text{ kN/cm}^2$
Profil Stütze 1: HEB 180
Profil Stütze 2: HEA 340
Querschnittswerte Stütze 1:

$$h_1 = 180 \text{ mm};\ t_{\text{f},1} = 14 \text{ mm};\ t_{\text{w},1} = 8{,}5 \text{ mm}$$

Querschnittswerte Stütze 2:

$$h_2 = 330 \text{ mm};\ t_{\text{f},2} = 16{,}5 \text{ mm};\ t_{\text{w},2} = 9{,}5 \text{ mm}$$

Ohne Plattenbiegung wird in den aufeinanderstehenden Stegflächen folgende Kraft übertragen:

$$N_{\text{S}} = h_1 \cdot t_{\text{w},1} \cdot \sigma_{\text{Rd}} = 18{,}0 \cdot 0{,}85 \cdot 23{,}5 = 359 \text{ kN}$$

$$N_{\text{f}} = \frac{1}{2}\left(N_{\text{Ed}} - N_{\text{w}}\right) = \frac{1}{2}(1020 - 359) = 331 \text{ kN}$$

Für die Berechnung der Beanspruchung der Platte wird vereinfacht ein Balkenmodell angenommen, das sich am freien Rand der Platte näherungsweise einstellt. Dabei wird für die Breite b der Platte die Breite der Stütze 2 gewählt.
Berechnung der maßgebenden Schnittgrößen:

$$A = V_{\text{Ed}} = 331 \text{ kN}$$

$$M_{\text{Ed}} = 331 \cdot 7{,}4 = 2449 \text{ kNcm}$$

Die Bemessung und der Nachweis der Platte erfolgt wie in (Band 1 Kapitel 2.4.2).

Nachweisverfahren Elastisch-Plastisch

$$t_{\text{p}} \geq \sqrt{\frac{4 \cdot M_{\text{Ed}}}{b \cdot \sigma_{\text{Rd}}}} = \sqrt{\frac{4 \cdot 2449}{32{,}0 \cdot 23{,}5}} = 3{,}61 \text{ cm}$$

gewählt: $t_{\text{p}} = 40 \text{ mm}$

$$M_{\text{pl,Rd}} = \frac{b \cdot t_{\text{p}}^2}{4} \cdot \sigma_{\text{Rd}} = \frac{32{,}0 \cdot 4{,}0^2}{4} \cdot 23{,}5 = 3008 \text{ kNcm}$$

$$V_{\text{pl,Rd}} = b \cdot t_{\text{p}} \cdot \tau_{\text{Rd}} = 32{,}0 \cdot 4 \cdot 13{,}6 = 1741 \text{ kN}$$

$$\left(\frac{M_{\text{Ed}}}{M_{\text{pl,Rd}}}\right)^2 + \left(\frac{V_{\text{Ed}}}{V_{\text{pl,Rd}}}\right)^2 = \left(\frac{2449}{3008}\right)^2 + \left(\frac{331}{1741}\right)^2 = 0{,}70 \leq 1$$

Beispiel 4.4.5: Bemessung und Nachweis einer Rippe

In diesem Beispiel werden die Gleichungen für den Nachweis der Rippe in die Bemessungsform umgestellt. Daher ist kein zusätzlicher Nachweis erforderlich.
Werkstoff: S 235
Annahme: kein Stegbeulen
$\gamma_{\text{M}} = \gamma_{\text{M0}}$
Nachweisverfahren: Elastisch-Plastisch
Beanspruchung des Profils: Krafteinleitung

Auflagerkraft $F_{Ed} = 750$ kN

Profil: IPE 500

Zentrierleiste: $s_s = 40$ mm

Beanspruchbarkeit des Steges: $\sigma_{Rd} = 23{,}5$ kN/cm^2

Nachweis des Stegbereiches

Sind Rippen erforderlich?

Querschnittswerte:

$$h = 500 \text{ mm};\ b_f = 200 \text{ mm};\ t_f = 16 \text{ mm};\ t_w = 10{,}2 \text{ mm};\ h_w = 468 \text{ mm}$$

$$m_1 = \frac{f_{yb} \cdot b_f}{f_{yw} \cdot t_w} = \frac{235 \cdot 200}{235 \cdot 10{,}2} = 19{,}6$$

$$m_2 = 0 \qquad \text{für } \overline{\lambda}_F \le 0{,}5$$

$$l_y = s_s + 2 \cdot t_f \cdot \left(1 + \sqrt{m_1 + m_2}\right) = 40 + 2 \cdot 16 \cdot \left(1 + \sqrt{19{,}6 + 0}\right) = 214 \text{ mm}$$

$$l_y = 21{,}4 \text{ cm} \le 1206 \cdot \frac{t_w^2}{h_w} = 1206 \cdot \frac{1{,}02^2}{46{,}8} = 26{,}8 \text{ cm}$$

kein Stegbeulen

$$F_{Rd} = l_y \cdot t_w \cdot \sigma_{Rd} = 21{,}4 \cdot 1{,}02 \cdot 23{,}5 = 513 \text{ kN}$$

$$\frac{F_{Ed}}{F_{Rd}} = \frac{750}{513} = 1{,}46 > 1$$

Rippen sind erforderlich.

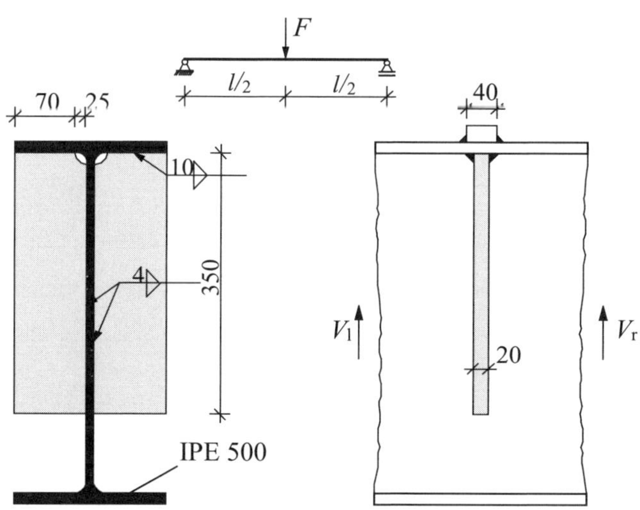

Querschnittswerte:

$$h = 500 \text{ mm};\ b = 200 \text{ mm};\ t = 16 \text{ mm};\ s = 10{,}2 \text{ mm};\ r = 21 \text{ mm}$$

Breite der Rippe

Die Breite b_R der Rippe wird konstruktiv gewählt.

Gewählt: $b_R = 95$ mm; $r_R = 25$ mm

Länge der Rippe

Da der Träger mittig belastet ist, gilt:

$$\max V = \frac{F_{\mathrm{Ed}}}{2} = \frac{750}{2} = 375\ \mathrm{kN}$$

$$\mathrm{erf}\ l_1 = \frac{\max V}{t_{\mathrm{w}} \cdot \tau_{\mathrm{Rd}}} = \frac{375}{1{,}02 \cdot 13{,}6} = 27{,}0\ \mathrm{cm}$$

$$\mathrm{erf}\ l_{\mathrm{R}} = \mathrm{erf}\ l_1 + r_{\mathrm{R}} = 270 + 25 = 295\ \mathrm{mm}$$

Gewählt: $l_{\mathrm{R}} = 350$ mm; $l_1 = 325$ mm; $b_1 = 70$ mm

Schnittgrößen der Rippe

$$F_{\mathrm{R}} = \frac{F}{2} \cdot \frac{b - 2 \cdot r - t_{\mathrm{w}}}{b} = \frac{750}{2} \cdot \frac{200 - 2 \cdot 21 - 10{,}2}{200} = 277\ \mathrm{kN}$$

$$e_{\mathrm{F}} = b_{\mathrm{R}} - \frac{b_1}{2} = 95 - \frac{70}{2} = 60\ \mathrm{mm} \qquad e_{\mathrm{H}} = l_{\mathrm{R}} - \frac{l_1}{2} = 350 - \frac{325}{2} = 188\ \mathrm{mm}$$

$$H = F_{\mathrm{R}} \cdot \frac{e_{\mathrm{F}}}{e_{\mathrm{H}}} = 277 \cdot \frac{60}{188} = 88{,}4\ \mathrm{kN} \qquad S = \sqrt{F_{\mathrm{R}}^2 + H^2} = \sqrt{277^2 + 88{,}4^2} = 291\ \mathrm{kN}$$

Schweißnähte

$$\mathrm{erf}\ a_{\mathrm{f}} = \frac{S}{2 \cdot b_1 \cdot f_{\mathrm{vw,d}}} = \frac{291}{2 \cdot 7{,}0 \cdot 20{,}8} = 1{,}00\ \mathrm{cm}$$

Gewählt: $a_{\mathrm{f}} = 10$ mm

$$\mathrm{erf}\ a_{\mathrm{w}} = \frac{S}{2 \cdot l_1 \cdot f_{\mathrm{vw,d}}} = \frac{291}{2 \cdot 32{,}5 \cdot 20{,}8} = 0{,}215\ \mathrm{cm}$$

Gewählt: $a_{\mathrm{w}} = 4$ mm

Rippendicke

Nachweis für $b_1 < l_1$

$$\mathrm{erf}\ t_{\mathrm{R}} = \frac{\sqrt{F_{\mathrm{R}}^2 + 3 \cdot H^2}}{b_1 \cdot \sigma_{\mathrm{Rd}}} = \frac{\sqrt{277^2 + 3 \cdot 88{,}4^2}}{7{,}0 \cdot 23{,}5} = 1{,}92\ \mathrm{cm}$$

Gewählt: $t_{\mathrm{R}} = 20$ mm

$$\sigma = \frac{F_{\mathrm{R}}}{t_{\mathrm{R}} \cdot b_1} = \frac{277}{2 \cdot 7{,}0} = 19{,}8\ \mathrm{kN/cm^2} \leq \sigma_{\mathrm{Rd}} = 23{,}5\ \mathrm{kN/cm^2}$$

$$\tau = \frac{H}{t_{\mathrm{R}} \cdot b_1} = \frac{88{,}4}{2 \cdot 7{,}0} = 6{,}31\ \mathrm{kN/cm^2} \leq \tau_{\mathrm{Rd}} = 13{,}6\ \mathrm{kN/cm^2}$$

Nachweis der Vergleichsspannung:

$$\sigma_{\mathrm{V}} = \sqrt{\sigma^2 + 3 \cdot \tau^2} = \sqrt{19{,}8^2 + 3 \cdot 6{,}31^2} = 22{,}6\ \mathrm{kN/cm^2} \leq \sigma_{\mathrm{Rd}} = 23{,}5\ \mathrm{kN/cm^2}$$

Konstruktive Grenzwerte:

$a_{\mathrm{f}} = 10$ mm $\quad t \geq 3$ mm $\quad \min a = 3$ mm bzw. $\min a = \sqrt{\max t} - 0{,}5 = \sqrt{20} - 0{,}5 = 3{,}97$ mm

$a_{\mathrm{w}} = 4$ mm $\quad t \geq 3$ mm $\quad \min a = 3$ mm bzw. $\min a = \sqrt{\max t} - 0{,}5 = \sqrt{20} - 0{,}5 = 3{,}97$ mm

Vereinfachter Beulnachweis

Der Nachweis erfolgt nach (Band1 Kapitel 4) für das Nachweisverfahren Elastisch-Plastisch. Für S 235 gilt:

$$\mathrm{vorh}\ b_{\mathrm{R}} / t_{\mathrm{R}} = 95/20 = 4{,}8 \leq \max\ b_{\mathrm{R}} / t_{\mathrm{R}} = 10$$

5 Gelenkige Anschlüsse

5.1 Tragwerksplanung

Bei der Planung von Stahltragwerken sind der gelenkige Anschluss und die gelenkige Auflagerung die wichtigsten Verbindungen zwischen verschiedenen Stahlbauteilen, da der gelenkige Anschluss wesentlich kostengünstiger ist als der biegesteife Anschluss. Über die Stabilisierung von Tragwerken sind die grundsätzlichen Anforderungen in (Band 1-11) angegeben.
Die Verbindung zwischen Beton und Stahlbauteilen wird im Abschnitt Stützenfüße behandelt.

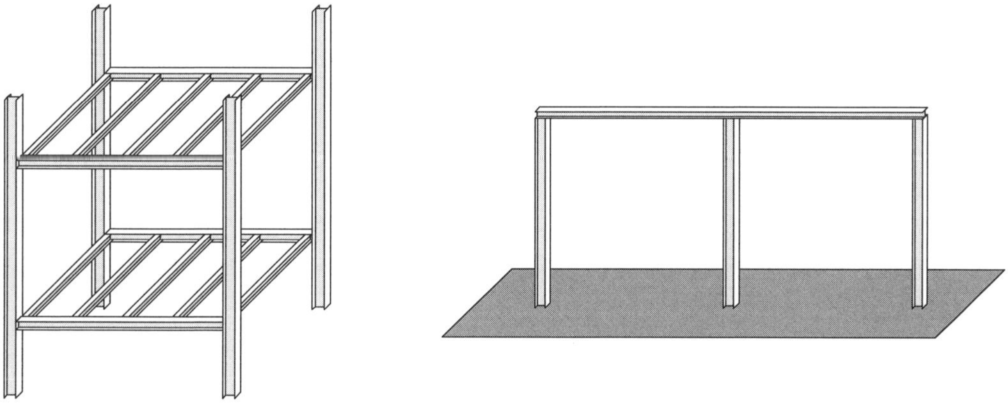

Abb. 5.1 Systeme im Stahlhochbau

Im Stahlhochbau gibt es vor allem die folgenden gelenkigen Anschlüsse:

– Deckenträger an Unterzug
– Deckenträger oder Unterzug an Stütze
– Lagerung des Trägers auf einer Stütze
– Lagerung „Träger auf Träger“
– Lagerung von Pfetten
– Wandriegel an Stütze.

Der häufigste gelenkige Anschluss ist der Doppelwinkelanschluss, da er kostengünstig und leicht montierbar ist. Er wird für Anschlüsse von Trägern an Trägern und von Trägern an Stützen angewendet. Bei dem Anschluss eines Deckenträgers an einen Unterzug unterscheidet man, ob die Oberkanten der Flansche wegen der Deckenkonstruktion in einer Ebene liegen müssen oder nicht. Die zugehörigen Anschlüsse werden im Stahlbau mit „Oberkante bündig“ bzw. „Oberkante nicht bündig“ bezeichnet.

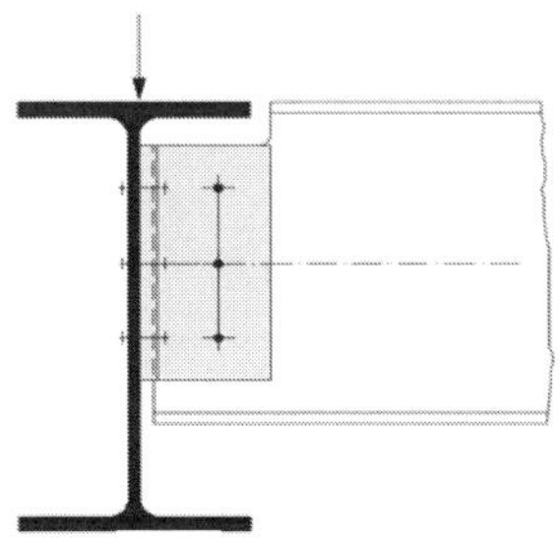

Abb. 5.2 Anschluss mit Doppelwinkel und Oberkante bündig

Es bietet sich an, diese Anschlussarten zu typisieren und zu optimieren, da die Träger- und Stützenquerschnitte vorwiegend genormte I-Querschnitte sind. Die Typisierung von gelenkigen und biegesteifen Anschlüssen im Stahlhochbau erfolgte erstmals in [15]. Da die Berechnung noch auf dem zulσ-Konzept der alten Stahlbaunormen beruhte, erfolgte in den Bemessungshilfen für profilorientiertes Konstruieren [16] eine Anpassung an die DIN 18800 mit dem Konzept der Teilsicherheitsbeiwerte. Weiterhin ist ein völlig neu überarbeitetes Tabellenwerk für typisierte Verbindungen [52] Eurocode 3 erschienen.
Der gelenkige Anschluss an eine Stütze oder einen Träger kann auch mit einer Stirnplatte am Trägerende erfolgen.

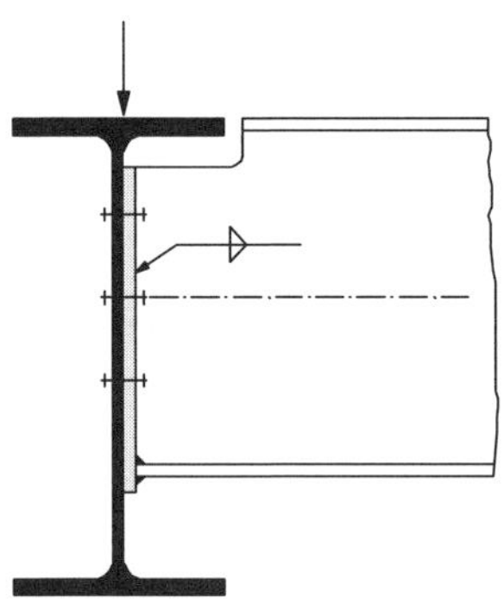

Abb. 5.3 Anschluss mit Stirnplatte und Oberkante bündig

Daneben existieren spezielle Lösungen für den gelenkigen Anschluss. Auf einige dieser Anschlussformen wird ebenfalls eingegangen.

5.2 Quasi gelenkige Anschlüsse

In der Veröffentlichung [53] sind Empfehlungen für die Konstruktion von einfachen Anschlüssen im Stahlbau angegeben. Diese sind auch in dem Tabellenwerk für typisierte Verbindungen [52] nach Eurocode 3 berücksichtigt und in [54] übernommen und ergänzt worden. Dies betrifft insbesondere die Stirnplattenanschlüsse, die Fahnenblechanschlüsse und die Doppelwinkelanschlüsse, wie sie in Abb. 5.4 angegeben sind. Diese Anschlüsse sind nach den Grenzkriterien des EC 3-1-8 als verformbare Anschlüsse zu betrachten. In der Praxis werden diese Anschlüsse vereinfacht als gelenkige Anschlüsse berechnet. Dafür sind in [53] konstruktive Randbedingungen angegeben.

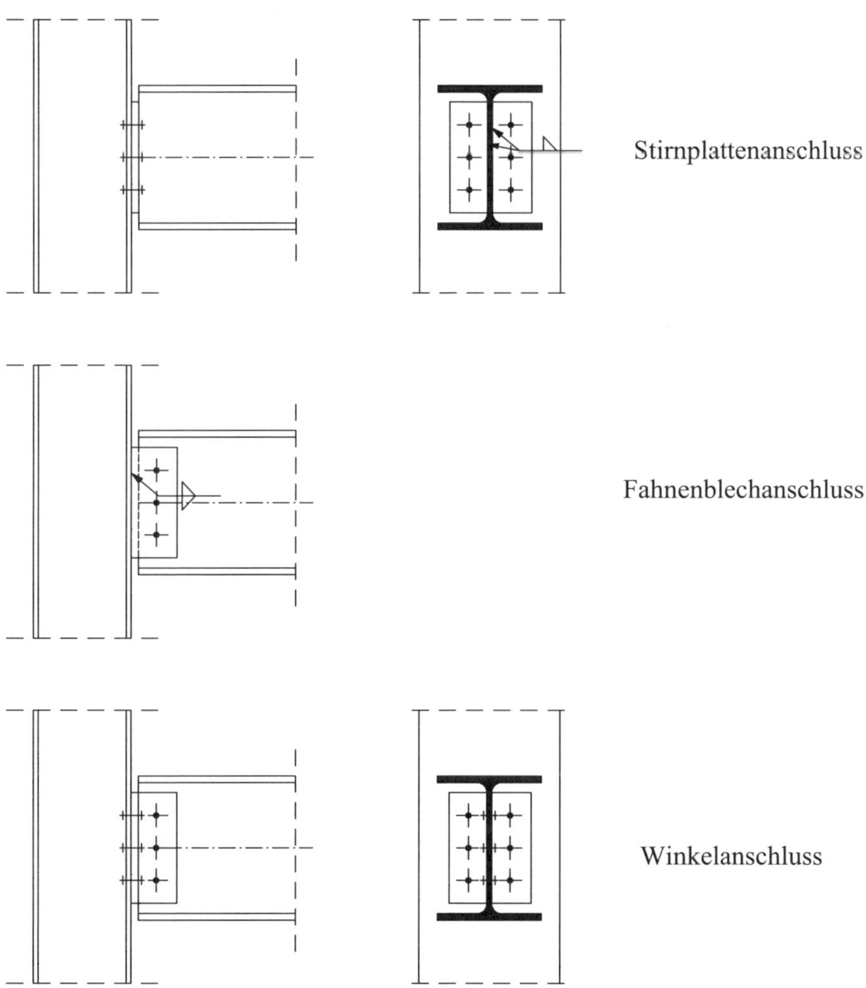

Abb. 5.4 Beispiele für gelenkige Riegelanschlüsse nach [55]

5.2.1 Stirnplattenanschluss

Nachweis der Stirnplattenhöhe

In dem Stirnplattenanschluss nach Abb. 5.4 treten unvermeidbar auch Biegemomente auf. Diese Biegemomente wachsen an, wenn infolge der Verformungen des Trägers Kontakt zwischen der Unterkante des Trägers und dem lastaufnehmenden Bauteil entsteht. Dies wird vermieden, wenn zunächst die folgende Bedingung eingehalten wird:

$$h_\text{p} \leq d \tag{5.1}$$

h_p – Stirnplattenhöhe
d – die Höhe des geraden Trägersteges

Nachweis der Rotationskapazität

Die Größe der Rotation ϕ, die sich bis zum Kontakt einstellt, ist von den Abmessungen des Trägers und der Stirnplatte abhängig, aber auch von den Verformungen der einzelnen Komponenten des Anschlusses. Vereinfacht wird angenommen, dass das lastaufnehmende Bauteil sich nicht verformt und der Drehpunkt für den Träger an der Unterkante der Stirnplatte liegt, s. Abb. 5.5.

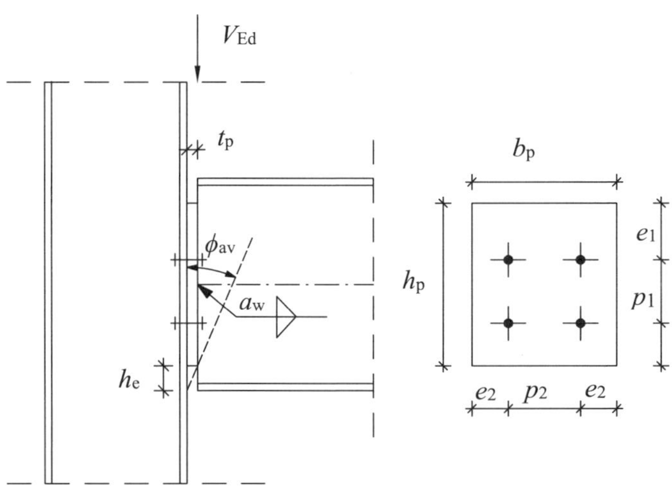

Abb. 5.5 Abmessungen des Stirnplattenanschlusses mit Drehpunkt

Damit kein Kontakt auftritt, gilt die Bedingung dass die vorhandene Rotation ϕ_av größer als die erforderliche Rotation ϕ_req ist. Die erforderliche Rotation ϕ_req ist der Endtangentenwinkel des Trägers auf 2 Stützen, der sich unter der gegebenen Bemessungslast einstellt.

$$\phi_\text{av} = \frac{t_p}{h_\text{e}} > \phi_\text{req} \tag{5.2}$$

t_p – Stirnplattendicke

h_e – Abstand zwischen der Unterkante der Platte und der Unterkante des Trägers
ϕ_{req} – Endtangentenwinkel des Trägers auf 2 Stützen unter der gegebenen Bemessungslast
Für die Gleichstreckenlast gilt:

$$\phi_{req} = \frac{p_{Ed} \cdot l^3}{24 \cdot E \cdot I_y} \tag{5.3}$$

Für andere Belastungen können die Werte den Bautabellenbüchern entnommen werden. Der Endtangentenwinkel kann auch mit einem Stabwerksprogramm berechnet werden.

Vorzeitiges Schraubenversagen

Da in dem Anschluss auch ohne Kontakt Biegemomente aufgrund der elastischen Lagerung und der exzentrischen Krafteinleitung auftreten, werden die oberen Schrauben nicht nur auf Abscheren, sondern auch auf Zug beansprucht. Es darf kein vorzeitiges Versagen der Schrauben auftreten. Dafür ist eine ausreichende Rotationskapazität des geschraubten Anschlusses erforderlich, die sich einstellt, wenn das Versagen des Anschlusses durch plastische Biegeverformungen der Stirnplatte oder des lastabnehmenden Bauteils erfolgt. In (1-8, (6.32)) ist dafür die folgende Bedingung, hier anders aufgelöst, angegeben:

$$\frac{d}{t} \geq 2{,}8 \cdot \sqrt{\frac{f_y}{f_{ub}}} \tag{5.4}$$

t – Wanddicke der Stirnplatte oder des lastabnehmenden Bauteils
d – Schraubendurchmesser
f_{ub} – Zugfestigkeit der Schraube
f_y – Streckgrenze der Stirnplatte oder des lastabnehmenden Bauteils

Die Gleichung (5.4) folgt aus der Bedingung, dass die Tragfähigkeit der Modus 1, vollständiges Fließen der Stirnplatte oder des Flansches, maßgebend wird, d. h. kleiner/gleich der Tragfähigkeit des Modus 2., s. Abschnitt 6.5.2.
In [53] wird angenommen, dass infolge der Biegemomente die Schraubenkraft im Zugbereich bis zu 50 % der Grenzzugkraft betragen kann. Die Interaktion zwischen Zug und Abscheren lautet:

$$\frac{F_{v,Ed}}{F_{v,Rd}} + \frac{F_{t,Ed}}{1{,}4 \cdot F_{t,Rd}} \leq 1$$

Mit der Annahme $F_{t,Ed} = 0{,}5 \cdot F_{t,Rd}$ erhält man:

$$\frac{F_{v,Ed}}{F_{v,Rd}} + \frac{0{,}5}{1{,}4} \leq 1$$

$$F_{v,Ed} \leq 0{,}64 \cdot F_{v,Rd}$$

Dieser Wert gilt für die obere Hälfte der Schrauben. Für die untere Hälfte gilt:

$$F_{v,Ed} \leq 1,0 \cdot F_{v,Rd}$$

Für alle Schrauben kann damit vereinfacht mit dem Mittelwert gerechnet werden.

$$F_{v,Ed} \leq 0,8 \cdot F_{v,Rd} \tag{5.5}$$

Vorzeitiges Schweißnahtversagen

Auch ein vorzeitiges Versagen der Schweißnaht sollte vermieden werden. Dies ist dann der Fall, wenn die Tragfähigkeit der Schweißnaht größer ist als die Tragfähigkeit der angrenzenden Stirnplatte. Der ungünstigste Fall ist die Zugbeanspruchung der Naht und der Platte und nicht die Schubbeanspruchung. Für das richtungsbezogene Verfahren gilt, s. Kapitel 2.4.2:

$$\sqrt{2 \cdot \sigma_w^2 + 3 \cdot \tau_{||}^2} \leq \frac{f_u}{\beta_w \cdot \gamma_{M2}}$$

Ist $\tau_{||} = 0$ gilt:

$$\sigma_w = \frac{f_u}{\sqrt{2} \cdot \beta_w \cdot \gamma_{M2}}$$

Für eine Doppelkehlnaht $2 \cdot a$ und der Plattendicke t mit der Länge von 1 cm erhält man die folgende Beziehung:

$$2 \cdot a \cdot 1 \cdot \sigma_w \geq t \cdot 1 \cdot f_y / \gamma_{M0}$$

$$a \geq \frac{\beta_w \cdot f_y}{\sqrt{2} \cdot f_u} \cdot \frac{\gamma_{M2}}{\gamma_{M0}} \cdot t$$

t – Wanddicke des Trägersteges
a – Schweißnahtdicke
β_w – Korrelationsfaktor
f_y – Streckgrenze des Trägersteges
f_u – Zugfestigkeit des Trägersteges

Zusammenfassung

Wenn diese konstruktiven Randbedingungen erfüllt sind, kann im Allgemeinen davon ausgegangen werden, dass die Tragfähigkeiten der einzelnen Komponenten eingehalten sind. Wichtig ist es, den Endtangentenwinkel unter der gegebenen Bemessungslast zu berechnen. Die Ausnutzung des Stirnplattenanschlusses mit der zugehörigen Querkraft V_{Ed} ist im Allgemeinen kleiner als 0,5.

5.2.2 Fahnenblechanschluss

Nachweis der Höhe des Fahnenblechs

In dem Fahnenblechanschluss treten Biegemomente in dem Fahnenblech und auch im Schraubenanschluss auf. Diese Biegemomente wachsen an, wenn infolge der Verformungen des Trägers Kontakt zwischen der Unterkante des Trägers und dem lastaufnehmenden Bauteil entsteht. Dies wird vermieden, wenn zunächst die folgende Bedingung eingehalten wird:

$$h_p \leq d \tag{5.6}$$

h_p – Stirnplattenhöhe

d – die Höhe des geraden Trägersteges

Nachweis der Rotationskapazität

Die Größe der Rotation ϕ, die sich bis zum Kontakt einstellt, ist von den Abmessungen des Trägers und des Fahnenblechs abhängig, aber auch von den Verformungen der einzelnen Komponenten des Anschlusses. Vereinfacht wird angenommen, dass das lastaufnehmende Bauteil sich nicht verformt und der Drehpunkt D für den Träger im Schwerpunkt der Schraubenverbindung liegt, s. Abb. 5.6.

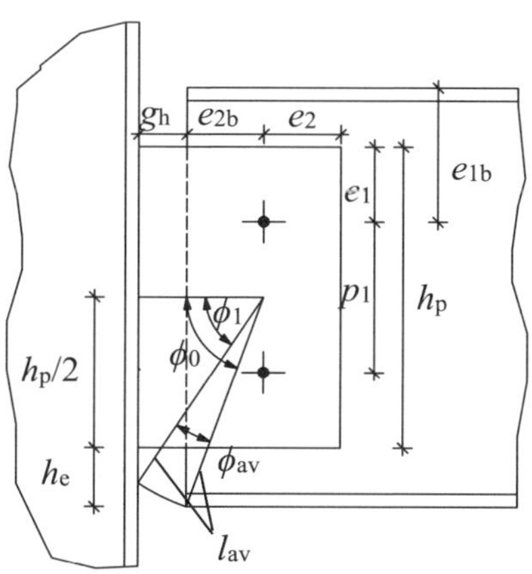

Abb. 5.6 Abmessungen des Fahnenblechanschlusses mit Drehpunkt

Damit kein Kontakt auftritt, gilt die Bedingung, dass die vorhandene Rotation ϕ_{av} größer als die erforderliche Rotation ϕ_{req} ist. Die erforderliche Rotation ϕ_{req} ist der Endtangentenwinkel des Trägers auf 2 Stützen, der sich unter der unter der gegebenen Bemessungslast einstellt. Die vorhandene Rotation ϕ_{av} folgt aus der Geometrie des Anschlusses, s. Abb. 5.6.

Die Länge l_{av} vom Drehpunkt D des Anschlusses bis zur unteren Ecke des Trägers beträgt:

$$l_{av} = \sqrt{(z - g_h)^2 + \left(\frac{h_p}{2} + h_e\right)^2} \tag{5.7}$$

Es gelten die folgenden Winkelfunktionen:

$$\cos\phi_0 = \frac{z - g_h}{l_{av}} \qquad \phi_0 = \arccos\left(\frac{z - g_h}{l_{av}}\right)$$

$$\cos\phi_1 = \frac{z}{l_{av}} \qquad \phi_1 = \arccos\left(\frac{z}{l_{av}}\right)$$

Die vorhandene Rotation ϕ_{av} ist die Differenz dieser beiden Winkel.

$$\phi_{av} = \phi_0 - \phi_1$$

$$\phi_{av} = \arccos\left(\frac{z - g_h}{l_{av}}\right) - \arccos\left(\frac{z}{l_{av}}\right)$$

Diese Gleichung ist in [53] und [54] in der folgenden Formulierung angegeben, die den gleichen Werte ergibt.

$$\phi_{av} = \arcsin\left(\frac{z}{l_{av}}\right) - \arctan\left(\frac{z - g_h}{\frac{h_p}{2} + h_e}\right)$$

$$\phi_{av} = \arccos\left(\frac{z - g_h}{l_{av}}\right) - \arccos\left(\frac{z}{l_{av}}\right) > \phi_{req} \tag{5.8}$$

ϕ_{req} – Endtangentenwinkel des Trägers auf zwei Stützen unter der gegebenen Bemessungslast

Für die Gleichstreckenlast gilt:

$$\phi_{req} = \frac{p_{Ed} \cdot l^3}{24 \cdot E \cdot I_y} \tag{5.9}$$

Für andere Belastungen können die Werte den Bautabellenbüchern entnommen werden. Der Endtangentenwinkel kann auch mit Stabwerksprogrammen berechnet werden.

Es tritt kein Kontakt auf, wenn folgende geometrische Bedingung erfüllt ist.

$$z > l_{av} = \sqrt{(z - g_h)^2 + \left(\frac{h_p}{2} + h_e\right)^2} \tag{5.10}$$

Da die vorhandene Rotation ϕ_{av} bei kurzen Fahnenblechanschlüssen im Allgemeinen ein kleiner Winkel ist, kann eine einfachere Formulierung hergeleitet werden, die auf der sicheren Seite liegt. Für kleine Winkel gilt nach Abb. 5.6:

$$l_{av} \cdot \phi_{av} = \frac{g_h}{\sin \phi_0} = \frac{g_h}{\frac{\frac{h_p}{2} + h_e}{l_{av}}}$$

$$\phi_{av} = \frac{g_h}{\frac{h_p}{2} + h_e}$$

Der Nachweis lautet dann:

$$\phi_{av} = \frac{g_h}{\frac{h_p}{2} + h_e} > \phi_{req} \tag{5.11}$$

Die Gleichung (5.11) kann in eine Bemessungsgleichung für den Spalt g_h umgewandelt werden.

$$g_h \geq \phi_{req} \cdot \left(\frac{h_p}{2} + h_e \right) \tag{5.12}$$

Die günstig wirkende Rotation infolge des Lochspiels $\phi_{av,0}$ der Schrauben wird hier nicht berücksichtigt. In vielen Fällen ist das Lochspiel ausreichend und es entsteht kein Kontakt. Wenn das Lochspiel berücksichtigt wird, führt dies zu einer geringeren Beanspruchung des Anschlusses.

$$\phi_{av,0} = \frac{d_0 - d_b}{(n_1 - 1) \cdot p_1} \tag{5.13}$$

n_1 – Anzahl der Schraubenreihen
d – Schraubendurchmesser
d_0 – Lochspiel

Vorzeitiges Schraubenversagen

Es darf in dem Anschluss kein vorzeitiges Versagen der Schrauben auftreten. Dafür ist eine ausreichende Rotationskapazität des geschraubten Anschlusses erforderlich, die sich einstellt, wenn das Versagen durch plastische Verformungen des Schraubenanschlusses erfolgt. Dies ist dann der Fall, wenn das Schraubenversagen nicht durch Abscheren, sondern durch Lochleibung in dem Fahnenblech oder dem Trägersteg erfolgt.

Vorzeitiges Schweißnahtversagen

Auch ein vorzeitiges Versagen der Schweißnaht sollte vermieden werden. Dies ist dann der Fall, wenn die Tragfähigkeit der Schweißnaht größer ist als die Tragfähigkeit des angrenzenden Fahnenblechs.

$$a \geq \frac{\beta_w \cdot f_y}{\sqrt{2} \cdot f_u} \cdot \frac{\gamma_{M2}}{\gamma_{M0}} \cdot t$$

a – Schweißnahtdicke
t – Wanddicke des Fahnenbleches
β_w – Korrelationsfaktor
f_y – Streckgrenze des Fahnenbleches
f_u – Zugfestigkeit des Fahnenblechs

Vorzeitiges Beulversagen des Fahnenblechs

Der Nachweis des vorzeitigen Beulens des Fahnenblechs basiert nach [54] auf den Angaben in BS 5950-1. Dabei ist z_p der Abstand der ersten vertikalen Schraubenreihe bis zum lastaufnehmenden Bauteil, in Abb. 5.6 zum Flansch. Es gelten folgende Unterscheidungen:

$$t_p > z_p \cdot 0{,}15 \tag{5.14}$$

In diesem Fall tritt kein Beulen auf und die Tragfähigkeit kann mit der Biegetragfähigkeit des Fahnenblechs gleichgesetzt werden. Dieser Nachweis ist konservativ. Es ist ein Beulnachweis des Fahnenblechs zu führen, wenn gilt:

$$t_p \leq z_p \cdot 0{,}15$$

Die zugehörige Beultragfähigkeit lautet:

$$V_{Rd,7} = \frac{W_{el}}{z_p} \cdot \frac{f_{pLT}}{0{,}6 \cdot \gamma_{M1}} \leq \frac{W_{el}}{z_p} \cdot \frac{f_{yp}}{\gamma_{M0}} \tag{5.15}$$

f_{pLT} – Tragspannung gegen seitliches Ausweichen des Fahnenblechs

Die Tragspannung f_{pLT} (BS 5950-1, Table 17) wird mit der folgenden Schlankheit berechnet:

$$\lambda_{LT} = 2{,}8 \cdot \sqrt{\frac{z_p \cdot h_p}{1{,}5 \cdot t_p^2}} \tag{5.16}$$

Mit den Gleichungen (5.15) und (5.16) kann eine weitere Grenze für die Wanddicke t_p ermittelt werden. Aus der Gleichung (5.15) erhält man die Tragspannung f_{pLT} und die zugehörige Wanddicke t_p, für welche noch kein Beulnachweis erforderlich ist.

$$f_{pLT} \geq 0{,}6 \cdot \frac{\gamma_{M1}}{\gamma_{M0}} \cdot f_{yp} = 0{,}66 \cdot f_{yp} \tag{5.17}$$

Für S 235 erhält man für f_{pLT} und die zugehörige Schlankheit λ_{LT} nach (BS 5950-1, Table 17):

S 235 $\quad f_{pLT} = 155\ \text{N/mm}^2 \qquad \lambda_{LT} = 62{,}9 = 2{,}8 \cdot \sqrt{\frac{z_p \cdot h_p}{1{,}5 \cdot t_p^2}}$

Für die Wanddicke t_p gilt:

$$t_p \geq \sqrt{\frac{z_p \cdot h_p}{757}} \tag{5.18}$$

Für S 235 erhält man entsprechend:

S 355 $\quad f_{\mathrm{pLT}} = 234\ \mathrm{N/mm^2} \qquad \lambda_{\mathrm{LT}} = 54{,}5 = 2{,}8 \cdot \sqrt{\dfrac{z_{\mathrm{p}} \cdot h_{\mathrm{p}}}{1{,}5 \cdot t_{\mathrm{p}}^2}}$

$$t_{\mathrm{p}} \geq \sqrt{\frac{z_{\mathrm{p}} \cdot h_{\mathrm{p}}}{568}} \tag{5.19}$$

z_{p} – Hebelarm bis zur ersten vertikalen Schraubenreihe
t_{p} – Wanddicke des Fahnenblechs

5.2.3 Doppelwinkelanschluss

Nachweis der Rotationskapazität
Der Doppelwinkelanschluss stellt eine Kombination zwischen dem Stirnplattenanschluss und dem Fahnenblechanschluss dar, wobei aber einige besondere Regeln zu beachten sind. Die Winkelschenkel am lastabnehmenden Bauteil stellen die Stirnplatte dar, die Winkelschenkel am Träger das Fahnenblech.
Die Größe der Rotation ϕ, die sich bis zum Kontakt einstellt, ist von den Abmessungen des Trägers und des Winkels abhängig, aber auch von den Verformungen der einzelnen Komponenten des Anschlusses. Vereinfacht wird angenommen, dass das lastaufnehmende Bauteil sich nicht verformt. In der zitierten Literatur sind keine Angaben über die vorhandene Rotation ϕ_{av} des Doppelwinkelanschlusses angegeben. In den Tabellen der typisierten Verbindungen ist das vorzeitige Schraubenversagen berücksichtigt. Auf der sicheren Seite liegt die Annahme der vorhandenen Rotation ϕ_{av} wie beim Fahnenblech.

Vorzeitiges Schraubenversagen
Da in dem Anschluss am lastabnehmenden Bauteil auch Biegemomente aufgrund der exzentrischen Krafteinleitung auftreten, werden die oberen Schrauben nicht nur auf Abscheren, sondern auch auf Zug beansprucht. Es darf kein vorzeitiges Versagen der Schrauben auftreten. Dafür ist eine ausreichende Rotationskapazität des geschraubten Anschlusses erforderlich, die sich einstellt, wenn das Versagen des Anschlusses durch plastische Biegeverformungen der Winkel oder des lastabnehmenden Bauteils erfolgt.

$$\frac{d}{t} \geq 2{,}8 \cdot \sqrt{\frac{f_{\mathrm{y}}}{f_{\mathrm{ub}}}} \tag{5.20}$$

t – Wanddicke der Winkel oder des lastabnehmenden Bauteils
d – Schraubendurchmesser
f_{ub} – Zugfestigkeit der Schraube
f_{y} – Streckgrenze der Winkel oder des lastabnehmenden Bauteils

Bei einem zweiseitigen Doppelwinkelanschluss ist eine ausreichende Rotationskapazität nur gegeben, wenn der Nachweis für die Winkel erfüllt ist.

Da das Biegemoment in dem Anschluss am lastabnehmenden Bauteil nicht bekannt ist, wird wie bei der Stirnplatte angenommen, dass die Schrauben im Zugbereich bis zu 50 % der Grenzzugkraft betragen kann. Es gilt:

$$F_{v,Ed} \leq 0{,}8 \cdot F_{v,Rd} \tag{5.21}$$

5.3 Doppelwinkelanschluss

5.3.1 Konstruktion

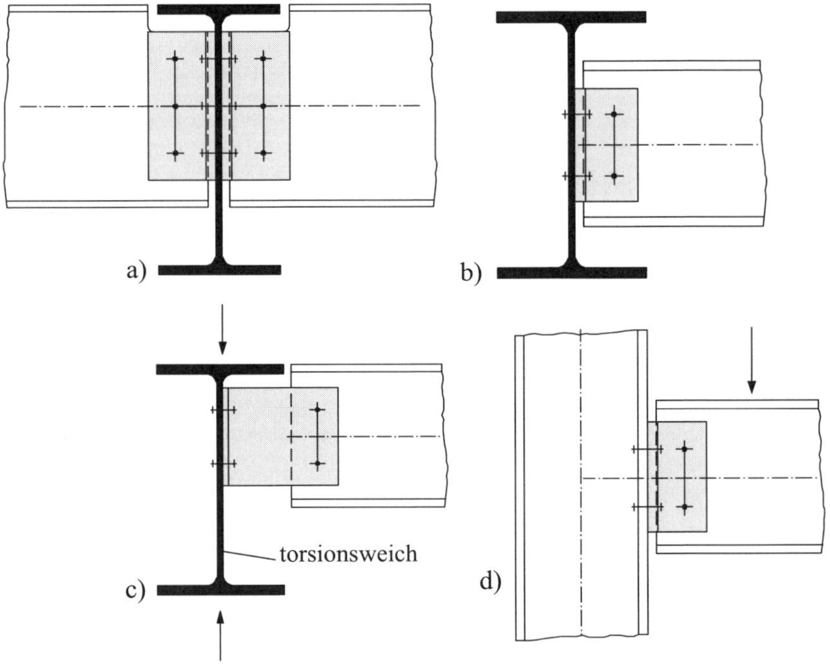

Abb. 5.7 Anschlüsse mit einem Doppelwinkel

In Abb. 5.7 a) ist der Anschluss von zwei Deckenträgern „Oberkante bündig" an einen Unterzug dargestellt. Die beiden Deckenträger können auch unterschiedlich sein. In Abb. 5.7 b) wird der Anschluss eines Deckenträgers „Oberkante nicht bündig" an einen Unterzug gezeigt. Abb. 5.7 c) zeigt eine konstruktive Lösung für den Anschluss eines Deckenträgers „Oberkante bündig" an einen Unterzug, bei der keine Ausklinkung erforderlich ist. Abb. 5.7 d) stellt den Anschluss mit einem Doppelwinkel eines Trägers an eine Stütze dar. Dieser Anschluss ist auch, falls der Platz ausreicht, am Steg der Stütze möglich. Die in

Abb. 5.7 dargestellten Anschlüsse können nach den Empfehlungen [53] als gelenkig angenommen werden, wenn die Rotationskapazität nachgewiesen wird.

5.3.2 Nachweise

Nachzuweisen sind:
- Rotationskapazität des Anschlusses
- die Schraubenverbindung am Träger
- die Schraubenverbindung am Anschlussteil
- die Anschlusswinkel
- der Träger am Beginn der Ausklinkung
- der Trägersteg auf flächiges Ausreißen.

Alle Nachweise für einen Anschluss mit Doppelwinkeln werden in den Beispielen 5.9.1 und 5.9.2 gezeigt.

Schraubenverbindung am Träger

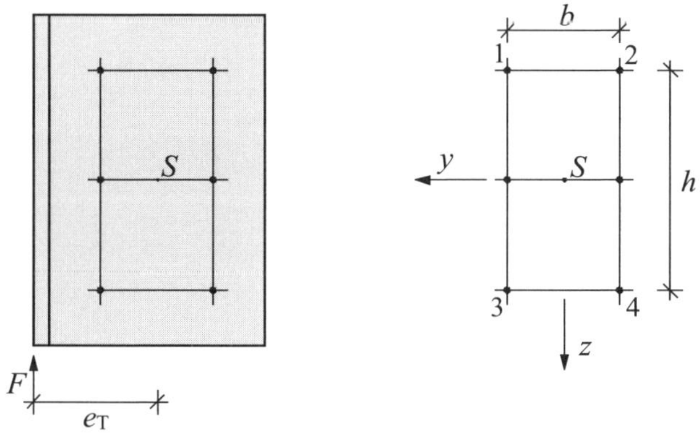

Abb. 5.8 Punktequerschnitt am Träger

Die Schraubenverbindung am Träger ist ein einreihiger oder zweireihiger Punktequerschnitt.

Für den Tragsicherheitsnachweis gelten die folgenden Beziehungen nach Abschnitt Schraubenverbindungen.

Querschnittswerte: (5.22)

$$A = n \qquad I_p = \sum y_i^2 + \sum z_i^2$$

Schnittgrößen: (5.23)

$$V_z = -F \qquad M_x = -F \cdot e_T$$

$$T_y = -\frac{M_x}{I_p} \cdot z \qquad T_z = \frac{V_z}{A} + \frac{M_x}{I_p} \cdot y \qquad T = \sqrt{T_y^2 + T_z^2}$$

Die Nachweise für jede einzelne Schraube lauten:

$$\frac{T}{m \cdot F_{v,Rd}} \leq 1 \qquad \frac{T_y}{F_{y,b,Rd}} \leq 1 \qquad \frac{T_z}{F_{z,b,Rd}} \leq 1 \tag{5.24}$$

m Anzahl der Scherfugen

Für die Interaktion zwischen Zug und Abscheren gilt nach Gleichung (1.24):

$$\frac{T}{m \cdot F_{v,Rd}} + \frac{S}{1{,}4 \cdot F_{t,Rd}} \leq 1 \tag{5.25}$$

In den Empfehlungen [53] und den typisierten Verbindungen [52] wird der folgende Nachweis geführt.

$$\frac{T}{m \cdot 0{,}8 \cdot F_{v,Rd}} \leq 1 \qquad \left(\frac{T_y}{F_{y,b,Rd}}\right)^2 + \left(\frac{T_z}{F_{z,b,Rd}}\right)^2 \leq 1$$

Schraubenverbindung am Anschlussteil

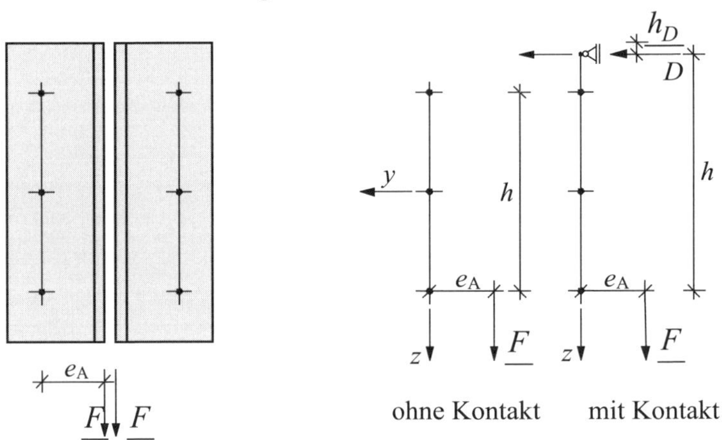

Abb. 5.9 Punktequerschnitt am Anschlussteil

Da die Auflagerkraft sich auf die beiden Winkel aufteilt, ist am Anschlussteil nur eine einreihige Verbindung erforderlich. Wenn sich die beiden Winkel am Steg des Trägers abstützen können, liegt die Beanspruchung des Punktequerschnittes mit Kontakt vor. Dann erhält man kleinere Schraubenkräfte. Zusätzlich ist der Nachweis der Druckkraft in der Kontaktfläche erforderlich.

Einreihiger Punktequerschnitt ohne Kontakt gemäß Abb. 5.7c

Die elastische Berechnung erfolgt für einen Winkel.

Schnittgrößen: (5.26)

$$V_z = \frac{F}{2} \qquad M_x = \frac{F}{2} \cdot e_A$$

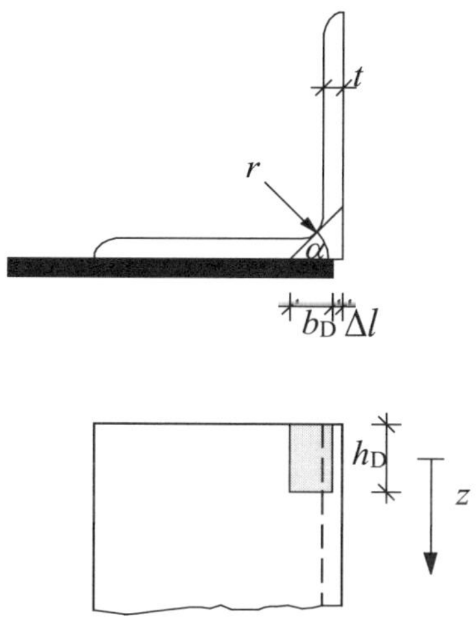

Abb. 5.10 Kontaktfläche für die Druckkraft

Einreihiger Punktequerschnitt mit Kontakt

Die elastische Berechnung erfolgt für einen Winkel. Die Kontaktfläche A_D zwischen dem Winkel und dem Steg wird folgendermaßen berechnet. Zunächst wird die Höhe h_D nach Abb. 5.10 geschätzt, i. Allg. 2 cm, und die Breite b_D mit der Tangente von $\alpha°$ an den Ausrundungsradius r des Winkels ermittelt.

Der Verteilungswinkel ist für **eine** horizontale Schraubenreihe $\alpha = 45°$. Für **mehrere** horizontale Schraubenreihen wird $\alpha = 60°$ angenommen, um das aus dem Versatz der Horizontalkräfte resultierende Torsionsmoment möglichst klein zu halten. (5.27)

$$\alpha = 45° \qquad b_D = 2 \cdot t + 0{,}586 \cdot r - \Delta l$$

$$\alpha = 60° \qquad b_D = 1{,}58 \cdot t + 0{,}423 \cdot r - \Delta l$$

Die Koordinate z bezieht sich auf den geschätzten Druckpunkt.

Querschnittswerte: (5.28)

$$A = n \qquad I_p = \sum z_i^2 \qquad A_D = b_D \cdot h_D$$

Schnittgrößen: (5.29)

$$V_z = \frac{F}{2} \qquad M_x = \frac{F}{2} \cdot e_A$$

$$T_y = -\frac{M_x}{I_p} \cdot z \qquad T_z = \frac{V_z}{A} \qquad T = \sqrt{T_y^2 + T_z^2}$$

Nachweise: (5.30)

$$\frac{T}{m \cdot F_{v,Rd}} \le 1 \qquad \frac{T_y}{F_{y,b,Rd}} \le 1 \quad \frac{T_z}{F_{z,b,Rd}} \le 1 \quad \frac{T}{m \cdot F_{v,Rd}} + \frac{S}{1{,}4 \cdot F_{t,Rd}} \le 1$$

In den Empfehlungen [53] und den typisierten Verbindungen [52] wird der folgende Nachweis geführt.

$$\frac{T}{m \cdot 0{,}8 \cdot F_{v,Rd}} \le 1$$

Druckkraft in der Kontaktfläche: (5.31)

$$D = \frac{M_x}{I_p} \cdot \sum z_i \qquad \sigma_{Ed} = \frac{D}{A_D} \qquad \frac{\sigma_{Ed}}{\sigma_{Rd}} \le 1$$

Ist der Nachweis nicht erfüllt, kann die Höhe h_D vergrößert werden. Der Nachweis wird mit der neuen Koordinate z wiederholt bzw. ein neuer Winkel wird gewählt.

Anschlusswinkel

Die Lochleibung im Anschlusswinkel ist meist nicht maßgebend. Der Punktequerschnitt ist identisch mit dem Punktequerschnitt am Träger. Es ändern sich jedoch die Vorzeichen der Beanspruchung. (5.32)

$$V_z = +F \qquad M_x = +F \cdot e_T$$

Die Anschlusswinkel werden durch einachsige Biegung beansprucht. Für einen Winkel gelten die Formeln: (5.33)

$$V_z = \frac{F}{2} \qquad M_y = \frac{F}{2} \cdot e_T \text{ bzw.}$$

$$V_z = \frac{F}{2} \qquad M_y = \frac{F}{2} \cdot e_A$$

Der Rechteckquerschnitt wird Elastisch-Elastisch oder Elastisch-Plastisch nachgewiesen. Dabei ist die Regelung in (1-1, 6.2.2.2) über den Lochabzug in zugbeanspruchten Querschnittsteilen zu beachten.

Ausklinkung

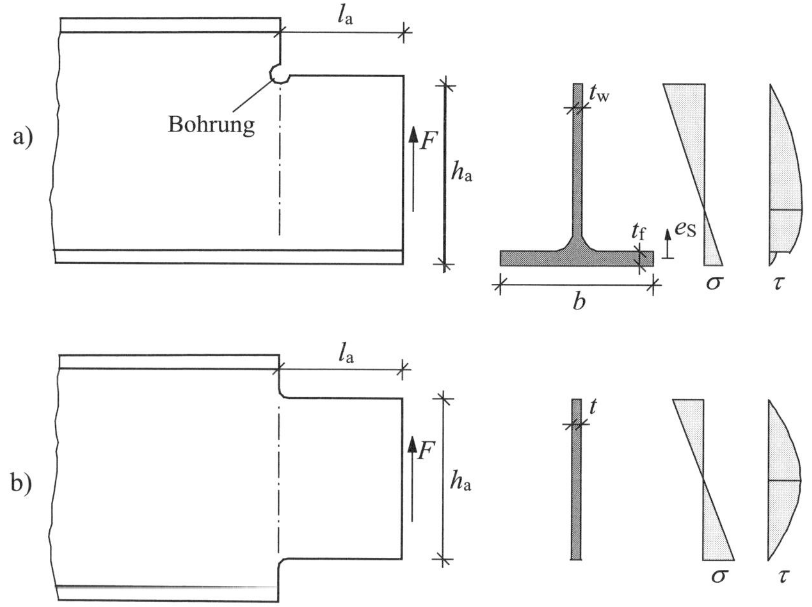

Abb. 5.11 Ausklinkung des Trägers

Bei Anschlüssen mit „Oberkante bündig“ ist i. Allg. eine Ausklinkung erforderlich. Der Träger wird in diesem Bereich geschwächt und ist mit den zugehörigen Schnittgrößen nachzuweisen.

Im Fall a) ist der geschwächte Querschnitt ein einfachsymmetrischer Querschnitt und im Fall b) ein Rechteckquerschnitt. Der Querschnitt wird i. Allg. mit dem Nachweisverfahren Elastisch-Elastisch (Band 1-2) berechnet. Um das örtliche Beulen im Druckbereich zu verhindern, ist

$$\max l_a / t_w \leq 12{,}9 \tag{5.34}$$

einzuhalten.

Ist der Nachweis des geschwächten Querschnittes nicht eingehalten, sind Verstärkungen möglich. Oft ist es aber billiger, einen größeren Querschnitt für den Träger zu wählen.

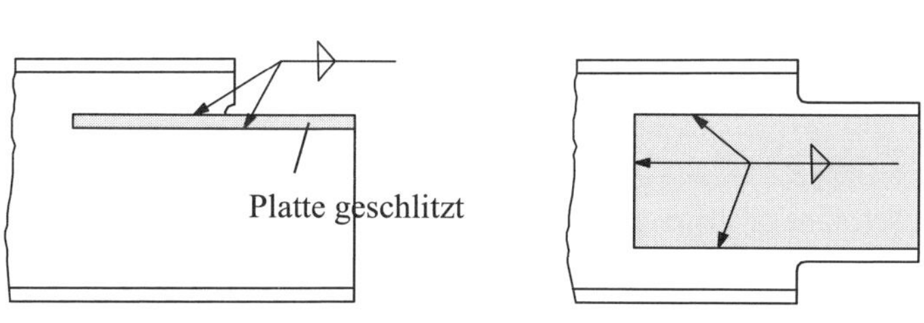

Abb. 5.12 Verstärkung des Trägers im Bereich der Ausklinkung

Blockversagen von Schraubengruppen (1-8, 3.10.2)

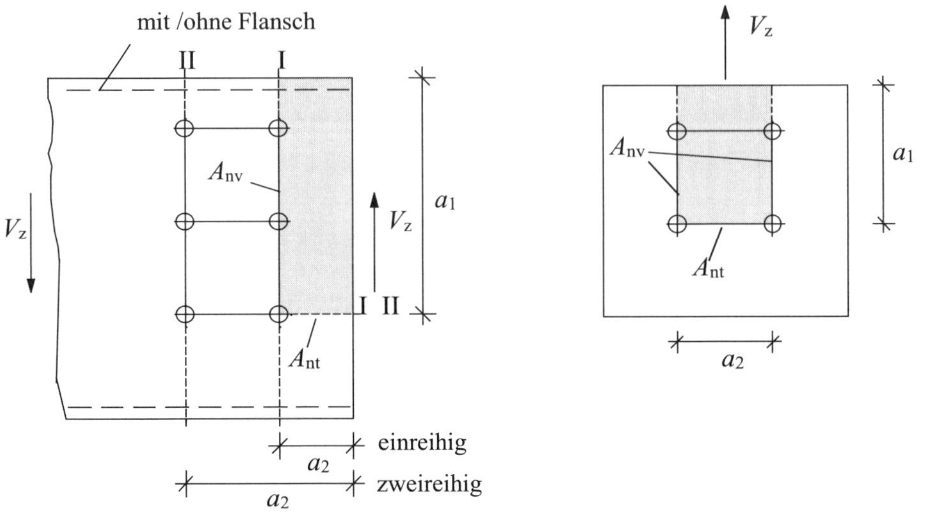

Abb. 5.13 Wirksame Bruchfläche

Das Blockversagen einer Schraubengruppe wird durch das Schubversagen des Blechs entlang der schubbeanspruchten Schraubenreihe verursacht. Dies erfolgt zusammen mit dem Zugversagen am Kopf der Schraubengruppe.

Für eine symmetrisch angeordnete Schraubengruppe unter zentrischer Belastung ergibt sich die Grenzkraft gegen flächiges Ausreißen $V_{eff,1,Rd}$ zu:

$$V_{eff,1,Rd} = A_{nt} \cdot \frac{f_u}{\gamma_{M2}} + A_{nv} \cdot \frac{f_y}{\sqrt{3} \cdot \gamma_{M0}} \tag{5.35}$$

A_{nt} zugbeanspruchte Netto-Querschnittsfläche

A_{nv} schubbeanspruchte Netto-Querschnittsfläche

$\gamma_{M0} = 1,00$

$\gamma_{M2} = 1,25$

Für eine Schraubengruppe unter exzentrischer Belastung ergibt sich die Grenzkraft gegen flächiges Ausreißen $V_{eff,2,Rd}$ zu:

$$V_{eff,2,Rd} = 0,5 \cdot A_{nt} \cdot \frac{f_u}{\gamma_{M2}} + A_{nv} \cdot \frac{f_y}{\sqrt{3} \cdot \gamma_{M0}} \tag{5.36}$$

5.3.3 Typisierte Anschlüsse

Winkelanschlüsse und auch Stirnplattenanschlüsse sind schon seit den 70er Jahren typisiert, um der Praxis Bemessungshilfen mit konstruktiven Details und Grenztragfähigkeiten zur Verfügung zu stellen. Es liegen zurzeit 3 unterschiedliche Tabellenwerke vor.

- Bemessungshilfen für profilorientiertes Konstruieren [16]
- Typisierte Anschlüsse im Stahlhochbau [17]
- Typisierte Anschlüsse im Stahlhochbau nach DIN EN1993-1-8 [52]

Für die praktische Anwendung sind die Zulassungsbescheide zu beachten. Diese sind für [16] und [17] abgelaufen.

Die Grenztragfähigkeiten sind nicht gleich, da zum Teil unterschiedliche Berechnungsmodelle verwendet werden. Auch ist in [17] und [52] der Umfang der Typisierung erweitert worden. Weiterhin ist der Teilsicherheitsbeiwert $\gamma_{M0} = 1{,}00$ zu beachten.

5.4 Stirnplattenanschluss

5.4.1 Konstruktion

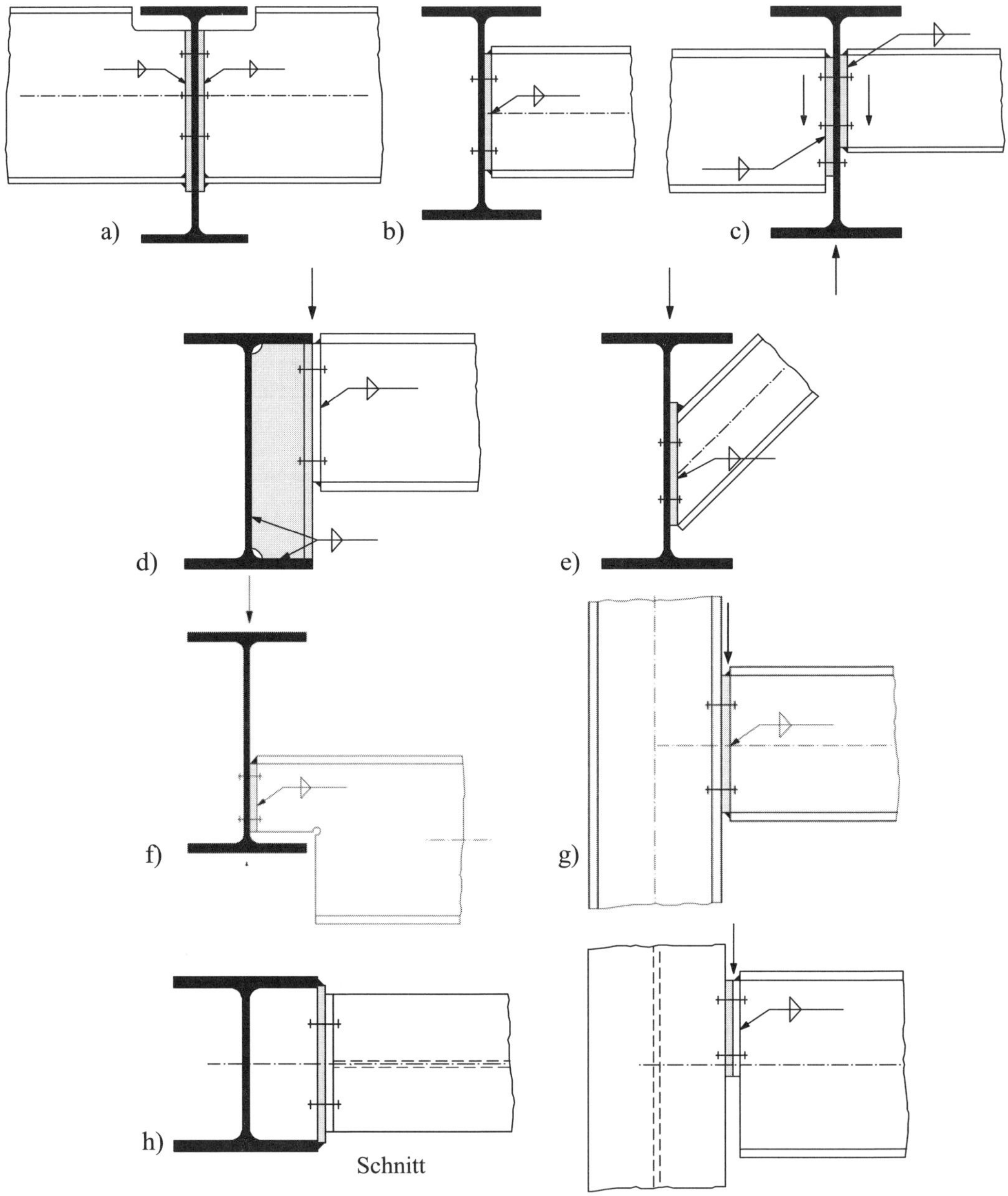

Abb. 5.14 Beispiele für Anschlüsse mit Stirnplatten

In Abb. 5.14 a) ist der Anschluss von zwei Deckenträgern „Oberkante bündig“ an einen Unterzug dargestellt. Die beiden Deckenträger können auch unterschiedlich sein. In Abb. 5.14 b) ist der Anschluss eines Deckenträgers „Oberkante nicht bündig“ an einen Unterzug dargestellt. Abb. 5.14 d) zeigt eine konstruktive Sonderlösung für den Anschluss von einem Deckenträger an einen Unterzug. Das Auflagergelenk wird in der Achse der Schraubenverbindung angenommen, wenn der Unterzug sehr drehsteif ist. Der Unterzug wird dann auf Torsion beansprucht. Sind die Steifigkeitsverhältnisse nur schwer abzuschätzen, sollte zusätzlich das Gelenk in der Mitte des Steges des Unterzuges angenommen werden. Mit dem Stirnplattenanschluss können gut schräge Anschlüsse wie in Abb. 5.14 e) an Stützen oder Trägern realisiert werden. Abb. 5.14g) zeigt den Anschluss eines Trägers an eine Stütze. Dieser Anschluss kann auch, wenn der Platz reicht, am Steg der Stütze erfolgen. Sonst ist der Anschluss mit Stirnplatte durch eine „konstruktive Ergänzung“ möglich, Abb. 5. 14 h). Alle dargestellten Beispiele, bei denen die Stirnplatte am Untergurt angeschweißt ist, entsprechen nicht den Empfehlungen für gelenkige Anschlüsse und sind als nachgiebige Anschlüsse nachzuweisen, siehe Band 3, Kapitel 9.3.

5.4.2 Nachweise

Nachzuweisen sind:

– Rotationsfähigkeit des Anschlusses
– die Schraubenverbindung
– die Schweißverbindung
– der Steg des Trägers neben der Naht
– die Stirnplatte
– der Träger am Beginn der Ausklinkung
– der Trägersteg auf flächiges Ausreißen.

Alle Nachweise für einen Anschluss mit Stirnplatte werden in den Beispielen 5.9.3 und 5.9.4 gezeigt. In [55] ist ein ausführliches Beispiel eines gelenkigen Stirnplattenanschlusses eines Nebenträgers angegeben.

Schraubenverbindung

Die Schraubenverbindung ist ein zweireihiger Punktequerschnitt mit mittiger Beanspruchung.

Nachweise:

$$\frac{T}{m \cdot F_{\mathrm{v,Rd}}} \le 1 \qquad \frac{T_{\mathrm{y}}}{F_{\mathrm{y,b,Rd}}} \le 1 \qquad \frac{T_{\mathrm{z}}}{F_{\mathrm{z,b,Rd}}} \le 1 \quad \frac{T}{m \cdot F_{\mathrm{v,Rd}}} + \frac{S}{1{,}4 \cdot F_{\mathrm{t,Rd}}} \le 1 \qquad (5.37)$$

In den Empfehlungen [53] und den typisierten Verbindungen [52] wird der folgende Nachweis geführt.

$$\frac{T}{m \cdot 0{,}8 \cdot F_{\mathrm{v,Rd}}} \le 1$$

Werden an einem Anschlussteil zwei Träger mit verschiedenen Stirnplatten oder Auflagerkräften angeschlossen, ist zu beachten, dass die Abscherkräfte und Lochleibungskräfte in beiden Stirnplatten verschieden sind.

Es gilt für die Abscherkräfte: (5.38)

$$V_{1,a} = \frac{F_1}{n_1} \qquad V_{2,a} = \frac{F_2}{n_2}$$

Lochleibungskräfte: (5.39)

Stirnplatte: $V_{1,l} = \frac{F_1}{n_1} \qquad V_{2,l} = \frac{F_2}{n_2}$

Anschlussteil: $V_l = \frac{F_1}{n_1} + \frac{F_2}{n_2}$

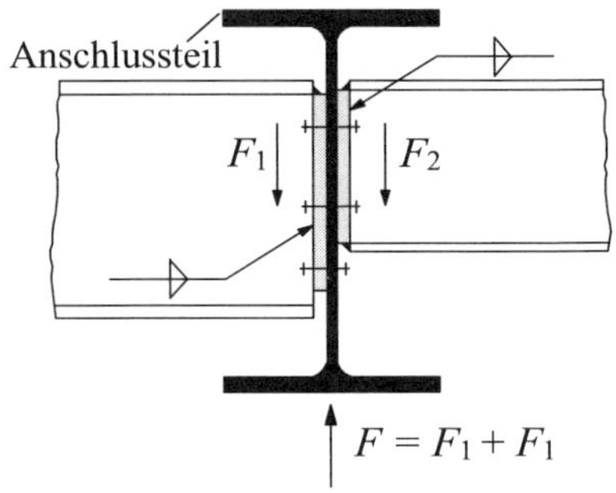

Schweißverbindung

Für den Anschluss der Stirnplatte an den Steg des Trägers werden nur die Stegnähte berücksichtigt. Die Nahtlänge l_w ist die Länge der Stirnplatte bzw. die Länge gemessen bis zur Oberkante des Flansches.

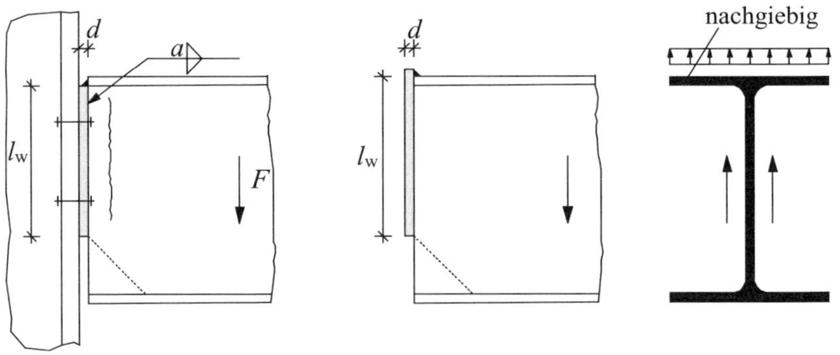

Abb. 5.15 Anschluss der Stirnplatte an den Steg

Steg des Trägers neben der Naht

Direkt neben der Schweißnaht muss der Steg die gleiche Beanspruchung aufnehmen wie die Doppelkehlnaht. Bei Stirnplatten, die über die volle Trägerhöhe reichen, entspricht dieser Nachweis dem Nachweis der Querkraft am Auflager.

Stirnplatte

Die Stirnplatte wird durch einachsige Biegung und Querkraft beansprucht. Es ist der Rechteckquerschnitt für diese Beanspruchung nachzuweisen.

Ausklinkung
Siehe Abschnitt 5.3.2.
Versagen durch Ausreißen
Siehe Abschnitt 5.3.2.

5.5 Anschluss mit Fahnenblech

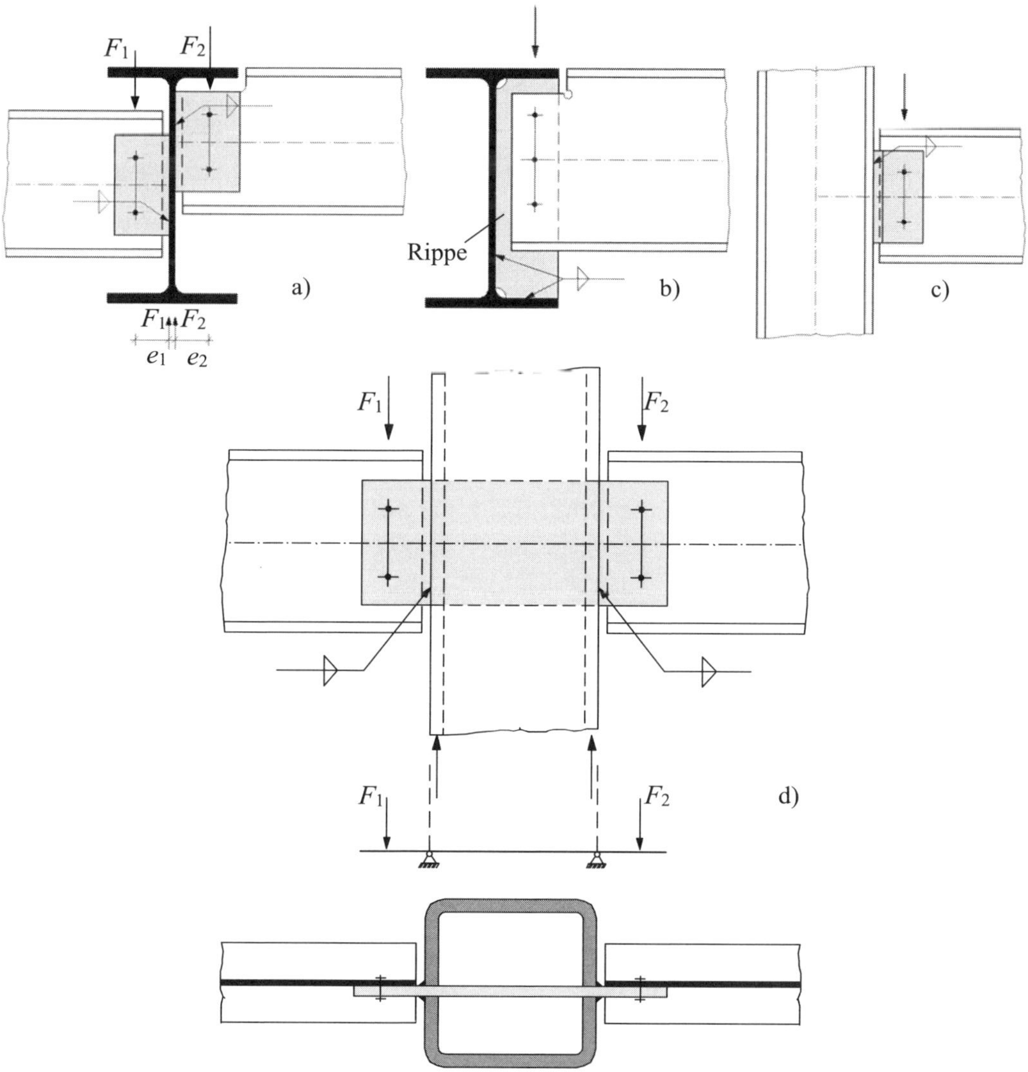

Abb. 5.16 Beispiele für Anschlüsse mit Fahnenblech

In Abb. 5.16 a) ist der Anschluss von 2 Deckenträgern „Oberkante bündig" und „Oberkante nicht bündig" mit Anschlussblechen an einen Unterzug dargestellt. Bei dem Nachweis des Anschlusses ist stets zu beachten, wo der Momenten-

nullpunkt des Anschlusses anzunehmen ist. Ist nur ein Träger angeschlossen, wird das Gelenk des Auflagers wegen der geringen Torsionssteifigkeit des Unterzuges am Steg des Unterzuges angenommen. Die Schraubenverbindung und das Anschlussblech erhalten neben der Querkraft eine zusätzliche Beanspruchung aus dem Moment $M = F \cdot e$. Dies gilt auch, wenn der zweite Träger nicht belastet ist. Sind beide Träger belastet, entsteht durch die gegenseitige Stützung ein Moment am Anschluss am Unterzug. Deshalb ist die Schweißverbindung hierfür nachzuweisen. Da die Auflagerkraft in der Mitte des Steges des Deckenträgers angreift, entsteht durch diese Exzentrizität ein Torsionsmoment im Anschlussblech und in der Schweißverbindung.
In Abb. 5.16 b) ist der Anschluss eines Deckenträgers „Oberkante bündig" an einen Unterzug dargestellt. Das Anschlussblech ist eine durchgehende Rippe. Der Träger ist, falls für den Nachweis der Ausklinkung erforderlich, am Untergurt einseitig ausgeklinkt. Das Auflagergelenk wird in der Achse der Schraubenverbindung angenommen, wenn der Unterzug sehr drehsteif ist. Der Unterzug wird dann auf Torsion beansprucht. Sind die Steifigkeitsverhältnisse nur schwer abzuschätzen, sollte zusätzlich das Gelenk in der Mitte des Steges des Unterzuges angenommen werden.
Abb. 5.16 c) zeigt den Anschluss eines Trägers an eine Stütze. Hier ist das Auflagergelenk in der Achse der Schraubenverbindung. Das Anschlussblech ist ein Kragarm. Der Anschluss an der Stütze wird durch Biegung, Querkraft und Torsion beansprucht. Die Stütze wird zusätzlich auf Biegung beansprucht.
Bei Hohlprofilen ist eine gesonderte Anschlusskonstruktion erforderlich. Hier wird in Abb. 5.16 d) das Anschlussblech durch ein geschlitztes Hohlprofil hindurchgeführt und angeschweißt. Die Auflagergelenke liegen in der Achse der Schraubenverbindung. Das Anschlussblech wirkt wie ein Balken auf zwei Stützen mit Kragarmen. Die Auflager sind die Schweißverbindungen.
In den in Abb. 5.16 dargestellten Stirnplattenanschlüssen ist die Schraubenverbindung nach den Empfehlungen für das Kragmoment zu bemessen.

Nachzuweisen sind:
- Rotationsfähigkeit des Anschlusses
- die Schraubenverbindung
- die Schweißverbindung am Anschlussteil
- das Anschlussteil neben der Naht
- das Anschlussblech
- der Träger am Beginn der Ausklinkung
- der Trägersteg auf flächiges Ausreißen.

Alle Nachweise für einen Anschluss mit Fahnenblech werden in Beispiel 5.9.5 gezeigt. In [55] ist ein ausführliches Beispiel eines gelenkigen Fahnenblechanschlusses eines Trägers an eine Stütze angegeben.

5.6 Anschluss mit Knagge

In Abb. 5.17 a) ist der Träger auf einer Knagge gelagert. Die Knagge ist ein dickes Blech oder ein Winkel, der, falls es erforderlich ist, durch eine Rippe verstärkt wird. Der Träger wird am Druckgurt durch ein Blech oder einen kleinen Winkel am seitlichen Ausweichen gehindert. Die rippenlose Krafteinleitung und der Anschluss der Knagge sind nachzuweisen.
In Abb. 5.17 b) und c) wird die Auflagerkraft zunächst in die Stirnplatte, dann über Kontakt in die Knagge und schließlich über die Schweißverbindung in den Flansch der Stütze eingeleitet. Der Träger ist gegen Abrutschen zu sichern. Je nach Konstruktion sind der Stirnplattenanschluss, die rippenlose Krafteinleitung und der Anschluss der Knagge nachzuweisen.

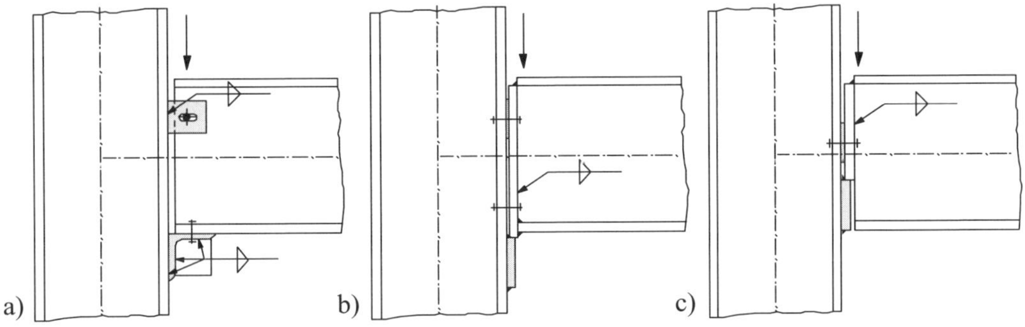

Abb. 5.17 Beispiele für Anschlüsse mit Knagge

5.7 Trägerauflager

In Abb. 5.18 a) ist der Träger auf einem Unterzug gelagert. Die Rippe ist z. B. erforderlich, um ein Gabellager zu bilden. Im Bereich der Ausklinkung ist für die Auflagerung ein Anschlussblech notwendig. Krafteinleitung und Träger im Bereich der Ausklinkung sind nachzuweisen.
In den Abb. 5.18 b), c) und d) sind Beispiele verschiedener Auflager von Trägern auf Stützen dargestellt. Rippen sind eventuell für die Krafteinleitung und/oder für die Ausbildung eines Gabellagers erforderlich. In Abb. 5.18 e) ist ein gebräuchliches Pfettenauflager angegeben. Abb. 5.18 f) zeigt die Lagerung einer Giebelwandstütze, die keine vertikalen Kräfte übernehmen soll. Dabei ist die exzentrische Lagerung bezogen auf das Anschlussteil zu beachten. Solche Lösungen wählt man, wenn z. B. eine spätere Erweiterung einer Halle geplant ist.

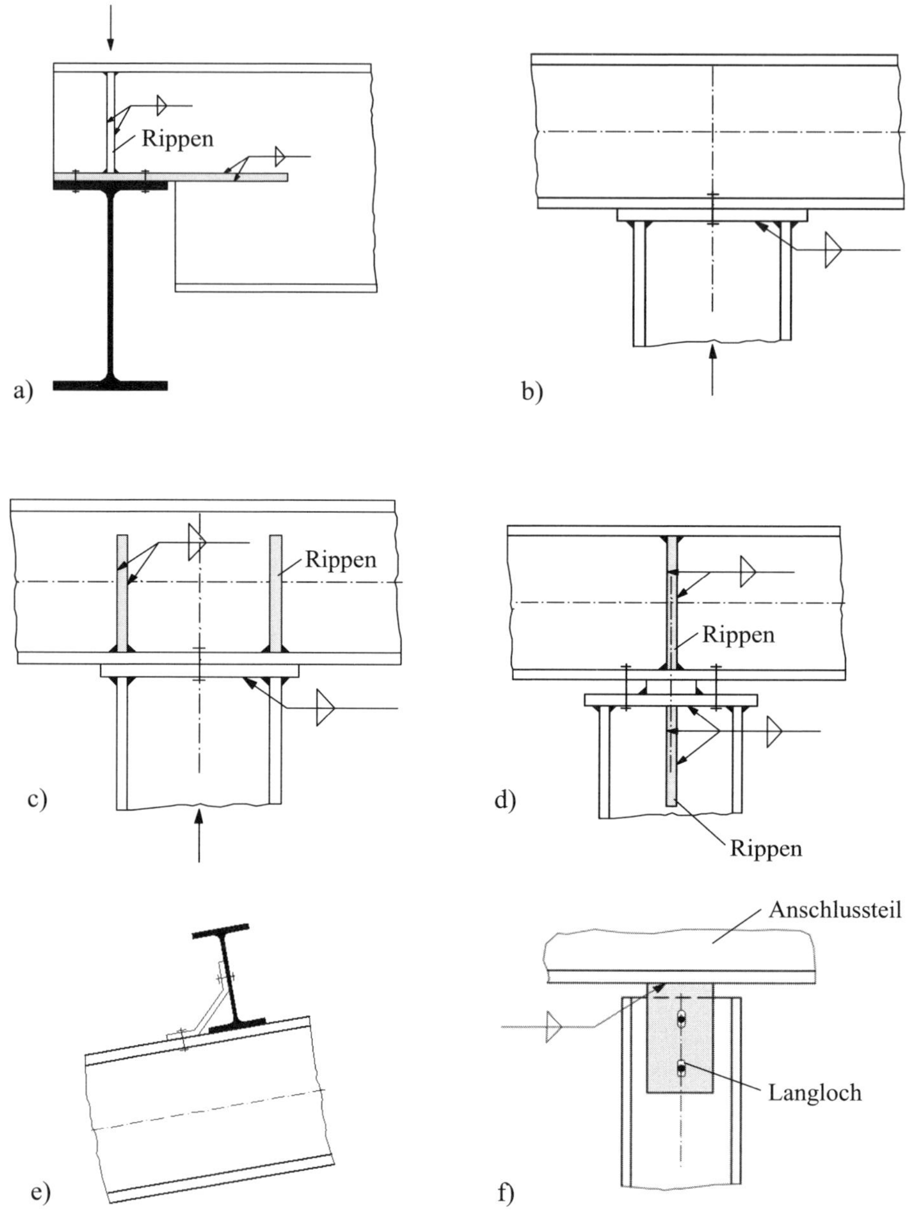

Abb. 5.18 Beispiele für Trägerauflager

5.8 Wandriegel

Wandriegel von Stahltragwerken dienen der Befestigung der Wandelemente. Sie werden vertikal durch das Eigengewicht der Wandkonstruktion und horizontal durch den Wind belastet. Deshalb entstehen am Auflager i. Allg. kleinere Vertikalkräfte und größere Horizontalkräfte. Wandriegel können auch aus dünnwandigen Kaltprofilen hergestellt werden. Die Hersteller bieten konstruktive Lösungen für die Auflagerung sowie Tragfähigkeitstabellen für den Nachweis an. In Abb. 5.19 a) sind Anschlüsse von Wandriegeln aus zwischen den Stützen liegenden Walzprofilen dargestellt. Abb. 5.19 b) zeigt Lösungen von vor den Stützen liegenden Wandriegeln.

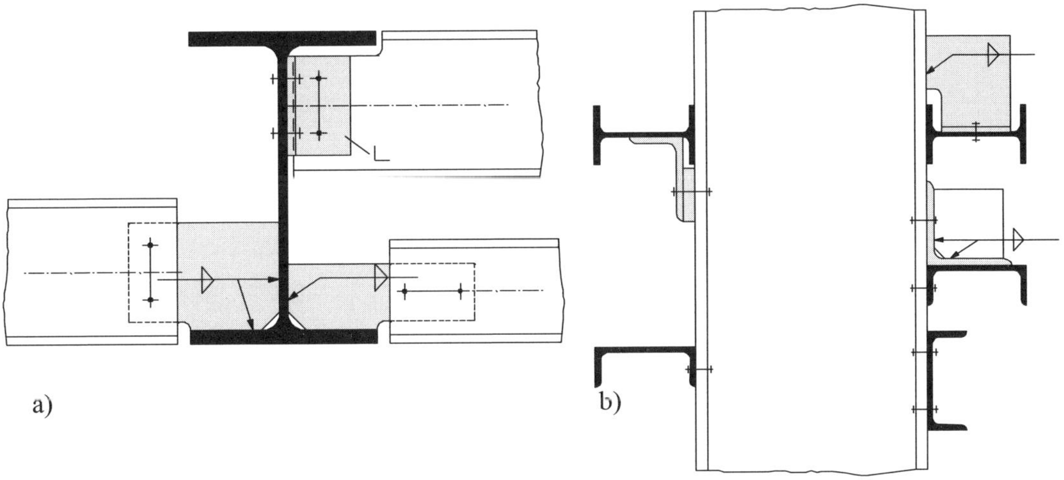

Abb. 5.19 Beispiele für Anschlüsse von Wandriegeln

5.9 Beispiele

Beispiel 5.9.1: Anschluss eines Trägers an eine Stütze mit Fahnenblech

Die folgende Berechnung gilt für einen Anschluss mit einer vertikalen Schraubenreihe. Der Träger ist ein Einfeldträger, wobei eine gelenkige Lagerung angenommen wird. Der gelenkige Anschluss soll mit einem Fahnenblech erfolgen, wobei die Duktilität und die Rotationssteifigkeit zu beachten sind. Der Träger ist nicht biegedrillknickgefährdet. Die Stirnplatte ist zwischen den Ausrundungen angeordnet.

Länge des Trägers: $l = 5$ m

Beanspruchung des Deckenträgers: $p_{\text{Ed}} = 30$ kN/m

Die konstruktiven Bedingungen für die Schrauben- und die Schweißverbindung sind eingehalten.

Werkstoff: S 235

Beanspruchung: Auflagerkraft: $F_{\text{Ed}} = 75$ kN

Profil des Trägers: IPE 300

Ausführung: Anschluss mit Fahnenblech

Fahnenblech: Bl. 200×90×12

Schrauben: M16-10.9; $d_0 = 18$ mm

Schweißnahtdicke: $a = 6$ mm

Beanspruchbarkeit des Fahnenblechs: $\sigma_{\text{Rd}} = 23{,}5$ kN/cm^2

Beanspruchbarkeit der Schweißnaht auf Schub: $\tau_{\text{w,Rd}} = 20{,}8$ kN/cm^2

Beanspruchbarkeit der Schweißnaht: $\sigma_{\text{V,w,Rd}} = 36{,}0$ kN/cm^2

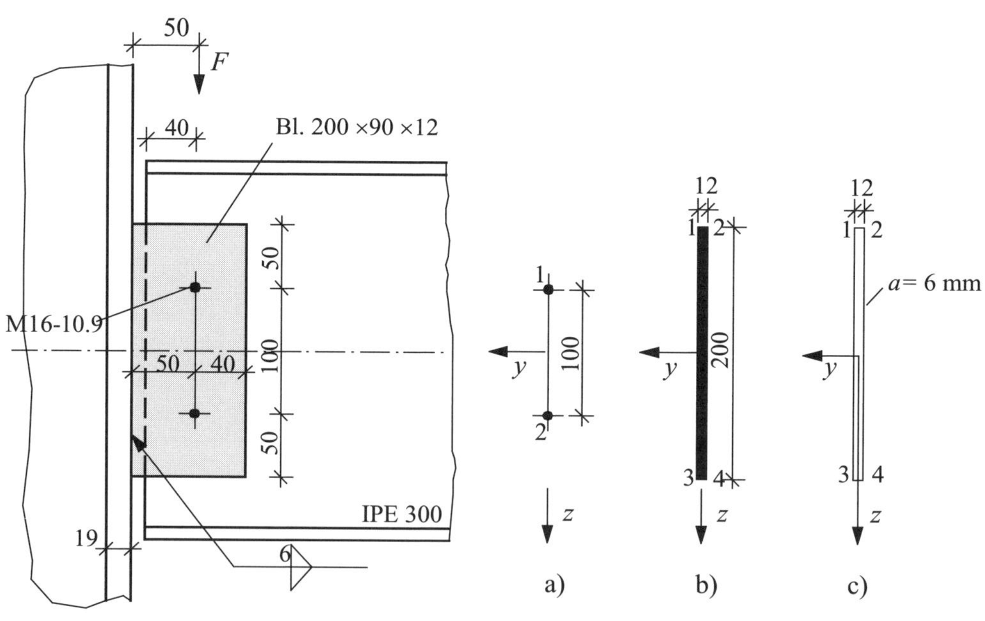

1 Nachweis des Trägers

$$M_{\text{y,Ed}} = \frac{p_{\text{Ed}} \cdot l^2}{8} = \frac{30 \cdot 5^2}{8} = 93{,}75 \text{ kN/cm}^2$$

$$M_{\text{pl,y,Rd}} = W_{\text{pl,y,Rd}} \cdot \sigma_{\text{Rd}} = 628 \cdot 21{,}4 = 134 \text{ kNm}$$

$$\frac{M_{\text{y,Ed}}}{M_{\text{pl,y,Rd}}} = \frac{93{,}75}{134} = 0{,}70 \leq 1{,}0$$

$$V_{\text{Ed}} - \frac{p_{\text{Ed}} \cdot l}{2} - \frac{30 \cdot 5}{2} - 75 \text{ kN}$$

Ist das Biegedrillknicken maßgebend, gilt:

$$\frac{M_{\text{y,Ed}}}{M_{\text{b,Rd}}} \leq 1{,}0$$

2 Konstruktion

2.1 Konstruktion der Schweißverbindung

Konstruktive Grenzwerte

$a = 6$ mm

$t \geq 3$ mm

$\min a = 3$ mm bzw.

$\min a = \sqrt{\max t} - 0{,}5 = \sqrt{10} - 0{,}5 = 2{,}66$ mm

$l_{\text{eff}} = 200 \text{ mm} \leq 150 \cdot a = 150 \cdot 6 = 900 \text{ mm}$ (1-8, 4.11)

$l_{\text{eff}} = 200 \text{ mm} \geq 6 \cdot a = 6 \cdot 6 = 24 \text{ mm bzw.} \geq 36 \text{ mm}$ (1-8, 4.5.1)

Die Grenzwerte sind eingehalten.

2.2 Konstruktion der Schraubenverbindung

Konstruktive Voraussetzungen:

$p_1 = 100 \text{ mm} \geq 2{,}2 \cdot d_0 = 2{,}2 \cdot 18 = 39{,}6 \text{ mm}$

$p_1 = 100 \text{ mm} \approx 14 \cdot t = 14 \cdot 7{,}1 = 99{,}4 \text{ mm}$

$p_1 = 100 \text{ mm} \leq 200 \text{ mm}$

$e_1 = 40 \text{ mm} \geq 1{,}2 \cdot d_0 = 1{,}2 \cdot 18 = 21{,}6 \text{ mm}$

$e_1 = 40 \text{ mm} \leq 4 \cdot t + 40 = 4 \cdot 7{,}1 + 40 = 68{,}4 \text{ mm}$

Die konstruktiven Bedingungen für die Schraubenverbindung sind eingehalten.

$t_1 = 12$ mm ; $t_2 = 7{,}1$ mm

2.3 Nachweis der Stirnplattenhöhe

$h_{\text{p}} = 230 \text{ mm} \leq d = 245 \text{ mm}$

h_{p} – Stirnplattenhöhe

d – die Höhe des geraden Trägersteges

2.4 Nachweis der Rotationskapazität

$$\phi_{\text{av}} = \frac{g_{\text{h}}}{\frac{h_{\text{p}}}{2} + h_{\text{e}}} \geq \phi_{\text{req}}$$

oder

$$g_h > \phi_{req} \cdot \left(\frac{h_p}{2} + h_e\right)$$

n_1 – Anzahl der Schraubenreihen
d – Schraubendurchmesser
g_h – Abstand zwischen Träger und Stütze
h_e – Abstand zwischen der Unterkante der Platte und der Unterkante des Trägers
ϕ_{req} – Endtangentenwinkel des Trägers auf 2 Stützen unter der gegebenen Bemessungslast

Für die Gleichstreckenlast gilt:

$$\phi_{req} = \frac{p_{Ed} \cdot l^3}{24 \cdot E \cdot I_y} = \frac{0{,}3 \cdot 500^3}{24 \cdot 21000 \cdot 8360} = 0{,}0089$$

$$\phi_{av} = \frac{g_h}{\frac{h_p}{2} + h_e} = \frac{10}{\frac{200}{2} + 50} = 0{,}067 \geq \phi_{req} = 0{,}0089$$

oder

$$g_h = 10 \text{ mm} > 0{,}0089 \cdot \left(\frac{200}{2} + 50\right) = 1{,}3 \text{ mm}$$

Für das Lochspiel erhält man:

$$\phi_{av,0} = \frac{d_0 - d_b}{(n_1 - 1) \cdot p_1} = \frac{18 - 16}{(2-1) \cdot 100} = 0{,}02 \geq \phi_{req} = 0{,}0089$$

Es entsteht kein Kontakt.

2.5 Vorzeitiges Schraubenversagen

Es muss sichergestellt werden, dass Schraubenversagen auf Abscheren nicht maßgebend wird. Dieser Nachweis ist erst am Ende der Berechnung möglich.

2.6 Vorzeitiges Schweißnahtversagen

$$a = 6 \text{ mm} \geq \frac{\beta_w \cdot f_{yp}}{\sqrt{2} \cdot f_{up}} \cdot \frac{\gamma_{M2}}{\gamma_{M0}} \cdot t_p = \frac{0{,}8 \cdot 235}{\sqrt{2} \cdot 360} \cdot \frac{1{,}25}{1{,}0} \cdot 12 = 5{,}54 \text{ mm}$$

a – Schweißnahtdicke
β_w – Korrelationsfaktor
f_{yp} – Streckgrenze des Fahnenblechs
f_{up} – Zugfestigkeit des Fahnenblechs

2.7 Vorzeitiges Beulversagen des Fahnenblechs

$$z_p = z = 50 \text{ mm}$$

$$t_p = 12 \text{ mm} \geq z_p \cdot 0{,}15 = 50 \cdot 0{,}15 = 7{,}5 \text{ mm}$$

oder

$$t_p = 12 \text{ mm} \geq \sqrt{\frac{z_p \cdot h_p}{760}} = \sqrt{\frac{50 \cdot 200}{760}} = 3{,}6 \text{ mm}$$

z – Hebelarm der Kraft
t_p – Wanddicke des Fahnenblechs

Wenn diese konstruktiven Randbedingungen erfüllt sind, kann im Allgemeinen davon ausgegangen werden, dass die Tragfähigkeiten der einzelnen Komponenten eingehalten sind.

3 Tragfähigkeiten der Komponenten

3.1 Schrauben auf Abscheren

$$\alpha_{\mathrm{v}} = 0,6$$

$$A = \frac{\pi \cdot d^2}{4} = \frac{\pi \cdot 1,6^2}{4} = 2,01\ \mathrm{cm}^2$$

$$F_{\mathrm{v,Rd}} = \frac{\alpha_{\mathrm{v}} \cdot A \cdot f_{\mathrm{ub}}}{\gamma_{\mathrm{M2}}} = \frac{0,6 \cdot 2,01 \cdot 100}{1,25} = 96,5\ \mathrm{kN}$$

$$n = 2$$

$$V_{\mathrm{Rd,1}} = \frac{n \cdot F_{\mathrm{v,Rd}}}{\sqrt{1 + \left[\frac{6 \cdot z}{(n+1) \cdot p_1}\right]^2}} = \frac{2 \cdot 96,5}{\sqrt{1 + \left[\frac{6 \cdot 5,0}{(2+1) \cdot 10,0}\right]^2}} = 136,5\ \mathrm{kN}$$

A – Querschnittsfläche des Schaftes
n – Anzahl der Schrauben

3.2 Fahnenblech auf Lochleibung

Vertikale Tragfähigkeit

$$\alpha_{\mathrm{b}} = \min\left(\frac{e_1}{3 \cdot d_0};\ \frac{p_1}{3 \cdot d_0} - \frac{1}{4};\ \frac{f_{\mathrm{ub}}}{f_{\mathrm{up}}};\ 1\right) = \left(\frac{50}{3 \cdot 18};\ \frac{100}{3 \cdot 18} - \frac{1}{4};\ \frac{1000}{360};\ 1\right)$$

$$\alpha_{\mathrm{b}} = (0,926;\ 1,85;\ 2,78;\ 1) = 0,926$$

$$k_1 = \min\left(2,8 \cdot \frac{e_2}{d_0} - 1,7;\ 2,5\right) = \left(2,8 \cdot \frac{40}{18} - 1,7;\ 2,5\right)$$

$$k_1 = (4,52;\ 2,5) = 2,5$$

$$F_{\mathrm{b,z,p,Rd}} = \frac{\alpha_{\mathrm{b}} \cdot k_1 \cdot f_{\mathrm{up}} \cdot d \cdot t_{\mathrm{p}}}{\gamma_{\mathrm{M2}}} = \frac{0,926 \cdot 2,5 \cdot 36,0 \cdot 1,6 \cdot 1,2}{1,25} = 128\ \mathrm{kN}$$

Horizontale Tragfähigkeit

$$\alpha_{\mathrm{b}} = \min\left(\frac{e_2}{3 \cdot d_0};\ \frac{f_{\mathrm{ub}}}{f_{\mathrm{up}}};\ 1\right) = \left(\frac{40}{3 \cdot 18};\ \frac{1000}{360};\ 1\right)$$

$$\alpha_{\mathrm{b}} = (0,741;\ 2,78;\ 1) = 0,741$$

$$k_1 = \min\left(2,8 \cdot \frac{e_1}{d_0} - 1,7;\ 1,4 \cdot \frac{p_1}{d_0} - 1,7;\ 2,5\right) = \left(2,8 \cdot \frac{40}{18} - 1,7;\ 1,4 \cdot \frac{100}{18} - 1,7;\ 2,5\right)$$

$$k_1 = (4,52;\ 6,08;\ 2,5) = 2,5$$

$$F_{\mathrm{b,y,p,Rd}} = \frac{\alpha_{\mathrm{b}} \cdot k_1 \cdot f_{\mathrm{up}} \cdot d \cdot t_{\mathrm{p}}}{\gamma_{\mathrm{M2}}} = \frac{0,741 \cdot 2,5 \cdot 36,0 \cdot 1,6 \cdot 1,2}{1,25} = 102\ \mathrm{kN}$$

Resultierende Kraft

$$\beta = \frac{6 \cdot z}{p_1 \cdot n \cdot (n+1)} = \frac{6 \cdot 50}{100 \cdot 2 \cdot (2+1)} = 0,5$$

$$V_{\mathrm{Rd,2}} = \frac{1}{\sqrt{\left(\frac{\frac{1}{n}}{F_{\mathrm{b,z,p,Rd}}}\right)^2 + \left(\frac{\beta}{F_{\mathrm{b,y,p,Rd}}}\right)^2}} = \frac{1}{\sqrt{\left(\frac{\frac{1}{2}}{128}\right)^2 + \left(\frac{0,5}{102}\right)^2}} = 160 \text{ kN}$$

3.3 Schub im Fahnenblech für den Bruttoquerschnitt

$$V_{\mathrm{Rd,3}} = \frac{h_{\mathrm{p}} \cdot t_{\mathrm{p}} \cdot f_{\mathrm{yp}}}{1,27 \cdot \sqrt{3} \cdot \gamma_{\mathrm{M0}}} = \frac{20,0 \cdot 1,2 \cdot 23,5}{1,27 \cdot \sqrt{3} \cdot 1,0} = 256 \text{ kN}$$

3.4 Schub im Fahnenblech für den Nettoquerschnitt

$$A_{\mathrm{v,net}} = t_{\mathrm{p}} \cdot \left(h_{\mathrm{p}} - n_1 \cdot d_0\right) = 1,2 \cdot (20,0 - 2 \cdot 1,8) = 19,7 \text{ cm}^2$$

$$V_{\mathrm{Rd,4}} = \frac{A_{\mathrm{v,net}} \cdot f_{\mathrm{up}}}{\sqrt{3} \cdot \gamma_{\mathrm{M2}}} = \frac{19,7 \cdot 36,0}{\sqrt{3} \cdot 1,25} = 328 \text{ kN}$$

n_1 – Anzahl der Schraubenreihen

3.5 Blockversagen des Fahnenblechs

$$A_{\mathrm{nt}} = t_{\mathrm{p}} \cdot \left(e_2 - \frac{d_0}{2}\right) = 1,2 \cdot \left(4 - \frac{1,8}{2}\right) = 3,72 \text{ cm}^2$$

$$A_{\mathrm{nv}} = t_{\mathrm{p}} \cdot \left(h_{\mathrm{p}} - e_1 - (n_1 - 0,5) \cdot d_0\right) = 1,2 \cdot \left(20,0 - 5,0 - (2 - 0,5) \cdot 1,8\right) = 14,8 \text{ cm}^2$$

$$V_{\mathrm{eff,1,Rd}} = \frac{0,5 \cdot f_{\mathrm{up}} \cdot A_{\mathrm{nt}}}{\gamma_{\mathrm{M2}}} + \frac{f_{\mathrm{yp}} \cdot A_{\mathrm{nv}}}{\sqrt{3} \cdot \gamma_{\mathrm{M0}}} = \frac{0,5 \cdot 36,0 \cdot 3,72}{1,25} + \frac{23,5 \cdot 14,8}{\sqrt{3} \cdot 1,0} = 254 \text{ kN}$$

$$V_{\mathrm{Rd,5}} = V_{\mathrm{eff,1,Rd}} = 254 \text{ kN}$$

n_1 – Anzahl der Schraubenreihen

3.6 Fahnenblech auf Biegung

$$W_{\mathrm{el}} = \frac{1}{6} \cdot t_{\mathrm{p}} \cdot h_{\mathrm{p}}^2 = \frac{1}{6} \cdot 1,2 \cdot 20,0^2 = 80 \text{ cm}^3$$

$$V_{\mathrm{Rd,6}} = \frac{W_{\mathrm{el}} \cdot f_{\mathrm{yp}}}{z \cdot \gamma_{\mathrm{M0}}} = \frac{80 \cdot 23,5}{5,0 \cdot 1,0} = 376 \text{ kN}$$

3.7 Beulen des Fahnenblechs

$$t_{\mathrm{p}} = 12 \text{ mm} \geq \sqrt{\frac{z_{\mathrm{p}} \cdot h_{\mathrm{p}}}{760}} = \sqrt{\frac{50 \cdot 200}{760}} = 3,62 \text{ mm}$$

$$V_{\mathrm{Rd,7}} = V_{\mathrm{Rd,6}} = 376 \text{ kN}$$

3.8 Trägersteg auf Lochleibung

Vertikale Tragfähigkeit

$$\alpha_b = \min\left(\frac{p_1}{3\cdot d_0}-\frac{1}{4};\ \frac{f_{ub}}{f_{up}},1\right)=\left(\frac{100}{3\cdot 18}-\frac{1}{4};\ \frac{1000}{360};\ 1\right)$$

$$\alpha_b = (1{,}85;\ 2{,}78;\ 1) = 1$$

$$k_1 = \min\left(2{,}8\cdot\frac{e_{2b}}{d_0}-1{,}7;\ 2{,}5\right)=\left(2{,}8\cdot\frac{40}{18}-1{,}7;\ 2{,}5\right)$$

$$k_1 = (4{,}52;\ 2{,}5) = 2{,}5$$

$$F_{b,z,w,Rd} = \frac{\alpha_b\cdot k_1\cdot f_{up}\cdot d\cdot t_w}{\gamma_{M2}} = \frac{1{,}0\cdot 2{,}5\cdot 36{,}0\cdot 1{,}6\cdot 0{,}71}{1{,}25} = 81{,}8\ \text{kN}$$

Horizontale Tragfähigkeit

$$\alpha_b = \min\left(\frac{e_{2b}}{3\cdot d_0};\ \frac{f_{ub}}{f_{up}};\ 1\right)=\left(\frac{40}{3\cdot 18};\ \frac{1000}{360};\ 1\right)$$

$$\alpha_b = (0{,}741;\ 2{,}78;\ 1) = 0{,}741$$

$$k_1 = \min\left(1{,}4\cdot\frac{p_1}{d_0}-1{,}7;\ 2{,}5\right)=\left(1{,}4\cdot\frac{100}{18}-1{,}7;\ 2{,}5\right)$$

$$k_1 = (6{,}08;\ 2{,}5) = 2{,}5$$

$$F_{b,y,w,Rd} = \frac{\alpha_b\cdot k_1\cdot f_{uw}\cdot d\cdot t_w}{\gamma_{M2}} = \frac{0{,}741\cdot 2{,}5\cdot 36{,}0\cdot 1{,}6\cdot 0{,}71}{1{,}25} = 60{,}6\ \text{kN}$$

Resultierende Kraft

$$\beta = \frac{6\cdot z}{p_1\cdot n\cdot(n+1)} = \frac{6\cdot 50}{100\cdot 2\cdot(2+1)} = 0{,}5$$

$$V_{Rd,8} = \frac{1}{\sqrt{\left(\frac{\frac{1}{n}}{F_{b,z,w,Rd}}\right)^2+\left(\frac{\beta}{F_{b,y,w,Rd}}\right)^2}} = \frac{1}{\sqrt{\left(\frac{\frac{1}{2}}{81{,}8}\right)^2+\left(\frac{0{,}5}{60{,}6}\right)^2}} = 97{,}4\ \text{kN}$$

3.9 Trägersteg auf Schub

$$V_{Rd,9} = \frac{A_{v.z}\cdot f_{yw}}{\sqrt{3}\cdot\gamma_{M0}} = \frac{25{,}7\cdot 23{,}5}{\sqrt{3}\cdot 1{,}0} = 349\ \text{kN}$$

3.10 Trägersteg auf Schub (Nettoquerschnitt)

$$A_{v,net} = A_{v.z} - n_1\cdot d_0\cdot t_w = 25{,}7 - 2\cdot 1{,}8\cdot 0{,}71 = 23{,}1\ \text{cm}^2$$

$$V_{Rd,10} = \frac{2\cdot A_{v,net}\cdot f_{uw}}{\sqrt{3}\cdot\gamma_{M2}} = \frac{23{,}1\cdot 36{,}0}{\sqrt{3}\cdot 1{,}25} = 384\ \text{kN}$$

3.11 Blockversagen des Trägersteges

$$A_{\text{nt}} = t_{\text{w}} \cdot \left(e_{2\text{b}} - \frac{d_0}{2} \right) = 0,71 \cdot \left(4 - \frac{1,8}{2} \right) = 2,20 \text{ cm}^2$$

$$A_{\text{nv}} = t_{\text{w}} \cdot \left[e_{1\text{b}} + (n_1 - 1) \cdot p_1 - (n_1 - 0,5) \cdot d_0 \right]$$

$$A_{\text{nv}} = 0,71 \cdot \left[10,0 + (2-1) \cdot 10,0 - (2-0,5) \cdot 1,8 \right] = 12,3 \text{ cm}^2$$

$$V_{\text{eff,1,Rd}} = \frac{0,5 f_{\text{uw}} \cdot A_{\text{nt}}}{\gamma_{\text{M2}}} + \frac{f_{\text{yw}} \cdot A_{\text{nv}}}{\sqrt{3} \cdot \gamma_{\text{M0}}} = \frac{0,5 \cdot 36,0 \cdot 2,2}{1,25} + \frac{23,5 \cdot 12,3}{\sqrt{3} \cdot 1,0} = 199 \text{ kN}$$

$$V_{\text{Rd,11}} = V_{\text{eff,1,Rd}} = 199 \text{ kN}$$

4 Zusammenfassung und Nachweis

3.1 Schrauben auf Abscheren	$V_{\text{Rd,1}} = 112$ kN
3.2 Fahnenblech auf Lochleibung	$V_{\text{Rd,2}} = 160$ kN
3.3 Schub im Fahnenblech für den Bruttoquerschnitt	$V_{\text{Rd,3}} = 256$ kN
3.4 Schub im Fahnenblech für den Nettoquerschnitt	$V_{\text{Rd,4}} = 328$ kN
3.5 Blockversagen des Fahnenblechs	$V_{\text{Rd,5}} = 254$ kN
3.6 Fahnenblech auf Biegung	$V_{\text{Rd,6}} = 376$ kN
3.7 Beulen des Fahnenblechs	$V_{\text{Rd,7}} = 376$ kN
3.8 Trägersteg auf Lochleibung	$V_{\text{Rd,8}} = 97,4$ kN
3.9 Schub im Trägersteg für den Bruttoquerschnitt	$V_{\text{Rd,9}} = 349$ kN
3.10 Schub im Trägersteg für den Nettoquerschnitt	$V_{\text{Rd,10}} = 384$ kN
3.11 Blockversagen des Trägersteges	$V_{\text{Rd,11}} = 199$ kN
3.12 Nachweis der Schweißnaht s. Abschnitt 5	

Die kleinste Tragfähigkeit ist maßgebend.

$$V_{\text{j,Rd}} = 97,4 \text{ kN}$$

Nachweis:

$$\frac{V_{\text{Ed}}}{V_{\text{j,Rd}}} = \frac{75}{97,4} = 0,77 \leq 1,0$$

zu 2.5 Vorzeitiges Schraubenversagen

1. Bedingung:

Die Tragfähigkeit des Stirnplattenanschlusses muss kleiner sein als die Tragfähigkeit der Schraubenverbindung auf Abscheren und Beulen.

$$V_{\text{j,Rd}} = 97,4 \text{ kN} \leq \min(V_{\text{Rd,1}}, V_{\text{Rd,7}}) = 112 \text{ kN}$$

2. Bedingung:

Die Tragfähigkeit auf Lochleibung der maximal beanspruchten Schraube aus einem Biegemoment muss kleiner sein als die Abscherkraft der Schraube. Dies gilt auch für das Biegemoment mit der Scherkraft für das Beulen. Es ist ausreichend, wenn dies nur für den Trägersteg oder das Fahnenblech erfüllt ist.

$$F_{\mathrm{v,Rd}} = 96{,}5 \text{ kN} \qquad V_{\mathrm{Rd,7}} \cdot \beta = 376 \cdot 0{,}5 = 188 \text{ kN}$$

$$F_{\mathrm{b,y,w,Rd}} = 60{,}6 \text{ kN} \leq \min(F_{\mathrm{v,Rd}}, V_{\mathrm{Rd,7}} \cdot \beta) = 96{,}5 \text{ kN}$$

oder

$$F_{\mathrm{b,y,p,Rd}} = 102 \text{ kN} \leq \min(F_{\mathrm{v,Rd}}, V_{\mathrm{Rd,7}} \cdot \beta) = 96{,}5 \text{ kN}$$

5 Nachweis der Komponenten für die vorhandene Querkraft

5.1 Nachweis der Schraubenverbindung am Träger

$$t_1 = 12 \text{ mm}; \; t_2 = 7{,}1 \text{ mm}$$

Es werden hier die Nachweise für die vorhandene Querkraft $V_{\mathrm{Ed}} = 75$ kN geführt.

Für die Schraubenverbindung wird angenommen, dass der Momentennullpunkt am Flansch der Stütze liegt. Der Nachweis der Schraubenverbindung des Fahnenblechs ist hier nicht maßgebend.

Querschnittswerte:

Schraube 2 ist maßgebend

Grenzabscherkraft

$$m \cdot F_{\mathrm{v,Rd}} = 1 \cdot 96{,}5 = 96{,}5 \text{ kN} \qquad \text{Tabelle 13.1}$$

Die Grenzlochleibungskräfte müssen vorzeichengerecht berechnet werden.

$$+F_{\mathrm{y,b,Rd}} = +0{,}71 \cdot 85{,}3 = +60{,}6 \text{ kN} \qquad e_1 = 40 \text{ mm} \qquad \text{Tabelle 13.4}$$

$$-F_{\mathrm{y,b,Rd}} = -0{,}71 \cdot 115 = -81{,}7 \text{ kN} \qquad p_1 \geq 3{,}75 \cdot d_0 \qquad \text{Tabelle 13.4}$$

$$+F_{\mathrm{z,b,Rd}} = +0{,}71 \cdot 115 = -81{,}7 \text{ kN} \qquad p_1 \geq 3{,}75 \cdot d_0 \qquad \text{Tabelle 13.4}$$

$$-F_{\mathrm{z,b,Rd}} = -0{,}71 \cdot 115 = -81{,}7 \text{ kN} \qquad p_1 \geq 3{,}75 \cdot d_0 \qquad \text{Tabelle 13.4}$$

$$A = 2 \qquad I_{\mathrm{p}} = \sum z_{\mathrm{i}}^2 = 5{,}00^2 + 5{,}00^2 = 50 \text{ cm}^2$$

Beanspruchungen des Punktequerschnittes:

$$V_{\mathrm{z}} = -F_{1,\mathrm{d}} = -75 \text{ kN} \quad M_{\mathrm{x}} = -F_{1,\mathrm{d}} \cdot z = -75 \cdot 5{,}0 = -375 \text{ kNcm}$$

Nachweis der Schraube 2

$$T_{\mathrm{y}} = -\frac{M_{\mathrm{x}}}{I_{\mathrm{p}}} \cdot z = -\frac{-375}{50} \cdot (+5{,}00) = +37{,}5 \text{ kN}$$

$$T_{\mathrm{z}} = \frac{V_{\mathrm{z}}}{A} = \frac{-75}{2} = -37{,}5 \text{ kN}$$

$$T = \sqrt{T_{\mathrm{y}}^2 + T_{\mathrm{z}}^2} = \sqrt{37{,}5^2 + 37{,}5^2} = 53{,}0 \text{ kN}$$

$$\frac{T}{m \cdot F_{\mathrm{v,Rd}}} = \frac{53{,}0}{96{,}5} = 0{,}55 \leq 1 \qquad \frac{T_{\mathrm{y}}}{F_{\mathrm{y,b,Rd}}} = \frac{37{,}5}{60{,}6} = 0{,}62 \leq 1 \qquad \frac{T_{\mathrm{z}}}{F_{\mathrm{z,b,Rd}}} = \frac{37{,}5}{81{,}7} = 0{,}46 \leq 1$$

In den Empfehlungen [53] wird der folgende ungünstigere Nachweis geführt.

$$\left(\frac{T_{\mathrm{y}}}{F_{\mathrm{y,b,Rd}}}\right)^2 + \left(\frac{T_{\mathrm{z}}}{F_{\mathrm{z,b,Rd}}}\right)^2 \leq 1 \qquad \left(\frac{37{,}5}{60{,}6}\right)^2 + \left(\frac{37{,}5}{81{,}7}\right)^2 = 0{,}59 \leq 1$$

5.2 Nachweis des Fahnenbleches

Das Fahnenblech wird direkt neben der Schweißnaht nachgewiesen.

Querschnittswerte:

$$b = t = 1{,}20 \text{ cm}; \; h = 20{,}0 \text{ cm}$$

$$A_z = b \cdot h = 1{,}20 \cdot 20 = 24 \text{ cm}^2$$

$$W_y = b \cdot \frac{h^2}{6} = 1{,}20 \cdot \frac{20^2}{6} = 80 \text{ cm}^3$$

$$W_t = \frac{1}{3} \cdot h \cdot t^2 = \frac{1}{3} \cdot 20 \cdot 1{,}20^2 = 9{,}60 \text{ cm}^3$$

Da die Auflagerkraft F_{Ed} in der Stegmitte des Trägers wirkt, ergeben sich betragsmäßig folgende Schnittgrößen.

$$V_z = F_{Ed} = 75 \text{ kN} \qquad M_y = F_{Ed} \cdot z = 75 \cdot 5 = 375 \text{ kNcm}$$

$$M_x = F_{Ed} \cdot \left(\frac{t_w}{2} + \frac{t}{2} \right) = 75 \cdot \left(\frac{0{,}71}{2} + \frac{1{,}20}{2} \right) = 71{,}6 \text{ kNcm}$$

Maximale Spannung:

$$\sigma = \frac{M_y}{W_y} = \frac{375}{80} = 4{,}68 \text{ kN/cm}^2$$

$$\tau = \frac{V_z}{A_z} + \frac{M_x}{W_t} = \frac{75}{24} + \frac{71{,}6}{9{,}6} = 10{,}6 \text{ kN/cm}^2 \leq \tau_{R,d} = 12{,}6 \text{ kN/cm}^2$$

$$\sigma_V = \sqrt{\sigma^2 + 3 \cdot \tau^2} = \sqrt{4{,}68^2 + 3 \cdot 10{,}6^2} = 18{,}9 \text{ kN/cm}^2$$

$$\frac{\sigma_V}{\sigma_{R,d}} = \frac{18{,}9}{23{,}5} = 0{,}80 \leq 1$$

5.3 Nachweis der Schweißverbindung

Nachweis des Linienquerschnittes nach Beispiel 3 im Abschnitt Schweißverbindung:

$$a = 0{,}6 \text{ cm};\ b = 1{,}20 \text{ cm};\ h = 20{,}0 \text{ cm}$$

$$A = 2 \cdot a \cdot h + 2 \cdot a \cdot b = 2 \cdot 0{,}6 \cdot 20{,}0 + 2 \cdot 0{,}6 \cdot 1{,}20 = 25{,}4 \text{ cm}^2$$

$$A_z = A = 25{,}4 \text{ cm}^2$$

$$I_y = \frac{1}{6} \cdot a \cdot h^3 + \frac{1}{2} \cdot a \cdot b \cdot h^2 = \frac{1}{6} \cdot 0{,}6 \cdot 20{,}0^3 + \frac{1}{2} \cdot 0{,}6 \cdot 1{,}2 \cdot 20{,}0^2 = 944 \text{ cm}^4$$

$$W_y = \frac{I_y}{h} \cdot 2 = \frac{944}{20} \cdot 2 = 94{,}4 \text{ cm}^3$$

$$W_t = 2 \cdot A_m \cdot a = 2 \cdot b \cdot h \cdot a = 2 \cdot 1{,}20 \cdot 20{,}0 \cdot 0{,}6 = 28{,}8 \text{ cm}^3 \text{(Band 1-(8.17))}$$

Das polare Trägheitsmoment I_p darf wegen der geringen Plattensteifigkeit des Fahnenbleches nicht angesetzt werden. Die Schnittgrößen sind gleich den Schnittgrößen für das Fahnenblech.

$$V_z = 75 \text{ kN} \qquad M_y = 375 \text{ kNcm} \qquad M_x = 71{,}6 \text{ kNcm}$$

Maximale Spannung:

$$\sigma_w = \frac{M_y}{W_y} = \frac{375}{94{,}4} = 3{,}97 \text{ kN/cm}^2$$

$$\tau_{z,w} = \frac{V_z}{A_z} + \frac{M_x}{W_t} = \frac{75}{25{,}4} + \frac{71{,}6}{28{,}8} = 5{,}43 \text{ kN/cm}^2$$

$$\sigma_{V,w,Ed} = \sqrt{2 \cdot \sigma_w^2 + 3 \cdot \tau_{z,w}^2} = \sqrt{2 \cdot 3{,}97^2 + 3 \cdot 5{,}43^2} = 11{,}0 \text{ kN/cm}^2$$

$$\frac{\sigma_{V,w,Ed}}{\sigma_{V,w,Rd}} = \frac{11{,}0}{36{,}0} = 0{,}31 \leq 1{,}0$$

5.9.2: Anschluss eines Trägers an eine Stütze mit Stirnplatte

Die folgende Berechnung gilt für einen Anschluss mit einer vertikalen Schraubenreihe.
Der Träger ist ein Einfeldträger, wobei eine gelenkige Lagerung angenommen wird. Der gelenkige Anschluss soll mit einer Stirnplatte erfolgen, wobei die Duktilität und die Rotationssteifigkeit zu beachten sind. Der Träger ist nicht biegedrillknickgefährdet. Die Stirnplatte ist zwischen den Ausrundungen angeordnet.

Länge des Trägers: $l = 5$ m

Beanspruchung des Deckenträgers: $p_{\text{Ed}} = 40$ kN/m

Werkstoff: S 235

Nachweisverfahren: Elastisch-Plastisch

Profil des Trägers: IPE 300; $t_{\text{w}} = 7{,}1$ mm

Profil der Stütze: HEA 200; $t_{\text{f}} = 10$ mm

Stirnplatte: Bl. 230×200×10

Schrauben: M16-10.9; $d_0 = 18$ mm

Schweißnahtdicke: $a_{\text{w}} = 4$ mm

Beanspruchbarkeit der Stirnplatte: $\sigma_{\text{Rd}} = 23{,}5$ kN/cm^2

Beanspruchbarkeit der Schweißnaht auf Schub: $\tau_{\text{w,Rd}} = 20{,}8$ kN/cm^2

Beanspruchbarkeit der Schweißnaht: $\sigma_{\text{V,w,Rd}} = 36{,}0$ kN/cm^2

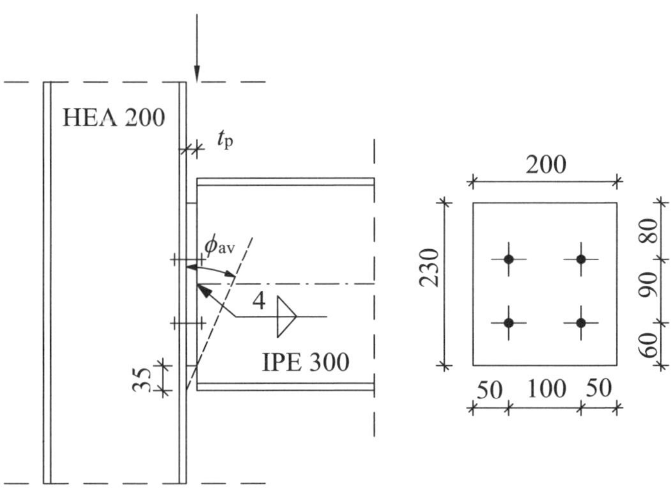

1 Nachweis des Trägers

$$M_{\text{y,Ed}} = \frac{p_{\text{Ed}} \cdot l^2}{8} = \frac{40 \cdot 5^2}{8} = 125 \text{ kN/cm}^2$$

$$M_{\text{pl,y,Rd}} = W_{\text{pl,y,Rd}} \cdot \sigma_{\text{Rd}} = 628 \cdot 21{,}4 = 134 \text{ kNm}$$

$$\frac{M_{\text{y,Ed}}}{M_{\text{pl,y,Rd}}} = \frac{125}{134} = 0{,}93 \leq 1{,}0$$

$$V_{\text{Ed}} = \frac{p_{\text{Ed}} \cdot l}{2} = \frac{40 \cdot 5}{2} = 100 \text{ kN}$$

Ist das Biegedrillknicken maßgebend, gilt:

$$\frac{M_{\text{y,Ed}}}{M_{\text{b,Rd}}} \leq 1{,}0$$

2 Konstruktion

2.1 Konstruktion der Schweißverbindung

Konstruktive Grenzwerte

$$a = 4 \text{ mm}$$

$$t \geq 3 \text{ mm}$$

$$\min a = 3 \text{ mm bzw.}$$

$$\min a = \sqrt{\max t} - 0{,}5 = \sqrt{10} - 0{,}5 = 2{,}66 \text{ mm}$$

$$l_{\text{eff}} = 230 \text{ mm} \leq 150 \cdot a = 150 \cdot 4 = 600 \text{ mm} \qquad (1\text{-}8, 4.11)$$

$$l_{\text{eff}} = 230 \text{ mm} \geq 6 \cdot a = 6 \cdot 4 = 24 \text{ mm bzw.} \geq 30 \text{ mm} \qquad (1\text{-}8, 4.5.1)$$

Die Grenzwerte sind eingehalten.

2.2 Konstruktion der Schraubenverbindung

$$p_1 = 90 \text{ mm} \geq 2{,}2 \cdot d_0 = 2{,}2 \cdot 18 = 39{,}6 \text{ mm}$$

$$p_1 = 90 \text{ mm} \leq 9 \cdot t \cdot \varepsilon = 9 \cdot 10 \cdot \sqrt{\frac{235}{235}} = 90 \text{ mm}$$

$$p_1 = 90 \text{ mm} \leq 200 \text{ mm}$$

$$e_1 = 80 \text{ mm} \geq 1{,}2 \cdot d_0 = 1{,}2 \cdot 18 = 21{,}6 \text{ mm}$$

$$e_1 = 80 \text{ mm} \leq 4 \cdot t + 40 = 4 \cdot 10 + 40 = 80 \text{ mm}$$

$$p_2 = 100 \text{ mm} \geq 2{,}4 \cdot d_0 = 2{,}4 \cdot 18 = 43{,}2 \text{ mm}$$

$$p_2 = 100 \text{ mm} \leq 14 \cdot t = 14 \cdot 10 = 140 \text{ mm}$$

$$p_2 = 100 \text{ mm} \leq 200 \text{ mm}$$

Die konstruktiven Bedingungen für die Schraubenverbindung sind eingehalten.

2.3 Nachweis der Stirnplattenhöhe

$$h_{\text{p}} = 230 \text{ mm} \leq d = 245 \text{ mm}$$

h_{p} – Stirnplattenhöhe
d – die Höhe des geraden Trägersteges

2.4 Nachweis der Rotationskapazität

$$\phi_{\text{av}} = \frac{t_p}{h_{\text{e}}} > \phi_{\text{req}}$$

t_{p} – Stirnplattendicke
h_{e} – Abstand zwischen der Unterkante der Platte und der Unterkante des Trägers
ϕ_{req} – Endtangentenwinkel des Trägers auf 2 Stützen unter der gegebenen Bemessungslast

Für die Gleichstreckenlast gilt:

$$\phi_{\text{req}} = \frac{p_{\text{Ed}} \cdot l^3}{24 \cdot E \cdot I_{\text{y}}} = \frac{0{,}4 \cdot 500^3}{24 \cdot 21000 \cdot 8360} = 0{,}0119$$

$$\phi_{\text{av}} = \frac{t_p}{h_{\text{c}}} = \frac{10}{35} = 0{,}286 > \phi_{\text{req}} = 0{,}0119$$

2.5 Vorzeitiges Schraubenversagen

$$\frac{d}{t_{\text{p}}} = \frac{16}{10} = 1{,}6 \geq 2{,}8 \cdot \sqrt{\frac{f_{\text{y}}}{f_{\text{ub}}}} = 2{,}8 \cdot \sqrt{\frac{235}{1000}} = 1{,}36 \qquad \text{erfüllt}$$

oder

$$\frac{d}{t_{\text{f}}} = \frac{16}{10} = 1{,}6 \geq 2{,}8 \cdot \sqrt{\frac{f_{\text{y}}}{f_{\text{ub}}}} = 2{,}8 \cdot \sqrt{\frac{235}{1000}} = 1{,}36 \qquad \text{erfüllt}$$

2.6 Vorzeitiges Schweißnahtversagen

$$a = 4 \text{ mm} \geq \frac{\beta_{\text{w}} \cdot f_{\text{yw}}}{\sqrt{2} \cdot f_{\text{uw}}} \cdot \frac{\gamma_{\text{M2}}}{\gamma_{\text{M0}}} \cdot t_{\text{w}} = \frac{0{,}8 \cdot 235}{\sqrt{2} \cdot 360} \cdot \frac{1{,}25}{1{,}0} \cdot 7{,}1 = 3{,}28 \text{ mm}$$

a – Schweißnahtdicke
β_{w} – Korrelationsfaktor
f_{yw} – Streckgrenze des Trägersteges
f_{uw} – Zugfestigkeit des Trägersteges

Wenn diese konstruktiven Randbedingungen erfüllt sind, kann im Allgemeinen davon ausgegangen werden, dass die Tragfähigkeiten der einzelnen Komponenten eingehalten sind.

3 Tragfähigkeiten der Komponenten

3.1 Schrauben auf Abscheren

$$\alpha_{\text{v}} = 0{,}6$$

$$A = \frac{\pi \cdot d^2}{4} = \frac{\pi \cdot 1{,}6^2}{4} = 2{,}01 \text{ cm}^2$$

$$F_{\text{v,Rd}} = \frac{\alpha_{\text{v}} \cdot A \cdot f_{\text{ub}}}{\gamma_{\text{M2}}} = \frac{0{,}6 \cdot 2{,}01 \cdot 100}{1{,}25} = 96{,}5 \text{ kN}$$

$$n = 4$$

$$V_{\text{Rd,1}} = 0{,}8 \cdot n \cdot F_{\text{v,Rd}} = 0{,}8 \cdot 4 \cdot 96{,}5 = 309 \text{ kN}$$

A – Querschnittsfläche des Schaftes
n – Anzahl der Schrauben

3.2 Stirnplatte auf Lochleibung

$$\alpha_{\text{b}} = \min\left(\frac{e_1}{3 \cdot d_0};\ \frac{p_1}{3 \cdot d_0} - \frac{1}{4};\ \frac{f_{\text{ub}}}{f_{\text{up}}};\ 1\right) = \left(\frac{80}{3 \cdot 18};\ \frac{90}{3 \cdot 18} - \frac{1}{4};\ \frac{1000}{360};\ 1\right)$$

$$\alpha_{\text{b}} = (1{,}48;\ 1{,}42;\ 2{,}78;\ 1) = 1$$

$$k_1 = \min\left(2{,}8 \cdot \frac{e_2}{d_0} - 1{,}7;\ 1{,}4 \cdot \frac{p_2}{d_0} - 1{,}7;\ 2{,}5\right) = \left(2{,}8 \cdot \frac{50}{18} - 1{,}7;\ 1{,}4 \cdot \frac{100}{18} - 1{,}7;\ 2{,}5\right)$$

$$k_1 = (6{,}08;\ 6{,}08;\ 2{,}5) = 2{,}5$$

$$F_{\text{b,Rd}} = \frac{\alpha_b \cdot k_1 \cdot f_{\text{up}} \cdot d \cdot t_p}{\gamma_{M2}} = \frac{1 \cdot 2{,}5 \cdot 36{,}0 \cdot 1{,}6 \cdot 1{,}0}{1{,}25} = 115 \text{ kN}$$

$$n = 4$$

$$V_{\text{Rd,2}} = n \cdot F_{\text{b,Rd}} = 4 \cdot 115 = 460 \text{ kN}$$

3.3 Stützenflansch auf Lochleibung

$$\alpha_b = \min\left(\frac{p_1}{3 \cdot d_0} - \frac{1}{4};\ \frac{f_{\text{ub}}}{f_{\text{up}}}, 1\right) = \left(\frac{90}{3 \cdot 18} - \frac{1}{4};\ \frac{1000}{360};\ 1\right)$$

$$\alpha_b = (1{,}42;\ 2{,}78;\ 1) = 1$$

$$k_1 = \min\left(1{,}4 \cdot \frac{p_2}{d_0} - 1{,}7;\ 2{,}5\right) = \left(1{,}4 \cdot \frac{100}{18} - 1{,}7;\ 2{,}5\right)$$

$$k_1 = (6{,}08;\ 2{,}5) = 2{,}5$$

$$F_{\text{b,Rd}} = \frac{\alpha_b \cdot k_1 \cdot f_{\text{ucf}} \cdot d \cdot t_f}{\gamma_{M2}} = \frac{1 \cdot 2{,}5 \cdot 36{,}0 \cdot 1{,}6 \cdot 1{,}0}{1{,}25} = 115 \text{ kN}$$

$$n = 4$$

$$V_{\text{Rd,3}} = n \cdot F_{\text{b,Rd}} = 4 \cdot 115 = 460 \text{ kN}$$

3.4 Schub in der Stirnplatte für den Bruttoquerschnitt

$$V_{\text{Rd,4}} = \frac{2 \cdot h_p \cdot t_p \cdot f_{\text{yp}}}{1{,}27 \cdot \sqrt{3} \cdot \gamma_{M0}} = \frac{2 \cdot 23{,}0 \cdot 1{,}0 \cdot 23{,}5}{1{,}27 \cdot \sqrt{3} \cdot 1{,}0} = 491 \text{ kN}$$

3.5 Schub in der Stirnplatte für den Nettoquerschnitt

$$A_{\text{v,net}} = t_p \cdot (h_p - n_1 \cdot d_0) = 1{,}0 \cdot (23{,}0 - 2 \cdot 1{,}8) = 19{,}4 \text{ cm}^2$$

$$V_{\text{Rd,5}} = \frac{2 \cdot A_{\text{v,net}} \cdot f_{\text{up}}}{\sqrt{3} \cdot \gamma_{M2}} = \frac{2 \cdot 19{,}4 \cdot 36{,}0}{\sqrt{3} \cdot 1{,}25} = 645 \text{ kN}$$

n_1 – Anzahl der Schraubenreihen

3.6 Blockversagen der Stirnplatte

$$A_{\text{nt}} = 2 \cdot t_p \cdot \left(e_2 - \frac{d_0}{2}\right) = 2 \cdot 1{,}0 \cdot \left(5 - \frac{1{,}8}{2}\right) = 8{,}2 \text{ cm}^2$$

$$A_{\text{nv}} = 2 \cdot t_p \cdot (h_p - e_{1u} - (n_1 - 0{,}5) \cdot d_0) = 2 \cdot 1{,}0 \cdot (23{,}0 - 6{,}0 - (2 - 0{,}5) \cdot 1{,}8) = 28{,}6 \text{ cm}^2$$

$$V_{\text{eff,1,Rd}} = \frac{f_{\text{up}} \cdot A_{\text{nt}}}{\gamma_{M2}} + \frac{f_{\text{yp}} \cdot A_{\text{nv}}}{\sqrt{3} \cdot \gamma_{M0}} = \frac{36{,}0 \cdot 8{,}2}{1{,}25} + \frac{23{,}5 \cdot 28{,}6}{\sqrt{3} \cdot 1{,}0} = 624 \text{ kN}$$

$$V_{\text{Rd,6}} = V_{\text{eff,1,Rd}} = 624 \text{ kN}$$

n_1 – Anzahl der Schraubenreihen

3.7 Stirnplatte auf Biegung

$$W_{\mathrm{el}} = \frac{1}{6} \cdot t_{\mathrm{p}} \cdot h_{\mathrm{p}}^2 = \frac{1}{6} \cdot 1{,}0 \cdot 23{,}0^2 = 88{,}2\ \mathrm{cm}^3$$

$$V_{\mathrm{Rd,7}} = \frac{4 \cdot W_{\mathrm{el}} \cdot f_{\mathrm{yp}}}{(p_2 - t_{\mathrm{w}}) \cdot \gamma_{\mathrm{M0}}} = \frac{4 \cdot 88{,}2 \cdot 23{,}5}{(10{,}0 - 0{,}71) \cdot 1{,}0} = 892\ \mathrm{kN}$$

3.8 Nachweis des Trägersteges neben der Naht

$$A_{\mathrm{vp}} = h_{\mathrm{p}} \cdot t_{\mathrm{w}} = 23{,}0 \cdot 0{,}71 = 16{,}3\ \mathrm{cm}^2$$

$$V_{\mathrm{Rd,8}} = \frac{f_{\mathrm{yp}} \cdot A_{\mathrm{vp}}}{\sqrt{3} \cdot \gamma_{\mathrm{M0}}} = \frac{23{,}5 \cdot 16{,}3}{\sqrt{3} \cdot 1{,}0} = 221\ \mathrm{kN}$$

3.9 Nachweis der Schweißnaht

$$V_{\mathrm{Rd,9}} = h_{\mathrm{p}} \cdot 2 \cdot a_{\mathrm{w}} \cdot \tau_{\mathrm{w,Rd}} = 23{,}0 \cdot 2 \cdot 0{,}4 \cdot 20{,}8 = 383\ \mathrm{kN}$$

4 Zusammenfassung und Nachweis

3.1 Schrauben auf Abscheren	$V_{\mathrm{Rd,1}} = 309\ \mathrm{kN}$
3.2 Stirnplatte auf Lochleibung	$V_{\mathrm{Rd,2}} = 460\ \mathrm{kN}$
3.3 Stützenflansch auf Lochleibung	$V_{\mathrm{Rd,3}} = 460\ \mathrm{kN}$
3.4 Schub in der Stirnplatte für den Bruttoquerschnitt	$V_{\mathrm{Rd,4}} = 491\ \mathrm{kN}$
3.5 Schub in der Stirnplatte für den Nettoquerschnitt	$V_{\mathrm{Rd,5}} = 645\ \mathrm{kN}$

3.6 Blockversagen der Stirnplatte
3.7 Stirnplatte auf Biegung
3.8 Nachweis des Trägersteges neben der Naht
3.9 Nachweis der Schweißnaht
Die kleinste Tragfähigkeit ist maßgebend.
Nachweis:

$$\frac{V_{\mathrm{Ed}}}{V_{\mathrm{j,Rd}}} = \frac{100}{221} = 0{,}45 \le 1{,}0$$

Beispiel 5.9.3: Anschluss eines Deckenträgers an einen Unterzug mit Ausklinkung

Werkstoff: S 235
Nachweisverfahren: Elastisch-Elastisch und Elastisch-Plastisch
Beanspruchung: Auflagerkraft $F_{\mathrm{Ed}} = 75$ kN
Profil des Deckenträgers: IPE 300; $t_{\mathrm{w}} = 7{,}1$ mm
Profil des Unterzuges: IPE 400; $t_{\mathrm{w,u}} = 8{,}6$ mm
Ausführung: Anschluss mit Doppelwinkel, „Oberkante bündig“ mit Ausklinkung

Nachweis des Trägers

$$M_{\mathrm{y,Ed}} = \frac{p_{\mathrm{Ed}} \cdot l^2}{8} = \frac{30 \cdot 5^2}{8} = 93{,}75\ \mathrm{kN/cm}^2$$

$$M_{\mathrm{pl,y,Rd}} = W_{\mathrm{pl,y,Rd}} \cdot \sigma_{\mathrm{Rd}} = 628 \cdot 21{,}4 = 134\ \mathrm{kNm}$$

$$\frac{M_{\mathrm{y,Ed}}}{M_{\mathrm{pl,y,Rd}}} = \frac{93,75}{134} = 0,70 \le 1,0$$

$$V_{\mathrm{Ed}} = \frac{p_{\mathrm{Ed}} \cdot l}{2} = \frac{30 \cdot 5}{2} = 75 \text{ kN}$$

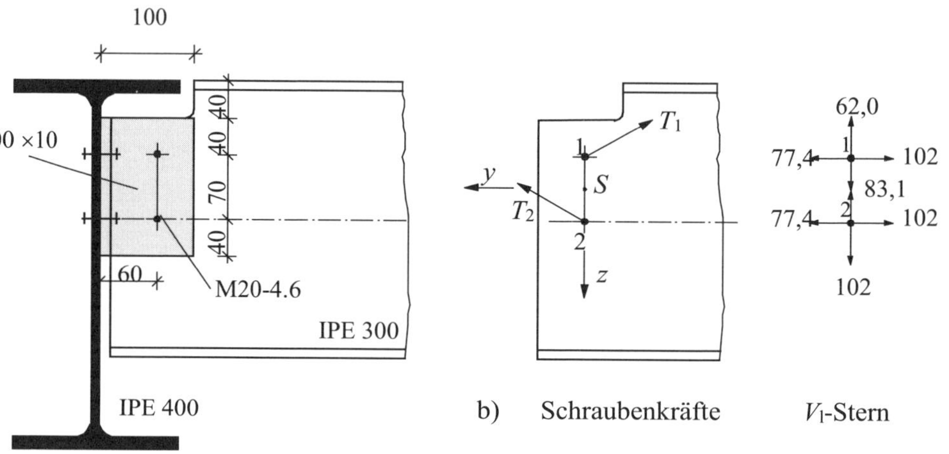

a) b) Schraubenkräfte V_l-Stern

Ist das Biegedrillknicken maßgebend, gilt:

$$\frac{M_{\mathrm{y,Ed}}}{M_{\mathrm{b,Rd}}} \le 1,0$$

Der gelenkige Anschluss soll mit einem Doppelwinkel nach den typisierten Verbindungen im Stahlbau erfolgen. Aus Wirtschaftlichkeitsgründen wählt man gleichschenklige Winkel mit einer einreihigen Schraubenverbindung und Schrauben der Festigkeitsklasse 4.6. Nach Tabelle 13.10 sind folgende Ausführungen konstruktiv möglich:

2 oder 3 Schrauben M16-4.6 und ⅃L 90×9
2 oder 3 Schrauben M20-4.6 und ⅃L 100×12
2 Schrauben M24-4.6 und ⅃L 120×12

Da ein Anschluss mit 2 Schrauben M16 nicht ausreicht, wird der folgende Anschluss mit 2 Schrauben M20 gewählt.

Anschlusswinkel: ⅃L 100×12 ; $t = 12$ mm; $r = 12$ mm; $l = 150$ mm

Schrauben: M20-4.6; $d_0 = 22$ mm

Konstruktive Voraussetzungen:

$$p_1 = 70 \text{ mm} \ge 2,2 \cdot d_0 = 2,2 \cdot 22 = 48,8 \text{ mm}$$

$$p_1 = 70 \text{ mm} \le 14 \cdot t = 14 \cdot 7,1 = 99,4 \text{ mm}$$

$$p_1 = 70 \text{ mm} \le 200 \text{ mm}$$

$$e_1 = 40 \text{ mm} \ge 1,2 \cdot d_0 = 1,2 \cdot 22 = 26,4 \text{ mm}$$

$$e_1 = 40 \text{ mm} \le 4 \cdot t + 40 = 4 \cdot 7,1 + 40 = 68,4 \text{ mm}$$

Die konstruktiven Bedingungen für die Schraubenverbindung sind eingehalten.

Nachweis der Stirnplattenhöhe

$$h_p = 150 \text{ mm} \leq d = 245 \text{ mm}$$

h_p – Stirnplattenhöhe
d – die Höhe des geraden Trägersteges

Nachweis der Rotationskapazität (sichere Seite)

$$\phi_{av} = \frac{g_h}{\frac{h_p}{2} + h_e} \geq \phi_{req}$$

d – Schraubendurchmesser
g_h – Abstand zwischen Träger und Stütze
h_e – Abstand zwischen der Unterkante der Platte und der Unterkante des Trägers
ϕ_{req} – Endtangentenwinkel des Trägers auf zwei Stützen unter der gegebenen Bemessungslast

Für die Gleichstreckenlast gilt:

$$\phi_{req} = \frac{p_{Ed} \cdot l^3}{24 \cdot E \cdot I_y} = \frac{0{,}3 \cdot 500^3}{24 \cdot 21\,000 \cdot 8360} = 0{,}0089$$

$$\phi_{av} = \frac{g_h}{\frac{h_p}{2} + h_e} = \frac{10}{\frac{150}{2} + 110} = 0{,}054 \geq \phi_{req} = 0{,}0089$$

Vorzeitiges Schraubenversagen

$$\frac{d}{t} = \frac{20}{12} = 1{,}67 \geq 2{,}8 \cdot \sqrt{\frac{f_y}{f_{ub}}} = 2{,}8 \cdot \sqrt{\frac{235}{400}} = 2{,}15 \qquad \text{nicht erfüllt}$$

oder

$$\frac{d}{t_{w,u}} = \frac{20}{8{,}6} = 2{,}33 \geq 2{,}8 \cdot \sqrt{\frac{f_y}{f_{ub}}} = 2{,}8 \cdot \sqrt{\frac{235}{400}} = 2{,}15 \quad \text{erfüllt}$$

Für einen einseitigen Doppelwinkelanschluss ist der Nachweis erfüllt. Bei einem zweiseitigen Doppelwinkelanschluss ist eine ausreichende Rotationskapazität nur gegeben, wenn der Nachweis für die Winkel erfüllt ist.

Nachweis der Schraubenverbindung am Deckenträger

Querschnittswerte:

<u>Schraube 1</u>

Grenzabscherkraft

$$m \cdot F_{v,Rd} = 2 \cdot 60{,}3 = 121 \text{ kN} \qquad \text{Tabelle 13.1}$$

Grenzlochleibungskräfte der Schraube 1

Die Grenzlochleibungskräfte müssen vorzeichengerecht berechnet werden.

$$+F_{y,b,Rd} = +0{,}71 \cdot 109 = +77{,}4 \text{ kN} \qquad e_1 = 50 \text{ mm} \qquad \text{Tabelle 13.4}$$

$$-F_{y,b,Rd} = -0{,}71 \cdot 144 = -102 \text{ kN} \qquad p_1 \geq 3{,}75 \cdot d_0 \qquad \text{Tabelle 13.4}$$

$$+F_{z,b,Rd} = +0{,}71 \cdot 117 = +83{,}1 \text{ kN} \qquad p_1 = 70 \text{ mm} \qquad \text{Tabelle 13.4}$$

$$-F_{z,b,Rd} = -0{,}71 \cdot 87{,}3 = -62{,}0 \text{ kN} \qquad e_1 = 40 \text{ mm} \qquad \text{Tabelle 13.4}$$

Die Grenzlochleibungskräfte der Schraube 2 werden entsprechend berechnet. Sie sind für alle Schrauben in allen Richtungen im „V_1-Stern“ eingetragen.

$$A = 2$$
$$I_p = \sum z_i^2 = 3{,}5^2 + 3{,}5^2 = 24{,}5 \text{ cm}^2$$

Beanspruchungen des Punktequerschnittes:

$$V_z = -F_{Ed} = -75 \text{ kN} \quad M_x = -F_{Ed} \cdot e_T = -75 \cdot 6 = -450 \text{ kNcm}$$

Nachweis der Schraube 1

$$T_y = -\frac{M_x}{I_p} \cdot z = -\frac{-450}{24{,}5} \cdot (-3{,}5) = -64{,}3 \text{ kN}$$
$$T_z = \frac{V_z}{A} = \frac{-75}{2} = -37{,}5 \text{ kN}$$
$$T = \sqrt{T_y^2 + T_z^2} = \sqrt{64{,}3^2 + 37{,}5^2} = 74{,}4 \text{ kN}$$
$$\frac{T}{m \cdot F_{v,Rd}} = \frac{74{,}4}{121} = 0{,}61 \le 1 \quad \frac{T_y}{F_{y,b,Rd}} = \frac{64{,}3}{102} = 0{,}63 \le 1 \quad \frac{T_z}{F_{z,b,Rd}} = \frac{37{,}5}{62{,}0} = 0{,}60 \le 1$$

Nachweis der Schraube 2

$$T_y = -\frac{M_x}{I_p} \cdot z = -\frac{-450}{24{,}5} \cdot (+3{,}5) = +64{,}3 \text{ kN}$$
$$T_z = \frac{V_z}{A} = \frac{-75}{2} = -37{,}5 \text{ kN}$$
$$T = \sqrt{T_y^2 + T_z^2} = \sqrt{64{,}3^2 + 37{,}5^2} = 74{,}4 \text{ kN}$$
$$\frac{T}{m \cdot F_{v,Rd}} = \frac{74{,}4}{121} = 0{,}61 \le 1 \quad \frac{T_y}{F_{y,b,Rd}} = \frac{64{,}3}{77{,}4} = 0{,}83 \le 1 \quad \frac{T_z}{F_{z,b,Rd}} = \frac{37{,}5}{83{,}1} = 0{,}45 \le 1$$

In den Empfehlungen [53] und den typisierten Verbindungen [52] wird der folgende ungünstigere Nachweis geführt.

$$\left(\frac{T_y}{F_{y,b,Rd}}\right)^2 + \left(\frac{T_z}{F_{z,b,Rd}}\right)^2 \le 1$$
$$\left(\frac{64{,}3}{77{,}4}\right)^2 + \left(\frac{37{,}5}{83{,}1}\right)^2 = 0{,}89 \le 1$$

Nachweis am Anschlussteil

Einreihiger Punktequerschnitt mit Kontakt.

Querschnittswerte:

$$A = 2$$
$$b_D = 1{,}58 \cdot t + 0{,}423 \cdot r - \Delta l = 1{,}58 \cdot 1{,}2 + 0{,}423 \cdot 1{,}2 - 1{,}0 = 1{,}40 \text{ cm}$$
$$h_D = 2 \text{ cm} \qquad \text{geschätzt}$$
$$A_D = b_D \cdot h_D = 1{,}40 \cdot 2{,}00 = 2{,}80 \text{ cm}^2$$
$$I_p = \sum z_i^2 = 3^2 + 10^2 = 109 \text{ cm}^2; \ h = 10 \text{ cm}$$

Die Koordinate z bezieht sich auf den geschätzten Druckpunkt.

Schraube 2

Grenzabscherkraft

$m \cdot F_{v,Rd} = 1 \cdot 60{,}3 = 60{,}3 \text{ kN}$ Tabelle 13.1

Die Grenzlochleibungskräfte müssen vorzeichengerecht berechnet werden.

$+F_{y,b,Rd} = +0{,}86 \cdot 144 = +124 \text{ kN}$ $p_1 \geq 3{,}75 \cdot d_0$ Tabelle 13.4

$-F_{y,b,Rd} = -0{,}86 \cdot 144 = -124 \text{ kN}$ $p_1 \geq 3{,}75 \cdot d_0$ Tabelle 13.4

$+F_{z,b,Rd} = +0{,}86 \cdot 144 = +124 \text{ kN}$ $p_1 \geq 3{,}75 \cdot d_0$ Tabelle 13.4

$-F_{z,b,Rd} = -0{,}86 \cdot 117 = -101 \text{ kN}$ $p_1 = 70 \text{ mm}$ Tabelle 13.4

Schnittgrößen:

$$V_z = \frac{F_d}{2} = \frac{75}{2} = 37{,}5 \text{ kN} \qquad M_x = \frac{F_d}{2} \cdot e_A = \frac{75}{2} \cdot 6 = 225 \text{ kNcm}$$

$$T_y = -\frac{M_x}{I_p} \cdot h = -\frac{225}{109} \cdot 10 = -20{,}6 \text{ kN} \qquad T_z = \frac{V_z}{A} = \frac{37{,}5}{2} = 18{,}8 \text{ kN}$$

$$T = \sqrt{T_y^2 + T_z^2} = \sqrt{20{,}6^2 + 18{,}8^2} = 27{,}9 \text{ kN}$$

Nachweis der Schraube 2

$$\frac{T}{m \cdot 0{,}8 \cdot F_{v,Rd}} = \frac{27{,}9}{0{,}8 \cdot 60{,}3} = 0{,}58 \leq 1 \qquad \frac{T_y}{F_{y,b,Rd}} = \frac{20{,}6}{124} = 0{,}17 \leq 1 \qquad \frac{T_z}{F_{z,b,Rd}} = \frac{18{,}8}{124} = 0{,}15 \leq 1$$

In den Empfehlungen [53] und den typisierten Verbindungen [52] wird der folgende ungünstigere Nachweis geführt.

$$\left(\frac{T_y}{F_{y,b,Rd}}\right)^2 + \left(\frac{T_z}{F_{z,b,Rd}}\right)^2 \leq 1$$

$$\left(\frac{20{,}6}{124}\right)^2 + \left(\frac{18{,}8}{124}\right)^2 = 0{,}05 \leq 1$$

Der Nachweis am Anschlussteil ist i. Allg. nicht maßgebend.

Druckkraft in der Kontaktfläche am Winkel:

$$D = \frac{M_x}{I_p} \cdot \sum z_i = \frac{225}{109} \cdot (3 + 10) = 26{,}8 \text{ kN}$$

$$\sigma_{Ed} = \frac{D}{A_D} = \frac{26{,}8}{2{,}80} = 9{,}57 \text{ kN/cm}^2$$

$$\frac{\sigma_{Ed}}{\sigma_{Rd}} = \frac{9{,}57}{23{,}5} = 0{,}41 \leq 1$$

Nachweis des Anschlusswinkels

Der Nachweis der **Schraubenverbindung am Träger** ist i. Allg. nicht maßgebend. Es soll hier der Nachweis für die Schraube 2 angegeben werden.

Querschnittswerte:

Grenzabscherkraft

$m \cdot F_{v,Rd} = 2 \cdot 60{,}3 = 121 \text{ kN}$ Tabelle 13.1

Grenzlochleibungskräfte der Schraube 2

$+F_{y,b,Rd} = +2{,}40 \cdot 144 = +346 \text{ kN}$ $p_1 \geq 3{,}75 \cdot d_0$ Tabelle 13.4

$-F_{y,b,Rd} = -2{,}40 \cdot 87{,}3 = -210 \text{ kN}$ $e_1 = 40 \text{ mm}$ Tabelle 13.4

$+F_{z,b,Rd} = +2,40 \cdot 87,3 = +210 \text{ kN}$ $\quad e_1 = 40 \text{ mm} \quad$ Tabelle 13.4

$-F_{z,b,Rd} = -2,40 \cdot 117 = +281 \text{ kN}$ $\quad p_1 = 70 \text{ mm} \quad$ Tabelle 13.4

$A = 2$

$I_p = \sum z_i^2 = 3,5^2 + 3,5^2 = 24,5 \text{ cm}^2$

Beanspruchungen des Punktequerschnittes:

$$V_z = +F_{Ed} = +75 \text{ kN} \quad M_x = +F_{Ed} \cdot e_T = +75 \cdot 6 = +450 \text{ kNcm}$$

Nachweis der Schraube 2

$$T_y = -\frac{M_x}{I_p} \cdot z = -\frac{450}{24,5} \cdot (+3,5) = -64,3 \text{ kN}$$

$$T_z = \frac{V_z}{A} = \frac{75}{2} = +37,5 \text{ kN}$$

$$T = \sqrt{T_y^2 + T_z^2} = \sqrt{64,3^2 + 37,5^2} = 74,4 \text{ kN}$$

$$\frac{T}{m \cdot F_{v,Rd}} = \frac{74,4}{121} = 0,61 \le 1 \quad \frac{T_y}{F_{y,b,Rd}} = \frac{64,3}{174} = 0,37 \le 1 \quad \frac{T_z}{F_{z,b,Rd}} = \frac{37,5}{175} = 0,21 \le 1$$

In den Empfehlungen [53] und den typisierten Verbindungen [52] wird der folgende ungünstigere Nachweis geführt.

$$\left(\frac{T_y}{F_{y,b,Rd}}\right)^2 + \left(\frac{T_z}{F_{z,b,Rd}}\right)^2 \le 1$$

$$\left(\frac{64,3}{210}\right)^2 + \left(\frac{37,5}{210}\right)^2 = 0,13 \le 1$$

Die Anschlusswinkel werden durch **einachsige Biegung und Querkraft** beansprucht. Für einen Winkel gilt:

$\gamma_{M0} = 1,00 \qquad \gamma_{M2} = 1,25$

Schnittgrößen:

$$V_z = \frac{F_{Ed}}{2} = \frac{75}{2} = 37,5 \text{ kN} \qquad M_y = \frac{F_{Ed}}{2} \cdot \left(e_T - \frac{b}{2}\right) = \frac{75}{2} \cdot (6 - 0) = 225 \text{ kNcm}$$

Querschnittswerte:

$$t = 1,2 \text{ cm}; \; h = 15 \text{ cm}$$

$$A = t \cdot h = 1,2 \cdot 15 = 18 \text{ cm}^2$$

Der Lochabzug in der Biegezugzone ist zu berücksichtigen. Im Druckbereich und bei Schub darf der Lochabzug entfallen. Die Löcher dürfen in der zugbeanspruchten Fläche vernachlässigt werden, wenn dafür folgende Bedingung eingehalten ist:

$$\frac{A_{f,net} \cdot 0,9 \cdot f_u}{\gamma_{M2}} = \frac{(1,2 \cdot 7,5 - 1,2 \cdot 2,2) \cdot 0,9 \cdot 36}{1,25} = 164 \text{ kN} \ge \frac{A_f \cdot f_y}{\gamma_{M0}} = \frac{1,2 \cdot 7,5 \cdot 23,5}{1,00} = 176 \text{ kN}$$

Der Lochabzug ist zu berücksichtigen.

Nachweisverfahren Elastisch-Elastisch

Berechnung der Querschnittswerte des gelochten Querschnittes:
Die Koordinate e beginnt am Druckrand.

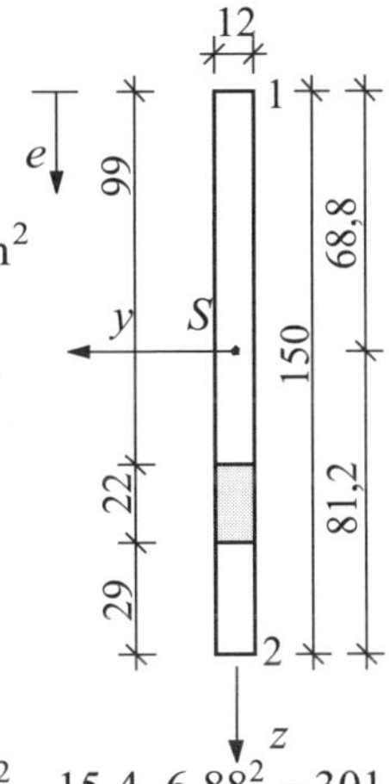

$$A = t \cdot h - \sum t \cdot d_0 = 1{,}2 \cdot 15{,}0 - 1{,}2 \cdot 2{,}20 = 18{,}0 - 2{,}64 = 15{,}4 \text{ cm}^2$$

$$e_S = \frac{t \cdot h^2 / 2 - \sum t \cdot d_0 \cdot e_i}{A} = \frac{1{,}2 \cdot 15^2 / 2 - 1{,}2 \cdot 2{,}2 \cdot 11}{15{,}4} = 6{,}88 \text{ cm}$$

$$z_1 = -e_S = -6{,}88 \text{ cm}$$

$$z_2 = h - e_S = 15{,}0 - 6{,}88 = +8{,}12 \text{ cm}$$

$$I_y = \frac{1}{12} \cdot t \cdot h^3 - \sum \frac{1}{12} \cdot t \cdot d_0^3 + t \cdot h \left(\frac{h}{2}\right)^2 - \sum t \cdot d_0 \cdot e_i^2 - A \cdot e_S^2$$

$$I_y = \frac{1}{12} \cdot 1{,}2 \cdot 15{,}0^3 - \frac{1}{12} \cdot 1{,}2 \cdot 2{,}20^3 + 1{,}2 \cdot 15{,}0 \cdot \left(\frac{15{,}0}{2}\right)^2 - 1{,}2 \cdot 2{,}2 \cdot 11{,}0^2 - 15{,}4 \cdot 6{,}88^2 = 301 \text{ cm}^4$$

Nachweis:

$$\sigma_2 = \frac{M_y}{I_y} \cdot z_2 = \frac{225}{301} \cdot 8{,}12 = 6{,}07 \text{ kN/cm}^2$$

$$\tau = \frac{V_z}{A_z} = \frac{3}{2} \cdot \frac{37{,}5}{1{,}2 \cdot 15} = 3{,}13 \text{ kN/cm}^2$$

$$\sigma_V = \sqrt{\sigma^2 + 3 \cdot \tau^2} = \sqrt{6{,}07^2 + 3 \cdot 3{,}13^2} = 8{,}14 \text{ kN/cm}^2$$

$$\frac{\sigma_V}{\sigma_{Rd}} = \frac{8{,}14}{23{,}5} = 0{,}35 \le 1$$

Nachweisverfahren Elastisch-Plastisch

Es soll auch das Nachweisverfahren Elastisch-Plastisch angegeben werden. Der Nachweis erfolgt mit der Spannungsblockmethode (Band 1 Kapitel 2.4.3).

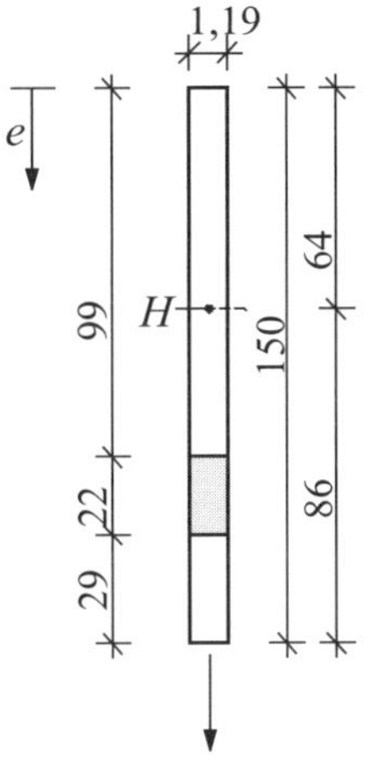

$$V_z = 37{,}5 \text{ kN}$$

$$V_{pl,z,Rd} = t \cdot h \cdot \tau_{Rd} = 1{,}2 \cdot 15{,}0 \cdot 13{,}6 = 245 \text{ kN}$$

$$t^* = t \cdot \sqrt{1 - \left(\frac{V_z}{V_{pl,z,Rd}}\right)^2} = 1{,}2 \cdot \sqrt{1 - \left(\frac{37{,}5}{245}\right)^2} = 1{,}19 \text{ cm}$$

Berechnung der Flächenhalbierenden:
Die Koordinate e beginnt am Druckrand.

$$e_H = \frac{t^* \cdot h - \Sigma t^* \cdot d_L}{2 \cdot t^*} = \frac{h - \Sigma d_0}{2} = \frac{15{,}0 - 2{,}2}{2} = 6{,}4 \text{ cm}$$

$$z_o = -e_H = -6{,}4 \text{ cm}$$

$$z_u = h - e_H = 15{,}0 - 6{,}4 = +8{,}6 \text{ cm}$$

$$S_o = t^* \cdot \frac{z_o^2}{2} = 1{,}19 \cdot \frac{6{,}4^2}{2} = 24{,}4 \text{ cm}^3$$

$$S_u = t^* \cdot \frac{z_u^2}{2} - \Sigma t^* \cdot d_0 \cdot z_i = 1{,}19 \cdot \frac{8{,}6^2}{2} - 1{,}19 \cdot 2{,}2 \cdot 4{,}6 = 32{,}0 \text{ cm}^3$$

$$M_{pl,y,Rd} = (S_o + S_u) \cdot \sigma_{Rd} = (24,4 + 32,0) \cdot 23,5 = 1325 \text{ kNcm}$$

$$\frac{M_y}{M_{pl,y,Rd}} = \frac{225}{1325} = 0,17 \leq 1$$

Nachweis der Ausklinkung

Querschnittswerte:

$$h_a = 26,0 \text{ cm}; \; t_w = 0,71 \text{ cm}; \; b = 15,0 \text{ cm}; \; t_f = 1,07 \text{ cm}$$

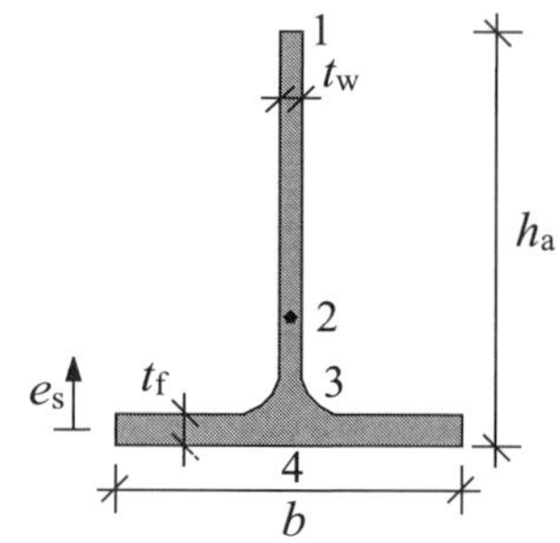

$$A_1 = (h_a - t_f) \cdot t_w = (26,0 - 1,07) \cdot 0,71 = 17,7 \text{ cm}^2$$

$$A_2 = b \cdot t_f = 15,0 \cdot 1,07 = 16,1 \text{ cm}^2$$

$$A = A_1 + A_2 = 17,7 + 16,1 = 33,8 \text{ cm}^2$$

$$e_S = \frac{A_1 \cdot 0,5 \cdot h_a}{A} = \frac{17,7 \cdot 0,5 \cdot 26,0}{33,8} = 6,81 \text{ cm}$$

$$I_y = t_w \cdot \frac{(h_a - t_f)^3}{12} + b \cdot \frac{t_f^3}{12} + A_1 \cdot 0,25 \cdot h_a^2 - A \cdot e_S^2$$

$$I_y = 0,71 \cdot \frac{(26,0 - 1,07)^3}{12} + 15,0 \cdot \frac{1,07^3}{12} + 17,7 \cdot 0,25 \cdot 26,0^2 - 33,8 \cdot 6,81^2 = 2342 \text{ cm}^4$$

Koordinaten:

$$z_1 = e_S + \frac{t_f}{2} - h_a = 6,81 + \frac{1,07}{2} - 26,0 = -18,7 \text{ cm}$$

$$z_2 = 0$$

$$z_3 = e_S - \frac{t_f}{2} = 6,81 - \frac{1,07}{2} = 6,28 \text{ cm}$$

$$z_4 = e_S + \frac{t_f}{2} = 6,81 + \frac{1,07}{2} = 7,35 \text{ cm}$$

Flächenmomente 1. Grades:

$$S_2 = 0,5 \cdot t_w \cdot z_1^2 = 0,5 \cdot 0,71 \cdot 18,7^2 = 124 \text{ cm}^3$$

$$S_3 = A_2 \cdot e_S = 16,1 \cdot 6,81 = 110 \text{ cm}^3$$

Schnittgrößen:

$$V_z = F_{Ed} = 75 \text{ kN} \qquad M_y = F_{Ed} \cdot l_a = 75 \cdot 10 = 750 \text{ kNcm}$$

Nachweis:

$$\sigma_1 = \frac{M_y}{I_y} \cdot z_1 = -\frac{750}{2342}(-18,7) = 5,99 \text{ kN/cm}^2$$

$$\frac{\sigma_{ed}}{\sigma_{Rd}} = \frac{5,99}{23,5} = 0,25 \leq 1$$

$$\tau_2 = \frac{V_z \cdot S_2}{I_y \cdot t_w} = \frac{75 \cdot 124}{2342 \cdot 0,71} = 5,59 \text{ kN/cm}^2$$

$$\frac{\tau_{Ed}}{\tau_{Rd}} = \frac{5,59}{13,6} = 0,41 \leq 1$$

Vergleichsspannung im Punkt 3

$$\sigma_3 = \frac{M_y}{I_y} \cdot z_3 = \frac{750}{2342} \cdot 6{,}28 = 2{,}01 \text{ kN/cm}^2$$

$$\tau_3 = \frac{V_z \cdot S_3}{I_y \cdot t_w} = \frac{75 \cdot 110}{2342 \cdot 0{,}71} = 4{,}96 \text{ kN/cm}^2$$

$$\sigma_V = \sqrt{\sigma^2 + 3 \cdot \tau^2} = \sqrt{2{,}01^2 + 3 \cdot 4{,}96^2} = 8{,}82 \text{ kN/cm}^2$$

$$\frac{\sigma_V}{\sigma_{R,d}} = \frac{8{,}82}{23{,}5} = 0{,}37 \le 1$$

Versagen durch flächiges Ausreißen des Trägersteges
Risslinie I-I: eine Schraubenreihe

$$a_1 = 40 + 70 = 110 \text{ mm}; \ a_2 = 50 \text{ mm}$$

$$A_{nt} = 0{,}71 \cdot (5{,}0 - 0{,}5 \cdot 2{,}2) = 2{,}77 \text{ cm}^2$$

$$A_{nv} = 0{,}71 \cdot (11{,}0 - 1{,}5 \cdot 2{,}2) = 5{,}47 \text{ cm}^2$$

$$V_{eff,2,Rd} = 0{,}5 \cdot A_{nt} \cdot \frac{f_u}{\gamma_{M2}} + A_{nv} \cdot \frac{f_y}{\sqrt{3} \cdot \gamma_{M0}} = 0{,}5 \cdot 2{,}77 \cdot \frac{36}{1{,}25} + 5{,}47 \cdot \frac{23{,}5}{\sqrt{3} \cdot 1{,}0} = 114 \text{ kN}$$

$$\frac{V_z}{V_{eff,2,Rd}} = \frac{75}{114} = 0{,}66 \le 1$$

Beispiel 5.9.4: Anschluss von zwei Deckenträgern an einen Unterzug ohne Ausklinkung

Werkstoff: S 235
Nachweisverfahren: Elastisch-Elastisch und Elastisch-Plastisch
Beanspruchung: Auflagerkraft $F_{1,Ed} = 55$ kN; $F_{2,Ed} = 55$ kN
Profil des Deckenträgers: IPE 300; $t_w = 7{,}1$ mm
Profil des Unterzuges: IPE 400; $s = 8{,}6$ mm
Ausführung: Anschluss mit Doppelwinkel, „Oberkante bündig“ ohne Ausklinkung
Anschlusswinkel: ⅃L $200 \times 100 \times 12$; $t = 12$ mm; $r = 15$ mm; $l = 225$ mm
Schrauben: M20-10.9; $d_0 = 22$ mm
Jeder Deckenträger ist durch zwei kräftige Winkel mit dem Steg des Unterzuges verbunden, wo der Momentennullpunkt angenommen wird.
Konstruktive Voraussetzungen:

$$p_1 = 125 \text{ mm} \ge 2{,}2 \cdot d_0 = 2{,}2 \cdot 22 = 48{,}8 \text{ mm}$$

$$p_1 = 125 \text{ mm} \le 14 \cdot t = 14 \cdot 7{,}1 = 99{,}4 \text{ mm}$$

$$p_1 = 125 \text{ mm} \le 200 \text{ mm}$$

$$e_1 = 50 \text{ mm} \ge 1{,}2 \cdot d_0 = 1{,}2 \cdot 22 = 26{,}4 \text{ mm}$$

$$e_1 = 50 \text{ mm} \le 4 \cdot t + 40 = 4 \cdot 7{,}1 + 40 = 68{,}4 \text{ mm}$$

Vorzeitiges Schraubenversagen
Bei einem zweiseitigen Doppelwinkelanschluss ist eine ausreichende Rotationskapazität nur gegeben, wenn der Nachweis für die Winkel erfüllt ist.

Schrauben: M20-4.6; $d_0 = 22$ mm

$$\frac{d}{t} = \frac{20}{12} = 1{,}67 \geq 2{,}8 \cdot \sqrt{\frac{f_y}{f_{ub}}} = 2{,}8 \cdot \sqrt{\frac{235}{400}} = 2{,}15 \qquad \text{nicht erfüllt}$$

Schrauben: M20-10.9; $d_0 = 22$ mm

$$\frac{d}{t} = \frac{20}{12} = 1{,}67 \geq 2{,}8 \cdot \sqrt{\frac{f_y}{f_{ub}}} = 2{,}8 \cdot \sqrt{\frac{235}{1000}} = 1{,}36 \qquad \text{erfüllt}$$

Die konstruktiven Bedingungen für die Schraubenverbindung sind eingehalten.

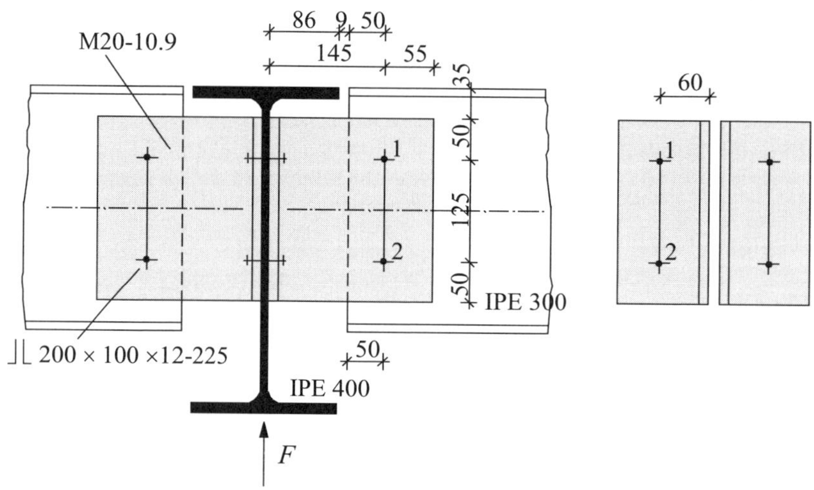

Nachweis der Schraubenverbindung am Deckenträger

Querschnittswerte:

Schraube 2

Grenzabscherkraft

$$m \cdot F_{v,Rd} = 2 \cdot 151 = 302 \text{ kN} \qquad \text{Tabelle 13.1}$$

Die Grenzlochleibungskräfte müssen vorzeichengerecht berechnet werden.

$+F_{y,b,Rd} = +0{,}71 \cdot 109 = +77{,}4$ kN — $e_1 = 50$ mm — Tabelle 13.4

$-F_{y,b,Rd} = -0{,}71 \cdot 144 = -102$ kN — $p_1 \geq 3{,}75 \cdot d_0$ — Tabelle 13.4

$+F_{z,b,Rd} = +0{,}71 \cdot 144 = +102$ kN — $p_1 \geq 3{,}75 \cdot d_0$ — Tabelle 13.4

$-F_{z,b,Rd} = -0{,}71 \cdot 144 = -102$ kN — $p_1 \geq 3{,}75 \cdot d_0$ — Tabelle 13.4

$$A = 2$$

$$I_p = \sum z_i^2 = 6{,}25^2 + 6{,}25^2 = 78{,}1 \text{ cm}^2$$

Beanspruchungen des Punktequerschnittes:

$$V_z = -F_{1,d} = -55 \text{ kN} \quad M_x = -F_{1,d} \cdot e_T = -55 \cdot 14{,}5 = -798 \text{ kNcm}$$

Nachweis der Schraube 2

$$T_y = -\frac{M_x}{I_p} \cdot z = -\frac{-798}{78{,}1} \cdot (+6{,}25) = +63{,}9 \text{ kN}$$

$$T_z = \frac{V_z}{A} = \frac{-55}{2} = -27{,}5 \text{ kN}$$

$$T = \sqrt{T_y^2 + T_z^2} = \sqrt{63{,}9^2 + 27{,}5^2} = 69{,}6 \text{ kN}$$

$$\frac{T}{m \cdot F_{v,Rd}} = \frac{69{,}6}{302} = 0{,}23 \leq 1 \quad \frac{T_y}{F_{y,b,Rd}} = \frac{63{,}9}{77{,}4} = 0{,}83 \leq 1 \quad \frac{T_z}{F_{z,b,Rd}} = \frac{27{,}5}{102} = 0{,}27 \leq 1$$

In den Empfehlungen [53] und den typisierten Verbindungen [52] wird der folgende ungünstigere Nachweis geführt.

$$\left(\frac{T_y}{F_{y,b,Rd}}\right)^2 + \left(\frac{T_z}{F_{z,b,Rd}}\right)^2 \leq 1$$

$$\left(\frac{63{,}9}{77{,}4}\right)^2 + \left(\frac{27{,}5}{102}\right)^2 = 0{,}75 \leq 1$$

Nachweis am Anschlussteil
Einreihiger Punktequerschnitt ohne Kontakt
Querschnittswerte:
Schraube 2
Grenzabscherkraft für einen Anschluss

$$m \cdot F_{v,Rd} = 1 \cdot 151 = 151 \text{ kN} \qquad \text{Tabelle 13.1}$$

Die Grenzlochleibungskräfte müssen vorzeichengerecht berechnet werden.

$$+F_{y,b,Rd} = +0{,}86 \cdot 144 = +124 \text{ kN} \qquad p_1 \geq 3{,}75 \cdot d_0 \quad \text{Tabelle 13.4}$$

$$-F_{y,b,Rd} = -0{,}86 \cdot 144 = -124 \text{ kN} \qquad p_1 \geq 3{,}75 \cdot d_0 \quad \text{Tabelle 13.4}$$

$$+F_{z,b,Rd} = +0{,}86 \cdot 144 = +124 \text{ kN} \qquad p_1 \geq 3{,}75 \cdot d_0 \quad \text{Tabelle 13.4}$$

$$-F_{z,b,Rd} = -0{,}86 \cdot 144 = -124 \text{ kN} \qquad p_1 \geq 3{,}75 \cdot d_0 \quad \text{Tabelle 13.4}$$

$$A = 2$$

$$I_p = \sum z_i^2 = 6{,}25^2 + 6{,}25^2 = 78{,}1 \text{ cm}^2$$

Beanspruchungen des Punktequerschnittes:

$$V_z = \frac{F_{1,Ed}}{2} = \frac{55}{2} = 27{,}5 \text{ kN} \qquad M_x = \frac{F_{1,Ed}}{2} \cdot e_A = \frac{55}{2} \cdot 6 = 165 \text{ kNcm}$$

Nachweis der Schraube 2:

$$T_y = -\frac{M_x}{I_p} \cdot z = -\frac{165}{78{,}1} \cdot (+6{,}25) = -13{,}2 \text{ kN}$$

$$T_z = \frac{V_z}{A} = \frac{27{,}5}{2} = 13{,}8 \text{ kN}$$

$$T = \sqrt{T_y^2 + T_z^2} = \sqrt{13{,}2^2 + 13{,}8^2} = 19{,}1 \text{ kN}$$

Nachweis auf Abscheren:

$$\frac{T}{m \cdot 0{,}8 \cdot F_{v,Rd}} = \frac{19{,}1}{0{,}8 \cdot 151} = 0{,}16 \leq 1$$

Nachweis auf Lochleibung:
Es ist zu beachten, dass sich die Lochleibungskräfte von links und rechts addieren. In diesem Fall sind sie gleich.

$$T_y = -2 \cdot 13{,}2 = -26{,}4 \text{ kN}$$

$$T_z = 2 \cdot 13{,}8 = 27{,}6 \text{ kN}$$

$$\frac{T_y}{F_{y,b,Rd}} = \frac{26{,}4}{124} = 0{,}21 \le 1 \quad \frac{T_z}{F_{z,b,Rd}} = \frac{26{,}4}{124} = 0{,}21 \le 1$$

In den Empfehlungen [53] und den typisierten Verbindungen [52] wird der folgende ungünstigere Nachweis geführt.

$$\left(\frac{T_y}{F_{y,b,Rd}}\right)^2 + \left(\frac{T_z}{F_{z,b,Rd}}\right)^2 \le 1$$

$$\left(\frac{26{,}4}{124}\right)^2 + \left(\frac{26{,}4}{124}\right)^2 = 0{,}09 \le 1$$

Nachweis des Anschlusswinkels

Die Anschlusswinkel werden durch **einachsige Biegung und Querkraft** beansprucht. Für einen Winkel gilt:

$$\gamma_{M0} = 1{,}00 \qquad \gamma_{M2} = 1{,}25$$

Schnittgrößen:

$$V_z = \frac{F_{Ed}}{2} = \frac{55}{2} = 27{,}5 \text{ kN} \qquad M_y = \frac{F_{Ed}}{2} \cdot \left(e_T - \frac{b}{2}\right) = \frac{55}{2} \cdot (14{,}5 - 0) = 399 \text{ kNcm}$$

Querschnittswerte:

$$t = 1{,}2 \text{ cm}; \; h = 22{,}5 \text{ cm}$$

$$A = t \cdot h = 1{,}2 \cdot 22{,}5 = 27 \text{ cm}^2$$

Der Lochabzug in der Biegezugzone ist zu berücksichtigen. Im Druckbereich und bei Schub darf der Lochabzug entfallen Die Löcher dürfen in der zugbeanspruchten Fläche vernachlässigt werden, wenn dafür folgende Bedingung eingehalten ist:

$$\frac{A_{f,net} \cdot 0{,}9 \cdot f_u}{\gamma_{M2}} = \frac{(1{,}2 \cdot 11{,}3 - 1{,}0 \cdot 2{,}2) \cdot 0{,}9 \cdot 36}{1{,}25} = 295 \text{ kN} \ge \frac{A_f \cdot f_y}{\gamma_{M0}} = \frac{1{,}2 \cdot 11{,}3 \cdot 23{,}5}{1{,}00} = 319 \text{ kN}$$

Der Lochabzug ist zu berücksichtigen.

$$I_y = 1{,}2 \cdot \frac{22{,}5^3}{12} - \frac{1}{2} \cdot 1{,}2 \cdot 2{,}2 \cdot 12{,}5^2 = 933 \text{ cm}^4$$

$$W_y = \frac{933}{11{,}3} = 82{,}6 \text{ cm}^3$$

Nachweisverfahren Elastisch-Elastisch

$$\sigma = \frac{M_y}{W_y} = \frac{399}{82{,}6} = 4{,}83 \text{ kN/cm}^2$$

$$\tau = \frac{V_z}{A_z} = \frac{3}{2} \cdot \frac{27{,}5}{1{,}2 \cdot 22{,}5} = 1{,}53 \text{ kN/cm}^2$$

$$\sigma_V = \sqrt{\sigma^2 + 3 \cdot \tau^2} = \sqrt{4{,}83^2 + 3 \cdot 1{,}53^2} = 5{,}51 \text{ kN/cm}^2$$

$$\frac{\sigma_V}{\sigma_{R,d}} = \frac{5{,}51}{23{,}5} = 0{,}23 \le 1$$

Versagen durch flächiges Ausreißen ist nicht maßgebend.

Beispiel 5.9.5: Anschluss eines Deckenträgers an einen Unterzug mit Stirnplatte

Die folgende Berechnung gilt für einen Anschluss mit einer vertikalen Schraubenreihe.
Der gelenkige Anschluss soll mit Stirnplatte nach den typisierten Verbindungen im Stahlbau erfolgen. Ist der Träger biegedrillknickgefährdet, ist die Stirnplatte bis zum unteren Flansch zu führen und anzuschweißen oder die nachgiebige Verbindung zu berücksichtigen [49].
Werkstoff: S 235
Nachweisverfahren: Elastisch-Elastisch
Beanspruchung: Auflagerkraft $F_{\text{Ed}} = 75$ kN
Profil des Deckenträgers: IPE 300;
Profil des Unterzuges: IPE 400; $t_{\text{w}} = 8{,}6$ mm
Ausführung: Anschluss mit Stirnplatte, „Oberkante bündig" mit Ausklinkung
Stirnplatte: Bl. 200×140×10
Schrauben: M16-10.9; $d_0 = 18$ mm
Schweißnahtdicke: $a = 4$ mm $t_{\text{w}} = 7{,}1$ mm
Beanspruchbarkeit der Stirnplatte: $\sigma_{\text{Rd}} = 23{,}5\ \text{kN/cm}^2$
Beanspruchbarkeit der Schweißnaht auf Schub: $\tau_{\text{w,Rd}} = 20{,}8\ \text{kN/cm}^2$
Beanspruchbarkeit der Schweißnaht: $\sigma_{\text{V,w,Rd}} = 36{,}0\ \text{kN/cm}^2$

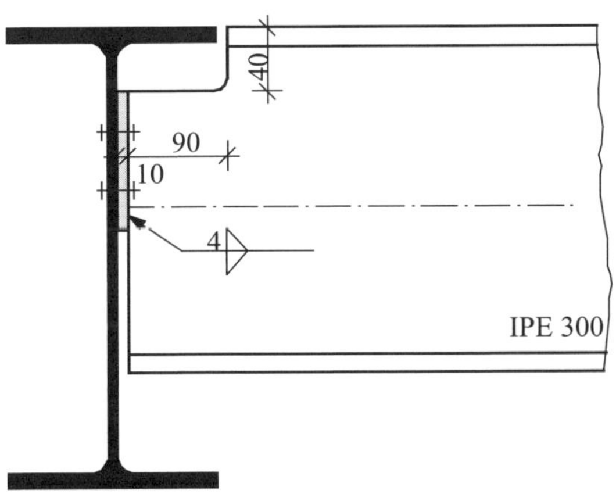

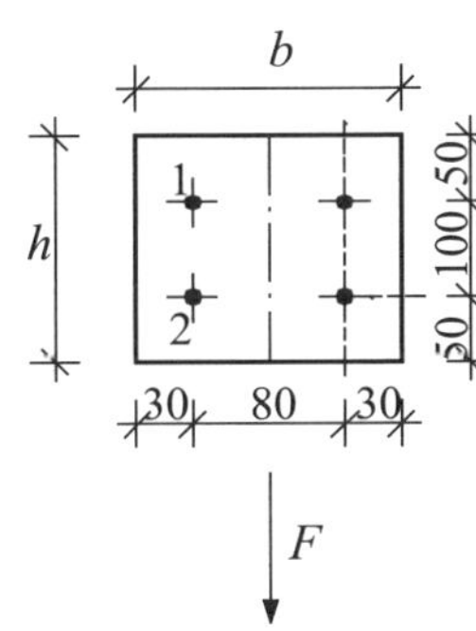

Nachweis des Trägers

$$M_{\text{y,Ed}} = \frac{p_{\text{Ed}} \cdot l^2}{8} = \frac{30 \cdot 5^2}{8} = 93{,}75\ \text{kN/cm}^2$$

$$M_{\text{pl,y,Rd}} = W_{\text{pl,y,Rd}} \cdot \sigma_{\text{Rd}} = 628 \cdot 21{,}4 = 134\ \text{kNm}$$

$$\frac{M_{\text{y,Ed}}}{M_{\text{pl,y,Rd}}} = \frac{93{,}75}{134} = 0{,}70 \leq 1{,}0$$

$$V_{\text{Ed}} = \frac{p_{\text{Ed}} \cdot l}{2} = \frac{30 \cdot 5}{2} = 75\ \text{kN}$$

Ist das Biegedrillknicken maßgebend, gilt:

$$\frac{M_{\text{y,Ed}}}{M_{\text{b,Rd}}} \le 1{,}0$$

2.3 Nachweis der Stirnplattenhöhe

$$h_{\text{p}} = 200 \text{ mm} \le d = 245 \text{ mm}$$

h_{p} – Stirnplattenhöhe
d – die Höhe des geraden Trägersteges

2.4 Nachweis der Rotationskapazität

$$\phi_{\text{av}} = \frac{t_p}{h_{\text{e}}} > \phi_{\text{req}}$$

t_{p} – Stirnplattendicke
h_{e} – Abstand zwischen der Unterkante der Platte und der Unterkante des Trägers
ϕ_{req} – Endtangentenwinkel des Trägers auf zwei Stützen unter der gegebenen Bemessungslast

Für die Gleichstreckenlast gilt:

$$\phi_{\text{req}} = \frac{p_{\text{Ed}} \cdot l^3}{24 \cdot E \cdot I_{\text{y}}} = \frac{0{,}3 \cdot 500^3}{24 \cdot 21\,000 \cdot 8360} = 0{,}0089$$

$$\phi_{\text{av}} = \frac{t_p}{h_e} = \frac{10}{60} = 0{,}167 > \phi_{\text{req}} = 0{,}0089$$

2.5 Vorzeitiges Schraubenversagen

$$\frac{d}{t_{\text{w,u}}} = \frac{16}{8{,}6} = 1{,}86 \ge 2{,}8 \cdot \sqrt{\frac{f_{\text{y}}}{f_{\text{ub}}}} = 2{,}8 \cdot \sqrt{\frac{235}{1000}} = 1{,}36 \quad \text{erfüllt}$$

oder

$$\frac{d}{t_{\text{p}}} = \frac{16}{10} = 1{,}6 \ge 2{,}8 \cdot \sqrt{\frac{f_{\text{y}}}{f_{\text{ub}}}} = 2{,}8 \cdot \sqrt{\frac{235}{1000}} = 1{,}36 \quad \text{erfüllt}$$

2.6 Vorzeitiges Schweißnahtversagen

$$a = 4 \text{ mm} \ge \frac{\beta_{\text{w}} \cdot f_{\text{yw}}}{\sqrt{2} \cdot f_{\text{uw}}} \cdot \frac{\gamma_{\text{M2}}}{\gamma_{\text{M0}}} \cdot t_{\text{w}} = \frac{0{,}8 \cdot 235}{\sqrt{2} \cdot 360} \cdot \frac{1{,}25}{1{,}0} \cdot 7{,}1 = 3{,}28 \text{ mm}$$

a – Schweißnahtdicke
β_{w} – Korrelationsfaktor
f_{yw} – Streckgrenze des Trägersteges
f_{uw} – Zugfestigkeit des Trägersteges

Nachweis des Deckenträgers

Es ist der Nachweis der Schubspannung neben der Naht zu führen.

$$\tau_{\text{Ed}} = \frac{F_{\text{Ed}}}{t_{\text{w}} \cdot h} = \frac{75}{0{,}71 \cdot 20{,}0} = 5{,}28 \text{ kN/cm}^2$$

$$\frac{\tau_{\text{Ed}}}{\tau_{\text{Rd}}} = \frac{5{,}28}{13{,}6} = 0{,}39 \le 1{,}0$$

Nachweis der Schweißverbindung

Konstruktive Grenzwerte

$a = 4$ mm

$t \geq 3$ mm

$\min a = 4$ mm bzw.

$\min a = \sqrt{\max t} - 0,5 = \sqrt{10} - 0,5 = 2,66$ mm

$l_{\text{eff}} = 200 \text{ mm} \leq 150 \cdot a = 150 \cdot 4 = 600 \text{ mm}$ (1-8, 4.11)

$l_{\text{eff}} = 200 \text{ mm} \geq 6 \cdot a = 6 \cdot 4 = 24 \text{ mm bzw.} \geq 30 \text{ mm}$ (1-8, 4.5.1)

Die Grenzwerte sind eingehalten.

$$\tau_{\|} = \frac{F_{\text{Ed}}}{2 \cdot a \cdot l_{\text{eff}}} = \frac{75}{2 \cdot 0,4 \cdot 20,0} = 4,69 \text{ kN/cm}^2$$

$$\frac{\tau_{\|}}{\tau_{\text{w,Rd}}} = \frac{4,69}{20,8} = 0,22 \leq 1,0$$

Nachweis der Schraubenverbindung

Es handelt sich hier um einen mittig beanspruchten Anschluss. Für jede Schraube wird die maßgebende Grenzkraft $F_{\text{v,Rd}}$ berechnet.

Konstruktive Voraussetzungen:

$p_1 = 100 \text{ mm} \geq 2,2 \cdot d_0 = 2,2 \cdot 18 = 39,6 \text{ mm}$

$p_1 = 100 \text{ mm} \leq 14 \cdot t = 14 \cdot 10 = 140 \text{ mm}$

$p_1 = 100 \text{ mm} \leq 200 \text{ mm}$

$e_1 = 50 \text{ mm} \geq 1,2 \cdot d_0 = 1,2 \cdot 18 = 21,6 \text{ mm}$

$e_1 = 750 \text{ mm} \leq 4 \cdot t + 40 = 4 \cdot 10 + 40 = 80 \text{ mm}$

$p_2 = 80 \text{ mm} \geq 2,4 \cdot d_0 = 2,4 \cdot 18 = 43,2 \text{ mm}$

$p_2 = 80 \text{ mm} \leq 14 \cdot t = 14 \cdot 10 = 140 \text{ mm}$

$p_2 = 80 \text{ mm} \leq 200 \text{ mm}$

Die konstruktiven Bedingungen für die Schraubenverbindung sind eingehalten.

$t_1 = 10$ mm ; $t_2 = 8,6$ mm

1. Schraubenreihe

$m \cdot F_{\text{v,Rd}} = 1 \cdot 96,5 = 96,5 \text{ kN}$		Tabelle 13.1
$F_{\text{1,b,Rd}} = 1,0 \cdot 107 = 107 \text{ kN}$	$e_1 = 50$ mm	Tabelle 13.4
$F_{\text{2,b,Rd}} = 0,86 \cdot 115 = 98,9 \text{ kN}$	$p_1 = 100$ mm	Tabelle 13.4
$F_{\text{Rd}} = 96,5 \text{ kN}$		

2. Schraubenreihe

$m \cdot F_{\text{v,Rd}} = 1 \cdot 96,5 = 96,5 \text{ kN}$		Tabelle 13.1
$F_{\text{1,b,Rd}} = 1,0 \cdot 115 = 115 \text{ kN}$	$p_1 = 100$ mm	Tabelle 13.4
$F_{\text{2,b,Rd}} = 0,86 \cdot 115 = 98,9 \text{ kN}$	$p_1 \geq 3,75 \cdot d_0$	Tabelle 13.4
$F_{\text{Rd}} = 96,5 \text{ kN}$		

Elastische Berechnung der Schraubenverbindung

Die kleinste Grenzkraft F_{Rd} aller Schrauben ist

$F_{\text{Rd}} = 96,5$ kN

Der Nachweis lautet damit:

$$T = \frac{F_{\text{Ed}}}{n} = \frac{75}{4} = 18{,}8 \text{ kN}$$

$$\frac{T}{F_{\text{Rd}}} = \frac{18{,}8}{96{,}5} = 0{,}19 \leq 1$$

Nachweis der Stirnplatte

Die Stirnplatte wird durch **einachsige Biegung und Querkraft** beansprucht.

Schnittgrößen:

$$V_z = \frac{F_{\text{Ed}}}{2} = \frac{75}{2} = 37{,}5 \text{ kN} \qquad M_y = \frac{F_{\text{Ed}}}{4} \cdot (w - t_w) = \frac{75}{4} \cdot (8{,}00 - 0{,}71) = 137 \text{ kNcm}$$

Querschnittswerte:

$$t_p = 1{,}0 \text{ cm}; \; h = 20{,}0 \text{ cm}$$

$$W_y = t_p \cdot \frac{h^2}{6} = 1{,}0 \cdot \frac{20{,}0^2}{6} = 66{,}7 \text{ cm}^3$$

Nachweisverfahren Elastisch-Elastisch

$$\sigma = \frac{M_y}{W_y} = \frac{137}{66{,}7} = 2{,}05 \text{ kN/cm}^2$$

$$\tau = \frac{V_z}{A_z} = \frac{3}{2} \cdot \frac{37{,}5}{1{,}0 \cdot 20{,}0} = 2{,}81 \text{ kN/cm}^2$$

$$\sigma_V = \sqrt{\sigma^2 + 3 \cdot \tau^2} = \sqrt{2{,}05^2 + 3 \cdot 2{,}81^2} = 5{,}28 \text{ kN/cm}^2$$

$$\frac{\sigma_V}{\sigma_{R,d}} = \frac{5{,}28}{23{,}5} = 0{,}22 \leq 1$$

Nachweis der Ausklinkung

Siehe Beispiel 5.9.1.

Versagen durch flächiges Ausreißen

$$a_1 = 150 \text{ mm}; \; a_2 = 60 \text{ mm}$$

$$A_{\text{nt}} = 1{,}00 \cdot (6{,}0 - 1{,}0 \cdot 1{,}8) = 4{,}20 \text{ cm}^2$$

$$A_{\text{nv}} = 2 \cdot 1{,}00 \cdot (15 - 1{,}5 \cdot 1{,}8) = 24{,}6 \text{ cm}^2$$

$$V_{\text{eff,1,Rd}} = A_{\text{nt}} \cdot \frac{f_u}{\gamma_{M2}} + A_{\text{nv}} \cdot \frac{f_y}{\sqrt{3} \cdot \gamma_{M0}} = 4{,}20 \cdot \frac{36}{1{,}25} + 24{,}6 \cdot \frac{23{,}5}{\sqrt{3} \cdot 1{,}0} = 454 \text{ kN}$$

$$\frac{V_z}{V_{\text{eff,1,Rd}}} = \frac{75}{510} = 0{,}15 \leq 1$$

6 Biegesteife Stöße

6.1 Konstruktive Lösungen

Bei biegesteifen Stößen sind außer dem Biegemoment auch eine Querkraft und manchmal auch eine Normalkraft zu übertragen. Vorrangig ist die Übertragung des Biegemomentes. Dabei unterscheidet man:
- geschweißter Stoß
- geschraubter Stoß.

Die geschraubten Stöße werden vorwiegend für die Montage des Tragwerkes verwendet. Sie können als Laschenstoß oder Stirnplattenstoß ausgeführt werden.

6.2 Geschweißter Stoß

Einige konstruktive Lösungen sind in Abb. 6.1 dargestellt.

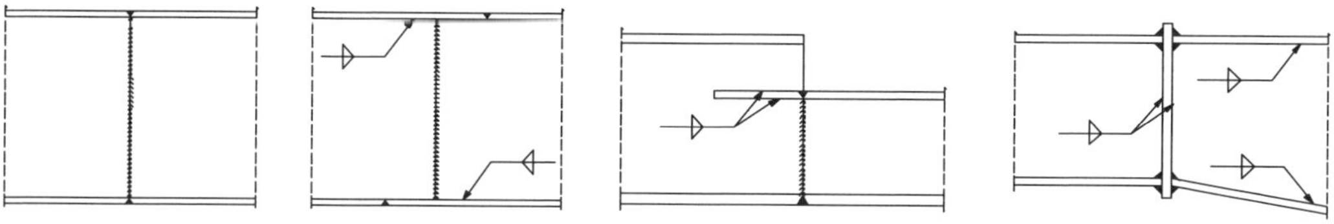
a) b) c) d)

Abb. 6.1 Geschweißte Stöße

Bei einem geschweißten Stumpfstoß eines Walzprofils ist der Querschnitt durch den Stumpfstoß zu ersetzen. Bei geschweißten I-Profilen Abb. 6.1b) werden die Steg- und Flanschnähte um circa 100 mm versetzt, um Häufungen von Nähten an einem Punkt zu vermeiden. Der geschweißte Stoß von zwei Trägern mit unterschiedlicher Höhe kann nach Abb. 6.1c) erfolgen. Die Zugkraft des Obergurtes wird durch zwei Rippen in den Steg des höheren Trägers eingeleitet. In Abb. 6.1d) ist ein Trägerquerstoß an eine Voute dargestellt. Trägerquerstöße mit Querplatte brauchen nicht nachgewiesen zu werden, wenn die Schweißnahtdicken nach Tabelle 2.10 eingehalten sind. Die Stirnplatte wird in diesem Fall in Dickenrichtung auf Zug beansprucht. Um ein Versagen in Dickenrichtung durch Dopplungen oder Terrassenbruch zu vermeiden, sind geeignete Stähle zu wählen. Dopplungen können durch Ultraschallprüfung erkannt werden.

6.3 Laschenstoß

Einige konstruktive Lösungen sind in Abb. 6.2 dargestellt.

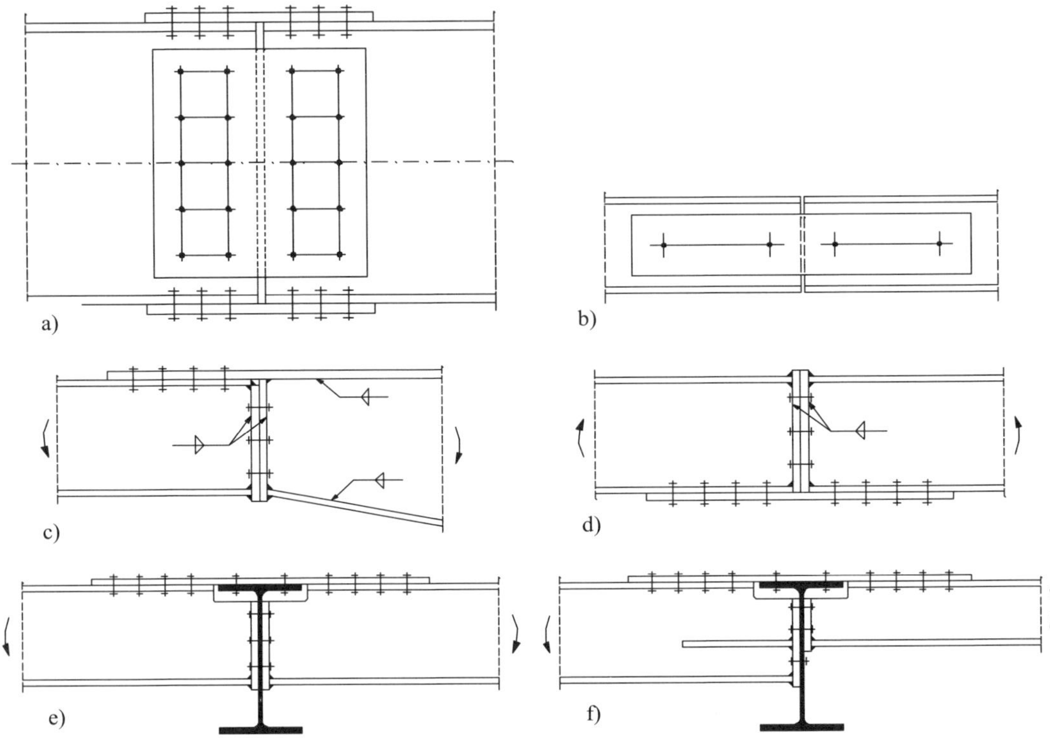

Abb. 6.2 Geschraubte Stöße

In Abb. 6.2a) ist ein geschraubter Laschenstoß eines I-Trägers dargestellt. Bei dem Nachweis werden das Biegemoment und eine eventuelle Normalkraft auf die Flansche und den Steg entsprechend der Spannungsverteilung aufgeteilt. Die Flanschlaschen übertragen die Flanschkraft und die Steglaschen übernehmen das Stegmoment und die Querkraft. Die Querkraft, die in der Mitte der Steglasche angreift, erzeugt ein zusätzliches Moment im Steganschluss. Das Beispiel 6.6.1 erläutert den Nachweis.

Vor allem bei Walzprofilen kann man vereinfacht das Moment und die Normalkraft den Flanschlaschen zuweisen. Die Steglaschen übertragen dann nur die Querkraft. Zum Beispiel wird bei dem Stoß von zwei Walzträgern (Abb. 6.2d)) das Biegemoment in eine Druckkraft und eine Zugkraft in Flanschmitte aufgeteilt. Die Zugkraft wird durch die Flanschlaschen übertragen, die Druckkraft durch Kontakt. Es muss in diesem Fall sichergestellt sein, dass kein Vorzeichenwechsel des Momentes auftritt.

Bei kleinen öffnenden Momenten ist es möglich, in diesem Bereich einen bündigen Stirnplattenstoß auszubilden und nachzuweisen. Die Querkraft wird mit einem Stirnplattenanschluss übertragen, siehe Kapitel 5. Auch die Beispiele Abb. 6.2c), e), f) werden so nachgewiesen. Im Fall der Abb. 6.2f) sind zur Übertragung der Druckkraft Rippen erforderlich. Der Pfettenstoß Abb. 6.2b) erfolgt über einen gesonderten Verbindungsträger, der mit Schrauben angeschlossen ist. Als Querschnitt kommt ein Rechteckquerschnitt oder ein passendes U-Profil in Frage.
Die Teilschnittgrößen eines einfachsymmetrischen Querschnittes können aus den Spannungen in Flanschmitte und den Spannungen am Rande des Steges berechnet werden. Alle Spannungen in Abb. 6.3 sind positiv definiert, d. h. sie sind mit Vorzeichen einzusetzen.

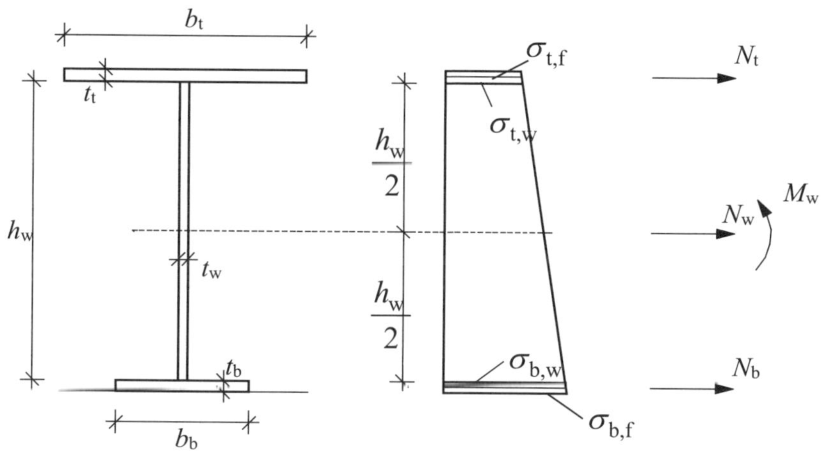

Abb. 6.3 Teilschnittgrößen für den einfachsymmetrischen Querschnitt

$$A_t = t_t \cdot b_t ; \quad A_b = t_b \cdot b_b ; \quad A_w = t_w \cdot h_w ; \qquad W_w = \frac{1}{6} \cdot t_w \cdot h_w^2 \tag{6.1}$$

$$N_t = A_t \cdot \sigma_{t,f} ; \qquad N_b = A_u \cdot \sigma_{b,f} \tag{6.2}$$

$$\sigma_{N,w} = \frac{\sigma_{b,w} + \sigma_{t,w}}{2} ; \qquad N_w = \sigma_{N,w} \cdot A_w \tag{6.3}$$

$$\sigma_{M,w} = \frac{\sigma_{b,w} - \sigma_{t,w}}{2} ; \qquad M_w = \sigma_{M,w} \cdot W_w \tag{6.4}$$

Die Querkraft wird dem Steg zugeordnet.
Bei einem doppeltsymmetrischen Querschnitt können die Teilschnittgrößen einfacher aus den Gesamtschnittgrößen ermittelt werden.

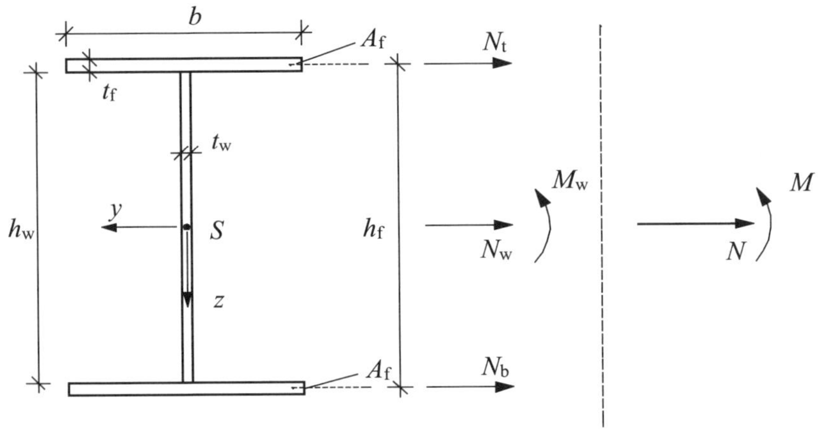

Abb. 6.4 Teilschnittgrößen für den doppeltsymmetrischen Querschnitt

$$A_f = b \cdot t_f; \quad A_w = h_w \cdot t_w; \qquad A = 2 \cdot A_f + A_w \tag{6.5}$$

$$I_f = \frac{1}{2} \cdot A_f \cdot h_f^2; \quad I_w = \frac{1}{12} \cdot t_w \cdot h_w^3; \quad I_y = I_f + I_w \tag{6.6}$$

$$M_w = \frac{I_w}{I_y} \cdot M; \quad M_f = M - M_w; \quad N_w = \frac{A_w}{A} \cdot N \tag{6.7}$$

$$N_t = \frac{A_f}{A} \cdot N - \frac{M_f}{h_f}; \qquad N_b = \frac{A_f}{A} \cdot N + \frac{M_f}{h_f} \tag{6.8}$$

6.4 Stirnplattenstoß

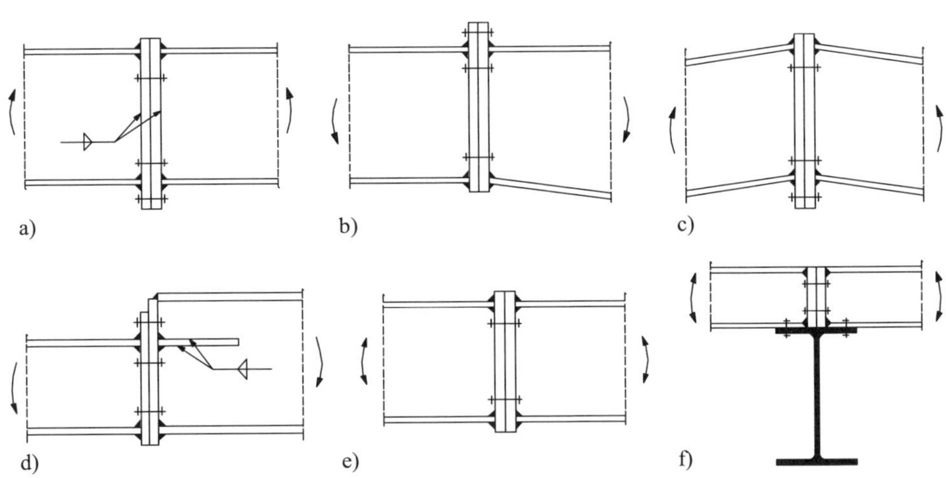

Abb. 6.5 Stirnplattenstöße

Einige konstruktive Lösungen sind in Abb. 6.5 dargestellt. Bei den Stirnplattenstößen unterscheidet man zwischen einem Stoß mit überstehenden und bündigen Platten. Bei überstehenden Platten werden Schrauben auch im Zugbereich außen angeordnet. Stirnplattenstöße können sehr vielseitig, z. B. als Firststoß (Abb. 6.5c)), Pfettenstoß (Abb. 6.5f)), Deckenträgerstoß aber auch als Stützenstoß und bei Rahmenecken eingesetzt werden. Bei Stirnplattenstößen sind auch die Schweißnähte nachzuweisen. Zugbeanspruchte Verbindungen mit Schrauben können nach Kategorie D oder nach Kategorie E ausgeführt werden, siehe Abschnitt Schraubenverbindungen. Die Art der Vorspannung ist in Abschnitt 1.2.3 beschrieben.
Stirnplattenstöße mit überstehender und bündiger Platte sind schon seit den 70er Jahren typisiert, um der Praxis Bemessungshilfen mit konstruktiven Details und Grenztragfähigkeiten zur Verfügung zu stellen. Es liegen zurzeit drei unterschiedliche Tabellenwerke für biegesteife Stirnplattenstöße vor.

– Bemessungshilfen für profilorientiertes Konstruieren [16] nach DIN 18800
– Typisierte Anschlüsse im Stahlhochbau [17] nach Eurocode 3
– Typisierte Anschlüsse im Stahlhochbau nach DIN EN 1993-1-8 [52]

Für die praktische Anwendung sind die Zulassungsbescheide zu beachten. Diese sind für [16] und [17] abgelaufen.

Für die Anwendung der Beanspruchungstabellen in [52] wird eine Vorspannung der Schrauben nicht vorausgesetzt. Die Grenztragfähigkeiten sind nicht gleich, da unterschiedliche Berechnungsmodelle verwendet werden. Bei dem Berechnungsmodell nach [16] werden Abmessungen des statischen Systems mit Hilfe von Versuchsergebnissen festgelegt. Dies betrifft insbesondere den Abstand m nach Abb. 6.7. Das Berechnungsmodell in [52] beruht auf dem plastischen Modell des äquivalenten T-Stummels, das allgemein gültig und im Eurocode 3, Teil 1-8, angegeben ist. In [52] sind die Grenztragfähigkeiten von biegesteifen Stirnplattenstößen nach EC 3 tabelliert. Weiterhin werden auch Bemessungshilfen für verformbare, d. h. nachgiebige Träger-Stützenanschlüsse angegeben.
Es wird das Berechnungsmodell des äquivalenten T-Stummels erläutert und angewendet. Ausführlich werden die Stirnplattenstöße in Band 3 [49] behandelt.

6.5 Biegetragfähigkeit des Stirnplattenstoßes

6.5.1 Allgemeines

Bei den Stirnplattenstößen sind dabei die folgenden Komponenten zu beachten:
äquivalenter T-Stummel mit Zugbeanspruchung (1-8, 6.2.4)
Stirnblech mit Biegung (1-8, 6.2.6.5)
Trägerflansch und -steg mit Druck (1-8, 6.2.6.6)
Trägersteg mit Zug (1-8, 6.2.6.8)
In diesem Abschnitt werden die Tragfähigkeiten dieser Grundkomponenten angegeben.

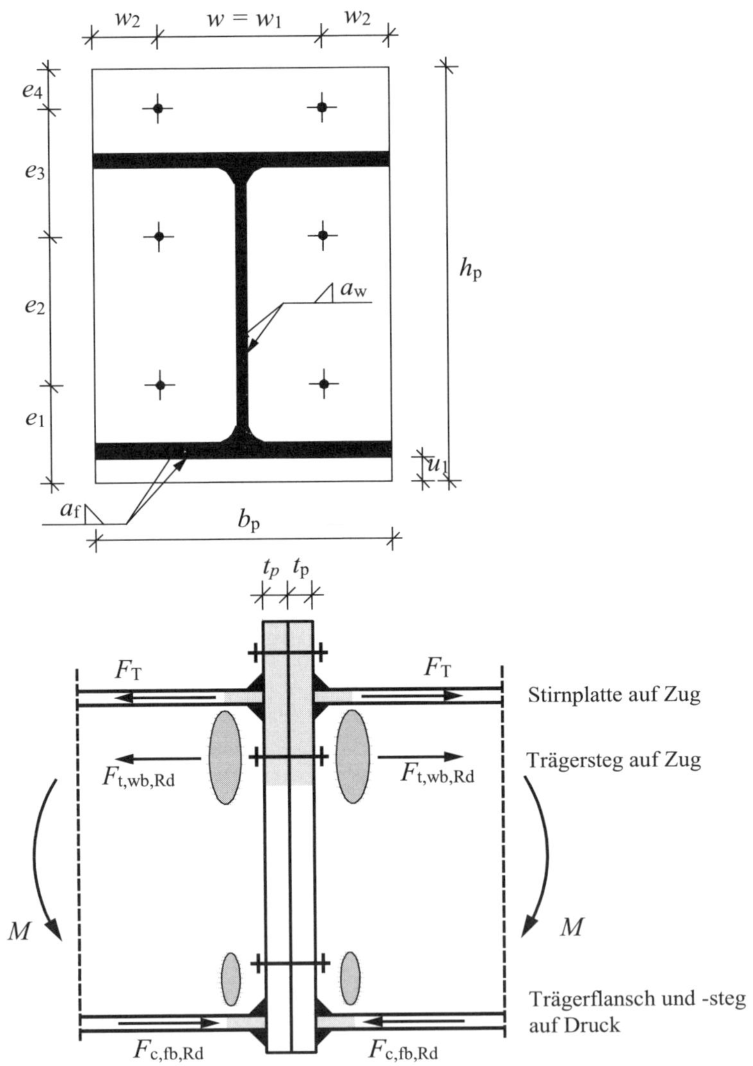

Abb. 6.6 Komponenten des Stirnplattenstoßes

Im Eurocode 3 werden für die Indizes und Bezeichnungen folgende Buchstaben verwendet:

Stütze – column	c	Träger – beam	b	Flansch – flange	f
Steg – web	w	Platte – plate	p	Reihe – row	r
Dicke – thickness	t	Radius – radius	r	Schraube – bolt	b
Druck – compression	c	Zug – tension	t		

In Abb. 6.6 ist ein typischer Stirnplattenstoß mit überstehenden Platten dargestellt. Es sind drei Komponenten des Trägerstoßes, Stirnplatte auf Zug, Trägersteg auf Zug und Trägerflansch auf Druck nachzuweisen. Das Biegemoment erzeugt in dem oberen Flansch eine Zugkraft. Diese Zugkraft wird durch den grau angelegten T-Stummel über den Stoß übertragen. Die Grenzzugkraft F_T wird berechnet. Mit der wirksamen Länge l_{eff} der einzelnen äquivalenten T-Stummel nach Abb. 6.7, die eine Ersatzlänge darstellt, wird die Tragfähigkeit des Anschlusses wirklichkeitsnah erfasst. Durch den äquivalenten T-Stummel wird auch der Anteil der Zugkraft, den der Steg des Trägers übernimmt, berücksichtigt. Weiterhin bewirkt das Biegemoment im unteren Flansch cinc Druckkraft.

Für den Nachweis mit dem einwirkenden Biegemoment $M_{j,Ed}$ gilt:

$$\frac{M_{j,Ed}}{M_{j,Rd}} \leq 1{,}0 \tag{6.9}$$

Bei der Berechnung der Momententragfähigkeit $M_{j,Ed}$ nach EC 3 ist eine gleichzeitig wirkende Normalkraft N_{Ed} im Anschluss nicht berücksichtigt. Daher darf der Nachweis nach Gleichung (6.9) nur geführt werden, wenn die einwirkende Normalkraft N_{Ed} des angeschlossenen Bauteils nicht größer als 5 % der plastischen Normalkraft $N_{pl,Rd}$ des Bauteilquerschnittes ist.

Als konservative Näherung darf bei Biegung und Normalkraft nach (1-8, Gleichung (6.24)) die lineare Interaktion benutzt werden:

$$\frac{M_{j,Ed}}{M_{j,Rd}} + \frac{N_{j,Ed}}{N_{j,Rd}} \leq 1{,}0 \tag{6.10}$$

Dabei ist

$M_{j,Rd}$ Momententragfähigkeit des Anschlusses

$N_{j,Rd}$ Normalkrafttragfähigkeit des Anschlusses

Auf die allgemeine Beanspruchung mit Biegung und Normalkraft wird ausführlich im Band 3 eingegangen.

6.5.2 Äquivalenter T-Stummel mit Zug

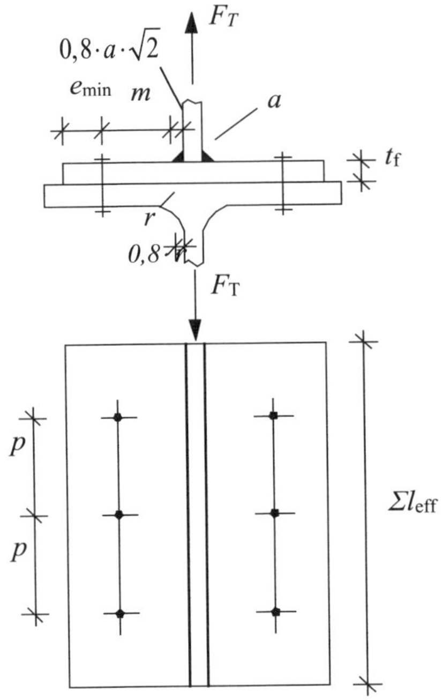

$$n = e_{\min} \leq 1{,}25 \cdot m$$

Abb. 6.7 Träger-Stützenanschluss

In Abb. 6.7 ist ein Träger-Stützenanschluss dargestellt. Als Randabstand e ist der kleinere Wert zu wählen, da eine gegenseitige Abstützung nur bis dahin möglich ist. Bei Trägerstößen ist der Randabstand e im Allgemeinen gleich.

Zunächst soll die Grenztragfähigkeit des T-Stummels erläutert werden. Für die Berechnung der Grenztragfähigkeit des T-Stummels wird die Fließgelenktheorie angewendet. Dabei sind vier unterschiedliche Systeme zu beachten, die von der Tragfähigkeit der Platte und der Schraube abhängen. Hat sich eine kinematische Kette gebildet, kann die zugehörige Grenztragfähigkeit des T-Stummels aus Gleichgewichtsbedingungen F_T ermittelt werden.

Modus 1: Vollständiges Fließen des Flansches – Abstützkräfte

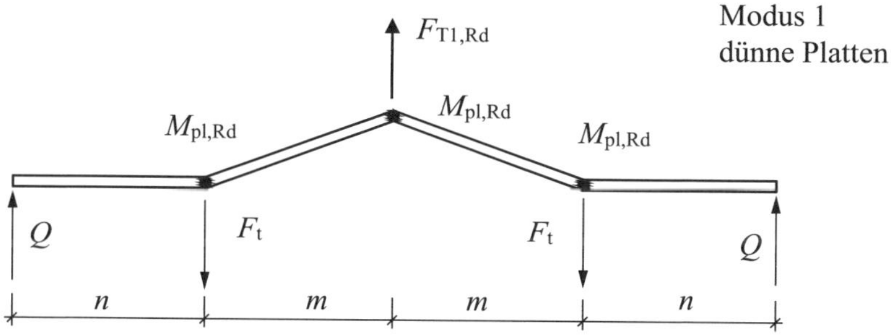

Dieses Versagen tritt bei dünnen Platten, dünn im Verhältnis zum Schraubendurchmesser, auf. Als eine Abschätzung gilt für Schrauben der Festigkeitsklasse 10.9, wenn das Verhältnis der Plattendicke t zu dem Schraubendurchmesser d $t/d < 0{,}75$ ist. Das System ist symmetrisch und damit einfach statisch unbestimmt. Wenn sich zwei Fließgelenke bilden, entsteht eine kinematische Kette. In der Mitte und am Angriffspunkt der Schraube bildet sich ein Momentenfließgelenk. Es treten Abstützkräfte auf.

Modus 2: Versagen der Schrauben und ein Fließgelenk – Abstützkräfte

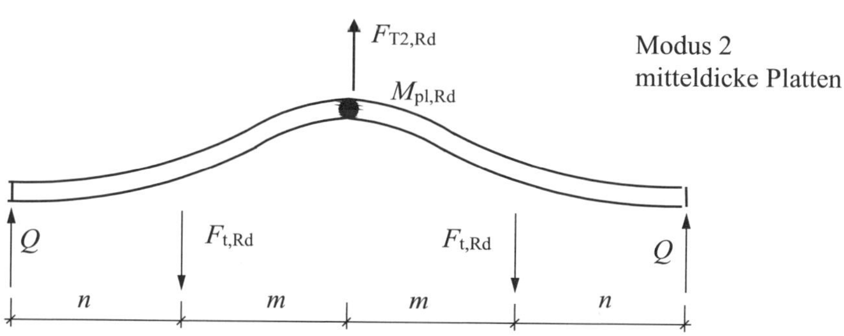

Dieses Versagen tritt bei mitteldicken Platten auf. Als eine Abschätzung gilt für Schrauben der Festigkeitsklasse 10.9, wenn das Verhältnis der Plattendicke zu dem Schraubendurchmesser $0{,}75 < t/d < 1{,}25$ ist. Das System ist symmetrisch und damit einfach statisch unbestimmt. Wenn sich zwei Fließgelenke bilden, entsteht eine kinematische Kette. In der Mitte bildet sich ein Momentenfließgelenk und die Schrauben sind das Normalkraftfließgelenk. Es treten Abstützkräfte auf.

Modus 3: Versagen der Schrauben – keine Abstützkräfte

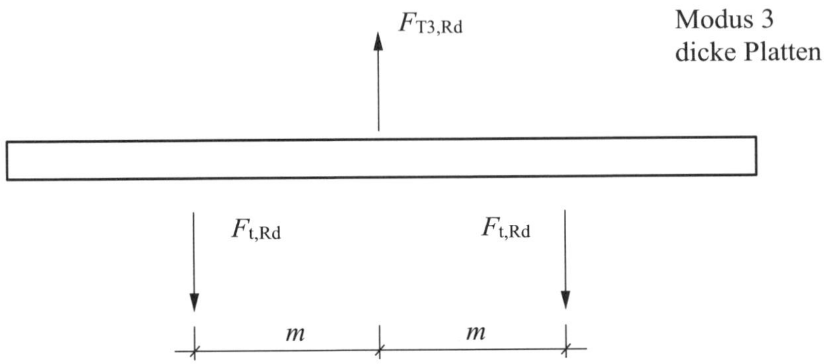

Dieses Versagen tritt bei dicken Platten auf. Als eine Abschätzung gilt für Schrauben der Festigkeitsklasse 10.9, wenn das Verhältnis der Plattendicke zu dem Schraubendurchmesser $t/d > 1{,}25$ ist. Das System ist symmetrisch und statisch unbestimmt. Wenn sich ein Fließgelenk bildet, entsteht eine kinematische Kette. Die Schrauben sind das Normalkraftfließgelenk. Es treten keine Abstützkräfte auf.

Modus 4: Versagen der Platte – keine Abstützkräfte

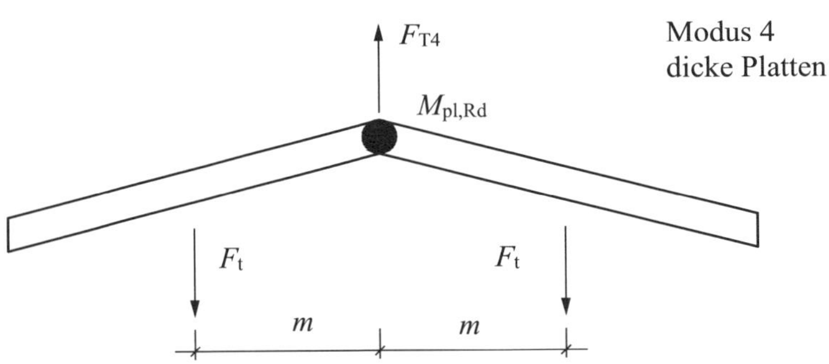

Es kann dann die Platte schon versagen, wenn die Grenztragfähigkeit der Schraube noch nicht erreicht ist. In der Mitte bildet sich dann ein Momentenfließgelenk. Es treten keine Abstützkräfte auf.

Der EC 3 bietet ein vereinfachtes und ein genaueres Verfahren für die Berechnung der Grenztragfähigkeit des T-Stummels an.
Die Anmerkung 1 in (1-8, Tabelle 6.2) besagt, dass man annehmen darf, dass bei geschraubten Träger-Stützenanschlüssen oder Trägerstößen Abstützkräfte auftreten. Ob Abstützkräfte auftreten, wird bei der Berechnung der Grenztragfähigkeiten berücksichtigt. Dies führt zu einer vereinfachten Berechnung.

Es sind die Grenztragfähigkeiten von Modus 1, 2 und 3 zu berechnen. Maßgebend ist der kleinste Wert. Zusätzlich ist der Modus 4 zu überprüfen, wenn Modus 3 den kleinsten Wert für die Grenztragfähigkeit des T-Stummels ergibt. Dieses vereinfachte Verfahren wird in den Beispielen angewendet.

Berechnung der Grenztragfähigkeiten
Das System ist symmetrisch und einfach statisch unbestimmt, s. Abb. 6.8. Aus Symmetriegründen ist die Querkraft in der Mitte gleich null. Es wird die Fließgelenktheorie angewendet, um die plastischen Reserven des Systems auszunutzen.

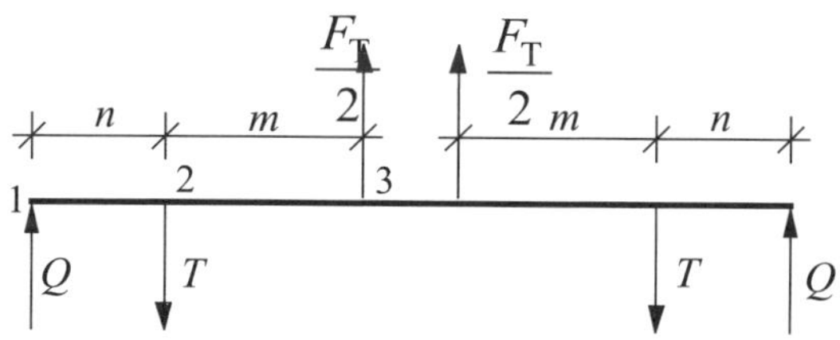

Abb. 6.8 Statisches System des T-Stummels

Dann sind alle möglichen Fließgelenkketten zu untersuchen. Die Zugkraft F wird über die Schweißnaht bzw. die Ausrundung je zur Hälfte in die Platte eingeleitet. Für die Kraft T in den Schrauben und das Biegemoment M in der Platte gilt:

$$T \leq \frac{1}{2} \cdot \sum F_{t,Rd} \qquad M \leq M_{pl,Rd} \tag{6.11}$$

$F_{t,Rd}$ Bemessungswert der Zugtragfähigkeit der Schraube, s. Tabelle 13.2

$M_{pl,Rd}$ Bemessungswert der Momententragfähigkeit der Platte

$$M_{pl,Rd} = 0,25 \cdot \sum l_{eff} \cdot t_f^2 \cdot f_y / \gamma_{M0} \tag{6.12}$$

Es gibt vier Versagensarten für den T-Stummel. Das Versagen hängt von dem Verhältnis der Grenztragfähigkeiten von Schraube und Platte ab. Dabei ist zu berücksichtigen, dass zusätzlich die wirksame Länge Σl_{eff} von der Versagensart abhängt. Weiterhin ist zu beachten, ob Abstützkräfte auftreten. Abstützkräfte treten nur dann auf, wenn $Q > 0$ ist.

Modus 1: Vollständiges Fließen des Flansches mit Abstützkräften

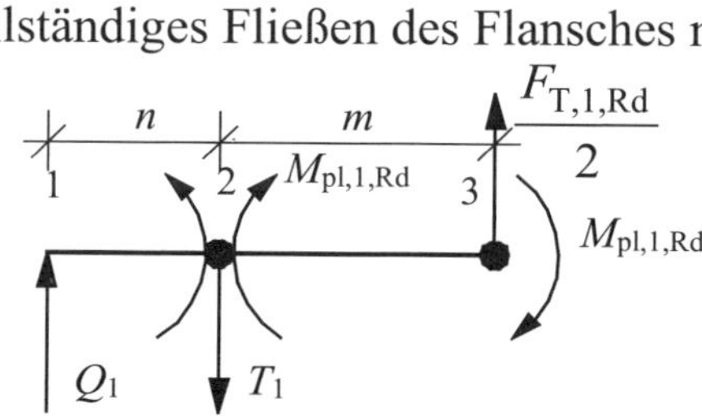

Dieses Versagen tritt bei dünnen Platten auf. In den Punkten 2 und 3 des Systems bildet sich ein Fließgelenk. Es treten Abstützkräfte auf. Die Summe der Momente am rechten Teil um den Punkt 2 ergibt:

$$M_{\mathrm{pl,1,Rd}} + M_{\mathrm{pl,1,Rd}} - \frac{F_{\mathrm{T,1,Rd}}}{2} \cdot m = 0$$

$$F_{\mathrm{T,1,Rd}} = \frac{4 \cdot M_{\mathrm{pl,1,Rd}}}{m} \tag{6.13}$$

Es gelten die folgenden Nebenbedingungen:

$$Q_1 = \frac{M_{\mathrm{pl,1,Rd}}}{n} > 0 \tag{6.14}$$

$$T_1 = Q_1 + 0{,}5 \cdot F_{\mathrm{T,1,Rd}} \le \frac{1}{2} \cdot \sum F_{\mathrm{t,Rd}} \tag{6.15}$$

Modus 2: Versagen der Schrauben und Fließgelenk am Punkt 3.
Es treten Abstützkräfte auf. Die Summe der Momente um Punkt 1 ergibt:

$$M_{\mathrm{pl,2,Rd}} + n \cdot \frac{1}{2} \cdot \sum F_{\mathrm{t,Rd}} - \frac{F_{\mathrm{T,2,Rd}}}{2} \cdot (m+n) = 0$$

$$F_{\mathrm{T,2,Rd}} = \frac{2 \cdot M_{\mathrm{pl,2,Rd}} + n \cdot \sum F_{\mathrm{t,Rd}}}{m+n} \tag{6.16}$$

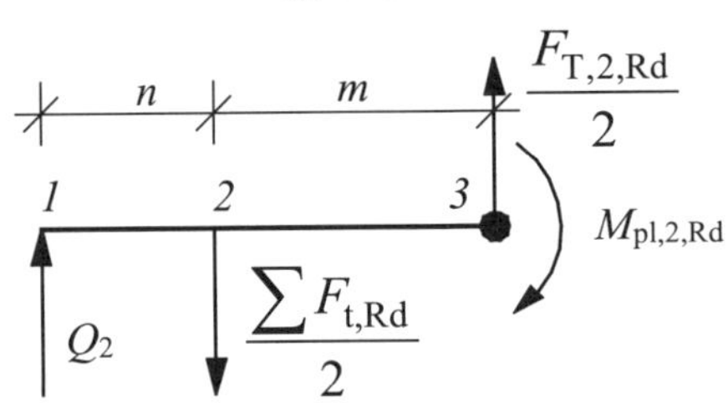

Es gelten die folgenden Nebenbedingungen:

$$Q_2 = 0{,}5 \cdot F_{\mathrm{T,2,Rd}} \cdot \frac{m}{n} - \frac{M_{\mathrm{pl,2,Rd}}}{n} > 0 \tag{6.17}$$

$$M_2 = Q_2 \cdot n \le M_{\mathrm{pl,1,Rd}} \tag{6.18}$$

Diese Berechnung von $F_{\mathrm{T,2,Rd}}$ ist nur gültig, wenn die Abstützkraft Q eine Druckkraft ist. Dies führt zu der folgenden Bedingung:

$$F_{\mathrm{T,2,Rd}} \le \sum F_{\mathrm{t,Rd}}$$

Modus 3: Versagen der Schrauben – keine Abstützkräfte

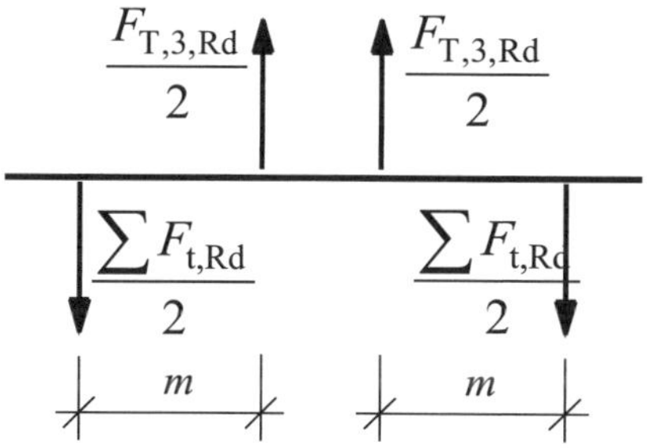

Dieses Versagen tritt bei dicken Platten auf. Die Abstützkräfte Q werden zu null. Die Summe der vertikalen Kräfte ergibt:

$$F_{T,3,Rd} = \sum F_{t,Rd} \tag{6.19}$$

Es gilt die folgende Nebenbedingung:

$$F_{T,3,Rd} < \frac{2 \cdot M_{pl,1,Rd}}{m} \tag{6.20}$$

Modus 4: Versagen der Platte – keine Abstützkräfte

Es kann dann aber die Platte schon versagen, wenn die Grenztragfähigkeit der Schraube noch nicht erreicht ist.

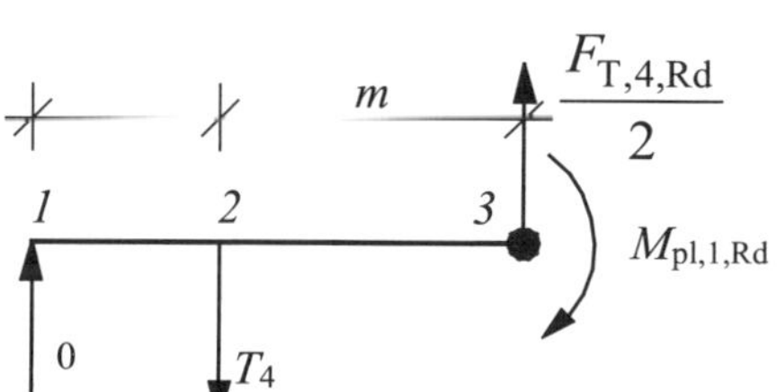

$$F_{T,4,Rd} = \frac{2 \cdot M_{pl,1,Rd}}{m} \tag{6.21}$$

Es gilt die folgende Nebenbedingung:

$$T_4 \leq \frac{1}{2} \cdot \sum F_{t,Rd} \tag{6.22}$$

Maßgebend ist der Modus1 oder Modus 2, der die Nebenbedingungen erfüllt. Erfüllen Modus 1 und Modus 2 nicht die Nebenbedingungen, sind keine Abstützkräfte vorhanden. Dann gilt Modus 3 oder Modus 4, und zwar derjenige, der die Nebenbedingung erfüllt. Man kann auch folgendermaßen vorgehen. Es ist der kleinste Wert von $F_{T1,Rd}$, $F_{T2,Rd}$ und $F_{T3,Rd}$ zu ermitteln. Ist $F_{T3,Rd}$ der kleinste Wert, dann ist zu prüfen, ob $F_{T4,Rd} < F_{T3,Rd}$ ist.

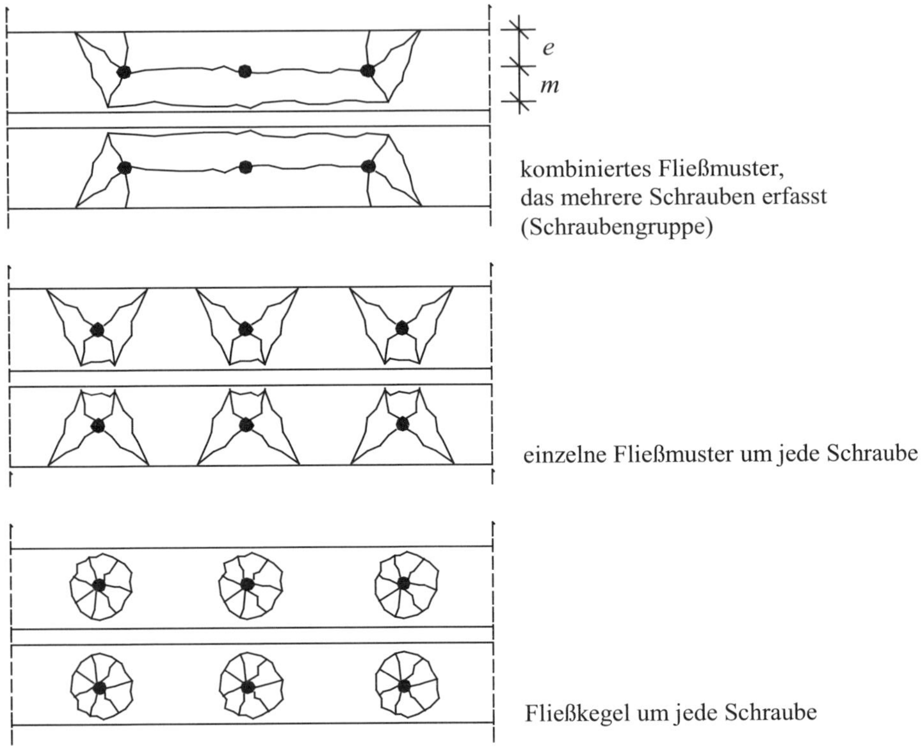

Abb. 6.9 Fließmuster für einen unausgesteiften T-Stummel

In Abb. 6.9 ist exemplarisch dargestellt, wie unterschiedlich die Platte neben einem Steg oder Flansch versagen kann. Um jede Schraube kann sich ein Fließkegel ausbilden. Die wirksame Länge ist dann der Umfang des Kegels. Es kann sich aber auch um jede Schraube ein einzelnes Fließmuster mit Fließlinien bilden. Weiterhin ist zu beachten, ob sich die Schraube am freien Rand, z. B. am Stützenende, befindet. Für eine Schraube als Teil einer Gruppe entsteht ein kombiniertes Fließmuster, das mehrere Schrauben umfasst. Die wirksamen Längen sind für die wichtigsten Anordnungen von Schrauben in Tabelle 6.1 angegeben. Dabei ist die Schraubenanordnung nach Abb. 6.10 zu beachten.

Tabelle 6.1 Wirksame Längen von T-Stummel

Nr.	Lage der Schraubenreihe	Schraubenreihe einzeln betrachtet		Schraubenreihe als Teil einer Gruppe von Schraubenreihen	
		Kreisförmiges Muster $l_{eff,cp}$	Nicht kreisförmiges Muster $l_{eff,nc}$	Kreisförmiges Muster $l_{eff,cp}$	Nicht kreisförmiges Muster $l_{eff,nc}$
1	Innere Schraubenreihe	$2\pi m$	$4m+1,25e$	$2p$	p
2	Schraubenreihe am Ende	$2\pi m$	$4m+1,25e$	$\pi m+p$	$2m+0,625e+0,5p$
3	Schraubenreihe am Ende mit Rand	kleinster Wert: $2\pi m$ $\pi m+2e_1$	kleinster Wert: $4m+1,25e$ $2m+0,625e+e_1$	kleinster Wert: $\pi m+p$ $2e_1+p$	kleinster Wert: $2m+0,625e+0,5p$ $e_1+0,5p$
4	Schraubenreihe neben einer Steife	$2\pi m$	αm	$\pi m+p$	$0,5p+\alpha m$ $-(2m+0,625e)$
5	Schraubenreihe am Rand neben einer Steife	kleinster Wert: $2\pi m$ $\pi m+2e_1$	$e_1+\alpha m$ $-(2m+0,625e)$	nicht relevant	nicht relevant
6	Schraubenreihe oberhalb des Trägerzugflansches	kleinster Wert: $2\pi m_x$ πm_x+w πm_x+2e	kleinster Wert: $4m_x+1,25e_x$ $e+2m_x+0,625e_x$ $0,5\cdot b_p$ $0,5w+2m_x+0,625e_x$	--	--
Modus 1		$l_{eff,1}=l_{eff,nc}$ jedoch $l_{eff,1}\le l_{eff,cp}$		$\Sigma l_{eff,1}=\Sigma l_{eff,nc}$ jedoch $\Sigma l_{eff,1}\le \Sigma l_{eff,cp}$	
Modus 2		$l_{eff,2}=l_{eff,nc}$		$\Sigma l_{eff,2}=\Sigma l_{eff,nc}$	
α -Werte nach Abb. 6.11					

Die Schraubenreihen sind nummeriert. Nr. 1 ist eine innen liegende Schraubenreihe in einem unausgesteiften Stützen- oder Trägerbereich. Nr. 2 ist eine Schraubenreihe am Ende einer Stütze oder Stirnplatte. Nr. 3 ist eine Schraubenreihe am Ende einer Stütze im Randbereich. Dabei ist der Randabstand e_1 zu berücksichtigen. Nr. 4 und Nr. 5 sind Schraubenreihen, die direkt neben einer Steife liegen. Bei Nr. 5 ist zusätzlich der Randabstand e_1 zu beachten. Es entsteht ein ausgesteifter T-Stummel. Nr. 6 ist eine besondere Schraubenreihe, die bei Stirnplatten oberhalb bzw. unterhalb des Zugflansches liegt.

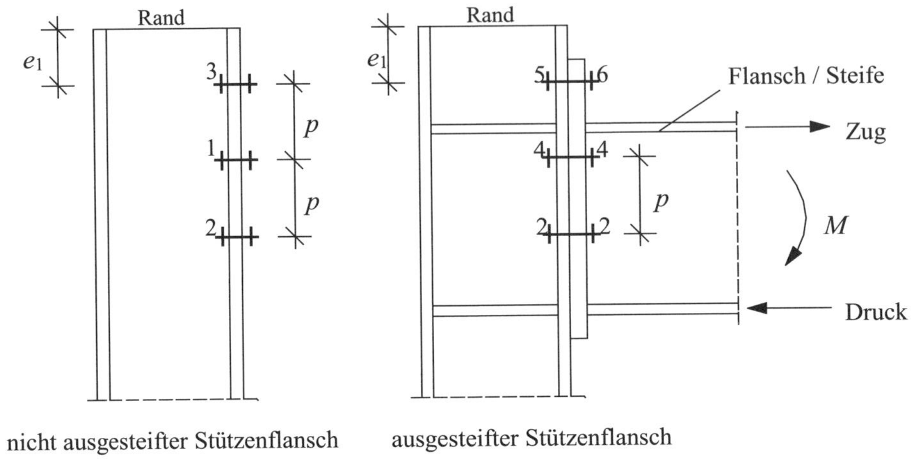

Abb. 6.10 Anordnung von Schraubenreihen

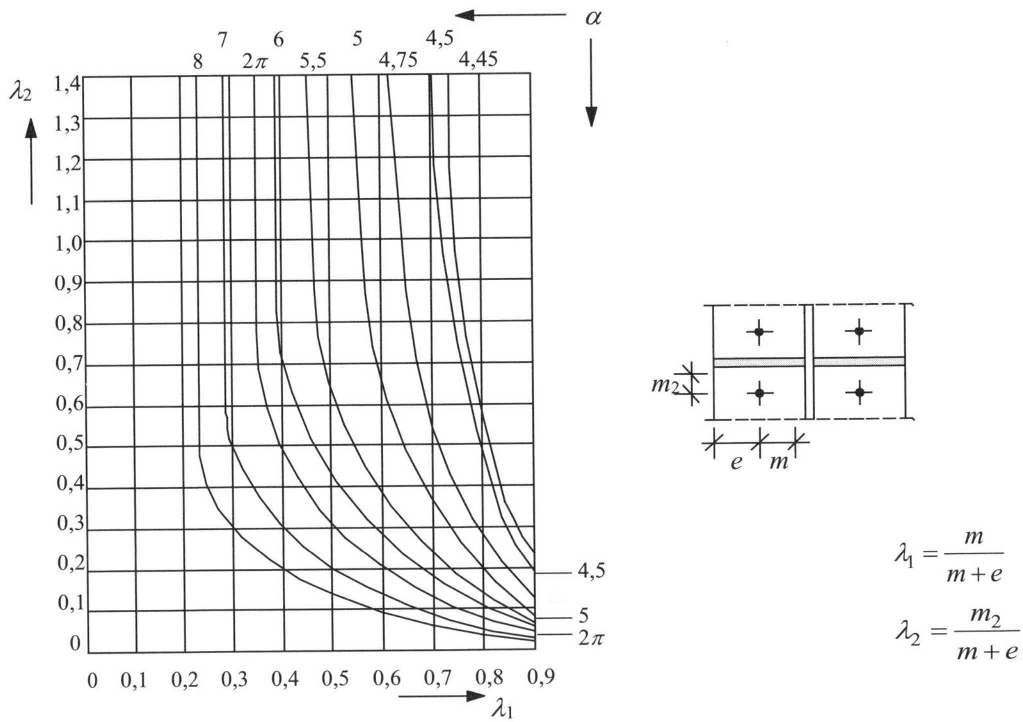

Abb. 6.11 α-Werte für ausgesteifte T-Stummel

Die Schraubenreihe Nr. 4 trägt die Zugkräfte in zwei Richtungen ab, was die Grenztragfähigkeit dieser Schraubenreihe erhöht. Die Erhöhung kann durch die α-Werte nach dem EC 3 berechnet werden, Abb. 6.11.

Bei der wirksamen Länge l_{eff} des ausgesteiften T-Stummels ist zu beachten, dass diese die Summe der Grenztragfähigkeiten in Richtung der Steife/des Flansches und des Steges enthält.
Bei der Schraubenreihe Nr. 6 fehlt der mittlere Steg. Die beiden Schrauben werden, wie in Abb. 6.12 dargestellt, symmetrisch zum Zugflansch zu einem T-Stummel angeordnet. Die wirksame Länge l_{eff} kann nicht größer sein als die halbe Breite der Stirnplatte. Vernachlässigt man die Abtragung der 1. Reihe unterhalb des Trägerzugflansches in Richtung des Steges, erhält man ein vereinfachtes Modell für die Berechnung der Stirnplatte mit zwei Schraubenreihen. Dieses vereinfachte Modell darf auch für nebeneinanderliegende Schrauben angewendet werden.

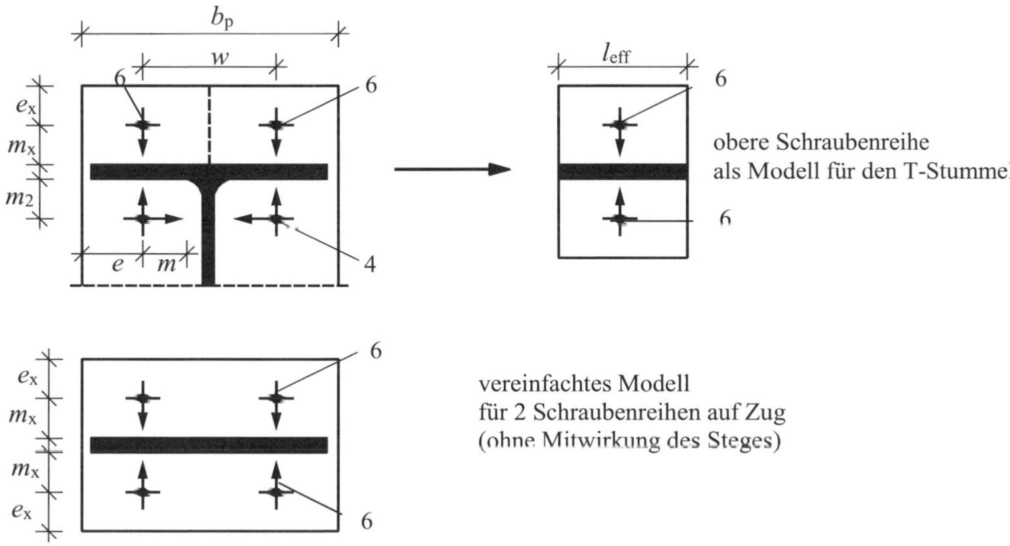

Abb. 6.12 Unausgesteifter T-Stummel oberhalb des Trägerzugflansches

6.5.3 Trägerflansch auf Druck

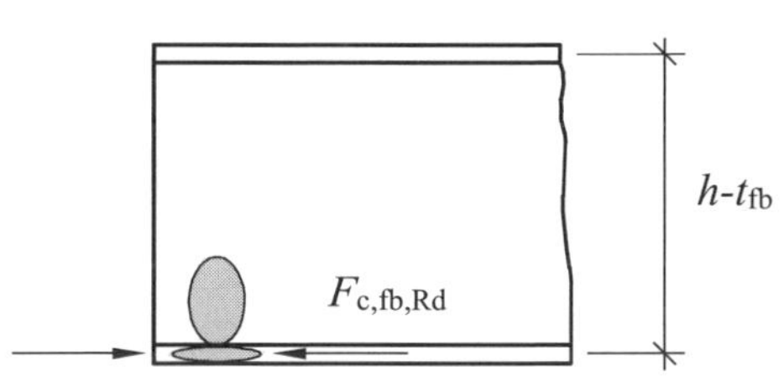

Für die Grenztragfähigkeit des Trägerflansches und der angrenzenden Druckzone im Trägersteg kann als Angriffspunkt die Mitte des gedrückten Flansches angenommen werden. Es gilt dann:

$$F_{\text{c,fb,Rd}} = M_{\text{c,Rd}} / \left(h - t_{\text{fb}}\right) \tag{6.23}$$

h Höhe des angeschlossenen Trägers

$M_{c,Rd}$ Momententragfähigkeit des Trägerquerschnittes mit Abminderung infolge Querkraft

t_{fb} Flanschdicke des angeschlossenen Trägers

6.5.4 Trägersteg auf Zug

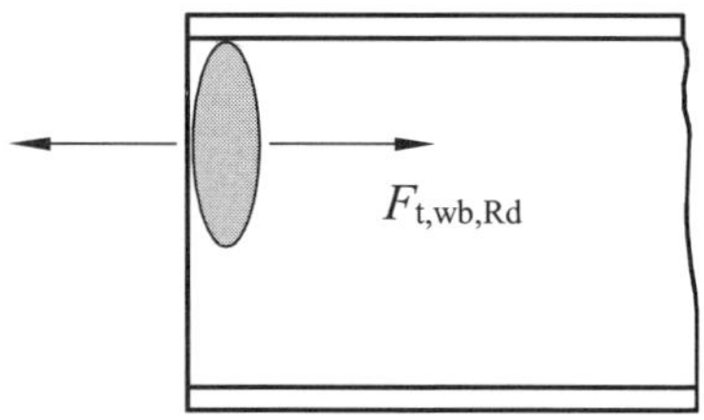

Die Zugtragfähigkeit des Trägerstegs wird folgendermaßen ermittelt:

$$F_{t,wb,Rd} = b_{eff,t,wb} \cdot t_{wb} \cdot f_{y,wb} / \gamma_{M0} \tag{6.24}$$

Die effektive Breite $b_{eff,t,wb}$ des Trägerstegs auf Zug ist gleich der kleinsten wirksamen Länge l_{eff} des äquivalenten T-Stummels für die Komponente Stirnplatte auf Biegung. Die Zugtragfähigkeit der zugehörigen Schweißnaht ist entsprechend zu berechnen.

6.6 Momententragfähigkeit

Die Momententragfähigkeit $M_{j,Rd}$ eines Stirnplattenstoßes kann wie folgt nach Abb. 6.13 bestimmt werden:

$$M_{j,Rd} = \sum_{r} h_r \cdot F_{tr,Rd} \tag{6.25}$$

h_r Abstand der Schraubenreihe r vom Druckpunkt

$F_{tr,Rd}$ wirksame Grenzzugkraft der Schraubenreihe r auf Zug

r Nummer der Schraubenreihe

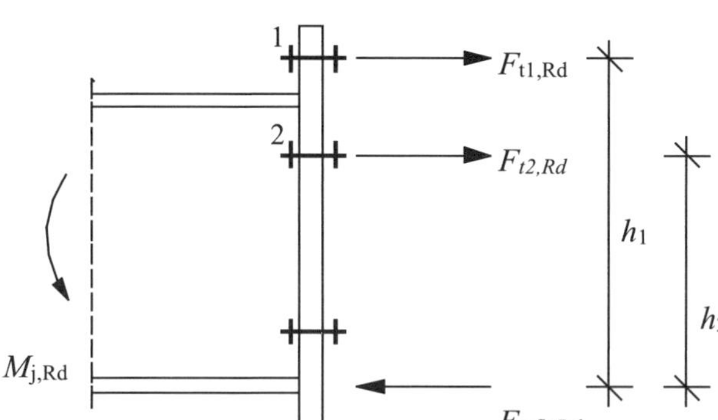

Abb. 6.13 Berechnung der Momententragfähigkeit

Für den Druckpunkt kann die Mitte des gedrückten Flansches angenommen werden. Die Nummerierung der Schraubenreihen beginnt mit der äußersten Schraubenreihe. Die wirksame Grenzzugkraft $F_{\mathrm{tr,Rd}}$ der Schraubenreihe r ist die kleinste Grenzzugkraft der Komponenten für die einzelne Schraubenreihe, wenn keine Schraubengruppe vorhanden ist. Für den Trägerstoß mit überstehender Platte mit nur zwei Schraubenreihen auf Zug trifft dies zu. Sonst ist die Grenzkraft der Schraubengruppe als Ganzes zu berücksichtigen.
Um eine ausreichende Verformbarkeit des Anschlusses für die Umlagerung der inneren Kräfte zu ermöglichen, ist für die Grenzzugkraft der Schraubenreihe (zwei Schrauben) r >1 die folgende Reduktion erforderlich, wenn $F_{\mathrm{t1,Rd}} \geq 1{,}9 \cdot F_{\mathrm{t,Rd}}$ ist.

$$F_{\mathrm{tr,Rd}} \leq F_{\mathrm{t1,Rd}} \cdot \frac{h_{\mathrm{r}}}{h_1} \tag{6.26}$$

Ist dagegen nicht die erste, sondern die zweite Schraubenreihe mit $F_{\mathrm{2,Rd}} \geq 1{,}9 \cdot F_{\mathrm{t,Rd}}$ beansprucht, gilt für die darunterliegenden Schrauben entsprechend, usw.:

$$F_{\mathrm{tr,Rd}} \leq F_{\mathrm{t2,Rd}} \cdot \frac{h_{\mathrm{r}}}{h_2} \tag{6.27}$$

Für die gesamte Tragfähigkeit ist noch folgende Bedingung, z. B. für zwei Schraubenreihen, einzuhalten:

$$F_{\mathrm{t1,Rd}} + F_{\mathrm{t2,Rd}} \leq F_{\mathrm{c,fb,Rd}} \tag{6.28}$$

Ist diese Bedingung nicht eingehalten, ist die Tragfähigkeit der letzten Schraubenreihe zu reduzieren.

$$F_{\mathrm{t2,Rd}} = F_{\mathrm{c,fb,Rd}} - F_{\mathrm{t1,Rd}} \tag{6.29}$$

6.7 Schweißnahtdicken

Die Schweißnähte am Träger sind für das Biegemoment und die Querkraft nachzuweisen. Die Querkraft wird i. Allg. den zusätzlichen nicht auf Zug beanspruchten Schrauben zugewiesen. Es ist der Nachweis für die Schraubenverbindung zu führen.
In allen Anschlüssen sollten die Schweißnahtdicken so gewählt werden, dass die Biegetragfähigkeit des Anschlusses $M_{\mathrm{j,Rd}}$ nicht durch die Tragfähigkeit der Schweißnähte, sondern die Tragfähigkeit der Grundkomponenten begrenzt wird (1-8, 6.2.3 (4)). Sind in der Anschlussebene nur Spannungen σ_{w} vorhanden, dann gilt für die Beanspruchbarkeit der Schweißnaht für das richtungsbezogene Verfahren:

$$\sigma_{\mathrm{w}} \leq \frac{f_{\mathrm{u}}}{\sqrt{2} \cdot \beta_{\mathrm{w}} \cdot \gamma_{\mathrm{M2}}} \tag{6.30}$$

6.8 Beispiele

Beispiel 6.8.1: Laschenstoß

Prinzip:
Besteht der Stabquerschnitt aus mehreren Teilquerschnitten, dann werden die Schnittgrößen der Teilquerschnitte ermittelt und jeder Teilquerschnitt für sich gestoßen! Die Laschen wählt man so, dass der Trägerquerschnitt ersetzt wird.
Werkstoff: S 235
Nachweisverfahren: Elastisch
Beanspruchung: Biegung und Querkraft $M_{\mathrm{y,Ed}} = +500$ kNm; $V_{\mathrm{z,Ed}} = +200$ kN

Profil: IPE 600; $A = 156\ \mathrm{cm}^2$; $I_\mathrm{y} = 92\ 080\ \mathrm{cm}^4$; $d = 514$ mm; $t_\mathrm{f} = 19$ mm; $t_\mathrm{w} = 12$ mm

$$I_\mathrm{w} = \frac{1}{12} \cdot t_\mathrm{w} \cdot h_\mathrm{w}^3 = \frac{1}{12} \cdot 1{,}2 \cdot (60 - 2 \cdot 1{,}9)^3 = 17\ 750\ \mathrm{cm}^4$$

Schrauben: M20-10.9; $d_0 = 22$ mm

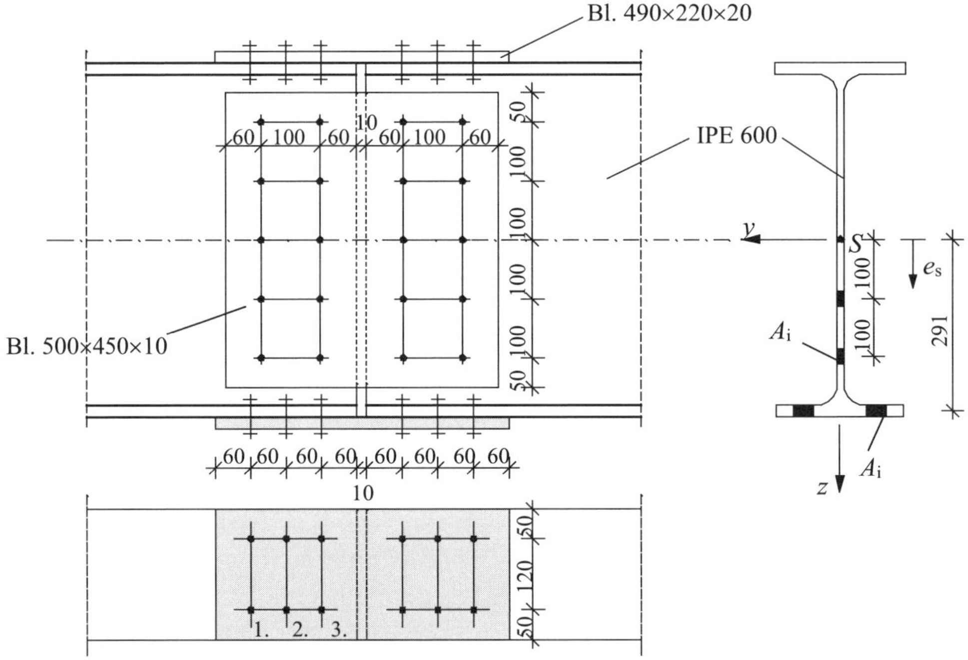

Berechnung der Teilschnittgrößen

$$M_\mathrm{w} = \frac{I_\mathrm{w}}{I_\mathrm{y}} \cdot M = \frac{17\ 750}{92\ 080} \cdot 500 = 96{,}4\ \mathrm{kNm}$$

$$M_\mathrm{f} = M - M_\mathrm{w} = 500 - 96{,}4 = 404\ \mathrm{kNm}$$

$$N_\mathrm{t} = -\frac{M_\mathrm{f}}{h_\mathrm{f}} = -\frac{40\ 400}{(60 - 1{,}9)} = -695\ \mathrm{kN}$$

$$N_\mathrm{b} = +\frac{M_\mathrm{f}}{h_\mathrm{f}} = +\frac{40\ 400}{(60 - 1{,}9)} = +695\ \mathrm{kN}$$

Nachweis des Trägers

Der Lochabzug in der Biegezugzone ist zu berücksichtigen. Im Druckbereich und bei Schub darf der Lochabzug entfallen. Die Löcher dürfen in der zugbeanspruchten Fläche vernachlässigt werden, wenn dafür folgende Bedingung eingehalten ist:

$$\frac{A_{\text{f,net}} \cdot 0{,}9 \cdot f_{\text{u}}}{\gamma_{\text{M2}}} = \frac{(78 - 2 \cdot 1{,}9 \cdot 2{,}2 - 2 \cdot 1{,}2 \cdot 2{,}2) \cdot 0{,}9 \cdot 36}{1{,}25} = 1668 \text{ kN}$$

$$\geq \frac{A_{\text{f}} \cdot f_{\text{y}}}{\gamma_{\text{M0}}} = \frac{78 \cdot 23{,}5}{1{,}00} = 1833 \text{ kN}$$

Der Lochabzug ist zu berücksichtigen.

Vereinfacht werden die Löcher auch im Druckbereich angenommen.

$$I_{\text{y}} = 92\ 080 - 4 \cdot 1{,}9 \cdot 2{,}2 \cdot 29{,}1^2 - 2 \cdot 1{,}2 \cdot 2{,}2 \cdot 10^2 - 2 \cdot 1{,}2 \cdot 2{,}2 \cdot 20^2 = 75\ 281 \text{ cm}^4$$

$$I_{\text{w}} = 17\ 750 - 2 \cdot 1{,}2 \cdot 2{,}2 \cdot 10^2 - 2 \cdot 1{,}2 \cdot 2{,}2 \cdot 20^2 = 15\ 110 \text{ cm}^4$$

$$\sigma = \frac{M_{\text{y,Ed}}}{I_{\text{y}}} \cdot z = \frac{50\ 000}{75\ 281} \cdot 30 = 19{,}9 \text{ kN/cm}^2 \leq \sigma_{\text{Rd}} = 23{,}5 \text{ kN/cm}^2$$

$$A_{\text{w}} = h_{\text{w}} \cdot t_{\text{w}} = 56{,}2 \cdot 1{,}2 = 67{,}4 \text{ cm}^2$$

$$\tau_{\text{Ed}} = \tau_1 = \frac{V_{\text{z,Ed}}}{A_{\text{w}}} = \frac{200}{67{,}2} = 2{,}98 \text{ kN/cm}^2 \leq \tau_{\text{Rd}} = 13{,}6 \text{ kN/cm}^2$$

Nachweis der Vergleichsspannung:

$$\sigma_1 = \frac{M_{\text{y,Ed}}}{I_{\text{y}}} \cdot \frac{d}{2} = \frac{50\ 000}{75\ 281} \cdot \frac{51{,}4}{2} = 16{,}7 \text{ kN/cm}^2$$

$$\sigma_{\text{V}} = \sqrt{\sigma_1{}^2 + 3 \cdot \tau_1{}^2} = \sqrt{16{,}7^2 + 3 \cdot 2{,}98^2} = 17{,}5 \text{ kN/cm}^2$$

$$\frac{\sigma_{\text{V}}}{\sigma_{\text{Rd}}} = \frac{17{,}5}{23{,}5} = 0{,}74 \leq 1{,}0$$

Nachweis der Gurtlasche im Zugbereich

Siehe Band 1, Abschnitt Zugstab

$$N_{\text{Ed}} = N_{\text{b}} = +695 \text{ kN}$$

$$N_{\text{pl,Rd}} = \frac{A \cdot f_{\text{y}}}{\gamma_{\text{M0}}} = \frac{22 \cdot 2{,}0 \cdot 23{,}5}{1{,}00} = 1034 \text{ kN}$$

$$A_{\text{net}} = A - \Delta A = 22 \cdot 2{,}0 - 2 \cdot 2{,}2 \cdot 2{,}0 = 35{,}2 \text{ cm}^2$$

$$N_{\text{u,Rd}} = \frac{0{,}9 \cdot A_{\text{net}} \cdot f_{\text{u}}}{\gamma_{\text{M2}}} = \frac{0{,}9 \cdot 35{,}2 \cdot 36}{1{,}25} = 912 \text{ kN}$$

Der kleinste Wert ist maßgebend.

$$\frac{N_{\text{Ed}}}{N_{\text{t,Rd}}} = \frac{695}{912} = 0{,}76 \leq 1$$

Nachweis der Schraubenverbindung

Es handelt sich hier um einen mittig beanspruchten Anschluss. Für jede Schraube wird die maßgebende Grenzkraft $F_{\text{v,Rd}}$ berechnet.

Konstruktive Voraussetzungen:

$$p_1 = 60 \text{ mm} \geq 2{,}2 \cdot d_0 = 2{,}2 \cdot 22 = 48{,}4 \text{ mm}$$

$p_1 = 60 \text{ mm} \leq 14 \cdot t = 14 \cdot 19 = 266 \text{ mm}$

$p_1 = 60 \text{ mm} \leq 200 \text{ mm}$

$e_1 = 60 \text{ mm} \geq 1{,}2 \cdot d_0 = 1{,}2 \cdot 22 = 26{,}4 \text{ mm}$

$e_1 = 60 \text{ mm} \leq 4 \cdot t + 40 = 4 \cdot 19 + 40 = 116 \text{ mm}$

$p_2 = 120 \text{ mm} \geq 2{,}4 \cdot d_0 = 2{,}4 \cdot 22 = 52{,}8 \text{ mm}$

$p_2 = 120 \text{ mm} \leq 14 \cdot t = 14 \cdot 19 = 266 \text{ mm}$

$p_2 = 120 \text{ mm} \leq 200 \text{ mm}$

Die konstruktiven Bedingungen für die Schraubenverbindung sind eingehalten.

$t_1 = 20 \text{ mm}\,;\ t_2 = 19 \text{ mm}$

1. Schraube

$m \cdot F_{\text{v,Rd}} = 1 \cdot 151 = 151 \text{ kN}$ Tabelle 13.1

$F_{\text{1,b,Rd}} = 2{,}0 \cdot 131 = 262 \text{ kN}$ $e_1 = 60 \text{ mm}$ Tabelle 13.4

$F_{\text{2,b,Rd}} = 1{,}9 \cdot 94{,}9 = 180 \text{ kN}$ $p_1 = 60 \text{ mm}$ Tabelle 13.4

$F_{\text{Rd}} = 151 \text{ kN}$

2. Schraube

$m \cdot F_{\text{v,Rd}} = 1 \cdot 151 = 151 \text{ kN}$ Tabelle 13.1

$F_{\text{1,b,Rd}} = 2{,}0 \cdot 94{,}9 = 190 \text{ kN}$ $p_1 = 60 \text{ mm}$ Tabelle 13.4

$F_{\text{2,b,Rd}} = 1{,}9 \cdot 94{,}9 = 180 \text{ kN}$ $p_1 = 60 \text{ mm}$ Tabelle 13.4

$F_{\text{Rd}} = 151 \text{ kN}$

3. Schraube

$m \cdot F_{\text{v,Rd}} = 1 \cdot 151 = 151 \text{ kN}$ Tabelle 13.1

$F_{\text{1,b,Rd}} = 2{,}0 \cdot 94{,}9 = 190 \text{ kN}$ $p_1 = 60 \text{ mm}$ Tabelle 13.4

$F_{\text{2,b,Rd}} = 1{,}9 \cdot 131 = 249 \text{ kN}$ $e_1 = 60 \text{ mm}$ Tabelle 13.4

$F_{\text{Rd}} = 151 \text{ kN}$

Die kleinste Grenzkraft F_{Rd} aller Schrauben ist

$F_{\text{Rd}} = 151 \text{ kN}$

Der Nachweis lautet damit:

$$T = \frac{N_{\text{Ed}}}{n} = \frac{695}{6} = 116 \text{ kN}$$

$$\frac{T}{F_{\text{Rd}}} = \frac{116}{3151} = 0{,}77 \leq 1$$

Nachweis der Steglaschen

$$\frac{A_{\text{f,net}} \cdot 0{,}9 \cdot f_{\text{u}}}{\gamma_{\text{M2}}} = \frac{(50 - 5 \cdot 2{,}2 \cdot 1{,}0) \cdot 0{,}9 \cdot 36}{1{,}25} = 1011 \text{ kN} \geq \frac{A_{\text{f}} \cdot f_{\text{y}}}{\gamma_{\text{M0}}} = \frac{50 \cdot 23{,}5}{1{,}00} = 1175 \text{ kN}$$

Der Lochabzug ist zu berücksichtigen.

$M = 96{,}4 + 200 \cdot 0{,}065 = 109 \text{ kNm}$

$$I_{\text{w}} = \frac{1}{12} \cdot 2{,}0 \cdot 50^3 - 2 \cdot 2{,}2 \cdot 2{,}0 \cdot 10^2 - 2 \cdot 2{,}2 \cdot 2{,}0 \cdot 20^2 = 16\,433 \text{ cm}^4$$

$$W_{\text{w}} = \frac{16\,433}{25} = 657 \text{ cm}^3$$

$$\sigma = \frac{M}{W_w} = \frac{10900}{657} = 16,6 \text{ kN/cm}^2$$

$$\tau = \frac{V_z}{A_w} = 1,5 \cdot \frac{200}{2 \cdot 50 \cdot 1,0} = 3,00 \text{ kN/cm}^2$$

Nachweis der Vergleichsspannung:

$$\sigma_V = \sqrt{\sigma^2 + 3 \cdot \tau^2} = \sqrt{16,6^2 + 3 \cdot 3,00^2} = 17,4 \text{ kN/cm}^2$$

$$\frac{\sigma_V}{\sigma_{Rd}} = \frac{17,4}{23,5} = 0,74 \le 1,0$$

Nachweis der Schraubenverbindung

Die Rand- und Lochabstände sind eingehalten. Es sind die Schraubenkräfte des Punktequerschnittes zu ermitteln.

Querschnittswerte:

$$A = 10$$

$$I_y = \sum z_i^2 = 4 \cdot 10^2 + 4 \cdot 20^2 = 2000 \text{ cm}^2$$

$$I_z = \sum y_i^2 = 10 \cdot 5^2 = 250 \text{ cm}^2$$

$$I_p = I_y + I_z = 2000 + 250 = 2250 \text{ cm}^2$$

Beanspruchungen:

$$V_z = -200 \text{ kN}$$

$$M_x = 9640 + 200 \cdot 11,5 = 11\,940 \text{ kNcm}$$

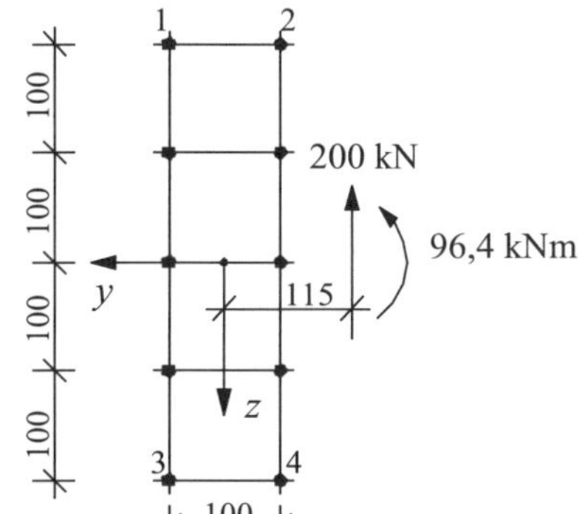

Für den Nachweis der Lochleibung ist hier der Punkt 4 des Steges maßgebend.

$$T_y = -\frac{M_x}{I_p} \cdot z = -\frac{11\,940}{2250} \cdot 20 = -106 \text{ kN}$$

$$T_z = \frac{V_z}{A} + \frac{M_x}{I_p} \cdot y = -\frac{200}{10} + \frac{11\,940}{2250} \cdot (-5) = -46,5 \text{ kN}$$

$$T = \sqrt{T_y^2 + T_z^2} = \sqrt{106^2 + 46,5^2} = 116 \text{ kN}$$

Nachweis des Abscherens:

$$m \cdot F_{v,Rd} = 2 \cdot 151 = 302 \text{ kN}$$ Tabelle 13.1

$$\frac{T}{m \cdot F_{\text{v,Rd}}} = \frac{116}{302} = 0,38 \leq 1$$

Nachweis der Lochleibung mit zugehörigen Grenzlochleibungskräften:

$t = 12$ mm

$F_{\text{y,b,Rd}} = 1,2 \cdot 131 = 157$ kN $\qquad e_1 = 60$ mm Tabelle 13.4

$F_{\text{z,b,Rd}} = 1,2 \cdot 144 = 173$ kN $\qquad p_1 = 100$ mm Tabelle 13.4

$$\frac{T_{\text{y}}}{F_{\text{y,b,Rd}}} = \frac{106}{157} = 0,68 \leq 1 \quad \frac{T_z}{F_{\text{z,b,Rd}}} = \frac{46,5}{173} = 0,27 \leq 1$$

Beispiel 6.8.2: Trägerstoß mit überstehender Stirnplatte

HEA 280 mit t_p = 20 mm und M 20-10.9, Kategorie D

In diesem Beispiel wird der Berechnungsgang ausführlich dargestellt. Für die Vorbemessung kann man sich an den Abmessungen der typisierten Verbindungen im Abschnitt Tabellen orientieren.

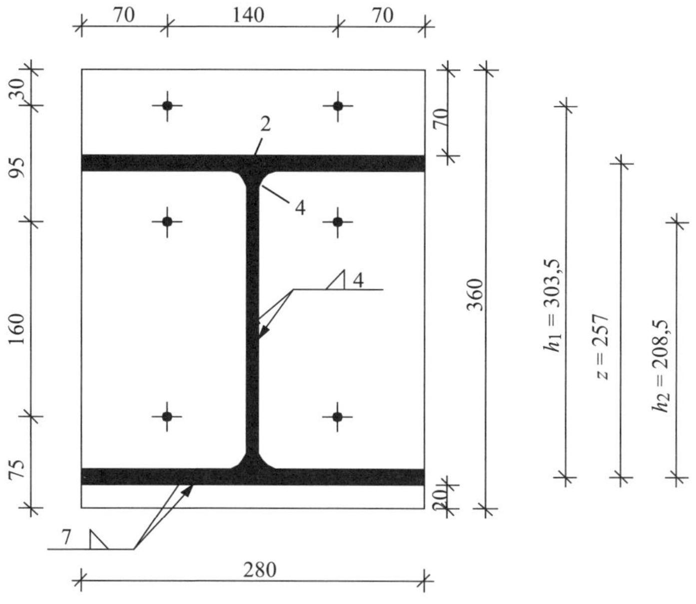

Abb. 6.14 Stirnplattenstoß für HEA 280 mit überstehender Platte

Stahlgüte der Stirnplatte: S 235 $\qquad f_{\text{y}} = 23,5$ kN/cm^2

Stahlgüte des Trägers: S 235 $\qquad f_{\text{y}} = 23,5$ kN/cm^2

Teilsicherheitsbeiwert: $\qquad \gamma_{\text{M0}} = 1,00$

Dicke der Stirnplatte: $\qquad t_{\text{p}} = 20$ mm

Schrauben Kategorie D: M20–10.9; $d_0 = 22$ mm $\quad F_{\text{t,Rd}} = 176$ kN $\quad A_{\text{s}} = 2,45$ cm^2

Profil: HEA 280 $h = 270$ mm $t_f = 13$ mm $t_w = 8$ mm

$$M_{pl,y,Rd} = W_{pl,y} \cdot \sigma_{Rd} = 1112 \cdot 23{,}5/100 = 261 \text{ kNm}$$

Beanspruchung des Profils: $M_{y,Ed} = -145$ kNm ; $V_{z,Ed} = 120$ kN

$$L_b = l_k + 2 \cdot h + 0{,}5 \cdot (k + m) = 2 \cdot 2{,}0 + 2 \cdot 0{,}4 + 0{,}5 \cdot (1{,}3 + 1{,}6) = 6{,}25 \text{ cm}$$

Beanspruchbarkeit der Schweißnaht nach dem richtungsbezogenen Verfahren:

$$\sigma_w \leq \frac{f_u}{\sqrt{2} \cdot \beta_w \cdot \gamma_{M2}} = \frac{36}{\sqrt{2} \cdot 0{,}8 \cdot 1{,}25} = 25{,}5 \text{ kN/cm}^2$$

Beanspruchbarkeit der Schweißnaht nach dem vereinfachten Verfahren:

$$f_{vw,d} = 20{,}8 \text{ kN/cm}^2$$

Berechnung der Momententragfähigkeit ohne Vorspannung

a) Tragfähigkeit in der Zugzone

1. Schraubenreihe in der Zugzone
1. Stirnblech mit Biegung

Schraubenreihe oberhalb des Zugflansches. Wirksame Länge des T-Stummels Nr. 6 nach Tabelle 6.1.

$$m_x = 40 - 0{,}8 \cdot 7 \cdot \sqrt{2} = 32{,}1 \text{ mm}$$

$$e_x = 30 \text{ mm} \quad e = 70 \text{ mm} \quad w = 140 \text{ mm} \quad b_p = 280 \text{ mm}$$

$$l_{eff,cp} = 2 \cdot \pi \cdot m_x = 2 \cdot \pi \cdot 32{,}1 = 202 \text{ mm}$$

$$l_{eff,cp} = \pi \cdot m_x + w = \pi \cdot 32{,}1 + 140 = 241 \text{ mm}$$

$$l_{eff,cp} = \pi \cdot m_x + 2 \cdot e = \pi \cdot 32{,}1 + 2 \cdot 70 = 241 \text{ mm}$$

Maßgebend: $l_{eff,cp} = 202$ mm

$$l_{eff,nc} = 4 \cdot m_x + 1{,}25 \cdot e_x = 4 \cdot 32{,}1 + 1{,}25 \cdot 30 = 166 \text{ mm}$$

$$l_{eff,nc} = e + 2 \cdot m_x + 0{,}625 \cdot e_x = 70 + 2 \cdot 32{,}1 + 0{,}625 \cdot 30 = 153 \text{ mm}$$

$$l_{eff,nc} = 0{,}5 \cdot b_p = 0{,}5 \cdot 280 = 140 \text{ mm}$$

$$l_{eff,nc} = 0{,}5 \cdot w + 2 \cdot m_x + 0{,}625 \cdot e_x = 0{,}5 \cdot 140 + 2 \cdot 32{,}1 + 0{,}625 \cdot 30 = 153 \text{ mm}$$

Maßgebend: $l_{eff,nc} = 140$ mm

Modus 1: $l_{eff,1} = l_{eff,nc} = 140 \text{ mm} \leq l_{eff,cp} = 202$ mm

Modus 2: $l_{eff,2} = l_{eff,nc} = 140$ mm

Grenzzugkraft des T-Stummels:

$$m = m_x = 32{,}1 \text{ mm}$$

$$n = e_x = 30 \text{ mm} \leq 1{,}25 \cdot m = 1{,}25 \cdot 32{,}1 = 40{,}1 \text{ mm}$$

$$M_{pl,1,Rd} = \frac{1}{4} \cdot l_{eff,1} \cdot t_p^2 \cdot f_y / \gamma_{M0} = \frac{1}{4} \cdot 14{,}0 \cdot 2{,}0^2 \cdot 23{,}5/1{,}0 = 329 \text{ kNcm}$$

$$M_{pl,2,Rd} = \frac{1}{4} \cdot l_{eff,2} \cdot t_p^2 \cdot f_y / \gamma_{M0} = \frac{1}{4} \cdot 14{,}0 \cdot 2{,}0^2 \cdot 23{,}5/1{,}0 = 329 \text{ kNcm}$$

$$F_{T,1,Rd} = \frac{4 \cdot M_{pl,1,Rd}}{m} = \frac{4 \cdot 329}{3{,}21} = 410 \text{ kN}$$

$$F_{T,2,Rd} = \frac{2 \cdot M_{pl,2,Rd} + n \cdot \sum F_{t,Rd}}{m+n} = \frac{2 \cdot 329 + 3,0 \cdot 2 \cdot 176}{3,21 + 3,0} = 276 \text{ kN}$$

$$F_{T,3,Rd} = \Sigma F_{t,Rd} = 2 \cdot 176 = 352 \text{ kN}$$

$$F_{T,4,Rd} = \frac{2 \cdot M_{pl,1,Rd}}{m} = \frac{2 \cdot 329}{3,21} = 205 \text{ kN}$$

Tragfähigkeit der Schweißnaht:

$$F_{w,Rd} = l_{eff} \cdot \Sigma a \cdot 25,5 = 14,0 \cdot 1,4 \cdot 25,5 = 500 \text{ kN}$$

2. Kleinste Tragfähigkeit der 1. Schraubenreihe

$$F_{1,Rd} = 276 \text{ kN}$$

2. Schraubenreihe in der Zugzone
1. Stirnblech mit Biegung

Schraubenreihe neben einer Steife. Wirksame Länge des T-Stummels Nr. 4 nach Tabelle 6.1:

$$m = \frac{140}{2} - \frac{8}{2} - 0,8 \cdot 4 \cdot \sqrt{2} = 61,5 \text{ mm}$$

$$e = 70 \text{ mm} \qquad n = e_{min} = 70 \text{ mm}$$

$$m_2 = 95 - 40 - 13 - 0,8 \cdot 7 \cdot \sqrt{2} = 34,1 \text{ mm}$$

$$\lambda_1 = \frac{m}{m+e} = \frac{61,5}{61,5+70} = 0,47 \qquad \lambda_2 = \frac{m_2}{m+e} = \frac{34,1}{61,5+70} = 0,26$$

$\alpha = 6,8$ nach Abb. 6.11

$$l_{eff,cp} = 2 \cdot \pi \cdot m = 2 \cdot \pi \cdot 61,5 = 386 \text{ mm}$$

$$l_{eff,nc} = \alpha \cdot m = 6,8 \cdot 61,5 = 418 \text{ mm}$$

Modus 1: $l_{eff,1} = l_{eff,nc} \leq l_{eff,cp} = 386$ mm

Modus 2: $l_{eff,2} = l_{eff,nc} = 418$ mm

Grenzzugkraft des T-Stummels:

$$m = 61,5 \text{ mm} \qquad n = e = 70 \text{ mm} \leq 1,25 \cdot m = 1,25 \cdot 61,5 = 76,9 \text{ mm}$$

$$M_{pl,1,Rd} = \frac{1}{4} \cdot l_{eff,1} \cdot t_p^2 \cdot f_y / \gamma_{M0} = \frac{1}{4} \cdot 38,6 \cdot 2,0^2 \cdot 23,5 / 1,0 = 907 \text{ kNcm}$$

$$M_{pl,2,Rd} = \frac{1}{4} \cdot l_{eff,2} \cdot t_p^2 \cdot f_y / \gamma_{M0} = \frac{1}{4} \cdot 41,8 \cdot 2,0^2 \cdot 23,5 / 1,0 = 982 \text{ kNcm}$$

$$F_{T,1,Rd} = \frac{4 \cdot M_{pl,1,Rd}}{m} = \frac{4 \cdot 907}{6,15} = 590 \text{ kN}$$

$$F_{T,2,Rd} = \frac{2 \cdot M_{pl,2,Rd} + n \cdot \sum F_{t,Rd}}{m+n} = \frac{2 \cdot 982 + 7,0 \cdot 2 \cdot 176}{6,15 + 7,0} = 337 \text{ kN}$$

$$F_{T,3,Rd} = \Sigma F_{t,Rd} = 2 \cdot 176 = 352 \text{ kN}$$

$$F_{T,4,Rd} = \frac{2 \cdot M_{pl,1,Rd}}{m} = \frac{2 \cdot 907}{6,15} = 295 \text{ kN}$$

Wirksame Tragfähigkeit des Stirnblechs:

$$F_{\text{T,2,Rd}} = 337 \text{ kN}$$

2. Trägersteg auf Zug

$$b_{\text{eff,t,wb}} = l_{\text{eff,1}} = 386 \text{ mm}$$

$$F_{\text{t,wb,Rd}} = b_{\text{eff,t,wb}} \cdot t_{\text{wb}} \cdot f_{\text{y,wb}} / \gamma_{\text{M0}} = 38{,}6 \cdot 0{,}8 \cdot 23{,}5 / 1{,}0 = 726 \text{ kN}$$

$$F_{\text{w,Rd}} = b_{\text{eff,t,wb}} \cdot \Sigma a \cdot \frac{f_{\text{u}}}{\beta_{\text{w}} \cdot \gamma_{\text{M2}} \cdot \sqrt{2}} = 38{,}6 \cdot 0{,}8 \cdot \frac{36}{0{,}8 \cdot 1{,}25 \cdot \sqrt{2}} = 787 \text{ kN}$$

3. Kleinste Tragfähigkeit der 2. Schraubenreihe

$$F_{\text{2,Rd}} = 337 \text{ kN}$$

$$F_{\text{1,Rd}} = 276 \text{ kN} \leq 1{,}9 \cdot F_{\text{t,Rd}} = 1{,}9 \cdot 176 = 334 \text{ kN}$$

keine Abminderung

Da keine Schraubengruppen vorhanden sind, sind dies die endgültigen Werte.

b) Tragfähigkeit in der Druckzone

Trägerflansch auf Druck

$$F_{\text{c,fb,Rd}} = M_{\text{c,Rd}} / (h - t_{\text{fb}}) = 26100 / (27{,}0 - 1{,}3) = 1016 \text{ kN}$$

$$F_{\text{1,Rd}} + F_{\text{2,Rd}} = 276 + 337 = 613 \text{ kN} \leq F_{\text{c,fb,Rd}} = 1016 \text{ kN}$$

keine Reduktion.

c) Momententragfähigkeit $M_{\text{j,Rd}}$ um den Druckpunkt:

$$M_{\text{j,Rd}} = \sum_{r} h_{\text{r}} \cdot F_{\text{tr,Rd}} = h_1 \cdot F_{\text{t1,Rd}} + h_2 \cdot F_{\text{t2,Rd}} = 30{,}35 \cdot 276 + 20{,}85 \cdot 337 = 15\,403 \text{ kNcm}$$

$$M_{\text{j,Rd}} = 154 \text{ kNm}$$

Nachweis des Stirnplattenanschlusses:

$$\frac{M_{\text{y,Ed}}}{M_{\text{j,Rd}}} = \frac{145}{154} = 0{,}94 \leq 1{,}0$$

Nachweis des Schweißnahtanschlusses:

$$a_{\text{f}} = 7 \text{ mm} \qquad a_{\text{w}} = 4 \text{ mm}$$

$$A_{\text{z}} = 2 \cdot a_{\text{w}} \cdot d = 2 \cdot 0{,}4 \cdot 19{,}6 = 15{,}7 \text{ cm}^2$$

$$I_{\text{y}} = \frac{1}{2} \cdot a_{\text{f}} \cdot b \cdot h^2 + \frac{1}{2} \cdot a_{\text{f}} \cdot (b - 2 \cdot r - t_{\text{w}}) \cdot (h - 2 \cdot t_{\text{f}})^2 + \frac{1}{6} \cdot a_{\text{w}} \cdot d^3$$

$$I_{\text{y}} = \frac{1}{2} \cdot 0{,}7 \cdot 28 \cdot 27^2 + \frac{1}{2} \cdot 0{,}7 \cdot (28 - 2 \cdot 2{,}4 - 0{,}8) \cdot (27 - 2 \cdot 1{,}3)^2 + \frac{1}{6} \cdot 0{,}4 \cdot 19{,}6^3$$

$$I_{\text{y}} = 12\,314 \text{ cm}^4$$

Nachweis im Querschnittspunkt 2:

$$\sigma = \frac{M_{\text{y}}}{I_{\text{y}}} \cdot z = \frac{14\,500}{12\,314} \cdot \frac{27}{2} = 15{,}9 \text{ kN/cm}^2 \leq \sigma_{\text{w,R,d}} = 20{,}7 \text{ kN/cm}^2$$

Nachweis im Querschnittspunkt 4:

$$\sigma_{\rm w} = \frac{M_{\rm y}}{I_{\rm y}} \cdot z = \frac{14\ 500}{12\ 314} \cdot \frac{19,6}{2} = 11,5\ \text{kN/cm}^2$$

$$\tau_{\rm w,z} = \frac{V_{\rm z}}{A_{\rm z}} = \frac{120}{15,7} = 7,64\ \text{kN/cm}^2$$

$$\sigma_{\rm w,Ed} = \sqrt{\sigma_{\rm w}^2 + \tau_{\rm w,y}^2 + \tau_{\rm w,z}^2} = \sqrt{11,5^2 + 7,64^2} = 13,8\ \text{kN/cm}^2 \le f_{\rm vw,d} = 20,8\ \text{kN/cm}^2$$

Nachweis der Schraubenkräfte:

$$T = \frac{V_{\rm z}}{A} = \frac{120}{2} = 60\ \text{kN}$$

Nachweis des Abscherens:

$$m \cdot F_{\rm v,Rd} = 1 \cdot 151 = 151\ \text{kN}$$ Tabelle 13.1

$$\frac{T}{m \cdot F_{\rm v,Rd}} = \frac{60}{151} = 0,40 \le 1$$

Nachweis der Lochleibung mit zugehörigen Grenzlochleibungskräften:

$t = 20$ mm

$F_{\rm z,b,Rd} = 2,0 \cdot 144 = 288$ kN $\qquad p_1 = 100$ mm Tabelle 13.4

$$\frac{T_{\rm z}}{F_{\rm z,b,Rd}} = \frac{60}{288} = 0,21 \le 1$$

Vereinfachtes Berechnungsverfahren

Für die überstehende Platte kann auch vereinfacht gerechnet werden, wenn die Abstände der Schraubenreihen vom Zugflansch ungefähr gleich sind. Dabei wird der Traganteil des Steges vernachlässigt. Dadurch entsteht ein T-Stummel mit dem Zugflansch und der Breite $2 \cdot b_{\rm p}/2$. Die resultierende Zugkraft greift in Zugflanschmitte an.

$$F_{1,\rm Rd} = F_{2,\rm Rd} = F_{\rm Rd} = 276\ \text{kN}$$

$$M_{\rm j,Rd} = 2 \cdot z \cdot F_{\rm Rd} = 2 \cdot 25,7 \cdot 276 / 100 = 142\ \text{kNm}$$

Bündige Platte

Für das positive Moment $M_{\rm j,Rd}$ wird der untere Flansch auf Zug beansprucht. Es liegt für diese Beanspruchung eine bündige Platte vor. Die Schraubenreihe 3 entspricht bei gleichen Abständen zum Trägerflansch der Schraubenreihe 2.

$$F_{2,\rm Rd} = 337\ \text{kN}$$

$$M_{\rm j,Rd} = h_2 \cdot F_{2,\rm Rd} = 20,85 \cdot 337 / 100 = 70,3\ \text{kNm}$$

7 Biegesteife Anschlüsse

7.1 Konstruktive Lösungen

Während ein Stoß der Verlängerung eines Bauteils dient, ist ein Anschluss ein Bereich der Konstruktion, wo zwei oder mehrere Bauteile miteinander verbunden sind. Diese Bauteile bilden in Rahmentragwerken meist einen rechten Winkel. Biegesteifer Anschluss bedeutet, dass der Winkel auch am verformten System erhalten bleibt. Es treten keine Verformungen im Anschluss selbst auf, bzw. sie sind so gering, dass sie bei der statischen Berechnung nicht berücksichtigt werden müssen. Im Gegensatz zu verformbaren Anschlüssen haben biegesteife Anschlüsse den Vorteil, dass für die Festlegung des statischen Systems und die Berechnung der Schnittgrößen die Anschlusskonstruktion nicht bekannt sein muss. Dies entspricht auch dem in der Praxis üblichen Ablauf der Tragwerksplanung.

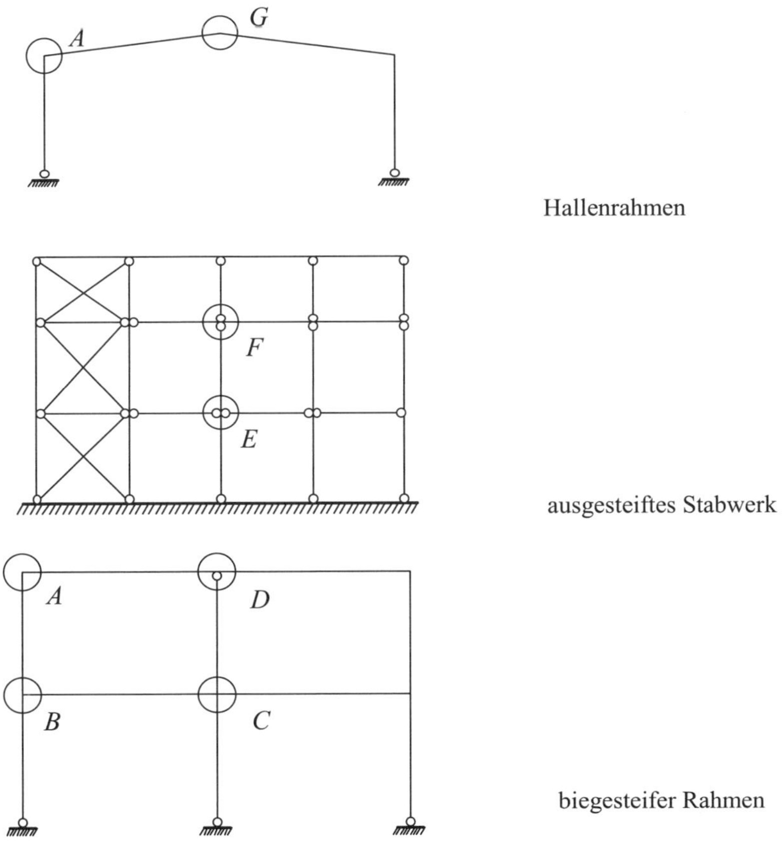

Abb. 7.1 Anschlussarten in Stahltragwerken

Im Stahlbau ist es möglich, jede Anschlussart konstruktiv zu realisieren. Der Knoten *A* nach Abb. 7.1 ist eine biegesteife Rahmenecke, die bei Hallenrahmen meist keinen rechten Winkel bildet. Der Knoten *B* ist ein einseitiger und der Knoten *C* ein zweiseitiger Träger-Stützenanschluss. Bei Systemen, die durch Stahlbeton- oder Fachwerkscheiben ausgesteift sind, gibt es zwei unterschiedliche Lösungen. Am Knoten *E* läuft die Stütze durch und die Träger sind gelenkig angeschlossen. Dagegen sind am Knoten *F* die Stützen an einen Durchlaufträger gelenkig angeschlossen.
Bei biegesteifen Anschlüssen sind außer dem Biegemoment auch eine Querkraft und eine Normalkraft zu übertragen. Vorrangig ist die Übertragung des Biegemomentes. Dabei sind die folgenden konstruktiven Lösungen zu unterscheiden:

– geschweißter Anschluss
– geschraubter Anschluss.

Geschraubte Anschlüsse dienen vorwiegend als Montageverbindung.

7.2 Geschweißter Anschluss

Einige konstruktive Lösungen sind in Abb. 7.2 dargestellt. Im Bild a) ist ein geschweißter Anschluss für eine Konsole dargestellt, z. B zur Auflagerung einer Kranbahn. Bild b) ist eine Variante eines Konsolanschlusses. Der Anschluss eines Knotenbleches c), wie er im Abschnitt Anschlüsse des Normalkraftstabes behandelt wird, ist ebenfalls ein geschweißter Anschluss. Die Konstruktion d) ist ein Träger-Stützenanschluss.
Das Biegemoment erzeugt, wie noch ausführlich erläutert wird, in der Stütze im Bereich des Anschlusses eine große Querkraft. Dieser Bereich wird als Schubfeld bezeichnet. Um nicht unwirtschaftliche große Stützenquerschnitte zu wählen, sind gesonderte konstruktive Maßnahmen erforderlich, um die Querkraft zu übertragen oder zu vermindern.

1. Verstärkung des Stegbleches oder zusätzliche Diagonalsteifen
2. Vergrößerung des inneren Hebelarmes des Biegemomentes.

Stegverstärkungen sind bei Rahmenecken ohne Vouten kaum zu vermeiden. Meistens sind sie konstruktiv schwierig. Sie müssen mit den Flanschen verschweißt sein, um überhaupt wirksam zu sein. In d) und e) sind zwei Varianten mit Diagonalsteifen dargestellt. Um Häufungen von Schweißnähten zu vermeiden, sind zusätzliche Vierkantquerschnitte vorzusehen.

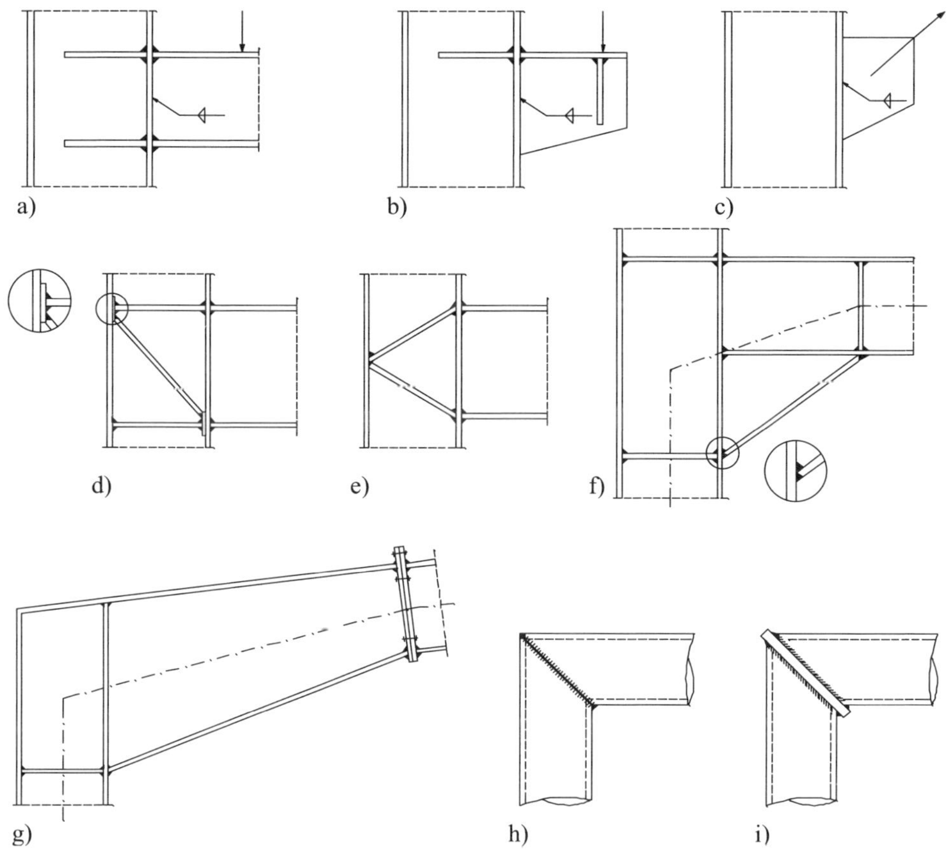

Abb. 7.2 Geschweißte Anschlüsse

Die Vergrößerung des inneren Hebelarmes erfolgt durch Vouten. Bild 7.2f) zeigt eine kurze einseitige Voute, wobei auch eine zusätzliche obere Voute möglich ist. Die Rahmenecke nach Abb.7.2g) mit einer langen Voute wird im Hallenbau angewendet. Lange Vouten erlauben eine sparsame Bemessung des Riegels. Der Montagestoß ist in diesem Beispiel ein Stirnplattenstoß am Voutenende. In den Bildern 7.2h), i) sind Rahmenecken von Hohlprofilkonstruktionen dargestellt. Wenn keine Diagonalbleche eingeschweißt werden, tritt Querbiegung auf, die das Grenzmoment des Hohlprofilquerschnittes reduziert. Werden Bauteile in Dickenrichtung auf Zug beansprucht, sind geeignete Stähle zu wählen, um ein Versagen durch Dopplungen oder Terrassenbruch zu vermeiden. Dopplungen können durch Ultraschallprüfung erkannt werden.

7.3 Geschraubter Anschluss

Einige konstruktive Lösungen sind in Abb. 7.3 dargestellt.

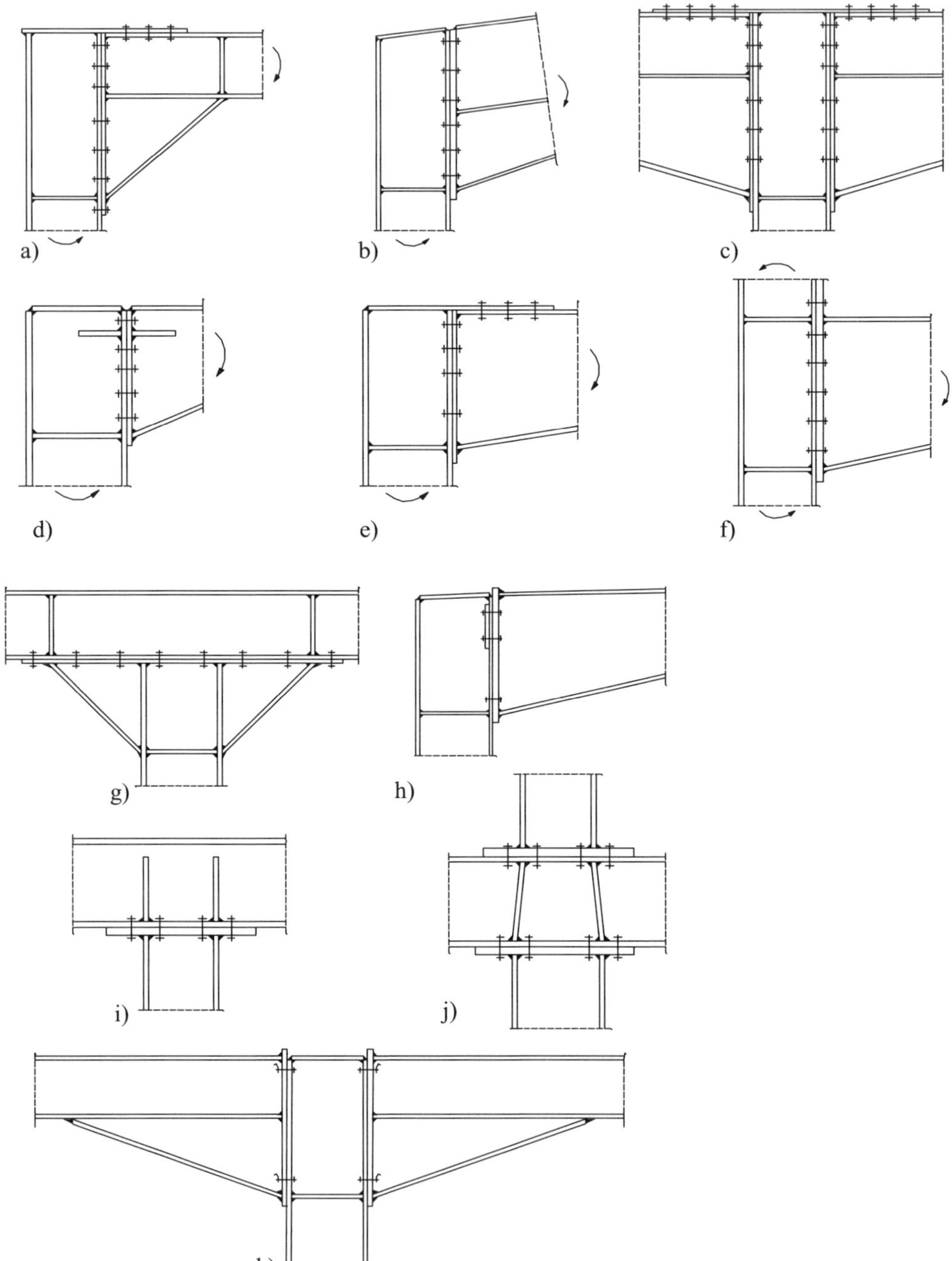

Abb. 7.3 Geschraubte Anschlüsse

In Abb. 7.3a) ist ein Anschluss mit geschraubten Zuglaschen und kurzer Voute dargestellt. Die Zugkraft aus dem Biegemoment wird durch die Zuglasche, die Druckkraft am Voutenende durch Kontakt übertragen. Es muss in diesem Fall sichergestellt sein, dass keine öffnenden Momente auftreten. Öffnende Momente werden durch einen bündigen oder überstehenden Stirnplattenstoß übertragen. Die Querkraft überträgt ein gelenkiger Stirnplattenanschluss, siehe Kapitel 5. Abb. 7.3b) ist eine Variante mit langer Voute und Abb. 7.3c) ein zweiseitiger Träger-Stützenanschluss mit Zuglasche.
Bei den Stirnplattenanschlüssen unterscheidet man überstehende und bündige Platten. Bei überstehenden Platten werden auch Schrauben im Zugbereich außen angeordnet, was hinderlich sein kann. Ist der Flansch der Stütze zu dünn, sind im Bereich der Übertragung der Zugkraft Futterplatten nach Abb. 7.3h) erforderlich, um die Tragfähigkeit der Flansche des Walzprofils zu erhöhen.

7.4 Schubfeld in der Stütze

Zur Erläuterung des Schubfeldes dient ein Zweigelenkrahmen. Die Linien stellen die Flansche des Riegels und der Stütze dar. In der Stütze sind Rippen vorgesehen. Der Rahmen ist durch eine Gleichstreckenlast am Riegel belastet. Das statische System ist die Verbindung der Schwerlinien von Riegel und Stütze. Das größte Moment M_k tritt an der Rahmenecke auf.

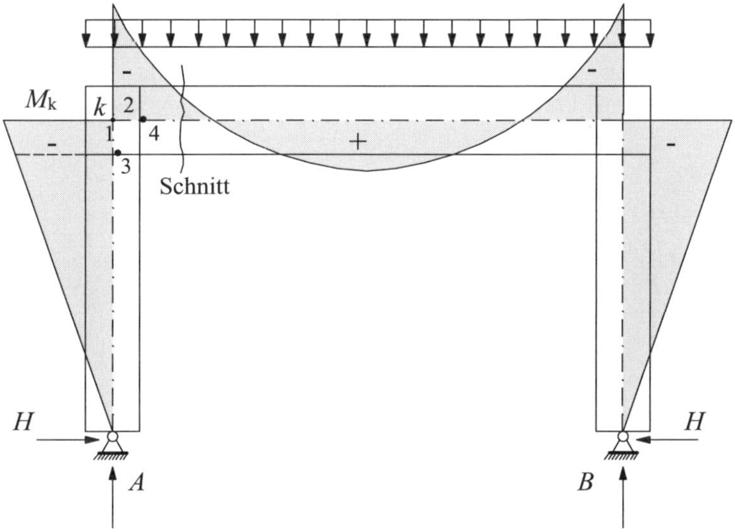

Abb. 7.4 Erläuterungsbeispiel für das Schubfeld

Schneidet man die Stütze am Riegelanschnitt (Punkt 4) heraus und trägt die zugehörigen Schnittgrößen an, erhält man das folgende System für die Stütze:

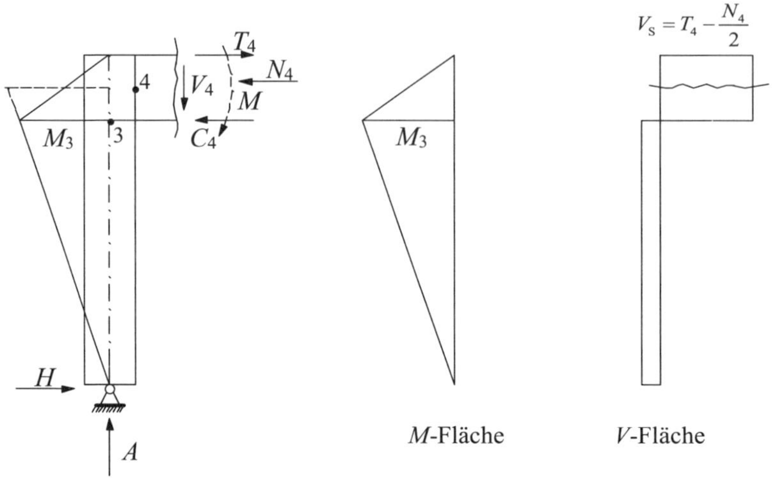

Abb. 7.5 Stütze des Zweigelenkrahmens

Das Biegemoment in der Stütze wächst bis zum Stützenanschnitt (Punkt 3) an, erreicht an dieser Stelle das Maximum und wird am Stützenende zu null. Die starke Änderung des Momentes im Eckbereich wird durch die Zugkraft im Flansch des Riegels bewirkt. Das größte Moment M_k an der Rahmenecke tritt nicht auf, dagegen eine große Querkraft V_S. Einen Stegbereich mit einer großen Querkraft nennt man ein Schubfeld.
Konzentriert man sich einmal nur auf das Biegemoment an der Rahmenecke, wie es in Abb. 7.6 dargestellt ist, und zerlegt das Moment in ein Kräftepaar, dann erkennt man, dass die Flanschkräfte im Riegel und in der Stütze verschiedene Richtungen haben. Das Kräftepaar muss „umgesetzt" werden.

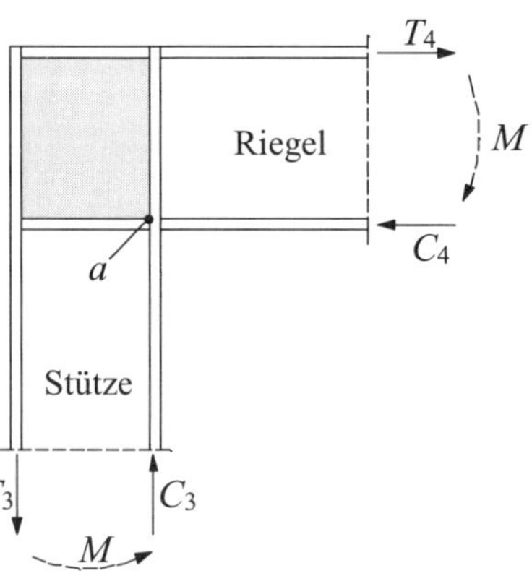

Abb. 7.6 Umsetzung des Kräftepaares im Schubfeld der Stütze

Die Rahmenecke ist ein biegesteifer Anschluss mit einem Schubfeld, in welchem das Kräftepaar umgesetzt wird.

Die Wirkungsweise des Schubfeldes wird deutlich, wenn das Schubfeld und die angrenzenden „Steifen“ freigeschnitten werden.

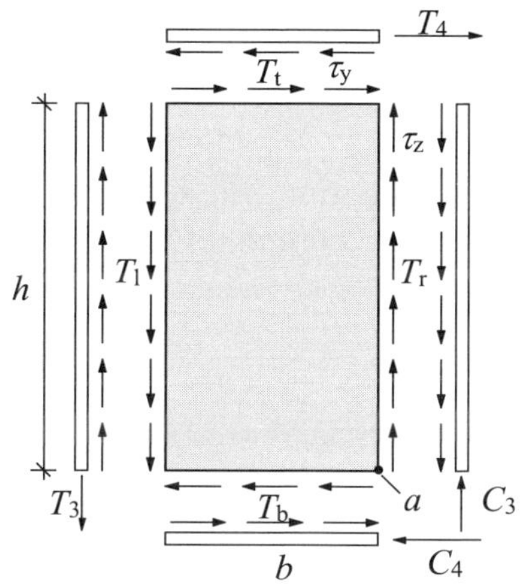

Abb. 7.7 Schubfeld

Gleichgewicht am Schubfeld:

$$Y = T_t = T_b \qquad Z = T_l = T_r \qquad Y = \tau_y \cdot b \cdot t \qquad Z = \tau_z \cdot h \cdot t$$

$$\Sigma M_a = 0 \qquad Y \cdot h = Z \cdot b$$

$$\tau_y = \tau_z$$

Als Ergebnis folgt die paarweise Gleichheit der Schubspannungen in einem Schubfeld. Die Umsetzung erfolgt durch hohe Schubspannungen im Schubfeld. Das Gleichgewicht am Zugflansch liefert das schon bekannte Ergebnis, dass die Größe der Querkraft im Schubfeld gleich der Zugkraft im Flansch des Riegels ist. Man beachte bei anderen Anschlussarten wie z. B. dem Knoten *C*, dass die Schubspannungen im Schubfeld nur aus dem Momentenanteil entstehen, der vom Träger in die Stütze umgelenkt wird.

Der Nachweis des Schubfeldes erfolgt mit dem Nachweisverfahren Elastisch-Elastisch. In diesem Berechnungsmodell werden die Steifen durch Normalkräfte bzw. Normalspannungen und das Schubfeld durch Schubspannungen beansprucht.

Man wählt die Anschlusshöhe *h* so groß, dass im Schubfeld keine Verstärkungen erforderlich sind.

$$\text{erf}\, h = \frac{M_k}{A_v \cdot \tau_{Rd}} \tag{7.1}$$

Die Höhe kann auch grob mit der doppelten Höhe des Riegels abgeschätzt werden.

Das Schubfeld selbst muss beulsicher sein. Die Grenzwerte h_w/t_w sind in (Band 1 Gleichung (4.22)) angegeben. Für h_w ist die kleinere Abmessung einzusetzen.

$$\text{S 235: } \frac{h_w}{t_w} \leq 72 \qquad \text{S 355: } \frac{h_w}{t_w} \leq 59$$

Weitere Beispiele mit großen Querkräften sind Konsolanschlüsse, Einspannungen mit Fußträgern und Köchereinspannung, siehe Abschnitt Stützenfüße. Bei Hallenrahmen bilden die Systemlinien i. Allg. keinen rechten Winkel. Das Schubfeld in der Stütze wird durch eine Voute im Riegel vergrößert. Für den Nachweis benötigt man die Schnittgrößen am Anschnitt der Stütze und des Riegels. Sie können aus den Schnittgrößen am Eckknoten k berechnet werden.

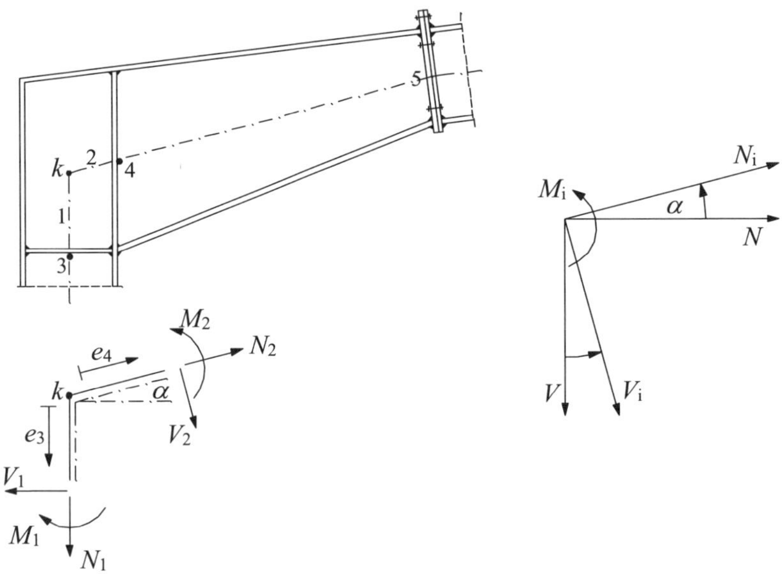

Abb. 7.8 Transformation von Schnittgrößen

Am Knoten k in Abb. 7.8, an dem zwei biegesteife Stäbe unter dem Winkel α angeschlossen sind, ergeben sich die Schnittgrößen am Anschnitt zu:

$$N_3 = N_1 \qquad V_3 = V_1 \qquad M_3 = M_1 - V_1 \cdot e_3 \tag{7.2}$$

$$N_4 = N_2 \qquad V_4 = V_2 \qquad M_4 = M_2 + V_2 \cdot e_4 \tag{7.3}$$

Sollen die Schnittgrößen am Punkt i des Systems auf ein anderes Koordinatensystem bezogen werden, gelten für die Schnittgrößen die folgenden Transformationsgleichungen: (7.4)

$$N = N_i \cdot \cos\alpha + V_i \cdot \sin\alpha$$

$$V = -N_i \cdot \sin\alpha + V_i \cdot \cos\alpha$$

$$M = M_i$$

Weiterhin ist zu beachten, dass das Schubfeld im allgemeinen Fall kein Rechteck ist, sondern ein unregelmäßiges Viereck. In Abb. 7.9 ist ein trapezförmiges Schubfeld mit unterschiedlichen Richtungen für die obere und untere Steife dargestellt, wie es häufig bei Hallenrahmen vorkommt. In diesem

Fall erhöhen sich die Schubspannungen an der Seite mit der kleineren Höhe. Die Berechnungsmethode soll an diesem Beispiel erläutert werden.

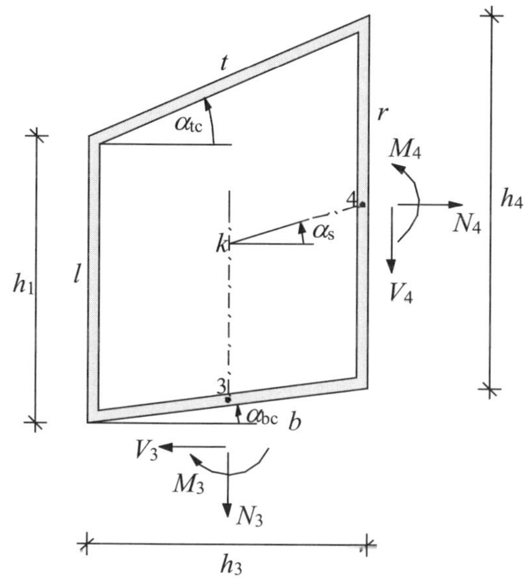

Abb. 7.9 Trapezförmiges Schubfeld der Rahmenecke mit Schnittgrößen

Die Schnittgrößen wirken am Anschnitt. Die Schnittgrößen und Winkel sind alle positiv eingeführt. Ein Schubfeld ist allseitig durch Steifen begrenzt. Das ideale Schubfeld kann nur durch Schubkräfte beansprucht werden, siehe auch (Band 1 Kapitel 9.12). Die Randsteifen können nur Normalkräfte übernehmen, die über die Länge veränderlich sind. Die Berechnung ist wie folgt:

1. Aus den Schnittgrößen am Anschnitt werden die Kräfte in den Flanschen der Stütze und des Trägers berechnet. Die Querkraft wird in Richtung der Steifen zerlegt.
2. Alle angreifenden Schnittgrößen bis auf die Längsbelastung der Steifen durch die Querkräfte sind auf die Knoten des Schubfeldes zu beziehen, s. Abb. 7.10.
3. Das Gleichgewicht an den Knoten des Schubfeldes liefert die Normalkräfte an den Enden der Steifen, wobei Zugkräfte positiv eingeführt sind, siehe Abb. 7.11.
4. Die Schubkräfte des Schubfeldes werden durch das Gleichgewicht an den Steifen ermittelt.

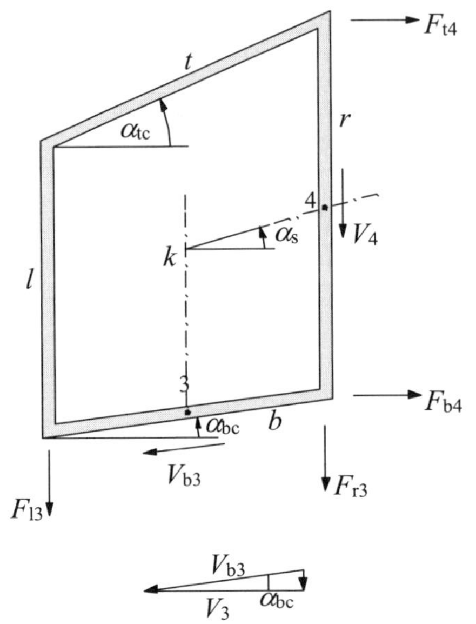

Abb. 7.10 Knotenkräfte des Schubfeldes der Rahmenecke

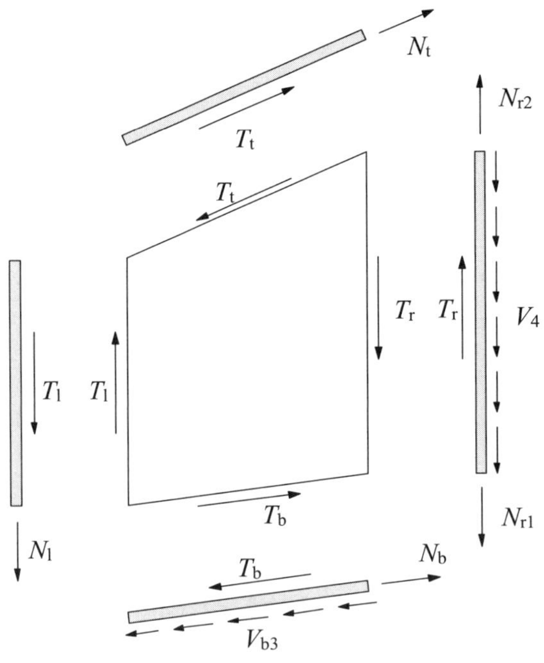

Abb. 7.11 Normalkräfte in den Steifen der Rahmenecke

Knotenkräfte: (7.5)

$$F_{b4} = +\frac{M_4}{h_4} + \frac{N_4}{2} \qquad F_{t4} = -\frac{M_4}{h_4} + \frac{N_4}{2}$$

$$F_{r3} = +\frac{M_3}{h_3} + \frac{N_3}{2} + \frac{V_3}{2} \cdot \tan\alpha_{uc} \quad F_{l3} = -\frac{M_3}{h_3} + \frac{N_3}{2} + \frac{V_3}{2} \cdot \tan\alpha_{bc}$$

$$V_{b3} = V_3 / \cos\alpha_{bc}$$

Schnittgrößen der Randsteifen:

$$N_b = F_{b4} / \cos\alpha_{bc}$$

$$N_t = F_{t4} / \cos\alpha_{tc}$$

$$N_l = F_{l3}$$

$$N_{r1} = F_{r3} + F_{b4} \cdot \tan\alpha_{bc}$$

$$N_{r2} = -F_{t4} \cdot \tan\alpha_{tc}$$

Kräfte im Schubfeld: (7.6)

$$T_b = -V_{b3} + N_b \qquad T_t = -N_t$$

$$T_l = -N_l \qquad T_r = V_4 + N_{r1} - N_{r2}$$

Die folgende Abbildung zeigt den Schubspannungsverlauf im Schubfeld, s. auch [23].

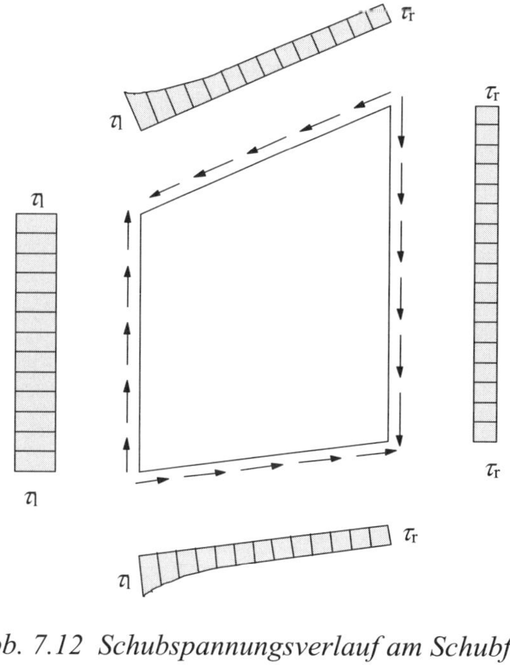

Abb. 7.12 Schubspannungsverlauf am Schubfeld der Rahmenecke

7.5 Schubfeld im Riegel

Im Voutenbereich des Riegels wird kein Kräftepaar umgesetzt. Insbesondere bei kurzen Vouten treten größere Schubspannungen am Voutenanfang (kleinere Höhe) auf. Da die Steife am Voutenanfang meist senkrecht auf dem oberen durchgehenden Flansch steht, wird diese Voutengeometrie nach Abb. 7.13 untersucht. Die Nummerierung der Knoten folgt dem Beispiel in Abb. 7.8.

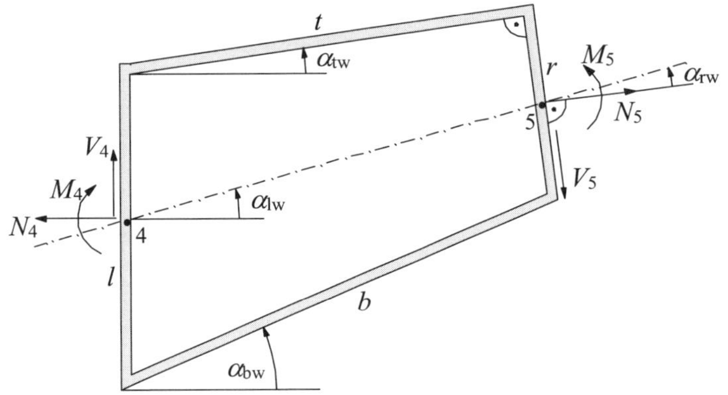

Abb. 7.13 Schubfeld im Riegel mit Schnittgrößen

Die Schnittgrößen sind alle positiv eingeführt. Die Schnittgrößen am Anfang und Ende der Voute werden so transformiert, dass die Querkraft in Längsrichtung der Steifen wirkt. Die Schnittgrößen am Knoten 4 können hier der Berechnung des Schubfeldes der Stütze entnommen werden und die Schnittgrößen am Knoten 5 dem Stabanfang des anschließenden Stabes. Die Abb. 7.14 enthält die Knotenkräfte des Schubfeldes und Abb. 7.15 die Normalkräfte in den Steifen.

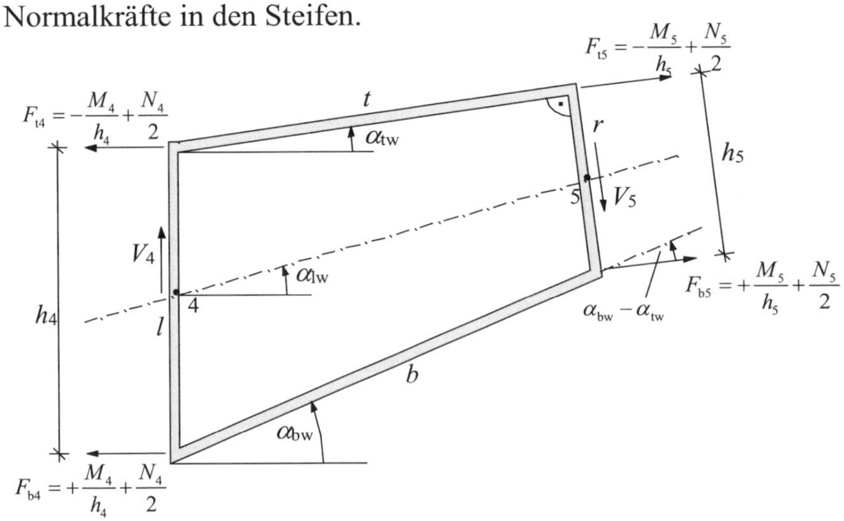

Abb. 7.14 Knotenkräfte des Schubfeldes im Riegel

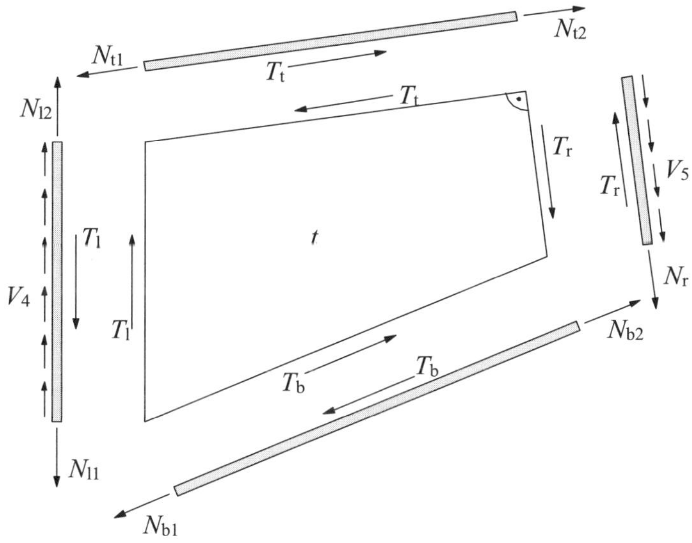

Abb. 7.15 Normalkräfte der Steifen der Voute

Knotenkräfte: (7.7)

$$F_{b4} = +\frac{M_4}{h_4} + \frac{N_4}{2} \qquad F_{t4} = -\frac{M_4}{h_4} + \frac{N_4}{2}$$

$$F_{b5} = +\frac{M_5}{h_5} + \frac{N_5}{2} \qquad F_{t5} = -\frac{M_5}{h_5} + \frac{N_5}{2}$$

Untere Steife: (7.8)

$$N_{b1} = F_{b4} / \cos\alpha_{bw}$$

$$N_{b2} = F_{b5} / \cos(\alpha_{bw} - \alpha_{tw})$$

Obere Steife: (7.9)

$$N_{t1} = F_{t4} / \cos\alpha_{tw}$$

$$N_{t2} = F_{t5}$$

Linke Steife: (7.10)

$$N_{l1} = -F_{b4} \cdot \tan\alpha_{bw}$$

$$N_{l2} = F_{t4} \cdot \tan\alpha_{tw}$$

Rechte Steife: (7.11)

$$N_r = F_{b5} \cdot \tan(\alpha_{bw} - \alpha_{tw})$$

Kräfte im Schubfeld: (7.12)

$$T_b = -N_{b1} + N_{b2} \qquad T_t = +N_{t1} - N_{t2}$$

$$T_l = V_4 - N_{l1} + N_{l2} \qquad T_r = V_5 + N_r$$

$$\tau_i = \frac{T_i}{h_i \cdot t}$$

7.6 Scheibe in der Rahmenecke

Das ideale Schubfeld geht davon aus, dass das Schubfeld nur durch Schubspannungen und die Randsteifen nur durch Normalkräfte beansprucht werden. Dies führt i. Allg. zu einer unwirtschaftlichen Bemessung der Stütze und auch der Voute des Riegels, da der Steg im Bereich der Rahmenecke als nicht mitwirkend angenommen wird. Die Flansche der Stütze bzw. des Riegels können nicht voll ausgenutzt werden.

Das reale Schubfeld einer Rahmenecke ist dagegen eine Scheibe, die nicht nur durch hohe Schubspannungen, sondern auch durch Normalspannungen σ_x und σ_z beansprucht wird. Die Spannungen in der Scheibe können näherungsweise mit den Schnittgrößen der Balkenbiegung berechnet werden. Es ist der Nachweis der Vergleichsspannung erforderlich.

$$\sigma_V = \sqrt{\sigma_x^2 + \sigma_z^2 - \sigma_x \cdot \sigma_z + 3 \cdot \tau^2} \tag{7.13}$$

Die maximale Schubspannung tritt ungefähr in der Mitte der Scheibe auf. Diese ist größer als bei der Berechnung als Schubfeld. Dagegen sind die Schubspannungen in den Ecken der Scheibe, wo der Vergleichspannungsnachweis maßgebend wird, zum Teil erheblich kleiner als bei einer Schubfeldberechnung. Der Nachweis wird bei gewalzten I-Querschnitten am Beginn der Ausrundung geführt. Die Querkraft ist bei einer geschraubten Rahmenecke konstant.

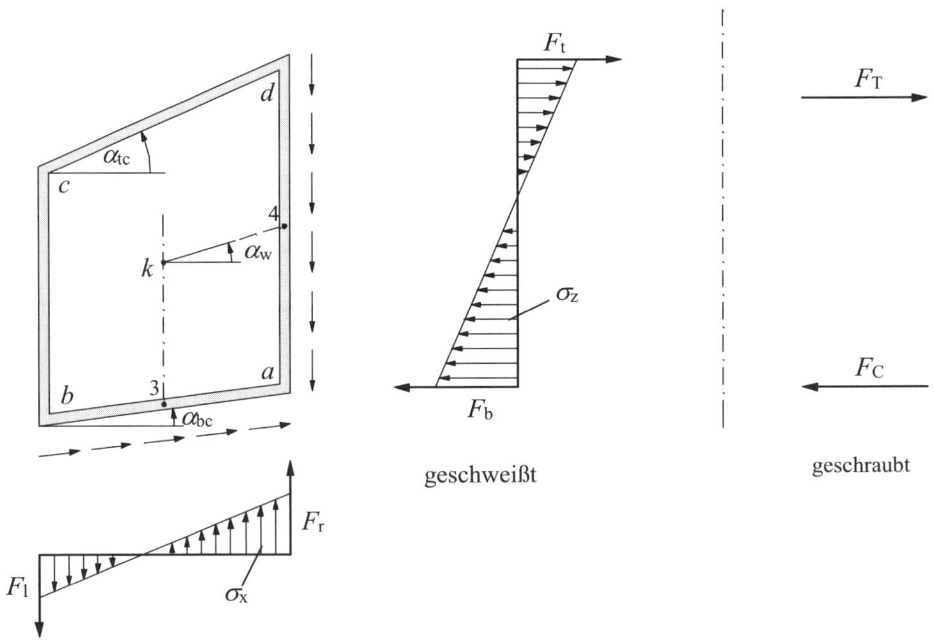

Abb. 7.16 Trapezförmige Scheibe der Rahmenecke mit Schnittgrößen

Die Schnittgrößen wirken am Anschnitt. Schnittgrößen und Winkel sind alle positiv an der Scheibe eingeführt, s. Abb. 7.9. Aus den Schnittgrößen am Anschnitt werden die Flanschkräfte und die Spannungen in den Stegen der Stütze und des Trägers berechnet. Diese stellen die äußere Belastung der Scheibe dar. Für die Berechnung der Querkräfte in der Scheibe sind die Teilschnittgrößen im Riegel am Punkt 4 und der Stütze am Punkt 3 mit den folgenden Gleichungen zu ermitteln.

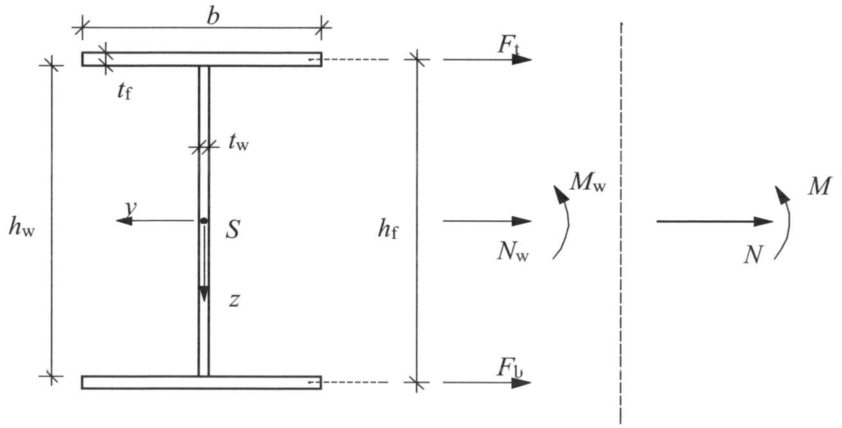

Abb. 7.17 Teilschnittgrößen für den doppeltsymmetrischen Querschnitt

Teilschnittgrößen: (7.14)

$$A_f = b \cdot t_f; \quad A_w = h_w \cdot t_w; \quad A = 2 \cdot A_f + A_w$$

$$I_f = \frac{1}{2} \cdot A_f \cdot h_f^2; \quad I_w = \frac{1}{12} \cdot t_w \cdot h_w^3; \quad I_y = I_f + I_w$$

$$M_w = \frac{I_w}{I_y} \cdot M; \quad M_f = M - M_w; \quad N_f = \frac{A_f}{A} \cdot N$$

Die Knotenkräfte der Scheibe der Rahmenecke werden kleiner als beim idealen Schubfeld. (7.15)

$$F_{b4} = +\frac{M_{f,4}}{h_4} + N_{f,4} \qquad F_{t4} = -\frac{M_{f,4}}{h_4} + N_{f,4}$$

$$F_{r3} = +\frac{M_{f,3}}{h_3} + N_{f,3} + \frac{V_3}{2} \cdot \tan \alpha_{bc} \qquad F_{l3} = -\frac{M_{f,3}}{h_3} + N_{f,3} + \frac{V_3}{2} \cdot \tan \alpha_{bc}$$

$$V_{b3} = V_3 / \cos \alpha_{bc}$$

Schnittgrößen in den Flanschen: (7.16)

$$N_b = F_{b4} / \cos \alpha_{bc} \qquad N_t = F_{t4} / \cos \alpha_{tc}$$

$$N_l = F_{l3} \qquad N_{r1} = F_{r3} + F_{u4} \cdot \tan \alpha_{bc}$$

$$N_{r2} = -F_{t4} \cdot \tan \alpha_{tc}$$

Schubkräfte (Querkräfte) am Rand der Scheibe: (7.17)

$$T_b = -V_{b3} + N_b \qquad T_t = -N_t$$
$$T_l = -N_l \qquad T_r = V_4 + N_{r1} - N_{r2}$$

Die maximale Querkraft erhält man an der Stelle, an der σ_z gleich null ist.

$$\max T = +\frac{M_{f,4}}{h_4} + \frac{3}{2} \cdot \frac{M_{w,4}}{h_w} - \frac{N_4}{2} \tag{7.18}$$

Bei I-Querschnitten mit ausgeprägten Flanschen darf die mittlere Schubspannung berechnet werden.

$$\tau_i = \frac{T_i}{h_i \cdot t} \tag{7.19}$$

Liegt ein geschraubter Stoß am Voutenende des Riegels vor, können keine Normalspannungen vom Steg des Riegels in die Rahmenecke der Stütze übertragen werden. Die Voute des Riegels ist als ideales Schubfeld zu berechnen.

7.7 Beispiele

Biegesteife Anschlüsse von einzelnen Querschnitten sind im Abschnitt 7.2 angegeben.

Rahmenecke mit langer Voute

In diesem Beispiel wird die Rahmenecke eines Zweigelenkrahmens konstruiert und nachgewiesen. Die Schnittgrößen an der Rahmenecke werden der statischen Berechnung entnommen. Es ist zu beachten, dass am Knoten noch eine vertikale Kraft angreift. Der Anschluss an die Stütze ist geschweißt. Der Montagestoß befindet sich am Anfang der Voute (kleinere Höhe) und ist ein typisierter biegesteifer Stirnplattenstoß mit überstehender Platte, s. Band 3. Die Rahmenecke mit Stirnplattenanschluss wird ebenfalls in Band 3 behandelt.

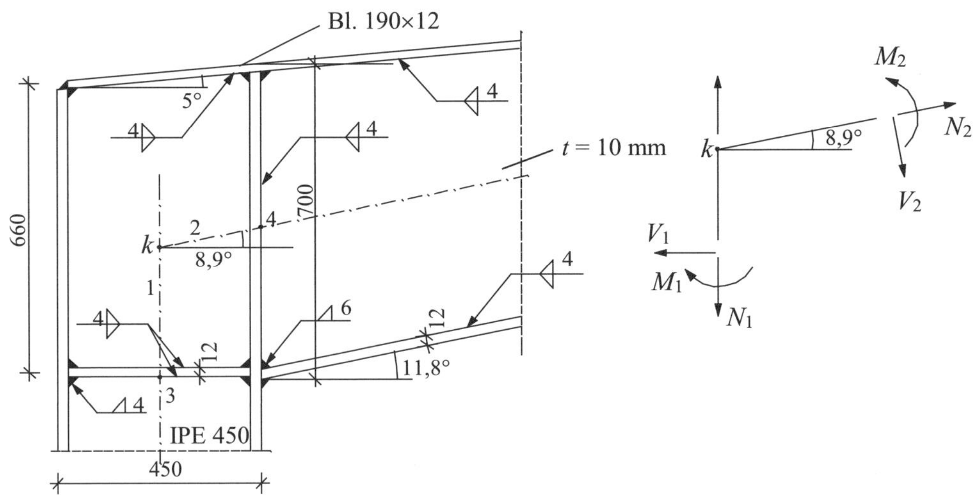

Die Nachweise der Rahmenecke werden ausführlich dargestellt, andere Nachweise in Kurzform.
Stahlgüte: S 235
Nachweisverfahren: Elastisch-Elastisch
Profil der Stütze: IPE 450
Profil des Riegels: IPE 360

Stahlgüte: S 235 $\quad f_y = 23{,}5 \text{ kN/cm}^2$

Grenzspannung des Bauteils: $\quad \gamma_{M1} = 1{,}10 \quad \sigma_{Rd} = 21{,}4 \text{ kN/cm}^2 \quad \tau_{Rd} = 12{,}3 \text{ kN/cm}^2$

Grenzspannung des Anschlusses: $\quad \gamma_{M0} = 1{,}00 \quad \sigma_{Rd} = 23{,}5 \text{ kN/cm}^2 \quad \tau_{Rd} = 13{,}6 \text{ kN/cm}^2$

Beanspruchbarkeit der Schweißnaht nach dem richtungsbezogenen Verfahren:

$$\sigma_w \le \frac{f_u}{\sqrt{2} \cdot \beta_w \cdot \gamma_{M2}} = \frac{36}{\sqrt{2} \cdot 0{,}8 \cdot 1{,}25} = 25{,}5 \text{ kN/cm}^2$$

Beanspruchbarkeit der Schweißnaht nach dem vereinfachten Verfahren:

$$f_{vw,d} = 20{,}8 \text{ kN/cm}^2$$

Schnittgrößen an der Rahmenecke:

$$M_1 = -301 \text{ kNm} \qquad N_1 = -110 \text{ kN} \qquad V_1 = -45{,}7 \text{ kN}$$

$$M_2 = -301 \text{ kNm} \qquad N_2 = -58{,}2 \text{ kN} \qquad V_2 = +78{,}8 \text{ kN}$$

$F_z = -23$ kN vertikale Last am Knoten 4

Schnittgrößen am Anschnitt:

$$M_3 = M_1 - V_1 \cdot e_3 = -301 + 45{,}7 \cdot 0{,}315 = -287 \text{ kNm}$$

$$N_3 = N_1 = -110 \text{ kN} \qquad V_3 = V_1 = -45{,}7 \text{ kN}$$

$$M_4 = M_2 + V_2 \cdot e_4 = -301 + 78{,}8 \cdot \frac{0{,}45}{2 \cdot \cos 8{,}9°} = -283 \text{ kNm}$$

Aus Gleichgewicht folgt:

$$N_4 = V_3 = -45{,}7 \text{ kN} \qquad V_4 = -N_3 - F_z = +110 - 23 = 87 \text{ kN}$$

Nachweis der Stütze am Anschnitt

$$\max \sigma = \frac{N_3}{A} + \frac{M_3}{W_y} = -\frac{110}{98{,}8} - \frac{28\,700}{1500} = -20{,}2 \text{ kN/cm}^2 \le \sigma_{Rd} = 21{,}4 \text{ kN/cm}^2$$

$$\tau = \frac{V_3}{A_w} = \frac{45{,}7}{(45{,}0 - 2 \cdot 1{,}46) \cdot 0{,}94} = \frac{45{,}7}{39{,}6} = 1{,}15 \text{ kN/cm}^2 \le \tau_{Rd} = 12{,}3 \text{ kN/cm}^2$$

Berechnung des Stützensteges als ideales Schubfeld

$$\alpha_{bc} = 0° \qquad \alpha_{tc} = 5°$$

Knotenkräfte:

$$V_{b3} = V_3 / \cos \alpha_{bc} = -45{,}7 / \cos 0° = -45{,}7 \text{ kN}$$

$$F_{b4} = +\frac{M_4}{h_4} + \frac{N_4}{2} = -\frac{283}{0{,}688} - \frac{45{,}7}{2} = -434{,}2 \text{ kN}$$

$$F_{t4} = -\frac{M_4}{h_4} + \frac{N_4}{2} = +\frac{283}{0{,}688} - \frac{45{,}7}{2} = +388{,}5 \text{ kN}$$

$$F_{r3} = +\frac{M_3}{h_3} + \frac{N_3}{2} + \frac{V_3}{2} \cdot \tan \alpha_{bc} = -\frac{287}{0{,}435} - \frac{110}{2} - \frac{45{,}7}{2} \cdot \tan 0° = -714{,}8 \text{ kN}$$

$$F_{l3} = -\frac{M_3}{h_3} + \frac{N_3}{2} + \frac{V_3}{2} \cdot \tan \alpha_{bc} = +\frac{287}{0{,}435} - \frac{110}{2} - \frac{45{,}7}{2} \cdot \tan 0° = +604{,}8 \text{ kN}$$

Schnittgrößen der Randsteifen:

$$N_b = F_{b4} / \cos \alpha_{bc} = -434{,}2 / \cos 0° = -434{,}2 \text{ kN}$$

$$N_t = F_{t4} / \cos \alpha_{tc} = +388{,}5 / \cos 5° = +390 \text{ kN}$$

$$N_l = F_{l3} = +604{,}8 \text{ kN} \qquad N_{l2} = F_z / 2 = -23/2 = -11{,}5 \text{ kN}$$

$$N_{r1} = F_{r3} + F_{b4} \cdot \tan \alpha_{bc} = -714{,}8 - 434{,}2 \cdot \tan 0° = -714{,}8 \text{ kN}$$

$$N_{r2} = -F_{t4} \cdot \tan \alpha_{tc} + F_z / 2 = -388{,}5 \cdot \tan 5° - 23/2 = -45{,}5 \text{ kN}$$

Schubfeldkräfte:

$$T_b = -V_{b3} + N_b = 45{,}7 - 434{,}2 = -388{,}5 \text{ kN}$$

$$T_t = -N_t = -390 \text{ kN}$$

$$T_l = -N_l + N_{l2} = -604{,}8 - 11{,}5 = -616{,}3 \text{ kN}$$

$$T_r = V_4 + N_{r1} - N_{r2} = 87 - 714{,}8 + 45{,}5 = -582{,}3 \text{ kN}$$

Nachweis des Schubfeldes:

$$\tau_b = \frac{T_b}{h_b \cdot t} = \frac{T_u}{A_w} = \frac{388{,}5}{39{,}6} = 9{,}81 \text{ kN/cm}^2 \le \tau_{Rd} = 13{,}6 \text{ kN/cm}^2$$

$$\tau_t = \frac{T_t}{h_t \cdot t / \cos 5°} = \frac{390}{39{,}6 / \cos 5°} = 9{,}81 \text{ kN/cm}^2 \le \tau_{Rd} = 13{,}6 \text{ kN/cm}^2$$

$$\tau_l = \frac{T_l}{h_l \cdot t} = \frac{616{,}3}{63{,}6 \cdot 0{,}94} = 10{,}3 \text{ kN/cm}^2 \le \tau_{Rd} = 13{,}6 \text{ kN/cm}^2$$

$$\tau_r = \frac{T_r}{h_r \cdot t} = \frac{582{,}3}{67{,}6 \cdot 0{,}94} = 9{,}16 \text{ kN/cm}^2 \le \tau_{R,d} = 13{,}6 \text{ kN/cm}^2$$

τ_t und τ_b sind Mittelwerte. In Wirklichkeit liegt ein parabolischer Schubspannungsverlauf an diesen Rändern vor [23].

Nachweis der oberen Steife (auch oberer Flansch der Voute):

$$\sigma_{tc} = \frac{N_t}{A_{tc}} = \frac{390}{19 \cdot 1{,}2} = 17{,}1 \text{ kN/cm}^2 \le \sigma_{Rd} = 23{,}5 \text{ kN/cm}^2$$

$$\tau_{||} = \frac{T_t}{A_{w,t}} = \frac{390}{2 \cdot 0{,}4 \cdot 37{,}9 / \cos 5°} = 12{,}8 \text{ kN/cm}^2 \le f_{vw,d} = 20{,}8 \text{ kN/cm}^2$$

Nachweis der rechten Steife (rechter Stützenflansch):

$$\sigma_{rc} = \frac{N_{r1}}{A_{rc}} = \frac{715}{19 \cdot 1{,}46} = 25{,}8 \text{ kN/cm}^2 \ge \sigma_{Rd} = 23{,}5 \text{ kN/cm}^2$$

Der Nachweis ist nicht eingehalten.

Berechnung des Stützensteges als Scheibe

Berechnung der Teilschnittgrößen am Anschnitt des Riegels

$$A_f = b \cdot t_f = 19 \cdot 1{,}2 = 22{,}8 \text{ cm}^2$$

$$A_w = h_w \cdot t_w = 67{,}6 \cdot 1{,}0 = 67{,}6 \text{ cm}^2$$

$$A = 2 \cdot A_f + A_w = 2 \cdot 22{,}8 + 67{,}6 = 113 \text{ cm}^2$$

$$I_f = \frac{1}{2} \cdot A_f \cdot h_f^2 = \frac{1}{2} \cdot 22{,}8 \cdot 68{,}8^2 = 53\ 961 \text{ cm}^4$$

$$I_w = \frac{1}{12} \cdot t_w \cdot h_w^3 = \frac{1}{12} \cdot 1{,}0 \cdot 67{,}6^3 = 25\ 743 \text{ cm}^4$$

$$I_y = I_f + I_s = 53\ 961 + 25\ 743 = 79\ 704 \text{ cm}^4$$

$$M_{w,4} = \frac{I_w}{I_y} \cdot M_4 = -\frac{25\ 743}{79\ 704} \cdot 283 = -91{,}4 \text{ kNm}$$

$$M_{f,4} = M_4 - M_{w,4} = -283 + 91{,}4 = -192 \text{ kNm}$$

$$N_{f,4} = \frac{A_f}{A} \cdot N_4 = -\frac{22{,}8}{113} \cdot 45{,}7 = -9{,}22 \text{ kN}$$

$$F_{b4} = +\frac{M_{f,4}}{h_4} + N_{f,4} = -\frac{19\ 200}{68{,}8} - 9{,}22 = -288 \text{ kN}$$

$$F_{t4} = -\frac{M_{f,4}}{h_4} + N_{f,4} = +\frac{19\ 200}{68{,}8} - 9{,}22 = +270 \text{ kN}$$

Berechnung der Teilschnittgrößen am Anschnitt der Stütze

$$A_f = b \cdot t_f = 19 \cdot 1{,}46 = 27{,}7 \text{ cm}^2 \qquad A = 98{,}8 \text{ cm}^2$$

$$I_w = \frac{1}{12} \cdot t_w \cdot h_w^3 = \frac{1}{12} \cdot 0{,}94 \cdot 41{,}1^3 = 5438 \text{ cm}^4$$

$$I_y = 33\ 740 \text{ cm}^4$$

$$M_{w,3} = \frac{I_w}{I_y} \cdot M_3 = -\frac{5348}{33\ 740} \cdot 287 = -45{,}5 \text{ kNm}$$

$$M_{f,3} = M_3 - M_{w,3} = -287 + 45{,}5 = -242 \text{ kNm}$$

$$N_{f,3} = \frac{A_f}{A} \cdot N_3 = -\frac{27{,}7}{98{,}8} \cdot 110 = -30{,}8 \text{ kN}$$

$$F_{r3} = +\frac{M_{f,3}}{h_3} + N_{f,3} + \frac{V_3}{2} \cdot \tan\alpha_{bc} = -\frac{242}{0{,}435} - 30{,}8 - \frac{45{,}7}{2} \cdot \tan 0° = -587 \text{ kN}$$

$$F_{l3} = -\frac{M_{f,3}}{h_3} + N_{f,3} + \frac{V_3}{2} \cdot \tan\alpha_{bc} = +\frac{242}{0{,}435} - 30{,}8 - \frac{45{,}7}{2} \cdot \tan 0° = +526 \text{ kN}$$

$$V_{b3} = V_3 / \cos\alpha_{bc}$$

Schnittgrößen in den Flanschen:

$$N_b = F_{b4} / \cos\alpha_{bc} = -288 / \cos 0° = -288 \text{ kN}$$

$$N_t = F_{t4} / \cos\alpha_{tc} = +270 / \cos 5° = +271 \text{ kN}$$

$$N_l = F_{l3} = +526 \text{ kN} \qquad N_{l2} = F_z / 2 = -23/2 = -11{,}5 \text{ kN}$$

$$N_{r1} = F_{r3} + F_{b4} \cdot \tan\alpha_{bc} = -587 - 288 \cdot \tan 0° = -587 \text{ kN}$$

$$N_{r2} = -F_{t4} \cdot \tan\alpha_{tc} + F_z / 2 = -270 \cdot \tan 5° - 23/2 = -35{,}1 \text{ kN}$$

Schubkräfte (Querkräfte) am Rand der Scheibe und maximale Querkraft:

$$T_b = -V_{b3} + N_b = 45{,}7 - 288 = -242 \text{ kN}$$

$$T_t = -N_t = -271 \text{ kN}$$

$$T_l = -N_l + N_{l1} = -526 - 11{,}5 = -538 \text{ kN}$$

$$T_r = V_4 + N_{r1} - N_{r2} = 87 - 587 + 35{,}1 = -465 \text{ kN}$$

$$\max T = +\frac{M_{f,4}}{h_4} + \frac{3}{2} \cdot \frac{M_{w,4}}{h_S} - \frac{N_4}{2} = -\frac{19\,200}{68{,}8} - \frac{3}{2} \cdot \frac{9060}{67{,}6} + \frac{45{,}7}{2} = -457 \text{ kN}$$

Nachweis der Schubspannungen:

$$\tau_b = \frac{T_b}{h_b \cdot t} = \frac{T_b}{A_w} = \frac{242}{39{,}6} = 6{,}11 \text{ kN/cm}^2 \le \tau_{Rd} = 13{,}6 \text{ kN/cm}^2$$

$$\tau_t = \frac{T_t}{h_t \cdot t / \cos 5°} = \frac{271}{39{,}6 / \cos 5°} = 6{,}82 \text{ kN/cm}^2 \le \tau_{Rd} = 13{,}6 \text{ kN/cm}^2$$

$$\tau_l = \frac{T_l}{h_l \cdot t} = \frac{538}{63{,}3 \cdot 0{,}94} = 9{,}04 \text{ kN/cm}^2 \le \tau_{Rd} = 13{,}6 \text{ kN/cm}^2$$

$$\tau_r = \frac{T_r}{h_r \cdot t} = \frac{465}{67{,}6 \cdot 0{,}94} = 7{,}32 \text{ kN/cm}^2 \le \tau_{Rd} = 13{,}6 \text{ kN/cm}^2$$

$$\max \tau = \frac{\max T}{A_w} = \frac{457}{39{,}6} = 11{,}5 \text{ kN/cm}^2 \le \tau_{Rd} = 13{,}6 \text{ kN/cm}^2$$

Nachweis der Vergleichsspannung im Punkt *a*:

$$\sigma_x = \frac{N_3}{A} + \frac{M_3}{I_y} \cdot \frac{h_l}{2} = -\frac{110}{98{,}8} + \frac{-28\,700}{33\,740} \cdot \frac{37{,}9}{2} = -17{,}2 \text{ kN/cm}^2$$

$$\sigma_z = \frac{N_u}{b \cdot t} = -\frac{288}{19 \cdot 1{,}2} - 12{,}6 \text{ kN/cm}^2 \qquad \tau_b = 6{,}11 \text{ kN/cm}^2$$

$$\sigma_V = \sqrt{\sigma_x^2 + \sigma_z^2 - \sigma_x \cdot \sigma_z + 3 \cdot \tau^2} = \sqrt{17{,}2^2 + 12{,}6^2 - 17{,}2 \cdot 12{,}6 + 3 \cdot 6{,}11^2} = 18{,}7 \text{ kN/cm}^2$$

$$\frac{\sigma_V}{\sigma_{Rd}} = \frac{18{,}7}{23{,}5} = 0{,}80 \le 1{,}0$$

Nachweis der Vergleichsspannung im Punkt *b*:

$$\sigma_x = \frac{N_3}{A} + \frac{M_3}{I_y} \cdot \frac{h_l}{2} = -\frac{110}{98{,}8} + \frac{-28\,700}{33\,740} \cdot \frac{-37{,}9}{2} = +15{,}0 \text{ kN/cm}^2$$

$$\sigma_z = 0 \qquad \tau_b = 6{,}11 \text{ kN/cm}^2$$

$$\sigma_V = \sqrt{\sigma_x^2 + 3 \cdot \tau^2} = \sqrt{15{,}0^2 + 3 \cdot 6{,}11^2} = 18{,}4 \text{ kN/cm}^2 \qquad \frac{\sigma_V}{\sigma_{Rd}} = \frac{18{,}4}{23{,}5} = 0{,}78 \le 1{,}0$$

Nachweis der oberen Steife:

$$\sigma_{tc} = \frac{N_t}{A_{tc}} = \frac{271}{19 \cdot 1{,}2} = 11{,}9 \text{ kN/cm}^2 \le \sigma_{Rd} = 23{,}5 \text{ kN/cm}^2$$

$$\tau_{\parallel} = \frac{T_t}{A_{w,t}} = \frac{271}{2 \cdot 0{,}4 \cdot 37{,}9 / \cos 5°} = 8{,}90 \text{ kN/cm}^2 \le f_{vw,d} = 20{,}8 \text{ kN/cm}^2$$

Nachweis am Riegelanschnitt:

$$N_{b1} = F_{b4} / \cos \alpha_{bw} = -288 / \cos 11{,}8° = -294 \text{ kN}$$

$$\sigma_{bc} = \frac{N_{bl}}{b \cdot t} = -\frac{294}{19 \cdot 1{,}2} = -12{,}9 \text{ kN/cm}^2 \le \sigma_{Rd} = 23{,}5 \text{ kN/cm}^2$$

Die untere Rippe wird hier konstruktiv gewählt.

8 Stützenfüße

8.1 Allgemeines

Die Bezeichnung „Stützenfüße“ ist eine im Stahlbau übliche Bezeichnung für Konstruktionen zur Lagerung des Stahltragwerkes auf dem Fundament. Dieser Abschnitt behandelt deshalb allgemein die Verbindung zwischen der Stahlbetonkonstruktion und dem Stahlbauteil.

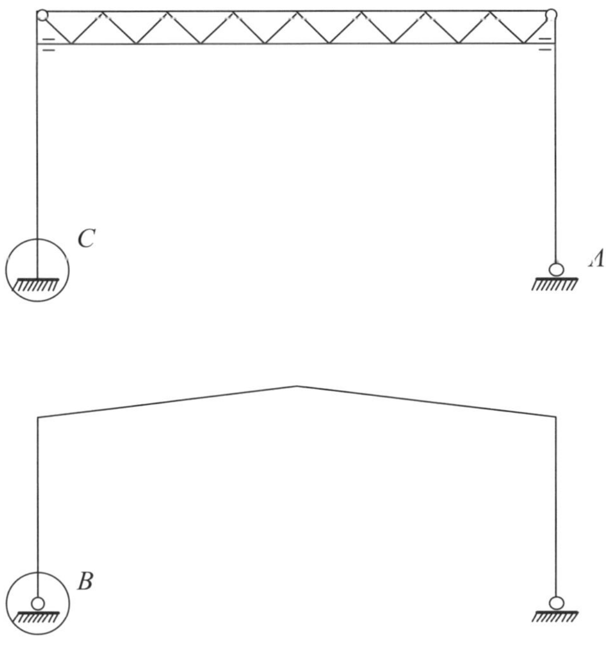

Abb. 8.1 Verschiedene Lager für das Stahltragwerk

In Abb. 8.1 sind zwei einfache typische Stahltragwerke dargestellt. Punkt *A* ist der Fußpunkt einer Pendelstütze und stellt einen zentrisch belasteten Stützenfuß dar. In [47] sind verschiedene Konstruktionen ausführlich dargestellt.
Unter Windlast treten auch Horizontalkräfte auf. Punkt *B* ist das gelenkige Auflager eines Zweigelenkrahmens. Hier treten stets vertikale und horizontale Auflagerkräfte auf. Punkt *C* stellt eine Einspannung dar.

Konstruktion und Berechnung dieser Auflager werden in diesem Abschnitt behandelt.

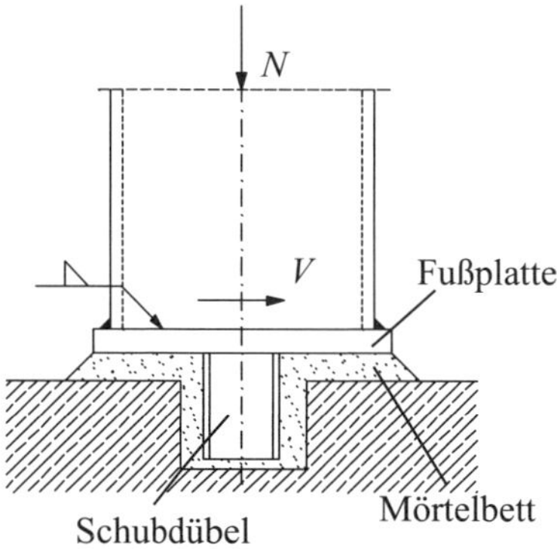

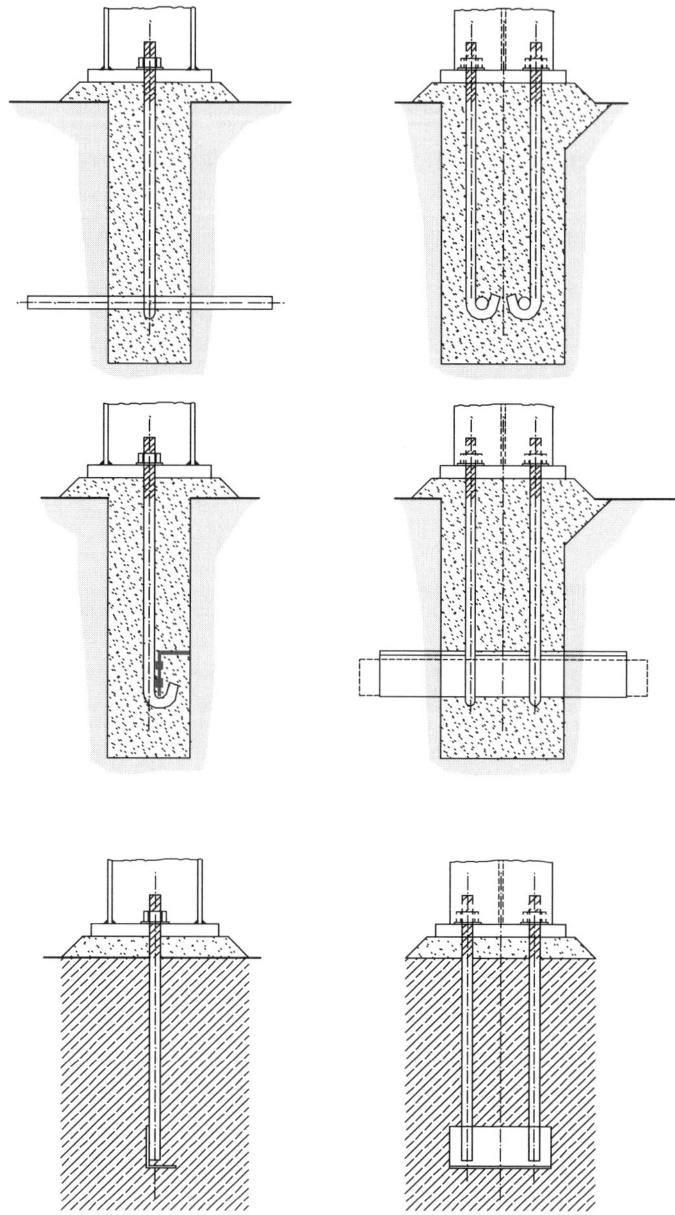

Abb. 8.2 Zentrisch belastete Stützenfüße mit Aufstellungsverankerung

In Abb. 8.2 sind Konstruktionen eines zentrisch belasteten Stützenfußes dargestellt. Die Stütze wird nach der Nivellierung der Fundamentoberfläche auf kleine Blechpakete gestellt und durch die Aufstellungsverankerung mit dem Fundament verbunden. Erst später, wenn die Stahlkonstruktion ausgerichtet ist, werden die Mörtelfuge und eventuelle Ankerkanäle vergossen.

8.2 Grenzpressung des Betons

Für den Tragsicherheitsnachweis der Stahlbetonkonstruktion ist die Beanspruchbarkeit bei örtlicher Krafteinleitung zu beachten. In den Beispielen werden die Grenzpressungen f_{cd} nach DIN EN 1992-1-1, Tabelle 3.1[C26] angewendet.

Tabelle 8.1 Grenzpressungen nach DIN EN 1992-1-1, Tabelle 3.1

Betonfestigkeitsklasse	C12/15	C16/20	C20/25	C25/30	C30/37
f_{ck} in N/mm²	12	16	20	25	30
f_{cd} in N/mm²	6,80	9,07	11,3	14,2	17,0
E_{cm} in N/mm²	27 000	29 000	30 000	31 000	33 000

Auf eine Erhöhung der Grenzpressung für Teilflächenbelastung wird i. Allg. verzichtet. Dadurch bleiben erhebliche Reserven für höhere Pressungen als gerechnet, infolge ungleichmäßiger Verteilung und unbeabsichtigter Einspannmomente. Die Zementmörtelfuge hat keinen wesentlichen Einfluss auf die Grenzpressung f_{cd}. Die Dicke der Mörtelfuge soll nicht größer als 1/5 der kleinsten Abmessung der Stahlfußplatte sein. Wenn die Dicke der Mörtelfuge größer als 50 mm ist, sollte die charakteristische Festigkeit des Mörtels mindestens so hoch sein wie die des Betonfundamentes (1-8, 6.2.5 (7)).

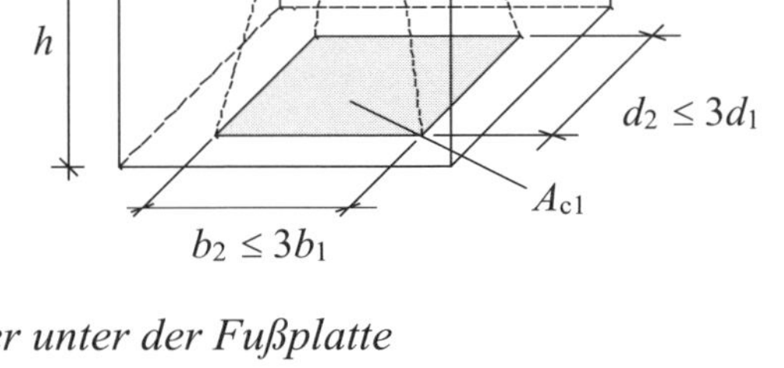

Abb. 8.3 Druckkörper unter der Fußplatte

Da die Pressung meist als Teilflächenpressung auftritt, darf die Grenzpressung nach DIN EN 1992-1-1, 6.7 erhöht werden.

$$f_{\mathrm{Rdu}} = f_{\mathrm{cd}} \cdot \sqrt{\frac{A_{\mathrm{c1}}}{A_{\mathrm{c0}}}} \leq 3{,}0 \cdot f_{\mathrm{cd}} \tag{8.1}$$

Dieser Wert ist nach (1-8, 6.2.5 (7)) für den Bemessungswert der Betonfestigkeit f_{jd} für die Lagerpressung noch auf 2/3 abzumindern.

$$f_{\mathrm{jd}} = \frac{2}{3} \cdot f_{\mathrm{cd}} \cdot \sqrt{\frac{A_{\mathrm{c1}}}{A_{\mathrm{c0}}}} \leq 2{,}0 \cdot f_{\mathrm{cd}} \tag{8.2}$$

In den allgemeinen Erläuterungsbeispielen wird mit der folgenden Grenzpressung gerechnet:

$$f_{\mathrm{jd}} = f_{\mathrm{cd}} \tag{8.3}$$

8.3 Zentrisch belastete Stützenfüße

8.3.1 Elastische Bettung

Zunächst soll die Tragfähigkeit des zentrisch belasteten Stützenfußes erläutert werden. Die Stahlplatte ist auf dem Betonfundament elastisch gebettet.
Eine Berechnung einer Platte auf elastischer Bettung ist aufwändig und nur mit einer Berechnung mit finiten Elementen möglich. Deshalb ist es im Stahlbau üblich, mit vereinfachten Modellen die Fußplatte näherungsweise zu bemessen und nachzuweisen.
Im Folgenden werden unter anderem Ergebnisse der Berechnungen mit elastischer Bettung mit üblichen Näherungen verglichen.

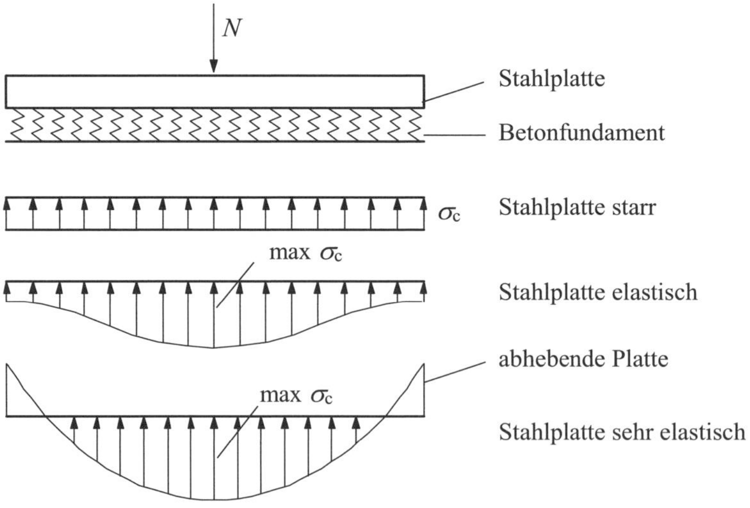

Abb. 8.4 Auflagerpressung der elastisch gebetteten Stahlplatte

Nimmt man an, dass die Steifigkeit der Stahlplatte gegenüber der elastischen Bettung des Betonfundamentes sehr groß ist, sind die Durchbiegung und damit die Auflagerpressung konstant über die Fläche der Stahlplatte. Da die Stahlplatte i. Allg. nicht als starr, sondern als elastisch angenommen werden muss, erhält man die in Abb. 8.4 dargestellte Verteilung der Auflagerpressung. Diese ist abhängig vom Bettungsmodul des Betonfundamentes und der Biegesteifigkeit, d. h. der Dicke der Stahlplatte.

Die elastische Bettung der Platte durch das Fundament wird ermittelt. Zunächst wird ein Normalkraftstab mit veränderlichem Querschnitt betrachtet.

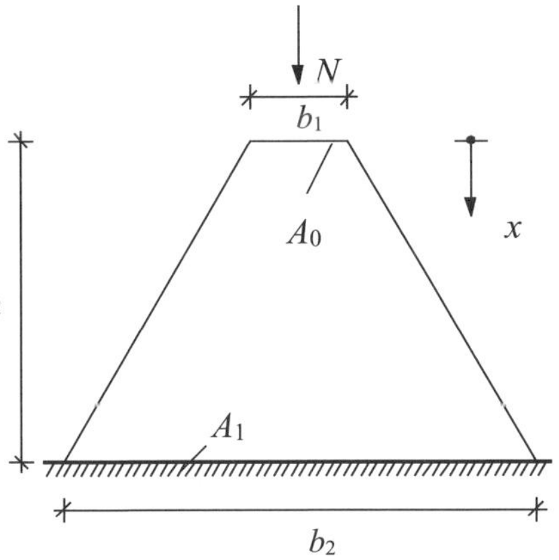

Abb. 8.5 Elastischer Stab mit veränderlichem Querschnitt

Für den elastischen Stab mit konstantem Querschnitt A_0 gilt die folgende Formel für die Verformung f:

$$f = \frac{N \cdot h}{E \cdot A_0} \tag{8.4}$$

Die Beziehung zwischen der Normalkraft N und der Verformung f kann auch als Wegfeder beschrieben werden:

$$N = \frac{E \cdot A_0}{h} \cdot f \qquad N = k_1 \cdot f \tag{8.5}$$

$$\text{mit} \quad k_1 = \frac{E \cdot A_0}{h} \qquad \text{bzw.}\, k_1 = \frac{N}{f} \tag{8.6}$$

Die Federsteifigkeit k_1 für den elastischen Stab lässt sich auf folgende Weise bestimmen. Der Stab wird mit der Normalkraft $N = 1$ belastet und die zugehörige Verformung f_1 berechnet.

$$k_1 = \frac{1}{f_1} \tag{8.7}$$

Ist der Querschnitt jedoch veränderlich, gilt mit $\overline{N} = 1$:

$$f=\int_0^h N\cdot\overline{N}\cdot\frac{\mathrm{d}x}{E\cdot A(x)}=\frac{N\cdot\overline{N}}{E}\cdot\int_0^h\frac{\mathrm{d}x}{A(x)}=\frac{N}{E}\cdot\int_0^h\frac{\mathrm{d}x}{A(x)}$$

Für den linear veränderlichen Querschnitt erhält man:

$$A(x)=A_0+\left(A_1-A_0\right)\cdot\frac{x}{h}=A_0\left(1+\frac{A_1-A_0}{A_0}\cdot\frac{x}{h}\right)=A_0\left(1+a\cdot\frac{x}{h}\right)$$

mit $a=\dfrac{A_1-A_0}{A_0}$ $\qquad f=\dfrac{N\cdot h}{E\cdot A_0}\cdot\dfrac{1}{a}\cdot\ln\left(1+a\right)$ (8.8)

Für einen näherungsweise quadratischen Verlauf des Querschnittes über die Länge gilt:

$$A(x)=A_0+\left(A_1-A_0\right)\cdot\left(\frac{x}{h}\right)^2=A_0\left(1+a\cdot\left(\frac{x}{h}\right)^2\right)$$

mit $a=\dfrac{A_1-A_0}{A_0}$ $\qquad f=\dfrac{N\cdot h}{E\cdot A_0}\cdot\dfrac{1}{\sqrt{a}}\cdot\arctan\sqrt{a}$ (8.9)

Bettungsmodul

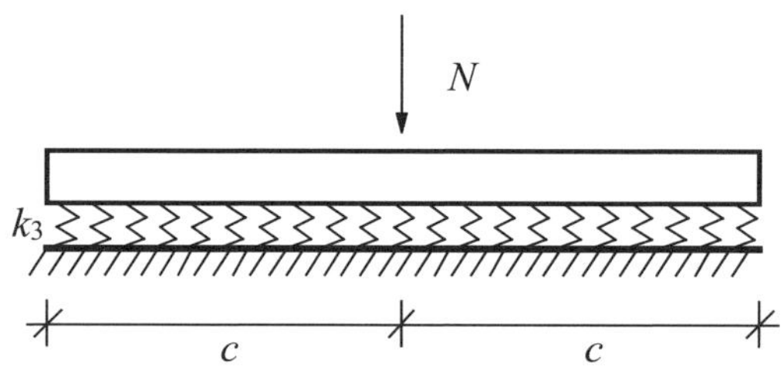

Abb. 8.6 Elastisch gebettete Stahlplatte

Der Bettungsmodul k_3 für eine elastisch gebettete Platte wird nicht auf die Normalkraft N, sondern auf die Spannung σ am Querschnitt A_0 bezogen.

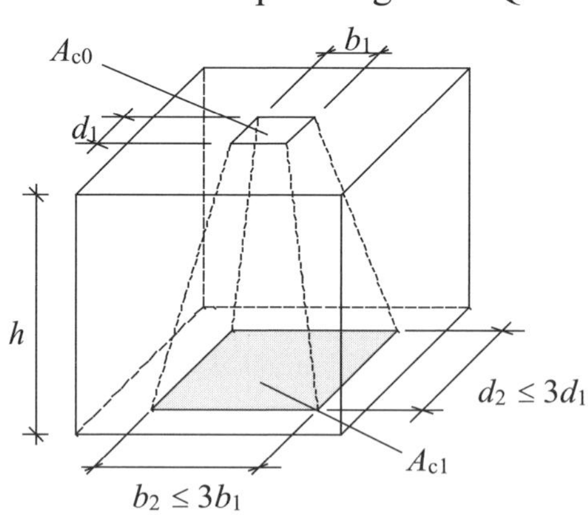

Abb. 8.7 Druckkörper unter der Fußplatte nach DIN 1045-1

Es gilt:

$$k_3 = \frac{\sigma}{f} \qquad \text{mit } \sigma = \frac{N}{A_0} \tag{8.10}$$

Der Bettungsmodul k_3 für die elastische Platte lässt sich auf folgende Weise bestimmen. Die Platte wird mit der Spannung $\sigma = 1$ belastet und die zugehörige Verformung f_1 des Stahlbetonfundamentes berechnet.

$$k_3 = \frac{1}{f_1} \tag{8.11}$$

Für ein Betonfundament entsteht, wenn man die Lastausbreitung betrachtet, unter der Fußplatte ein Druckkörper nach Abb. 8.7.
Nach DIN EN 1992-1-1 ist die Lastausbreitung bei Teilflächenbelastung auf maximal 30° begrenzt. Dieser Wert soll auch für die näherungsweise Berechnung des Bettungsmoduls angewendet werden. Es kann ein quadratischer Verlauf des Querschnittes über die Länge angenommen werden. Damit gilt für f_1:

$$f_1 = \frac{h}{E_c} \cdot \frac{1}{\sqrt{a}} \cdot \arctan\sqrt{a} \tag{8.12}$$

Beispiel:
Für ein Fundament mit den Abmessungen 1,50 m × 1,50 m × 1,00 m soll für eine Pressungsfläche mit den Abmessungen 20 cm × 40 cm der Bettungsmodul berechnet werden. Die Höhe h des Druckkörpers wird für die größere Seite der Pressungsfläche, hier mit g bezeichnet, berechnet, um die Bedingungen nach Abb. 8.7 einzuhalten.

$$h = \frac{g}{\tan 30°} < \text{Höhe des Fundamentes}$$

$$A_0 = b_1 \cdot d_1 = 20 \cdot 40 = 800 \text{ cm}^2$$

$$A_1 = b_2 \cdot d_2 = 60 \cdot 120 = 7200 \text{ cm}^2$$

$$a = \frac{A_1 - A_0}{A_0} = \frac{7200 - 800}{800} = 8$$

$$k_3 = \frac{E_c}{h} \cdot \frac{\sqrt{a}}{\arctan\sqrt{a}} = \frac{E_c}{g} \cdot \frac{\sqrt{a} \cdot \tan 30°}{\arctan\sqrt{a}} = \frac{E_c}{g} \cdot \frac{\sqrt{8} \cdot \tan 30°}{\arctan\sqrt{8}} = 1{,}33 \cdot \frac{E_c}{g} \tag{8.13}$$

In Gleichung (8.13) ist das Bogenmaß zu beachten. Sie kann für Fundamente angewendet werden, wenn der Druckkörper innerhalb des Fundamentes liegt.

Z. B. Betonfestigkeitsklasse: C20/25; $E_c = 3000 \text{ kN/cm}^2$

$$k_3 = 1{,}33 \cdot \frac{E_c}{g} = 1{,}33 \cdot \frac{3000}{40} = 99{,}8 \text{ kN/cm}^3$$

Der Bettungsmodul $k_3 = 100 \text{ kN/cm}^3$ soll den folgenden allgemeinen Betrachtungen zugrunde gelegt werden.

Kragplatte
Die symmetrische Kragplatte ist das wichtigste Grundmodell für die Bemessung von Fußplatten. Es wird in der Literatur auch als T-Stummel bezeichnet. Für den Nachweis der Fußplatte setzt man i. Allg. konstante Pressung σ_c voraus. Meist rechnet man die Kragplatte für einen Streifen der Breite „1 cm". Dann lautet der Nachweis für die Fußplatte:

$$M_{Ed} = \sigma_c \cdot \frac{c^2}{2} \qquad W = 1 \cdot \frac{t^2}{6} \qquad \sigma = \frac{M_{Ed}}{W} \leq \sigma_{Rd} \tag{8.14}$$

Die Kraglänge c kann so bestimmt werden, dass die Auflagerpressung unter dem T-Stummel gerade die Grenzpressung f_{jd} und die Fußplatte die Grenzspannung σ_{Rd} erreichen. Dann gilt das folgende Verhältnis:

$$x = \frac{c}{t} \leq \sqrt{\frac{\sigma_{Rd}}{3 \cdot f_{jd}}} \tag{8.15}$$

$$M_{el,Rd} = 1 \cdot \frac{t^2}{6} \cdot \sigma_{Rd} \tag{8.16}$$

Standardbeispiel:
Werkstoff der Fußplatte: S 235 $E_a = 21\,000$ kN/cm^2
Werkstoff des Fundamentes: C20/25 $E_c = 3000$ kN/cm^2
Bettung: $k_3 = 100$ kN/cm^3
Plattendicke: $t = 3$ cm; $B = 1$ cm
Es wird ein 1-cm-Streifen untersucht. Für das vereinfachte Berechnungsverfahren gilt:
$\gamma_{M0} = 1{,}00$ Annahme $f_{jd} = f_{cd}$

$$\frac{c}{t} \leq \sqrt{\frac{\sigma_{Rd}}{3 \cdot f_{jd}}} = \sqrt{\frac{23{,}5}{3 \cdot 1{,}13}} = 2{,}63$$

$$M_{el,Rd} = 1 \cdot \frac{t^2}{6} \cdot \sigma_{Rd} = 1 \cdot \frac{3^2}{6} \cdot 23{,}5 = 35{,}3 \text{ kNcm}$$

Die Kragplatte kann damit maximal mit der Normalkraft belastet werden.

$$N_{Rd} = 2 \cdot 2{,}63 \cdot t \cdot f_{jd} = 2 \cdot 2{,}63 \cdot 3 \cdot 1{,}13 = 17{,}8 \text{ kN}$$

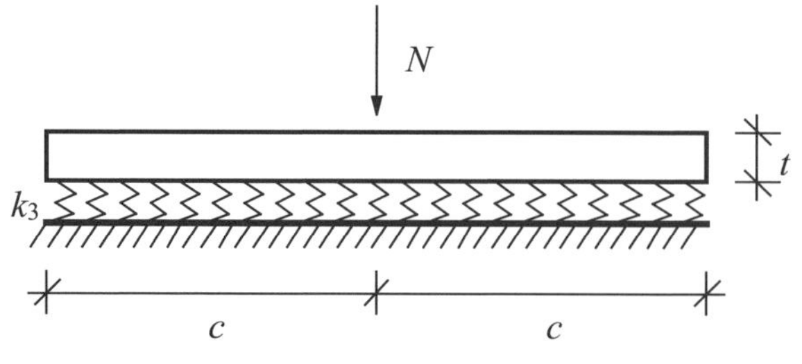

Abb. 8.8 System und Belastung der Kragplatte

In der Tabelle 8.2 sind Ergebnisse der Berechnung für zunehmende Verhältnisse c/t angegeben.

Tabelle 8.2 Standardbeispiel Kragplatte mit t = 3 cm

c/t	f_{cd} kN/cm²	σ_c kN/cm²	$\frac{\sigma_c}{f_{cd}}$	$M_{el,Rd}$ kNcm	M_{bet} kNcm	$\frac{M_{bet}}{M_{el,Rd}}$
2,63	1,13	1,50	1,33	35,3	30,0	0,85
3	1,13	1,48	1,31	35,3	31,5	0,89
4	1,13	1,47	1,30	35,3	31,9	0,90
5	1,13	1,47	1,30	35,3	31,8	0,90

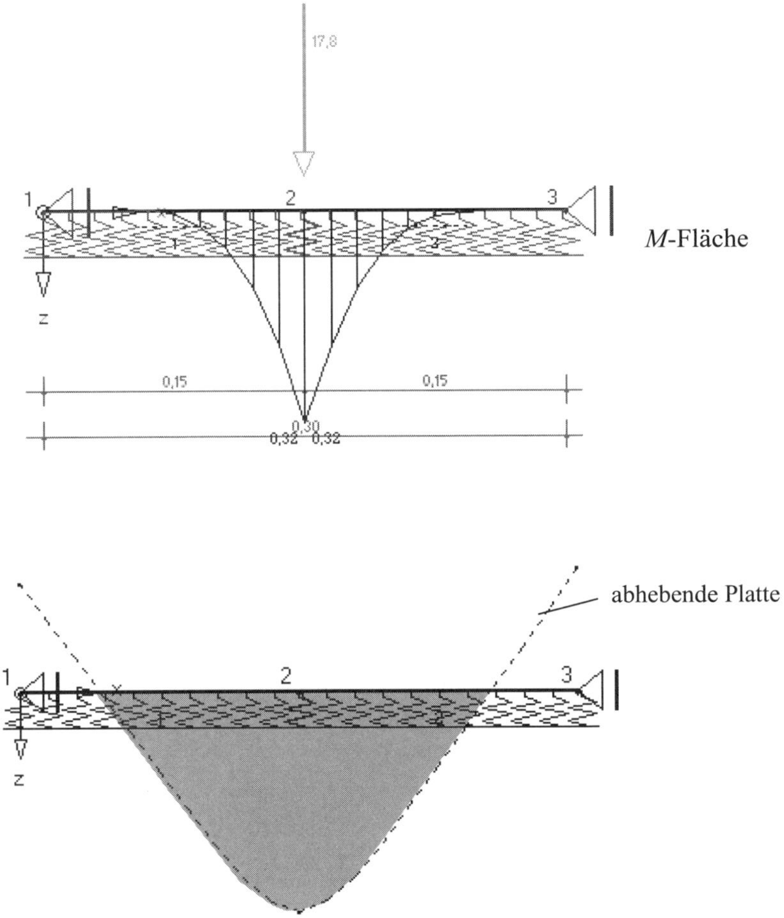

...

Abb. 8.9 Momentenfläche und Pressungsverteilung für c/t = 5

Die Berechnung des elastisch gebetteten Plattenstreifens erfolgt mit dem Programm GWSTATIK. Dabei werden nur Druckspannungen für die Bettung berücksichtigt, d. h. es ist deshalb eine iterative Berechnung erforderlich.
Die Pressungen verteilen sich bei den üblichen Steifigkeitsverhältnissen für elastisch gebettete Fußplatten nicht konstant über die Länge der Platte, sondern konzentrieren sich unter der Krafteinleitung. Es liegt für die im Stahlbau üblichen Plattendicken eher eine schlaffe Platte vor. Mit zunehmender Kraglänge über $3t$ hinaus ändern sich bei der Kragplatte die Biegemomente und die Pressungen nicht mehr, da die Platte am Rande abhebt. Die berechneten Biegemomente M_{bet} liegen auf der sicheren Seite. Dagegen sind die berechneten Pressungen höher als die Grenzpressung f_{jd}. Sie kann in einzelnen Fällen über das Doppelte betragen. Für das Standardbeispiel mit dem Verhältnis $c/t = 5$ soll der Einfluss des Bettungsmoduls untersucht werden. Der Bettungsmodul wird halbiert und verdoppelt.

Tabelle 8.3 Standardbeispiel Kragplatte mit t = 3 cm, c/t = 5 und unterschiedlichem Bettungsmodul

k_3 kN/cm³	f_{cd} kN/cm²	σ_c kN/cm²	$\frac{\sigma_c}{f_{cd}}$	$M_{el,Rd}$ kNcm	M_{bet} kNcm	$\frac{M_{bet}}{M_{el,Rd}}$
50	1,13	1,24	1,10	35,3	37,9	1,06
100	1,13	1,47	1,30	35,3	31,8	0,90
200	1,13	1,73	1,53	35,3	25,9	0,73

Mit zunehmendem Bettungsmodul des Fundamentes im Verhältnis zu der Biegesteifigkeit der Stahlplatte konzentriert sich die Pressung unter der Krafteinleitung. Bei einer Verdoppelung erhöht sich hier die Pressung und die Biegemomente werden entsprechend kleiner. Dies bedeutet, dass eine näherungsweise Berechnung des Bettungsmoduls für den Nachweis der Fußplatte ausreichend ist, wenn i. Allg. das plastische Grenzmoment nicht angesetzt wird.

Beidseitig gelagerte Platte

Bei der beidseitig gelagerten Platte erfolgt die Belastung an den beiden Rändern der Platte. Diese Platte kann für das Standardbeispiel maximal mit der folgenden Normalkraft belastet werden.

$\gamma_{M0} = 1,00$ Annahme $f_{jd} = f_{cd}$

$$N_{R,d} = 2,63 \cdot t \cdot f_{jd} = 2 \cdot 2,63 \cdot 3 \cdot 1,13 = 17,8 \text{ kN}$$

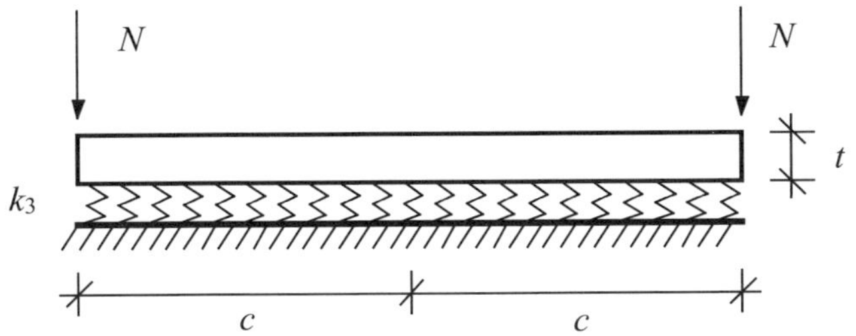

Abb. 8.10 System und Belastung der beidseitig gelagerten Platte

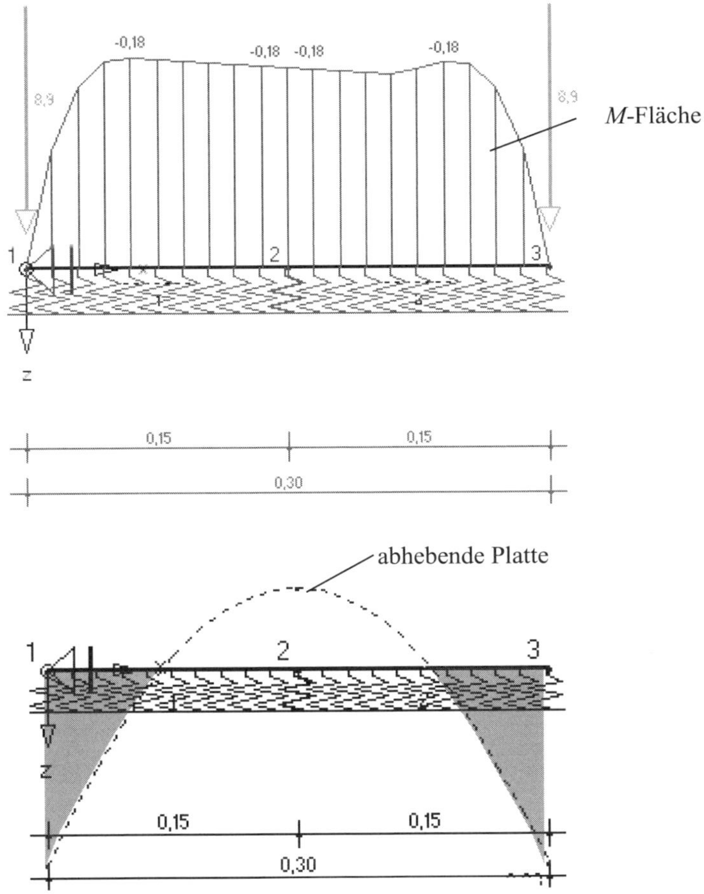

Abb. 8.11 Momentenfläche und Pressungsverteilung für c/t = 5

In der Tabelle 8.4 sind Ergebnisse der Berechnung für zunehmende Verhältnisse c/t angegeben.

Tabelle 8.4 Standardbeispiel beidseitig gelagerter Plattenstreifen mit $t = 3$ cm

c/t	f_{cd} kN/cm²	σ_c kN/cm²	$\frac{\sigma_c}{f_{cd}}$	$M_{el,Rd}$ kNcm	M_{bet} kNcm	$\frac{M_{bet}}{M_{el,Rd}}$
2,63	1,13	2,12	1,88	35,3	26,9	0,76
3	1,13	2,28	2,02	35,3	26,2	0,74
4	1,13	2,67	2,36	35,3	20,8	0,59
5	1,13	2,94	2,60	35,3	18,4	0,52
10	1,13	3,59	3,18	35,3	14,1	0,40

Die Pressungen konzentrieren sich sehr stark zu den Rändern, je größer das Verhältnis *c/t* wird. Dieses Problem taucht bei den bündigen Platten auf und soll dort noch behandelt werden.

Beidseitig gelagerte Platte mit Kragarmen

Diese Platte kann für das Standardbeispiel maximal mit der folgenden Normalkraft belastet werden.

$\gamma_{M0} = 1,00$ Annahme $f_{jd} = f_{cd}$

$$N_{R,d} = 2 \cdot 2,63 \cdot t \cdot f_{jd} = 2 \cdot 2,63 \cdot 3 \cdot 1,13 = 17,8 \text{ kN}$$

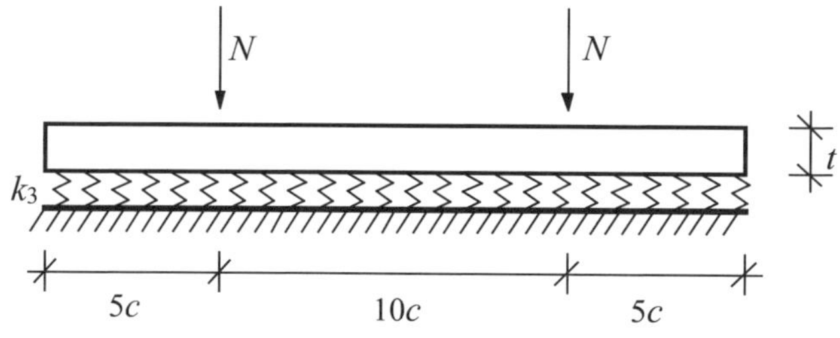

Abb. 8.12 System und Belastung der beidseitig gelagerten Platte mit Kragarmen

In der Tabelle 8.5 sind die Ergebnisse angegeben.

Tabelle 8.5 Standardbeispiel beidseitig gelagerter Plattenstreifen mit Kragarmen und $t = 3$ cm

c/t	f_{cd} kN/cm²	σ_c kN/cm²	$\frac{\sigma_c}{f_{cd}}$	$M_{el,Rd}$ kNcm	M_{bet} kNcm	$\frac{M_{bet}}{M_{el,Rd}}$
2,63	1,13	1,41	1,25	35,3	26,1	0,74
3	1,13	1,36	1,20	35,3	27,8	0,79
4	1,13	1,36	1,20	35,3	30,2	0,86
5	1,13	1,39	1,23	35,3	30,3	0,96

Der beidseitig gelagerte Plattenstreifen mit Kragarmen zeigt ein sehr günstiges Verhalten verglichen mit dem vereinfachten Berechnungsverfahren. Näherungsweise liegen hier zwei getrennte Kragplatten vor.

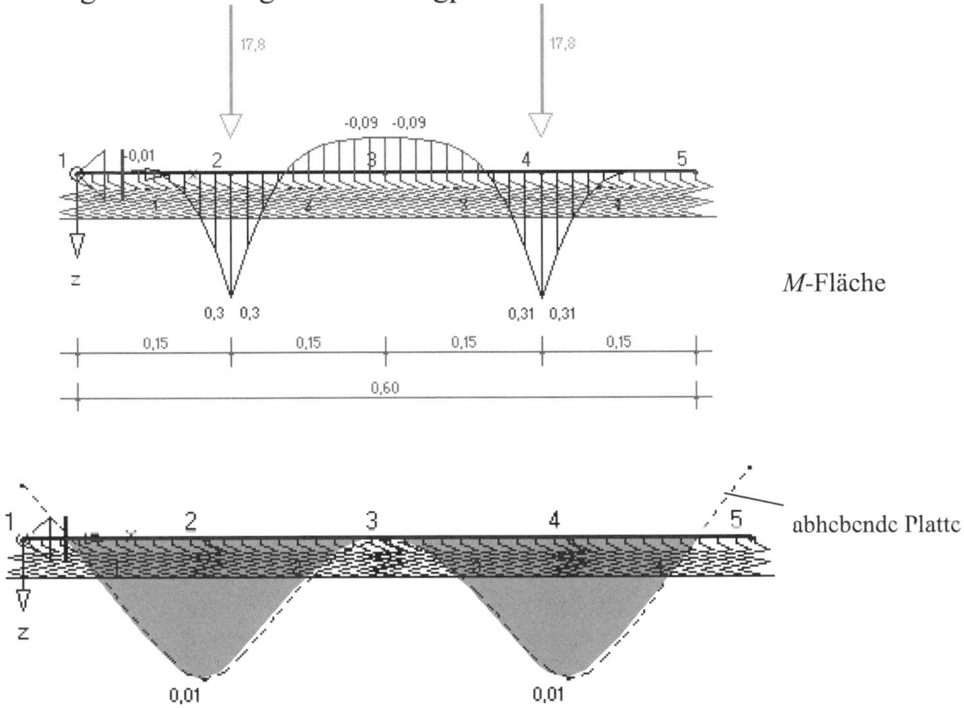

Abb. 8.13 Momentenfläche und Pressungsverteilung für c/t = 5

8.3.2 Plattentheorie

Für den Nachweis der Fußplatte nach der Plattentheorie setzt man i. Allg. konstante Pressung σ_c über die ganze Platte voraus. Der Nachweis für die Auflagerpressung liegt auch hier nicht auf der unsicheren Seite, da ohne Vergrößerung für Teilflächenbelastung gerechnet wird.

$$\sigma_c = \frac{N_{Ed}}{A} \le f_{jd} \tag{8.17}$$

A Fläche der Fußplatte

Die Gleichung kann auch für die Bemessung der Größe der Fußplatte verwendet werden.

$$\text{erf}\,A = \frac{N_d}{f_{jd}} \tag{8.18}$$

Es werden mit der konstanten Pressung σ_c die Beanspruchungen der Platte, hier Biegemomente und Querkräfte, ermittelt und den Beanspruchbarkeiten gegenübergestellt, z. B. beim Nachweisverfahren Elastisch-Elastisch (Band 1 Kapitel 7.3) mit Grenzspannungen:

$$\sigma = \frac{M_{\text{Ed}}}{W} \leq \sigma_{\text{Rd}} \tag{8.19}$$

Plattenbiegung in einer Richtung

Plattenbiegung in einer Richtung liegt dann vor, wenn die Last bevorzugt in einer Richtung abgetragen wird, z. B. einer Kragplatte. Ein solcher Fall liegt bei einem zentrierten Lager, auch Linienkipplager genannt, vor. In Abb. 8.14 sind das System mit Belastung und die Schnittgrößen dargestellt. Meist rechnet man die Kragplatte für einen Streifen der Breite „1 cm".

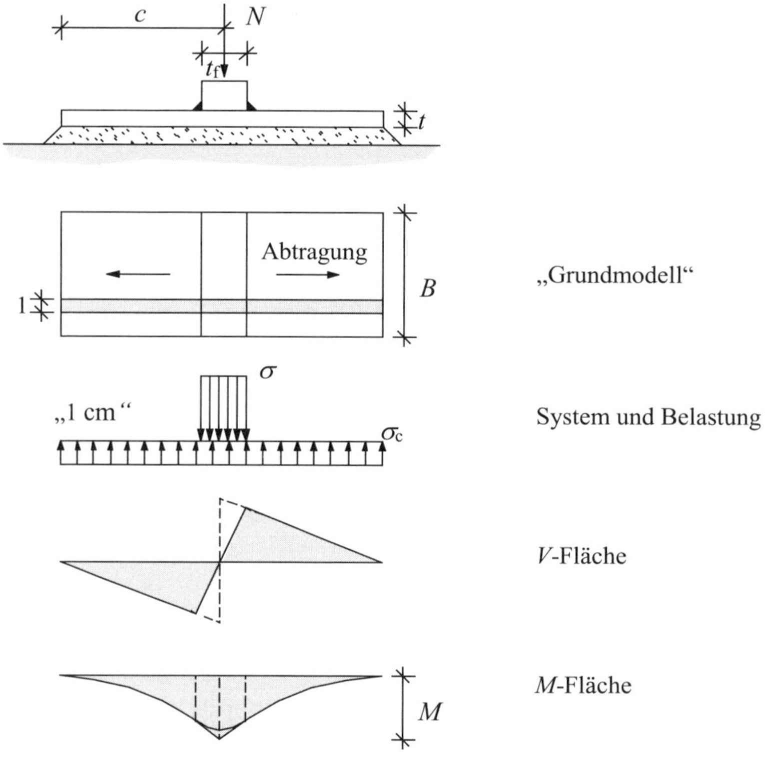

Abb. 8.14 Plattenbiegung in einer Richtung

Da in den meisten Fällen im Stahlbau $t_f << 2c$ ist, rechnet man vereinfacht mit dem maximalen Moment und der maximalen Querkraft.

$$M_{\text{Ed}} = \sigma_c \cdot \frac{c^2}{2} \qquad V_{\text{Ed}} = \sigma_c \cdot c$$

Nachweis Elastisch-Elastisch für den Rechteckquerschnitt mit der Breite „1 cm":

$$W = 1 \cdot \frac{t^2}{6} \qquad \sigma = \frac{M_{\text{Ed}}}{W} \leq \sigma_{\text{Rd}} \qquad \tau = 1{,}5 \cdot \frac{V_{\text{Ed}}}{1 \cdot t} \leq \tau_{\text{Rd}} \tag{8.20}$$

Der Nachweis der Normalspannung kann in eine Bemessungsgleichung für die erforderliche Plattendicke umgeformt werden:

$$\text{erf}\, t = \sqrt{\frac{6 \cdot M_{\text{Ed}}}{1 \cdot \sigma_{\text{Rd}}}} = \sqrt{\frac{3 \cdot \sigma_{\text{c}} \cdot c^2}{1 \cdot \sigma_{\text{Rd}}}} \tag{8.21}$$

Nachweis Elastisch-Plastisch für den Rechteckquerschnitt mit der Breite „1 cm“:

$$M_{\text{pl,Rd}} = 1 \cdot \frac{t^2}{4} \cdot \sigma_{\text{Rd}} \qquad V_{\text{pl,Rd}} = 1 \cdot t \cdot \tau_{\text{Rd}} = 1 \cdot t \cdot \frac{\sigma_{\text{Rd}}}{\sqrt{3}} \tag{8.22}$$

$$\left(\frac{M_{\text{Ed}}}{M_{\text{pl,Rd}}}\right)^2 + \left(\frac{V_{\text{Ed}}}{V_{\text{pl,Rd}}}\right)^2 \leq 1{,}0 \tag{8.23}$$

Für die Vorbemessung wird V zunächst vernachlässigt.

$$\text{erf}\, t = \sqrt{\frac{4 \cdot M_{\text{Ed}}}{1 \cdot \sigma_{\text{Rd}}}} = \sqrt{\frac{2 \cdot \sigma_{\text{c}} \cdot c^2}{1 \cdot \sigma_{\text{Rd}}}} \tag{8.24}$$

Bei der plastischen Berechnung ist t um ca. 20 % kleiner als bei der elastischen Berechnung.

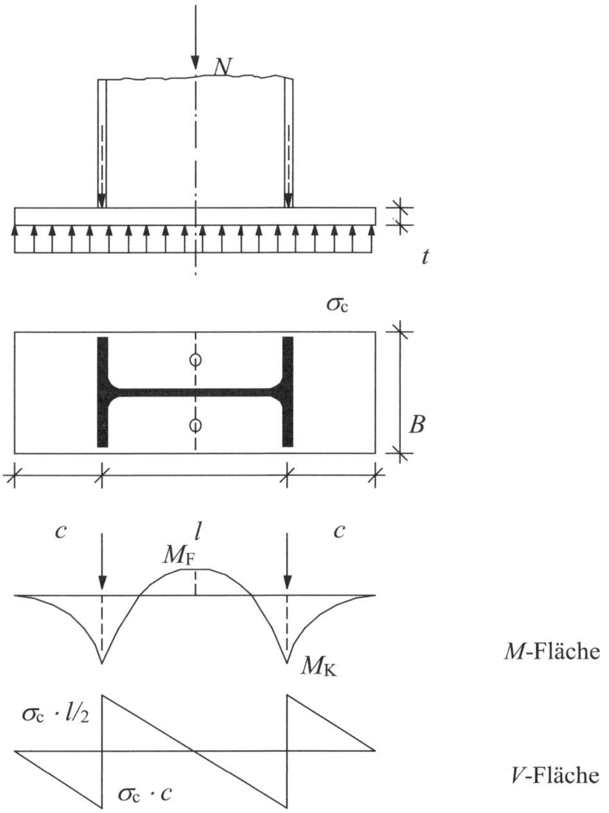

Abb. 8.15 I-Profil mit Plattenbiegung in einer Richtung

Auch für eine Stütze mit I-Profil kann das Modell „Plattenbiegung in einer Richtung" angewendet werden, wenn die Breite der Fußplatte nur wenig größer als die Breite des Profils ist, s. Abb. 8.15.
Man rechnet so, als ob die Stütze nur mit den Flanschen auf der Platte stünde. Dies entspricht einem Plattenstreifen am Rande der Fußplatte. Das statische System ist dann ein Balken auf zwei Auflagern mit zwei Kragarmen.
Für den Nachweis kann das Kragmoment M_K oder das Feldmoment M_F maßgebend sein. Für $c = 0{,}35 \cdot l$ sind die beiden Momente gleich groß. Es gilt:

Fall I $\quad c \geq 0{,}35 \cdot l \quad M_{Ed} = \sigma_c \cdot \frac{c^2}{2}$ und

$\quad c \leq 0{,}5 \cdot l \quad V_{Ed} = \sigma_c \cdot \frac{l}{2} \quad$ sonst $V_{Ed} = \sigma_c \cdot c$

Fall II $\quad c < 0{,}35 \cdot l \quad M_{Ed} = \sigma_c \cdot \left(\frac{l^2}{8} - \frac{c^2}{2} \right)$ und $V_{Ed} = 0$

Der Nachweis kann elastisch oder plastisch erfolgen.
Ausgesteifte Fußplatten werden selten ausgeführt. Meistens wählt man eine solche Anordnung der Aussteifungen, dass die Platte vorwiegend Biegung in einer Richtung erhält.

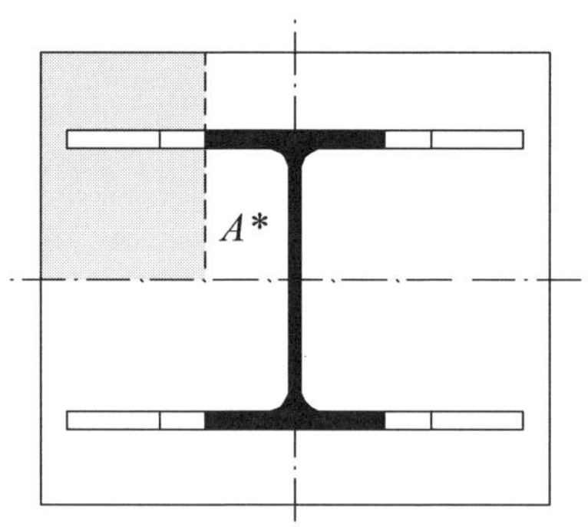

Abb. 8.16 Ausgesteifte Fußplatten

Die Schweißnähte zwischen der Aussteifung und dem Profil und die Aussteifung selbst sind nachzuweisen. Die Kraft einer Aussteifung ergibt sich aus der zugehörigen Fläche A^*.

$$F_A = A^* \cdot \sigma_c \qquad (8.25)$$

8.3.3 T-Stummel

Das Grundmodell, das auch im EC 3 für die Berechnung der Tragfähigkeit von Stützenfüßen mit Fußplatten (1-8, 6.2.8) angewendet wird, entspricht dem zentrierten Lager und wird in der Literatur als T-Stummel bezeichnet. Es liegt Plattenbiegung in einer Richtung vor. Die Breite des T-Stummels sei gegeben. Es wird angenommen, dass die Auflagerpressung unter dem T-Stummel gerade die Grenzpressung f_{jd} erreicht.

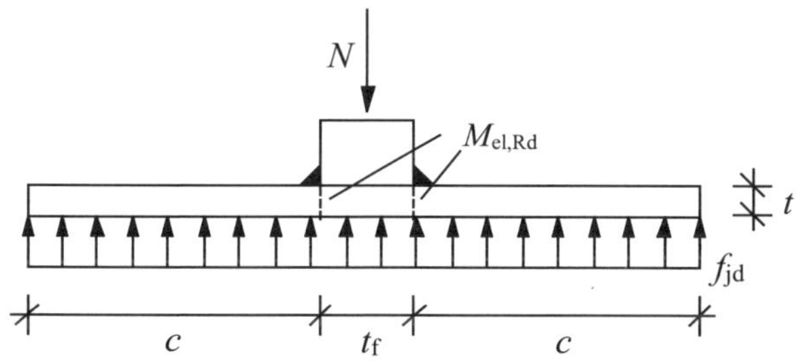

Abb. 8.17 Elastischer T-Stummel

Die Kraglänge c wird so bestimmt, dass der T-Stummel unter der Grenzpressung f_{jd} elastisch versagt. Für den Rechteckquerschnitt mit der Breite „1 cm" gilt dann:

$$M_{Ed} = f_{jd} \cdot \frac{c^2}{2} \tag{8.26}$$

$$M_{el,Rd} = 1 \cdot \frac{t^2}{6} \cdot \sigma_{Rd} \tag{8.27}$$

Man erhält für das Verhältnis x:

$$x = \frac{c}{t} \qquad x = \sqrt{\frac{\sigma_{Rd}}{3 \cdot f_{jd}}} \qquad \text{erf}\, c = x \cdot t \tag{8.28}$$

Beispiel:

Werkstoff: S 235; $\sigma_{Rd} = 23{,}5 \text{ kN/cm}^2$

Betonfestigkeitsklasse: C20/25; Annahme $f_{jd} = \frac{2}{3} f_{cd} = 0{,}753 \text{ kN/cm}^2$

T-Stummel mit $t \leq 40$ mm

$$x = \sqrt{\frac{\sigma_{Rd}}{3 \cdot f_{jd}}} = \sqrt{\frac{23{,}5}{3 \cdot 0{,}753}} = 3{,}23 \qquad \text{erf}\, c = 3{,}23 \cdot t \tag{8.29}$$

Für $t > 40$ mm erhält man mit $\sigma_{Rd} = 21{,}5 \text{ kN/cm}^2$

$$\text{erf}\, c = 3{,}09 \cdot t \tag{8.30}$$

Die Anwendung der T-Stummel soll am Beispiel des I-Profils nach Abb. 8.18 gezeigt werden. Man denkt sich unter jedem Flansch und unter dem Steg einen T-Stummel. Wichtig: Die T-Stummel dürfen sich nicht überschneiden und eventuelle Bohrungen im Bereich von A' müssen abgezogen werden. Der Überstand in beiden Richtungen darf maximal mit dem Wert c angenommen werden. Für den Nachweis ist die Größe der angelegten Fläche A' nach Abb. 8.18 zu bestimmen und damit die maximale Tragfähigkeit zu berechnen.

$$N_{\text{Rd}} = A' \cdot f_{\text{cd}} \tag{8.31}$$

$$\frac{N_{\text{Ed}}}{N_{\text{Rd}}} \leq 1 \tag{8.32}$$

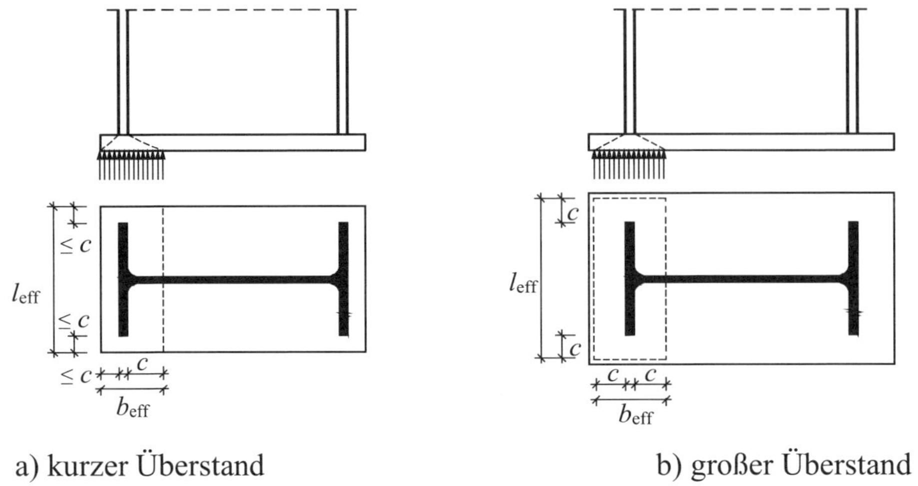

Abb. 8.18 T-Stummel für I-Profil nach EC 3

Es handelt sich bei diesem Nachweisverfahren um eine iterative Methode.

Iterative Methode

1. t wählen
2. erf $c_{\text{f}} = x \cdot t$ bestimmen
3. A' berechnen
4. $N_{\text{Rd}} = A' \cdot f_{\text{cd}}$
5. $\dfrac{N_{\text{Ed}}}{N_{\text{Rd}}} \leq 1$

Ist der Nachweis nicht erfüllt, ist eine größere Plattendicke zu wählen.
Die Berechnung der Querschnittsfläche A' ist ausführlich im Abschnitt 8.7 *Beispiele* für verschiedene Fußplatten mit kurzem und großem Überstand angegeben. Dieses Nachweisverfahren ist sehr flexibel und kann auch für zusammengesetzte Stützenquerschnitte angewendet werden.

8.3.4 Bündige Platte

Bei kleinen Normalkräften, wie bei vielen Zweigelenkrahmen, reicht es oft aus, eine Platte mit den Abmessungen der Stütze zu wählen. Die Platte wird durch die konstante Pressung σ_{c} belastet. Die bündige Platte ist ein Beispiel für die Anwendung der Plattentheorie. Die maximalen Biegemomente werden nach bekannten Lösungen in der Literatur ermittelt und das Nachweisverfahren Elastisch-Elastisch angewendet. Die Tragfähigkeit der bündigen Platte ist in [15] nach der Plattentheorie angegeben. Hier sollen die Gleichungen nach dem neuen Teilsicherheitskonzept hergeleitet werden.

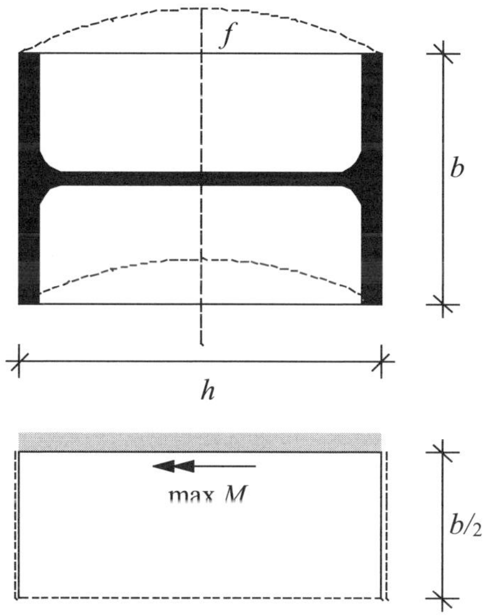

Abb. 8.19 Bündige Platte

Das maximale Biegemoment wird für die frei aufliegende Platte ermittelt. Aus Symmetriegründen ist die Verdrehung am Steg gleich null, d. h. am Steg kann eine Einspannung angenommen werden. Es liegt damit für eine Hälfte eine dreiseitig gestützte Platte mit eingespanntem hinterem Rand vor.

$$M_{\mathrm{Ed}} = \sigma_{\mathrm{c}} \cdot h \cdot \frac{b}{2} \cdot \frac{1}{m_{\mathrm{e}}} = \frac{N_{\mathrm{Ed}}}{2 \cdot m_{\mathrm{e}}} \quad \text{in kNcm/cm}$$

Der Nachweis lautet:

$$W = 1 \cdot \frac{t^2}{6} \qquad \sigma = \frac{M_{\mathrm{Ed}}}{W} \leq \sigma_{\mathrm{Rd}}$$

Der Nachweis der Normalspannung kann in eine Bemessungsgleichung für die erforderliche Plattendicke umgeformt werden:

$$\operatorname{erf} t = \sqrt{\frac{6 \cdot M_{\mathrm{Ed}}}{1 \cdot \sigma_{\mathrm{Rd}}}} = \sqrt{\frac{3 \cdot N_{\mathrm{Ed}}}{m_{\mathrm{e}} \cdot \sigma_{\mathrm{Rd}}}} = \sqrt{\frac{3}{m_{\mathrm{e}} \cdot \sigma_{\mathrm{Rd}}}} \cdot \sqrt{N_{\mathrm{Ed}}}$$

$$\operatorname{erf} t = k \cdot \sqrt{N_{\mathrm{Ed}}} \quad \text{mit} \quad k = \sqrt{\frac{3}{m_{\mathrm{e}} \cdot \sigma_{\mathrm{Rd}}}} \qquad d \text{ in mm; } N_{\mathrm{d}} \text{ in kN} \qquad (8.33)$$

Für die Berechnung der *k*-Werte empfiehlt sich eine dimensionsbehaftete Darstellung. Die *k*-Werte sind in Tabelle 8.6 für die Werkstoffe S 235 und S 355 für $t \leq 40$ mm angegeben. Für alle IPE-Profile kann der k-Wert für $m_e = 9,0$ angenommen werden. Für $t > 40$ mm ändert sich die Streckgrenze.

Tabelle 8.6 Momentenbeiwerte für dreiseitig gestützte Platte mit eingespanntem hinterem Rand nach Stiglat/Wippel [27] für $t \leq 40$ mm

HEA HEB HEM	100 bis 300	320	340	360	400	450	500	550	600
$\frac{b/2}{h}$	0,50	0,47	0,44	0,42	0,38	0,33	0,30	0,27	0,25
m_e	6,8	6,9	7,0	7,1	7,2	7,6	8,1	8,6	9,0
k S 235	1,37	1,36	1,35	1,34	1,33	1,30	1,26	1,22	1,19
k S 355	1,11	1,11	1,10	1,09	1,08	1,05	1,02	0,99	0,97

8.3.5 Fast bündige Platte

Wenn die Platte in beiden Richtungen nur gering übersteht, liegt eine fast bündige Platte vor. Die Platte kann dann besser angeschweißt werden.
Für die Berechnung wird nur der angelegte Bereich berücksichtigt. Die Kragarme entlasten die dreiseitig gestützte Platte. Auf den dunkel angelegten Bereich entfällt dann die Normalkraft, die für den Nachweis wie bei der bündigen Platte berücksichtigt wird.

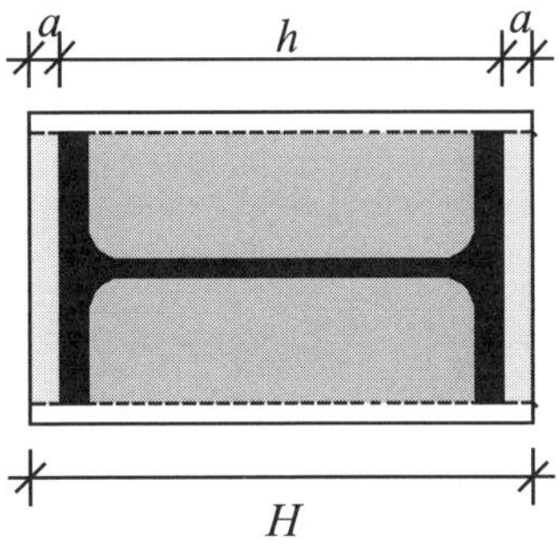

Abb. 8.20 Fast bündige Platte

$$\text{erf}\, t = k \cdot \sqrt{N_{Ed} \cdot \frac{h}{H}} \qquad (8.34)$$

d in mm; N_{Ed} in kN

8.3.6 Fußplatte für quadratisches Hohlprofil

Dieser Fall ist ein weiteres Beispiel für die Anwendung der Plattentheorie.

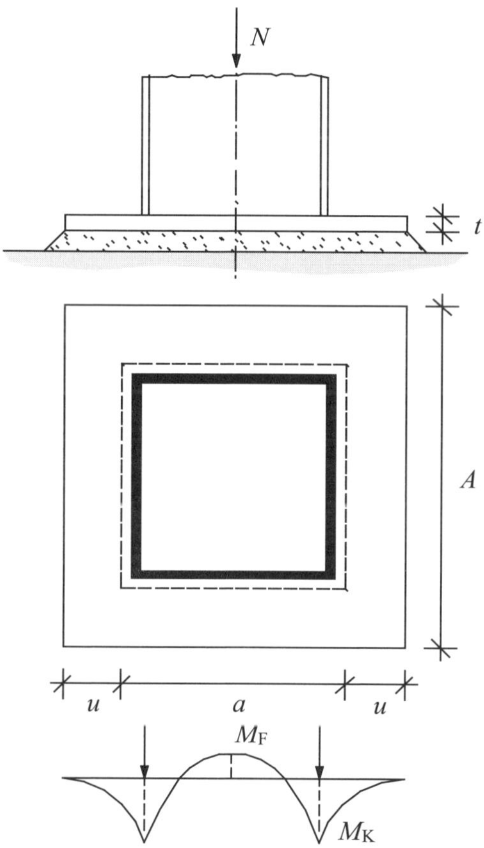

Abb. 8.21 Fußplatte für quadratisches Hohlprofil

Für die **bündige oder fast bündige Platte** liegt eine vierseitig gelenkig gelagerte Platte vor. Der Nachweis lautet:

$$\sigma_c = \frac{N_{Ed}}{a^2} \le f_{jd} \tag{8.35}$$

$$M_F \approx \frac{\sigma_c \cdot a^2}{20} \qquad \text{erf}\, t = \sqrt{\frac{6 \cdot M_{Ed}}{1 \cdot \sigma_{Rd}}} \tag{8.36}$$

Meist kragt die Fußplatte jedoch aus. Das Kragmoment kann so groß sein, dass das maximale Einspannmoment M_E [28] der vierseitig eingespannten Platte überschritten wird. Die Platte sollte zumindest für das Einspannmoment bemessen werden. Das größere Biegemoment ist maßgebend. Der Nachweis lautet für die **Platte mit Kragarm**:

$$\sigma_c = \frac{N_{Ed}}{A^2} \leq f_{jd} \tag{8.37}$$

$$M_E = \frac{\sigma_c \cdot a^2}{19,4} \quad \text{oder} \quad M_K = \frac{\sigma_c \cdot u^2}{2} \tag{8.38}$$

$$\text{erf } t = \sqrt{\frac{6 \cdot M_{Ed}}{1 \cdot \sigma_{Rd}}} \tag{8.39}$$

Da sich die Auflagerpressung unter der Querschnittsfläche des Hohlprofils konzentriert, wird hier auch das Modell des T-Stummels bevorzugt.

8.3.7 Fußplatte für rechteckiges Hohlprofil

Es wird ebenfalls die Plattentheorie angewendet. Hierbei ist das Verhältnis *a*:*b* bei der Berechnung der Plattenmomente zu beachten.

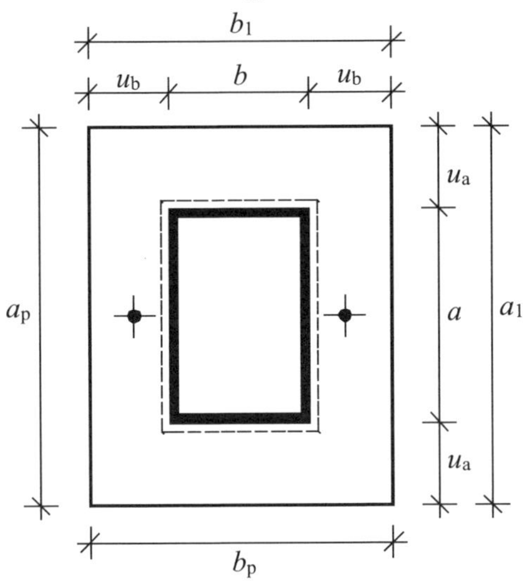

Abb. 8.22 Fußplatte für rechteckiges Hohlprofil

Für die **bündige oder fast bündige Platte** liegt eine vierseitig gelenkig gelagerte Platte vor. Es ist völlig ausreichend, für die Bemessung dieser Platte das maximale Feldmoment in dem interessierenden Bereich der Abmessungen zu wählen. Der Nachweis lautet, wenn $\boldsymbol{a : b \leq 2}$ ist:

$$\sigma_c = \frac{N_{Ed}}{a \cdot b} \leq f_{jd} \tag{8.40}$$

$$M_F \approx \frac{\sigma_c \cdot a \cdot b}{18} \qquad \text{erf } t = \sqrt{\frac{6 \cdot M_{Ed}}{1 \cdot \sigma_{Rd}}} \tag{8.41}$$

Meist kragt die Fußplatte jedoch aus. Das Kragmoment kann so groß sein, dass das maximale Einspannmoment M_E [28] der vierseitig eingespannten Platte überschritten wird. Die Platte sollte zumindest auf das maximale Einspannmoment bemessen werden, das an der längeren Seite a des Hohlprofils auftritt. Das größte Biegemoment ist maßgebend. Der Nachweis lautet für die **Platte mit Kragarm** mit der maximalen Kragarmlänge $ü$, wenn $\boldsymbol{a : b \leq 2}$ ist:

$$\sigma_c = \frac{N_{Ed}}{A \cdot B} \leq f_{jd} \tag{8.42}$$

$$M_E = \frac{\sigma_c \cdot a \cdot b}{18,6} \quad \text{oder} \quad M_K = \frac{\sigma_c \cdot u^2}{2} \tag{8.43}$$

$$\text{erf}\, t = \sqrt{\frac{6 \cdot M_{Ed}}{1 \cdot \sigma_{Rd}}} \tag{8.44}$$

Da sich die Auflagerpressung unter der Querschnittsfläche des Hohlprofils konzentriert, wird hier auch das Modell des T-Stummels bevorzugt.
Der Nachweis für die Fußplatte einer Rohrstütze ist in Beispiel 8.7.5 angegeben.

8.3.8 Anschluss an die Fußplatte

Druckkräfte normal zur Kontaktfuge dürfen vollständig durch Kontakt übertragen werden, wenn seitliches Ausweichen der Bauteile am Kontaktstoß ausgeschlossen ist (1-8/NA, NCI Kontaktstoß). Dies ist nachzuweisen. Dabei dürfen Reibungskräfte nicht berücksichtigt werden. I. Allg. genügt es, Doppelkehlnähte konstruktiv zu wählen, $a \geq 0,15 \cdot t$. Diese sind aber nur für Querschnittsteile mit Dicken von t 10 mm bis 30 mm aus den Stahlsorten S 235, S 275 oder S 355 erlaubt. Dabei darf der Spalt zwischen Querschnittsteil und Fußplatte nicht größer als 2 mm sein.
Schweißnähte zur Verbindung von Stütze und Fußplatte können auch ohne Kontaktwirkung berechnet werden. Dann sind die Kräfte anteilig anzuschließen. Sind Querkräfte vorhanden, können diese nur die Nähte aufnehmen, die in Kraftrichtung verlaufen.

8.4 Übertragung von Scherkräften

Als Scherkräfte V sollen hier Kräfte parallel zur Betonoberfläche verstanden werden. Scherkräfte können durch Schubdübel oder bei ausreichender Normalkraft durch Reibung zusammen mit der Schubtragfähigkeit der Ankerschrauben übertragen werden (1-8, 6.2.8.1(5)).
Für den Gleitwiderstand $F_{f,Rd}$ zwischen Fußplatte und Mörtelschicht gilt:

$$F_{f,Rd} = C_{f,d} \cdot N_{c,Ed} \tag{8.45}$$

$N_{c,Ed}$ ist der kleinste zugehörige Bemessungswert der Druckkraft in der Gleitfuge, siehe Band 1, Tabelle 1.5.
Für den Reibbeiwert $C_{f,d}$ zwischen Fußplatte und Mörtelschicht darf für Sand-Zement-Mörtel der Wert 0,2 angenommen werden.
Für die Abschertragfähigkeit von Ankerschrauben siehe (1-8, 6.2.2(7)).

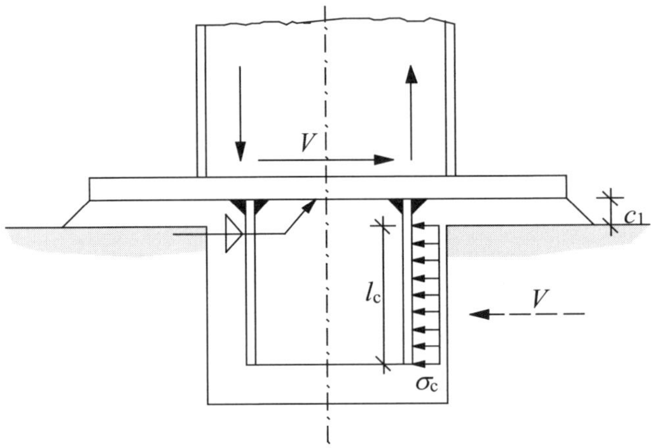

Abb. 8.23 Schubdübel

Das statische System des Schubdübels ist ein Kragträger. Das Profil und die Schweißnähte sind nachzuweisen. Für die Betonpressung gilt:

$$\sigma_c = \frac{V_{Ed}}{l_c \cdot b} \leq f_{jd} \tag{8.46}$$

Unter den Betonpressungen treten auch Flanschbiegespannungen auf. Der Nachweis ist am Beginn der Ausrundung zu führen. Der Nachweis ist für die I-Profile eingehalten, wenn der Nachweis der Grenzpressung nicht überschritten ist. Und dies aus folgenden Gründen:

1. Der Kammerbeton zwischen den Flanschen ist so dehnsteif, dass beide Flansche beansprucht werden. Der vordere Flansch übernimmt ungefähr 2/3 der Belastung.
2. Die Lasteintragung erfolgt über den Steg des Profils.
3. Wegen der elastischen Bettung konzentriert sich die Pressung im Bereich der Ausrundung. Die Biegemomente sind klein.

Die Weiterleitung der Beanspruchungen in die Stützenfußkonstruktion ist nachzuweisen. Bei Hallenrahmen kann man den Rahmenschub durch ein gesondertes Zugband im Fundament aufnehmen oder mit einer entsprechenden Schlaufenbewehrung um die Stütze in den Hallenboden einleiten. Die Bewehrung des Hallenbodens übernimmt die Weiterleitung des Rahmenschubes. Eventuell nachträglich hergestellte Fugen in der Bodenplatte dürfen das Zugband oder die Bewehrung nicht durchtrennen.

8.5 Übertragung von Zugkräften

Die Ankerschrauben verbinden die Fußplatte mit dem Fundament als Montagehilfe (Aufstellungsverankerung) und zur Einleitung von planmäßigen Zugkräften. Als Montageverankerung werden i. Allg. gebogene Rundstahlanker eingesetzt, die einbetonierte Rundeisen oder Winkel umfassen. In [10] sind diese Aufstellungsverankerungen typisiert.
Man unterscheidet zwei Arten der Ausführung:

1. Die Anker werden erst beim Aufstellen der Stützen in die vorher einbetonierte Verankerung eingehängt. Die Fundamente haben dann offene Ankerkanäle, die erst nach dem Ausrichten der Stahlkonstruktion vergossen werden.
2. Die Anker werden mit Schablonen möglichst genau eingebaut, wenn die Fundamente hergestellt werden. Die Fußplatten erhalten dann größere Bohrungen, um die Stütze ausrichten zu können.

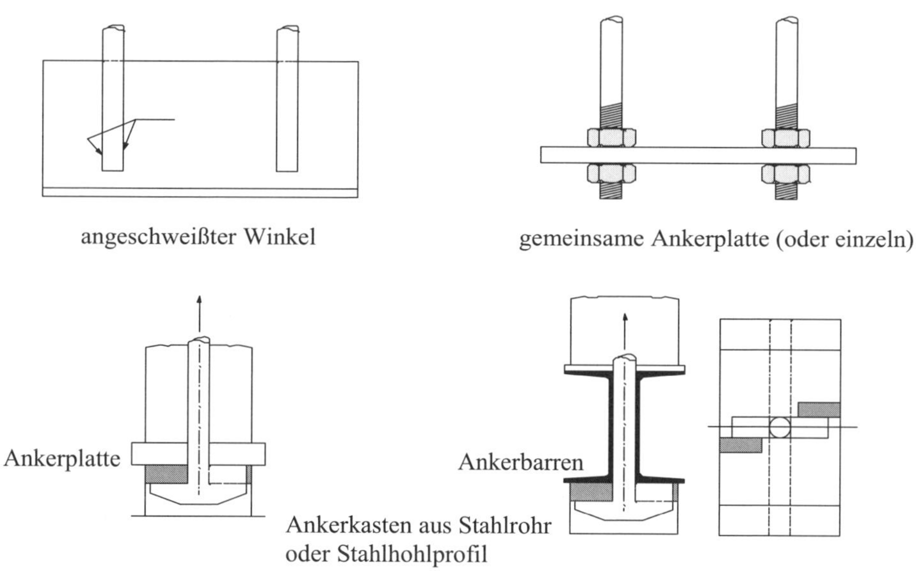

Abb. 8.24 Verankerungen für größere Zugkräfte

Um größere planmäßige Zugkräfte einzuleiten, benutzt man entweder Hammerkopfschrauben oder fest eingebaute Anker mit Ankerplatten. Zusammen mit den Ankerbarren kann man einen Blechkasten als verlorene Schalung

einbauen. Für eine einwandfreie Krafteinleitung der Zugkraft in die Verankerung und in die Stütze muss gesorgt werden. Weitere Regelungen über Ankerschrauben mit Zugbeanspruchung in (1-8, 6.2.6.12) sind zu beachten.
Bei der Berechnung der Ankerzugkräfte ist zu beachten: Wenn ständige Einwirkungen Beanspruchungen aus veränderlichen Einwirkungen verringern, gilt für die ständige Einwirkung $\gamma_G = 1{,}0$.

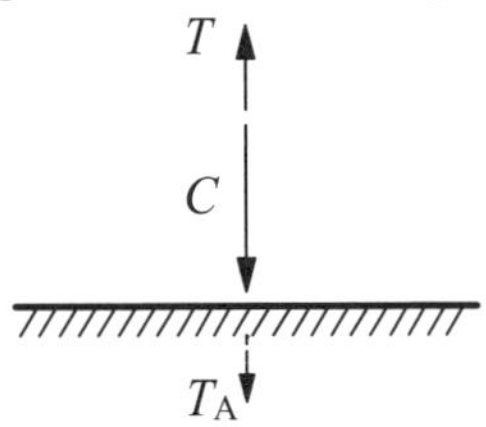

$$T_A = T - C \tag{8.47}$$

Zum Nachweis der Lagesicherheit gehört der Nachweis gegen Abheben in der verankerten Lagerfuge. Ist $T_A \geq 0$, ist die Verankerung nachzuweisen.

8.6 Fußeinspannung

8.6.1 Konstruktive Lösungen

Für eingespannte Stützenfüße gibt es im Stahlbau zwei unterschiedliche konstruktive Lösungen. Das Einspannmoment kann durch ein horizontales oder vertikales Kräftepaar in das Fundament eingeleitet werden.

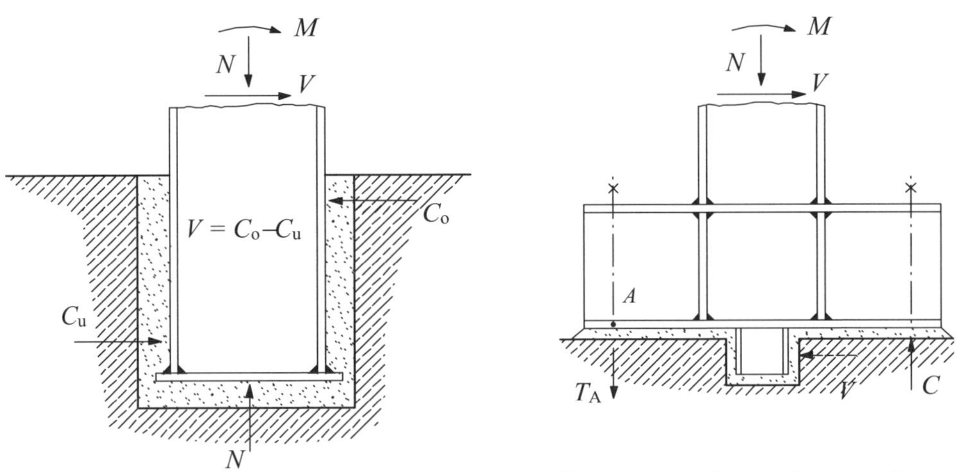

Köchereinspannung — Einspannung mit verankertem Fußriegel

Abb. 8.25 Eingespannte Stützenfüße

Bei dem Köcherfundament entstehen aus dem Moment und der Querkraft nur horizontale Druckkräfte. Die Querkraft V der Stütze wird durch die Differenz der

Druckkräfte aufgenommen, die Normalkraft N über eine Fußplatte in das Fundament eingeleitet. Dagegen entsteht bei der Einspannung mit einem verankerten Fußriegel ein Kräftepaar aus einer Druckkraft und einer Zugkraft. Für den Nachweis der Ankerzugkraft T_A gilt für die ständige Einwirkung $\gamma_G = 1{,}0$, wenn sie im Punkt A Druck erzeugt. Da der Beton keinen Zug aufnehmen kann, wird die Ankerzugkraft durch den Ankerbarren in eine Druckkraft umgesetzt. Bei der Einspannung mit Fußriegel wird die Normalkraft N durch die Differenz der vertikalen Kräfte aufgenommen, für die Querkraft V ist ein gesonderter Schubdübel vorzusehen.

8.6.2 Fußriegeleinspannung

In Abb. 8.26 sind einige Konstruktionsbeispiele für eine Fußriegeleinspannung angegeben.

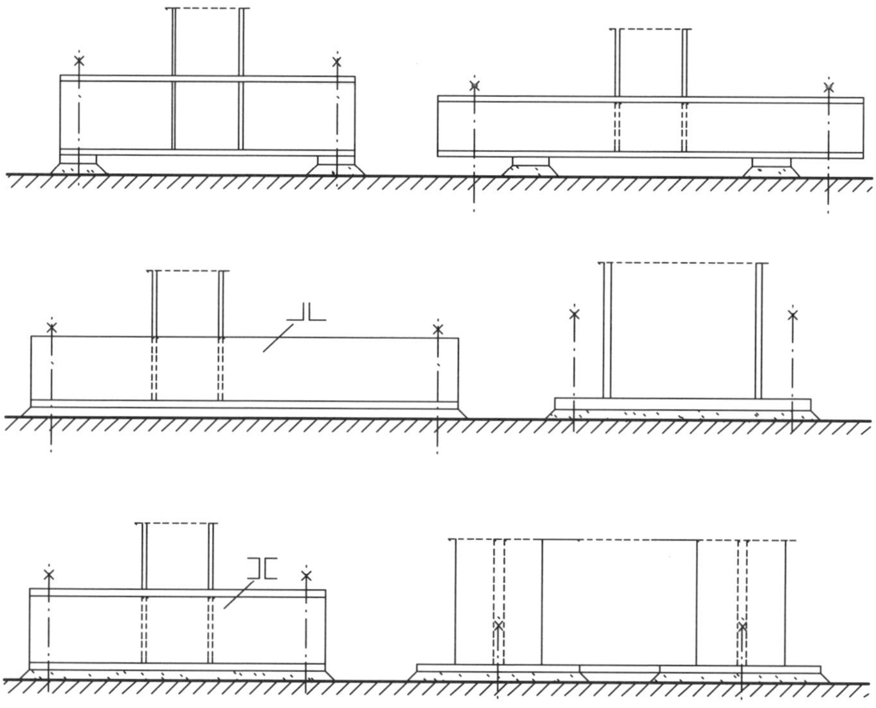

Abb. 8.26 Fußriegeleinspannung

Fußriegel werden vorwiegend symmetrisch ausgebildet, da meist positive und negative Momente, z. B. aus Windbelastung und Kranlasten, auftreten. Bei dem Nachweis sind alle Einwirkungskombinationen zu berücksichtigen. Bei der Fußriegeleinspannung ist zu unterscheiden, ob der Fußriegel aus einem Träger oder einer Platte besteht und wie der Fußriegel auf dem Fundament gelagert ist.

Fußriegel mit Fußplatte sind nur für kleinere Einspannmomente geeignet, da die Dicke der Platte auf 80 mm, die größte Nenndicke von Breitflachstählen, begrenzt ist. Die Platte ist vollflächig auf der Mörtelfuge gelagert. Während der Angriffspunkt der Zugkraft T festliegt, ist der Angriffspunkt der resultierenden Druckkraft C nicht bekannt. Er kann in gewissen Grenzen festgelegt werden, was zu unterschiedlichen Ergebnissen für die Plattendicke und den Querschnitt des Zugankers führt.
Stützenfüße mit Fußträger sind besonders für große Einspannmomente geeignet. Wird im Druckbereich der Konstruktion eine gesonderte Druckplatte mit Mörtelfuge angeordnet, liegt der Angriffspunkt fest und alle Beanspruchungen des Zugankers und Fußträgers können mit Gleichgewichtsbedingungen bestimmt werden. Bei vollflächiger Lagerung besteht das gleiche Problem wie bei der Fußplatte.

Fußriegel als Fußplatte

Der Stützenfuß in Abb. 8.27 ist in der Literatur [2] häufig als Beispiel gewählt worden, mit unterschiedlichen Ergebnissen für die Plattendicke und die Größe des Zugankers.

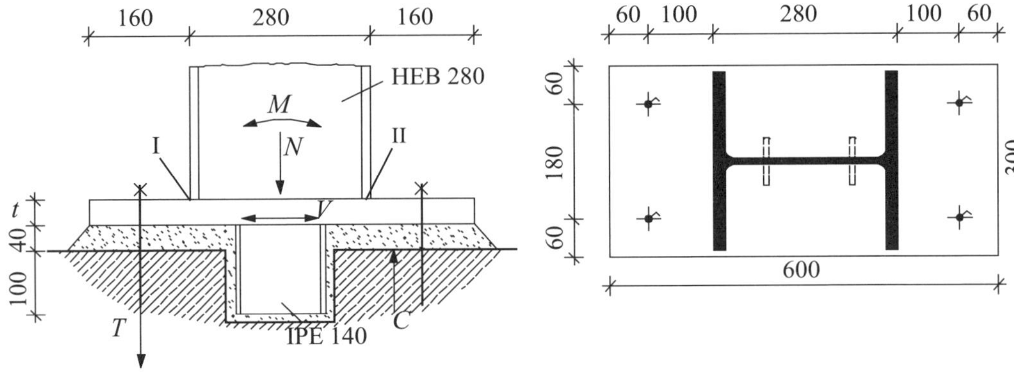

Abb. 8.27 Stützenfuß mit Fußplatte

Wie bei dem zentrisch gedrückten Stab handelt es sich hier ebenfalls um eine elastisch gebettete Platte mit Kragarmen. Der innere Hebelarm z zwischen der Zugkraft T und der Druckkraft C hängt von der Steifigkeit des Systems ab, d. h. von der Plattensteifigkeit und damit von der Dicke t und der Nachgiebigkeit der Zugverankerung. Das System ist statisch unbestimmt, wobei zusätzlich die Verteilung der Pressung im Druckbereich unbekannt ist. Es wird als elastisch gebetteter Balken mit den folgenden Systemwerten untersucht:

Werkstoff der Fußplatte: S 235 $E_a = 21\,000$ kN/cm^2
Werkstoff des Fundamentes: C20/25 $E_c = 3000$ kN/cm^2
Elastische Bettung: $c_b = k_3 \cdot B = 100 \cdot 30 = 3000$ kN/cm^2

Trägheitsmoment: $I = b \cdot \frac{t^3}{12} = 30 \cdot \frac{t^3}{12}$ in cm^4

Zuganker: S 235 Länge $l_t = 50$ cm

Beanspruchbarkeit der Platte: $M_{el,Rd} = \frac{1}{6} \cdot B \cdot t^2 \cdot \sigma_{Rd}$

Beanspruchbarkeit der Zugverankerung: $T_{Rd} = 2 \cdot F_{t,Rd}$

Einwirkungen: $N_{Ed} = 231$ kN ; $M_{Ed} = \pm\ 110$ kNm ; $V_{Ed} = 21{,}5$ kN

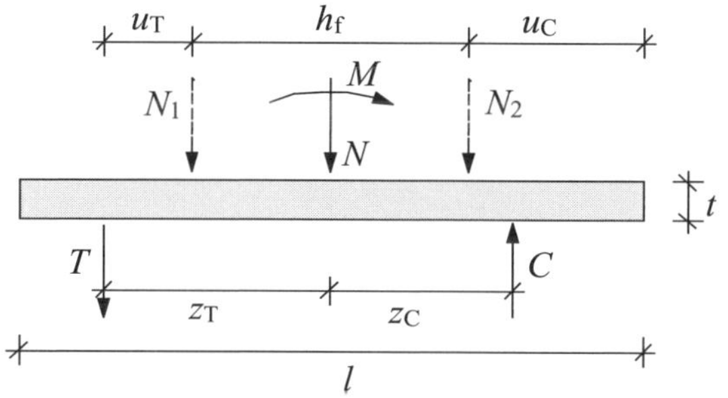

Abb. 8.28 Bezeichnungen des Stützenfußes mit Fußplatte

Die Normalkraft und das Biegemoment werden den Flanschen des Stützenprofils zugewiesen.

$$N_1 = \frac{N_{Ed}}{2} - \frac{M_{Ed}}{h_f} = \frac{231}{2} - \frac{110}{0{,}262} = -304 \text{ kN} < 0$$

Zugverankerung erforderlich.

$$N_2 = \frac{N_{Ed}}{2} + \frac{M_{Ed}}{h_f} = \frac{231}{2} + \frac{110}{0{,}262} = 535 \text{ kN}$$

Der Index bet wird für die Ergebnisse der Berechnung mit elastischer Bettung benutzt. In Abb. 8.29 ist exemplarisch das statische System, die Belastung, die *M*-Fläche, die *V*-Fläche und die *w*-Fläche für 2 M27 und $t = 50$ mm für das Beispiel Nr.8 der Tabelle 8.7 dargestellt. Die maximalen Biegemomente sind auf die Mitte des Flansches bezogen. Die Momente am Anschnitt betragen:

$$M_I = T_{bet} \cdot u_T = 167 \cdot 10 = 1670 \text{ kNcm}$$

$$M_{II} = M - V \cdot \frac{t_f}{2} = 1968 - 309 \cdot \frac{1{,}8}{2} = 1690 \text{ kNcm}$$

$$M_{el,Rd} = \frac{1}{6} \cdot B \cdot t^2 \cdot \sigma_{Rd} = \frac{1}{6} \cdot 30 \cdot 5{,}0^2 \cdot 21{,}5 = 2688 \text{ kNcm}$$

$$\frac{M_{Ed}}{M_{el,Rd}} = \frac{1691}{2688} = 0{,}63 \leq 1{,}0$$

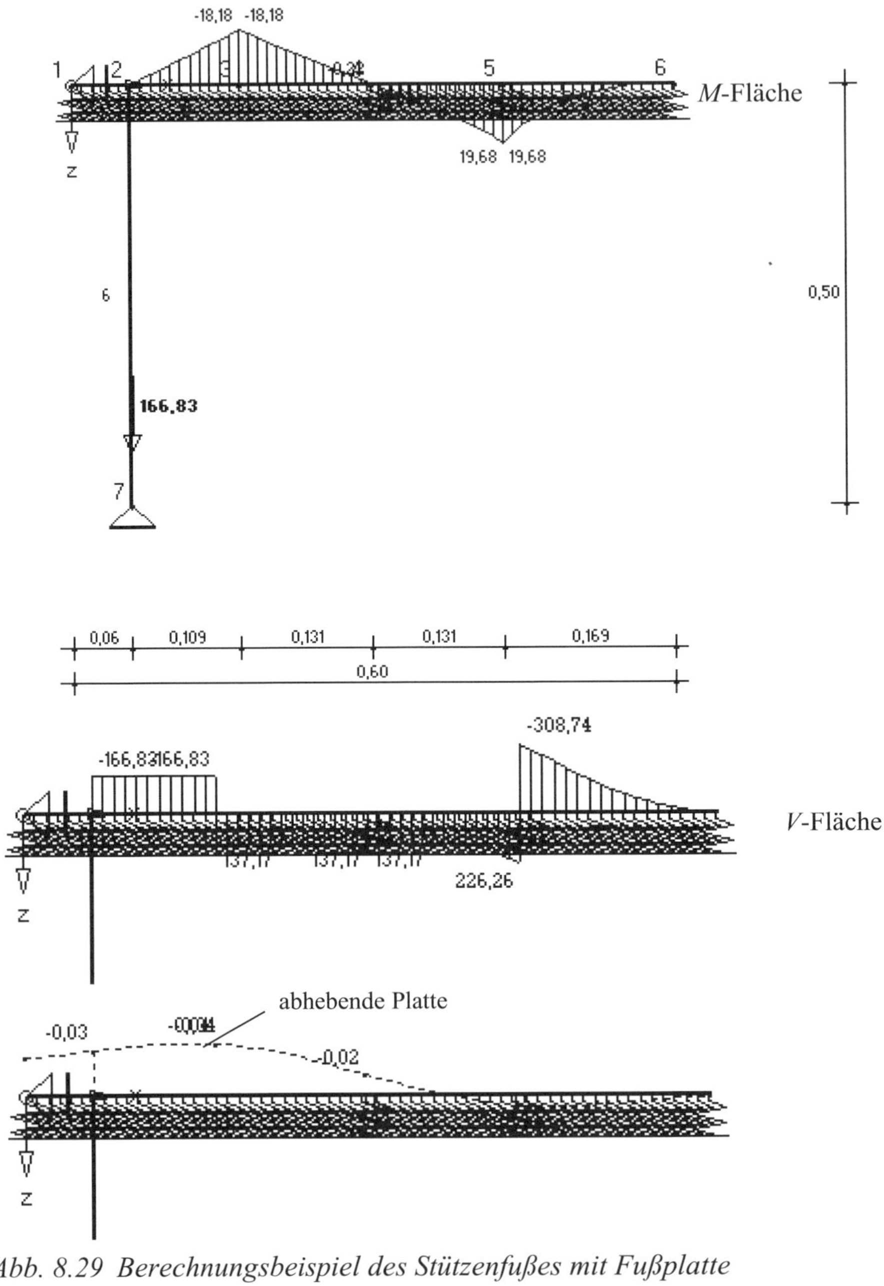

Abb. 8.29 Berechnungsbeispiel des Stützenfußes mit Fußplatte

Maßgebend für den Nachweis ist in diesem Fall das Moment M_{II}. Die maximale Durchbiegung im Druckbereich ist $w_{\mathrm{bet}} = 0{,}0091$ cm. Daraus folgt die maximale Pressung zu:

$$\sigma_{\mathrm{bet}} = k_3 \cdot w_{\mathrm{bet}} = 100 \cdot 0{,}0091 = 0{,}91 \text{ kN/cm}^2 \leq f_{\mathrm{jd}} = 2{,}0 \cdot 1{,}13 = 2{,}26 \text{ kN/cm}^2$$

Der Abstand der resultierenden Druckkraft ist eine wichtige Größe, um verschiedene Näherungsverfahren einordnen zu können. Er kann mit Hilfe der Gleichgewichtsbedingungen berechnet werden, wenn die Zugkraft T bekannt ist.

$$z_C = \frac{M - T_{bet} \cdot z_T}{N + T_{bet}} = \frac{11\,000 - 167 \cdot 24}{231 + 167} = 17{,}6 \text{ cm} \tag{8.48}$$

Das angegebene Beispiel ist typisch für das elastische Verhalten eines Fußriegels mit Fußplatte.

Es entsteht eine klaffende Fuge bis in die Nähe des gedrückten Flansches.

Die Pressung konzentriert sich wie bei der zentrisch gedrückten Stütze in der Nähe des gedrückten Flansches und nimmt zum Rand hin ab. Sie hat einen nahezu konstanten Verlauf im Bereich des Druckflansches.

Das maximale Biegemoment kann am Anschnitt I oder II auftreten.

In der Tabelle 8.7 sind für das Beispiel für Zuganker M20 bis M30 und unterschiedliche Plattendicken die Ergebnisse der Berechnung als elastisch gebetteter Stab angegeben.

Tabelle 8.7 Standardbeispiel des Stützenfußes mit Fußplatte

Nr.	Schraube 4.6	T_{Rd} kN	t mm	$M_{el,Rd}$ kNcm	T_{bet} kN	M_{bet} kNcm	σ_{bet} kN/cm²	z_C cm
1	2 M20	141	60	3870	150	2206	0,77	19,4
2	2 M20	141	80	6880	132	2799	0,78	21,6
3	2 M22	175	50	2688	162	1803	0,91	18,1
4	2 M22	175	60	3870	153	2109	0,78	19,1
5	2 M24	204	40	1880	171	1710	1,09	17,2
6	2 M24	204	50	2688	164	1748	0,91	17,9
7	2 M27	264	40	1880	172	1720	1,09	17,1
8	2 M27	264	50	2688	167	1690	0,91	17,6
9	2 M30	324	40	1880	173	1730	1,09	17,0
10	2 M30	324	50	2688	169	1690	0,91	17,4
11	2 M30	324	60	3870	163	1883	0,78	18,0

Der Einfluss des Bettungsmoduls k_3 auf die Ergebnisse der Berechnung als elastisch gebetteter Stab soll am Beispiel Nr.8 untersucht werden.

Tabelle 8.8 Einfluss des Bettungsmoduls k_3 für den Stützenfuß mit Fußplatte

Nr.	k_3 kN/cm²	T_{Rd} kN	t mm	$M_{el,Rd}$ kNcm	T_{bet} kN	M_{bet} kNcm	σ_{bet} kN/cm²	z_C cm
8.05	50	264	50	2688	166	1834	0,76	17,7
8.10	100	264	50	2688	167	1690	0,91	17,6
8.20	200	264	50	2688	167	1670	1,10	17,6

Die Untersuchung zeigt, dass unterschiedliche konstruktive Lösungen für die Plattendicke und die Größe des Zugankers möglich sind. Für 2 M20 ist eine Plattendicke von t = 80 mm, für 2 M22 ist eine Plattendicke von t = 60 mm erforderlich. Ab Zuganker 2 M24 ist eine Plattendicke von t = 40 mm ausreichend. Die Verformungen in der klaffenden Fuge werden vor allem durch die Größe der Zuganker bestimmt. Aus diesem Grund sind konstruktive Lösungen mit dickeren Zugankern zu empfehlen.
Die Untersuchung zeigt weiterhin, dass eine Berechnung mit dem Bettungsmodul, wenn iterativ der Gleichgewichtszustand für die Druckbettung ermittelt wird, gute Ergebnisse liefert, auch wenn der Bettungsmodul in gewissen Grenzen abgeschätzt wird.

Die **Näherungsverfahren** basieren auf zwei Annahmen.
a) Annahme der Pressungsfläche
b) Der Abstand z_C wird geschätzt bzw. mit Hilfe von a) berechnet.
Für die Druckkraft C wird, wie aus der Untersuchung des elastisch gebetteten Stabes folgt, eine konstante Pressung angenommen. Ist der Abstand z_C bekannt, folgt aus den Gleichgewichtsbedingungen:

$$T = \frac{M - N \cdot z_C}{z_T + z_C} \tag{8.49}$$

$$C = N + T \tag{8.50}$$

Mit der Zugkraft T und der Druckkraft C werden die Biegemomente an den Anschnitten der Platte ermittelt.

Methode A

$\gamma_{M0} = 1{,}00$, $f_{jd} = \frac{2}{3} \cdot f_{cd}$

In (1-8, Bild 6.18) wird angenommen, dass die Druckkraft C wie bei der zentrisch belasteten Stütze am Druckflansch angreift. Möglicherweise auftretende Abstützkräfte am T-Stummel des Zugflansches brauchen bei der Berechnung der Dicke der Fußplatte nicht berücksichtigt zu werden (1-8, 6.2.6.11 (2)).

$$z_C = \frac{h_f}{2} \tag{8.51}$$

Für das Beispiel erhält man:

$$z_C = \frac{h_f}{2} = \frac{26{,}2}{2} = 13{,}1 \text{ cm}$$

$$T = \frac{M - N \cdot z_C}{z_T + z_C} = \frac{11\,000 - 231 \cdot 13{,}1}{24 + 13{,}1} = 215 \text{ kN}$$

$$C = N + T = 231 + 215 = 446 \text{ kN}$$

gewählt: 2 M 27-4.6

$$T = 215 \text{ kN} \le T_{Rd} = 2 \cdot F_{t,Rd} = 2 \cdot 132 = 264 \text{ kN}$$

$$M_{\mathrm{I}} = T \cdot u_{\mathrm{T}} = 215 \cdot 10 = 2150 \text{ kNcm}$$
$$V_{\mathrm{I}} = T = 215 \text{ kN}$$

Berechnung mit dem elastischen T-Stummel:

$$\text{erf}\, t = \sqrt{\frac{6 \cdot M_{\mathrm{Ed}}}{B \cdot \sigma_{\mathrm{Rd}}}} = \sqrt{\frac{6 \cdot 2150}{30 \cdot 21{,}5}} = 4{,}47 \text{ cm}$$

Gewählt: $t = 50$ mm

Die Druckkraft wird mit dem elastischen T-Stummel nachgewiesen.

$$x = \sqrt{\frac{\sigma_{\mathrm{R,d}}}{3 \cdot f_{\mathrm{jd}}}} = \sqrt{\frac{21{,}5}{3 \cdot 0{,}753}} = 3{,}09$$
$$\text{erf}\, c = x \cdot t = 3{,}09 \cdot 5{,}0 = 15{,}5 \text{ cm}$$
$$A' = (2 \cdot c + t) \cdot B = (2 \cdot 15{,}5 + 1{,}8) \cdot 30 = 984 \text{ cm}^2$$
$$N_{\mathrm{R,d}} = A' \cdot f_{\mathrm{cd}} = 984 \cdot 0{,}753 = 741 \text{ kN}$$
$$\frac{N_{\mathrm{d}}}{N_{\mathrm{R,d}}} = \frac{446}{741} = 0{,}60 \leq 1$$

Falls dieser Nachweis nicht eingehalten ist, werden eine größere Plattendicke oder andere Abmessungen gewählt.

Methode B

$\gamma_{\mathrm{M0}} = 1{,}00$, $f_{\mathrm{jd}} = \frac{2}{3} \cdot f_{\mathrm{cd}}$

Ausgehend vom Rand wird die Länge a der Betondruckzone so festgelegt, dass gerade die Grenzspannung f_{cd} erreicht ist [29]. Die Länge a kann aus den Gleichgewichtsbedingungen ermittelt werden.

$$e = 0{,}5 \cdot l + z_{\mathrm{T}} \qquad a = e - \sqrt{e^2 - \frac{2 \cdot (M + N \cdot z_{\mathrm{T}})}{f_{\mathrm{jd}} \cdot B}} \tag{8.52}$$

$$z_{\mathrm{C}} = 0{,}5 \cdot (l - a) \qquad C = a \cdot B \cdot f_{\mathrm{jd}} \qquad T = C - N \tag{8.53}$$

Für das Beispiel erhält man:

$$e = 0{,}5 \cdot l + z_{\mathrm{T}} = 0{,}5 \cdot 60 + 24 = 54 \text{ cm}$$
$$a = e - \sqrt{e^2 - \frac{2 \cdot (M + N \cdot z_{\mathrm{T}})}{f_{\mathrm{jd}} \cdot B}} = 54 - \sqrt{54^2 - \frac{2 \cdot (11000 + 231 \cdot 24)}{0{,}753 \cdot 30}} = 15{,}9 \text{ cm}$$
$$z_{\mathrm{C}} = 0{,}5 \cdot (60 - 15{,}9) = 22{,}1 \text{ cm}$$
$$C = a \cdot B \cdot f_{\mathrm{jd}} = 15{,}9 \cdot 30 \cdot 0{,}753 = 359 \text{ kN}$$

$$T = C - N = 359 - 231 = 128 \text{ kN}$$

gewählt: 2 M 20-4.6

$$T = 128 \text{ kN} \le T_{\text{Rd}} = 2 \cdot F_{\text{t,Rd}} = 2 \cdot 70{,}6 = 141 \text{ kN}$$

$$M_{\text{I}} = T \cdot u_{\text{T}} = 128 \cdot 10 = 1280 \text{ kNcm}$$

$$a = 15{,}9 \text{ cm} \le u_{\text{C}} = 16 \text{ cm}$$

$$M_{\text{II}} = C \cdot \left(u_{\text{C}} - \frac{a}{2} \right) = 338 \cdot \left(16 - \frac{15{,}9}{2} \right) = 2721 \text{ kNcm}$$

$$\text{erf } t = \sqrt{\frac{6 \cdot M_{\text{Ed}}}{B \cdot \sigma_{\text{R,d}}}} = \sqrt{\frac{6 \cdot 2721}{30 \cdot 21{,}5}} = 5{,}03 \text{ cm}$$

Gewählt: $t = 50$ mm

Für $a > u_{\text{C}}$ gilt: $M_{\text{II}} = f_{\text{jd}} \cdot \frac{u_{\text{C}}^2}{2}$

Die Methode A liefert eine gute Übereinstimmung mit der genaueren Berechnung des elastisch gebetteten Stabes und ist nach Meinung des Verfassers für die Berechnung von **Fußplatten** zu empfehlen. Bei Methode B werden zu geringe Ankerzugkräfte berechnet.

Fußriegel als Fußträger

Bei vollflächiger Lagerung des Fußträgers besteht das gleiche Problem für den Angriffspunkt der Druckkraft wie bei der Fußplatte. Der große Unterschied besteht darin, dass der Fußträger gegenüber der Fußplatte wesentlich steifer ist. Die folgende Berechnung zeigt, dass der Fußträger nahezu als starr gegenüber der elastischen Bettung angenommen werden kann. In Abb. 8.30 ist das statische System, die Belastung, die *M*-Fläche, die *V*-Fläche und die *w*-Fläche für 2 M20 und einen Fußriegel aus HEB 280 dargestellt. Die maximalen Biegemomente sind auf die Mitte des Flansches bezogen. Die Momente am Anschnitt betragen:

$$M_{\text{I}} = Z_{\text{bet}} \cdot u_{\text{T}} = 108 \cdot 10 = 1080 \text{ kNcm}$$

$$M_{\text{II}} = M - V \cdot \frac{t_{\text{f}}}{2} = 3971 - 339 \cdot \frac{1{,}8}{2} = 3666 \text{ kNcm}$$

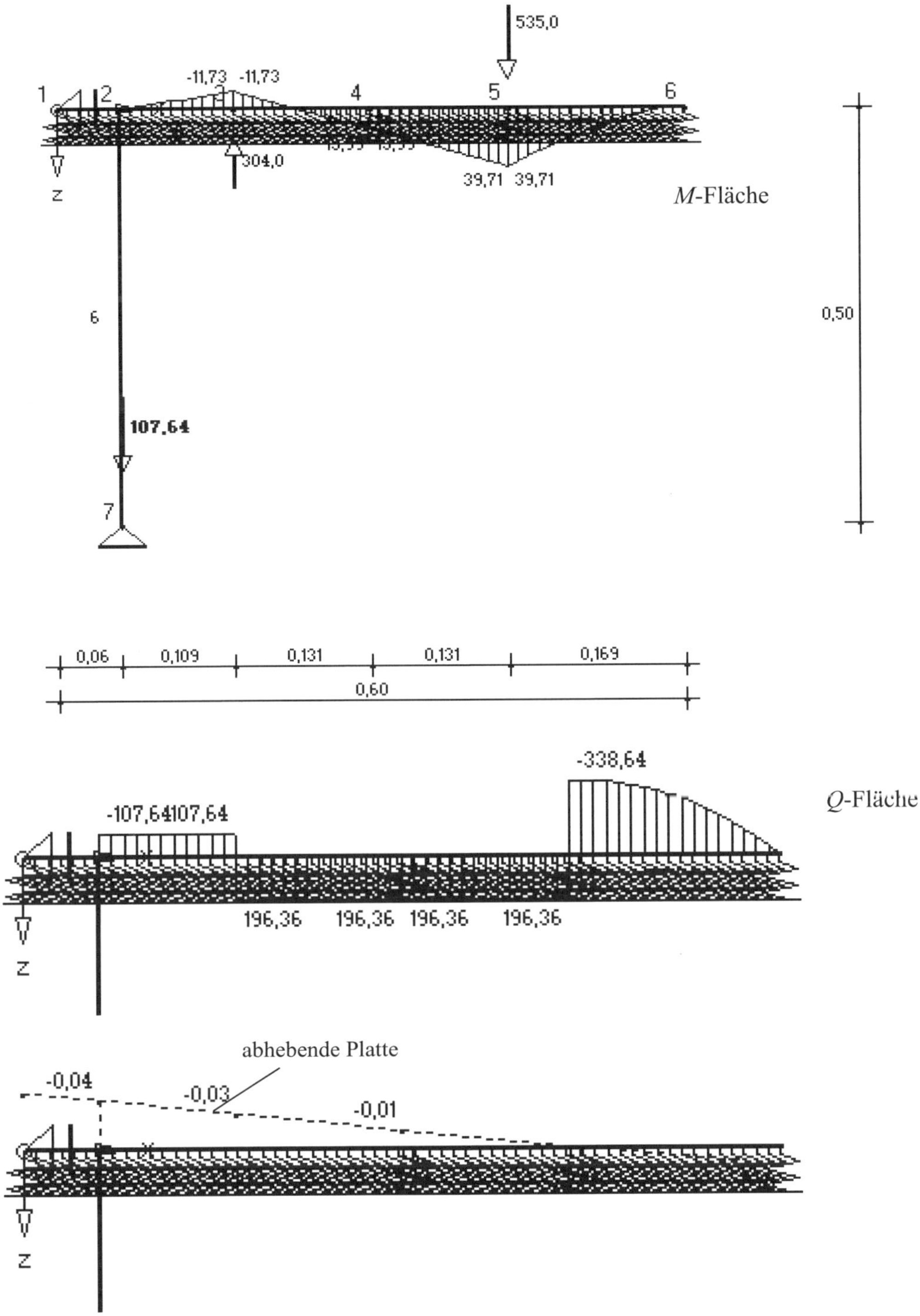

Abb. 8.30 Berechnungsbeispiel des Stützenfußes mit Fußträger

Ein Vergleich mit den **Näherungsverfahren** ergibt das folgende Ergebnis:
Die Methode B liefert eine gute Übereinstimmung mit der genaueren Berechnung des elastisch gebetteten Stabes und ist nach Meinung des Verfassers für die Berechnung von **Fußträgern** zu empfehlen. Bei Methode A werden zu geringe Biegemomente berechnet.

8.6.3 Köcherfundament

Im Stahlhochbau wird die eingespannte Stütze mit Köcher- oder Blockfundament häufig angewendet. Die Stütze wird in die Aussparung eingesetzt und nach dem Ausrichten einbetoniert. Für den Nachweis eingespannter Stützen sind in der Literatur verschiedene, zum Teil sehr unterschiedliche Nachweisverfahren angegeben [2], [9], [30], [31], [32] und [33]. Hier soll der Bemessungsvorschlag nach [2] ausführlicher behandelt werden, da dieser Vorschlag das elastische Verhalten der eingespannten Stütze wirklichkeitsnah erfasst.
Auch bei der eingespannten Stütze handelt es sich um einen im Fundament elastisch gebetteten Stab. In [2] ist der elastisch gebettete Stab ausführlich diskutiert. Das wichtigste Ergebnis ist, dass sich die Beanspruchungen der Stütze und des Fundamentes nicht mehr ändern, wenn die Einspanntiefe f über das 2,5 bis 3fache der Profilhöhe h hinausgeht. Die Verformungen aus der Querkraft der Stahlstütze wurden aber bei der Berechnung des elastisch gebetteten Stabes nicht berücksichtigt.

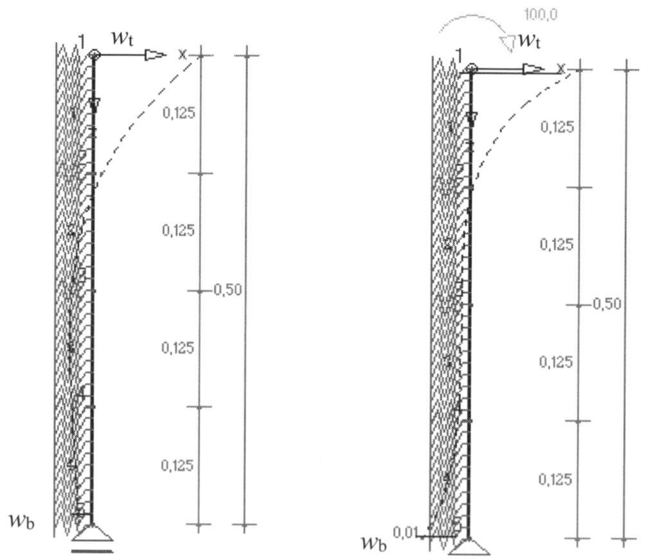

ohne Querkraftverformung mit Querkraftverformung

Abb. 8.31 Verlauf der Verschiebungen am Beispiel des HEB 200 für f/h = 2,5

Bei kurzen Trägern und großen Querkräften sind die Schubverformungen im Verhältnis zu den Biegeverformungen oft sehr groß. Die Stütze mit einer Einspanntiefe von 1,5- bis 3-facher Höhe des Profils stellt einen solchen Bereich dar. Insbesondere beeinflussen die Querkraftverformungen den Verlauf der Pressungen und der Querkraft über die Einspanntiefe des Profils. Denn es gilt:

$$p = k_2 \cdot w$$

Dies soll am Beispiel des HEB 200 mit $k_2 = 4000$ kN/cm² für ein Moment von 100 kNm gezeigt werden. In Tabelle 8.9 sind die obere und untere Verschiebung sowie die maximale Querkraft für verschiedene Einspanntiefen f angegeben, siehe auch Abb. 8.31.

Tabelle 8.9 Einfluss der Schubverformung am Beispiel des HEB 200

$\frac{f}{h}$	ohne Querkraftverformung $k_2 = 4000$ kN/cm²			mit Querkraftverformung $k_2 = 4000$ kN/cm²		
	w_t	w_b	max V	w_t	w_b	max V
	mm	mm	kN	mm	mm	kN
1,5	0,2044	-0,1446	498	0,2418	-0,1939	468
2,0	0,1561	-0,0593	386	0,1818	-0,1105	345
2,5	0,1455	-0,0173	359	0,1596	-0,0680	290
3,0	0,1444	0,0020	344	0,1507	-0,0432	265

Der Vergleich in Tabelle 8.9 zeigt, dass die Pressungen am oberen Rand zunehmen, dagegen die maximale Querkraft abnimmt, wenn die Verformungen aus Querkraft berücksichtigt werden. Letzteres ist besonders wichtig, da die maximale Querkraft entscheidend die erforderliche Einspanntiefe bestimmt. Bei $f/h = 3{,}0$ ist die maximale Querkraft um 30 % kleiner, wenn die Querkraftverformungen berücksichtigt werden. Weiterhin ist ersichtlich, dass auch am unteren Ende der Stütze größere Pressungen auftreten.

Die Näherungsverfahren basieren auf zwei Annahmen:

a) Annahme der Pressungsflächen

b) Festlegung des inneren Hebelarmes z

Eine gute Näherung ist es, für den oberen und unteren Pressungsverlauf nach Abb. 8.32 eine dreiecksförmige Verteilung mit unterschiedlicher Neigung anzunehmen. Der innere Hebelarm z ist dann $2/3f$. Diese Annahme gilt bis zu einer Einspanntiefe von 3,0 h.

Das Nachweisverfahren in [2] basiert ebenfalls auf diesem Hebelarm. Für die obere und untere Pressung wird eine dreiecksförmige Verteilung mit konstanter Neigung angenommen, s. Abb. 8.32. Es entspricht der im Stahlbetonbau üblichen Bemessung für Köcherfundamente mit glatter Schalung. Auf eine Mitwirkung des unbewehrten Kammerbetons für die Übertragung der Querkraft wird hier dagegen verzichtet.

Über die Mindesteinspanntiefen liegen in der Literatur unterschiedliche Angaben vor. In [32] wird eine Mindesteinspanntiefe von 1,5 h empfohlen.

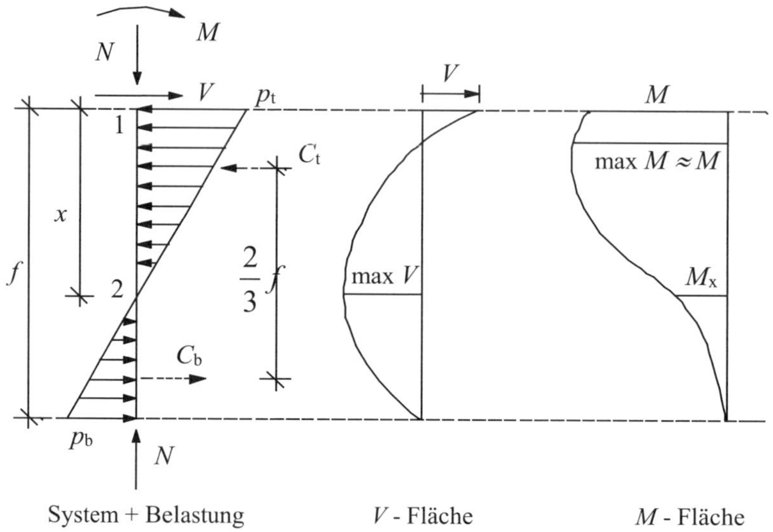

Abb. 8.32 Nachweisverfahren der eingespannten Stütze

Die Spannungsnulllinie nach Abb. 8.32 liegt bei:

$$x = \frac{M + \frac{2}{3} \cdot V \cdot f}{M + \frac{1}{2} \cdot V \cdot f} \cdot \frac{f}{2} \tag{8.54}$$

$$C_b = \frac{3}{2} \cdot \frac{M}{f} + \frac{1}{4} \cdot V = \max V \tag{8.55}$$

$$C_t = \frac{3}{2} \cdot \frac{M}{f} + \frac{5}{4} \cdot V = C_b + V \tag{8.56}$$

Das zugehörige Moment M_x zur maximalen Querkraft ist:

$$M_x = C_b \cdot \frac{2}{3} \cdot (f - x) \tag{8.57}$$

$$p_t = \frac{2 \cdot C_t}{x} \tag{8.58}$$

Die Pressung p_t verteilt sich nach [2] aufgrund der Dehnsteifigkeiten des Kammerbetons und des Druckkörpers zu circa 1/3 auf den hinteren und zu 2/3 auf den vorderen Flansch der Stütze. Sie erzeugt im Steg mit der Stegdicke t_w am hinteren Flansch Zugspannungen und am vorderen Flansch Druckspannungen in

z-Richtung. Diese sind bei dem Nachweis der Vergleichsspannung zu berücksichtigen.
Die maximale Betonspannung und die Stegspannungen betragen damit:

$$\sigma_t = \frac{2}{3} \cdot \frac{p_t}{b} \leq f_{cd} \tag{8.59}$$

$$\sigma_{z,T} = +\frac{1}{3} \cdot \frac{p_t}{t_w} \leq \sigma_{Rd} \qquad \sigma_{z,C} = -\frac{2}{3} \cdot \frac{p_t}{t_w} \leq \sigma_{Rd} \tag{8.60}$$

Für die **Vorbemessung** kann die Einspanntiefe mit der Annahme $V = 0$ folgendermaßen gerechnet werden:

$$\text{erf} f = 1{,}50 \cdot \frac{M_{Ed}}{A_v \cdot \tau_{Rd}} \qquad \text{erf} f = \sqrt{\frac{4 \cdot M_{Ed}}{t_w \cdot \sigma_{Rd}}} \quad \text{erf} f = \sqrt{\frac{4 \cdot M_{Ed}}{b \cdot f_{jd}}} \tag{8.61}$$

$$1{,}5 \cdot h \leq f \leq 3{,}0 \cdot h$$

Dieser Wert sollte um 5–10 % erhöht werden, um die vorhandene Querkraft abzudecken.

Erläuterungsbeispiel
Annahme: $f_{jd} = f_{cd}$
Profil: HEB 280
Einwirkungen: $N_{Ed} = 231$ kN ; $M_{Ed} = +\,110$ kNm ; $V_{Ed} = 21{,}5$ kN

$$\text{erf} f = \sqrt{\frac{4 \cdot M_{Ed}}{t_w \cdot \sigma_{Rd}}} = \sqrt{\frac{4 \cdot 11\,000}{1{,}05 \cdot 23{,}5}} = 42{,}2 \text{ cm}$$

$$\text{erf} f = \sqrt{\frac{4 \cdot M_{Ed}}{b \cdot f_{jd}}} = \sqrt{\frac{4 \cdot 11\,000}{28{,}0 \cdot 1{,}13}} = 37{,}3 \text{ cm}$$

gewählt: $f = 45{,}0$ cm

$$1{,}5 \cdot h = 42 \text{ cm} \leq f = 45 \text{ cm} \leq 3{,}0 \cdot h = 84 \text{ cm}$$

$$x = \frac{M_{Ed} + \frac{2}{3} \cdot V_{Ed} \cdot f}{M_{Ed} + \frac{1}{2} \cdot V_{Ed} \cdot f} \cdot \frac{f}{2} = \frac{11\,000 + \frac{2}{3} \cdot 21{,}5 \cdot 45}{11\,000 + \frac{1}{2} \cdot 21{,}5 \cdot 45} \cdot \frac{45}{2} = 22{,}8 \text{ cm}$$

$$\max V = C_b = \frac{3}{2} \cdot \frac{M_{Ed}}{f} + \frac{1}{4} \cdot V_{Ed} = \frac{3}{2} \cdot \frac{11\,000}{45} + \frac{1}{4} \cdot 21{,}5 = 372 \text{ kN}$$

$$M_x = C_b \cdot \frac{2}{3} \cdot (f - x) = 372 \cdot \frac{2}{3} \cdot (45{,}0 - 22{,}8) = 5506 \text{ kNcm}$$

$$C_t = C_b + V_{Ed} = 372 + 21{,}5 = 393{,}5 \text{ kN}$$

$$p_t = \frac{2 \cdot C_t}{x} = \frac{2 \cdot 393{,}5}{22{,}8} = 34{,}5 \text{ kN/m}$$

$$\sigma_{c,t} = \frac{2}{3} \cdot \frac{p_t}{b} = \frac{2}{3} \cdot \frac{34{,}5}{28{,}0} = 0{,}821 \text{ kN/cm}^2 \leq f_{cd} = 1{,}13 \text{ kN/cm}^2$$

$$\sigma_{z,T} = +\frac{1}{3} \cdot \frac{p_t}{t_w} = +\frac{1}{3} \cdot \frac{34{,}5}{1{,}05} = +11{,}0 \text{ kN/cm}^2$$

$$\sigma_{z,C} = -\frac{2}{3} \cdot \frac{p_t}{t_w} = -\frac{2}{3} \cdot \frac{34{,}5}{1{,}05} = -21{,}9 \text{ kN/cm}^2 \approx \sigma_{Rd} = 23{,}5 \text{ kN/cm}^2$$

Die Schnittgrößen werden mit Vorzeichen bei dem Nachweisverfahren Elastisch-Elastisch berücksichtigt.

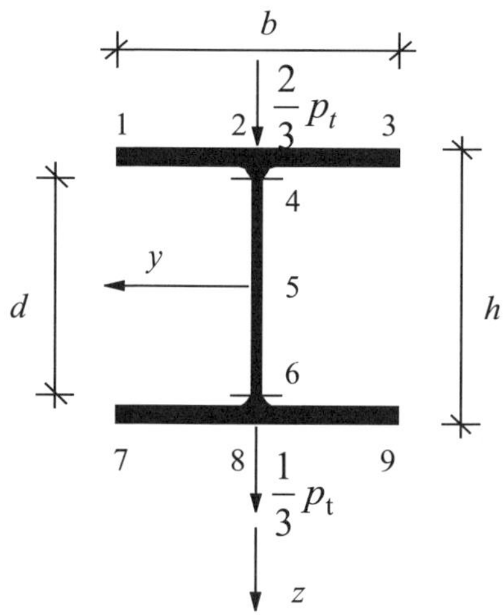

Abb. 8.33 Querschnittspunkte der eingespannten Stütze

Punkt 1 des statischen Systems

Beanspruchungen: $N_{Ed} = -231$ kN; $M_{y,Ed} = +\ 110$ kNm; $V_{z,Ed} = +21{,}5$ kN

Querschnittspunkt 2:

$$\sigma_{x,2} = \frac{N}{A} + \frac{M_{y,Ed}}{I_y} \cdot z_2 = \frac{-231}{131} + \frac{11\,000}{19\,270} \cdot (-14{,}0) = -9{,}76 \text{ kN/cm}^2 \leq \sigma_{Rd} = 23{,}5 \text{ kN/cm}$$

Querschnittspunkt 4:

$$\sigma_{x,4} = \frac{N}{A} + \frac{M_{y,Ed}}{I_y} \cdot z_4 = \frac{-231}{131} + \frac{11\,000}{19\,270} \cdot (-9{,}8) = -7{,}36 \text{ kN/cm}^2$$

$$\sigma_{z,C} = -21{,}9 \text{ kN/cm}^2$$

$$\tau_4 = \frac{V_{z,Ed}}{A_w} = \frac{21,5}{25,6} = 0,84 \text{ kN/cm}^2$$

$$\sigma_V = \sqrt{\sigma_x^2 + \sigma_z^2 - \sigma_x \cdot \sigma_z + 3 \cdot \tau^2}$$

$$\sigma_V = \sqrt{7,36^2 + 21,9^2 - 7,36 \cdot 21,9 + 3 \cdot 0,84^2} = 19,4 \text{ kN/cm}^2 \leq \sigma_{Rd} = 23,5 \text{ kN/cm}^2$$

Querschnittspunkt 6:

$$\sigma_{x,6} = \frac{N}{A} + \frac{M_y}{I_y} \cdot z = \frac{-231}{131} + \frac{11\,000}{19\,270} \cdot 9,8 = +3,83 \text{ kN/cm}^2$$

$$\sigma_{z,T} = +11,0 \text{ kN/cm}^2$$

$$\tau_4 = \frac{V_z}{A_z} = \frac{21,5}{41,2} = 0,52 \text{ kN/cm}^2 \leq \tau_{R,d} = 12,6 \text{ kN/cm}^2$$

$$\sigma_V = \sqrt{\sigma_x^2 + \sigma_z^2 - \sigma_x \cdot \sigma_z + 3 \cdot \tau^2}$$

$$\sigma_V = \sqrt{3,83^2 + 11,0^2 - 3,83 \cdot 11,0 + 3 \cdot 0,52^2} = 9,71 \text{ kN/cm}^2 \leq \sigma_{Rd} = 23,5 \text{ kN/cm}^2$$

Der Systempunkt des maximalen Momentes ist nicht maßgebend, da die Querkraft gleich null ist und die Pressung kleiner ist.

Punkt 2 des statischen Systems

Beanspruchungen: $N_{Ed} = -231$ kN; $M_{y,Ed} = +\ 55,1$ kNm; $V_{z,Ed} = -372$ kN

Es wird der Schubfläche A_v nur die Querkraft und den Flanschflächen das Biegemoment und die Normalkraft zugeordnet.

$$\tau = \frac{V_z}{A_v} = \frac{372}{41,1} = 9,05 \text{ kN/cm}^2 \leq \tau_{R,d} = 13,6 \text{ kN/cm}^2$$

$$\sigma = \frac{N}{A - A_v} + \frac{M_y}{W_{pl,f}} = \frac{-231}{131 - 41,1} - \frac{5510}{1187} = -7,21 \text{ kN/cm}^2 \leq \sigma_{Rd} = 23,5 \text{ kN/cm}^2$$

Querschnittspunkt 6 ist hier nicht maßgebend.

8.7 Beispiele

Beispiel 8.7.1: Fußplatte eines H-Profils

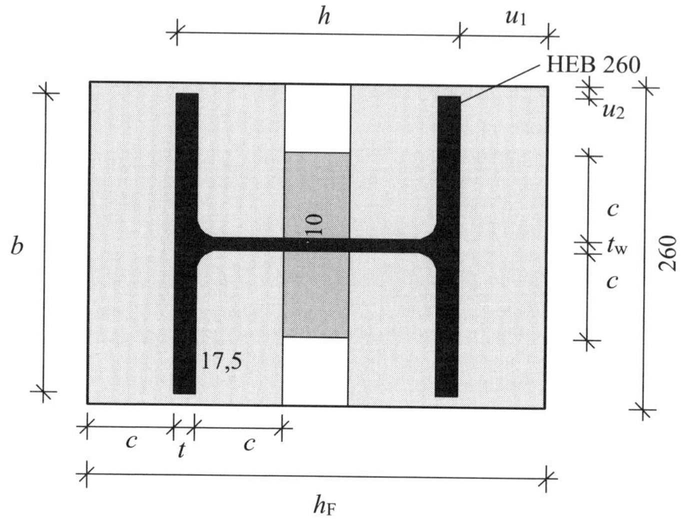

Stahlgüte der Fußplatte: S 235
Betonfestigkeitsklasse: C20/25
Nachweisverfahren: Elastisch-Elastisch
Beanspruchung des Profils: Zentrische Normalkraft
Auflagerkraft $N_{\mathrm{Ed}} = 950$ kN
Profil: HEB 260
Grenzspannung des Bauteils: $\sigma_{\mathrm{Rd}} = 23{,}5\ \mathrm{kN/cm^2}$

Iterative Methode für den T-Stummel nach EC 3

Grenzpressung des Betons: 1. Annahme $f_{\mathrm{jd}} = \dfrac{2}{3} \cdot f_{\mathrm{cd}} = 0{,}753\ \mathrm{kN/cm^2}$

Die gewählten Abmessungen sind: Bl. 420×280×25

1. $t = 25\ \mathrm{mm} = 2{,}5\ \mathrm{cm}$
2. $x = \sqrt{\dfrac{\sigma_{\mathrm{Rd}}}{3 \cdot f_{\mathrm{jd}}}} = \sqrt{\dfrac{23{,}5}{3 \cdot 0{,}753}} = 3{,}23$
3. $\mathrm{erf}\, c = x \cdot t = 3{,}23 \cdot t = 3{,}23 \cdot 2{,}5 = 8{,}08\ \mathrm{cm}$

   $u_1 = 8{,}00\ \mathrm{cm} \le c = 8{,}08\ \mathrm{cm}$

   $u_2 = 1{,}00\ \mathrm{cm} \le c = 8{,}08\ \mathrm{cm}$
4. $A' = 2 \cdot (c + u_1 + t_{\mathrm{f}}) \cdot b_{\mathrm{F}} + (h - 2 \cdot t_{\mathrm{f}} - 2 \cdot c) \cdot (2 \cdot c + t_{\mathrm{w}})$

   $A' = 2 \cdot (8{,}08 + 8{,}00 + 1{,}75) \cdot 28{,}0 + (26{,}0 - 2 \cdot 1{,}75 - 2 \cdot 8{,}08) \cdot (2 \cdot 8{,}08 + 1{,}0) = 1107\ \mathrm{cm^2}$
5. $N_{\mathrm{Rd}} = A' \cdot f_{\mathrm{jd}} = 1107 \cdot 0{,}753 = 834\ \mathrm{kN}$

6. $\frac{N_{\text{Ed}}}{N_{\text{Rd}}} = \frac{950}{834} = 1{,}14 \leq 1$

Für diese Abmessungen der Fußplatte ist eine Dicke von $t = 30$ mm erforderlich. Es ist deshalb sinnvoll, einen großen Überstand in beiden Richtungen zu wählen.

Zum Beispiel mit den Abmessungen: Bl. 420×340×25

5. $N_{\text{Rd}} = A' \cdot f_{\text{jd}} = 1321 \cdot 0{,}753 = 995$ kN

6. $\frac{N_{\text{Ed}}}{N_{\text{Rd}}} = \frac{950}{995} = 0{,}95 \leq 1$

Beispiel 8.7.2: Bündige Platte

Als bündige Platte soll hier auch eine Platte verstanden werden, die geringe Überstände von 1–2 cm in einer oder beiden Richtungen hat. In diesem Beispiel werden zwei Nachweisverfahren für eine bündige Platte behandelt und miteinander verglichen.

1. Elastischer T-Stummel
2. Plattentheorie

Stahlgüte der Fußplatte: S 235
Betonfestigkeitsklasse: C20/25
Nachweisverfahren: Elastisch-Elastisch
Beanspruchung des Profils: Zentrische Normalkraft
Auflagerkraft $N_{\text{Ed}} = 400$ kN
Profil: HEB 260
Grenzspannung des Bauteils: $\sigma_{\text{Rd}} = 23{,}5$ kN/cm²
Grenzpressung des Betons: Annahme $f_{\text{jd}} = \frac{2}{3} \cdot f_{\text{cd}} = 0{,}753$ kN/cm²

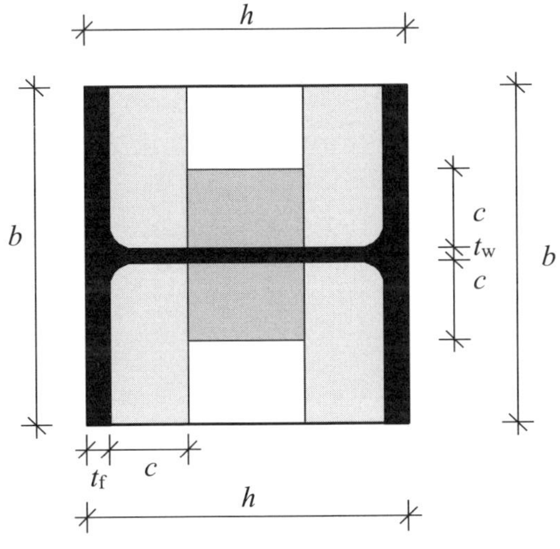

1. Iterative Methode für den T-Stummel nach EC 3

Nach dem EC 3 darf der T-Stummel auch nur an einer Seite angesetzt werden, was auch die Untersuchung der beidseitig gelagerten Platte bestätigt.

1. $t = 20 \text{ mm} = 2{,}0 \text{ cm}$

2. $x = \sqrt{\dfrac{\sigma_{\text{Rd}}}{3 \cdot f_{\text{jd}}}} = \sqrt{\dfrac{23{,}5}{3 \cdot 0{,}753}} = 3{,}23$

3. $\text{erf } c = x \cdot t = 3{,}23 \cdot t = 3{,}23 \cdot 2{,}0 = 6{,}46 \text{ cm}$

4. $A' = 2 \cdot (c + t_{\text{f}}) \cdot b + (h - 2 \cdot t_{\text{f}} - 2 \cdot c) \cdot (2 \cdot c + t_{\text{w}})$

   $A' = 2 \cdot (6{,}46 + 1{,}75) \cdot 26{,}0 + (26{,}0 - 2 \cdot 1{,}75 - 2 \cdot 6{,}46) \cdot (2 \cdot 6{,}46 + 1{,}0) = 560 \text{ cm}^2$

5. $N_{\text{Rd}} = A' \cdot f_{\text{jd}} = 560 \cdot 0{,}753 = 422 \text{ kN}$

6. $\dfrac{N_{\text{Ed}}}{N_{\text{Rd}}} = \dfrac{400}{422} = 0{,}95 \leq 1$

2. Plattentheorie

$$\text{erf } A = \frac{N_{\text{Ed}}}{f_{\text{cd}}} = \frac{400}{0{,}753} = 531 \text{ cm}^2$$

gewählt: Bl. 280×280×?

$$\text{erf } t = k \cdot \sqrt{N_{\text{Ed}}} = 1{,}37 \cdot \sqrt{400} = 27{,}4 \text{ mm}$$

t in mm $\qquad N_{\text{Ed}}$ in kN

gewählt: $t = 30$ mm

Beispiel 8.7.3: Fast bündige Platte

Eine fast bündige Platte ist hier eine Platte mit kleinen Überständen in einer oder beiden Richtungen der Platte. In diesem Beispiel werden zwei Nachweisverfahren für eine fast bündige Platte behandelt und miteinander verglichen.

1. Elastischer T-Stummel
2. Plattentheorie

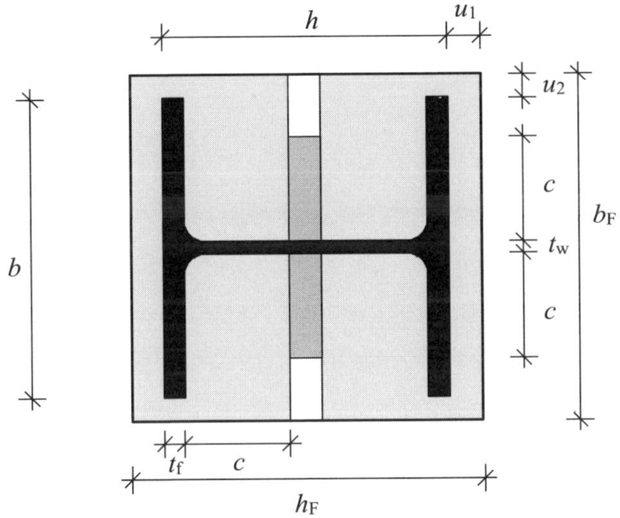

Stahlgüte der Fußplatte: S 235
Betonfestigkeitsklasse: C20/25
Nachweisverfahren: Elastisch-Elastisch
Beanspruchung des Profils: Zentrische Normalkraft
Auflagerkraft $N_{\text{Ed}} = 700$ kN
Profil: HEB 260
Grenzspannung des Bauteils: $\sigma_{\text{Rd}} = 23{,}5\ \text{kN/cm}^2$

Grenzpressung des Betons: Annahme $f_{\text{jd}} = \frac{2}{3} \cdot f_{\text{cd}} = 0{,}753\ \text{kN/cm}^2$

1. Iterative Methode für den T-Stummel nach EC 3

Abmessungen der Platte: Bl. 320×320×30

Nach dem EC 3 darf der T-Stummel auch angesetzt werden, wenn der Überstand kleiner als c ist, was auch die Untersuchung der beidseitig gelagerten Platte bestätigt. Auch der Überstand in Richtung des Flansches darf bis zu einer Kraglänge von c berücksichtigt werden, da diese Platte in zwei Richtungen beansprucht wird.

1. $t = 30\ \text{mm} = 3{,}0\ \text{cm}$

2. $x = \sqrt{\frac{\sigma_{\text{Rd}}}{3 \cdot f_{\text{jd}}}} = \sqrt{\frac{23{,}5}{3 \cdot 0{,}753}} = 3{,}23$

3. $\text{erf}\, c = x \cdot t = 3{,}23 \cdot t = 3{,}23 \cdot 3{,}0 = 9{,}69\ \text{cm}$

   $u_1 = 3{,}0\ \text{cm} \leq c = 9{,}69\ \text{cm}$

   $u_2 = 3{,}0\ \text{cm} \leq c = 9{,}69\ \text{cm}$

4. $A' = 2 \cdot (c + u_1 + t_f) \cdot b_F + (h - 2 \cdot t_f - 2 \cdot c) \cdot (2 \cdot c + t_w)$

$A' = 2 \cdot (9{,}69 + 3{,}00 + 1{,}75) \cdot 32{,}0 + (26{,}0 - 2 \cdot 1{,}75 - 2 \cdot 9{,}69) \cdot (2 \cdot 9{,}69 + 1{,}0) = 988 \text{ cm}^2$

5. $N_{Rd} = A' \cdot f_{jd} = 988 \cdot 0{,}753 = 745 \text{ kN}$

6. $\dfrac{N_{Ed}}{N_{Rd}} = \dfrac{700}{745} = 0{,}94 \leq 1$

2. Plattentheorie

$$\text{erf}\, A = \frac{N_{Ed}}{f_{cd}} = \frac{745}{0{,}753} = 989 \text{ cm}^2$$

gewählt: Bl. 320×320×?

$$\text{erf}\, t = k \cdot \sqrt{N_{Ed} \cdot \frac{h}{H}} = 1{,}37 \cdot \sqrt{700 \cdot \frac{26}{32}} = 32{,}7 \text{ mm}$$ Tabelle 8.5

t in mm $\quad$ N_d in kN

gewählt: $t =$ 40 mm

Die Berechnung ist einfach und liegt auf der sicheren Seite.

Beispiel 8.7.4: Fußplatte mit großem Überstand

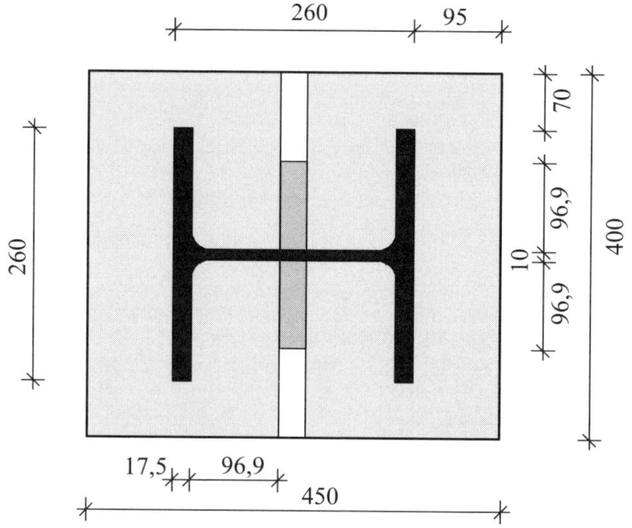

Stahlgüte der Fußplatte: S 235

Betonfestigkeitsklasse: C20/25

Nachweisverfahren: Elastisch-Elastisch

Beanspruchung des Profils: Zentrische Normalkraft

Auflagerkraft $N_{Ed} = 650$ kN

Profil: HEB 260

Grenzspannung des Bauteils: $\sigma_{Rd} = 23{,}5 \text{ kN/cm}^2$

Grenzpressung des Betons: Annahme $f_{\text{jd}} = \frac{2}{3} \cdot f_{\text{cd}} = 0,753 \text{ kN/cm}^2$

Iterative Methode für den T-Stummel nach EC 3

Abmessungen der Platte: Bl. 450×400×30

Nach dem EC 3 darf der Überstand in Richtung des Flansches bis zu einer Kraglänge von c berücksichtigt werden.

1. $t = 30 \text{ mm} = 3,0 \text{ cm}$
2. $x = \sqrt{\frac{\sigma_{\text{Rd}}}{3 \cdot f_{\text{jd}}}} = \sqrt{\frac{23,5}{3 \cdot 0,753}} = 3,23$
3. $\text{erf } c = x \cdot t = 3,23 \cdot t = 3,23 \cdot 3,0 = 9,69 \text{ cm}$

   $u_1 = 9,5 \text{ cm} \leq c = 9,69 \text{ cm}$

   $u_2 = 7,00 \text{ cm} \leq c = 9,69 \text{ cm}$
4. $A' = 2 \cdot (c + u_1 + t_{\text{f}}) \cdot b_{\text{F}} + (h - 2 \cdot t_{\text{f}} - 2 \cdot c) \cdot (2 \cdot c + t_{\text{w}})$

   $A' = 2 \cdot (9,69 + 9,50 + 1,75) \cdot 40,0 + (26,0 - 2 \cdot 1,75 - 2 \cdot 9,69) \cdot (2 \cdot 9,69 + 1,0) = 922 \text{ cm}^2$
5. $N_{\text{Rd}} = A' \cdot f_{\text{jd}} = 922 \cdot 0,753 = 694 \text{ kN}$
6. $\frac{N_{\text{Ed}}}{N_{\text{Rd}}} = \frac{650}{694} = 0,94 \leq 1$

Beispiel 8.7.5: Quadratisches Hohlprofil

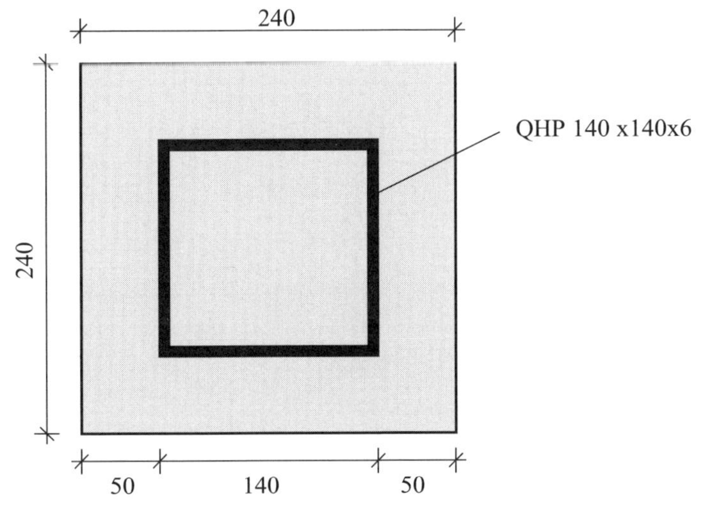

Stahlgüte der Fußplatte: S 235

Betonfestigkeitsklasse: C20/25

Nachweisverfahren: Elastisch-Elastisch

Beanspruchung des Profils: Zentrische Normalkraft

Auflagerkraft $N_{\text{Ed}} = 410 \text{ kN}$

Profil: QHP 140×140×6

Grenzspannung des Bauteils: $\sigma_{\text{Rd}} = 23,5 \text{ kN/cm}^2$

Grenzpressung des Betons: Annahme $f_{\text{jd}} = \frac{2}{3} \cdot f_{\text{cd}} = 0,753 \text{ kN/cm}^2$

Iterative Methode für den T-Stummel nach EC 3
Abmessungen der Platte: Bl. 240×240×20
Der Überstand wird bis zu einer Kraglänge von c berücksichtigt.

1. $t = 20 \text{ mm} = 2,0 \text{ cm}$
2. $x = \sqrt{\frac{\sigma_{\text{Rd}}}{3 \cdot f_{\text{jd}}}} = \sqrt{\frac{23,5}{3 \cdot 0,753}} = 3,23$
3. $\text{erf}\, c = x \cdot t = 3,23 \cdot t = 3,23 \cdot 2,0 = 6,52 \text{ cm}$

   $u_1 = 5,0 \text{ cm} \le c = 6,52 \text{ cm}$

   $u_2 = 5,0 \text{ cm} \le c = 6,52 \text{ cm}$

Die inneren T-Stummel überschneiden sich.

4. $A' = 24 \cdot 24 = 576 \text{ cm}^2$
5. $N_{\text{R,d}} = A' \cdot f_{\text{cd}} = 576 \cdot 0,753 = 434 \text{ kN}$
6. $\frac{N_{\text{Ed}}}{N_{\text{Rd}}} = \frac{410}{434} = 0,94 \le 1$

Beispiel 8.7.6: Fußplatte einer Rohrstütze

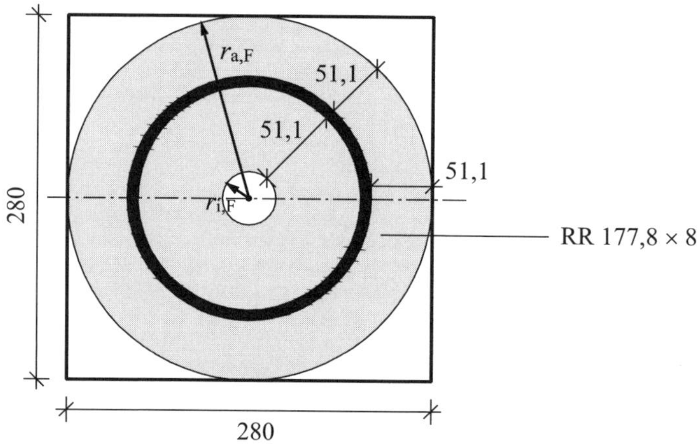

Stahlgüte der Fußplatte: S 235
Betonfestigkeitsklasse: C20/25
Nachweisverfahren: Elastisch-Elastisch
Beanspruchung des Profils: Zentrische Normalkraft
Auflagerkraft $N_{\text{Ed}} = 410 \text{ kN}$
Profil: RR 177,8×8
Grenzspannung des Bauteils: $\sigma_{\text{Rd}} = 23,5 \text{ kN/cm}^2$

Grenzpressung des Betons: Annahme $f_{\text{jd}} = \frac{2}{3} \cdot f_{\text{cd}} = 0,753 \text{ kN/cm}^2$

Iterative Methode für den T-Stummel nach EC 3
Abmessungen der Platte: Bl. 280×280×20
Der Überstand wird bis zu einer Kraglänge von *c* berücksichtigt.

1. $t = 20 \text{ mm} = 2,0 \text{ cm}$
2. $x = \sqrt{\frac{\sigma_{\text{Rd}}}{3 \cdot f_{\text{jd}}}} = \sqrt{\frac{23,5}{3 \cdot 0,753}} = 3,23$

   $\text{erf } c = x \cdot t = 3,23 \cdot t = 3,23 \cdot 2,0 = 6,52 \text{ cm}$

   $u = 5,11 \text{ cm} \leq c = 6,52 \text{ cm}$
3. $r_{\text{a,F}} = 14,0 \text{ cm}$

   $r_{\text{i,F}} = 0,5 \cdot 177,8 - 8 - 65,2 = 15,7 \text{ mm} = 1,57 \text{ cm}$
4. $A' = \pi \cdot \left(r_{\text{a,F}}^2 - r_{\text{i,F}}^2\right) = \pi \cdot \left(14,0^2 - 1,57^2\right) = 608 \text{ cm}^2$
5. $N_{\text{R,d}} = A' \cdot f_{\text{cd}} = 608 \cdot 0,753 = 458 \text{ kN}$
6. $\frac{N_{\text{Ed}}}{N_{\text{Rd}}} = \frac{410}{458} = 0,90 \leq 1$

Beispiel 8.7.7: Ausgesteifte Fußplatte

Ausgesteifte Fußplatten wird man wegen der Kosten möglichst vermeiden. Falls genügend Platz vorhanden ist, kann für dieses Beispiel einer langen Platte auch eine Fußkonstruktion ohne Aussteifungsrippen realisiert werden. Aussteifungsrippen sollten vor allem dort angeordnet werden, wo durch die T-Stummel zusätzliche mittragende Flächen realisiert werden. Die Rippen müssen sich gegenseitig abstützen, was hier über den Flansch der Stütze erfolgt. Die Abmessungen der Platte werden gewählt und die zugehörige Grenztragfähigkeit ermittelt.

Stahlgüte der Fußplatte: S 235
Betonfestigkeitsklasse: C20/25
Nachweisverfahren: Elastisch-Elastisch
Beanspruchung des Profils: Zentrische Normalkraft
Auflagerkraft $N_{\text{Ed}} = 1150 \text{ kN}$
Profil: HEB 260
Grenzspannung des Bauteils: $\sigma_{\text{Rd}} = 23,5 \text{ kN/cm}^2$

Grenzpressung des Betons: Annahme $f_{\text{jd}} = \frac{2}{3} \cdot f_{\text{cd}} = 0,753 \text{ kN/cm}^2$

Abmessungen der Platte: Bl. 600×360×20

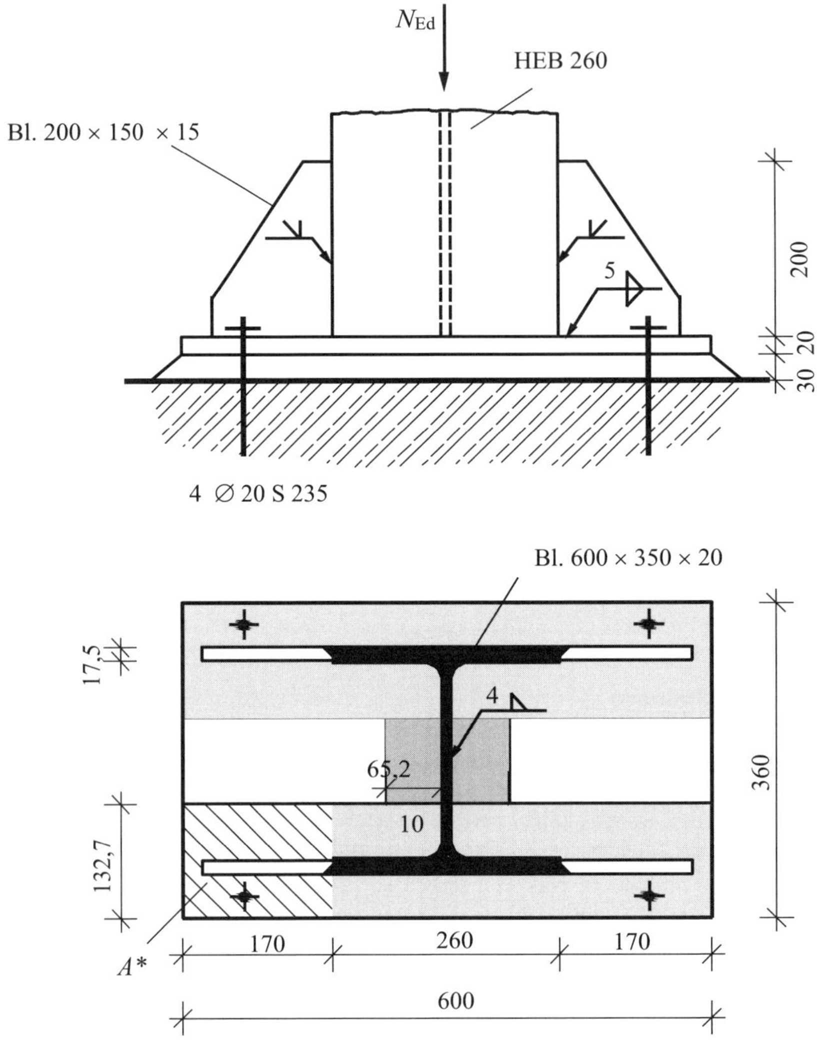

Iterative Methode für den T-Stummel nach EC 3

1. $t =$ 20 mm = 2,0 cm

2. $x = \sqrt{\dfrac{\sigma_{Rd}}{3 \cdot f_{jd}}} = \sqrt{\dfrac{23,5}{3 \cdot 0,753}} = 3,23$

$\text{erf}\, c = x \cdot t = 3,23 \cdot t = 3,23 \cdot 2,0 = 6,52 \text{ cm}$

$u_1 = 5,00 \text{ cm} \leq c = 6,52 \text{ cm}$

$u_2 \leq c = 6,52 \text{ cm}$

Die mittragenden T-Stummel sind in der Zeichnung eingetragen. Der Abzug für die Bohrungen der Verankerung wird berücksichtigt.

3. $A' = 2\cdot(c+u_1+t_f)\cdot b_F + (h-2\cdot t_f - 2\cdot c)\cdot(2\cdot c+t_w) - 4\cdot\pi\cdot d_0^2/4$

$$A' = 2\cdot(6{,}52+5{,}00+1{,}75)\cdot 60{,}0$$
$$+(26{,}0-2\cdot 1{,}75-2\cdot 6{,}52)\cdot(2\cdot 6{,}52+1{,}0)-4\cdot\pi\cdot 2{,}3^2/4 = 1647\ \text{cm}^2$$

4. $N_{Rd} = A'\cdot f_{jd} = 1647\cdot 0{,}753 = 1240\ \text{kN}$

5. $\dfrac{N_{Ed}}{N_{Rd}} = \dfrac{1150}{1240} = 0{,}93 \le 1$

6. $\sigma_c = \dfrac{N_{Ed}}{A'} = \dfrac{1150}{1647} = 0{,}698\ \text{kN/cm}^2 \le f_{jd} = 0{,}753\ \text{kN/cm}^2$

Nachweis der Schweißnaht

Der Nachweis wird für den Linienquerschnitt an der Fußplatte für die Normalkraft geführt. Weiterhin wird die Schweißnaht örtlich für die T-Stummel mit einem 1-cm-Streifen nachgewiesen. Der Nachweis der Schweißnaht im Bereich der Rippen erfolgt gesondert.

Beanspruchbarkeit der Schweißnaht nach dem richtungsbezogenen Verfahren:

$$\sigma_w \le \frac{f_u}{\sqrt{2}\cdot\beta_w\cdot\gamma_{M2}} = \frac{36}{\sqrt{2}\cdot 0{,}8\cdot 1{,}25} = 25{,}5\ \text{kN/cm}^2$$

Beanspruchbarkeit der Schweißnaht nach dem vereinfachten Verfahren:

$$f_{vw,d} = 20{,}8\ \text{kN/cm}^2$$

Konstruktive Grenzwerte:

$a = 5$ mm $t \ge 3$ mm $\min a = 3$ mm bzw. $\min a = \sqrt{\max t} - 0{,}5 = \sqrt{20} - 0{,}5 = 3{,}97$ mm

$a_w = 4$ mm $t \ge 3$ mm $\min a = 3$ mm bzw. $\min a = \sqrt{\max t} - 0{,}5 = \sqrt{20} - 0{,}5 = 3{,}97$ mm

$$A_w \approx 4\cdot 0{,}5\cdot 56 + 2\cdot 0{,}4\cdot 24{,}3 = 131\ \text{cm}^2$$

$$\sigma_w = \frac{N_{Ed}}{A_w} = \frac{1150}{131} = 8{,}78\ \text{kN/cm}^2 \le f_{vw,d} = 20{,}8\ \text{kN/cm}^2$$

Nachweis des T-Stummels im Stegbereich mit einem 1-cm-Streifen

$$N_{1,d} = 1\cdot(2\cdot 6{,}52+1{,}0)\cdot 0{,}698 = 9{,}80\ \text{kN}$$

$$\sigma_w = \frac{N_{1d}}{A_{1,w}} = \frac{9{,}80}{1\cdot 2\cdot 0{,}4} = 12{,}3\ \text{kN/cm}^2 \le f_{vw,d} = 20{,}8\ \text{kN/cm}^2$$

Nachweis des T-Stummels im Flanschbereich mit einem 1-cm-Streifen

$$N_{1,d} = 1\cdot(6{,}52+5{,}00+1{,}75)\cdot 0{,}698 = 9{,}26\ \text{kN}$$

$$\sigma_w = \frac{N_{1,d}}{A_{1,w}} = \frac{9{,}26}{1\cdot 2\cdot 0{,}5} = 9{,}26\ \text{kN/cm}^2 \le f_{vw,d} = 20{,}8\ \text{kN/cm}^2$$

Nachweis der Rippe

Für die Kraft in der Rippe gilt:

$$F_R = A^*\cdot\sigma_c = 17{,}0\cdot 13{,}27\cdot 0{,}698 = 157\ \text{kN}$$

$$b_R = b_1 = 15{,}0\ \text{cm} \qquad l_R = l_1 = 20{,}0\ \text{cm}$$

$$e_F = b_R - \frac{b_1}{2} = 15{,}0 - \frac{15{,}0}{2} = 7{,}5\ \text{cm}$$

$$e_H = l_R - \frac{l_1}{2} = 20{,}0 - \frac{20{,}0}{2} = 10{,}0\ \text{cm}$$

$$H = F_R \cdot \frac{e_F}{e_H} = 157 \cdot \frac{7{,}50}{10{,}0} = 118 \text{ kN}$$

$$S = \sqrt{F_R^2 + H^2} = \sqrt{157^2 + 118^2} = 196 \text{ kN}$$

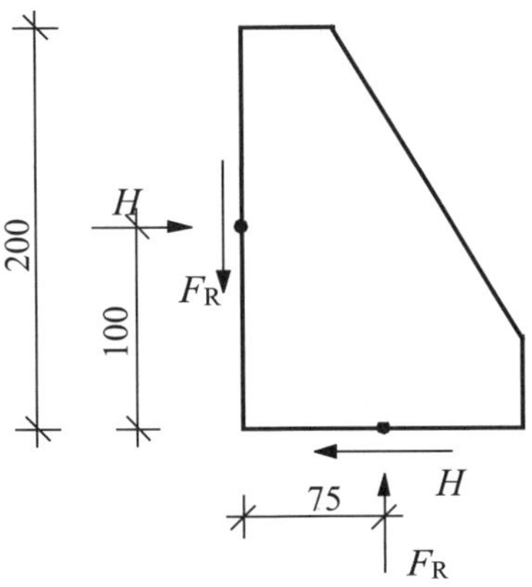

Der Nachweis lautet für die Schweißnähte am Flansch:

$$\sigma_w = \frac{S}{2 \cdot a_f \cdot b_1} = \frac{196}{2 \cdot 0{,}5 \cdot 15{,}0} = 13{,}1 \text{ kN/cm}^2 \leq 25{,}5 \text{ kN/cm}^2$$

Der Nachweis lautet für die Rippe an der Fußplatte:

$$\sigma = \frac{F_R}{t \cdot b_1} = \frac{157}{1{,}5 \cdot 15{,}0} = 6{,}98 \text{ kN/cm}^2$$

$$\tau = \frac{H}{t \cdot b_1} = \frac{118}{1{,}5 \cdot 15} = 5{,}24 \text{ kN/cm}^2$$

Nachweis der Vergleichsspannung:

$$\sigma_V = \sqrt{\sigma^2 + 3 \cdot \tau^2} = \sqrt{6{,}98^2 + 3 \cdot 5{,}24^2} = 11{,}4 \text{ kN/cm}^2 \leq \sigma_{Rd} = 23{,}5 \text{ kN/cm}^2$$

Vereinfachter Beulnachweis:

Der Nachweis erfolgt nach (Band 1 Kapitel 4) für das Nachweisverfahren Elastisch-Plastisch.
Für S 235 gilt:

$$\text{vorh } b_R / t = 15/1{,}5 = 10{,}0 \leq \max\ b_R / t = 10$$

Beispiel 8.7.8: Fußplatte für zusammengesetzte Querschnitte

Stützenquerschnitte können auch aus verschiedenen Querschnittsteilen zusammengeschweißt werden. Hier zeigt sich besonders die flexible Anwendung der elastischen T-Stummel. Die Abmessungen der Platte werden gewählt und die zugehörige Grenztragfähigkeit ermittelt.
Stahlgüte der Fußplatte: S 235
Betonfestigkeitsklasse: C20/25
Nachweisverfahren: Elastisch-Elastisch
Beanspruchung des Profils: Zentrische Normalkraft
Auflagerkraft $N_d = 2320$ kN
Profil: HEB 500 und 1/2 HEB 600

Grenzspannung des Bauteils: $\sigma_{\mathrm{Rd}} = 23,5\ \mathrm{kN/cm^2}$

Grenzpressung des Betons: Annahme $f_{\mathrm{jd}} = \frac{2}{3} \cdot f_{\mathrm{cd}} = 0,753\ \mathrm{kN/cm^2}$

Abmessungen der Platte: Bl. 700×600×30

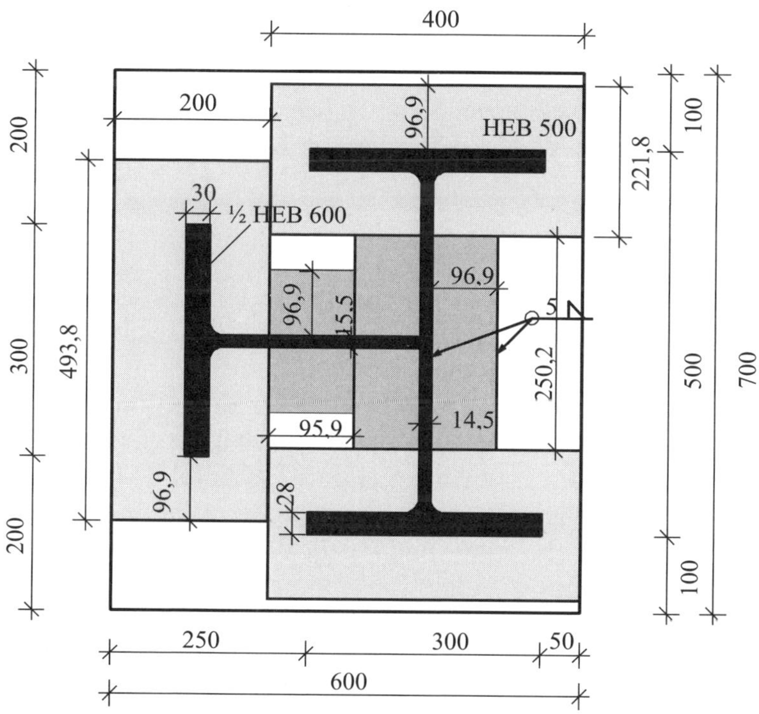

Iterative Methode für den T-Stummel nach EC 3

1. $t = 30\ \mathrm{mm} = 3,0\ \mathrm{cm}$

2. $x = \sqrt{\dfrac{\sigma_{\mathrm{Rd}}}{3 \cdot f_{\mathrm{jd}}}} = \sqrt{\dfrac{23,5}{3 \cdot 0,753}} = 3,23$

3. $\operatorname{erf} c = x \cdot t = 3,23 \cdot t = 3,23 \cdot 3,0 = 9,69\ \mathrm{cm}$

Die mittragenden T-Stummel sind in der Zeichnung eingetragen.

4. $A' = 2 \cdot 40 \cdot 22,18 + 49,38 \cdot 20,00 + 25,02 \cdot 20,83 + 9,59 \cdot 20,93 = 3484\ \mathrm{cm^2}$

5. $N_{\mathrm{R,d}} = A' \cdot f_{\mathrm{cd}} = 3484 \cdot 0,753 = 2623\ \mathrm{kN}$

6. $\dfrac{N_{\mathrm{Ed}}}{N_{\mathrm{Rd}}} = \dfrac{2320}{2623} = 0,88 \leq 1$

9 Fachwerke

9.1 Anwendungen

Fachwerkkonstruktionen übertragen die Einwirkungen vorwiegend durch Normalkräfte und sind die Alternative zu Vollwandkonstruktionen, die die Einwirkungen über Biegung und Querkraft übertragen. Es werden auch Mischsysteme angewendet, wie z. B. Träger mit Unterspannung oder Dreiecksrahmen mit Zugband. Neben der ästhetischen Wirkung steht vor allem die wirtschaftliche Frage bei der Wahl im Vordergrund. Fachwerke sind günstig einzusetzen bei:
- großer Stützweite
- kleiner Belastung
- relativ großer Bauhöhe.

Sie werden deshalb in vielen Bereichen des Stahlbaus verwendet wie Stahlbrückenbau, Stahlhochbau, Kranbau, Maste und Türme usw. Im Stahlhochbau setzt man Fachwerke für Dachbinder, Unterzüge und Abfangträger über größere Stützweiten ein. Besonders häufig verwendet man Fachwerke zur Stabilisierung von Tragwerken (Band 1 Kapitel 11). Sie werden dann als Verbände bezeichnet, z. B. als Dachverbände, Wandverbände und Horizontal-verbände von Kranbahnen und Brücken. Aussteifungen von Gebäuden mit Verbänden sind im Vergleich zu rahmenartigen Konstruktionen steifer und kostengünstiger. Dabei ist bei der Wirtschaftlichkeit besonders zu beachten:
- möglichst wenig Einzelteile
- möglichst viele Gleichteile
- fertigungsarme Anschlüsse.

9.2 Systemwahl

Fachwerkträger, deren Höhe dem Momentenverlauf angeglichen ist, erlauben es, die Gurtquerschnitte relativ gut auszunutzen.

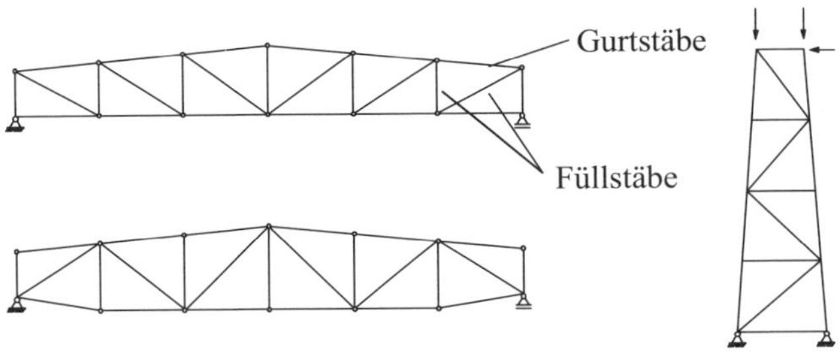

Abb. 9.1 Umrissform von Fachwerken

Manchmal wird der äußere Umriss auch von dem Verwendungszweck bestimmt:

– Dachneigung
– Bauhöhe
– Durchgangshöhe.

Gelegentlich beeinflusst der Verwendungszweck, wie z. B. Platz für Installationen, Laufstege und dergleichen, die Anordnung der Füllstäbe.
Bei der Wahl der Ausfachung tendiert man eher zu weitmaschigen Systemen mit weniger Einzelteilen. Dies führt zu einem etwas höheren Materialverbrauch, wegen der eventuell größeren Momente aus Zwischenbiegung und den größeren Knicklängen. Andererseits ist die Anzahl der Anschlüsse kleiner.

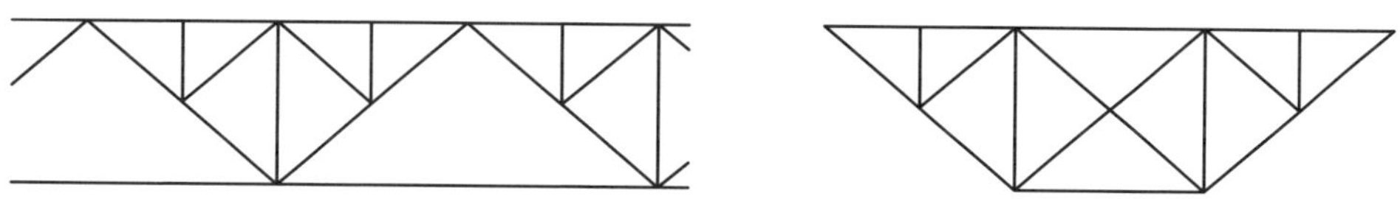

Abb. 9.2 Zwischenfachwerke

Zwischenfachwerke werden aus dem gleichen Grund selten gebaut. Sie lohnen sich allenfalls bei sehr großen Fachwerken und großen Dachverbänden.
Zu spitze Winkel zwischen den Stäben sind ungünstig für die Konstruktion des Knotens.

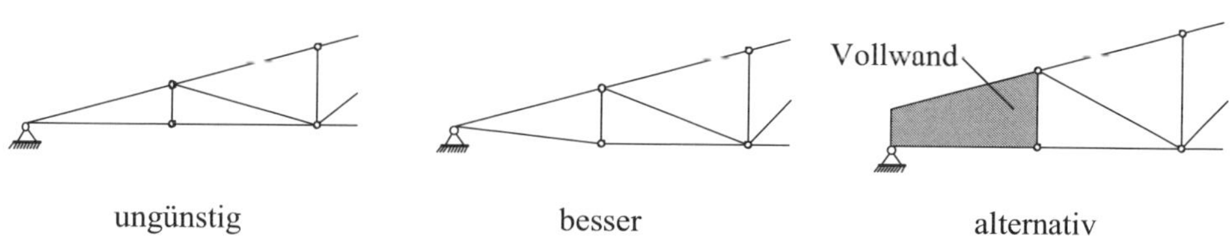

Abb. 9.3 Spitze Winkel bei Fachwerkkonstruktionen

Im Bereich kleinerer Systemhöhen des Fachwerkträgers kann man auch die Teillängen kleiner wählen, um zu spitze Winkel zu vermeiden.

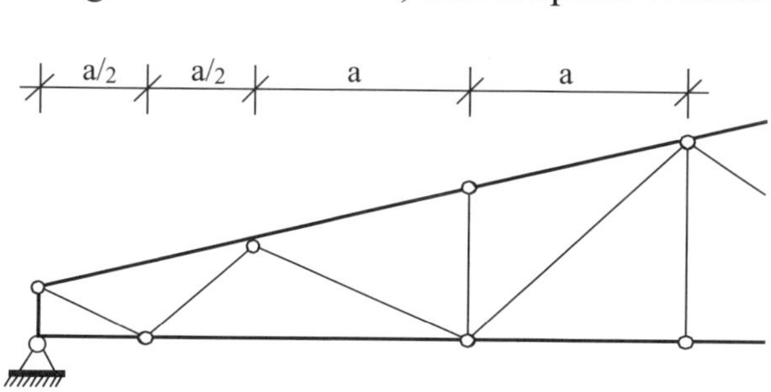

Abb. 9.4 Variable Teillängen bei Fachwerkträgern

Besonders bei weitmaschigen Fachwerken braucht man eine ausreichende Trägerhöhe, um zu spitze Winkel zu vermeiden.
Günstig ist bei parallelgurtigen Fachwerkträgern etwa folgendes Verhältnis von Höhe zu Länge:

$$h \approx \frac{l}{10} \text{ bis } h \approx \frac{l}{15} \tag{9.1}$$

Ob es günstiger ist, nur Zugdiagonalen zu wählen, oder abwechselnd Zug- und Druckdiagonalen anzuordnen, hängt vom Einzelfall ab.

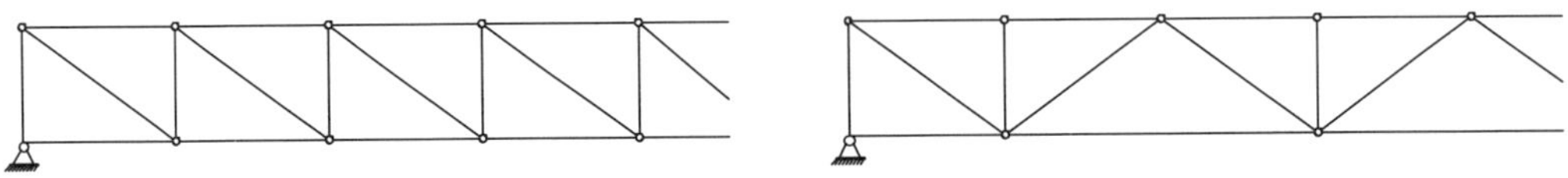

Abb. 9.5 Zugdiagonalen oder Zug- und Druckdiagonalen

Für Verbände wählt man oft gekreuzte Zugdiagonalen, weil die Richtung der Belastung wechselt. Die jeweilige Druckdiagonale wird als wirkungslos betrachtet. Diagonalen für Zug und Druck sind nur bei kürzeren Längen günstiger als einfache gekreuzte Diagonalen.
Bei räumlichem Zusammentreffen können komplizierte Knoten mit Stabanschlüssen in verschiedenen Ebenen entstehen. Dies kann oft durch geeignete Systemwahl vermieden werden. Ein Beispiel zeigt Abb. 9.6.

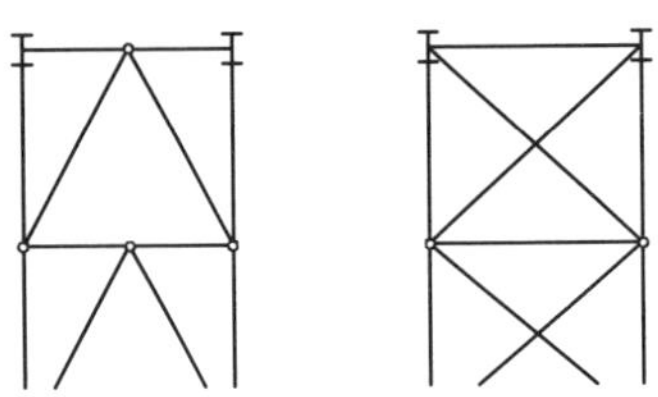

Abb. 9.6 K-Fachwerk oder gekreuzte Diagonalen in Fachwerkscheiben

Bei K-Fachwerkverbänden treten in den Diagonalen jeweils gegengleiche Zug- und Druckkräfte auf.

9.3 Profilwahl

Die Profilwahl richtet sich, siehe auch Skizzen der Knoten, hauptsächlich nach konstruktiven Belangen wie:
- Konstruktion der Knoten und Anschlüsse
- Konstruktion der Auflager
- Befestigung und Auflagerung anderer Bauteile.

Für die Gurte wählt man oft halbierte I-Profile mit dem Steg in der Fachwerkebene, um Knotenbleche zu vermeiden. Auch zwei U-Profile oder Doppelwinkel, I-Profile sowie Hohlprofile sind gebräuchlich. Die Gurte lässt

man i. Allg. ungestoßen über die ganze Länge oder mehrere Felder durchlaufen, soweit es die Lieferlänge zulässt.
Für Füllstäbe kommen verschiedene Querschnitte in Betracht. Man wählt oft Doppelwinkel, bei großen Kräften auch I-Profile und Hohlprofile.
Bei Druckstäben achtet man auf günstige Trägheitsradien. Bei Stäben, die zusätzlich größere Biegemomente aufnehmen müssen, bedarf es günstiger Widerstandsmomente.
Bei Verbandsdiagonalen sind gleichschenklige und ungleichschenklige Winkelprofile gebräuchlich. Bei kleineren Kräften werden auch Rundstähle eingesetzt.

9.4 Fachwerkknoten

Bei den Fachwerkknoten unterscheidet man zwischen Fachwerkknoten mit und ohne Knotenbleche. Knotenbleche werden in Abschnitt 3.3 behandelt.
Man unterscheidet weiterhin:
- einwandige Konstruktionen mit einer Anschlussebene je Knoten
- zweiwandige Konstruktionen mit zwei parallelen Anschlussebenen je Knoten.

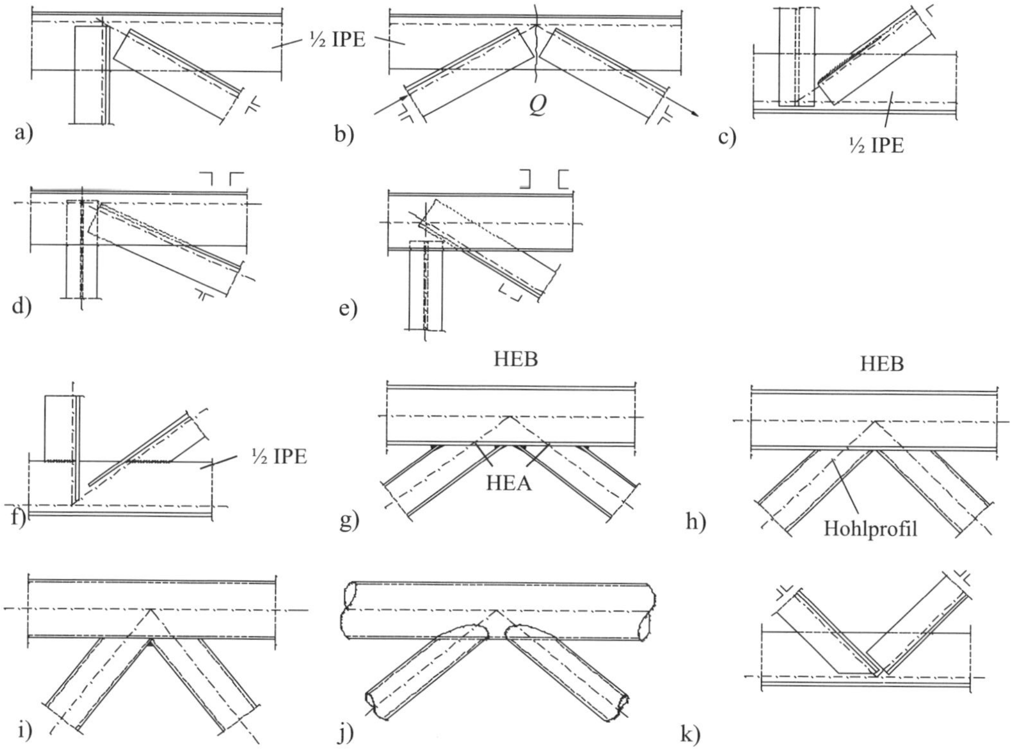

Abb. 9.7 Fachwerkknoten ohne Knotenbleche

Abb. 9.7 zeigt Beispiele von Fachwerkknoten ohne Knotenbleche. Die Teilbilder a), b) und c) sind einwandige Konstruktionen mit einem Gurt aus halbiertem IPE-Profil. Halbierte IPE-Profile sind hierfür günstig, da sie im Verhältnis zu der Gesamtfläche einen hohen Steg haben. An den Steg können einseitig, beidseitig oder wechselseitig Winkelprofile oder U-Profile als Füllstäbe angeschweißt werden. Im Fall b) ist ein „verdächtiger“ Schnitt eingetragen. Es ist zu überprüfen, ob die Querkraft übertragen werden kann.
Im Teilbild c) sind die Füllstäbe geschlitzt. Teilbilder d) und e) sind Beispiele für zweiwandige Konstruktionen. Die Gurte werden aus zwei U-Profilen oder zwei ungleichschenkligen Winkeln gebildet. Im Teilbild g) und h) sind die Füllstäbe direkt an den Flansch des Gurtes angeschweißt, im Fall g) sind es I-Profile und im Fall h) Rechteckhohlprofile. Hier ist wegen der Flanschbiegung zu prüfen, ob eine rippenlose Krafteinleitung möglich ist. In [36] sind Angaben über die Grenztragfähigkeit von geschweißten Anschlüssen von Hohlprofilstreben an I-Profile angegeben.

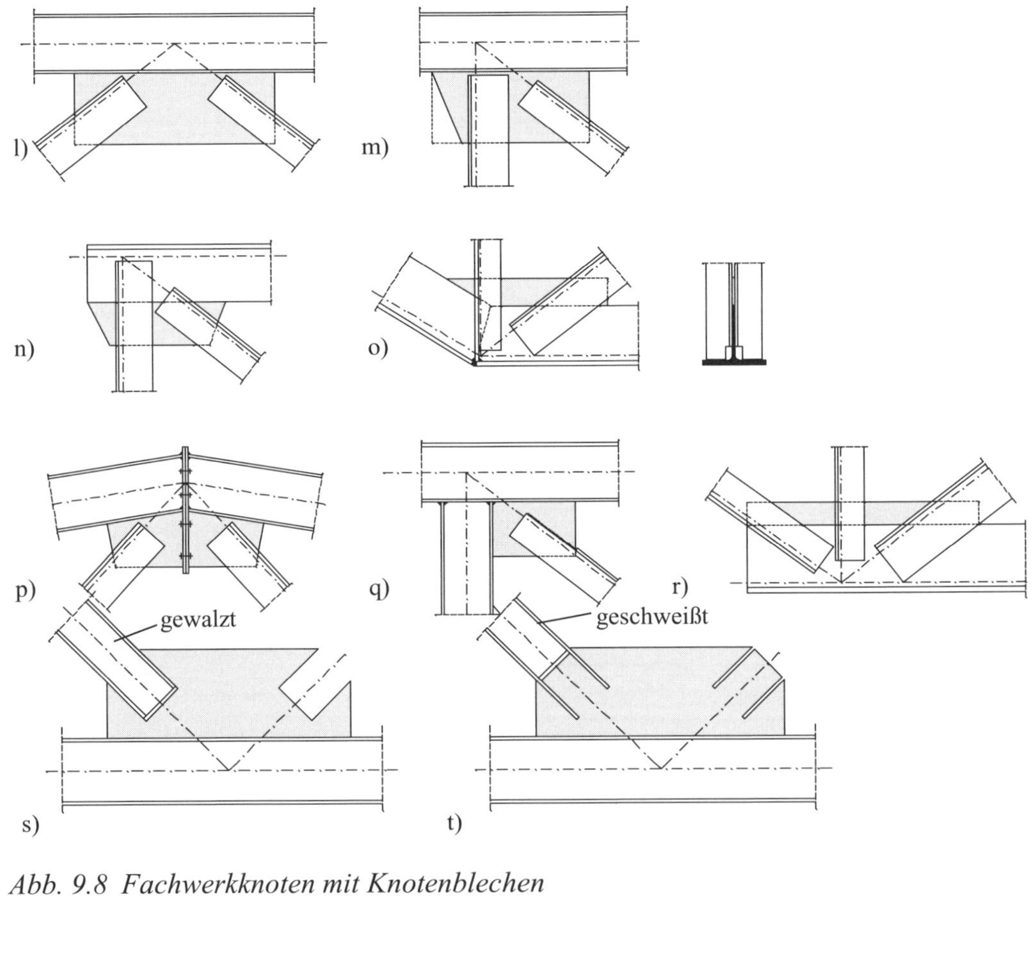

Abb. 9.8 Fachwerkknoten mit Knotenblechen

Die Teilbilder i) und j) sind Fachwerkknoten mit Hohlprofilquerschnitten. Für Hohlprofilkonstruktionen gibt es in DIN EN 1993-1-8 den Abschnitt 7, der die Konstruktion und Berechnung von Anschlüssen mit Hohlprofilen ausführlich behandelt.
Abb. 9.8 zeigt Beispiele von Fachwerkknoten mit Knotenblechen. Durch das Knotenblech wird für die Füllstäbe eine Anschlussebene geschaffen, die durch das Gurtprofil nicht oder nicht ausreichend gegeben ist. In Teilbild o) treten durch die Umlenkkräfte im Flansch des Gurtes Biegespannungen auf. Die volle Mitwirkung des Flansches wird hier durch die aussteifende Wirkung des Pfostens ermöglicht. Das Teilbild p) zeigt den Firstpunkt eines Fachwerkbinders mit Montagestoß. Fall s) zeigt einen Knoten mit Knotenblechöffnungen für I-Profile. Hier sind gesonderte Nachweise erforderlich, die im Abschnitt 3 behandelt werden. Im Fall t) ist das Knotenblech geschlitzt, was für geschweißte Füllstäbe geeignet ist.

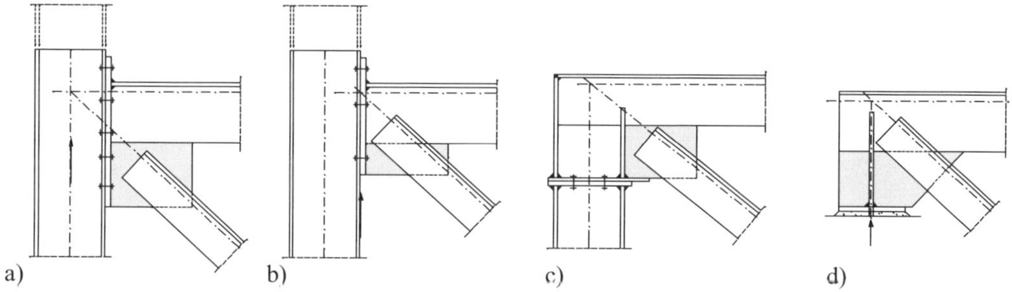

a) b) c) d)

Abb. 9.9 Anschlüsse und Auflager

Fachwerkträger werden meist an Stützen angeschlossen oder aufgelagert. Dabei ist zu unterscheiden, ob sich die Systemlinien in einem Punkt schneiden oder ob der Fachwerkträger exzentrisch angeschlossen ist. Im Fall a) der Abb. 9.9 ist die Stütze mittig belastet, dagegen ist im Anschluss ein Moment zu übertragen. Einen einfacheren und kleineren Anschluss erhält man im Fall b). Dieser Anschluss hat nur die vertikale Auflagerkraft zu übertragen, die Stütze wird aber exzentrisch belastet.
Beispiele verschiedener Montageanschlüsse von vertikalen Verbänden sind in Abb. 9.10 dargestellt. Sie unterscheiden sich auch darin, ob in der Stütze ein Moment erzeugt wird oder nicht.

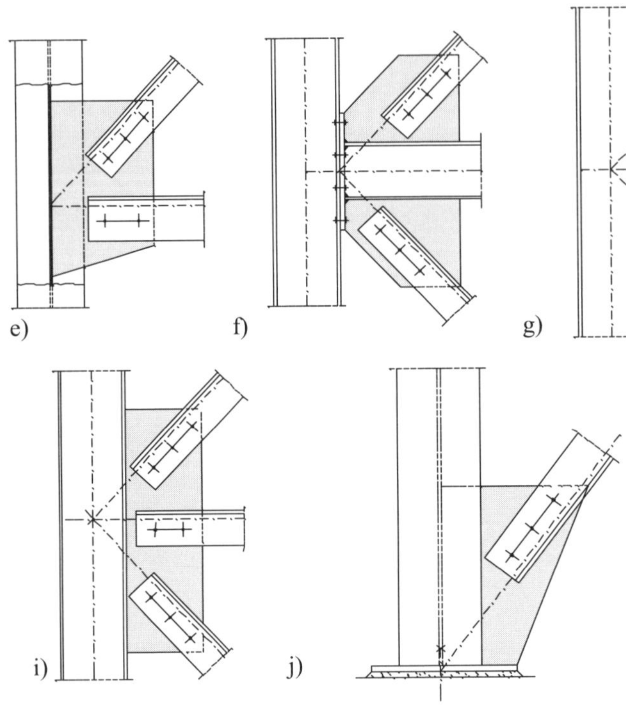

Abb. 9.10 Montageanschlüsse von Verbänden

9.5 Berechnung der Schnittgrößen

Das ideale Fachwerk hat reibungsfreie gelenkige Knoten und die Belastung greift nur in den Knoten an.

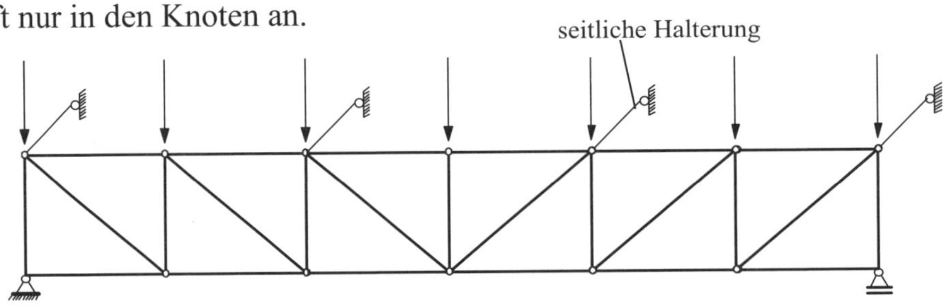

Abb. 9.11 Ideales Fachwerk

Die reale geschweißte Fachwerkkonstruktion ist dagegen ein biegesteifes Tragwerk mit der Form eines Fachwerkes.

Nebenspannungen

Berechnet man das Fachwerk als biegesteifes Tragwerk, kann man die zusätzlichen Biegemomente in den Fachwerkstäben ermitteln. Man bezeichnet diese Momente, die aus der Verformung des Fachwerksystems bei fehlenden Gelenken resultieren, als „Zwängungsmomente“ und die zugehörigen Spannungen als „Nebenspannungen“. Das Fachwerk ist nämlich in der Lage, die Belastung allein durch Normalkräfte in die Auflager zu übertragen. Die Momente sind für den Gleichgewichtszustand nicht erforderlich. Nebenspannungen werden vor dem Erreichen der Traglast weitgehend herausplastiziert. Sie haben keinen Einfluss auf die Größe der Traglast und werden deshalb vernachlässigt. Nur wenn ein Betriebsfestigkeitsnachweis für die Fachwerkkonstruktion notwendig ist, sind die „Nebenspannungen“ zu berücksichtigen.

Zwischenbiegung

Die weitere Voraussetzung, dass die Belastung nur in den Knoten angreift, ist in vielen Anwendungsfällen nicht erfüllt. Zum Beispiel wird im Hallenbau oft die Dacheindeckung mit Trapezblechen direkt auf dem Obergurt gelagert. Belastungen aus Installation greifen am Untergurt zwischen den Knoten an. Der Stab zwischen den Knoten kann diese Belastung nur durch Biegung auf die Knoten des Tragwerkes übertragen. Man bezeichnet diese Beanspruchung als „Zwischenbiegung“. Solche Momente und Querkräfte müssen bei dem Nachweis des Stabes berücksichtigt werden, da ohne die „Zwischenbiegung“ kein Gleichgewicht möglich ist. Auch das Eigengewicht der Stäbe und Querlasten aus Wind sind Gleichstreckenlasten, die gegebenenfalls zu berücksichtigen sind.
Am einfachsten werden die Schnittgrößen des Fachwerkes aus Belastung zwischen den Knoten mit einem Stabwerksprogramm ermittelt. Der Obergurt und der Untergurt werden als biegesteife Stäbe eingegeben, an die die Füllstäbe gelenkig angeschlossen sind, siehe Abb. 9.12.

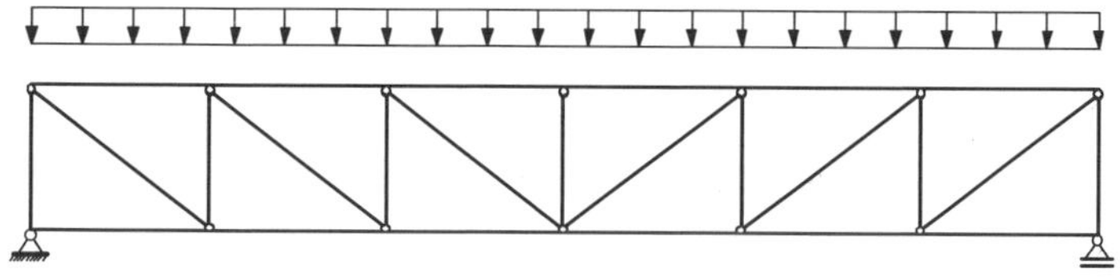

Abb. 9.12 Fachwerk mit Zwischenbiegung am Ober- und Untergurt

Ohne Stabwerksprogramme bzw. zur Kontrolle kann die Zwischenbiegung näherungsweise berechnet werden. Für das Stützmoment wird angenommen, dass der Gurt wie ein Durchlaufträger gelagert ist. Für das Feldmoment nimmt man an, dass der Stab gelenkig am Knoten gelagert ist.

Für eine Gleichstreckenlast q gilt dann:

Stützmoment: $$M = q \cdot \frac{l^2}{10} \qquad (9.2)$$

Feldmoment: $$M = q \cdot \frac{l^2}{8} \qquad (9.3)$$

Stabschwerachsen des Fachwerkes schneiden sich nicht in einem Punkt

Die Stabschwerachsen der einzelnen Stäbe sind die Systemlinien, die sich normalerweise bei einem Fachwerk in **einem** Punkt schneiden. Abweichungen davon sind manchmal vorteilhaft, z. B. erhält man

- kleinere Knotenbleche
- Knoten ohne Knotenbleche
- einfachere Konstruktionen.

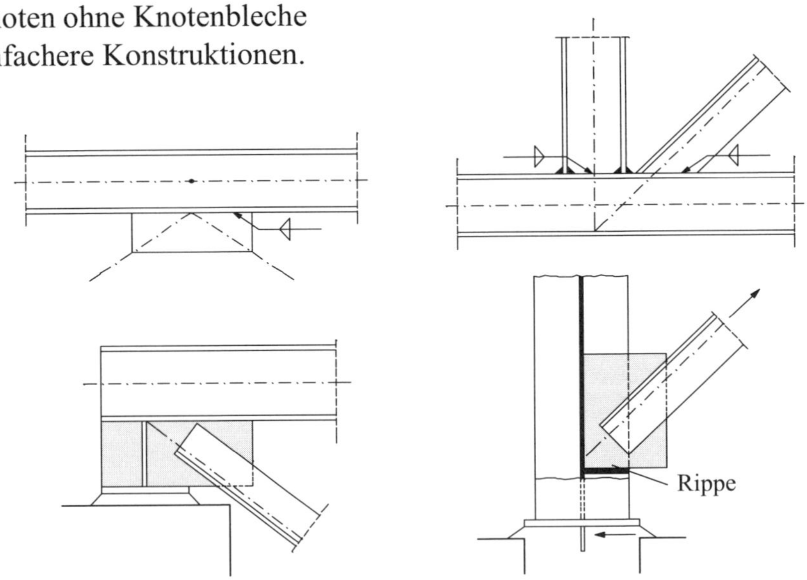

Abb. 9.13 Fachwerk mit exzentrischer Knotenausbildung

Dann entstehen aber am Knoten Momente, die zu berücksichtigen sind, da sonst kein Gleichgewicht möglich ist. In vielen Programmen kann eine Exzentrizität an einem Knoten eingegeben werden. Vereinfacht verteilt sich das Knotenmoment im Verhältnis der Steifigkeiten der anschließenden Stäbe. In der Regel genügt es, nur die wesentlich steiferen Gurtstäbe zu berücksichtigen. Dann gilt für das Moment M_K:

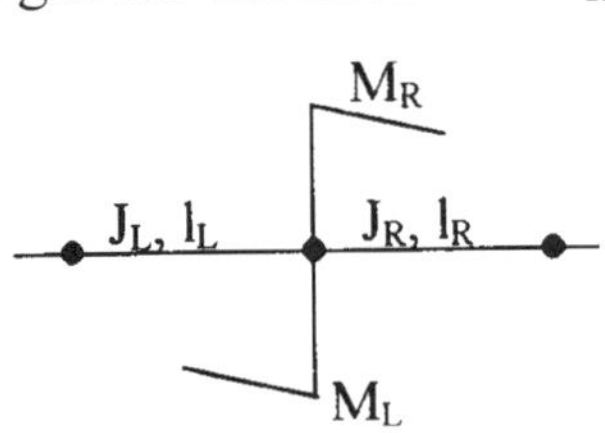

$$M_{\mathrm{L}} = \frac{I_{\mathrm{L}} / L_{\mathrm{L}}}{I_{\mathrm{L}} / L_{\mathrm{L}} + I_{\mathrm{R}} / L_{\mathrm{R}}} \cdot M_{\mathrm{K}} \qquad M_{\mathrm{R}} = M_{\mathrm{K}} - M_{\mathrm{L}} \tag{9.4}$$

Bei Gurten von Fachwerken mit einem über die Länge veränderlichen Querschnitt darf in der Regel die Außermittigkeit des Kraftangriffs im Einzelstab unberücksichtigt bleiben, wenn die gemittelte Schwerachse der Einzelquerschnitte in die Systemlinie des Fachwerkgurtes gelegt wird. Liegt der Schwerpunkt des Stabanschlusses nicht auf der Stabschwerachse, dann beansprucht das daraus resultierende Moment nicht den Stab, sondern nur den Anschluss.

9.6 Knicklängen der Fachwerkstäbe

Für den Nachweis der Druckstäbe (Band 1 Kapitel 3) von Fachwerken ist die Verzweigungslast bzw. die Knicklänge erforderlich. Dabei ist zu unterscheiden zwischen dem Knicken in der Fachwerkebene und rechtwinklig zur Fachwerkebene. Weiterhin ist die Lagerung an den Stabenden zu beachten. Für Streben und Pfosten von Fachwerken, deren Knoten gegen Ausweichen aus der Fachwerkebene unverschieblich gehalten sind und die durch Schweißen oder mindestens zwei Schrauben angeschlossen sind, gilt für das Ausweichen nach (1-1, BB.1.1, (1)-(4)):

in der Fachwerkebene: $L_{\mathrm{cr}} = 0{,}9 \cdot L$ (9.5)

rechtwinklig zur Fachwerkebene: $L_{\mathrm{cr}} = L$ (9.6)

Dabei ist L die Systemlänge des Stabes. Sind die Stäbe an den Enden durch andere Bauteile elastisch gelagert, sind diese Lagerungsbedingungen und gegebenenfalls die Normalkräfte in diesen Bauteilen bei der Berechnung der Knicklänge zu berücksichtigen.

Für Gurtstäbe gilt

in der Fachwerkebene: $L_{\mathrm{cr}} = L$

rechtwinklig zur Fachwerkebene: $L_{\mathrm{cr}} =$ Abstand der unverschieblich gehaltenen Stabenden

Die Druckkraft in den Gurtstäben ist nicht konstant, wenn der Gurt nicht in jedem Knoten seitlich unverschieblich gehalten ist. Dies führt zu einer größeren Verzweigungslast, bzw. zu einer kleineren Knicklänge.

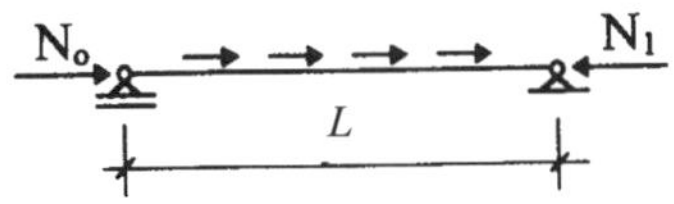

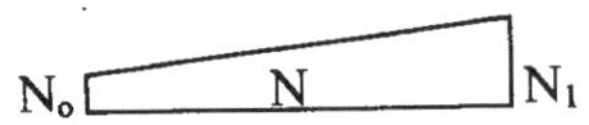

$$L_{cr} = L \cdot \sqrt{\frac{1 + 0,88 \cdot N_0 / N_1}{1,88}} \tag{9.7}$$

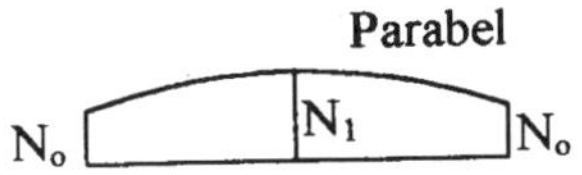

$$L_{cr} = L \cdot \sqrt{\frac{1 + 1,09 \cdot N_0 / N_1}{2,09}} \tag{9.8}$$

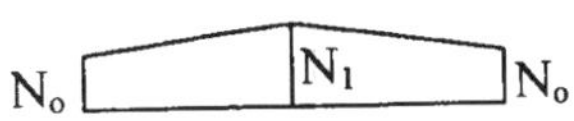

$$L_{cr} = L \cdot \sqrt{\frac{1 + 2,18 \cdot N_0 / N_1}{3,18}} \tag{9.9}$$

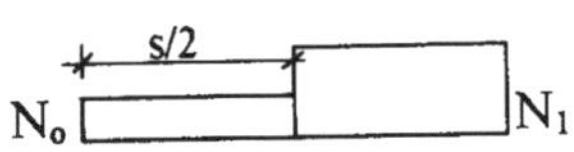

$$L_{cr} = \left(0,75 + 0,25 \cdot N_0 / N_1\right) \cdot L \tag{9.10}$$

Für einen gedrückten Fachwerkfüllstab aus einem einteiligen Winkel gibt es nach (1-1, BB.1.2, (1)) einen gesonderten Nachweis. Wenn einer der beiden Winkelschenkel im Knoten biegesteif angeschlossen ist, darf der Einfluss der Exzentrizität durch den effektiven Schlankheitsgrad $\bar{\lambda}_{eff}$ berücksichtigt werden.

$\bar{\lambda}_{eff,v} = 0,35 + 0,7 \cdot \bar{\lambda}_v$ für Biegeknicken um die *v-v*-Achse (9.11)

$\bar{\lambda}_{eff,y} = 0,50 + 0,7 \cdot \bar{\lambda}_y$ für Biegeknicken um die *y-y*-Achse (9.12)

$\bar{\lambda}_{eff,z} = 0,35 + 0,7 \cdot \bar{\lambda}_z$ für Biegeknicken um die *z-z*-Achse (9.13)

9.7 Nachweise der Fachwerkstäbe

Die Nachweise von Stäben ist der Inhalt des Bandes 1.

Reine Druckstäbe	Band 1 Kapitel 3
Zugstäbe	Band 1 Kapitel 5
Biegung und Normalkraft	Band 1 Kapitel 10

Gurtstäbe mit Zwischenbiegung sind auf Biegung und Normalkraft beansprucht. Die Anschlüsse und Stöße sind in den entsprechenden Kapiteln dieses Bandes behandelt.

10 Ermüdung

10.1 Allgemeines

Ermüdung ist ein Phänomen, das bei metallischen Werkstoffen auftritt. Unter häufig wechselnder Beanspruchung versagt ein Bauteil bei niedrigeren Spannungen als bei einmaliger Beanspruchung. *A. Wöhler* (1819–1914) erkannte als Erster dieses Phänomen, als er die Ursachen vorzeitiger Brüche von Eisenbahnachsen erforschte.

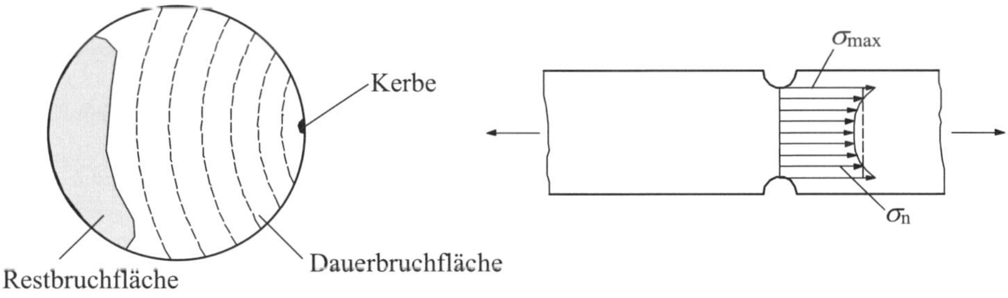

Abb. 10.1 Bruchvorgang

Unter Ermüdung wird der Prozess der Rissbildung und des Rissfortschritts in einem Bauteil verstanden, der durch häufig wiederholte Spannungsschwankungen hervorgerufen wird. Der Anriss beginnt an Kerben oder Fehlstellen des Bauteils, die örtlich zu hohen Spannungsspitzen führen, wie es von gelochten Stäben bekannt ist, Abb. 10.1. Der Beginn der Rissbildung ist meist frühzeitig zu erkennen, wenn die Stelle in der Konstruktion zugänglich ist. Der Bruch der Restfläche erfolgt plötzlich verformungslos als spröder Bruch. Da das Ermüdungsproblem einer theoretischen Lösung bisher nicht zugänglich ist, werden systematisch Versuche an Konstruktionsdetails durchgeführt, um die Lebensdauer (Ermüdungsfestigkeit) festzustellen und einen Nachweis der Konstruktion zu ermöglichen.

Dieser Nachweis wird als Betriebsfestigkeitsnachweis oder Ermüdungsnachweis bezeichnet. Zu den häufigen Lastwechseln gehören aber nicht die veränderlichen Einwirkungen auf Tragwerke des Stahlhochbaus aus Schnee, Temperaturänderung und Wind, wenn keine periodische Anfachung des Bauwerkes auftritt. Typische Bauwerke, für welche ein Betriebsfestigkeitsnachweis erforderlich ist, sind Eisenbahnbrücken, Kranbahnen, Krane und Großgeräte des Tagebaus, aber auch Maste und Türme.

Zur Vertiefung des Phänomens Ermüdung sei auf die Literatur [34], [35] und [36] verwiesen.

10.2 Begriffe und Bezeichnungen

Der wichtigste Versuch, um die Lebensdauer zu ermitteln, ist der Dauerschwingversuch mit konstanter Schwingbreite, auch Einstufen-Dauerschwingversuch oder *Wöhler*versuch genannt. Für eine periodische Beanspruchung wie beim Dauerschwingversuch gelten die in Abb. 10.2 angegebenen Bezeichnungen.

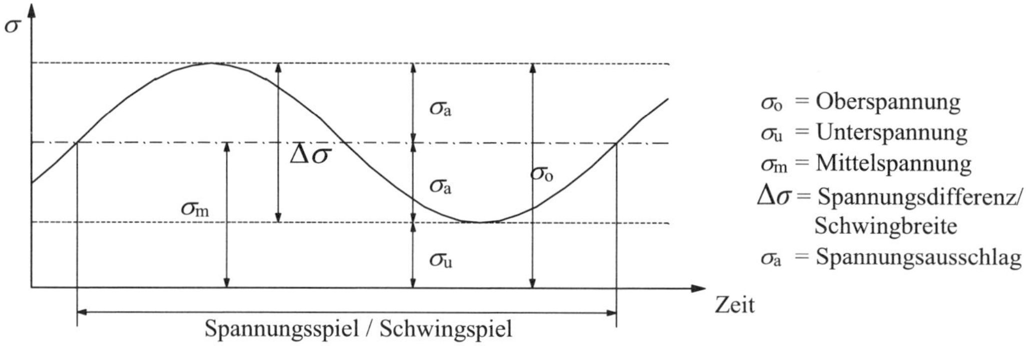

Abb. 10.2 Beanspruchungsgrößen für periodische Beanspruchung

Man unterscheidet nach Abb. 10.3 je nach Größe und Vorzeichen der Oberspannung σ_o und der Unterspannung σ_u 3 Arten der Beanspruchung:

1. Druckschwellbeanspruchung $\sigma_o \leq 0$ $\sigma_u < 0$
2. Wechselbeanspruchung $\sigma_o > 0$ $\sigma_u < 0$
3. Zugschwellbeanspruchung $\sigma_o > 0$ $\sigma_u \geq 0$

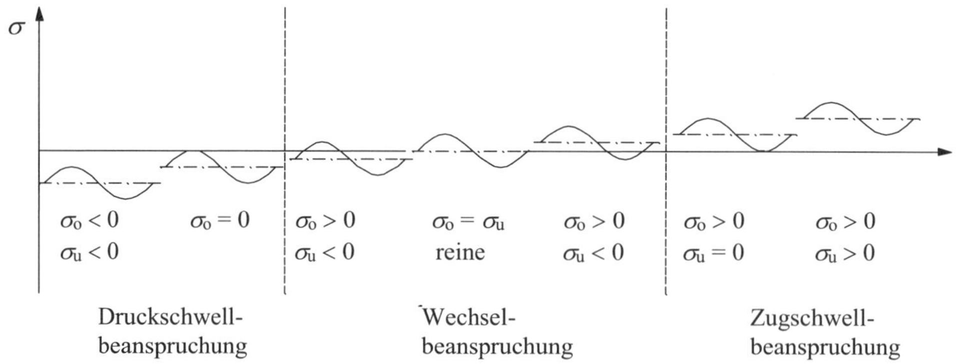

Abb. 10.3 Beanspruchungsbereiche

Für die reine Wechselbeanspruchung gilt $\sigma_o = \sigma_u$. Die Art der Beanspruchung wird durch das Spannungsverhältnis κ festgelegt.

$$\kappa = \frac{\min \sigma}{\max \sigma} \tag{10.1}$$

$\max \sigma$ größter Absolutwert mit Vorzeichen
$\min \sigma$ kleinster Absolutwert mit Vorzeichen
Für den Wechselbereich gilt damit: $-1 \le \kappa \le 0$
Für den Schwellbereich gilt damit: $0 \le \kappa \le +1$
Weiterhin muss bekannt sein, ob max σ eine Druck- oder Zugspannung ist.

10.3 Wöhlerlinie

Die **Lebensdauer** ist bei vorgegebener Mittelspannung σ_m und Spannungsschwingbreite $\Delta\sigma$ **die ertragene Anzahl der Spannungsschwingspiele *N*** bis zur Rissbildung bzw. dem Bruch. Für die Lebensdauer werden 3 Bereiche unterschieden.

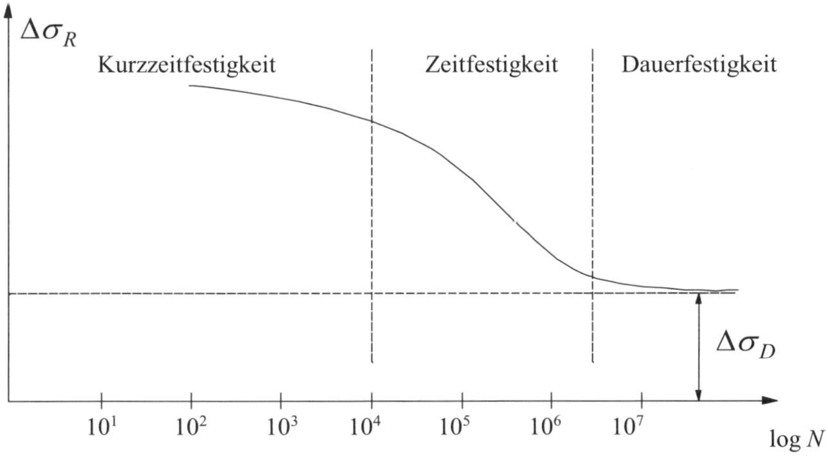

Abb. 10.4 Wöhlerlinie

Die Kurzzeitfestigkeit liegt im Bereich mit weniger als 10^4 Spannungsspielen. Der Querschnitt versagt durch plastisches Fließen. Als Dauerfestigkeit wird bei vorgegebener Mittelspannung σ_m die Spannungsschwingbreite verstanden, unterhalb der im Versuch kein Ermüdungsschaden mehr auftritt. Dazwischen liegt der Bereich der Zeitfestigkeit. Hier interessiert der Bereich der Zeitfestigkeit und der Dauerfestigkeit.

Die Ergebnisse aus Einstufenversuchen werden in der *Wöhler*linie dargestellt, Abb. 10.4. Für ein konstantes Spannungsverhältnis κ und konstanter Mittelspannung σ_m werden mehrere Proben bei verschiedenen Schwingbreiten $\Delta\sigma$ bis zum Bruch beansprucht. Die Schwingbreite $\Delta\sigma$ wird in halb- oder doppellogarithmischer Form über der Schwingspielzahl N aufgetragen. Dabei ist die Abszisse stets logarithmisch aufgeteilt.

Die Dauerfestigkeit $\Delta\sigma_D$ wurde in der Vergangenheit mit $N_C = 2 \cdot 10^6$ angenommen. Tatsächlich erfolgt bei höheren Lastwechseln ein weiterer Abfall der Dauerfestigkeit. In DIN EN 1993-1-9 [C7] wird die Dauerfestigkeit mit $N_D = 5 \cdot 10^6$ festgelegt. *Haibach* [35] hat für Schweißstöße aus Baustahl die normierte *Wöhler*linie in doppellogarithmischer Auftragung eingeführt, Abb. 10.5. Die normierte *Wöhler*linie gilt für S 235 und S 355, beliebige Kerbfälle und Spannungsverhältnisse κ. Da die Versuchsergebnisse streuen, werden sie statistisch ausgewertet.

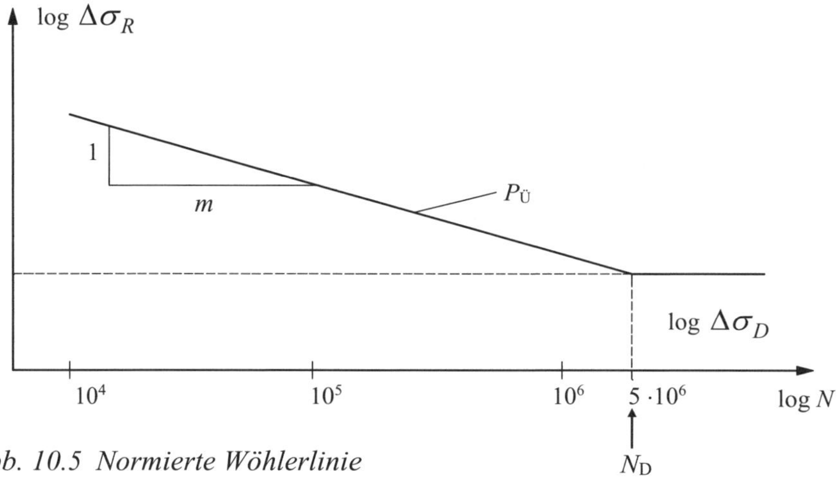

Abb. 10.5 Normierte Wöhlerlinie

Die *Wöhler*linie wird auf eine Überlebenswahrscheinlichkeit $P_Ü$ bezogen. Die Neigung der Geraden liegt zwischen 3 und 5 und ist auch von der Überlebenswahrscheinlichkeit abhängig. Für die Schweißverbindungen gilt nach EC 3 bei $P_Ü = 97{,}5\ \%$ die Neigung $m = 3{,}00$.

Damit kann die Zeitfestigkeitsgerade $\Delta\sigma_R$ durch die Neigung m und einen Punkt der Geraden bestimmt werden.

$$\log\ \Delta\sigma_R = \log\ \Delta\sigma_D + \frac{1}{m} \log \frac{N_D}{N}$$

$$\Delta\sigma_R = \Delta\sigma_D \cdot \left(\frac{N_D}{N}\right)^{\frac{1}{m}} \tag{10.2}$$

oder $$N = N_D \cdot \left(\frac{\Delta\sigma_R}{\Delta\sigma_D}\right)^{-m} = N_D \cdot \left(\frac{\Delta\sigma_D}{\Delta\sigma_R}\right)^{m} \tag{10.3}$$

Es gilt die folgende Bedingung für jeden Punkt der normierten *Wöhler*linie:

$$N_i \cdot \Delta\sigma_i^m = N_D \cdot \Delta\sigma_D^m = \text{const.} \tag{10.4}$$

Die normierte *Wöhler*linie gilt nicht im Bereich der Kurzzeitfestigkeit.

10.4 Einflussfaktoren für die Ermüdungsfestigkeit

Die Ermüdungsfestigkeit, d. h. die Lebensdauer des Bauteils, hängt von vielen Faktoren ab [34, 36]. Der Einfluss der Schwingbreite $\Delta\sigma$ und der Mittelspannung σ_m wird im Abschnitt 10.5 über das Dauerfestigkeitsdiagramm erklärt. Der wesentlichste Einflussfaktor, der hier ausführlicher erläutert werden soll, ist der Grad der Kerbwirkung des Bauteils, d. h. die konstruktive Gestaltung sowie die Nahtgüte bei Schweißkonstruktionen.

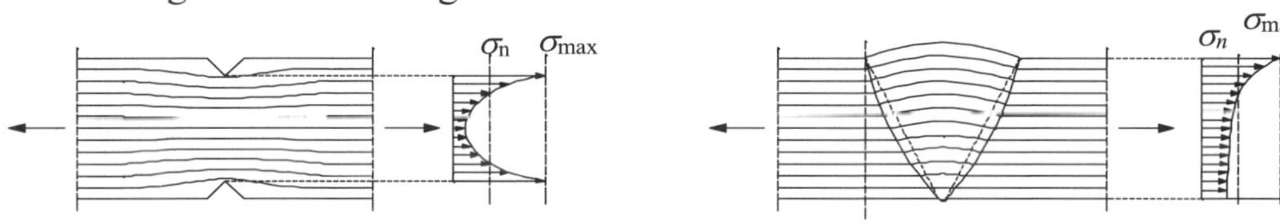

Abb. 10.6 Spannungsverteilung an einer Kerbe

Als Kerben sind alle Querschnittsänderungen, Lochschwächungen und Schweißnähte in Bauteilen zu betrachten, die Spannungsspitzen verursachen. Der Kraftfluss wird gestört und umgelenkt. Die Spannungsspitzen treten im Kerbgrund auf, Abb. 10.6. Der Ermüdungsbruch beginnt bei Schweißkonstruktionen an der Nahtwurzel oder dem Nahtübergang. Durch die Ausführungsart der Naht und die Bearbeitung der Oberfläche kann die Ermüdungsfestigkeit verbessert werden.
Die Baustahlsorte S 235 oder S 355 hat bei Schweißkonstruktionen mit i. Allg. starken Kerben keinen Einfluss auf die Dauerfestigkeit. Die Belastungsfrequenz bei den Versuchen hat nur geringen Einfluss auf die Dauerfestigkeit. Höhere Temperaturen setzen die Ermüdungsfestigkeit herab. Korrosive Umgebung mindert die Dauerfestigkeit erheblich. Bei dickeren Blechen entsteht eine schärfere Kerbwirkung. Der Einfluss des Spannungskollektivs wird in einem gesonderten Abschnitt behandelt.
Alle Bemessungsverfahren erfassen den Grad der Kerbwirkung durch eine Klassifizierung, die die verschiedenen **Kerbfälle** definieren. Die DIN EN 1993-1-9 enthält einen umfangreichen Katalog von Konstruktionselementen. Sie unterscheidet 14 Kerbfälle für nicht geschweißte und geschweißte Bauteile, (1-9, Tabelle 8.1 bis Tabelle 8.10). Der Bezugswert für die Bezeichnung der Kerbfälle ist die konstante Spannungsschwingbreite $\Delta\sigma_C$ oder $\Delta\tau_C$, die zu der Lebensdauer $N_C = 2 \cdot 10^6$ gehört, z. B. Kerbfall 36 mit $\Delta\sigma_C = 36$ N/mm². Der günstigste Kerbfall ist der Kerbfall 160. Er gilt für gewalzte oder gepresste Erzeugnisse. In den Tabellen sind für jeden Kerbfall die Konstruktionsdetails gezeichnet und die Herstellung und zusätzliche Anforderungen angegeben.

Die Nahtausführung beeinflusst ebenfalls die Einstufung in die einzelnen Kerbfälle. Weiterhin ist in vielen Kerbfällen eine Prüfung auf fehlerhafte Ausführung durchzuführen oder der Übergang muss kerbfrei ausgeführt werden.

Beispiel: Quer laufende Stumpfnähte

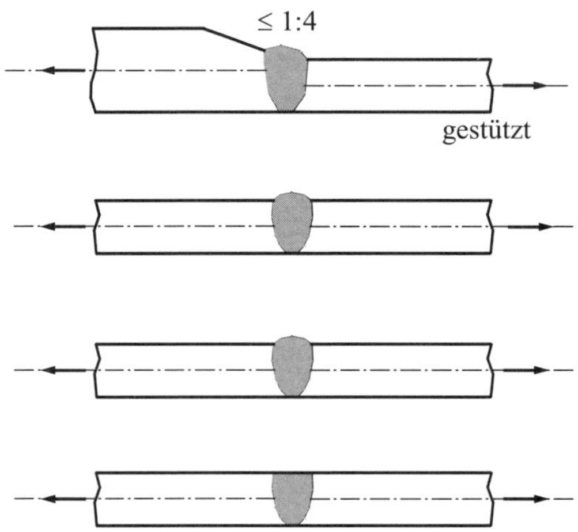

Kerbfall 50

Kerbfall 71
einseitig geschweißte Stumpfnähte, ZFP

Kerbfall 90
Querstöße von Blechen, ZFP

Kerbfall 112
alle Nähte blecheben in Lastrichtung geschliffen, ZFP

Beispiel: Angeschweißte Anschlüsse und Steifen

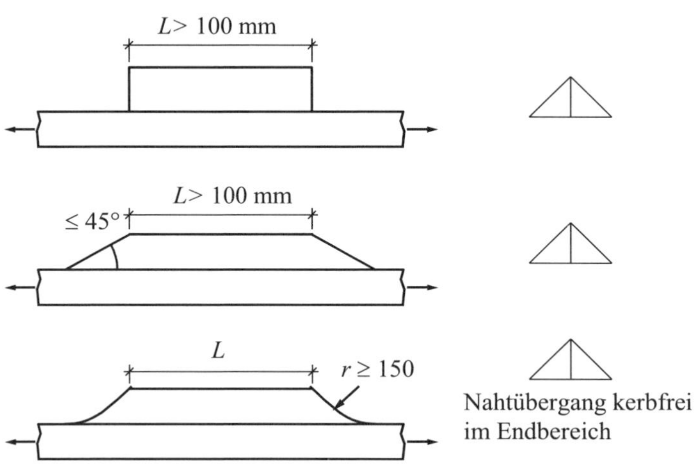

Kerbfall 56

Kerbfall 71

Kerbfall 80

10.5 Dauerfestigkeitsdiagramm

Die Ergebnisse der *Wöhler*versuche, die von dem Spannungsverhältnis κ und der Mittelspannung σ_m abhängen, werden zweckmäßig in einem Dauerfestigkeitsdiagramm dargestellt. Hier wird das Dauerfestigkeitsdiagramm nach *Smith* ausgewählt.

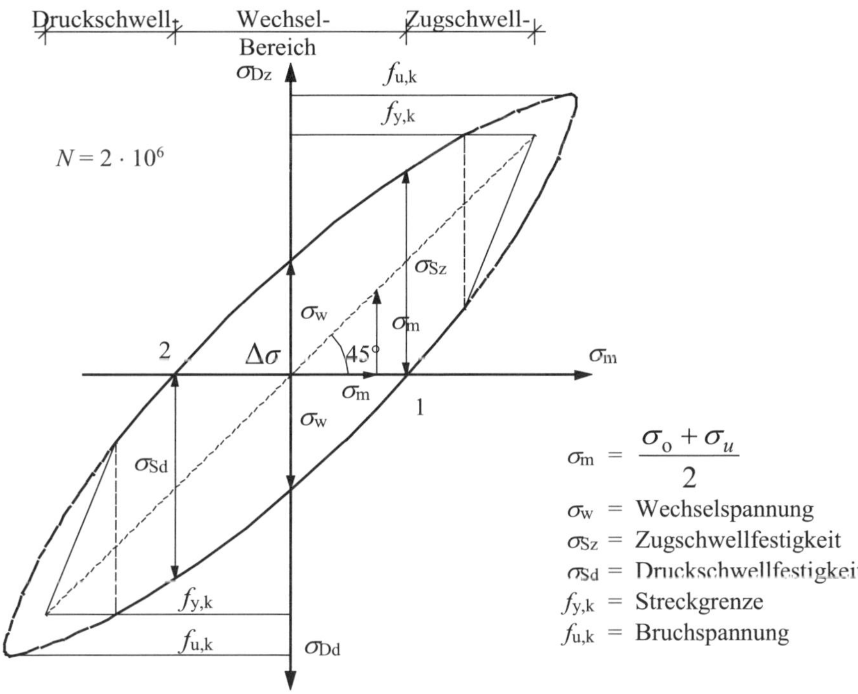

Abb. 10.7 Dauerfestigkeitsdiagramm nach Smith

Auf der Abszisse ist die Mittelspannung σ_m dargestellt, auf der Ordinate ist die Dauerfestigkeit dargestellt, die durch die Streckgrenze des Werkstoffs begrenzt ist. Der Abstand zwischen der oberen und der unteren Begrenzung ist die Schwingbreite $\Delta\sigma$. Im Ursprungspunkt ist die Mittelspannung $\sigma_m = 0$. Es handelt sich hierbei um die Wechselfestigkeit σ_w. Im Punkt 1 ist die zugehörige Mittelspannung $\sigma_m = \Delta\sigma/2$. An dieser Stelle ist die Zugschwellfestigkeit eingetragen und am Punkt 2 entsprechend die Druckschwellfestigkeit. Das Dauerfestigkeitsdiagramm nach *Smith* kann mit Hilfe der fünf Festigkeitswerte nach Abb. 10.7 als Polygonzug angenähert bzw. mathematisch beschrieben werden.

Bei Schweißkonstruktionen mit starker Kerbwirkung und hohen Eigenspannungen ist der Einfluss der Mittelspannung gering. Die Schwingbreite $\Delta\sigma$ im Dauerfestigkeitsdiagramm nach *Smith* wird dann konstant und damit unabhängig von der Mittelspannung σ_m, Abb. 10.8. Diese Betrachtung ist die Grundlage für den Ermüdungsnachweis im EC 3.

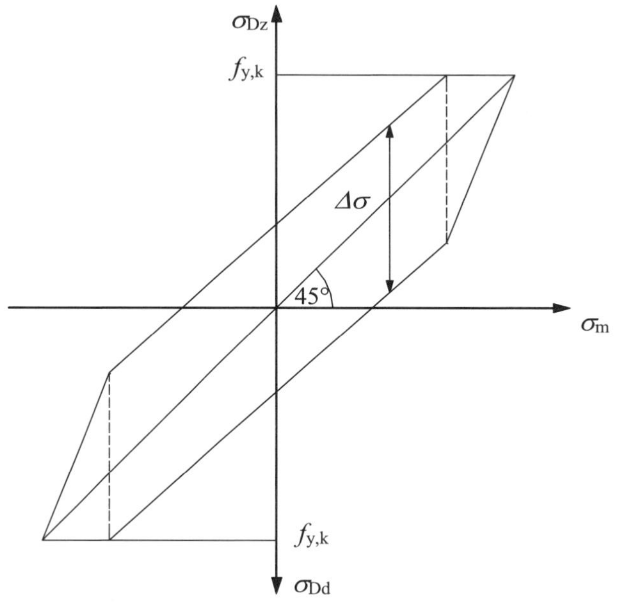

Abb. 10.8 Dauerfestigkeitsdiagramm nach Smith für starke Kerbwirkung

10.6 Spannungsspektrum

Die Betriebsfestigkeit ist die Ermüdungsfestigkeit unter den wirklichkeitsnahen Betriebsbedingungen. Belastungen von unterschiedlicher Größe und Häufigkeit treten in regelloser Folge auf. Die Art der Betriebsspannungen, die durch das Spannungsspektrum beschrieben wird, hat großen Einfluss auf die Lebensdauer der Bauteile. Daher ist für den Nachweis der Ermüdungsfestigkeit das zugehörige Spektrum der Spannungsschwingbreiten für das Bauteil zu bestimmen. Dies erfolgt durch die statistische Auswertung von gemessenen Spannungs-Zeit-Verläufen, Abb. 10.9.

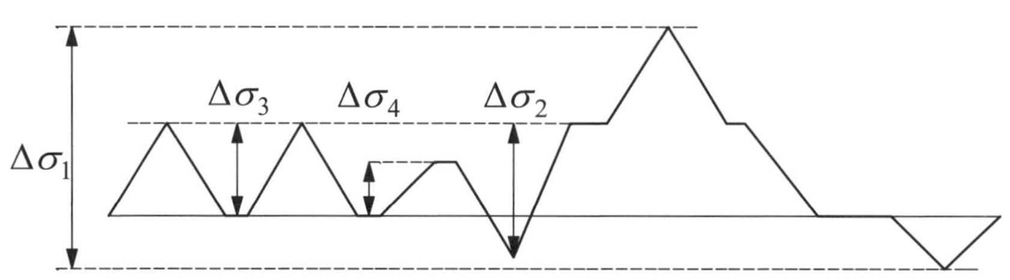

Abb. 10.9 Spannungs-Zeit-Verlauf für einen Lastzyklus

Da die Ermüdungsfestigkeit von der Schwingbreite und der Mittelspannung abhängig ist, unterscheidet man zwischen ein- und zweiparametrigen Zählverfahren.
Im EC 3 ist die Reservoirmethode als Zählverfahren näher erläutert. Bei der Reservoirmethode nimmt man an, dass das Diagramm des Spannungs-Zeit-Verlaufes mit Wasser gefüllt ist und das Wasser an der niedrigsten Stelle abläuft. Es werden die gedachten Wasserstände gemessen, die die Schwingbreite $\Delta\sigma$ darstellen.

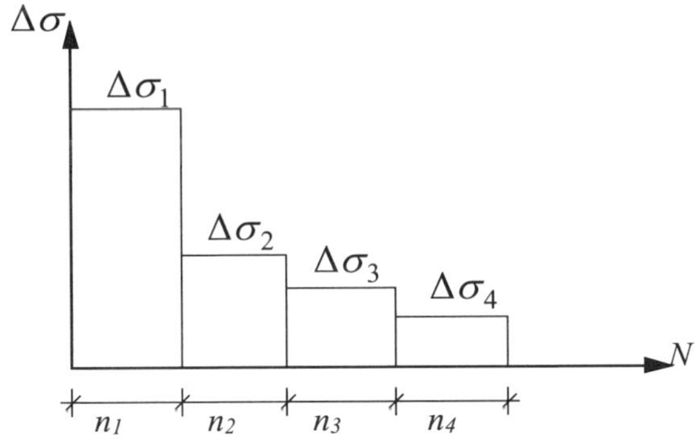

Abb. 10.10 Spektrum der Spannungsschwingbreiten

Die Anzahl der Spannungsspiele n_i der einzelnen Spannungsschwingbreiten während der Nutzungsdauer des Bauteils wird ermittelt und als Diagramm der Überschreitungshäufigkeit dargestellt (Abb. 10.10).

10.7 Schädigungsberechnung

Die wechselnden Betriebsspannungen eines Bauteils verlaufen i. Allg. regellos. Sie können aber, wie im Abschnitt 10.6 dargestellt, durch ein Spannungskollektiv beschrieben werden. Für die Vorhersage der Lebensdauer der Bauteile stehen dagegen meist Versuchsergebnisse mit dem Einstufenkollektiv, die in den *Wöhler*linien dargestellt sind, zur Verfügung. Deshalb ist für beliebige Spannungskollektive eine Hypothese erforderlich, wie sich die Teilschäden einzelner Spannungsspiele mit konstanter Schwingbreite $\Delta\sigma_i$ zu einer Schadenssumme akkumulieren und zum Versagen des Bauteils führen. Die einfachste Hypothese ist die Annahme einer linearen Schädigung von *Palmgrin* und *Miner*, die meist als *Miner*-Regel bezeichnet wird, Abb. 10.11. Versagen tritt ein, wenn die Schadenssumme den Wert 1 erreicht. Die Schadenssumme für ein Spannungskollektiv mit n_i Schwingspielen je Spannungshorizont i ergibt sich zu

$$D = \frac{n_1}{N_1} + \frac{n_2}{N_2} + \cdots = \sum \frac{n_i}{N_i} = \int_0^{\max N} \frac{dn}{N} \leq 1 \tag{10.5}$$

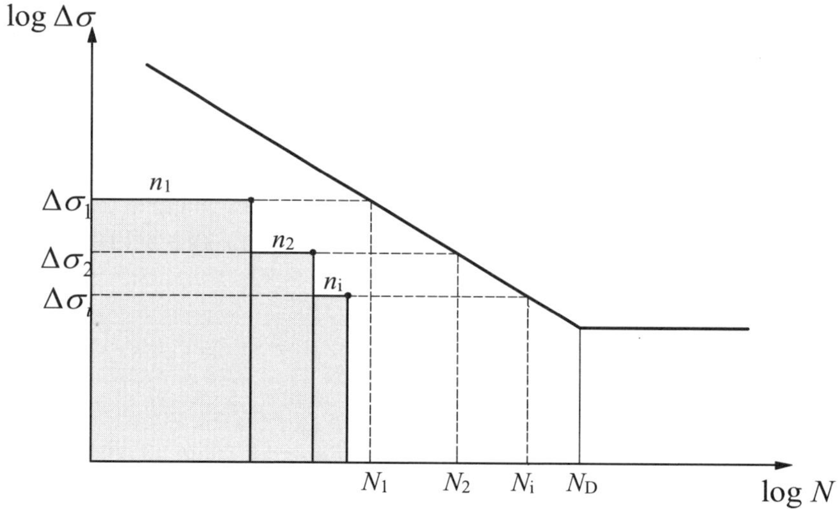

Abb. 10.11 Anwendung der Miner-Regel

Die *Miner*-Regel ermöglicht die Auswertung von Spannungskollektiven. Die lineare Schädigungshypothese von *Palmgrin* und *Miner* geht davon aus, dass alle Spannungsschwingbreiten oberhalb der Dauerfestigkeit liegen. Zahlreiche Untersuchungen zeigten, dass auch Spannungen unterhalb der Dauerfestigkeit zu Teilschädigungen führen. Nach einem Vorschlag von *Haibach* wird die *Wöhler*linie modifiziert und im Bereich der Dauerfestigkeit mit der Neigung von $2 \cdot m - 1$ fortgesetzt. Vereinfacht kann man annehmen, dass die Neigung m der *Wöhler*linie konstant ist. Dies liegt auf der sicheren Seite.

10.8 Ermüdungsnachweis nach Eurocode 3

10.8.1 Allgemeines

Der Ermüdungsnachweis von Stahlbauten, z. B. Stahlbrücken und Kranbahnen, wird auf der Grundlage der DIN EN 1993-1-9 geführt. Der Nachweis basiert auf dem **Nennspannungskonzept**. Die Schnittgrößen werden nach der Stabstatik ermittelt und die Spannung an der Stelle der zu erwartenden Rissbildung nach der Festigkeitslehre berechnet. Auch bei den Versuchen gilt für die Berechnung das Nennspannungskonzept.
Der Ermüdungsfestigkeitsnachweis basiert auf der normierten *Wöhler*linie und der *Miner*-Regel. Da der Einfluss der Mittelspannung bei Schweißkonstruktionen vernachlässigt wird, wird der Ermüdungsnachweis mit der maximalen Spannungsschwingbreite $\Delta\sigma_1$ geführt. Im EC 3 gilt das Konzept der Teilsicherheitsbeiwerte. Der Teilsicherheitsbeiwert γ_{Mf} wird je nach dem Zuverlässigkeitskonzept und den möglichen Schadensfolgen abgestuft und auf die *Wöhler*linie

mit der Überlebenswahrscheinlichkeit $P_Ü$ = 97,5 % bezogen. Der Ermüdungsnachweis kann mit der Schädigungsberechnung oder der schadensäquivalenten Spannungsschwingbreite erfolgen. Der Nachweis für die Spannungskollektive wird mit einer reduzierten schadensäquivalenten Spannungsschwingbreite auf der Beanspruchungsseite geführt, die denselben Schädigungsbeitrag liefert.

10.8.2 Ermüdungsfestigkeitskurve

In Abb. 10.12 ist die Ermüdungsfestigkeitskurve nach EC 3 angegeben.

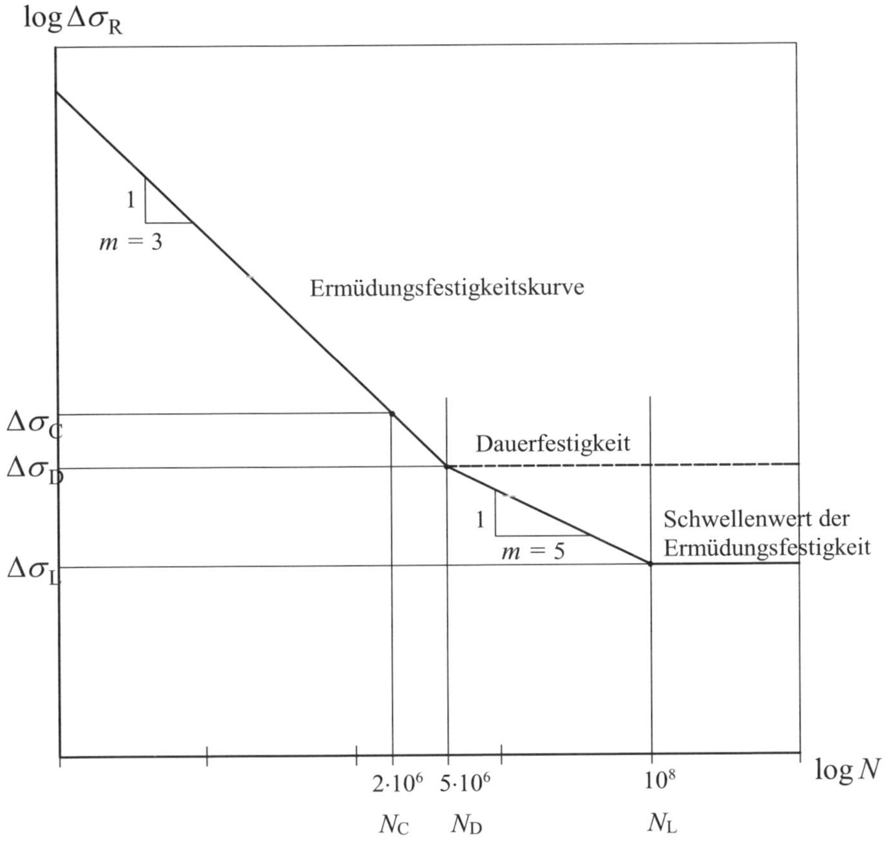

Abb. 10.12 Ermüdungsfestigkeitskurve nach EC 3

Jeder Kerbfall ist durch einen Zahlenwert in N/mm², z. B. Kerbfall 50, beschrieben. Dieser Zahlenwert ist der Bezugswert $\Delta\sigma_C$ der Ermüdungsfestigkeitskurve bei $N_C = 2 \cdot 10^6$ Spannungsspielen. Mit der negativen inversen Steigung m und diesem Bezugswert kann die Bauteil*wöhler*linie im Zeitfestigkeitsbereich beschrieben werden.

$$\Delta\sigma_R^m \cdot N_R = \Delta\sigma_C^m \cdot 2 \cdot 10^6$$

oder aufgelöst nach:

$$N_R = \left(\frac{\Delta\sigma_C}{\Delta\sigma_R}\right)^m \cdot 2 \cdot 10^6 \quad \text{bzw.} \quad \Delta\sigma_R = \left(\frac{2 \cdot 10^6}{N_R}\right)^{\frac{1}{m}} \cdot \Delta\sigma_C \tag{10.6}$$

Die Dauerfestigkeit $\Delta\sigma_D$ ist nach EC 3 bei $N_D = 5 \cdot 10^6$ Spannungsspielen erreicht. Es gilt in diesem Bereich für geschweißte Bauteile $m = 3$.

$$\Delta\sigma_D = \left(\frac{2 \cdot 10^6}{N_D}\right)^{\frac{1}{m}} \cdot \Delta\sigma_C = \left(\frac{2 \cdot 10^6}{5 \cdot 10^6}\right)^{\frac{1}{3}} \cdot \Delta\sigma_C = 0{,}737 \cdot \Delta\sigma_C \tag{10.7}$$

Die modifizierte *Wöhler*linie für die Schädigungsrechnung beginnt bei $N_D = 5 \cdot 10^6$ Spannungsspielen und endet bei $N_L = 10^8$ Spannungsspielen mit dem Schwellenwert $\Delta\sigma_L$. Der Schwellenwert $\Delta\sigma_L$ der Ermüdungsfestigkeit ist die Grenze, unterhalb der Spannungsschwingbreiten von Spektren nicht mehr zur Akkumulation des Ermüdungsschadens beitragen. In diesem Bereich wird als Bezugswert $\Delta\sigma_D$ und $N_D = 5 \cdot 10^6$ gewählt.

$$\Delta\sigma_R^m \cdot N_R = \Delta\sigma_D^m \cdot 5 \cdot 10^6$$

oder aufgelöst nach:

$$N_R = \left(\frac{\Delta\sigma_D}{\Delta\sigma_R}\right)^m \cdot 5 \cdot 10^6 \quad \text{bzw.} \quad \Delta\sigma_R = \left(\frac{5 \cdot 10^6}{N_R}\right)^{\frac{1}{m}} \cdot \Delta\sigma_D \tag{10.8}$$

Der Schwellenwert $\Delta\sigma_L$ ist nach EC 3 bei $N_L = 10^8$ Spannungsspielen erreicht. Es gilt in diesem Bereich für geschweißte Bauteile $m = 5$.

$$\Delta\sigma_L = \left(\frac{5 \cdot 10^6}{N_R}\right)^{\frac{1}{m}} \cdot \Delta\sigma_D = \left(\frac{5 \cdot 10^6}{10^8}\right)^{\frac{1}{5}} \cdot \Delta\sigma_D = 0{,}549 \cdot \Delta\sigma_D = 0{,}405 \cdot \Delta\sigma_C \tag{10.9}$$

10.8.3 Ermüdungsnachweis mit der Schädigungsberechnung

Im EC 3 ist der Ermüdungsnachweis mit der Schädigungsberechnung als eine Möglichkeit für den Nachweis von ermüdungsbeanspruchten Konstruktionen angegeben. Voraussetzung für diesen Nachweis ist die Kenntnis der Spannungsschwingbreiten $\Delta\sigma_i$ und der zugehörigen Spannungsspiele n_{Ei}.

Die Nennspannungen $\Delta\sigma_i$ müssen alle Lasteinwirkungen realistisch berücksichtigen und auf einer elastischen Berechnung der Bauteile beruhen. Sie sind auf dem Gebrauchsniveau zu berechnen. Bei gleichzeitiger Wirkung von Normalspannungen $\Delta\sigma_i$ und Schubspannungen $\Delta\tau_i$ sind beide Schädigungsanteile nach EC 3 zu addieren.

Die Schädigungsrechnung wird, um die Sicherheitsbeiwerte zu berücksichtigen, mit den Bemessungswerten durchgeführt. Für den Nachweis sind die Spannungsschwingbreiten $\Delta\sigma_i$ mit dem Teilsicherheitsbeiwert γ_{Ff} zu multiplizieren und die Ermüdungsfestigkeit $\Delta\sigma_C$ bzw. $\Delta\sigma_D$ durch den Teilsicherheitsbeiwert γ_{Mf} zu dividieren. Für den Teilsicherheitsbeiwert der Einwirkungen gilt im Allgemeinen $\gamma_{Ff} = 1{,}0$. Im EC 3 werden für den Teilsicherheitsbeiwert γ_{Mf} je nach dem Zuverlässigkeitskonzept und den möglichen Schadensfolgen die Werte nach Tabelle 10.1 empfohlen.

Tabelle 10.1 Teilsicherheitsbeiwert γ_{Mf} nach EC 3

Bemessungskonzept	Schadensfolgen	
	niedrig	hoch
Schadenstoleranz	1,00	1,15
Sicherheit gegen Ermüdungsversagen ohne Vorwarnung	1,15	1,35

Der Ermüdungsnachweis lautet:

$$D_d = \sum_i^n \frac{n_{Ei}}{N_{Ri}} \leq 1{,}0 \qquad (10.10)$$

Für den Anteil der Normalspannungen $\Delta\sigma_i$ gilt unter Beachtung des Sicherheitskonzeptes:

$$\Delta\sigma_i \geq \Delta\sigma_D \qquad N_{Ri} = \left(\frac{\Delta\sigma_C}{\gamma_{Mf}\cdot\gamma_{Ff}\cdot\Delta\sigma_i}\right)^3 \cdot 2\cdot 10^6 \qquad (10.11)$$

$$\Delta\sigma_D > \Delta\sigma_i \geq \Delta\sigma_L \qquad N_{Ri} = \left(\frac{\Delta\sigma_D}{\gamma_{Mf}\cdot\gamma_{Ff}\cdot\Delta\sigma_i}\right)^5 \cdot 5\cdot 10^6 \qquad (10.12)$$

$\Delta\sigma_i < \Delta\sigma_L$ kein Schädigungsbeitrag

Für den Anteil der Schubspannungen $\Delta\tau_i$ gilt eine Bauteil*wöhler*linie mit $m = 5$ bis zu dem Schwellenwert $\Delta\tau_L$ mit $N_L = 10^8$ Spannungsspielen.

$$\Delta\tau_i \geq \Delta\tau_L \qquad N_{Ri} = \left(\frac{\Delta\tau_C}{\gamma_{Mf}\cdot\gamma_{Ff}\cdot\Delta\tau_i}\right)^5 \cdot 2\cdot 10^6 \qquad (10.13)$$

$\Delta\tau_i < \Delta\tau_L$ kein Schädigungsbeitrag

Beispiel 10.1: Mehrstufenkollektiv, Abb. 10.13

Kerbfall 50 $\Delta\sigma_C = 50\ \text{N/mm}^2$ $\Sigma n_{Ei} = 10^7$

$$\Delta\sigma_D = 0{,}737\cdot\Delta\sigma_C = 0{,}737\cdot 50 = 36{,}9\ \text{N/mm}^2$$

$$\Delta\sigma_L = 0{,}405\cdot\Delta\sigma_C = 0{,}405\cdot 50 = 20{,}3\ \text{N/mm}^2$$

Teilsicherheitsbeiwert: $\gamma_{Ff} = 1{,}00$ $\gamma_{Mf} = 1{,}15$

$$\Delta\sigma_1 = 80 \text{ N/mm}^2 \geq \Delta\sigma_D \qquad n_{E1} = 100\,000$$

$$\Delta\sigma_2 = 40 \text{ N/mm}^2 \geq \Delta\sigma_D \qquad n_{E2} = 700\,000$$

$$\Delta\sigma_D > \Delta\sigma_3 = 25 \text{ N/mm}^2 \geq \Delta\sigma_L \qquad n_{E3} = 2\,200\,000$$

$$\Delta\sigma_4 = 15 \text{ N/mm}^2 < \Delta\sigma_L \qquad n_{E4} = 7\,000\,000$$

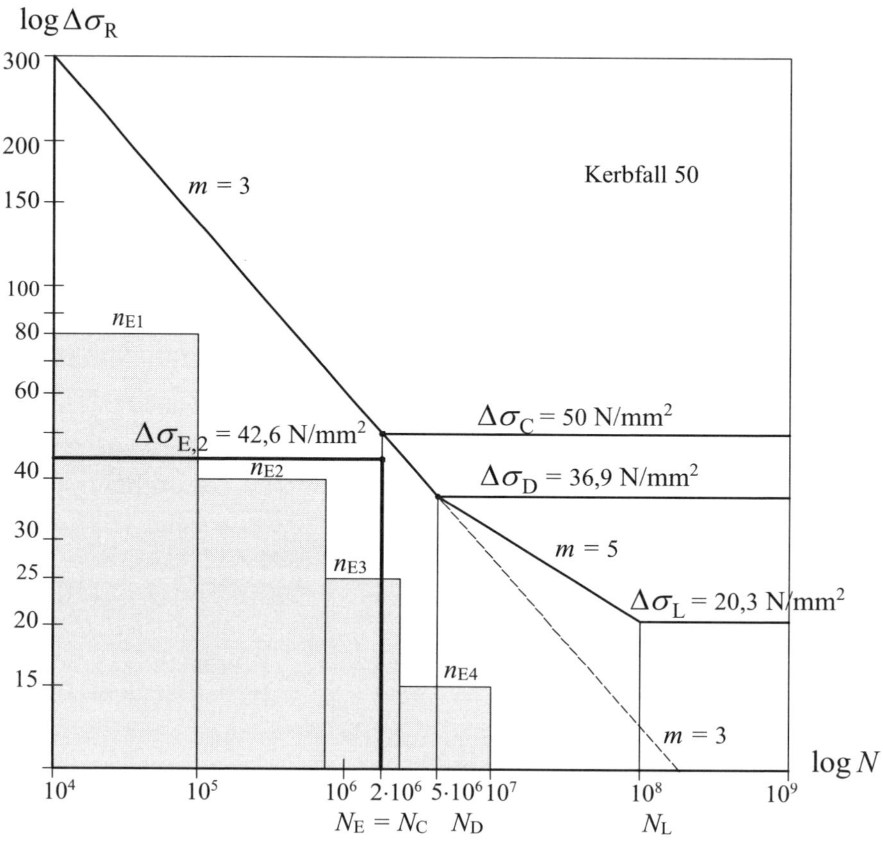

Abb. 10.13 Erläuterungsbeispiel zu EC 3

$$N_{R1} = \left(\frac{\Delta\sigma_C}{\gamma_{Mf} \cdot \gamma_{Ff} \cdot \Delta\sigma_i}\right)^3 \cdot 2 \cdot 10^6 = \left(\frac{50}{1{,}15 \cdot 1{,}00 \cdot 80}\right)^3 \cdot 2 \cdot 10^6 = 321\,100$$

$$N_{R2} = \left(\frac{\Delta\sigma_C}{\gamma_{Mf} \cdot \gamma_{Ff} \cdot \Delta\sigma_i}\right)^3 \cdot 2 \cdot 10^6 = \left(\frac{50}{1{,}15 \cdot 1{,}00 \cdot 40}\right)^3 \cdot 2 \cdot 10^6 = 2\,568\,100$$

$$N_{R3} = \left(\frac{\Delta\sigma_D}{\gamma_{Mf} \cdot \gamma_{Ff} \cdot \Delta\sigma_i}\right)^5 \cdot 5 \cdot 10^6 = \left(\frac{36{,}9}{1{,}15 \cdot 1{,}00 \cdot 25}\right)^5 \cdot 5 \cdot 10^6 = 17\,415\,000$$

$\Delta\sigma_4 = 15 \text{ N/mm}^2 < \Delta\sigma_L$ kein Schädigungsbeitrag

$$D_\mathrm{d} = \sum_i^n \frac{n_\mathrm{Ei}}{N_\mathrm{Ri}} = \frac{100\,000}{321\,100} + \frac{700\,000}{2\,568\,000} + \frac{2\,200\,000}{17\,415\,000} = 0{,}710 \le 1{,}0$$

Nimmt man vereinfacht an, dass die Neigung *m* der *Wöhler*linie konstant ist und berücksichtigt auch die Schädigungsanteile unterhalb der Schwellenfestigkeit, erhält man:

$$N_\mathrm{R1} = \left(\frac{\Delta\sigma_\mathrm{C}}{\gamma_\mathrm{Mf}\cdot\gamma_\mathrm{Ff}\cdot\Delta\sigma_\mathrm{i}}\right)^3 \cdot 2\cdot 10^6 = \left(\frac{50}{1{,}15\cdot 1{,}00\cdot 80}\right)^3 \cdot 2\cdot 10^6 = 321\,100$$

$$N_\mathrm{R2} = \left(\frac{\Delta\sigma_\mathrm{C}}{\gamma_\mathrm{Mf}\cdot\gamma_\mathrm{Ff}\cdot\Delta\sigma_\mathrm{i}}\right)^3 \cdot 2\cdot 10^6 = \left(\frac{50}{1{,}15\cdot 1{,}00\cdot 40}\right)^3 \cdot 2\cdot 10^6 = 2\,568\,100$$

$$N_\mathrm{R3} = \left(\frac{\Delta\sigma_\mathrm{C}}{\gamma_\mathrm{Mf}\cdot\gamma_\mathrm{Ff}\cdot\Delta\sigma_\mathrm{i}}\right)^3 \cdot 2\cdot 10^6 = \left(\frac{50}{1{,}15\cdot 1{,}00\cdot 25}\right)^3 \cdot 2\cdot 10^6 = 10\,520\,000$$

$$N_\mathrm{R4} = \left(\frac{\Delta\sigma_\mathrm{C}}{\gamma_\mathrm{Mf}\cdot\gamma_\mathrm{Ff}\cdot\Delta\sigma_\mathrm{i}}\right)^3 \cdot 2\cdot 10^6 = \left(\frac{50}{1{,}15\cdot 1{,}00\cdot 15}\right)^3 \cdot 2\cdot 10^6 = 48\,705\,000$$

$$D_\mathrm{d} = \sum_i^n \frac{n_\mathrm{Ei}}{N_\mathrm{Ri}} = \frac{100\,000}{321\,100} + \frac{700\,000}{2\,568\,000} + \frac{2\,200\,000}{10\,520\,000} + \frac{7\,000\,000}{48\,405\,000} = 0{,}938 \le 1{,}0$$

10.8.4 Schadensäquivalente Spannungsschwingbreite

Der Nachweis mit einer schadensäquivalenten Spannungsschwingbreite $\Delta\sigma_\mathrm{E}$ und der zugehörigen Spannungsspielzahl n_E basiert ebenfalls auf der Schädigungsrechnung. Er geht davon aus, dass jedes Spannungskollektiv in ein Einstufen-Kollektiv mit gleicher Schädigung *D* umgerechnet werden kann. Der Vorteil dieser Formulierung besteht darin, dass standardisierte Lastkollektive z. B. für Krane und Kranbahnen eingeführt werden können, die den Nachweis erleichtern. Die Neigung *m* der W*öhler*linie ist in diesem Fall konstant, d.h. Schädigungsanteile unterhalb der Dauerfestigkeit werden mit derselben Neigung berücksichtigt. Dies liegt auf der sicheren Seite. Die Teilsicherheitsbeiwerte müssen, wie der Herleitung zu entnehmen ist, erst im Nachweis berücksichtigt werden.

Für das Einstufenkollektiv gilt:

$$D = \frac{n_\mathrm{E}}{N_\mathrm{E}} \qquad N_\mathrm{E} = \left(\frac{\Delta\sigma_\mathrm{C}}{\Delta\sigma_\mathrm{E}}\right)^\mathrm{m} \cdot 2\cdot 10^6$$

Für das Mehrstufenkollektiv gilt:

$$D = \sum_i^n \frac{n_{\mathrm{Ei}}}{N_{\mathrm{Ri}}} \qquad N_{\mathrm{Ri}} = \left(\frac{\Delta\sigma_{\mathrm{C}}}{\Delta\sigma_{\mathrm{i}}}\right)^{\mathrm{m}} \cdot 2 \cdot 10^6$$

Die Schädigung D soll gleich sein:

$$\frac{n_{\mathrm{E}}}{N_{\mathrm{E}}} = \frac{n_{\mathrm{E}}}{2 \cdot 10^6} \cdot \left(\frac{\Delta\sigma_{\mathrm{E}}}{\Delta\sigma_{\mathrm{C}}}\right)^{\mathrm{m}} = \sum_i^n \frac{n_{\mathrm{Ei}}}{N_{\mathrm{Ri}}} = \sum_i^n \frac{n_{\mathrm{Ei}}}{2 \cdot 10^6} \cdot \left(\frac{\Delta\sigma_{\mathrm{i}}}{\Delta\sigma_{\mathrm{C}}}\right)^{\mathrm{m}}$$

$$n_{\mathrm{E}} \cdot \Delta\sigma_{\mathrm{E}}^{\mathrm{m}} = \sum_i^n n_{\mathrm{Ei}} \cdot \Delta\sigma_{\mathrm{i}}^{\mathrm{m}} \qquad \Delta\sigma_{\mathrm{E}} = \left[\frac{1}{n_{\mathrm{E}}} \cdot \sum_i^n \Delta\sigma_{\mathrm{i}}^{\mathrm{m}} \cdot n_{\mathrm{Ei}}\right]^{\frac{1}{\mathrm{m}}} \tag{10.14}$$

Die Spannungsspielzahl n_{E} für das Einstufenkollektiv kann beliebig gewählt werden. Im EC 3 wird für n_{E} der Bezugswert der Ermüdungsfestigkeit $N_{\mathrm{C}} = 2 \cdot 10^6$ angenommen und die schadensäquivalente Spannungsschwingbreite mit $\Delta\sigma_{\mathrm{E,2}}$ bezeichnet.

$$\Delta\sigma_{\mathrm{E,2}} = \left[\frac{1}{2 \cdot 10^6} \cdot \sum_i^n \Delta\sigma_{\mathrm{i}}^{\mathrm{m}} \cdot n_{\mathrm{Ei}}\right]^{\frac{1}{\mathrm{m}}} \tag{10.15}$$

Wird die schadensäquivalente Spannungsschwingbreite $\Delta\sigma_{\mathrm{E,2}}$ auf die maximale Spannungsschwingbreite $\Delta\sigma_1$ bezogen, gilt mit dem λ-Beiwert:

$$\Delta\sigma_{\mathrm{E,2}} = \lambda \cdot \Delta\sigma_1 \qquad \lambda = \frac{\Delta\sigma_{\mathrm{E,2}}}{\Delta\sigma_1} = \frac{1}{\Delta\sigma_1} \cdot \left[\frac{1}{2 \cdot 10^6} \cdot \sum_i^n \Delta\sigma_{\mathrm{i}}^{\mathrm{m}} \cdot n_{\mathrm{Ei}}\right]^{\frac{1}{\mathrm{m}}}$$

$$\lambda = \left[\frac{1}{2 \cdot 10^6} \cdot \sum_i^n \left(\frac{\Delta\sigma_{\mathrm{i}}}{\Delta\sigma_1}\right)^{\mathrm{m}} \cdot n_{\mathrm{Ei}}\right]^{\frac{1}{\mathrm{m}}} \tag{10.16}$$

Für die schadensäquivalente Spannungsschwingbreite $\Delta\tau_{\mathrm{E,2}}$ gilt entsprechend:

$$\Delta\tau_{\mathrm{E,2}} = \lambda \cdot \Delta\tau_1 \qquad \lambda = \left[\frac{1}{2 \cdot 10^6} \cdot \sum_i^n \left(\frac{\Delta\tau_{\mathrm{i}}}{\Delta\tau_1}\right)^{\mathrm{m}} \cdot n_{\mathrm{Ei}}\right]^{\frac{1}{\mathrm{m}}} \tag{10.17}$$

Ist die Schädigungssumme D_{d} bekannt, kann die zugehörige schadensäquivalente Spannungsschwingbreite $\Delta\sigma_{\mathrm{E,2}}$ folgendermaßen berechnet werden:

$$\Delta\sigma_{\mathrm{E,2}} = \left(D_{\mathrm{d}}\right)^{\frac{1}{\mathrm{m}}} \cdot \frac{\Delta\sigma_{\mathrm{C}}}{\gamma_{\mathrm{Mf}} \cdot \gamma_{\mathrm{Ff}}} \tag{10.18}$$

Nach EC 3 gilt für den Nachweis die folgende Regelung:
Die Spannungsschwingbreiten für Nennspannungen sind zu begrenzen:

$\Delta\sigma \leq 1{,}5 \cdot f_{\mathrm{y}}$ für Längsspannungen

$\Delta\tau \leq 1{,}5 \cdot f_{\mathrm{y}} / \sqrt{3}$ für Schubspannungen

Es ist nachzuweisen, dass für die Ermüdungsbelastung gilt:

$$\frac{\gamma_{Ff} \cdot \Delta\sigma_{E,2}}{\Delta\sigma_C / \gamma_{Mf}} \leq 1{,}0 \quad \text{bzw.} \quad \frac{\gamma_{Ff} \cdot \Delta\tau_{E,2}}{\Delta\tau_C / \gamma_{Mf}} \leq 1{,}0 \tag{10.19}$$

Bei gleichzeitiger Wirkung von Längs- und Schubspannungsschwingbreiten $\Delta\sigma_{E,2}$ und $\Delta\tau_{E,2}$ ist nachzuweisen:

$$\left(\frac{\gamma_{Ff} \cdot \Delta\sigma_{E,2}}{\Delta\sigma_C / \gamma_{Mf}}\right)^3 + \left(\frac{\gamma_{Ff} \cdot \Delta\tau_{E,2}}{\Delta\tau_C / \gamma_{Mf}}\right)^5 \leq 1{,}0 \tag{10.20}$$

Beispiel 10.2: Mehrstufenkollektiv Kerbfall 50

$$\Delta\sigma_C = 50 \text{ N/mm}^2 \qquad \Sigma n_{Ei} = 10^7$$

Teilsicherheitsbeiwert: $\gamma_{Ff} = 1{,}00 \qquad \gamma_{Mf} = 1{,}15$

$$\Delta\sigma_1 = 80 \text{ N/mm}^2 \; \Delta\sigma_2 = 40 \text{ N/mm}^2 \; \Delta\sigma_3 = 25 \text{ N/mm}^2 \; \Delta\sigma_4 = 15 \text{ N/mm}^2$$

$$n_{E1} = 100\ 000 \;\; n_{E2} = 700\ 000 \;\; n_{E3} = 2\ 200\ 000 \;\; n_{E4} = 7\ 000\ 000$$

$$\lambda = \left[\frac{1}{2 \cdot 10^6} \cdot \sum_i^n \left(\frac{\Delta\sigma_i}{\Delta\sigma_1}\right)^m \cdot n_{Ei}\right]^{\frac{1}{m}}$$

$$\lambda = \left[\left(\frac{80}{80}\right)^3 \cdot \frac{0{,}1}{2} + \left(\frac{40}{80}\right)^3 \cdot \frac{0{,}7}{2} + \left(\frac{25}{80}\right)^3 \cdot \frac{2{,}2}{2} + \left(\frac{15}{80}\right)^3 \cdot \frac{7}{2}\right]^{\frac{1}{3}} = 0{,}532$$

$$\Delta\sigma_{E,2} = \lambda \cdot \Delta\sigma_1 = 0{,}532 \cdot 80 = 42{,}6 \text{ N/mm}^2$$

$$\frac{\gamma_{Ff} \cdot \Delta\sigma_{E,2}}{\Delta\sigma_C / \gamma_{Mf}} = \frac{1{,}0 \cdot 42{,}6}{50 / 1{,}15} = 0{,}980 \leq 1{,}0$$

Die Schädigungssumme D_d ist in diesem Fall aus dem Beispiel 10.1 bekannt.

$$\Delta\sigma_{E,2} = \left(D_d\right)^{\frac{1}{m}} \cdot \frac{\Delta\sigma_C}{\gamma_{Mf} \cdot \gamma_{Ff}} = \left(0{,}938\right)^{\frac{1}{3}} \cdot \frac{50}{1{,}15 \cdot 1{,}00} = 42{,}6 \text{ N/mm}^2$$

Zum Vergleich kann aus dem Beispiel 10.1 auch für die modifizierte *Wöhler*linie die Spannungsschwingbreite $\Delta\sigma_{E,2}$ berechnet werden.

$$\Delta\sigma_{E,2} = \left(D_d\right)^{\frac{1}{m}} \cdot \frac{\Delta\sigma_C}{\gamma_{Mf} \cdot \gamma_{Ff}} = \left(0{,}710\right)^{\frac{1}{3}} \cdot \frac{50}{1{,}15 \cdot 1{,}00} = 38{,}8 \text{ N/mm}^2$$

Die Summation kann auch auf die gesamte Summe der Spannungsspiele Σn_{Ei} bezogen werden.

$$\lambda = \left[\frac{\Sigma n_{Ei}}{2 \cdot 10^6} \cdot \sum_i^n \left(\frac{\Delta\sigma_i}{\Delta\sigma_1}\right)^m \cdot \frac{n_{Ei}}{\Sigma n_{Ei}}\right]^{\frac{1}{m}}$$

Dann ist es möglich, idealisierte Spannungskollektive mit n_i Spannungsspielen zu berücksichtigen. Denn es gilt:

$$\frac{n_{\mathrm{i}}}{\Sigma n_{\mathrm{i}}} = \frac{n_{\mathrm{Ei}}}{\Sigma n_{\mathrm{Ei}}} \qquad \lambda = \left[\frac{\Sigma n_{\mathrm{Ei}}}{2 \cdot 10^6} \cdot \sum_i^n \left(\frac{\Delta\sigma_{\mathrm{i}}}{\Delta\sigma_1} \right)^{\mathrm{m}} \cdot \frac{n_{\mathrm{i}}}{\Sigma n_{\mathrm{i}}} \right]^{\frac{1}{\mathrm{m}}} \tag{10.21}$$

Dazu sind noch folgende Abkürzungen einzuführen:

$$v = \frac{\Sigma n_{\mathrm{Ei}}}{2 \cdot 10^6} \qquad k = \sum_i^n \left(\frac{\Delta\sigma_{\mathrm{i}}}{\Delta\sigma_1} \right)^{\mathrm{m}} \cdot \frac{n_{\mathrm{i}}}{\Sigma n_{\mathrm{i}}} \qquad s = v \cdot k \qquad \lambda = s^{\frac{1}{\mathrm{m}}}$$

$\sum n_{\mathrm{Ei}}$ Gesamtzahl der Spannungsspiele während der Lebensdauer
v relative Gesamtzahl der Spannungsspiele
k Spannungskollektivbeiwert
s Spannungszeitverlaufsparameter

Beispiel 10.3: Idealisiertes Mehrstufenkollektiv Kerbfall 50

1. Spannungsspiele: $\Sigma n_{\mathrm{Ei}} = C = 10^7$

$$\Delta\sigma_1 = 80 \text{ N/mm}^2 \quad \Delta\sigma_2 = 40 \text{ N/mm}^2 \quad \Delta\sigma_3 = 25 \text{ N/mm}^2 \quad \Delta\sigma_4 = 15 \text{ N/mm}^2$$

$$n_1 = 10\,000 \quad n_2 = 70\,000 \quad n_3 = 220\,000 \quad n_4 = 700\,000 \quad \Sigma n_{\mathrm{i}} = 10^6$$

$$k = \sum_i^n \left(\frac{\Delta\sigma_{\mathrm{i}}}{\Delta\sigma_1} \right)^{\mathrm{m}} \cdot \frac{n_{\mathrm{i}}}{\Sigma n_{\mathrm{i}}}$$

$$k = \left(\frac{80}{80} \right)^3 \cdot \frac{0{,}1}{10} + \left(\frac{40}{80} \right)^3 \cdot \frac{0{,}7}{10} + \left(\frac{25}{80} \right)^3 \cdot \frac{2{,}2}{10} + \left(\frac{15}{80} \right)^3 \cdot \frac{7}{10} = 0{,}0301$$

$$s = v \cdot k = \frac{10 \cdot 10^6}{2 \cdot 10^6} \cdot 0{,}0301 = 0{,}1505 \qquad \lambda = s^{\frac{1}{\mathrm{m}}} = 0{,}1505^{\frac{1}{3}} = 0{,}532$$

$$\Delta\sigma_{\mathrm{E,2}} = \lambda \cdot \Delta\sigma_1 = 0{,}532 \cdot 80 = 42{,}6 \text{ N/mm}^2$$

10.8.5 Klassifizierung in Anwendungsnormen

Der λ-Beiwert wird in den neuen europäischen Anwendungsnormen für die Klassifizierung der Ermüdungseinwirkungen für Krane und Kranbahnen angewendet. Es werden zehn Beanspruchungsgruppen, die als Klasse S bezeichnet werden, eingeführt. Diese werden durch den Lastkollektivbeiwert kQ, der dem Spannungskollektivbeiwert k entspricht, und die Gesamtzahl der Arbeitsspiele (Spannungsspiele) C festgelegt. Sie hängen damit von dem Spannungszeitverlaufsparameter s ab. Für die Klasse S_7 gilt s = 1,00. Die weiteren Klassen unterscheiden sich um den Faktor 2. Damit erhält man die in Tabelle 10.2 angegebenen λ-Beiwerte mit

$$\lambda = s^{\frac{1}{\mathrm{m}}} \tag{10.22}$$

Tabelle 10.2 Spannungszeitverlaufsparameter *s* und λ-Beiwerte nach DIN EN 1991-3

Klassen S	Spannungszeitver-laufsparameter *s*	λ-Beiwert $m = 3$ Normalspannung	λ-Beiwert $m = 5$ Schubspannung
S_0	$s \leq 0{,}0078$	0,198	0,379
S_1	$0{,}0078 < s \leq 0{,}0156$	0,250	0,435
S_2	$0{,}0156 < s \leq 0{,}0313$	0,315	0,500
S_3	$0{,}0313 < s \leq 0{,}0625$	0,397	0,575
S_4	$0{,}0625 < s \leq 0{,}125$	0,500	0,660
S_5	$0{,}125 < s \leq 0{,}250$	0,630	0,758
S_6	$0{,}250 < s \leq 0{,}500$	0,794	0,871
S_7	$0{,}500 < s \leq 1{,}000$	1,000	1,000
S_8	$1{,}000 < s \leq 2{,}000$	1,260	1,149
S_9	$2{,}000 < s \leq 4{,}000$	1,587	1,320

Die Klassifizierung der Ermüdungseinwirkungen ist in EN 13001-1 geregelt. Entweder der Betreiber oder der Hersteller gibt die Klasse S an. Die Klassifizierung geht von einer Nutzungsdauer von 25 Jahren aus. Es gilt für die folgende Klassifizierung von S_0–S_9 die Bedingung:

$$s = \frac{C}{2 \cdot 10^6} \cdot kQ \qquad (10.23)$$

Tabelle 10.3 Klassifizierung der Ermüdungseinwirkungen von Kranen nach EN 13001-1

Klasse des Lastkollektivs		**Q_0**	**Q_1**	**Q_2**	**Q_3**	**Q_4**	**Q_5**
		$kQ \leq 0{,}0313$	$0{,}0313 < kQ \leq 0{,}0625$	$0{,}0625 < kQ \leq 0{,}125$	$0{,}125 < kQ \leq 0{,}250$	$0{,}250 < kQ \leq 0{,}500$	$0{,}500 < kQ \leq 1{,}000$
Klasse der Gesamtzahl von Arbeitsspielen							
U_0	$C \leq 1{,}60 \cdot 10^4$	S_0	S_0	S_0	S_0	S_0	S_0
U_1	$1{,}60 \cdot 10^4 < C \leq 3{,}15 \cdot 10^4$	S_0	S_0	S_0	S_0	S_0	S_1
U_2	$3{,}15 \cdot 10^4 < C \leq 6{,}30 \cdot 10^4$	S_0	S_0	S_0	S_0	S_1	S_2
U_3	$6{,}30 \cdot 10^4 < C \leq 1{,}25 \cdot 10^5$	S_0	S_0	S_0	S_1	S_2	S_3
U_4	$1{,}25 \cdot 10^5 < C \leq 2{,}50 \cdot 10^5$	S_0	S_0	S_1	S_2	S_3	S_4
U_5	$2{,}50 \cdot 10^5 < C \leq 5{,}00 \cdot 10^5$	S_0	S_1	S_2	S_3	S_4	S_5
U_6	$5{,}00 \cdot 10^5 < C \leq 1{,}00 \cdot 10^6$	S_1	S_2	S_3	S_4	S_5	S_6
U_7	$1{,}00 \cdot 10^6 < C \leq 2{,}00 \cdot 10^6$	S_2	S_3	S_4	S_5	S_6	S_7
U_8	$2{,}00 \cdot 10^6 < C \leq 4{,}00 \cdot 10^6$	S_3	S_4	S_5	S_6	S_7	S_8
U_9	$4{,}00 \cdot 10^6 < C \leq 8{,}00 \cdot 10^6$	S_4	S_5	S_6	S_7	S_8	S_9

11 Plattenbeulen

11.1 Nachweismethoden

Ein Nachweis ausreichender Beultragfähigkeit ist stets bei Querschnitten mit dünnwandigen druckbeanspruchten Querschnittsteilen zu führen. Der Beulsicherheitsnachweis ist allgemein in DIN EN 1993-1-5 geregelt. Beulgefährdete Querschnitte werden nach (1-1, 5.5.2 (1)) in die Querschnittsklasse 4 eingeordnet. **Querschnitte der Klasse 4** sind solche, bei denen örtliches Beulen vor Erreichen der Streckgrenze in einem oder mehreren Teilen des Querschnittes auftritt, s. Abschnitt Querschnittsklassifizierung.

Für den Beulsicherheitsnachweis sind zwei Methoden, die auf denselben Grundlagen aufbauen, zu unterscheiden:

1. die Methode der reduzierten Spannungen (1-5, 10)
2. die Methode der wirksamen Querschnittsflächen (1-5, 4.3).

Die Methode der wirksamen Querschnittsflächen ist vor allem dann anzuwenden, wenn für das Bauteil zusätzliche Stabilitätsnachweise wie Biegeknicken und/oder Biegedrillknicken zu berücksichtigen sind. Der Einfluss des Plattenbeulens besteht im Wesentlichen darin, dass die Stabsteifigkeit durch das Ausbeulen herabgesetzt wird und sich die Spannungen innerhalb des Querschnittes auf steifere oder weniger beanspruchte Querschnittsteile umlagern.

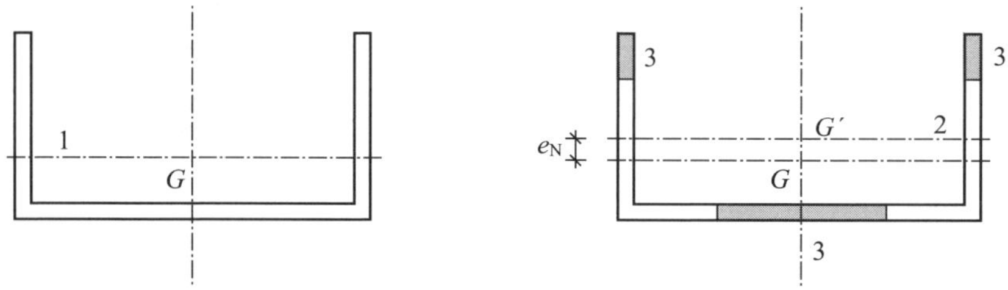

1 Schwerlinie des Bruttoquerschnittes
2 Schwerlinie des wirksamen Querschnittes
3 nicht wirksame Querschnittsflächen

Abb. 11.1 Wirksame Querschnittsfläche infolge von Druckkräften

Die wirksame Querschnittsfläche A_{eff} wird unter der Annahme konstanter Druckspannungen infolge der Druckkraft N_{Ed} berechnet. Bei unsymmetrischen Querschnitten verschiebt sich dadurch die Schwerlinie von G nach G', s. Abb.11.1, und es entsteht ein zusätzliches Moment (1-5, 4.3 (3)) und (1-1, 6.2.2.5 (4)).

$$\Delta M_{\mathrm{Ed}} = N_{\mathrm{Ed}} \cdot e_{\mathrm{N}} \tag{11.1}$$

Dieses Zusatzmoment ist beim Querschnittsnachweis zu berücksichtigen.

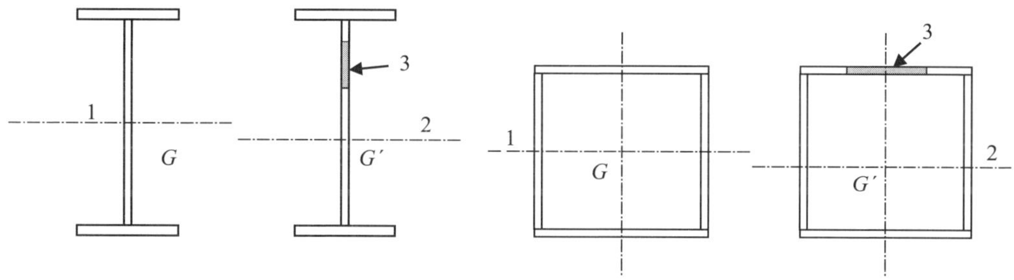

1 Schwerlinie des Bruttoquerschnittes
2 Schwerlinie des wirksamen Querschnittes
3 nicht wirksame Querschnittsflächen

Abb. 11.2 Wirksame Querschnittsfläche infolge von Biegemomenten

Das wirksame Widerstandsmoment W_{eff} wird unter der Spannungsverteilung für das Biegemoment M_{Ed} berechnet (1-5. 4.3 (4)). In den Beispielen der Abb. 11.2 ist für den I-Querschnitt nur der Steg und für den Kastenträger nur der Gurt beulgefährdet. Sind beide Querschnittsteile beulgefährdet, ist folgendermaßen vorzugehen (1-5, 4.4 (3)):

1. Es wird die wirksame Gurtbreite unter der Spannungsverteilung mit dem Bruttoquerschnitt bestimmt.
2. Es wird die wirksame Stegbreite unter der Spannungsverteilung des mit der wirksamen Gurtbreite reduzierten Querschnittes bestimmt. Die Schwerlinie verschiebt sich und das Spannungsverhältnis ψ für den Steg verändert sich.
3. Damit ist die wirksame Querschnittsfläche bestimmt, die für den Querschnittsnachweis erforderlich ist.

Der Nachweis entspricht dem Spannungsnachweis für den wirksamen Querschnitt und lautet nach (1-5, 4.6 (1)) für Druck und einachsige Biegung:

$$\eta_1 = \frac{N_{\mathrm{Ed}}}{\dfrac{A_{\mathrm{eff}} \cdot f_{\mathrm{y}}}{\gamma_{\mathrm{M0}}}} + \frac{M_{\mathrm{Ed}} + N_{\mathrm{Ed}} \cdot e_{\mathrm{N}}}{\dfrac{W_{\mathrm{eff}} \cdot f_{\mathrm{y}}}{\gamma_{\mathrm{M0}}}} \leq 1{,}0 \tag{11.2}$$

γ_{M0} der Teilsicherheitsbeiwert, s. EN 1993-2 bis -6

Es sind die Anmerkungen zum Teilsicherheitsbeiwert γ_{M0} in Band 1, Abschnitt 2.1, zu beachten. Die wirksamen Querschnittswerte sind auch in (1-1, 6.3) für Querschnitte der Klasse 4 zu berücksichtigen, s. Beispiele.

11.2 Methode der reduzierten Spannungen

In Abb. 11.3 ist ein Beulfeld mit allseitiger gelenkiger Lagerung dargestellt.

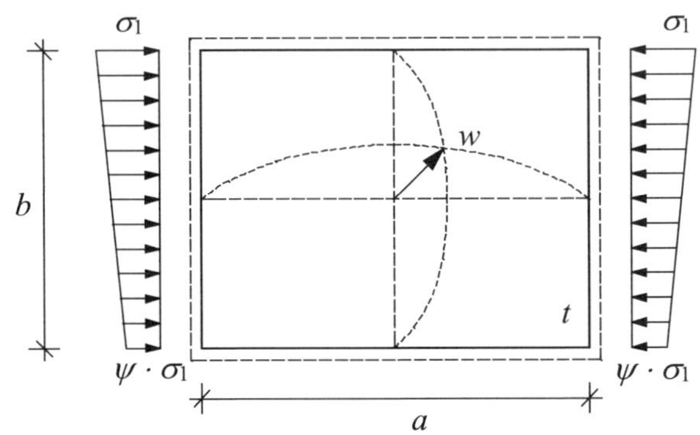

Abb. 11.3 Bezeichnungen des Beulfeldes

Die Länge des Beulfeldes wird mit *a*, die Breite des Beulfeldes mit *b* und die Dicke des Bleches mit *t* bezeichnet. Die Spannung σ wirkt an den Querrändern, in diesem Beispiel an dem Querrand *b*, und ist für den Beulsicherheitsnachweis als Druckspannung positiv definiert. Die Beultragfähigkeit ist vom Verlauf der Druckspannungen abhängig. Dies wird durch das Randspannungsverhältnis ψ berücksichtigt. Wird das Beulfeld durch reinen Druck beansprucht, ist $\psi = +1$, bei reiner Biegebeanspruchung ist $\psi = -1$. Die Beultragfähigkeit ist bei reiner Biegebeanspruchung wesentlich größer als bei reinem Druck. Das Nachweiskonzept ist bei Knicken, Biegedrillknicken und Plattenbeulen identisch, siehe Band 1. Als Bezugsgröße dient stets die Verzweigungslast, die in den Schlankheitsgrad eingeht.

Nachweiskonzept für Normalspannungen

1. Verzweigungslast
$$\sigma_{cr} = k \cdot \frac{\pi^2 \cdot E}{12 \cdot \left(1 - \nu^2\right)} \cdot \left(\frac{t}{b}\right)^2 \quad (11.3)$$

k Beulwert
ν Querdehnungszahl

2. Dimensionsloser Schlankheitsgrad
$$\bar{\lambda} = \sqrt{\frac{f_y}{\sigma_{cr}}} \quad (11.4)$$

3. Tragspannung
$$\sigma_{Rk} = \rho \cdot f_y \quad (11.5)$$

4. Nachweis
$$\frac{\sigma_{Ed}}{\rho \cdot f_y / \gamma_{M1}} \le 1 \quad (11.6)$$

ρ Abminderungsfaktor für das Plattenbeulen

Die entscheidende Größe für den Beulsicherheitsnachweis ist die Verzweigungslast, die durch den Beulwert k festgelegt ist. Der Beulwert k der Platte entspricht dem Knicklängenbeiwert β des Druckstabes, s. (Band 1 Kapitel 3).

11.3 Verzweigungslast

Die Lösung ist wie beim Druckstab (Band 1 Kapitel 3) an folgende Voraussetzungen gebunden:
- *Bernoulli*-Hypothese vom Ebenbleiben des Querschnittes
- die Dicke t ist klein gegenüber den Längenabmessungen der Platte
- kleine Verformungen
- keine strukturellen Imperfektionen
- ideal ebene Platte
- ideal elastisches Verhalten.

Zur Lösung des Verzweigungsproblems ist die Gleichgewichtsbetrachtung am verformten System erforderlich. Die Verzweigungslast soll für die allseitig gelenkig gelagerte Platte unter reiner Druckbeanspruchung hergeleitet werden.

Zum Verständnis werden zunächst die Gleichungen des Druckstabes angegeben, s. auch [1].

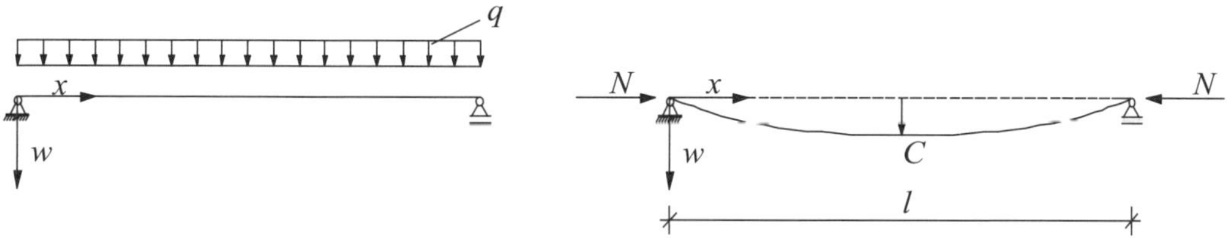

Abb. 11.4 Verzweigungslast des Druckstabes

Ist der Biegestab durch eine Gleichstreckenlast q belastet, gilt für das Gleichgewicht am verformten System mit der Biegesteifigkeit EI:

$$EI \cdot \frac{d^4 w}{d\,x^4} - q = 0$$

Ist der Biegestab nur in Stabrichtung durch eine Druckkraft belastet, gilt für das Gleichgewicht am verformten System:

$$EI \cdot \frac{d^4 w}{d\,x^4} + N \cdot \frac{d^2 w}{d\,x^2} = 0$$

Der Ausdruck $N \cdot \frac{d^2 w}{d\,x^2}$ kann demnach auch als Querlast q gedeutet werden, die auch als Abtriebskräfte bezeichnet werden.

Die Lösung der Differentialgleichung ist die Funktion $w(x)$, die die Randbedingungen des Systems erfüllt. An den Enden des Stabes sind die Durchbiegung und das Biegemoment gleich null. Der folgende Ansatz erfüllt diese Bedingungen.

$$w = C \cdot \sin\frac{n \cdot \pi \cdot x}{l}$$

$$\frac{d^2 w}{d x^2} = -C \cdot \frac{n^2 \cdot \pi^2}{l^2} \cdot \sin\frac{n \cdot \pi \cdot x}{l}$$

$$\frac{d^4 w}{d x^4} = C \cdot \frac{n^4 \cdot \pi^4}{l^4} \cdot \sin\frac{n \cdot \pi \cdot x}{l}$$

$$w(0) = 0 \qquad w(l) = 0 \qquad w''(0) = 0 \qquad w''(l) = 0$$

Setzt man die Ableitungen in die Differentialgleichung ein, erhält man:

$$\left(EI \cdot \frac{n^4 \cdot \pi^4}{l^4} - N \cdot \frac{n^2 \cdot \pi^2}{l^2}\right) \cdot C \cdot \sin\frac{n \cdot \pi \cdot x}{l} = 0$$

Für $C \neq 0$ erhält man die Verzweigungslast N_{cr}.

$$EI \cdot \frac{n^4 \cdot \pi^4}{l^4} - N_{cr} \cdot \frac{n^2 \cdot \pi^2}{l^2} = 0$$

$$N_{cr} = \frac{n^2 \cdot \pi^2 \cdot EI}{l^2}$$

Der kleinste Eigenwert $n = 1$ liefert die ideale Verzweigungslast N_{cr}.

$$N_{cr} = \frac{\pi^2 \cdot EI}{l^2}$$

Ist die Platte durch eine Flächenlast q belastet, gilt für das Gleichgewicht am verformten System mit der Plattensteifigkeit EI_p:

$$EI_p = \frac{E}{1-\nu^2} \cdot 1 \cdot \frac{t^3}{12}$$

$$EI_p \cdot \left(\frac{\partial^4 w}{\partial x^4} + 2 \cdot \frac{\partial^4 w}{\partial x^2 \partial y^2} + \frac{\partial^4 w}{\partial y^4}\right) - q = 0$$

EI_P ist die Plattensteifigkeit eines 1 cm breiten Streifens unter Berücksichtigung der Querdehnungszahl ν.

Ist die Platte nur in der Plattenebene durch eine konstante Druckspannung σ_1 belastet, gilt entsprechend für das Gleichgewicht am verformten System:

$$EI_p \cdot \left(\frac{\partial^4 w}{\partial x^4} + 2 \cdot \frac{\partial^4 w}{\partial x^2 \partial y^2} + \frac{\partial^4 w}{\partial y^4}\right) + \sigma_1 \cdot t \cdot \frac{\partial^2 w}{\partial x^2} = 0$$

Der Ausdruck $\sigma_1 \cdot t \cdot \frac{\partial^2 w}{\partial x^2}$ kann demnach auch als Querlast q gedeutet werden, die auch als Abtriebskräfte bezeichnet werden.

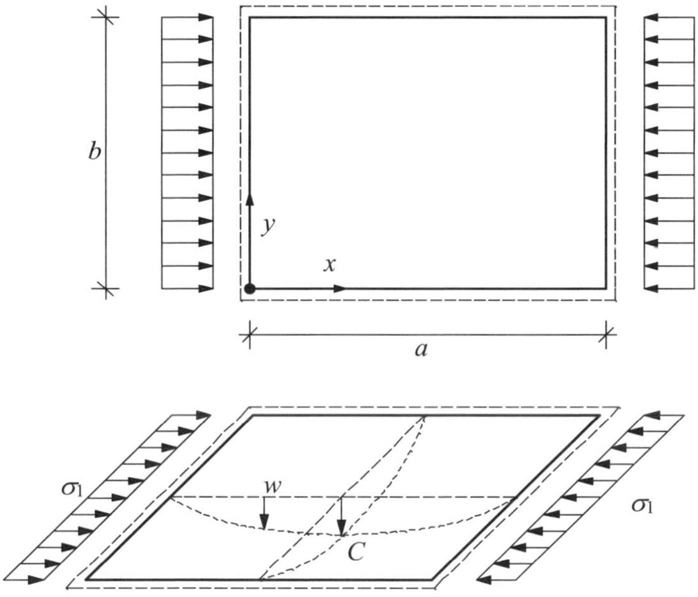

Abb. 11.5 Verzweigungslast der Platte

Die Lösung der Differentialgleichung ist die Funktion $w(x)$, die die Randbedingungen des Systems erfüllt. An den Rändern der Platte sind die Durchbiegungen und die Biegemomente gleich null. Der folgende Ansatz erfüllt diese Bedingungen, wobei m und n ganze Zahlen sind, s. Abb. 11.5.

$$w(x,y) = C \cdot \sin\frac{m \cdot \pi \cdot x}{a} \cdot \sin\frac{n \cdot \pi \cdot y}{b}$$

$$\frac{\partial^2 w}{\partial x^2} = -C \cdot \frac{m^2 \cdot \pi^2}{a^2} \sin\frac{m \cdot \pi \cdot x}{a} \cdot \sin\frac{n \cdot \pi \cdot y}{b}$$

$$\frac{\partial^4 w}{\partial x^4} = C \cdot \frac{m^4 \cdot \pi^4}{a^4} \sin\frac{m \cdot \pi \cdot x}{a} \cdot \sin\frac{n \cdot \pi \cdot y}{b}$$

$$\frac{\partial^2 w}{\partial y^2} = -C \cdot \frac{n^2 \cdot \pi^2}{b^2} \sin\frac{m \cdot \pi \cdot x}{a} \cdot \sin\frac{n \cdot \pi \cdot y}{b}$$

$$\frac{\partial^4 w}{\partial y^4} = C \cdot \frac{n^4 \cdot \pi^4}{b^4} \sin\frac{m \cdot \pi \cdot x}{a} \cdot \sin\frac{n \cdot \pi \cdot y}{b}$$

$$\frac{\partial^4 w}{\partial x^2 \partial y^2} = C \cdot \frac{m^2 \cdot \pi^2}{a^2} \cdot \frac{n^2 \cdot \pi^2}{b^2} \sin\frac{m \cdot \pi \cdot x}{a} \cdot \sin\frac{n \cdot \pi \cdot y}{b}$$

Setzt man die Ableitungen in die Differentialgleichung ein, erhält man:

$$\left[EI_{\mathrm{p}} \cdot \left(\frac{m^4 \cdot \pi^4}{a^4} + 2 \cdot \frac{m^2 \cdot n^2 \cdot \pi^4}{a^2 \cdot b^2} + \frac{n^4 \cdot \pi^4}{b^4}\right) - \sigma_1 \cdot t \cdot \frac{m^2 \cdot \pi^2}{a^2}\right] \cdot$$

$$C \cdot \sin\frac{m \cdot \pi \cdot x}{a} \cdot \sin\frac{n \cdot \pi \cdot y}{b} = 0$$

Für $C \neq 0$ erhält man die Verzweigungslast σ_{cr}.

$$EI_{\mathrm{p}} \cdot \left(\frac{m^4 \cdot \pi^4}{a^4} + 2 \cdot \frac{m^2 \cdot n^2 \cdot \pi^4}{a^2 \cdot b^2} + \frac{n^4 \cdot \pi^4}{b^4}\right) - \sigma_{\mathrm{cr}} \cdot t \cdot \frac{m^2 \cdot \pi^2}{a^2} = 0$$

$$\sigma_{\mathrm{cr}} = EI_{\mathrm{p}} \cdot \frac{\left[\left(\frac{m \cdot \pi}{a}\right)^2 + \left(\frac{n \cdot \pi}{b}\right)^2\right]^2}{t \cdot \left(\frac{m \cdot \pi}{a}\right)^2} = EI_{\mathrm{p}} \cdot \frac{\pi^4}{\pi^2 \cdot t} \frac{\left[\left(\frac{m}{\alpha \cdot b}\right)^2 + \left(\frac{n}{b}\right)^2\right]^2}{\left(\frac{m}{\alpha \cdot b}\right)^2}$$

$$\sigma_{\mathrm{cr}} = EI_{\mathrm{p}} \cdot \frac{\pi^2}{t \cdot b^2} \frac{\left[\left(\frac{m}{\alpha}\right)^2 + n^2\right]^2}{\left(\frac{m}{\alpha}\right)^2} = EI_{\mathrm{p}} \cdot \frac{\pi^2}{t \cdot b^2} \cdot \left[\frac{m}{\alpha} + \alpha \cdot \frac{n^2}{m}\right]^2$$

$$\sigma_{\mathrm{cr}} = \frac{E}{1-\nu^2} \cdot \frac{t^3}{12} \cdot \frac{\pi^2}{t \cdot b^2} \cdot \left[\frac{m}{\alpha} + \alpha \cdot \frac{n^2}{m}\right]^2$$

$$\sigma_{\mathrm{cr}} = \left[\frac{m}{\alpha} + \alpha \cdot \frac{n^2}{m}\right]^2 \cdot \frac{\pi^2 \cdot E}{12 \cdot \left(1-\nu^2\right)} \cdot \left(\frac{t}{b}\right)^2 = k \cdot \sigma_{\mathrm{e}}$$

Seitenverhältnis $\alpha = a / b$

Bezugsspannung $\sigma_{\mathrm{E}} = \dfrac{\pi^2 \cdot E}{12 \cdot \left(1-\nu^2\right)} \cdot \left(\dfrac{t}{b}\right)^2$

Beulwert für dieses Beispiel $k = \left[\dfrac{m}{\alpha} + \alpha \cdot \dfrac{n^2}{m}\right]^2$ (11.7)

Die Bezugsspannung σ_{E} ist gleich der *Euler*schen Knickspannung eines an beiden Enden einspannungsfrei gelagerten 1 cm breiten Plattenstreifens mit der Länge b und der Dicke t, dessen Biegesteifigkeit durch die Plattensteifigkeit ersetzt wird. Mit den Zahlenwerten $E = 210\,000$ N/mm² und $\nu = 0{,}3$ ist

$$\sigma_{\mathrm{E}} = 189\,800 \cdot \left(\frac{t}{b}\right)^2 \text{ in N/mm}^2 \quad \sigma_{\mathrm{E}} = 18\,980 \cdot \left(\frac{t}{b}\right)^2 \text{ in kN/cm}^2 \qquad (11.8)$$

Der Beulwert k hängt ab von
- der Lagerung an den Rändern
- dem Seitenverhältnis α
- Normalspannungen in verschiedenen Richtungen oder Schubspannungen
- Randspannungsverhältnis ψ
- Anordnung von Steifen.

Es soll nun für dieses Beispiel der kleinste Beulwert, der für den Beulsicherheitsnachweis maßgebend ist, bestimmt werden. Für die Halbwellenzahl n in y-Richtung gilt offensichtlich $n = 1$.

$$k = \left[\frac{m}{\alpha} + \frac{\alpha}{m}\right]^2 \tag{11.9}$$

Der Beulwert k hängt noch vom Seitenverhältnis α und von der Halbwellenzahl m in x-Richtung ab. Die Abb. 11.6 zeigt den Verlauf des Beulwertes für diesen Sonderfall.

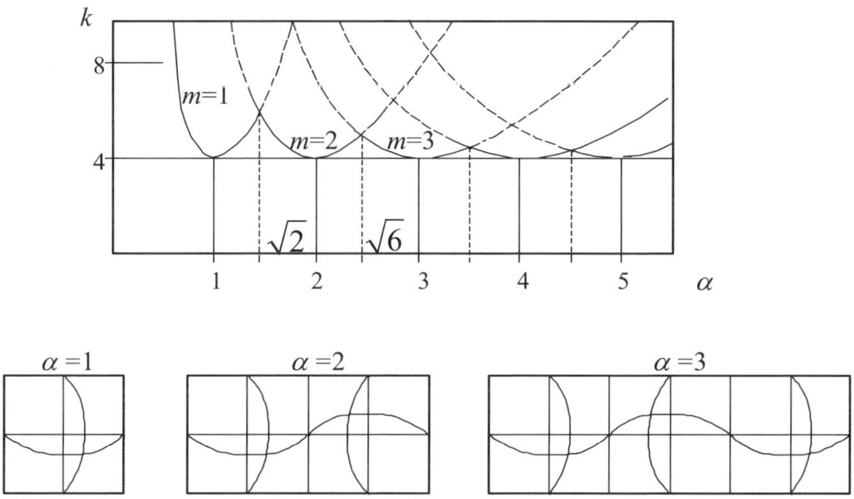

Abb. 11.6 Beulwerte k für allseitig gelenkig gelagerte Platte mit konstanter Druckspannung

Es entstehen so genannte Girlandenkurven, die sich überschneiden. Für $\alpha \leq 1$ gilt $m = 1$.

$$\alpha \leq 1 \qquad k = \left[\frac{1}{\alpha} + \alpha\right]^2 \qquad \alpha \geq 1 \qquad k = \left[\frac{m}{\alpha} + \frac{\alpha}{m}\right]^2$$

Der kleinste Beulwert folgt aus:

$$\frac{dk}{dm} = 2 \cdot \left(\frac{m}{\alpha} + \frac{\alpha}{m}\right) \cdot \left(\frac{1}{\alpha} - \frac{\alpha}{m^2}\right) = 0 \qquad \alpha = m \qquad k = 4$$

Während der Druckstab immer einwellig ausknickt, hängt die Halbwellenzahl m und damit die Beulfigur vom Seitenverhältnis α ab.

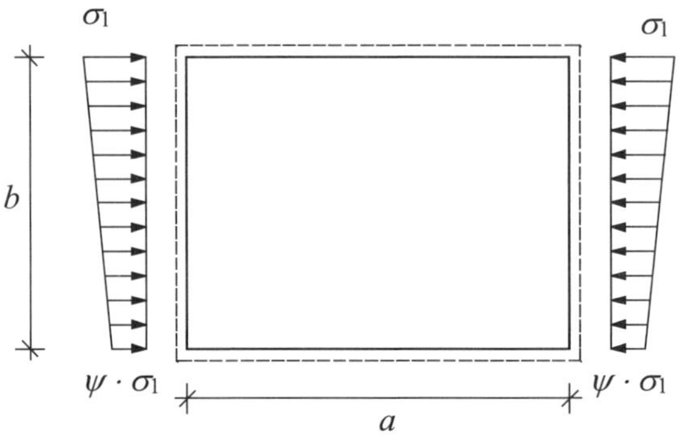

Abb. 11.7 Allseitig gelenkig gelagerte Platte mit veränderlicher Druckspannung

Für Beulwerte k_σ in Abhängigkeit vom Randspannungsverhältnis ψ gilt:

$$1 > \psi \geq 0 \quad \alpha \geq 1 \quad k_\sigma = \frac{8,2}{\psi + 1,05}$$

$$\psi = 1 \quad \alpha \geq 1 \quad k_\sigma = 4$$

$$\psi = 0 \quad \alpha \geq 1 \quad k_\sigma = 7,81$$

$$1 > \psi \geq 0 \quad \alpha < 1 \quad k_\sigma = \left[\alpha + \frac{1}{\alpha}\right]^2 \cdot \frac{2,05}{\psi + 1,05}$$

$$0 > \psi \geq -1 \quad \alpha \geq 1 \quad k_\sigma = 7,81 - 6,29 \cdot \psi + 9,78 \cdot \psi^2$$

$$\psi = -1 \quad \alpha \geq 1 \quad k_\sigma = 23,9$$

Für eine reine Schubbeanspruchung gilt $\tau_{cr} = k_\tau \cdot \sigma_E$ mit

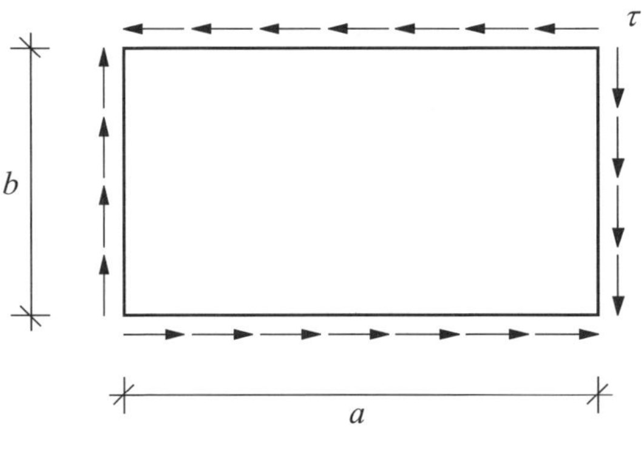

$$\alpha \leq 1 \quad k_\tau = 4 + \frac{5,34}{\alpha^2}$$

$$\alpha \geq 1 \quad k_\tau = 5,34 + \frac{4}{\alpha^2}$$

Abb. 11.8 Allseitig gelenkig gelagerte Platte mit Schubspannungen

Für weitere Beulwerte sei auf die Literatur [2], [38] und [39] verwiesen. Es stehen auch sehr leistungsfähige FE-Programme zur Verfügung, um die Verzweigungslast von unausgesteiften und ausgesteiften Platten zu berechnen, z. B. [40] und [43].

Beulwerte für örtliche Radlasteinleitung nach Protte

[Technische Mitteilung Krupp, Forschungsberichte Band 33, 1975, S.59–76]

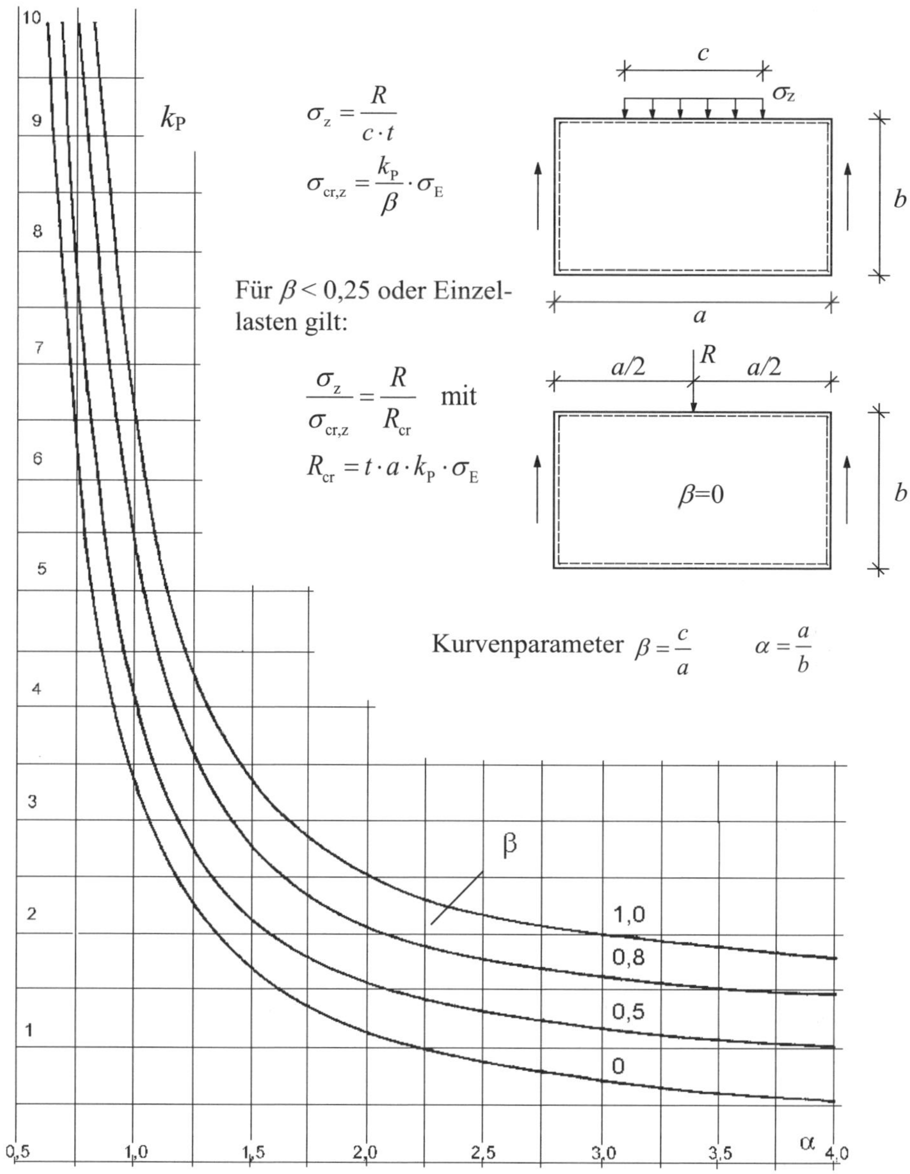

Abb. 11.9 Beulwerte k_P für örtliche Radlasteinleitung nach Protte

Vereinfacht gilt für eine Einzellast in der Mitte unabhängig von α:

$$R_{cr} = 2 \cdot t \cdot b \cdot \sigma_E \qquad (11.10)$$

11.4 Ausgesteifte Platten

Bei großen Beulfeldern ist es unwirtschaftlich, die Beulspannungen, durch eine größere Dicke der Platte anzuheben. Wirtschaftlicher ist es, Beulsteifen so anzuordnen, dass der Beulwert *k* der ausgesteiften Platte möglichst stark erhöht wird. Die zweckmäßige Anordnung von Beulsteifen soll am Beispiel einer Platte mit konstanter Druckspannung und dem Seitenverhältnis $\alpha = 2$ erläutert werden.

1. Beulfeld ohne Steifen
Beulwert *k*:

$$\alpha = 2;\ m = 2;\ n = 1; \qquad k = \left[\frac{m}{\alpha} + \alpha \cdot \frac{n^2}{m}\right]^2 = \left[\frac{2}{2} + 2 \cdot \frac{1^2}{2}\right]^2 = 4$$

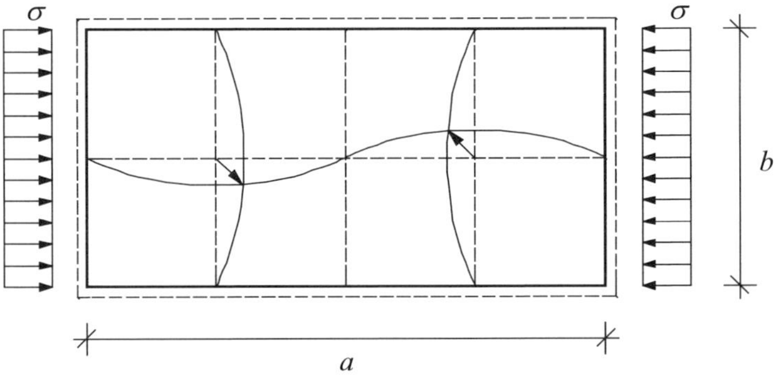

Abb. 11.10 Beulfeld ohne Steifen

2. Beulfeld mit Quersteife in der Mitte
Beulwert *k*:

$$\alpha = 2;\ m = 2;\ n = 1; \qquad k = \left[\frac{m}{\alpha} + \alpha \cdot \frac{n^2}{m}\right]^2 = \left[\frac{2}{2} + 2 \cdot \frac{1^2}{2}\right]^2 = 4$$

Quersteifen in der natürlichen Knotenlinie der Beulfigur sind wirkungslos.

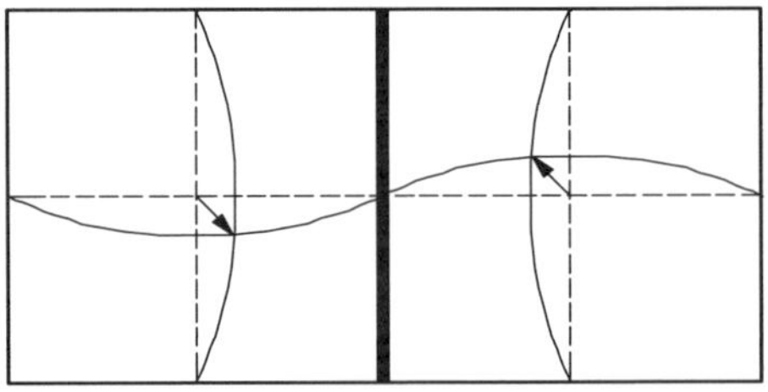

Abb. 11.11 Beulfeld mit Quersteife in der Mitte

3. Beulfeld mit kräftigen Quersteifen in den Drittelpunkten
Beulwert k:

$$\alpha = 2;\ m = 3;\ n = 1; \qquad k = \left[\frac{m}{\alpha} + \alpha \cdot \frac{n^2}{m}\right]^2 = \left[\frac{3}{2} + 2 \cdot \frac{1^2}{3}\right]^2 = 4{,}69$$

Die beiden Quersteifen führen nur zu einer geringen Erhöhung des Beulwertes.

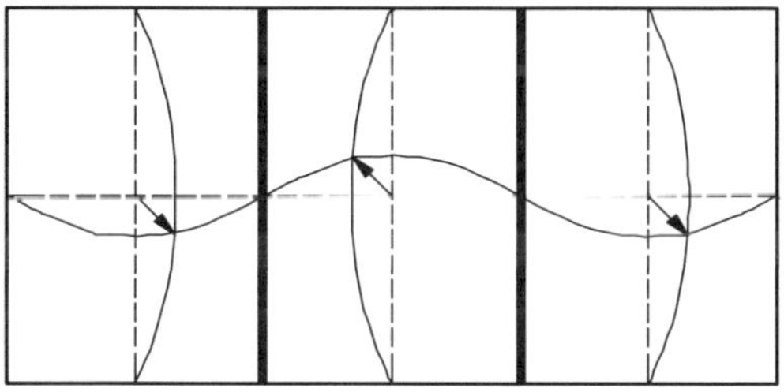

Abb. 11.12 Beulfeld mit Quersteifen in den Drittelpunkten

4. Beulfeld mit einer kräftigen Längssteife in der Mitte
Beulwert k:

$$\alpha = 2;\ m = 4;\ n = 2; \qquad k = \left[\frac{m}{\alpha} + \alpha \cdot \frac{n^2}{m}\right]^2 = \left[\frac{4}{2} + 2 \cdot \frac{2^2}{4}\right]^2 = 16$$

Die Längssteife ist die wirksamste Lösung, da sie die Kuppen und Täler der Beulfigur kreuzt. Diese Beulfigur stellt sich jedoch nur ein, da in diesem Fall die Längssteife in der natürlichen Knotenlinie der Beulfigur liegt und die Steife eine bestimmte Steifigkeit, die Mindeststeifigkeit, überschreitet.

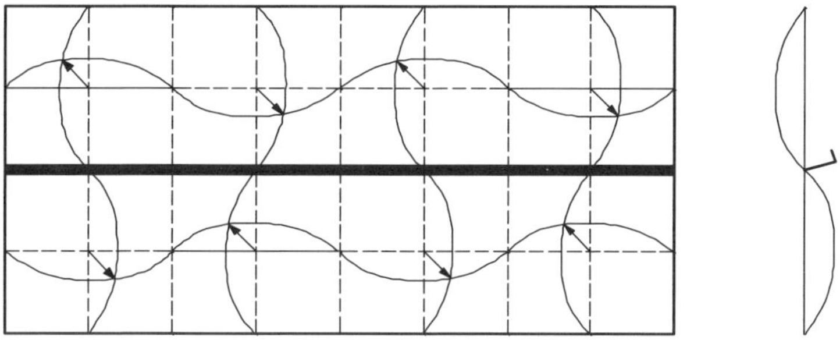

Abb. 11.13 Beulfeld mit einer Längssteife in der Mitte

5. Beulfeld mit einer Längssteife in der Mitte ohne Mindeststeifigkeit
Es tritt eine einwellige Beulfigur auf. Die Längssteife wirkt wie ein zusätzlicher Druckstab. Der Beulwert k ist abhängig von der Steifigkeit der Steife und kleiner als 16. Der Nachweis wird stets für die Einzelfelder und das Gesamtfeld geführt, vgl. Abb. 11.24.

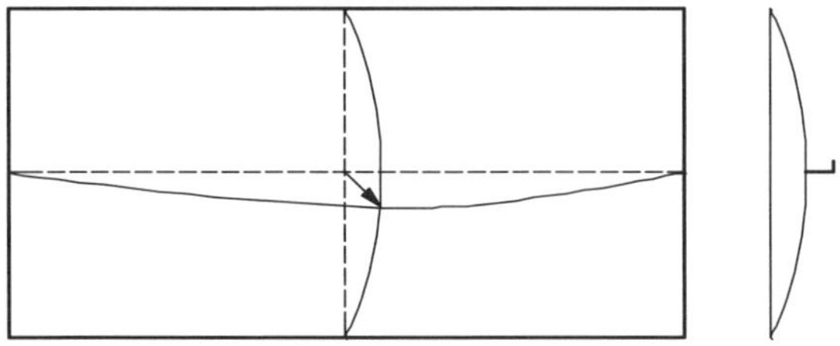

Abb. 11.14 Beulfeld mit einer Längssteife in der Mitte ohne Mindeststeifigkeit

6. Beulfeld mit beliebiger Längssteife
Da i. Allg. die Steife nicht in einer natürlichen Knotenlinie angeordnet ist, gibt es nur eine Beulfigur für das Beulfeld. Die Form hängt wiederum von der Steifigkeit der Steife ab. Auch hier kann eine Mindeststeifigkeit γ^{L*} derart definiert werden, dass die Beulspannung des Gesamtfeldes gerade so groß ist wie die Beulspannung des am meisten gefährdeten Einzelfeldes.

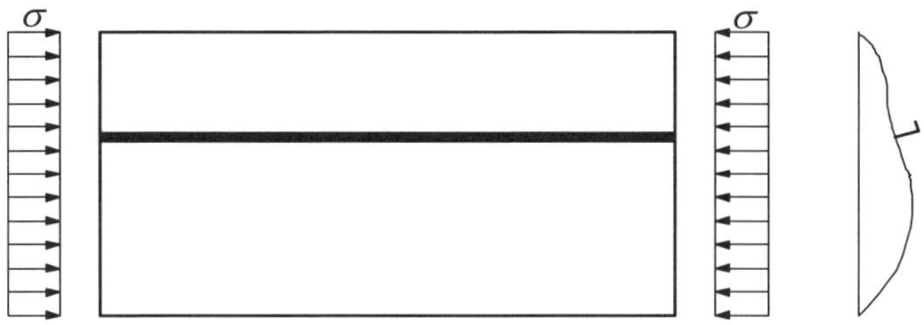

Abb. 11.15 Beulfeld mit beliebiger Längssteife

7. Beulfeld mit Längssteife bei reiner Biegung
Die Beulsteife wird im Bereich der Kuppen und Täler des Druckbereiches angeordnet.

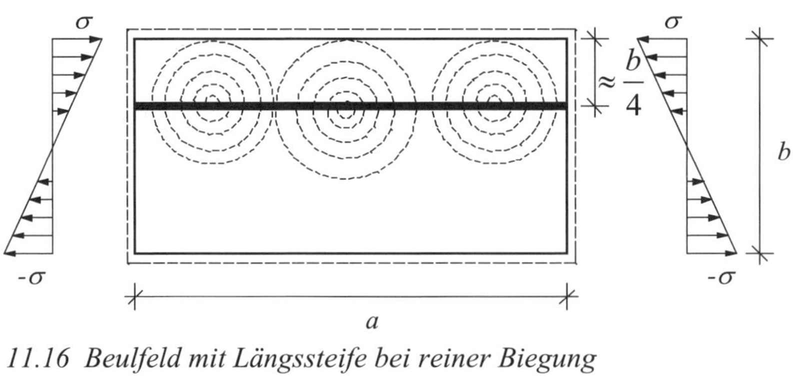

Abb. 11.16 Beulfeld mit Längssteife bei reiner Biegung

8. Beulfeld mit Schubbeanspruchung
Diagonale Drucksteifen sind in diesem Fall am effektivsten. Es werden aber meistens aus ästhetischen Gründen und Kostengründen Längssteifen und/oder Quersteifen angeordnet.

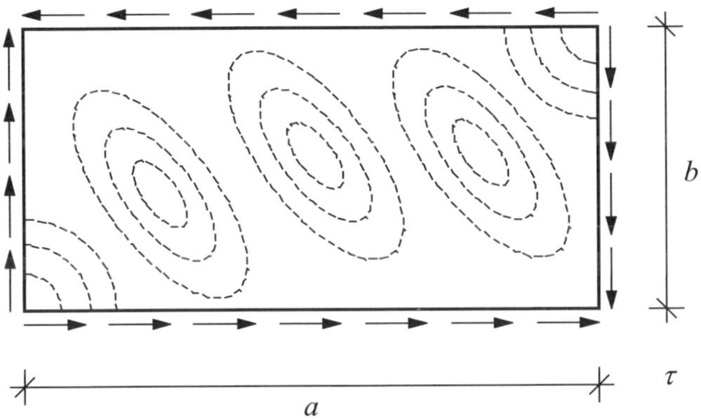

Abb. 11.17 Beulfeld mit Schubbeanspruchung

11.5 Grenzbeulspannungen

Bei den Tragspannungen ergeben sich erhebliche Unterschiede zwischen dem Nachweis des Druckstabes und dem Nachweis des Beulfeldes.

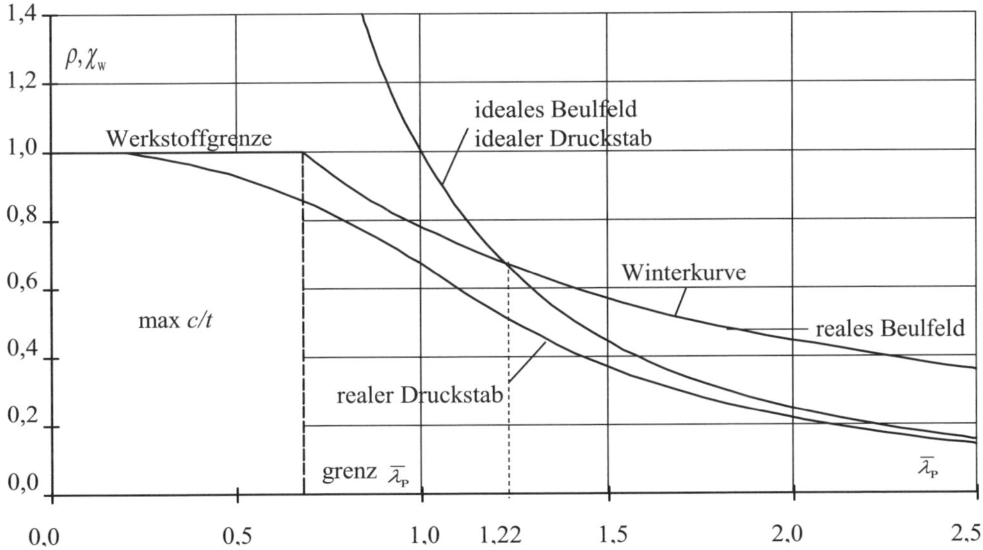

Abb. 11.18 Tragspannungen für Beulfeld und Druckstab

Die Traglast des realen Druckstabes liegt immer unterhalb der Verzweigungslast, dagegen liegen die Tragspannungen des realen Beulfeldes im schlanken Bereich auch oberhalb der Verzweigungslast. Dies ist darauf zurückzuführen, dass beim Plattenbeulen erhebliche Tragreserven im überkritischen Bereich vorhanden sind. Nach dem Ausbeulen kann sich die Belastung zu den steifer gelagerten Rändern umlagern. Weiterhin fällt auf, dass der Bereich von max c/t, wo kein Plattenbeulen auftreten kann, sehr groß ist. Dies wird ausführlich in Band 1 – Kapitel *Querschnittsklassifizierung* behandelt.
Für den Beulsicherheitsnachweis werden in DIN EN 1993-1-5 Abminderungsfaktoren ρ und χ_w angegeben. Für die Festlegung dieser Kurven wurden alle bekannten, zuverlässigen und zweifelsfrei dokumentierten Ergebnisse von Beulversuchen und Beulberechnungen berücksichtigt [37]. Die international angewendete *Winter*kurve konnte ebenfalls bestätigt werden, s. Abb. 11.18. Sie gilt für allseitig gelenkig gelagerte Platten mit konstanter Druckspannung und bildet die Grundlage für den Beulnachweis mit Normalspannungen σ. Diese Kurve nutzt die überkritischen Tragreserven im schlanken Bereich von Platten aus.
Wird das Beulfeld nur durch Normalspannungen beansprucht, lautet der Nachweis mit der maximalen Druckspannung σ_{Ed}:

$$\frac{\sigma_{Ed}}{\rho \cdot f_y / \gamma_{M1}} \leq 1 \tag{11.11}$$

Für das beidseitig gestützte Beulfeld gilt:

$$\rho = 1 \qquad \text{für} \quad \bar{\lambda}_p \leq 0{,}5 + \sqrt{0{,}085 - 0{,}055 \cdot \psi} \tag{11.12}$$

$$\rho = \frac{\bar{\lambda}_p - 0{,}055 \cdot (3 + \psi)}{\bar{\lambda}_p^2} \leq 1{,}0 \quad \text{für} \quad \bar{\lambda}_p > 0{,}5 + \sqrt{0{,}085 - 0{,}055 \cdot \psi} \tag{11.13}$$

Für das einseitig gestützte Beulfeld gilt:

$$\rho = 1 \qquad \text{für} \quad \bar{\lambda}_p \leq 0{,}748 \tag{11.14}$$

$$\rho = \frac{\bar{\lambda}_p - 0{,}188}{\bar{\lambda}_p^2} \leq 1{,}0 \quad \text{für} \quad \bar{\lambda}_p > 0{,}748 \tag{11.15}$$

mit

$$\bar{\lambda}_p = \sqrt{\frac{f_y}{\sigma_{cr}}} \tag{11.16}$$

Wird das Beulfeld nur durch Schubspannungen beansprucht, lautet der Nachweis mit der maximalen Schubspannung τ_{Ed}:

$$\frac{\tau_{Ed} \cdot \sqrt{3}}{\chi_w \cdot f_y / \gamma_{M1}} \leq 1 \tag{11.17}$$

Der Abminderungsfaktor χ_w gilt für die Beanspruchung des Beulfeldes durch Schubspannungen. Vereinfacht und auf der sicheren Seite wird der Anteil der Flansche zur Aufnahme der Querkraft nicht berücksichtigt. Es ist dann $\eta = 1{,}0$ anzusetzen und für die Querkraft ist die Stegfläche A_w zu berücksichtigen.

$$\chi_w = \frac{0{,}83}{\bar{\lambda}_w} \leq 1 \tag{11.18}$$

mit

$$\bar{\lambda}_w = \sqrt{\frac{f_{yw}}{\sqrt{3} \cdot \tau_{cr}}} = 0{,}76 \cdot \sqrt{\frac{f_{yw}}{\tau_{cr}}} \tag{11.19}$$

11.6 Gurtbreite gedrückter Steifen

11.6.1 Gurtbreite gedrückter Längssteifen

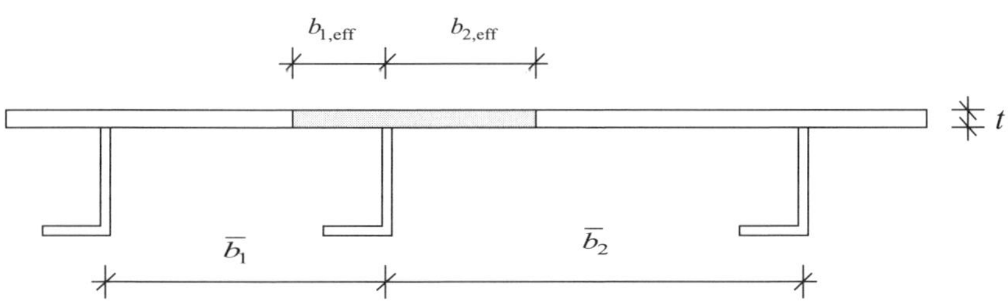

Abb. 11.19 Wirksame Gurtbreiten von gedrückten Längssteifen

Bei der Festlegung der wirksamen Breite b_{eff} gedrückter Längssteifen geht man davon aus, dass das Einzelfeld $\bar{b}$ zwischen den Steifen unter der Tragspannung $\sigma_{p,Rd}$ versagt. Diese Tragspannung ist ein Mittelwert über die Breite $\bar{b}$, da in Wirklichkeit am Rande die Grenzspannung σ_{Rd} erreicht wird.

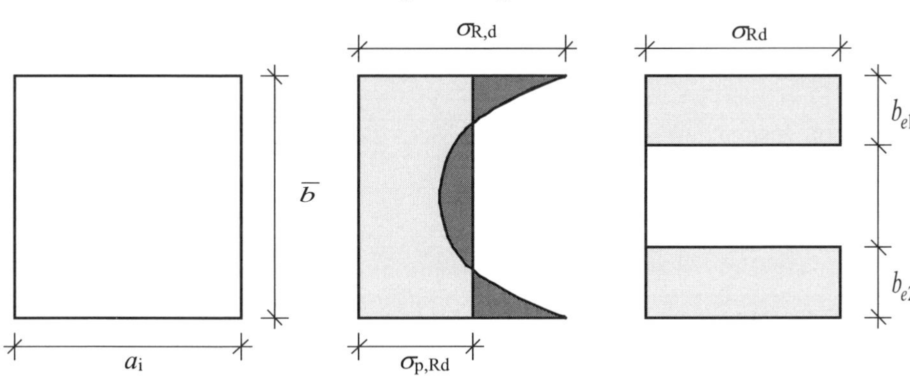

Abb. 11.20 Definition der wirksamen Gurtbreite

Tabelle 11.1 Wirksame Breiten b_{eff} von zweiseitig gestützten Beulfeldern

Spannungsverteilung (Druck positiv)		Wirksame Breite b_{eff}
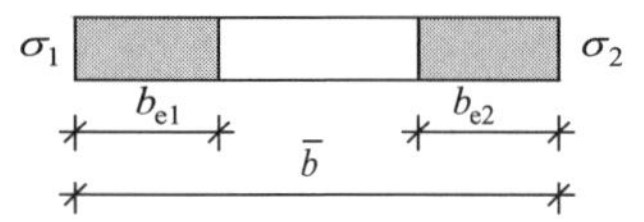	$\psi = 1$	$b_{eff} = \rho \cdot \bar{b}$ $b_{e1} = 0,5 \cdot b_{eff} \quad b_{e2} = 0,5 \cdot b_{eff}$
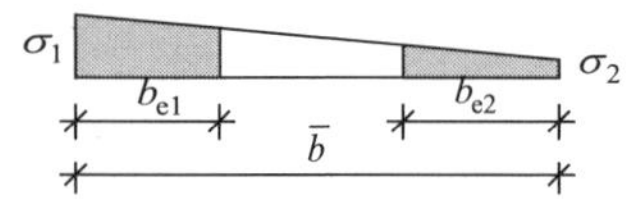	$1 > \psi \geq 0$	$b_{eff} = \rho \cdot \bar{b}$ $b_{e1} = \frac{2}{5-\psi} \cdot b_{eff} \quad b_{e2} = b_{eff} - b_{e1}$
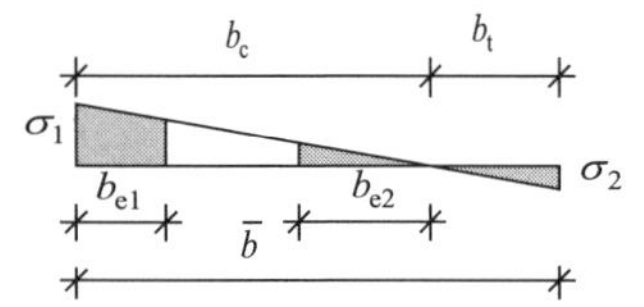	$\psi < 0$	$b_{eff} = \rho \cdot b_c = \rho \cdot \bar{b} / (1-\psi)$ $b_{e1} = 0,4 \cdot b_{eff} \quad b_{e2} = 0,6 \cdot b_{eff}$

$\psi = \sigma_2 / \sigma_1$	1	$1 > \psi > 0$	0	$0 > \psi > -1$	−1	$-1 > \psi \geq -3$
Beulwert k_σ	4	$8,2/(1,05+\psi)$	7,81	$7,81 - 6,29 \cdot \psi + 9,78 \cdot \psi^2$	23,9	$5,98 \cdot (1-\psi)^2$

Die Herleitung der wirksamen Breite b_{eff} erfolgt am Beispiel eines gedrückten Gurtes mit konstanter Spannungsverteilung. Die wirksame Breite des Einzelfeldes ist definiert als die erforderliche Breite für die Tragkraft $N_{p,Rd}$ mit konstanter Grenzspannung σ_{Rd}. Es gilt:

$$N_{p,Rd} = t \cdot \bar{b} \cdot \sigma_{p,Rd} = t \cdot b_{eff} \cdot \sigma_{Rd}$$

$$\rho = \frac{\sigma_{p,Rd}}{\sigma_{Rd}} = \frac{b_{eff}}{\bar{b}} \qquad b_{eff} = \rho \cdot \bar{b} \tag{11.20}$$

Aus Symmetriegründen gilt dann für das Beispiel:

$$b_{e1} = 0,5 \cdot b_{eff} \qquad b_{e2} = 0,5 \cdot b_{eff}$$

Die wirksame Breite wird folgendermaßen berechnet: (11.21)

$$\sigma_E = 18\,980 \cdot \left(\frac{t}{b}\right)^2 \text{ in kN/cm}^2$$

Beulwert k_σ

$$\sigma_{cr} = k_\sigma \cdot \sigma_E$$

$$\bar{\lambda}_p = \sqrt{\frac{f_y}{\sigma_{cr}}}$$

$$\rho = \frac{\bar{\lambda}_p - 0,055 \cdot (3+\psi)}{\bar{\lambda}_p^2} \leq 1,0$$

$$b_{eff} = \rho \cdot \bar{b}$$

Es sind die wirksamen Breiten $b_{1,\text{eff}}$ und $b_{2,\text{eff}}$ der angrenzenden Einzelfelder zu berechnen. (11.22)

$$b_{\text{S}\ell,\text{eff}} = b_{1,\text{eff}} + b_{2,\text{eff}}$$

$$\text{jedoch } b_{\text{i},\text{eff}} \le \frac{\bar{b}_{\text{i}}}{2} \text{ und } b_{\text{S}\ell,\text{eff}} \le \frac{a_{\text{i}}}{3}$$

Falls Schubverzerrungen zu berücksichtigen sind, ist der Abschnitt (1-5, 3.3) zu beachten. In der Tabelle 11.1 sind die Verteilung der wirksamen Breite b_{eff} und die Beulwerte k_σ von zweiseitig gestützten Beulfeldern angegeben.

11.6.2 Gurtbreite gedrückter Randsteifen

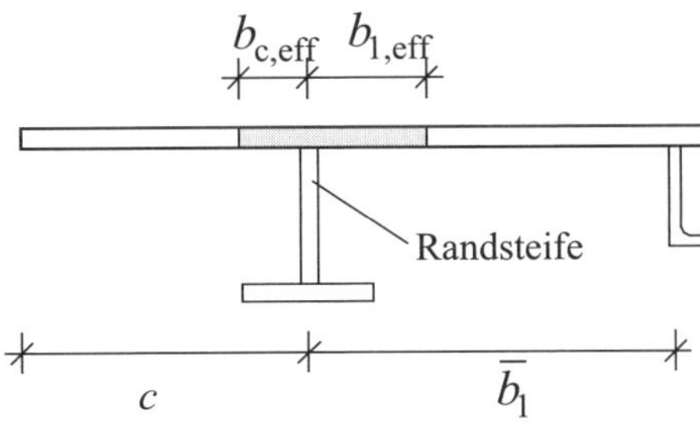

Abb. 11.21 Wirksame Gurtbreiten von gedrückten Randsteifen

Wirksame Gurtbreite:

$$b_{\text{c},\text{eff}} = \rho \cdot c$$

Es sind die wirksamen Breiten $b_{\text{c},\text{eff}}$ und $b_{1,\text{eff}}$ der angrenzenden Einzelfelder zu berechnen. (11.23)

$$b_{\text{S}\ell,\text{eff}} = b_{\text{c},\text{eff}} + b_{1,\text{eff}}$$

$$\text{jedoch } b_{\text{c},\text{eff}} \le c \text{ und } b_{\text{c},\text{eff}} \le \frac{a_{\text{i}}}{6}$$

In der Tabelle 11.2 sind die Verteilung der wirksamen Breite b_{eff} und die Beulwerte k_σ von einseitig gestützten Beulfeldern angegeben.

Tabelle 11.2 Wirksame Breiten b_{eff} von einseitig gestützten Beulfeldern

Spannungsverteilung (Druck positiv)	Wirksame Breite b_{eff}	
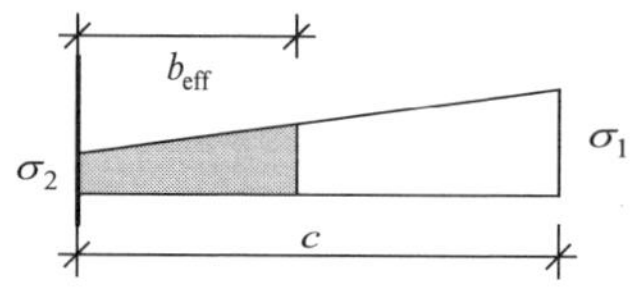	$1 > \psi \geq 0$	$b_{eff} = \rho \cdot c$
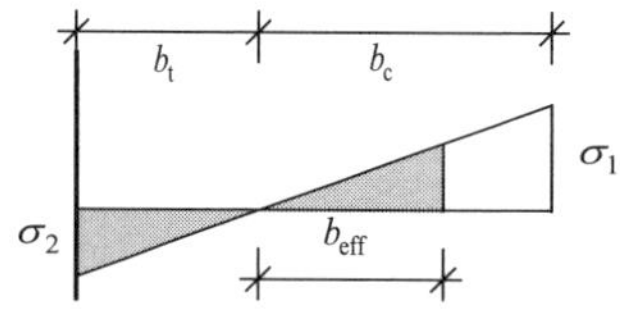	$\psi < 0$	$b_{eff} = \rho \cdot b_c = \rho \cdot c / (1-\psi)$

$\psi = \sigma_2 / \sigma_1$	1	0	−1	$-1 > \psi \geq -3$
Beulwert k_σ	0,43	0,57	0,85	$0{,}57 - 0{,}21 \cdot \psi + 0{,}07 \cdot \psi^2$

Spannungsverteilung (Druck positiv)	Wirksame Breite b_{eff}	
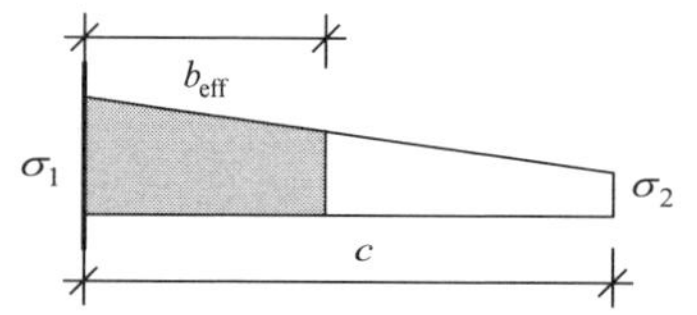	$1 > \psi \geq 0$	$b_{eff} = \rho \cdot \overline{b}$
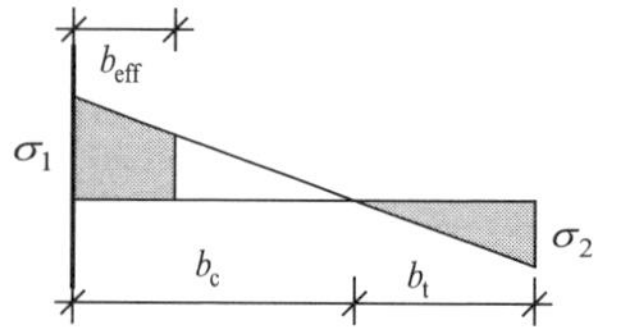	$\psi < 0$	$b_{eff} = \rho \cdot b_c = \rho \cdot \overline{b} / (1-\psi)$

$\psi = \sigma_2 / \sigma_1$	1	$1 > \psi > 0$	0	$0 > \psi > -1$	−1
Beulwert k_σ	0,43	$0{,}578 / (\psi + 0{,}34)$	1,70	$1{,}70 - 5 \cdot \psi + 17{,}1 \cdot \psi^2$	23,8

11.6.3 Gurtbreite nicht gedrückter Steifen

Sind Längs- oder Randsteifen nicht gedrückt, gilt für die Berechnung der wirksamen Gurtbreite: (11.24)

$$b_{eff} = \overline{b} \text{ jedoch } b_{eff} \leq \frac{a_i}{3}$$

$$b_{eff} = c \text{ jedoch } b_{eff} \leq \frac{a_i}{6}$$

11.6.4 Gurtbreite von Quersteifen

Quersteifen können gedrückte oder nicht gedrückte Steifen sein. Die wirksamen Gurtbreiten von Quersteifen sind sinngemäß zu berechnen, wobei die entsprechenden Breiten- und Längenbezeichnungen auszutauschen sind.

11.7 Knickstabähnliches Verhalten

Rechteckige Platten tragen die vertikale Belastung q stets in zwei Richtungen ab. Je größer das Verhältnis der beiden Seiten wird, umso mehr wird die vertikale Belastung nur noch in Richtung der kürzeren Seite übertragen. Im Stahlbetonbau geht man davon aus, dass bei einem Seitenverhältnis > 2 die Lastabtragung nur in einer Richtung erfolgt. Die Platte wird vorwiegend einachsig beansprucht. Ähnlich verhält sich die Platte beim Ausbeulen, da die dabei entstehenden Abtriebskräfte, wie schon erläutert, als Querlasten gedeutet werden können. Bei einem Seitenverhältnis b/a > 2 weicht die unausgesteifte Platte vorwiegend in einer Richtung aus. Die überkritischen Tragreserven können nicht mehr aktiviert werden. Die Platte knickt. Der Bereich zwischen dem reinen Knicken und dem reinen Beulen der Platte wird als knickstabähnliches Verhalten der Platte bezeichnet. Dabei werden die Plattenstreifen im mittleren Bereich der Platte nur in einer Richtung gekrümmt. Dieses Verhalten tritt bei unversteiften Platten mit kleinem Seitenverhältnis α auf und auch bei Platten, die durch kräftige Längssteifen in einer Richtung ausgesteift sind.

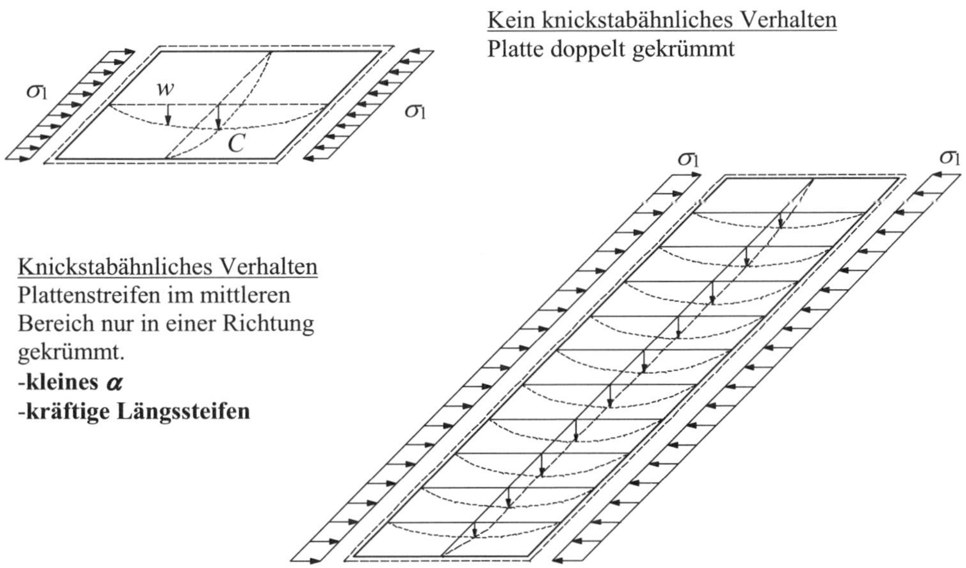

Abb. 11.22 Knickstabähnliches Verhalten der Platte

Die Interpolation zwischen dem Knicken und dem Beulen der Platte erfolgt in der Norm durch den Wichtungsfaktor ξ.

$$\xi = \frac{\sigma_{\text{cr,p}}}{\sigma_{\text{cr,c}}} - 1 \qquad \text{jedoch} \qquad 0 \le \xi \le 1 \qquad (11.25)$$

$\sigma_{\text{cr,p}}$ die elastische Plattenbeulspannung unter Normalspannung σ

$\sigma_{\text{cr,c}}$ die elastische Knickspannung

Ist der Wichtungsfaktor $\xi \geq 1{,}00$, dann liegt Plattenbeulen vor. Ist der Wichtungsfaktor $\xi \leq 0$, dann liegt Biegeknicken vor.

Biegeknicken eines unausgesteiften Beulfeldes

Die elastische Knickspannung $\sigma_{\text{cr,c}}$ eines unausgesteiften Beulfeldes erhält man mit:

$$\sigma_{\text{cr,c}} = \frac{\pi^2 \cdot E \cdot t^2}{12\left(1-\nu^2\right) \cdot a^2} \tag{11.26}$$

Bei der Berechnung des zugehörigen Schlankheitsgrades $\bar{\lambda}_{\text{c}}$ des Ersatzdruckstabes ist zwischen der Methode der reduzierten Spannungen und der Methode der wirksamen Querschnittsflächen zu unterscheiden, worauf insbesondere in [45] hingewiesen wird und was im Kommentar zu (1-5, 10(3)) in [44] angegeben ist.

a) Methode der reduzierten Spannungen

$$\bar{\lambda}_{\text{c}} = \sqrt{\frac{f_{\text{y}}}{\sigma_{\text{cr,p}}}} \tag{11.27}$$

b) Methode der wirksamen Querschnittsflächen

$$\bar{\lambda}_{\text{c}} = \sqrt{\frac{f_{\text{y}}}{\sigma_{\text{cr,c}}}} \tag{11.28}$$

Der Abminderungsfaktor χ_{c} ist mit dem Imperfektionswert $\alpha = 0{,}21$ der Knickkurve a zu berechnen.

Biegeknicken eines ausgesteiften Beulfeldes

Bei einem ausgesteiften Beulfeld darf die elastische Knickspannung $\sigma_{\text{cr,c}}$ mithilfe der Knickspannung der am höchstbelasteten Druckrand liegenden Steife berechnet werden:

$$\sigma_{\text{cr,c}} = \frac{\pi^2 \cdot E \cdot I_{\text{S}\ell,1}}{A_{\text{S}\ell,1} \cdot a^2} \cdot \frac{\sigma_1}{\sigma_{\text{S}\ell,1}} \tag{11.29}$$

$A_{\text{S}\ell,1}$ die Bruttoquerschnittsfläche mit den angrenzenden mittragenden Breiten ($\rho = 1{,}0$ in Tabelle 11.1 und 11.2)

$I_{\text{S}\ell,1}$ das zugehörige Flächenträgheitsmoment

σ_1 maximale Druckspannung

$\sigma_{\mathrm{S}\ell,1}$ Druckspannung der Steife

Der zugehörige Schlankheitsgrad $\bar{\lambda}_c$ des Ersatzdruckstabes lautet:

a) Methode der reduzierten Spannungen

$$\bar{\lambda}_c = \sqrt{\frac{f_y}{\sigma_{cr,p}}} \tag{11.30}$$

b) Methode der wirksamen Querschnittsflächen

$$\bar{\lambda}_c = \sqrt{\frac{\beta_{A,c} \cdot f_y}{\sigma_{cr,c}}} \tag{11.31}$$

mit $\beta_{A,c} = \dfrac{A_{\mathrm{S}\ell,1,\mathrm{eff}}}{A_{\mathrm{S}\ell,1}}$

$A_{\mathrm{S}\ell,1,\mathrm{eff}}$ ist die wirksame Querschnittsfläche mit den angrenzenden mitwirkenden Breiten ($\rho \leq 1{,}0$ nach Tabelle 11.1 und 11.2).

Bei ausgesteiften Beulfeldern ist der Abminderungsfaktor χ_c mit dem vergrößerten Imperfektionswert α_e zu berechnen, um die größeren Imperfektionen geschweißter Platten zu berücksichtigen.

$$\alpha_e = \alpha + \frac{0{,}09}{i/e} \tag{11.32}$$

mit $$i = \sqrt{\frac{I_{\mathrm{S}\ell,1}}{A_{\mathrm{S}\ell,1}}} \tag{11.33}$$

α = 0,34 für Hohlsteifenquerschnitte (Kurve b)
= 0,49 für offene Steifenquerschnitte (Kurve c)

e $\max(e_1, e_2)$

e_1 ist der Abstand zwischen dem Schwerpunkt der einseitig angebrachten Einzelsteife zum Schwerpunkt von $A_{\mathrm{S}\ell,1,\mathrm{eff}}$.

e_2 ist der Abstand zwischen dem Schwerpunkt von $A_{\mathrm{S}\ell,1,\mathrm{eff}}$ zur Mittelebene des Bleches des Beulfeldes.

Interaktion für knickstabähnliches Verhalten

Der Abminderungsfaktor ρ_c für knickstabähnliches Verhalten lautet:

$$\rho_c = (\rho - \chi_c) \cdot \xi \cdot (2 - \xi) + \chi_c \tag{11.34}$$

ρ ist der Abminderungsbeiwert für das Plattenbeulen.

Ist die Spannung des untersuchten Beulfeldes nicht konstant und wird dies bei der Berechnung von $\sigma_{cr,p}$ berücksichtigt, so ist dies auch bei $\sigma_{cr,c}$ erforderlich.

Dies kann wie bei dem Druckstab mit veränderlicher Normalkraft durch den Knicklängenbeiwert β berücksichtigt werden.

$$\sigma_{\text{cr,c}} = \frac{\pi^2 \cdot E \cdot t^2}{\beta^2 \cdot 12\left(1-\nu^2\right) \cdot a^2} \tag{11.35}$$

z. B.

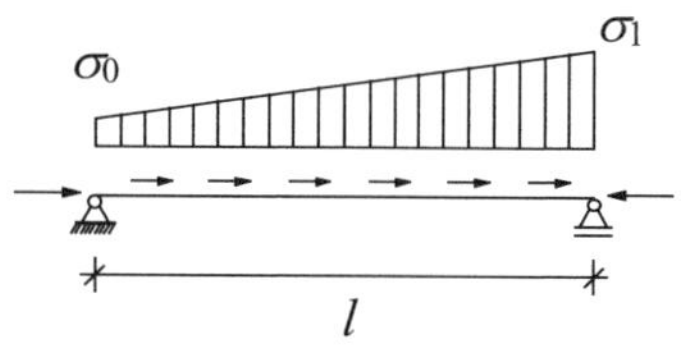

$$\beta^2 = \frac{1 + 0{,}88 \cdot \sigma_0 / \sigma_1}{1{,}88} \tag{11.36}$$

11.8 Nachweis der Quersteifen

Die Quersteifen sind unter der alleinigen Wirkung von Druckspannungen σ_x mit dem Verfahren Elastisch-Elastisch nach Theorie II. Ordnung nachzuweisen, s. auch (1-5, 9.2.1) mit vereinfachter Berechnung, wenn keine Normalkraft in der Quersteife vorhanden ist.

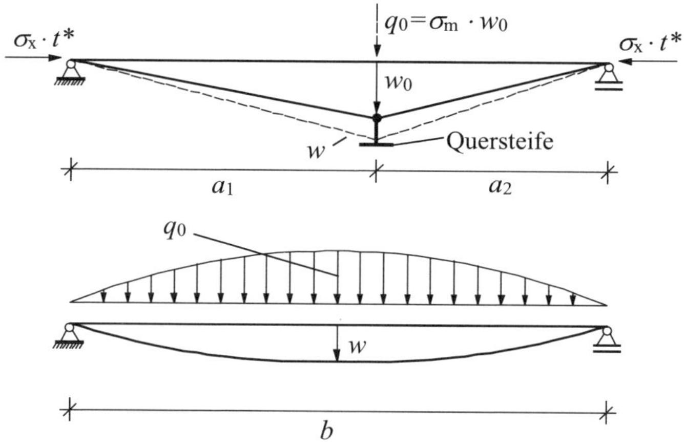

Abb. 11.23 Berechnungsannahmen für die Quersteife

Für den Nachweis der Quersteife wird eine sinusförmige Vorkrümmung mit dem Stich w_0 angenommen.

$$w_0 = \frac{b}{300} \quad \text{jedoch } w_0 \le \frac{\min a_i}{300} \tag{11.37}$$

Die beiden benachbarten Quersteifen haben keine Vorverformung, sind starr und die Teilfelder an ihnen gelenkig gelagert. Die Abtragung von Abtriebslasten zu den Längsrändern darf wie beim knickstabähnlichen Verhalten mit dem Faktor $\sigma_{\text{cr,c}} / \sigma_{\text{cr,p}}$ (Kehrwert) berücksichtigt werden. Dabei gelten folgende Grenzen [42]:

$$0,5 \leq \frac{\sigma_{\mathrm{cr,c}}}{\sigma_{\mathrm{cr,p}}} \leq 1,0 \tag{11.38}$$

Für die elastische Durchbiegung w gilt:

$$w \leq \frac{b}{300} \tag{11.39}$$

Da die Spannung i. Allg. nicht konstant ist, wird ein Mittelwert der Längsspannungen angenommen.

$$\sigma_{\mathrm{m}} = \frac{\sigma_{\mathrm{cr,c}}}{\sigma_{\mathrm{cr,p}}} \cdot \frac{N_{\mathrm{Ed}}}{b} \cdot \left(\frac{1}{a_1} + \frac{1}{a_2} \right) \tag{11.40}$$

N_{Ed} ist der größte Bemessungswert der einwirkenden Druckkraft in den Nachbarfeldern, jedoch mindestens die größte Druckspannung multipliziert mit der halben wirksamen Druckfläche eines Feldes einschließlich der Steifen.

Die Abtriebslast beträgt:

$$q_{\mathrm{A}} = q_0 \cdot \sin \frac{\pi \cdot x}{b}$$

mit $q_0 = \sigma_{\mathrm{m}} \cdot w_0$

Infolge der elastischen Verformungen w entstehen zusätzliche Abtriebsbeanspruchungen. Dieses System verhält sich wie ein gedrückter Biegestab, bei dem die Momente nach Theorie II. Ordnung zunehmen. Deshalb kann hier die Näherungslösung nach (Band 1, Kapitel 10.2) angewendet werden.

$$M_{\mathrm{II}} = \frac{M_{\mathrm{I}}}{1-q} \qquad w_{\mathrm{II}} = \frac{w_{\mathrm{I}}}{1-q} \quad \text{mit} \quad q = \frac{\Delta w_1}{w_{\mathrm{I}}} \tag{11.41}$$

Das maximale Biegemoment M_{I} und die zugehörige Verformung w_{I} nach Theorie I. Ordnung sind für diese Belastung:

$$M_{\mathrm{I}} = \frac{1}{\pi^2} \cdot q_0 \cdot b^2 \qquad w_{\mathrm{I}} = \frac{1}{\pi^4} \cdot \frac{q_0 \cdot b^4}{E \cdot I_{\mathrm{V}}} \tag{11.42}$$

Die Zunahme der elastischen Verformung Δw_1 folgt aus:

$$\Delta w_1 = \frac{1}{\pi^4} \cdot \frac{\sigma_{\mathrm{m}} \cdot w_{\mathrm{I}} \cdot b^4}{E \cdot I_{\mathrm{V}}} \tag{11.43}$$

$$q = \frac{\Delta w_1}{w_{\mathrm{I}}} = \frac{\sigma_{\mathrm{m}} \cdot w_{\mathrm{I}}}{q_0} = \frac{w_{\mathrm{I}}}{w_0} \tag{11.44}$$

Mit dem Biegemoment M_{II} wird die Quersteife nachgewiesen. Das Flächenmoment 2. Grades I_{V} der Quersteife wird nach 11.6.4 ermittelt. Sind Querlasten vorhanden, ist das maximale Biegemoment M_{I} und die zugehörige Verformung w_{I} zusammen mit der Abtriebslast q_{A} zu berechnen. Ein Nachweis für Normalkraft und einachsige Biegung ist erforderlich, wenn die Quersteife zusätzlich durch eine Druckkraft belastet wird. Dies kann durch eine Ersatzbelastung für die Vorkrümmung nach (Band 1, Kapitel 10.3.2) erfolgen.

Um Drillknicken von Steifen mit offenem Querschnitt zu vermeiden, ist die folgende Bedingung zu erfüllen, soweit kein genauerer Nachweis geführt wird:

$$\frac{I_{\mathrm{T}}}{I_{\mathrm{p}}} \geq 5{,}3 \cdot \frac{f_{\mathrm{y}}}{E} \tag{11.45}$$

Dabei ist I_p das polare Trägheitsmoment des Steifenquerschnittes allein, berechnet um den Anschlusspunkt an das Blech. I_T ist das *St. Venant'*sche Torsionsträgheitsmoment für den Steifenquerschnitt allein, s. (1-5, 9.2.1 (8)). Wird die Wölbsteifigkeit berücksichtigt, ist das folgende Kriterium zu erfüllen:

$$\sigma_{\mathrm{cr}} \geq 6 \cdot f_{\mathrm{y}} \tag{11.46}$$

11.9 Nachweise nach Eurocode 3

Auszugsweise werden hier die wichtigsten Nachweise zusammengestellt. Maßgebend ist immer die gültige Fassung der Norm. Im Abschnitt 9 von DIN EN 1993-1-5 sind auch konstruktive Forderungen und Hinweise aufgenommen worden, die zu beachten sind. Schadensfälle gehen nämlich häufig auf eine mangelhafte Ausführung der beulgefährdeten Bauteile zurück. Weiterhin sind Grenzen für Herstellungsungenauigkeiten angegeben.
Beulfelder können durch Längssteifen und Quersteifen ausgesteift werden. Man unterscheidet Gesamtfelder, Teilfelder und Einzelfelder.

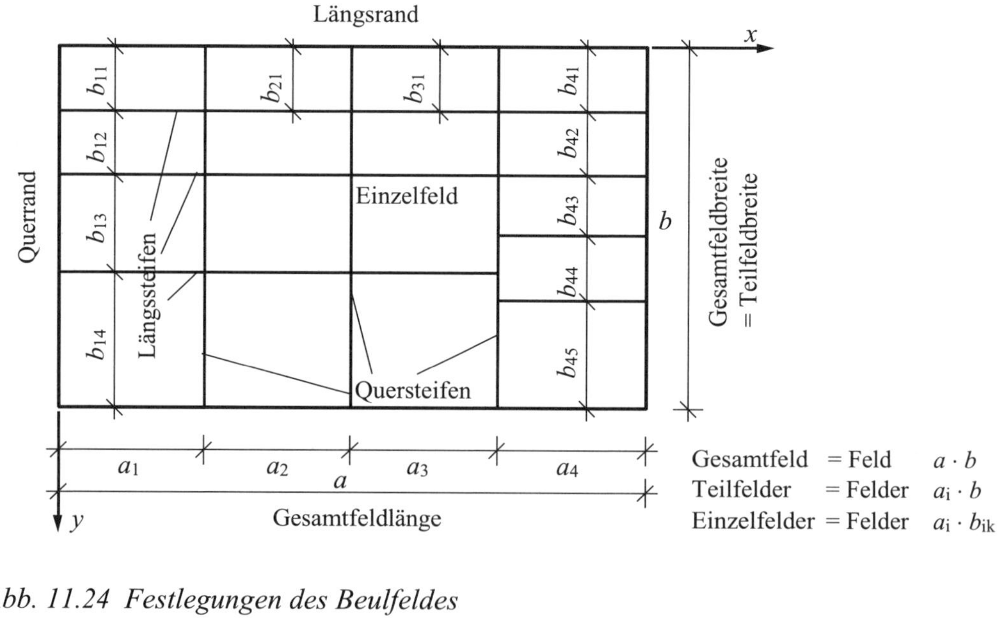

Abb. 11.24 Festlegungen des Beulfeldes

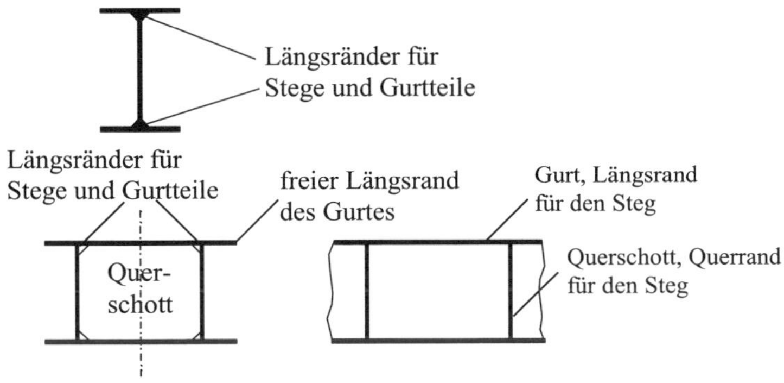

Abb. 11.25 Beispiele für Plattenränder

Gesamtfelder sind versteifte oder unversteifte Platten, die i. Allg. an ihren Rändern gelenkig gelagert sind. Sie können aber auch elastisch gestützt oder frei sein. Teilfelder sind begrenzt durch die Längsränder und benachbarte Quersteifen oder dem Querrand und der benachbarten Quersteife. Einzelfelder liegen zwischen Steifen oder Steifen und Rändern der Platte.
Die maßgebende Beulfeldbreite b für Gesamt- und Teilfelder und b_{ik} für Einzelfelder ist in Abb. 11.26 angegeben.

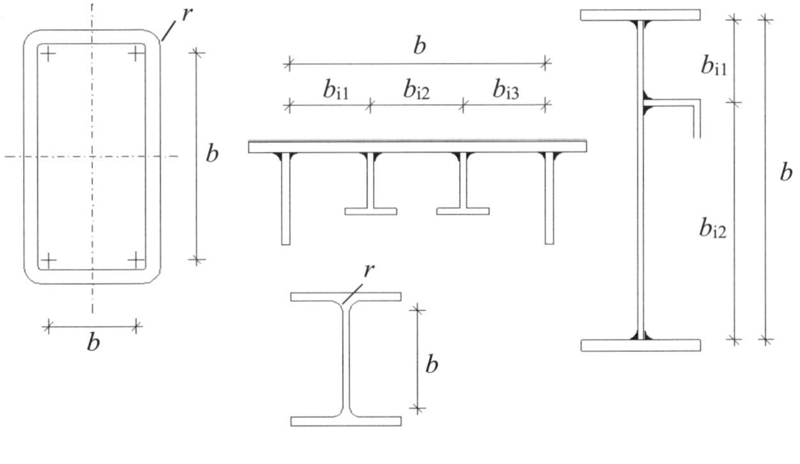

Abb. 11.26 Maßgebende Beulfeldbreiten

Berechnungsablauf der Methode der reduzierten Spannungen

1. Steifenkennwerte:

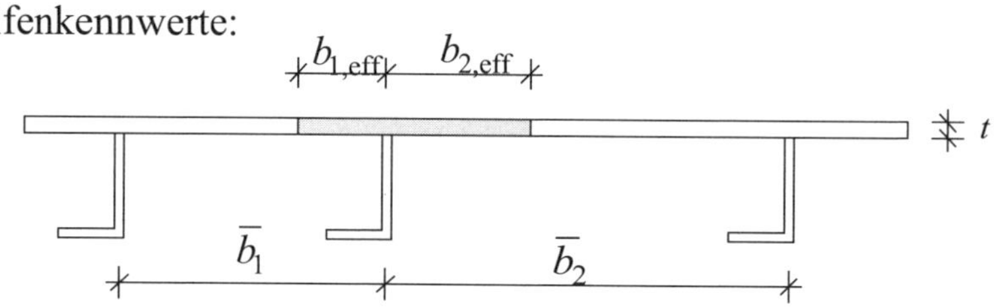

Abb. 11.27 Wirksame Gurtbreiten von gedrückten Längssteifen

Wirksame Gurtbreite der Steife berechnen:

$$b_{\mathrm{S}\ell,\mathrm{eff}} = b_{1,\mathrm{eff}} + b_{2,\mathrm{eff}}$$

$$\gamma = 10{,}92 \cdot \frac{I_{\mathrm{S}\ell,\mathrm{eff}}}{b \cdot t^3}$$

γ bezogenes Flächenmoment 2. Grades einer Steife, berechnet mit der wirksamen Gurtbreite $b_{\mathrm{S}\ell,\mathrm{eff}}$

$$\delta = \frac{A}{b \cdot t}$$

δ bezogene Querschnittsfläche einer Steife
A Fläche der Steife ohne wirksame Plattenanteile
b Breite des Gesamtfeldes

2. *Euler*sche Knickspannung:

$$\sigma_{\mathrm{E}} = 18\,980 \cdot \left(\frac{t}{b}\right)^2 \text{ in kN/cm}^2$$

3. Ideale Beulspannung:

$$\sigma_{\mathrm{cr}} = k_\sigma \cdot \sigma_{\mathrm{E}}$$

$$\tau_{\mathrm{cr}} = k_\tau \cdot \sigma_{\mathrm{E}}$$

4. Bezogener Bezugsschlankheitsgrad:

$$\sigma_{\mathrm{V,Ed}} = \sqrt{{\sigma_{\mathrm{Ed}}}^2 + 3 \cdot {\tau_{\mathrm{Ed}}}^2}$$

$$\sigma_{\mathrm{V,cr}} = \frac{\sigma_{\mathrm{V,Ed}}}{\frac{1+\psi}{4} \cdot \frac{\sigma_{\mathrm{Ed}}}{\sigma_{\mathrm{cr}}} + \sqrt{\left(\frac{3-\psi}{4} \cdot \frac{\sigma_{\mathrm{Ed}}}{\sigma_{\mathrm{cr}}}\right)^2 + \left(\frac{\tau_{\mathrm{Ed}}}{\tau_{\mathrm{cr}}}\right)^2}}$$

Alternativ: Berechnung des Verzweigungslastfaktors α_{cr} unter gleichzeitiger Wirkung von σ und τ mit einem Beulprogramm.

$$\sigma_{\mathrm{V,cr}} = \alpha_{\mathrm{cr}} \cdot \sigma_{\mathrm{V,Ed}}$$

$$\bar{\lambda}_p = \sqrt{\frac{f_y}{\sigma_{V,cr}}}$$

5. Grenzbeulspannungen:

$$\rho = \frac{\bar{\lambda}_p - 0,055 \cdot (3 + \psi)}{\bar{\lambda}_p^{\,2}}$$

$$\chi_w = \frac{0,83}{\bar{\lambda}_p}$$

6. Beulsicherheitsnachweis:

$$\left(\frac{\sigma_{Ed}}{\rho \cdot f_y / \gamma_{M1}}\right)^2 + 3 \cdot \left(\frac{\tau_{Ed}}{\chi_w \cdot f_y / \gamma_{M1}}\right)^2 \le 1$$

7. Knickstabähnliches Verhalten

<u>Unausgesteiftes Beulfeld</u>

$$\sigma_{cr,p} = \sigma_{cr} = k_\sigma \cdot \sigma_E$$

$$\sigma_{cr,c} = \frac{\pi^2 \cdot E \cdot t^2}{12\left(1 - \nu^2\right) \cdot a^2}$$

$$\xi = \frac{\sigma_{cr,p}}{\sigma_{cr,c}} - 1 \qquad \text{jedoch} \qquad 0 \le \xi \le 1$$

Knickstabähnliches Verhalten ist für $0 \le \xi \le 1$ zu untersuchen.
Wenn ja:

$$\bar{\lambda}_c = \sqrt{\frac{f_y}{\sigma_{cr,p}}}$$

Der Abminderungsfaktor χ_c ist mit dem Imperfektionswert $\alpha = 0,21$ der Knickkurve a zu berechnen.

<u>Ausgesteiftes Beulfeld</u>

$$\sigma_{cr,p} = \sigma_{cr} = k_\sigma \cdot \sigma_E$$

$$\sigma_{cr,c} = \frac{\pi^2 \cdot E \cdot I_{S\ell,1}}{A_{S\ell,1} \cdot a^2} \cdot \frac{\sigma_1}{\sigma_{S\ell,1}}$$

$$\xi = \frac{\sigma_{cr,p}}{\sigma_{cr,c}} - 1 \qquad \text{jedoch} \qquad 0 \le \xi \le 1$$

$A_{S\ell,1}$ die Bruttoquerschnittsfläche mit den angrenzenden mittragenden Breiten ($\rho = 1{,}0$ in Tabelle 11.1 und 11.2)

$I_{S\ell,1}$ das zugehörige Flächenträgheitsmoment

σ_1 maximale Druckspannung

$\sigma_{S\ell,1}$ Druckspannung der Steife

Knickstabähnliches Verhalten ist für $0 \leq \xi \leq 1$ zu untersuchen.

Wenn ja:

$$\bar{\lambda}_c = \sqrt{\frac{f_y}{\sigma_{cr,p}}}$$

Der Abminderungsfaktor χ_c ist mit dem Imperfektionswert α_e zu berechnen.

$$\alpha_e = \alpha + \frac{0{,}09}{i/e}$$

α = 0,34 für Hohlsteifenquerschnitte (Kurve b)
= 0,49 für offene Steifenquerschnitte (Kurve c)

e max(e_1, e_2)

$$i = \sqrt{\frac{I_{S\ell,1}}{A_{S\ell,1}}}$$

e_1 ist der Abstand zwischen dem Schwerpunkt der einseitig angebrachten Einzelsteife zum Schwerpunkt von $A_{S\ell,1,eff}$.

e_2 ist der Abstand zwischen dem Schwerpunkt von $A_{S\ell,1,eff}$ zur Mittelebene des Bleches des Beulfeldes.

$$\phi = 0{,}5 \cdot \left[1 + \alpha_e \cdot \left(\bar{\lambda}_c - 0{,}2\right) + \bar{\lambda}_c^2\right]$$

$$\chi_c = \frac{1}{\phi + \sqrt{\phi^2 - \bar{\lambda}_c^2}}$$

<u>Interaktion</u>

$$\rho_c = (\rho - \chi_c) \cdot \xi \cdot (2 - \xi) + \chi_c$$

<u>Beulsicherheitsnachweis:</u>

$$\left(\frac{\sigma_{Ed}}{\rho_c \cdot f_y / \gamma_{M1}}\right)^2 + 3 \cdot \left(\frac{\tau_{Ed}}{\chi_w \cdot f_y / \gamma_{M1}}\right)^2 \leq 1$$

Für unausgesteifte Platten mit Beanspruchungen aus σ_{Ed} und τ_{Ed} sind in [50] *b*/*t*-Interaktionsdiagramme für den Beulsicherheitsnachweis nach DIN EN 1993-1-5 angegeben.

11.10 Beispiele

Beispiel 11.10.1: Grenzwerte max *c/t* für einen geschweißten Kastenquerschnitt
Beispiel mit $\gamma_M = \gamma_{M0} = 1,00$

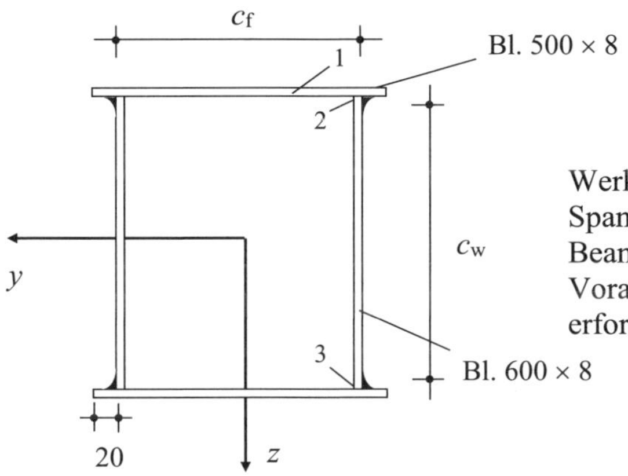

Werkstoff: S 235
Spannungsnachweis
Beanspruchung: $M_{y,Ed} = 585$ kNm
Voraussetzung: kein Stabilitätsnachweis erforderlich

Querschnittswerte:

$$I_y = 40,0 \cdot \frac{60,8^2}{2} + 2 \cdot 0,8 \cdot \frac{60,0^3}{12} = 102\ 730\ \text{cm}^4$$

$$z_1 = -30,4\ \text{cm};\ z_2 = -30,0\ \text{cm};\ z_3 = 30,0\ \text{cm}$$

Die Berechnung der Spannungen darf in der Gurtmitte erfolgen.
Berechnung der Spannungen:

$$\sigma_{Ed} = \frac{M_{y,Ed}}{I_y} \cdot z$$

$$\sigma_1 = -\frac{58\ 500}{102\ 730} \cdot 30,4 = -17,3\ \text{kN/cm}^2$$

$$\sigma_2 = -\frac{58\ 500}{102\ 730} \cdot 30,0 = -17,1\ \text{kN/cm}^2$$

$$\sigma_3 = +\frac{58\ 500}{102\ 730} \cdot 30,0 = 17,1\ \text{kN/cm}^2$$

Nachweis des Gurtes:

$$\text{vorh } c/t = \frac{500 - 2 \cdot 20}{8} = 57,5$$

max c/t wird nach Tabelle 4.3von Band 1 berechnet.

$\psi = 1$, Kurve (1)

$$\max c/t = 42 \cdot \sqrt{\frac{f_y}{\sigma_{Ed} \cdot \gamma_{M0}}} = 42 \cdot \sqrt{\frac{23,5}{17,3 \cdot 1,0}} = 49,0$$

Nachweis:

$$\text{vorh } c/t = 57,5 > \max c/t = 49,0$$

Der Nachweis ist nicht erfüllt. Es handelt sich um einen Querschnitt der Klasse 4.

Methode der reduzierten Spannungen

Es wird das Plattenbeulen mit der Methode der reduzierten Spannungen angewendet (1-5, 10).

$\gamma_{\mathrm{M1}} = 1{,}10$

$$\sigma_{\mathrm{cr}} = k \cdot \frac{\pi^2 \cdot E}{12 \cdot (1-\nu^2)} \cdot \left(\frac{t}{b}\right)^2 = k \cdot 18\,980 \cdot \left(\frac{t}{b}\right)^2 \ \mathrm{kN/cm^2}$$

Der Beulwert nach Tabelle 11.1 ist für $\psi = 1$ $k = 4$.

$$\sigma_{\mathrm{cr}} = k \cdot 18\,980 \cdot \left(\frac{t}{b}\right)^2 = 4 \cdot 18\,980 \cdot \left(\frac{8}{460}\right)^2 = 23{,}0 \ \mathrm{kN/cm^2}$$

$$\bar{\lambda}_{\mathrm{p}} = \sqrt{\frac{f_{\mathrm{y}}}{\sigma_{\mathrm{cr}}}} = \sqrt{\frac{23{,}5}{23{,}0}} = 1{,}01$$

$$\rho = \frac{\bar{\lambda}_{\mathrm{p}} - 0{,}055 \cdot (3+\psi)}{\bar{\lambda}_{\mathrm{p}}^2} = \frac{1{,}01 - 0{,}055 \cdot (3+1)}{1{,}01^2} = 0{,}774$$

$$\frac{\sigma_{\mathrm{Ed}}}{\rho \cdot f_{\mathrm{y}} / \gamma_{\mathrm{M1}}} = \frac{17{,}3}{0{,}774 \cdot 23{,}5 / 1{,}10} = 1{,}05 > 1 \ \text{reicht nicht!}$$

Berechnung mit der Methode der wirksamen Querschnittsfläche

Die Gleichung (11.2) ist der Spannungsnachweis mit den wirksamen Querschnittswerten. Vorsichtig wird wie im Stahlbrückenbau der Teilsicherheitsbeiwert $\gamma_{\mathrm{M0}} = 1{,}10$ gesetzt. Nach Meinung des Verfassers handelt es sich hier um ein Stabilitätsproblem mit dem Teilsicherheitsbeiwert γ_{M1}.

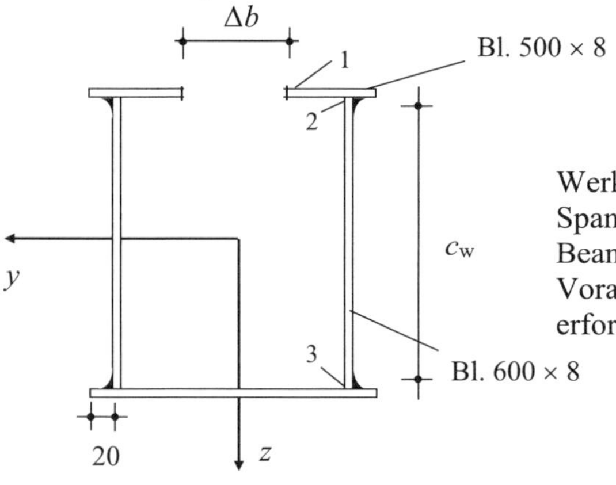

Werkstoff: S 235
Spannungsnachweis
Beanspruchung: $M_{\mathrm{y,Ed}} = 585$ kNm
Voraussetzung: kein Stabilitätsnachweis erforderlich

Schritt 1: Berechnung der wirksamen Breite im Druckgurt:

1. *Euler*sche Knickspannung:

$$\sigma_{\mathrm{E}} = 18\,980 \cdot \left(\frac{t}{b}\right)^2 = 18\,980 \cdot \left(\frac{8}{460}\right)^2 = 5{,}74 \ \mathrm{kN/cm^2}$$

2. Beulwert k_σ:

$$k_\sigma = 4$$

3. Ideale Beulspannung σ_{cr}:

$$\sigma_{\mathrm{cr}} = k_\sigma \cdot \sigma_{\mathrm{E}} = 4 \cdot 5{,}74 = 23{,}0 \ \mathrm{kN/cm^2}$$

4. Bezogener Bezugsschlankheitsgrad:

$$\overline{\lambda}_{\mathrm{p}} = \sqrt{\frac{f_{\mathrm{y}}}{\sigma_{\mathrm{cr}}}} = \sqrt{\frac{23{,}5}{23{,}0}} = 1{,}01$$

5. Grenzbeulspannungen:

$$\rho = \frac{\overline{\lambda}_{\mathrm{p}} - 0{,}055 \cdot (3+\psi)}{\overline{\lambda}_{\mathrm{p}}^{2}} = \frac{1{,}01 - 0{,}055 \cdot (3+1)}{1{,}01^2} = 0{,}774$$

6. Wirksame Breite

$$b_{\mathrm{eff}} = \rho \cdot \overline{b} = 0{,}774 \cdot 460 = 356 \text{ mm}$$

$$\Delta b = b - b_{\mathrm{eff}} = 460 - 356 = 104 \text{ mm}$$

Schritt 2: Berechnung der wirksamen Breite im Steg:

1. *Euler*sche Knickspannung:

$$\sigma_{\mathrm{E}} = 18\,980 \cdot \left(\frac{t}{b}\right)^2 = 18\,980 \cdot \left(\frac{8}{600}\right)^2 = 3{,}37 \text{ kN/cm}^2$$

2. Beulwert k_σ:

Es ist der ψ-Wert des geänderten Querschnittes mit der wirksamen Breite des Druckgurtes zu berechnen. Berechnung des Schwerpunktes:

$$A = 0{,}8 \cdot (50{,}0 - 10{,}4) + 0{,}8 \cdot 60{,}0 + 0{,}8 \cdot 60{,}0 + 0{,}8 \cdot 50{,}0 = 168 \text{ cm}^2$$

$$e_{\mathrm{S}} = \frac{48{,}0 \cdot 30{,}4 + 48{,}0 \cdot 30{,}4 + 40{,}0 \cdot 60{,}8}{168} = 31{,}8 \text{ cm}$$

$$\psi = -\frac{28{,}6}{31{,}4} = -0{,}911$$

$$k_\sigma = 7{,}81 - 6{,}29 \cdot \psi + 9{,}78 \cdot \psi^2 = 7{,}81 - 6{,}29 \cdot (-0{,}911) + 9{,}78 \cdot (-0{,}911)^2 = 21{,}7$$

3. Ideale Beulspannung σ_{cr}:

$$\sigma_{\mathrm{cr}} = k_\sigma \cdot \sigma_{\mathrm{E}} = 21{,}7 \cdot 3{,}37 = 73{,}1 \text{ kN/cm}^2$$

4. Bezogener Bezugsschlankheitsgrad:

$$\overline{\lambda}_{\mathrm{p}} = \sqrt{\frac{f_{\mathrm{y}}}{\sigma_{\mathrm{cr}}}} = \sqrt{\frac{23{,}5}{73{,}1}} = 0{,}567 \le 0{,}5 + \sqrt{0{,}085 - 0{,}055 \cdot \psi}$$

$$= 0{,}5 + \sqrt{0{,}085 - 0{,}055 \cdot (-0{,}911)} = 0{,}867$$

5. Grenzbeulspannungen:

$$\rho = 1$$

6. Wirksame Breiten des Steges sind gleich den vorhandenen Breiten.

Querschnittswerte:

$$A_{\mathrm{eff}} = 0{,}8 \cdot (50{,}0 - 10{,}4) + 0{,}8 \cdot 60{,}0 + 0{,}8 \cdot 60{,}0 + 0{,}8 \cdot 50{,}0 = 168 \text{ cm}^2$$

$$e_{\mathrm{S}} = \frac{48{,}0 \cdot 30{,}4 + 48{,}0 \cdot 30{,}4 + 40{,}0 \cdot 60{,}8}{168} = 31{,}8 \text{ cm}$$

$$I_{\mathrm{eff}} = 0{,}8 \cdot \frac{60{,}0^3}{12} + 0{,}8 \cdot \frac{60{,}0^3}{12}$$

$$+ 48{,}0 \cdot 30{,}4^2 + 48{,}0 \cdot 30{,}4^2 + 40{,}0 \cdot 60{,}8^2 - 168 \cdot 31{,}8^2 = 95\,497 \text{ cm}^4$$

$$z_1 = -31{,}8\ \text{cm}$$

$$\sigma_1 = \frac{M_{\text{Ed}}}{I_{\text{eff}}} \cdot z_1 = -\frac{58\,500}{95\,497} \cdot 31{,}8 = -19{,}5\ \text{kN/cm}^2$$

$$\frac{\sigma_{\text{Ed}}}{\sigma_{\text{Rd}}} = \frac{19{,}5}{21{,}4} = 0{,}91 \leq 1 \text{ Der Nachweis ist erfüllt.}$$

Beispiel 11.10.2: Druckstab aus I-Profil mit Querschnittsklasse 4

In diesem Beispiel soll ein Druckstab aus einem I-Profil berechnet werden, das der Querschnittsklasse 4 zugeordnet ist. Es wird die Berechnung der wirksamen Querschnittsfläche A_{eff} hergeleitet.

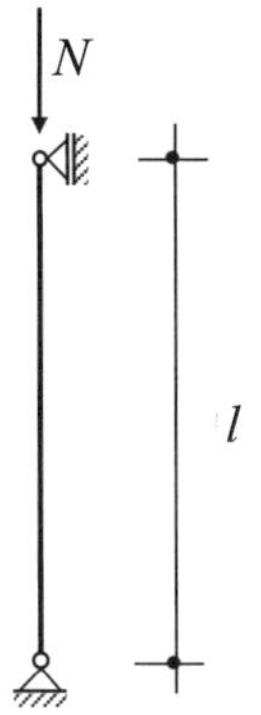

Werkstoff: S 355
Ersatzstabverfahren
c/t-Verhältnis erforderlich für Klasse 3
Beanspruchung: $N_{\text{Ed}} = 541$ kN
Knicklängen: $L_{\text{cr,y}} = L_{\text{cr,z}} = 5{,}25$ m

Gewählt: IPE 360
Querschnittswerte: $A = 72{,}7\ \text{cm}^2$, $I_z = 1040\ \text{cm}^4$
Nachweis max c/t nach Tabelle 4.2 und 4.3 im Band 1:
Flansch: vorh $c/t = 4{,}96 <$

Steg: vorh $c/t = 37{,}3 <$ max $c/t = 42 \cdot \sqrt{\frac{235}{355}} = 34{,}2$

Es liegt ein Querschnitt mit Querschnittsklasse 4 vor.

Berechnung der wirksamen Breite des Steges:

1. *Euler*sche Knickspannung:

$$\sigma_{\text{E}} = 18\,980 \cdot \left(\frac{t_{\text{w}}}{d}\right)^2 = 18\,980 \cdot \left(\frac{8}{299}\right)^2 = 13{,}59\ \text{kN/cm}^2$$

2. Beulwert k_σ:

3. Ideale Beulspannung :

4. Bezogener Bezugsschlankheitsgrad:

$$\bar{\lambda}_{\text{p}} = \sqrt{\frac{f_{\text{y}}}{\sigma_{\text{cr}}}} = \sqrt{\frac{35{,}5}{54{,}4}} = 0{,}808$$

5. Grenzbeulspannungen:

$$\rho = \frac{\bar{\lambda}_p - 0,055 \cdot (3+\psi)}{\bar{\lambda}_p^{\,2}} = \frac{0,808 - 0,055 \cdot (3+1)}{0,808^2} = 0,901 \leq 1,00$$

6. Wirksame Breite des Steges:

$$b_{eff} = \rho \cdot d = 0,901 \cdot 299 = 269 \text{ mm}$$

$$\Delta A_w = (d - b_{eff}) \cdot t_w = (29,9 - 26,9) \cdot 0,8 = 2,4 \text{ cm}^2$$

Querschnittswerte:

$$A_{eff} = A - \Delta A_w = 72,7 - 2,4 = 70,3 \text{ cm}^2$$

Biegeknicken

Für die Berechnung von N_{cr} gelten die Abmessungen des Bruttoquerschnittes.

Querschnittswerte:

$$N_{cr} = \frac{\pi^2 \cdot E \cdot I}{L_{cr}^2} = \frac{\pi^2 \cdot 21\,000 \cdot 1040}{525^2} = 782 \text{ kN}$$

$$\bar{\lambda} = \sqrt{\frac{A_{eff} \cdot f_y}{N_{cr}}} = \sqrt{\frac{70,3 \cdot 35,5}{782}} = 1,79$$

Knicklinie b

$$\phi = 0,5 \cdot \left[1 + \alpha \cdot \left(\bar{\lambda} - 0,2\right) + \bar{\lambda}^2\right] = 0,5 \cdot \left[1 + 0,34 \cdot (1,79 - 0,2) + 1,79^2\right] = 2,37$$

$$\chi = \frac{1}{\phi + \sqrt{\phi^2 - \bar{\lambda}^2}} = \frac{1}{2,37 + \sqrt{2,37^2 - 1,79^2}} = 0,255$$

$$N_{b,Rd} = \frac{\chi \cdot A_{eff} \cdot f_y}{\gamma_{M1}} = \frac{0,255 \cdot 70,3 \cdot 35,5}{1,1} = 579 \text{ kN}$$

$$\frac{N_{Ed}}{N_{b,Rd}} = \frac{541}{579} = 0,93 \leq 1,0$$

Beispiel 11.10.3: Druckstab mit Querschnittsklasse 4

Knicklänge $L_{cr} = 8$ m

Beanspruchung: $N_{Ed} = 950$ kN

Werkstoff: S 235

Geschweißtes quadratisches Hohlprofil 360×360×6

$$\text{vorh } c/t = \frac{b-t}{t} = \frac{360-6}{6} = 59 \geq \max\ c/t = 42 \qquad \text{Band 1, Tabelle 4.4}$$

Querschnittsklasse 4

Berechnung der wirksamen Breite:

1. *Euler*sche Knickspannung:

$$\sigma_E = 18\,980 \cdot \left(\frac{t}{b}\right)^2 = 18\,980 \cdot \left(\frac{6}{354}\right)^2 = 5,45 \text{ kN/cm}^2$$

2. Beulwert k_σ:

$$1 > \psi \geq 0 \qquad \alpha \geq 1 \quad k_\sigma = \frac{8,2}{\psi + 1,05} = \frac{8,2}{1+1,05} = 4$$

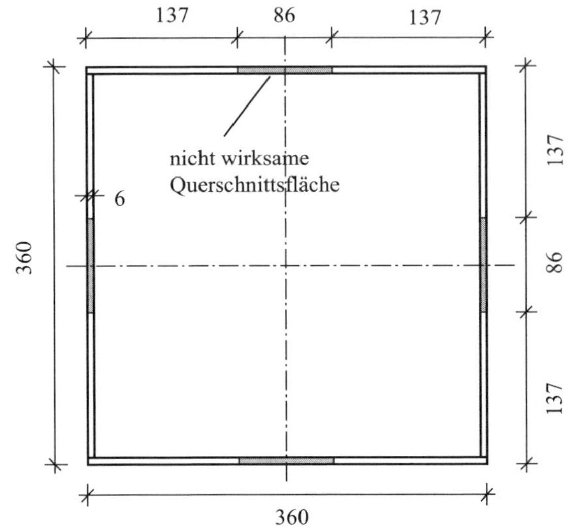

3. Ideale Beulspannung σ_{cr}:

$$\sigma_{cr} = k_\sigma \cdot \sigma_E = 4 \cdot 5{,}45 = 21{,}8 \text{ kN/cm}^2$$

4. Bezogener Bezugsschlankheitsgrad:

$$\bar{\lambda}_p = \sqrt{\frac{f_y}{\sigma_{cr}}} = \sqrt{\frac{23{,}5}{21{,}8}} = 1{,}04$$

5. Grenzbeulspannungen:

$$\rho = \frac{\bar{\lambda}_p - 0{,}055 \cdot (3+\psi)}{\bar{\lambda}_p^{\,2}} = \frac{1{,}04 - 0{,}055 \cdot (3+1)}{1{,}04^2} = 0{,}758 \le 1{,}00$$

6. Wirksame Breiten

$$b_{eff} = \rho \cdot b = 0{,}758 \cdot 354 = 268 \text{ mm}$$

$$b_{e1} = 0{,}5 \cdot b_{eff} = 0{,}5 \cdot 268 = 134 \text{ mm}$$

$$b_{e2} = 0{,}5 \cdot b_{eff} = 0{,}5 \cdot 268 = 134 \text{ mm}$$

Querschnittswerte:

$$A_{eff} = 36{,}0^2 - 34{,}8^2 - 4 \cdot 0{,}6 \cdot 8{,}6 = 64{,}3 \text{ cm}^2$$

Biegeknicken

Für die Berechnung von N_{cr} gelten die Abmessungen des Bruttoquerschnittes.
Querschnittswerte:

$$I = \frac{36{,}0^4}{12} - \frac{34{,}8^4}{12} = 17\ 750 \text{ cm}^4$$

$$N_{cr} = \frac{\pi^2 \cdot E \cdot I}{L_{cr}^2} = \frac{\pi^2 \cdot 21\ 000 \cdot 17\ 750}{800^2} = 5748 \text{ kN}$$

$$\bar{\lambda} = \sqrt{\frac{A_{eff} \cdot f_y}{N_{cr}}} = \sqrt{\frac{64{,}3 \cdot 23{,}5}{5748}} = 0{,}513$$

Knicklinie b

$$\phi = 0{,}5 \cdot \left[1 + \alpha \cdot \left(\bar{\lambda} - 0{,}2\right) + \bar{\lambda}^2\right] = 0{,}5 \cdot \left[1 + 0{,}34 \cdot \left(0{,}513 - 0{,}2\right) + 0{,}513^2\right] = 0{,}685$$

$$\chi = \frac{1}{\phi + \sqrt{\phi^2 - \bar{\lambda}^2}} = \frac{1}{0{,}685 + \sqrt{0{,}685^2 - 0{,}513^2}} = 0{,}878$$

$$N_{\mathrm{b,Rd}} = \frac{\chi \cdot A_{\mathrm{eff}} \cdot f_{\mathrm{y}}}{\gamma_{\mathrm{M1}}} = \frac{0{,}878 \cdot 64{,}3 \cdot 23{,}5}{1{,}1} = 1206 \text{ kN}$$

$$\frac{N_{\mathrm{Ed}}}{N_{\mathrm{b,Rd}}} = \frac{950}{1206} = 0{,}79 \leq 1{,}0$$

Beispiel 11.10.4: Biegedrillknicken mit Querschnittsklasse 4

Werkstoff: S 235
Geschweißter Träger
Querschnitt

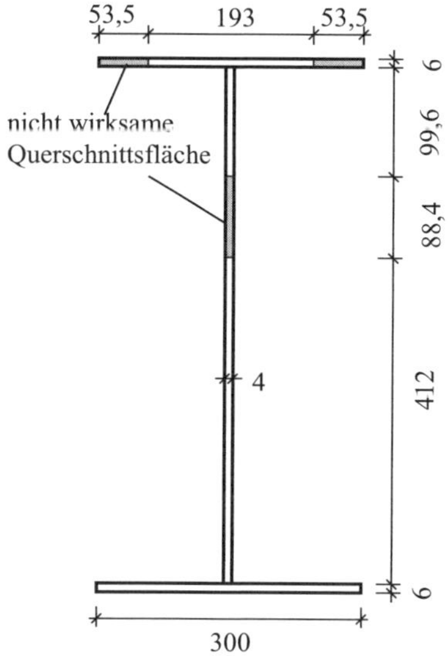

System und Belastung

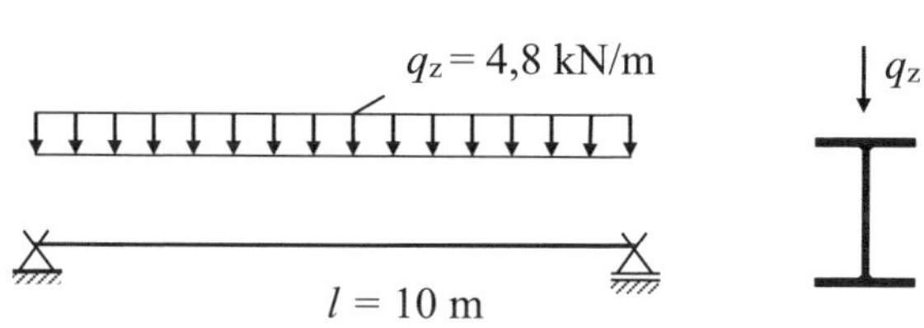

Beanspruchung:

$$M_{\mathrm{Ed}} = \frac{q_{\mathrm{z}} \cdot l^2}{8} = \frac{4{,}8 \cdot 10{,}0^2}{8} = 60 \text{ kNm}$$

Flansch Bl. 300×6

$$\text{vorh } c/t = \frac{150}{6} = 25 \geq \max\ c/t = 13{,}8 \qquad \text{Band 1, Tabelle 4.3}$$

Steg Bl. 600×4

$$\text{vorh } c/t = \frac{600}{4} = 150 \geq \max\ c/t = 124 \qquad \text{Band 1, Tabelle 4.3}$$

Der Einfluss der Schubverzerrungen darf in den Gurten vernachlässigt werden, wenn die Bedingung $b_0 < L_e / 50$ erfüllt ist, s. (1-5, 3.1(1)). Diese Bedingung ist hier eingehalten.

$$b_0 = 150 \text{ mm} < L_e / 50 = 10000 / 50 = 200 \text{ mm}$$

Querschnittsklasse 4

Schritt 1: Berechnung der wirksamen Breite im Druckgurt:

1. *Euler*sche Knickspannung:

$$\sigma_E = 18\,980 \cdot \left(\frac{t}{b}\right)^2 = 18\,980 \cdot \left(\frac{6}{150}\right)^2 = 30{,}4 \text{ kN/cm}^2$$

2. Beulwert k_σ:

$$k_\sigma = 0{,}43$$

3. Ideale Beulspannung σ_{cr}:

$$\sigma_{cr} = k_\sigma \cdot \sigma_E = 0{,}43 \cdot 30{,}4 = 13{,}1 \text{ kN/cm}^2$$

4. Bezogener Bezugsschlankheitsgrad:

$$\bar{\lambda}_p = \sqrt{\frac{f_y}{\sigma_{cr}}} = \sqrt{\frac{23{,}5}{13{,}1}} = 1{,}34$$

5. Grenzbeulspannungen:

$$\rho = \frac{\bar{\lambda}_p - 0{,}188}{\bar{\lambda}_p^2} = \frac{1{,}34 - 0{,}188}{1{,}34^2} = 0{,}642 \leq 1{,}00$$

6. Wirksame Breite

$$b_{eff} = \rho \cdot c = 0{,}642 \cdot 150 = 96{,}3 \text{ mm}$$

$$b_t = 2 \cdot b_{eff} = 2 \cdot 96{,}3 = 193 \text{ mm}$$

Schritt 2: Berechnung der wirksamen Breite im Steg:

1. *Euler*sche Knickspannung:

$$\sigma_E = 18\,980 \cdot \left(\frac{t}{b}\right)^2 = 18\,980 \cdot \left(\frac{4}{600}\right)^2 = 0{,}844 \text{ kN/cm}^2$$

2. Beulwert k_σ:

Es ist der ψ-Wert des geänderten Querschnittes mit der wirksamen Breite des Druckgurtes zu berechnen. Berechnung des Schwerpunktes:

$$A = 0{,}6 \cdot 19{,}3 + 0{,}6 \cdot 30{,}0 + 0{,}4 \cdot 60 = 53{,}6 \text{ cm}^2$$

$$e_S = \frac{18{,}0 \cdot 60{,}6 + 24{,}0 \cdot 30{,}3}{53{,}6} = 33{,}9 \text{ cm}$$

$$\psi = -\frac{26{,}3}{33{,}7} = -0{,}780$$

$$k_\sigma = 7{,}81 - 6{,}29 \cdot \psi + 9{,}78 \cdot \psi^2 = 7{,}81 - 6{,}29 \cdot (-0{,}780) + 9{,}78 \cdot (-0{,}780)^2 = 18{,}7$$

3. Ideale Beulspannung σ_{cr}:

$$\sigma_{cr} = k_\sigma \cdot \sigma_E = 18{,}7 \cdot 0{,}844 = 15{,}8 \text{ kN/cm}^2$$

4. Bezogener Bezugsschlankheitsgrad:

$$\bar{\lambda}_p = \sqrt{\frac{f_y}{\sigma_{cr}}} = \sqrt{\frac{23{,}5}{15{,}8}} = 1{,}22$$

5. Grenzbeulspannungen:

$$\rho = \frac{\bar{\lambda}_p - 0{,}055 \cdot (3+\psi)}{\bar{\lambda}_p^{\,2}} = \frac{1{,}22 - 0{,}055 \cdot (3 - 0{,}780)}{1{,}22^2} = 0{,}738 \le 1{,}00$$

6. Wirksame Breiten des Steges:

$$b_{eff} = \rho \cdot b_c = \rho \cdot \bar{b} / (1-\psi) = 0{,}738 \cdot 600 / (1 + 0{,}780) = 249 \text{ mm}$$

$$b_{e1} = 0{,}4 \cdot b_{eff} = 0{,}4 \cdot 249 = 99{,}6 \text{ mm}$$

$$b_{e2} = 0{,}6 \cdot b_{eff} = 0{,}6 \cdot 249 = 149 \text{ mm}$$

Querschnittswerte:

$$A_{eff} = 0{,}6 \cdot 19{,}3 + 0{,}6 \cdot 30{,}0 + 0{,}4 \cdot 9{,}96 + 0{,}4 \cdot 41{,}2 = 50{,}0 \text{ cm}^2$$

$$e_S = \frac{18{,}0 \cdot 60{,}6 + 3{,}98 \cdot 5{,}28 + 16{,}5 \cdot 39{,}7}{50{,}0} = 35{,}3 \text{ cm}$$

$$I_{eff} = 0{,}4 \cdot \frac{9{,}96^3}{12} + 0{,}4 \cdot \frac{41{,}2^3}{12}$$

$$+ 18{,}0 \cdot 60{,}6^2 + 3{,}98 \cdot 5{,}28^2 + 16{,}5 \cdot 39{,}7^2 - 50{,}0 \cdot 35{,}3^2 = 32\,279 \text{ cm}^4$$

$$W_{eff,y} = \frac{32\,279}{35{,}6} = 907 \text{ cm}^3$$

Biegedrillknicken

$\gamma_M = \gamma_{M1} = 1{,}10$

Für die Berechnung von M_{cr} gelten die Abmessungen des Bruttoquerschnittes.

Querschnittswerte:

$$I_t = \sum \frac{1}{3} \cdot h_i \cdot t_i^{\,3} = \frac{1}{3} \cdot 30{,}0 \cdot 0{,}6^3 + \frac{1}{3} \cdot 30{,}0 \cdot 0{,}6^3 + \frac{1}{3} \cdot 60{,}0 \cdot 0{,}4^3 = 5{,}6 \text{ cm}^4$$

$$I_w = \frac{1}{24} \cdot t_f \cdot b^3 \cdot (h - t_f)^2 = \frac{1}{24} \cdot 0{,}6 \cdot 30{,}0^3 \cdot (61{,}2 - 0{,}6)^2 = 2\,478\,843 \text{ cm}^6$$

$$I_z = 2 \cdot 0{,}6 \cdot \frac{30^3}{12} = 2700 \text{ cm}^4$$

$$c^2 = \frac{I_w + 0{,}039 \cdot l^2 \cdot I_t}{I_z} = \frac{2\,478000 + 0{,}039 \cdot 1000^2 \cdot 5{,}6}{2700} = 999 \text{ cm}^2$$

$$N_{cr,z} = \frac{\pi^2 \cdot E \cdot I_z}{l^2} = \frac{\pi^2 \cdot 21\,000 \cdot 2700}{1000^2} = 560 \text{ kN}$$

$$\zeta = 1{,}12$$

$$M_{cr} = \zeta \cdot N_{cr} \cdot \left(\sqrt{c^2 + 0{,}25 \cdot z_p^2} + 0{,}5 \cdot z_p \right)$$

$$M_{cr} = 1{,}12 \cdot 560 / 100 \cdot \left(\sqrt{999 + 0{,}25 \cdot 30{,}6^2} - 0{,}5 \cdot 30{,}6\right) = 124 \text{ kNm}$$

$$\bar{\lambda}_{LT} = \sqrt{\frac{W_{eff,y} \cdot f_y}{M_{cr}}} = \sqrt{\frac{907 \cdot 23{,}5}{124 \cdot 100}} = 1{,}31$$

Nach Tabelle 9.2 im Band 1 gilt die Knicklinie d.

$$\phi_{LT} = 0{,}5 \cdot \left[1 + \alpha_{LT} \cdot \left(\bar{\lambda}_{LT} - 0{,}2\right) + \bar{\lambda}_{LT}^2\right] = 0{,}5 \cdot \left[1 + 0{,}76 \cdot (1{,}31 - 0{,}2) + 1{,}31^2\right] = 1{,}78$$

$$\chi_{LT} = \frac{1}{\phi_{LT} + \sqrt{\phi_{LT}^2 - \bar{\lambda}_{LT}^2}} = \frac{1}{1{,}78 + \sqrt{1{,}78^2 - 1{,}31^2}} = 0{,}335$$

$$M_{b,Rd} = \frac{\chi_{LT} \cdot W_{eff,y} \cdot f_y}{\gamma_{M1}} = \frac{0{,}335 \cdot 907 \cdot 23{,}5}{1{,}1} = 6491 \text{ kNcm} = 64{,}9 \text{ kNm}$$

$$\frac{M_{Ed}}{M_{b,Rd}} = \frac{60}{64{,}9} = 0{,}92 \le 1{,}0$$

Beispiel 11.10.5: Biegung und Normalkraft mit Querschnittsklasse 4

$$\gamma_M = \gamma_{M1} = 1{,}10$$

a) Methode der reduzierten Spannungen

Bei der Methode der reduzierten Spannungen ist für jedes Querschnittsteil der zugehörige Beulsicherheitsnachweis zu führen. Die Spannungen müssen unterhalb der Grenzbeulspannungen der einzelnen Querschnittsteile liegen. Die Berechnung der Schnittgrößen ist gegebenenfalls nach Theorie II. Ordnung unter Berücksichtigung von Imperfektionen durchzuführen.

$$w_{Ed} = 6{,}80 \text{ kN/m}$$

$$N_{Ed} = 690 \text{ kN}$$

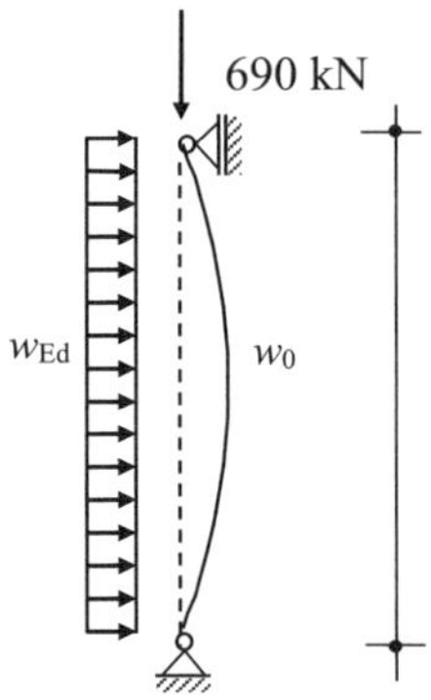

System und Belastung

Werkstoff: S 235
Nachweisverfahren: Elastisch
Profil: Geschweißtes quadratisches Hohlprofil 360×360×6

Querschnittswerte:

$$A = 36{,}0^2 - 34{,}8^2 = 85 \text{ cm}^2$$

$$I_y = \frac{36{,}0^4}{12} - \frac{34{,}8^4}{12} = 17\ 750 \text{ cm}^4$$

$$W_y = \frac{17\ 750}{17{,}7} = 1003 \text{ cm}^3$$

Theorie I. oder II. Ordnung ?

$$N_{cr} = \frac{\pi^2 \cdot E \cdot I_y}{L_{cr}^2} = \frac{\pi^2 \cdot 21\ 000 \cdot 17\ 750}{800^2} = 5748 \text{ kN}$$

$$\frac{N_{\text{Ed}}}{N_{\text{cr}}} = \frac{690}{5748} = 0{,}120 > 0{,}1$$

Die Berechnung muss nach Theorie II. Ordnung erfolgen. Die Ersatzimperfektion w_0 richtet sich nach der Knickspannungslinie. Nach Tabelle 3.2, Band 1 ist dieses Profil der Kurve b zugeordnet.

$$w_0 = \frac{l}{350} = \frac{8{,}00}{350} = 0{,}0229 \text{ m}$$

$$M_{\text{I,Ed}} = \frac{w_{\text{Ed}} \cdot l^2}{8} + N_{\text{Ed}} \cdot w_0 = \frac{6{,}80 \cdot 8{,}00^2}{8} + 690 \cdot 0{,}0229 = 70{,}2 \text{ kNm}$$

Sehr genau ist für diesen Lastfall die folgende Näherung:

$$M_{\text{II}} = \frac{M_{\text{I}}}{1-q} \quad \text{mit } q = \frac{N_{\text{Ed}}}{N_{\text{cr}}}$$

$$M_{\text{y,Ed}} = \frac{M_{\text{I,Ed}}}{1-q} = \frac{70{,}2}{1-0{,}120} = 79{,}8 \text{ kNm}$$

Spannungsnachweis:

$$\sigma = \frac{N_{\text{Ed}}}{A} + \frac{M_{\text{y,Ed}}}{I_{\text{y}}} \cdot z = -\frac{690}{85} + \frac{7980}{17\ 750} \cdot (-18{,}0) = 16{,}2 \text{ kN/cm}^2$$

$$\frac{\sigma_{\text{Ed}}}{\sigma_{\text{Rd}}} = \frac{16{,}2}{21{,}4} = 0{,}76 \le 1{,}0$$

Beulnachweis:

Der ungünstigste Querschnittsteil ist in diesem Fall der gedrückte Obergurt. Es ist für den Nachweis die Grenzbeulspannung zu berechnen.

1. *Euler*sche Knickspannung:

$$\sigma_{\text{E}} = 18\ 980 \cdot \left(\frac{t}{b}\right)^2 = 18\ 980 \cdot \left(\frac{6}{354}\right)^2 = 5{,}45 \text{ kN/cm}^2$$

2. Beulwert k_σ:

$$1 > \psi \ge 0 \qquad \alpha \ge 1 \quad k_\sigma = \frac{8{,}2}{\psi + 1{,}05} = \frac{8{,}2}{1 + 1{,}05} = 4$$

3. Ideale Beulspannung σ_{cr}:

$$\sigma_{\text{cr}} = k_\sigma \cdot \sigma_{\text{E}} = 4 \cdot 5{,}45 = 21{,}8 \text{ kN/cm}^2$$

4. Bezogener Bezugsschlankheitsgrad:

$$\bar{\lambda}_{\text{p}} = \sqrt{\frac{f_{\text{y}}}{\sigma_{\text{cr}}}} = \sqrt{\frac{23{,}5}{21{,}8}} = 1{,}04$$

5. Grenzbeulspannungen des Obergurtes:

$$\rho = \frac{\bar{\lambda}_{\text{p}} - 0{,}055 \cdot (3 + \psi)}{\bar{\lambda}_{\text{p}}^2} = \frac{1{,}04 - 0{,}055 \cdot (3 + 1)}{1{,}04^2} = 0{,}758 \le 1{,}00$$

$$\sigma_{\text{p,Rd}} = \rho \cdot f_{\text{y}} / \gamma_{\text{M1}} = 0{,}758 \cdot 23{,}5 / 1{,}10 = 16{,}2 \text{ kN/cm}^2$$

Nachweis für die Gurtmitte:

$$\sigma = \frac{N_{\text{Ed}}}{A} + \frac{M_{\text{y,Ed}}}{I_{\text{y}}} \cdot z = -\frac{690}{85} + \frac{7980}{17\ 750} \cdot (-17{,}7) = -16{,}1 \text{ kN/cm}^2$$

$$\frac{\sigma_{\text{Ed}}}{\sigma_{\text{p,Rd}}} = \frac{16{,}1}{16{,}2} = 0{,}99 \leq 1{,}0$$

b) Methode der wirksamen Querschnittsflächen

Bei der Methode der wirksamen Querschnittsflächen sind die Querschnittswerte A_{eff} und W_{eff} zu berechnen. Diese Querschnittswerte berücksichtigen schon den Beulnachweis. Die Spannungen müssen bei der Methode der wirksamen Querschnittsflächen unterhalb der Grenzspannungen liegen. Die Berechnung der Schnittgrößen ist gegebenenfalls nach Theorie II. Ordnung unter Berücksichtigung von Imperfektionen durchzuführen.

$$w_{\text{Ed}} = 6{,}80 \text{ kN/m}$$

$$N_{\text{Ed}} = 690 \text{ kN}$$

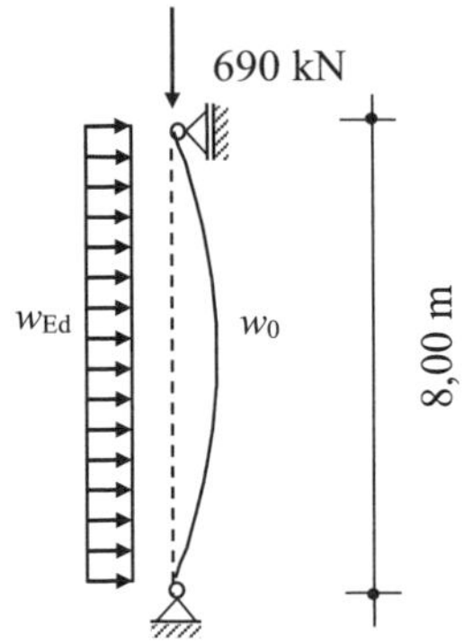

System und Belastung

Werkstoff: S 235
Nachweisverfahren: Elastisch
Profil: Geschweißtes quadratisches Hohlprofil 360×360×6

Berechnung der wirksamen Querschnittsfläche für die Normalkraft

Geschweißtes quadratisches Hohlprofil 360×360×6

$$\text{vorh } c/t = \frac{b-t}{t} = \frac{360-6}{6} = 59 \geq \max\ c/t = 42$$ Band 1, Tabelle 4.4

Querschnittsklasse 4

Schritt 1: Berechnung der wirksamen Breite im Druckgurt:

1. *Euler*sche Knickspannung:

$$\sigma_{\text{E}} = 18\,980 \cdot \left(\frac{t}{b}\right)^2 = 18\,980 \cdot \left(\frac{6}{354}\right)^2 = 5{,}45 \text{ kN/cm}^2$$

2. Beulwert k_σ:

$$1 > \psi \geq 0 \qquad \alpha \geq 1 \quad k_\sigma = \frac{8{,}2}{\psi + 1{,}05} = \frac{8{,}2}{1 + 1{,}05} = 4$$

3. Ideale Beulspannung σ_{cr}:

$$\sigma_{\text{cr}} = k_\sigma \cdot \sigma_{\text{E}} = 4 \cdot 5{,}45 = 21{,}8 \text{ kN/cm}^2$$

4. Bezogener Bezugsschlankheitsgrad:

$$\bar{\lambda}_{\text{p}} = \sqrt{\frac{f_{\text{y}}}{\sigma_{\text{cr}}}} = \sqrt{\frac{23{,}5}{21{,}8}} = 1{,}04$$

5. Grenzbeulspannungen des Obergurtes:

$$\rho = \frac{\bar{\lambda}_{\text{p}} - 0{,}055 \cdot (3+\psi)}{\bar{\lambda}_{\text{p}}^2} = \frac{1{,}04 - 0{,}055 \cdot (3+1)}{1{,}04^2} = 0{,}758 \leq 1{,}00$$

6. Wirksame Breiten

$$b_{\text{eff}} = \rho \cdot b = 0{,}758 \cdot 354 = 268 \text{ mm}$$

$$b_{e1} = 0{,}5 \cdot b_{eff} = 0{,}5 \cdot 268 = 134 \text{ mm}$$
$$b_{e2} = 0{,}5 \cdot b_{eff} = 0{,}5 \cdot 268 = 134 \text{ mm}$$

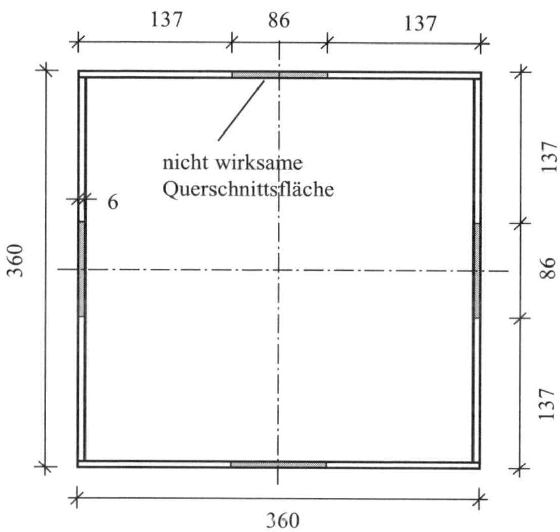

Schritt 2: Berechnung der wirksamen Breite im Steg:
Die wirksame Breite im Steg ist in diesem Fall identisch mit der wirksamen Breite im Gurt.

Querschnittswerte:

$$\Delta b = b - b_{eff} = 354 - 268 = 86 \text{ mm}$$
$$A_{eff} = 36{,}0^2 - 34{,}8^2 - 4 \cdot 0{,}6 \cdot 8{,}6 = 64{,}3 \text{ cm}^2$$

Berechnung der wirksamen Querschnittsfläche für das Biegemoment
Geschweißtes quadratisches Hohlprofil 360×360×6

$$\text{vorh } c/t = \frac{b-t}{t} = \frac{360-6}{6} = 59 \geq \max\ c/t = 42$$ Band 1, Tabelle 4.4

Querschnittsklasse 4
Schritt 1: Berechnung der wirksamen Breite im Druckgurt:
1. *Euler*sche Knickspannung:

$$\sigma_E = 18\,980 \cdot \left(\frac{t}{b}\right)^2 = 18\,980 \cdot \left(\frac{6}{354}\right)^2 = 5{,}45 \text{ kN/cm}^2$$

2. Beulwert k_σ:

$$1 > \psi \geq 0 \qquad \alpha \geq 1 \quad k_\sigma = \frac{8{,}2}{\psi + 1{,}05} = \frac{8{,}2}{1 + 1{,}05} = 4$$

3. Ideale Beulspannung σ_{cr}:

$$\sigma_{cr} = k_\sigma \cdot \sigma_E = 4 \cdot 5{,}45 = 21{,}8 \text{ kN/cm}^2$$

4. Bezogener Bezugsschlankheitsgrad:

$$\bar{\lambda}_p = \sqrt{\frac{f_y}{\sigma_{cr}}} = \sqrt{\frac{23{,}5}{21{,}8}} = 1{,}04$$

5. Grenzbeulspannungen des Obergurtes:

$$\rho = \frac{\bar{\lambda}_p - 0{,}055 \cdot (3+\psi)}{\bar{\lambda}_p^{\,2}} = \frac{1{,}04 - 0{,}055 \cdot (3+1)}{1{,}04^2} = 0{,}758 \leq 1{,}00$$

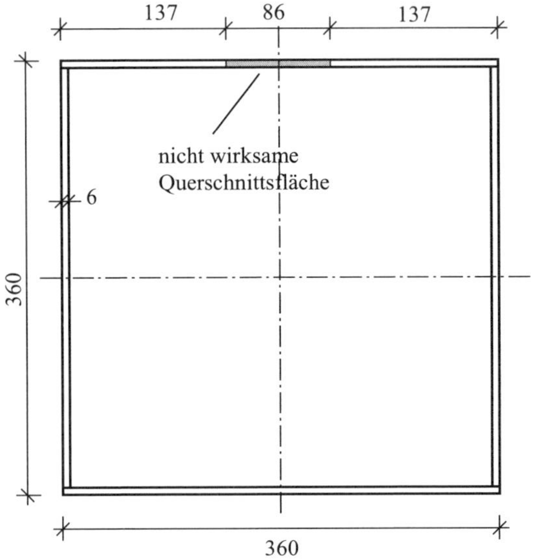

6. Wirksame Breiten

$$b_{eff} = \rho \cdot b = 0{,}758 \cdot 354 = 268 \text{ mm}$$

$$b_{e1} = 0{,}5 \cdot b_{eff} = 0{,}5 \cdot 268 = 134 \text{ mm}$$

$$b_{e2} = 0{,}5 \cdot b_{eff} = 0{,}5 \cdot 268 = 134 \text{ mm}$$

$$\Delta b = b - b_{eff} = 354 - 268 = 86 \text{ mm}$$

Schritt 2: Berechnung der wirksamen Breite im Steg:

1. *Euler*sche Knickspannung:

$$\sigma_E = 18\,980 \cdot \left(\frac{t}{b}\right)^2 = 18\,980 \cdot \left(\frac{6}{354}\right)^2 = 5{,}45 \text{ kN/cm}^2$$

2. Beulwert k_σ:

Es ist der ψ-Wert des geänderten Querschnittes mit der wirksamen Breite des Druckgurtes zu berechnen. Berechnung des Schwerpunktes:

$$A = 36{,}0^2 - 34{,}8^2 - 0{,}6 \cdot 8{,}6 = 79{,}8 \text{ cm}^2$$

$$e_S = \frac{20{,}9 \cdot 17{,}7 + 20{,}9 \cdot 17{,}7 + 21{,}6 \cdot 35{,}4}{79{,}8} = 18{,}9 \text{ cm}$$

$$\psi = -\frac{16{,}2}{18{,}6} = -0{,}871$$

$$k_\sigma = 7{,}81 - 6{,}29 \cdot \psi + 9{,}78 \cdot \psi^2 = 7{,}81 - 6{,}29 \cdot (-0{,}871) + 9{,}78 \cdot (-0{,}871)^2 = 20{,}7$$

3. Ideale Beulspannung σ_{cr}:

$$\sigma_{cr} = k_\sigma \cdot \sigma_E = 20{,}7 \cdot 5{,}45 = 113 \text{ kN/cm}^2$$

4. Bezogener Bezugsschlankheitsgrad:

$$\bar{\lambda}_p = \sqrt{\frac{f_y}{\sigma_{cr}}} = \sqrt{\frac{23,5}{113}} = 0,456 \leq 0,5 + \sqrt{0,085 - 0,055 \cdot \psi}$$

$$= 0,5 + \sqrt{0,085 - 0,055 \cdot (-0,871)} = 0,864$$

5. Grenzbeulspannungen:

$$\rho = 1$$

6. Wirksame Breiten des Steges sind gleich den vorhandenen Breiten.

Querschnittswerte des wirksamen Querschnittes:

$$A_{eff} = 36,0^2 - 34,8^2 - 0,6 \cdot 8,6 = 79,8 \text{ cm}^2$$

$$e_S = \frac{20,9 \cdot 17,7 + 20,9 \cdot 17,7 + 21,6 \cdot 35,4}{79,8} = 18,9 \text{ cm}$$

$$I_{eff} = 0,8 \cdot \frac{34,8^3}{12} + 0,8 \cdot \frac{34,8^3}{12}$$

$$+ 20,9 \cdot 17,7^2 + 20,9 \cdot 17,7^2 + 21,6 \cdot 35,4^2 - 79,8 \cdot 18,9^2 = 17\ 278 \text{ cm}^4$$

$$z_1 = -18,9 \text{ cm}$$

Querschnittswerte des Bruttoquerschnittes:

$$A = 36,0^2 - 34,8^2 = 85 \text{ cm}^2$$

$$I_y = \frac{36,0^4}{12} - \frac{34,8^4}{12} = 17\ 750 \text{ cm}^4$$

Theorie I. oder II. Ordnung ?

$$N_{cr} = \frac{\pi^2 \cdot E \cdot I_y}{L_{cr}^2} = \frac{\pi^2 \cdot 21\ 000 \cdot 17\ 750}{800^2} = 5748 \text{ kN}$$

$$\frac{N_{Ed}}{N_{cr}} = \frac{690}{5748} = 0,120 > 0,1$$

Die Berechnung muss nach Theorie II. Ordnung erfolgen. Die Ersatzimperfektion w_0 richtet sich nach der Knickspannungslinie. Nach Tabelle 3.2, Band 1 ist dieses Profil der Kurve b zugeordnet. Nach Tabelle 10.2, Band 1 erhält man:

$$w_0 = \frac{l}{350} = \frac{8,00}{350} = 0,0229 \text{ m}$$

$$M_{I,Ed} = \frac{w_{Ed} \cdot l^2}{8} + N_{Ed} \cdot w_0 = \frac{6,80 \cdot 8,00^2}{8} + 690 \cdot 0,0229 = 70,2 \text{ kNm}$$

Sehr genau ist für diesen Lastfall die folgende Näherung:

$$M_{II} = \frac{M_I}{1-q} \quad \text{mit} \quad q = \frac{N_{Ed}}{N_{cr}}$$

$$M_{y,Ed} = \frac{M_{I,Ed}}{1-q} = \frac{70,2}{1-0,120} = 79,8 \text{ kNm}$$

Spannungsnachweis:

$$\sigma = \frac{N_{Ed}}{A_{eff}} + \frac{M_{y,Ed}}{I_{eff}} \cdot z_1 = -\frac{690}{64,3} + \frac{7980}{17\ 278} \cdot (-18,9) = -19,5 \text{ kN/cm}^2$$

$$\frac{\sigma_{Ed}}{\sigma_{Rd}} = \frac{19{,}5}{21{,}4} = 0{,}91 \leq 1{,}0$$

Berechnung der exakten Ersatzimperfektion

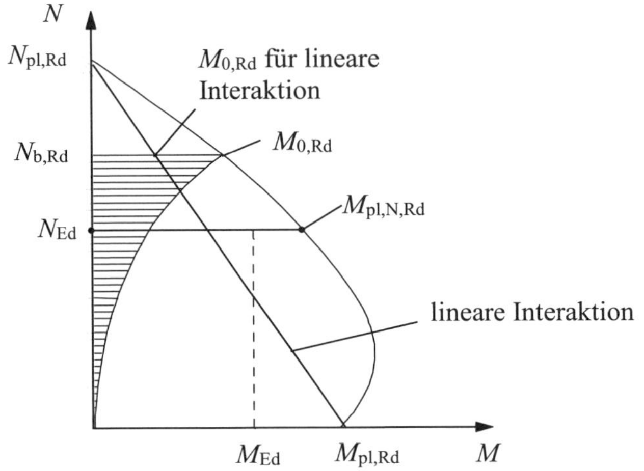

Nach Band 1, Abschnitt 10.3.2 gilt:

$$e_0 = \frac{M_{0,Rd}}{N_{b,Rd}} \cdot \left(1 - \frac{N_{b,Rd}}{N_{cr}}\right)$$

Für Stäbe der Querschnittsklasse 4 gilt die lineare Interaktion. Bei der Berechnung der elastischen Grenztragfähigkeiten des Querschnittes sind anstatt der Grenzspannungen σ_{Rd} die Grenzbeulspannungen $\sigma_{p,Rd}$ zu berücksichtigen.

$$M_{0,Rd} = M_{p,Rd} \cdot \left(1 - \frac{N_{b,Rd}}{N_{p,Rd}}\right)$$

Für dieses Beispiel erhält man:

$$N_{b,Rd} = 1206 \text{ kN}$$

$$N_{cr} = 5748 \text{ kN}$$

$$N_{p,Rd} = A \cdot \sigma_{p,Rd} = 85{,}0 \cdot 16{,}2 = 1377 \text{ kN}$$

$$M_{p,Rd} = W \cdot \sigma_{p,Rd} = 1003 \cdot 16{,}2 / 100 = 162 \text{ kNm}$$

$$M_{0,Rd} = M_{p,Rd} \cdot \left(1 - \frac{N_{b,Rd}}{N_{p,Rd}}\right) = 162 \cdot \left(1 - \frac{1206}{1377}\right) = 20{,}1 \text{ kNm}$$

$$e_0 = \frac{M_{0,Rd}}{N_{b,Rd}} \cdot \left(1 - \frac{N_{b,Rd}}{N_{cr}}\right) = \frac{20{,}1}{1206} \cdot \left(1 - \frac{1206}{5748}\right) = 0{,}0132 \text{ m}$$

Die angenommene Imperfektion liegt auf der sicheren Seite.

Beispiel 11.10.6: Obergurt eines Kastenträgers nach DIN EN 1993-1-5

Werkstoff: S 235
Beulfeld: ausgesteiftes Beulfeld mit Längssteifen
Plattendicke: $t = 10$ mm
Längssteifen: L 100×65×9; $A = 14,2 \text{ cm}^2; I = 141 \text{ cm}^4; e = 3,32$ cm
Es wird angenommen, dass der Einfluss der Schubverzerrungen vernachlässigt werden kann.

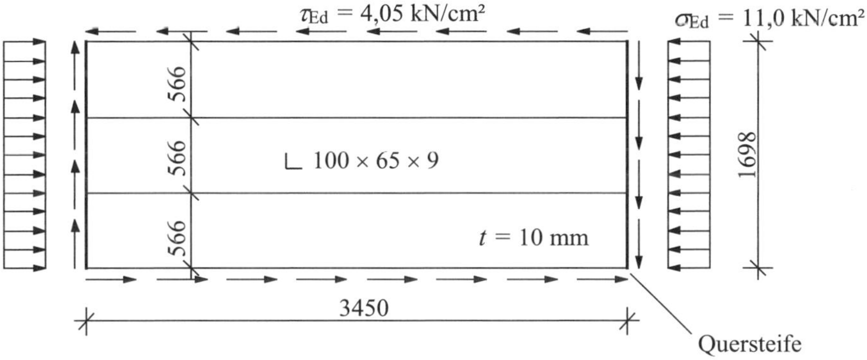

In der Praxis werden vorwiegend Programme, z.B. EPLate [43], zur Berechnung der Beulsicherheit benutzt. Hier soll aber auch gezeigt werden, wie Kurventafeln, z.B. Klöppel/Scheer [52], anzuwenden sind.

Nachweis der Einzelfelder
Zunächst muss das ungünstigste Einzelfeld nachgewiesen werden, wenn nicht ein Programm gewählt wird, das das lokale Beulen berücksichtigt. Falls dieses nicht sofort erkennbar ist, müssen mehrere bzw. alle Einzelfelder nachgewiesen werden. Hier sind alle Einzelfelder gleich.

1. *Euler*sche Knickspannung:

$$\sigma_E = 18\,980 \cdot \left(\frac{t}{b}\right)^2 = 18\,980 \cdot \left(\frac{10}{566}\right)^2 = 5,92 \text{ kN/cm}^2$$

Beulwert k_σ:

$$1 > \psi \geq 0 \qquad \alpha \geq 1 \quad k_\sigma = \frac{8,2}{\psi + 1,05} = \frac{8,2}{1 + 1,05} = 4$$

2. Ideale Beulspannung σ_{cr}:

$$\sigma_{cr} = k_\sigma \cdot \sigma_E = 4 \cdot 5,92 = 23,7 \text{ kN/cm}^2$$

Beulwert k_τ:

$$\alpha = \frac{a}{b} = \frac{3450}{566} = 6,10 \geq 1$$

$$k_\tau = 5,34 + \frac{4,00}{\alpha^2} = 5,34 + \frac{4,00}{6,10^2} = 5,45$$

3. Ideale Beulspannung τ_{cr}:

$$\tau_{cr} = k_\tau \cdot \sigma_E = 5,45 \cdot 5,92 = 32,3 \text{ kN/cm}^2$$

4. Bezogener Bezugsschlankheitsgrad:

$$\sigma_{\text{V,Ed}} = \sqrt{\sigma_{\text{Ed}}^2 + 3 \cdot \tau_{\text{Ed}}^2} = \sqrt{11{,}0^2 + 3 \cdot 4{,}05^2} = 13{,}0 \text{ kN/cm}^2$$

$$\sigma_{\text{V,cr}} = \frac{\sigma_{\text{V,Ed}}}{\frac{1+\psi}{4} \cdot \frac{\sigma_{\text{Ed}}}{\sigma_{\text{cr}}} + \sqrt{\left(\frac{3-\psi}{4} \cdot \frac{\sigma_{\text{Ed}}}{\sigma_{\text{cr}}}\right)^2 + \left(\frac{\tau_{\text{Ed}}}{\tau_{\text{cr}}}\right)^2}}$$

$$\sigma_{\text{V,cr}} = \frac{13{,}0}{\frac{1+1}{4} \cdot \frac{11{,}0}{23{,}7} + \sqrt{\left(\frac{3-1}{4} \cdot \frac{11{,}0}{23{,}7}\right)^2 + \left(\frac{4{,}05}{32{,}3}\right)^2}} = 26{,}2 \text{ kN/cm}^2$$

$$\bar{\lambda}_{\text{p}} = \sqrt{\frac{f_{\text{y}}}{\sigma_{\text{V,cr}}}} = \sqrt{\frac{23{,}5}{26{,}2}} = 0{,}947$$

5. Grenzbeulspannungen:

$$\rho = \frac{\bar{\lambda}_{\text{p}} - 0{,}055 \cdot (3+\psi)}{\bar{\lambda}_{\text{p}}^2} = \frac{0{,}947 - 0{,}055 \cdot (3+1)}{0{,}947^2} = 0{,}811 \le 1{,}00$$

$$\chi_{\text{w}} = \frac{0{,}83}{\bar{\lambda}_{\text{p}}} = \frac{0{,}83}{0{,}947} = 0{,}876 \le 1{,}00$$

6. Beulsicherheitsnachweis:

$$\left(\frac{\sigma_{\text{Ed}}}{\rho \cdot f_{\text{y}} / \gamma_{\text{M1}}}\right)^2 + 3 \cdot \left(\frac{\tau_{\text{Ed}}}{\chi_{\text{w}} \cdot f_{\text{y}} / \gamma_{\text{M1}}}\right)^2 = \left(\frac{11{,}0}{0{,}811 \cdot 23{,}5 / 1{,}1}\right)^2 + 3 \cdot \left(\frac{4{,}05}{0{,}876 \cdot 23{,}5 / 1{,}1}\right)^2 = 0{,}544 \le 1$$

Knickstabähnliches Verhalten liegt bei diesem Einzelfeld nicht vor.

Nachweis des Gesamtfeldes

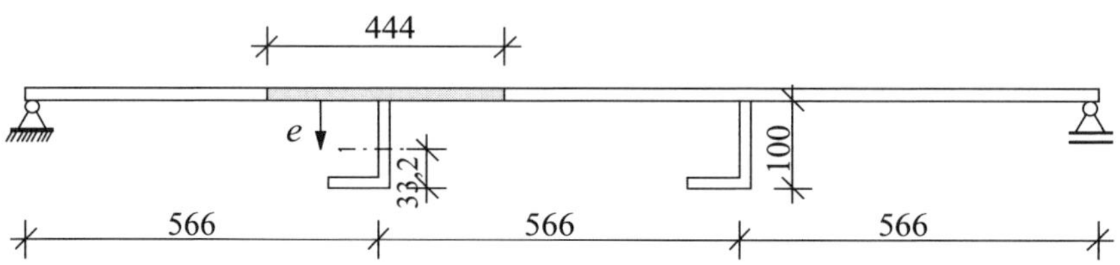

1. Steifenkennwerte:

Wirksame Gurtbreite:

2. *Euler*sche Knickspannung:

$$\sigma_{\text{E}} = 18\,980 \cdot \left(\frac{t}{b}\right)^2 = 18\,980 \cdot \left(\frac{10}{566}\right)^2 = 5{,}92 \text{ kN/cm}^2$$

Beulwert k_σ:

$$k_\sigma = \frac{8{,}2}{\psi + 1{,}05} = \frac{8{,}2}{1 + 1{,}05} = 4$$

3. Ideale Beulspannung σ_{cr}:

$$\sigma_{cr} = k_\sigma \cdot \sigma_E = 4 \cdot 5{,}92 = 23{,}7 \text{ kN/cm}^2$$

4. Bezogener Bezugsschlankheitsgrad:

$$\bar{\lambda}_p = \sqrt{\frac{f_y}{\sigma_{cr}}} = \sqrt{\frac{23{,}5}{23{,}7}} = 0{,}996$$

5. Grenzbeulspannungen:

$$\rho = \frac{\bar{\lambda}_p - 0{,}055 \cdot (3+\psi)}{\bar{\lambda}_p^{\;2}} = \frac{0{,}996 - 0{,}055 \cdot (3+1)}{0{,}996^2} = 0{,}782 \leq 1{,}00$$

1. Beulfeld

$$b_{eff} = \rho \cdot b = 0{,}782 \cdot 566 = 443 \text{ mm}$$

$$b_{1,eff} = 0{,}5 \cdot b_{eff} = 0{,}5 \cdot 0{,}443 = 222 \text{ mm}$$

2. Beulfeld

$$b_{eff} = \rho \cdot b = 0{,}782 \cdot 566 = 443 \text{ mm}$$

$$b_{2,eff} = 0{,}5 \cdot b_{eff} = 0{,}5 \cdot 0{,}443 = 222 \text{ mm}$$

$$b_{S\ell,eff} = b_{1,eff} + b_{2,eff} = 222 + 222 = 444 \text{ mm}$$

$$e = \frac{14{,}2 \cdot (10{,}0 + 0{,}5 - 3{,}32)}{14{,}2 + 44{,}4 \cdot 1{,}0} = \frac{14{,}2 \cdot 7{,}18}{58{,}6} = 1{,}74 \text{ cm}$$

$$I_{S\ell,eff} = 141 + 14{,}2 \cdot 7{,}18^2 - 58{,}6 \cdot 1{,}74^2 = 696 \text{ cm}^4$$

$$\gamma = 10{,}92 \cdot \frac{I_{S\ell,eff}}{b \cdot t^3} = 10{,}92 \cdot \frac{696}{169{,}8 \cdot 1{,}0^3} = 45 > 25$$

Bezogene Querschnittsfläche:

$$\delta = \frac{A}{b \cdot t} = \frac{14{,}2}{169{,}8 \cdot 1{,}0} = 0{,}08$$

Gesamtfeld

1. *Euler*sche Knickspannung:

$$\sigma_E = 18\,980 \cdot \left(\frac{t}{b}\right)^2 = 18\,980 \cdot \left(\frac{10}{1698}\right)^2 = 0{,}66 \text{ kN/cm}^2$$

Beulwert k_σ nach Klöppel/Scheer II/7.5 [52]. In diesem Fall ist $\gamma^L < \gamma^{L*}$.

$$\alpha = \frac{a}{b} = \frac{3450}{1698} = 2{,}03 \rightarrow k_\sigma = 32$$

2. Ideale Beulspannung σ_{cr}:

$$\sigma_{cr} = k_\sigma \cdot \sigma_E = 32 \cdot 0{,}66 = 21{,}1 \text{ N/cm}^2$$

Beulwert k_τ nach Klöppel/Scheer II/7.6 [52]:

$$k_\tau = 31$$

3. Ideale Beulspannung τ_{cr}:

$$\tau_{cr} = k_\tau \cdot \sigma_E = 31 \cdot 0{,}66 = 20{,}5 \text{ kN/cm}^2$$

4. Bezogener Bezugsschlankheitsgrad:

$$\sigma_{V,Ed} = \sqrt{\sigma_{Ed}^{\;2} + 3 \cdot \tau_{Ed}^{\;2}} = \sqrt{11{,}0^2 + 3 \cdot 4{,}05^2} = 13{,}0 \text{ kN/cm}^2$$

$$\sigma_{\text{V,cr}} = \frac{\sigma_{\text{V,Ed}}}{\frac{1+\psi}{4}\cdot\frac{\sigma_{\text{Ed}}}{\sigma_{\text{cr}}}+\sqrt{\left(\frac{3-\psi}{4}\cdot\frac{\sigma_{\text{Ed}}}{\sigma_{\text{cr}}}\right)^2+\left(\frac{\tau_{\text{Ed}}}{\tau_{\text{cr}}}\right)^2}}$$

$$\sigma_{\text{V,cr}} = \frac{13{,}0}{\frac{1+1}{4}\cdot\frac{11{,}0}{21{,}1}+\sqrt{\left(\frac{3-1}{4}\cdot\frac{11{,}0}{21{,}1}\right)^2+\left(\frac{4{,}05}{20{,}5}\right)^2}} = 22{,}1 \text{ kN/cm}^2$$

$$\bar{\lambda}_{\text{p}} = \sqrt{\frac{f_{\text{y}}}{\sigma_{\text{V,cr}}}} = \sqrt{\frac{23{,}5}{22{,}1}} = 1{,}03$$

5. Grenzbeulspannungen:

$$\rho = \frac{\bar{\lambda}_{\text{p}} - 0{,}055\cdot(3+\psi)}{\bar{\lambda}_{\text{p}}^2} = \frac{1{,}03-0{,}055\cdot(3+1)}{1{,}03^2} = 0{,}764 \le 1{,}00$$

$$\chi_{\text{w}} = \frac{0{,}83}{\bar{\lambda}_{\text{p}}} = \frac{0{,}83}{1{,}03} = 0{,}806 \le 1{,}00$$

6. Beulsicherheitsnachweis:

$$\left(\frac{\sigma_{\text{Ed}}}{\rho\cdot f_{\text{y}}/\gamma_{\text{M1}}}\right)^2 + 3\cdot\left(\frac{\tau_{\text{Ed}}}{\chi_{\text{w}}\cdot f_{\text{y}}/\gamma_{\text{M1}}}\right)^2 = \left(\frac{11{,}0}{0{,}764\cdot 23{,}5/1{,}1}\right)^2 + 3\cdot\left(\frac{4{,}05}{0{,}806\cdot 23{,}5/1{,}1}\right)^2 = 0{,}620 \le 1$$

7. Knickstabähnliches Verhalten

Ausgesteiftes Beulfeld

1. Beulfeld

$$b_{\text{eff}} = \rho\cdot b = 1{,}00\cdot 566 = 566 \text{ mm}$$

$$b_{1,\text{S}\ell} = 0{,}5\cdot b_{\text{eff}} = 0{,}5\cdot 566 = 283 \text{ mm}$$

2. Beulfeld

$$b_{\text{eff}} = \rho\cdot b = 1{,}00\cdot 566 = 566 \text{ mm}$$

$$b_{2,\text{S}\ell} = 0{,}5\cdot b_{\text{eff}} = 0{,}5\cdot 566 = 283 \text{ mm}$$

$$b_{\text{S}\ell,1} = b_{1,\text{S}\ell} + b_{2,\text{S}\ell} = 283 + 283 = 566 \text{ mm}$$

Flächenmoment 2. Grades einer Steife:

$$e_2 = \frac{14{,}2\cdot(10{,}0+0{,}5-3{,}32)}{14{,}2+56{,}6\cdot 1{,}0} = \frac{14{,}2\cdot 7{,}18}{70{,}8} = 1{,}44 \text{ cm}$$

$$e_1 = 10{,}0 + 0{,}5 - 1{,}44 - 3{,}32 = 5{,}74 \text{ cm}$$

$$I_{\text{S}\ell,1} = 141 + 14{,}2\cdot 7{,}18^2 - 70{,}8\cdot 1{,}44^2 = 726 \text{ cm}^4$$

$$A_{\text{S}\ell,\text{eff}} = 58{,}6 \text{ cm}^2$$

$$A_{\text{S}\ell,1} = 70{,}8 \text{ cm}^2$$

$$\sigma_{\text{cr,c}} = \frac{\pi^2\cdot E\cdot I_{\text{S}\ell,1}}{A_{\text{S}\ell,1}\cdot a^2}\cdot\frac{\sigma_1}{\sigma_{\text{S}\ell,1}} = \frac{\pi^2\cdot 21\,000\cdot 726}{70{,}8\cdot 345^2}\cdot\frac{11{,}2}{11{,}2} = 17{,}9 \text{ kN/cm}^2$$

$$\sigma_{\text{cr,p}} = k_\sigma\cdot\sigma_{\text{e}} = 32\cdot 0{,}66 = 21{,}1 \text{ N/cm}^2$$

$$\xi = \frac{\sigma_{\text{cr,p}}}{\sigma_{\text{cr,c}}} - 1 = \frac{21{,}1}{17{,}9} - 1 = 0{,}179 \qquad \text{jedoch } 0 \le \xi \le 1$$

Knickstabähnliches Verhalten liegt bei diesem Gesamtfeld vor.

$$\bar{\lambda}_{\text{c}} = \sqrt{\frac{f_{\text{y}}}{\sigma_{\text{cr,p}}}} = \sqrt{\frac{23{,}5}{21{,}1}} = 1{,}06$$

$$i = \sqrt{\frac{I_{\text{S}\ell,1}}{A_{\text{S}\ell,1}}} = \sqrt{\frac{726}{70{,}8}} = 3{,}20 \text{ cm}$$

Der Abminderungsfaktor χ_{c} ist mit dem Imperfektionswert α_{e} zu berechnen.

α 0,49 für offene Steifenquerschnitte (Kurve c)

e max(e_1, e_2) = 5,74 cm

$$\alpha_{\text{e}} = \alpha + \frac{0{,}09}{i/e} = 0{,}49 + \frac{0{,}09}{3{,}20/5{,}74} = 0{,}651$$

$$\phi = 0{,}5 \cdot \left[1 + \alpha_{\text{e}} \cdot \left(\bar{\lambda}_{\text{c}} - 0{,}2\right) + \bar{\lambda}_{\text{c}}^2\right] = 0{,}5 \cdot \left[1 + 0{,}651 \cdot (1{,}06 - 0{,}2) + 1{,}06^2\right] = 1{,}34$$

$$\chi_{\text{c}} = \frac{1}{\phi + \sqrt{\phi^2 - \bar{\lambda}_{\text{c}}^2}} = \frac{1}{1{,}34 + \sqrt{1{,}34^2 - 1{,}06^2}} = 0{,}463$$

Interaktion:

$$\rho_{\text{c}} = (\rho - \chi_{\text{c}}) \cdot \xi \cdot (2 - \xi) + \chi_{\text{c}} = (0{,}764 - 0{,}463) \cdot 0{,}179 \cdot (2 - 0{,}179) + 0{,}463 = 0{,}561$$

Beulsicherheitsnachweis:

$$\left(\frac{\sigma_{\text{Ed}}}{\rho_{\text{c}} \cdot f_{\text{y}} / \gamma_{\text{M1}}}\right)^2 + 3 \cdot \left(\frac{\tau_{\text{Ed}}}{\chi_{\text{w}} \cdot f_{\text{y}} / \gamma_{\text{M1}}}\right)^2 = \left(\frac{11{,}0}{0{,}561 \cdot 23{,}5/1{,}1}\right)^2 + 3 \cdot \left(\frac{4{,}05}{0{,}806 \cdot 23{,}5/1{,}1}\right)^2 = 1{,}01 \approx 1$$

Der Nachweis ist erfüllt.

Berechnung der Beulvergleichsspannung $\sigma_{\text{V,cr}}$ für das Gesamtfeld mit dem Beulprogramm EBPlate [43].

Beulfigur des 1. Eigenwertes: Globales Beulen

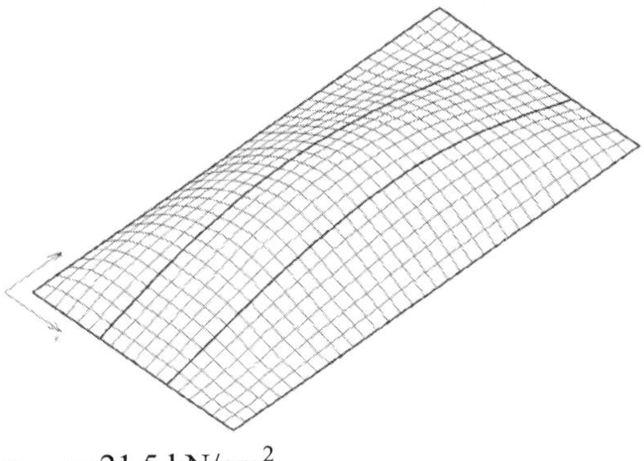

$\sigma_{\text{V,cr}} = 21{,}5$ kN/cm²

Die Beulspannung ist maßgebend für den Nachweis des Gesamtfeldes.

Das Einzelfeld ist nicht maßgebend, vorausgesetzt, die Steife selbst ist beulsicher, s. Beispiel 11.10.8. Die Beulspannung ist für das knickstabähnliche Verhalten anzuwenden (nur σ_x).

Nachweis der Längssteife gegen Drillknicken

Für den Nachweis der Längssteife mit einem offenen Profil ist im Allgemeinen die Wölbsteifigkeit als auch die drehelastische Bettung der Platte zu berücksichtigen [42].
Bei einem ungleichschenkligen Winkel werden die längere Seite mit a und die kürzere Seite mit b bezeichnet. Der Anschlusspunkt A an die Platte stellt für den Winkel einen Zwangsdrehpunkt dar, der auch für die Berechnung der Wölbsteifigkeit anzusetzen ist. Man erhält damit die folgenden Querschnittswerte für diese Steife:

$$A = (a-t)\cdot t + b\cdot t = (10-0,9)\cdot 0,9 + 6,5\cdot 0,9 = 14,0 \text{ cm}^2$$

$$I_\text{T} = \frac{1}{3}\cdot(a-t)\cdot t^3 + \frac{1}{3}\cdot b\cdot t^3 = \frac{1}{3}\cdot(10-0,9)\cdot 0,9^3 + \frac{1}{3}\cdot 6,5\cdot 0,9^3 = 3,79 \text{ cm}^4$$

$$I_\text{p} = \frac{1}{3}\cdot t\cdot(a-t)^3 + \frac{1}{12}\cdot t\cdot b^3 + t\cdot b\cdot\left(a-\frac{t}{2}\right)^2$$

$$= \frac{1}{3}\cdot 0,9\cdot(10-0,9)^3 + \frac{1}{12}\cdot 0,9\cdot 6,5^3 + 0,9\cdot 6,5\cdot\left(10-\frac{0,9}{2}\right)^2 = 780 \text{ cm}^4$$

$$I_\text{w} = \frac{1}{3}\cdot(a-t)^2\cdot t\cdot b^3 = \frac{1}{3}\cdot(10-0,9)^2\cdot 0,9\cdot 6,5^3 = 6823 \text{ cm}^6$$

Die drehelastische Bettung c_ϑ der Platte mit der Dicke t_P und dem Abstand b_S der Steifen folgt aus der Gleichung (Band 1, 9.36):

$$c_\vartheta = \frac{E\cdot t_\text{P}^3}{4\cdot b_\text{S}} = \frac{21\,000\cdot 1,0^3}{4\cdot 56,6} = 124\,\frac{\text{kNcm}}{\text{cm}}$$

Die Knickspannung σ_cr folgt aus der Gleichung (Band 1, 10.37):

$$\sigma_\text{cr} = \frac{N_\text{cr,z}}{A} = \frac{1}{I_\text{p}}\cdot\left(\frac{E\cdot I_\text{w}\cdot(n\cdot\pi)^2}{l^2} + G\cdot I_\text{t} + c_\vartheta\cdot\frac{l^2}{(n\cdot\pi)^2}\right)$$

Die kleinste Knicklast erhält man hier für $n = 3$.

$$\sigma_\text{cr} = \frac{1}{780}\cdot\left(\frac{21\,000\cdot 6823\cdot(3\cdot\pi)^2}{345^2} + 8100\cdot 3,79 + 124\cdot\frac{345^2}{(3\cdot\pi)^2}\right) = 389\ \frac{\text{kN}}{\text{cm}^2}$$

Es sind die folgenden Nachweise möglich:
Nachweis 1:

$$\frac{I_\text{p}}{I_\text{T}} = \frac{780}{3,79} = 206 \le \frac{E}{5,3\cdot f_\text{y}} = \frac{21\,000}{5,3\cdot 23,5} = 169$$

Dieser Nachweis ist nicht eingehalten.
Nachweis 2:

$$\sigma_\text{cr} = 389\ \frac{\text{kN}}{\text{cm}^2} \ge 6\cdot f_\text{y} = 6\cdot 23,5 = 141\ \frac{\text{kN}}{\text{cm}^2}$$

Der Nachweis ist eingehalten.

Nachweis der Quersteife

Der Nachweis der Quersteife wird geführt, obwohl die Beanspruchungen in diesem Beispiel gering sind. Die Quersteife hat den folgenden Querschnitt:

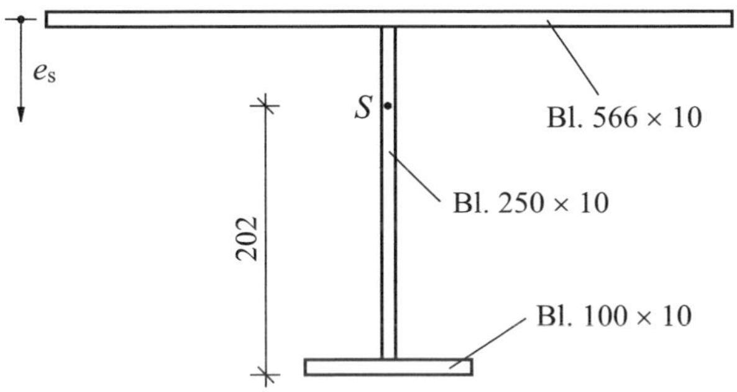

1. Steifenkennwerte:

Wirksame Gurtbreite nicht gedrückter Quersteifen:
1. Beulfeld und 2. Beulfeld haben den gleichen Quersteifenabstand.

$$a_{\text{eff}} \leq \frac{b}{3} = \frac{1698}{3} = 566 \text{ mm}$$

$$a_{\text{Sv}} = \frac{a_{\text{eff}}}{2} + \frac{a_{\text{eff}}}{2} = \frac{566}{2} + \frac{566}{2} = 566 \text{ mm}$$

Flächenmoment 2. Grades einer Steife:

$$A_{\text{Sv}} = 56{,}6 \cdot 1{,}0 + 25{,}0 \cdot 1{,}0 + 10{,}0 \cdot 1{,}0 = 56{,}6 + 25.0 + 10{,}0 = 91{,}6 \text{ cm}^2$$

$$e_S = \frac{25{,}0 \cdot 13{,}0 + 10{,}0 \cdot 26{,}0}{91{,}6} = 6{,}39 \text{ cm}$$

$$I_{\text{Sv}} = \frac{1}{12} \cdot 1{,}0 \cdot 25{,}0^3 + 25{,}0 \cdot 13{,}0^2 + 10{,}0 \cdot 26{,}0^2 - 91{,}6 \cdot 6{,}39^2 = 8547 \text{ cm}^4$$

$$W_{\text{Sv}} = \frac{8547}{20{,}1} = 425 \text{ cm}^3$$

Abtriebsspannung σ_{m}:

$$\sigma_{\text{m}} = \frac{\sigma_{\text{cr,c}}}{\sigma_{\text{cr,p}}} \cdot \frac{N_{\text{Ed}}}{b} \cdot \left(\frac{1}{a_1} + \frac{1}{a_2} \right)$$

Die einwirkende Druckkraft N_{Ed} ist mit der wirksamen Querschnittsfläche zu berechnen, s, auch [42]. Dies erfordert auch eine neue Berechnung der Spannungen im Kastenträger. Da die Spannung konstant ist und die Abminderung gering ist, wird vereinfacht der Bruttoquerschnitt angesetzt.

$$N_{\text{Ed}} = \left(b \cdot t + 2 \cdot A_S\right) \cdot \sigma_{\text{Ed}} = \left(169{,}8 \cdot 1{,}0 + 2 \cdot 14{,}2\right) \cdot 11{,}0 = 2180 \text{ kN}$$

$$\sigma_{\text{m}} = \frac{17{,}9}{21{,}1} \cdot \frac{2180}{169{,}8} \cdot \left(\frac{1}{345} + \frac{1}{345} \right) = 0{,}061 \text{ kN/cm}^2$$

$$0{,}5 \leq \frac{\sigma_{\text{cr,c}}}{\sigma_{\text{cr,p}}} = \frac{17{,}9}{21{,}1} = 0{,}848 \leq 1{,}0$$

Imperfektionslast q_0:

$$w_0 = \frac{b}{300} = \frac{1698}{300} = 5{,}66 \text{ mm}$$

$$\text{jedoch } w_0 \le \frac{\min a_\text{i}}{300} = \frac{3450}{300} = 11{,}5 \text{ mm}$$

$$q_0 = \sigma_\text{m} \cdot w_0 = 0{,}061 \cdot 0{,}566 = 0{,}0345 \text{ kN/cm}$$

Biegemoment M_II:

$$M_\text{I} = \frac{1}{\pi^2} \cdot q_0 \cdot b^2 = \frac{1}{\pi^2} \cdot 0{,}0345 \cdot 169{,}8^2 = 101 \text{ kNcm}$$

$$w_\text{I} = \frac{1}{\pi^4} \cdot \frac{q_0 \cdot b^4}{E \cdot I_\text{Sv}} = \frac{1}{\pi^4} \cdot \frac{0{,}0345 \cdot 169{,}8^4}{21\,000 \cdot 8605} = 0{,}0016 \text{ cm}$$

$$q = \frac{w_\text{I}}{w_0} = \frac{0{,}0016}{0{,}566} = 0{,}00283$$

$$M_\text{II} = \frac{M_\text{I}}{1-q} = \frac{101}{1-0{,}00283} = 101 \text{ kNcm}$$

$$\sigma = \frac{M}{W_\text{Sv}} = \frac{101}{425} = 0{,}24 \text{ kN/cm}^2 \le \sigma_\text{Rd} = 21{,}4 \text{ kN/cm}^2$$

Durchbiegungsnachweis:

$$w_\text{II} = \frac{w_\text{I}}{1-q} = \frac{0{,}0016}{1-0{,}00283} = 0{,}0016 \text{ cm} \le \frac{b}{300} = \frac{169{,}8}{300} = 0{,}566 \text{ cm}$$

Beispiel 11.10.7: Geschweißter Kranbahnträger nach DIN EN 1993-1-5

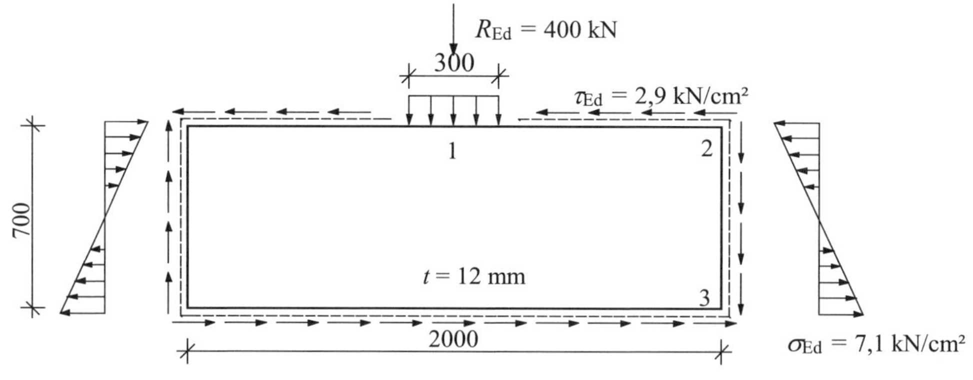

Werkstoff: S 235
Nachweisverfahren: Elastisch
Beulfeld: unausgesteiftes Beulfeld mit Quersteifen
Plattendicke: t = 12 mm
Quersteifen: L 100×65×9; $A = 14{,}2 \text{ cm}^2$; $I = 141 \text{ cm}^4$; $e = 3{,}32$ cm

Nachweis des Gesamtfeldes

1. *Euler*sche Knickspannung:

$$\sigma_E = 18\,980 \cdot \left(\frac{t}{b}\right)^2 = 18\,980 \cdot \left(\frac{12}{700}\right)^2 = 5{,}58 \text{ kN/cm}^2$$

2. Ideale Beulspannung $\sigma_{cr,x}$:

Beulwert $k_{\sigma x}$:

$$\psi = -1 \qquad k_{\sigma x} = 23{,}9$$

$$\sigma_{cr,x} = k_{\sigma x} \cdot \sigma_E = 23{,}9 \cdot 5{,}58 = 133 \text{ kN/cm}^2$$

Beulwert k_τ:

$$\alpha = \frac{a}{b} = \frac{2000}{700} = 2{,}86 \geq 1$$

$$k_\tau = 5{,}34 + \frac{4{,}00}{\alpha^2} = 5{,}34 + \frac{4{,}00}{2{,}86^2} = 5{,}83$$

3. Ideale Beulspannung τ_{cr}:

$$\tau_{cr} = k_\tau \cdot \sigma_E = 5{,}83 \cdot 5{,}58 = 32{,}5 \text{ N/cm}^2$$

4. Ideale Beulspannung $\sigma_{cr,z}$

Vereinfachte ungünstige Berechnung:

$$R_{cr} = 2 \cdot t \cdot b \cdot \sigma_E = 2 \cdot 1{,}2 \cdot 70 \cdot 5{,}58 = 937 \text{ kN}$$

$$\sigma_{cr,z} = \frac{R_{cr}}{c \cdot t} = \frac{937}{30 \cdot 1{,}2} = 26{,}0 \text{ kN/cm}^2$$

$$\sigma_{z,Ed} = \frac{R_{Ed}}{c \cdot t} = \frac{400}{30 \cdot 1{,}2} = 11{,}1 \text{ kN/cm}^2$$

5. Bezogener Bezugsschlankheitsgrad:

$$\sigma_{V,Ed} = \sqrt{\sigma_{x,Ed}{}^2 + \sigma_{z,Ed}{}^2 - \sigma_{x,Ed} \cdot \sigma_{z,Ed} + 3 \cdot \tau_{Ed}{}^2}$$

$$\sigma_{V,Ed} = \sqrt{7{,}1^2 + 11{,}1^2 - 7{,}1 \cdot 11{,}1 + 3 \cdot 2{,}9^2} = 11{,}0 \text{ kN/cm}^2$$

$$\alpha_{cr,x} = \frac{\sigma_{cr,x}}{\sigma_{x,Ed}} = \frac{133}{7{,}1} = 18{,}7 \qquad \psi_x = -1$$

$$\alpha_{cr,z} = \frac{\sigma_{cr,z}}{\sigma_{z,Ed}} = \frac{26{,}0}{11{,}1} = 2{,}34 \qquad \psi_z = 1$$

$$\alpha_{cr,\tau} = \frac{\tau_{cr}}{\tau_{Ed}} = \frac{32{,}5}{2{,}9} = 11{,}2$$

$$\frac{1}{\alpha_{cr}} = \frac{1+\psi_x}{4 \cdot \alpha_{cr,x}} + \frac{1+\psi_z}{4 \cdot \alpha_{cr,z}} + \sqrt{\left(\frac{1+\psi_x}{4 \cdot \alpha_{cr,x}} + \frac{1+\psi_z}{4 \cdot \alpha_{cr,z}}\right)^2 + \frac{1-\psi_x}{2 \cdot \alpha_{cr,x}^2} + \frac{1-\psi_z}{2 \cdot \alpha_{cr,z}^2} + \frac{1}{\alpha_{cr,\tau}^2}}$$

$$\frac{1}{\alpha_{cr}} = \frac{1-1}{4 \cdot 18{,}7} + \frac{1+1}{4 \cdot 2{,}34} + \sqrt{\left(\frac{1-1}{4 \cdot 18{,}7} + \frac{1+1}{4 \cdot 2{,}34}\right)^2 + \frac{1+1}{2 \cdot 18{,}7^2} + \frac{1-1}{2 \cdot 2{,}34^2} + \frac{1}{11{,}2^2}} = 0{,}451$$

$$\sigma_{V,cr} = \alpha_{cr} \cdot \sigma_{V,Ed} = 2{,}22 \cdot 11{,}0 = 24{,}4 \text{ kN/cm}^2$$

$$\bar{\lambda}_p = \sqrt{\frac{f_y}{\sigma_{V,cr}}} = \sqrt{\frac{23,5}{24,4}} = 0,981$$

6. Grenzbeulspannungen:

$$\rho_x = \frac{\bar{\lambda}_p - 0,055 \cdot (3 + \psi_x)}{\bar{\lambda}_p^{\,2}} = \frac{0,981 - 0,055 \cdot (3 - 1)}{0,981^2} = 0,905 \le 1,00$$

Der Abminderungsfaktor ρ_z für örtliche Radlasten ist nach [41] und [C4] mit den Formeln nach (1-5, Anhang B) zu berechnen.

$$\phi_p = 0,5 \cdot \left[1 + \alpha_p \cdot \left(\bar{\lambda}_p - \bar{\lambda}_{p0}\right) + \bar{\lambda}_p\right] = 0,5 \cdot \left[1 + 0,34 \cdot (0,981 - 0,80) + 0,981\right] = 1,02$$

$$\rho_z = \frac{1}{\phi_p + \sqrt{\phi_p^2 - \bar{\lambda}_p}} = \frac{1}{1,02 + \sqrt{1,02^2 - 0,981}} = 0,791$$

$$\chi_w = \frac{0,83}{\bar{\lambda}_p} = \frac{0,83}{0,981} = 0,846 \le 1,00$$

7. Beulsicherheitsnachweis:

$$\left(\frac{\sigma_{x,Ed}}{\rho_x \cdot f_y / \gamma_{M1}}\right)^2 + \left(\frac{\sigma_{z,Ed}}{\rho_z \cdot f_y / \gamma_{M1}}\right)^2 - V \cdot \left(\frac{\sigma_{x,Ed}}{\rho_x \cdot f_y / \gamma_{M1}}\right) \cdot \left(\frac{\sigma_{z,Ed}}{\rho_z \cdot f_y / \gamma_{M1}}\right) + 3 \cdot \left(\frac{\tau_{Ed}}{\chi_w \cdot f_y / \gamma_{M1}}\right)^2 \le 1$$

mit $V = \rho_x \cdot \rho_z$, wenn $\sigma_{x,Ed}$ und $\sigma_{z,Ed}$ beides Druckspannungen sind; andernfalls $V = 1,0$.

Sind beides Druckspannungen, vereinfacht sich der Nachweis:

$$\left(\frac{\sigma_{x,Ed}}{\rho_x \cdot f_y / \gamma_{M1}}\right)^2 + \left(\frac{\sigma_{z,Ed}}{\rho_z \cdot f_y / \gamma_{M1}}\right)^2 - \left(\frac{\sigma_{x,Ed}}{f_y / \gamma_{M1}}\right) \cdot \left(\frac{\sigma_{z,Ed}}{f_y / \gamma_{M1}}\right) + 3 \cdot \left(\frac{\tau_{Ed}}{\chi_w \cdot f_y / \gamma_{M1}}\right)^2 \le 1$$

Nachweis im Punkt 1 des Beulfeldes:

$$\left(\frac{7,10}{0,905 \cdot 23,5 / 1,1}\right)^2 + \left(\frac{11,1}{0,971 \cdot 23,5 / 1,1}\right)^2 - \left(\frac{7,10}{23,5 / 1,1}\right) \cdot \left(\frac{11,1}{23,5 / 1,1}\right)$$

$$+3 \cdot \left(\frac{2,90}{0,846 \cdot 23,5 / 1,1}\right)^2 = 0,326 \le 1$$

Nachweis im Punkt 2 des Beulfeldes:

5. Bezogener Bezugsschlankheitsgrad:

$$\sigma_{V,Ed} = \sqrt{\sigma_{x,Ed}^{\;2} + 3 \cdot \tau_{Ed}^{\;2}}$$

$$\sigma_{V,Ed} = \sqrt{7,1^2 + 3 \cdot 2,9^2} = 8,70 \text{ kN/cm}^2$$

$$\sigma_{V,cr} = \alpha_{cr} \cdot \sigma_{V,Ed} = 2,22 \cdot 8,70 = 19,3 \text{ kN/cm}^2$$

$$\bar{\lambda}_p = \sqrt{\frac{f_y}{\sigma_{V,cr}}} = \sqrt{\frac{23,5}{19,3}} = 1,10$$

6. Grenzbeulspannungen:

$$\rho_x = \frac{\bar{\lambda}_p - 0,055 \cdot (3+\psi_x)}{\bar{\lambda}_p^{\,2}} = \frac{1,10 - 0,055 \cdot (3-1)}{1,10^2} = 0,818 \leq 1,00$$

$$\chi_w = \frac{0,83}{\bar{\lambda}_p} = \frac{0,83}{1,10} = 0,755 \leq 1,00$$

$$\left(\frac{7,10}{0,818 \cdot 23,5/1,1}\right)^2 + 3 \cdot \left(\frac{2,90}{0,755 \cdot 23,5/1,1}\right)^2 = 0,335 \leq 1$$

Dieser Nachweis ist hier maßgegend.

8. Knickstabähnliches Verhalten
Unausgesteiftes Beulfeld

$$\sigma_{cr,p} = \sigma_{cr,z} = 26,0 \text{ kN/cm}^2$$

$$\sigma_{cr,c} = \frac{\pi^2 \cdot E \cdot t^2}{\beta^2 \cdot 12\left(1-\nu^2\right) \cdot a^2} = \frac{\pi^2 \cdot 21\,000 \cdot 1,2^2}{0,532 \cdot 12 \cdot \left(1-0,3^2\right) \cdot 70^2} = 10,5 \text{ kN/cm}^2$$

$$\xi = \frac{\sigma_{cr,p}}{\sigma_{cr,c}} - 1 = \frac{26,0}{10,5} - 1,47 = 1,006 \qquad \text{jedoch} \qquad 0 \leq \xi \leq 1$$

Knickstabähnliches Verhalten liegt bei diesem Gesamtfeld nicht vor.

Berechnung der Beulvergleichsspannung $\sigma_{V,cr}$ für das Gesamtfeld mit dem Beulprogramm EBPlate [43].

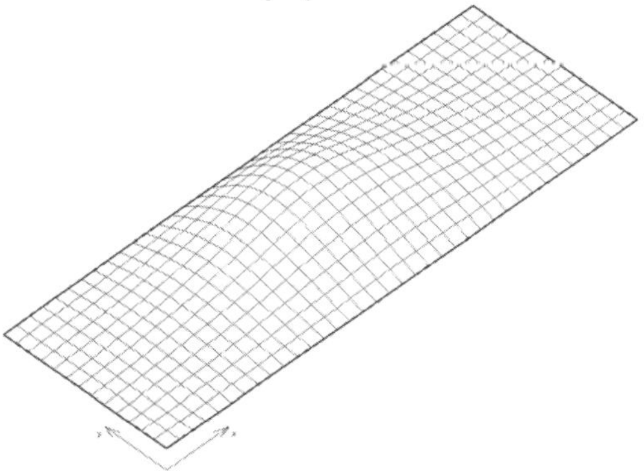

$$\sigma_{V,cr} = \alpha_{cr} \cdot \sigma_{V,Ed} = 2,71 \cdot 11,0 = 29,8 \text{ kN/cm}^2$$

Beispiel 11.10.8: Plattenbeuluntersuchungen mit EBPlate [43] für Methode 1

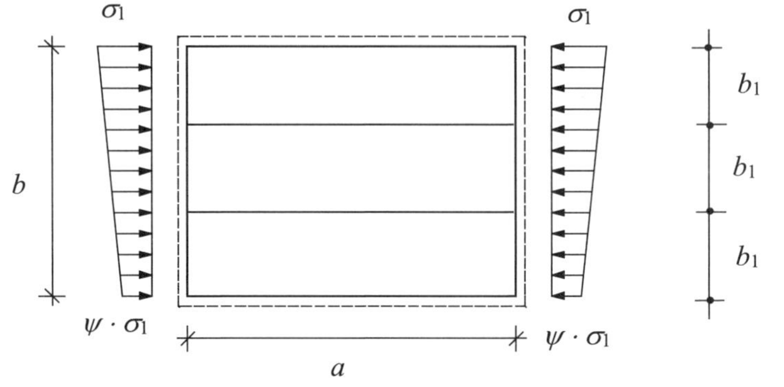

Abmessungen der Platte:

$a = 1800$ mm $\quad b = 1800$ mm $\quad b_1 = 600$ mm $\quad t_p = 12$ mm

Flachsteife: $h_s = 100$ mm $\qquad t_s = 10$ mm (nur zur Erläuterung, besser Winkel verwenden)

Vereinfachte Berechnung der Steifigkeit der Beulsteife mit der wirksamen Plattenbreite von insgesamt 20 t_p.

$\gamma = 11 < 25$, nach NA Deutschland nicht zulässig.

Es wird vorausgesetzt, dass die Steife selbst nicht beult.

Achtung bei Hohlsteifen!

Es sind vier Einzelfelder nachzuweisen, die für den Nachweis des Beulfeldes maßgebend sein können [42].

Hinweis: Das Programm berücksichtigt die Torsionssteifigkeit der Steife.

Die Querschnittswerte der Steifen können benutzerdefiniert eingegeben werden.

Fall 1: $\psi = 1$

Beulfigur des 1. Eigenwertes: Globales Beulen

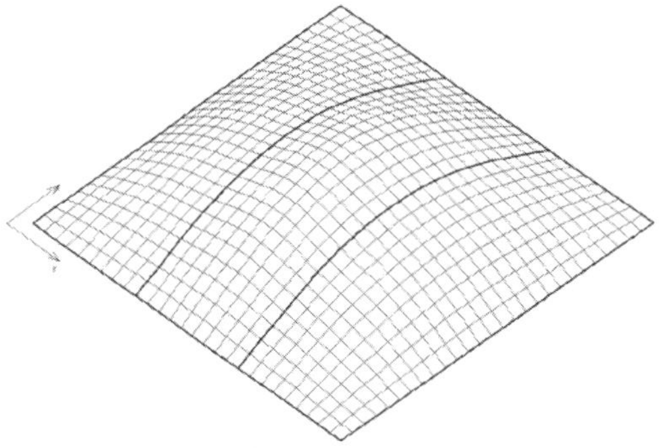

$\sigma_{cr} = 26{,}9$ kN/cm^2

Die Beulspannung ist maßgebend für den Nachweis des Gesamtfeldes.

Das Einzelfeld ist nicht maßgebend.

Die Beulspannung ist für das knickstabähnliche Verhalten anzuwenden (nur σ_x).

Fall 2 $\psi = 0$

Beulfigur des 1. Eigenwertes: Globales/lokales Beulen

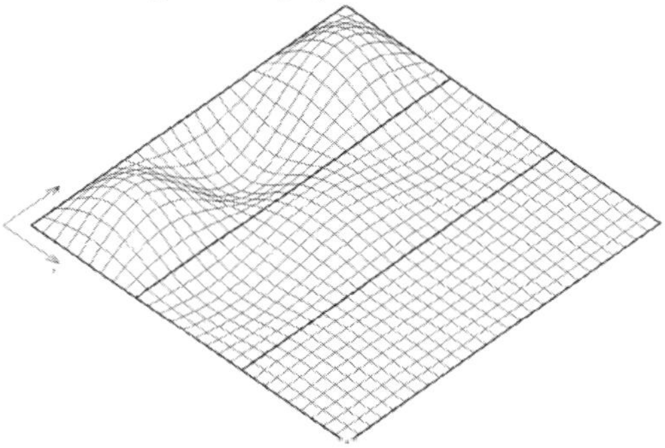

$\sigma_{cr} = 41{,}8 \text{ kN/cm}^2$

Die Beulspannung ist maßgebend für den Nachweis des Gesamtfeldes.
Das Einzelfeld ist nicht maßgebend.
Die Beulspannung ist nicht für das knickstabähnliche Verhalten anzuwenden.
Das Programm ermöglicht es, das lokale Beulen zu unterbinden.

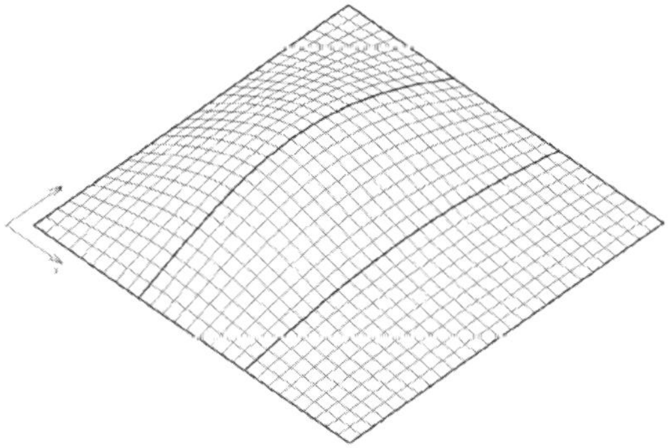

$\sigma_{cr} = 49{,}6 \text{ kN/cm}^2$

Die Beulspannung ist für das knickstabähnliche Verhalten anzuwenden.

Fall 3: Nur eine Beulsteife im Druckbereich $\psi = -1$

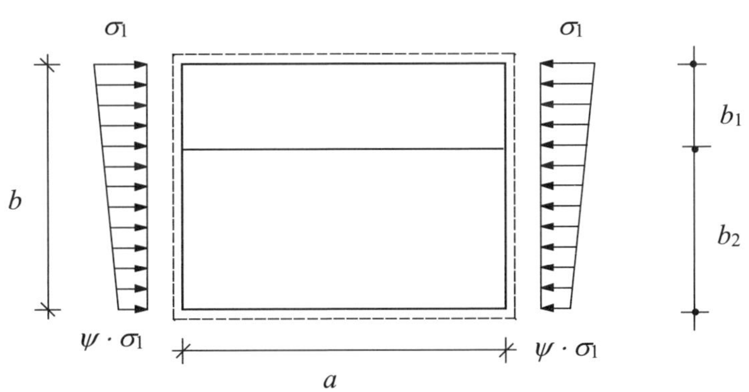

Abmessungen der Platte:

$a = 1800$ mm $b = 1800$ mm $b_1 = 450$ mm $t_p = 12$ mm

Flachsteife: $h_s = 100$ mm $t_s = 10$ mm (nur zur Erläuterung, besser Winkel verwenden)

Vereinfachte Berechnung der Steifigkeit der Beulsteife mit der wirksamen Plattenbreite von ingesamt 20 t_p.

$\gamma = 11 < 25$, nach NA Deutschland nicht zulässig.

$\psi = -1$

Beulfigur des 1. Eigenwertes: Globales Beulen

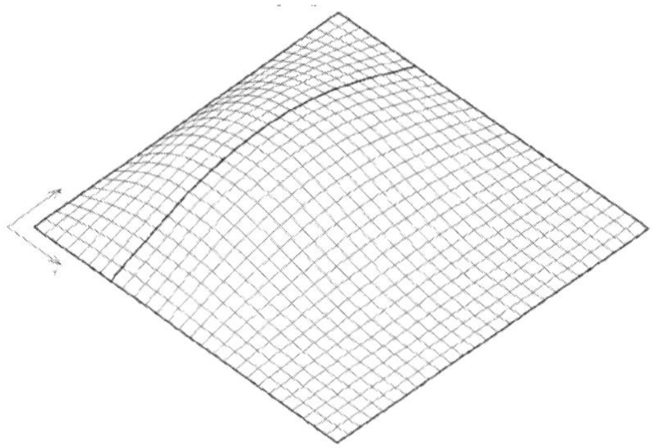

$\sigma_{cr} = 82{,}2$ kN/cm^2

Die Beulspannung ist maßgebend für den Nachweis des Gesamtfeldes.
Das Einzelfeld ist nicht maßgebend.
Diese Beulspannung ist für das knickstabähnliche Verhalten anzuwenden (nur σ_x)

Fall 4: Die Steifigkeit der Beulsteife wird erhöht.

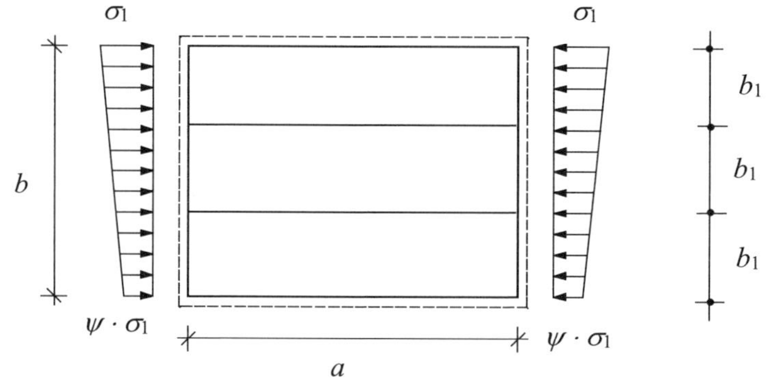

Abmessungen der Platte:

$a = 1800$ mm $b = 1800$ mm $b_1 = 600$ mm $t_p = 12$ mm

Flachsteife: $h_s = 150$ mm $t_s = 12$ mm (nur zur Erläuterung, besser Winkel verwenden)

Vereinfachte Berechnung der Steifigkeit der Beulsteife mit der wirksamen Plattenbreite von ingesamt 20 t_p.

$\gamma = 40 > 25$, nach NA Deutschland zulässig.
$\psi = 1$
Beulfigur des 1. Eigenwertes: Lokales Beulen

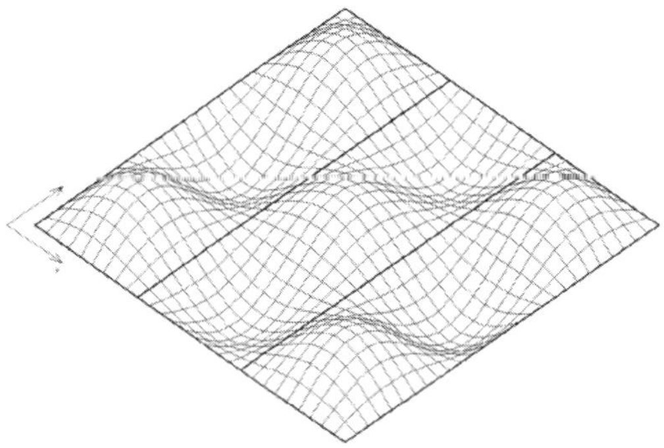

$\sigma_{cr} = 33{,}5\ \text{kN/cm}^2$

Die Beulspannung ist maßgebend für den Nachweis des Gesamtfeldes.
Das Einzelfeld ist hier maßgebend.
Die Beulspannung ist nicht für das knickstabähnliche Verhalten anzuwenden.

Das Programm ermöglicht es, das lokale Beulen zu unterbinden.

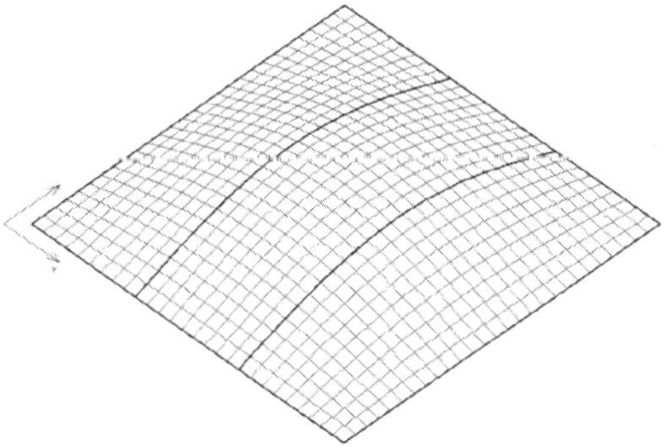

$\sigma_{cr} = 79{,}6\ \text{kN/cm}^2$

Diese Beulspannung ist für das knickstabähnliche Verhalten anzuwenden.

12 Brandschutz im Stahlbau

12.1 Allgemeines

Der bauliche Brandschutz [48] ist ein wesentlicher Faktor für die Wirtschaftlichkeit eines Gebäudes. Deshalb sind die möglichen Brandschutzlösungen sorgfältig zu überprüfen. Schon in der Planungsphase können die Brandschutzgefahr und der Brandschutzaufwand durch geeignete Maßnahmen, wie Unterteilung des Gebäudes in Brandabschnitte, Zusammenfassung der Brandbelastung in besonderen Abschnitten des Gebäudes, Öffnungen im Dach für den Wärmeabzug und selbsttätige Feuerlöschanlagen, verringert werden.

Infolge des schnellen Festigkeitsverlustes von Stahl im Brandfall durch Überschreiten der kritischen Temperatur von ca. 500 °C, erreichen ungeschützte massive Stahlbauteile i. d. R. maximal eine Feuerwiderstandsklasse von R30. Deshalb ist die Stabilität eines Stahltragwerks (z. B. Stahlträger, Stahlstütze) innerhalb einer geforderten Feuerwiderstandsklasse von R60 oder R90 nicht ohne zusätzliche Maßnahmen zu gewährleisten.

Diese sind:
- Brandschutzbekleidungen
- Spritzputzummantelungen
- dämmschichtbildende Brandschutzbeschichtungen

Auf die dämmschichtbildenden Brandschutzbeschichtungen, die es ermöglichen, das Erreichen der kritischen Temperatur von Stahl hinauszuzögern, soll hier kurz eingegangen werden. Die Beschichtung reagiert auf Wärme mit einer chemischen Reaktion eines Säurespenders, einem Treibmittel und Binder sowie aus Kohlenstoff entstehenden Verbindern. Dies führt zur Bildung einer isolierenden und kohlenstoffreichen Schaumschicht. Die damit verbundene bis zu fünfzigfache Vergrößerung der Beschichtung hat zur Folge, dass die Wärme besser vom Stahl ferngehalten bzw. der Stahl isoliert wird.

Durch diese Maßnahmen können Feuerwiderstandsklassen von R30 bis R90 realisiert werden. Die nur ca. 1,0 mm starke Beschichtung wird durch Spritzen oder Streichen auf das zu schützende Stahlbauteil aufgebracht. Durch eine umfangreiche Farbpalette lässt sich so auch in architektonischer und gestalterischer Hinsicht die Feuerschutzbeschichtung einsetzen.

Des Weiteren ist der vernachlässigend geringe Anteil an Eigengewicht für die Gesamtkonstruktion im Vergleich zu konventionellen Verkleidungen mit z. B. Gipskartonfaserplatten (GFK) zu erwähnen. Zu beachten ist jedoch die Empfindlichkeit gegenüber thermischen, chemischen und mechanischen Beanspruchungen, die zu einer Zerstörung der Beschichtung führen kann und somit der Brandschutz, sollten beschädigte Bereiche im Rahmen der Wartung

nicht ausgebessert werden, nicht mehr gewährleistet ist. Auch hinsichtlich der Kosten einer solchen Beschichtung ist zu prüfen, welche Lösung letztendlich die wirtschaftlichste ist.
Die verschiedenen Brandschutzteile der Eurocodes sehen grundsätzlich drei Nachweisstufen für die brandschutztechnische Bemessung vor:

- Tabellenverfahren (Nachweisstufe 1)
- Vereinfachte Rechenverfahren (Nachweisstufe 2)
- Allgemeine Rechenverfahren (Nachweisstufe 3).

Für Stahlbauteile nach DIN EN 1993-1-2 kann der Nachweis im Brandfall nach dem vereinfachten oder allgemeinen Rechenverfahren geführt werden. Ein Tabellenverfahren ist in DIN EN 1993-1-2 nicht enthalten.

Mit den Rechenverfahren wird in der Regel nachgewiesen, dass die maßgebenden mechanischen Einwirkungen nach Ablauf einer vorgeschriebenen Branddauer von einem Bauteil bzw. einem Tragwerk aufgenommen werden können.

12.2 Brandschutzbemessung nach Eurocode 3

Als allgemeines Ziel des Brandschutzes wird die Begrenzung von Risiken im Hinblick auf Personen und das Gemeinwesen, die Nachbarschaft und erforderlichenfalls die Sachgüter des betroffenen Objekts formuliert. Zusätzlich werden in der Bauproduktenrichtlinie folgende grundlegenden Anforderungen für die Begrenzung des Brandrisikos genannt:
Das Bauwerk ist derart zu planen und zu errichten, dass im Fall der Entstehung eines Brandes

- die Tragfähigkeit der Konstruktion für eine definierte Dauer vorausgesetzt werden kann,
- die Entwicklung von Rauch und Feuer im Gebäude begrenzt ist,
- die Ausbreitung von Feuer auf benachbarte Gebäude begrenzt ist,
- die im Gebäude befindlichen Personen das Gebäude verlassen oder auf eine andere Weise gerettet werden können und die Sicherheit der Rettungsmannschaften beachtet wird.

Im EC 3 [C19] sowie den anderen Brandschutzteilen der Eurocodes sind für den Konstruktiven Ingenieurbau passive Brandschutzmaßnahmen für Bemessung und Konstruktion von Tragwerken und Tragwerksteilen für eine angemessene Tragfähigkeit, und, falls erforderlich, für die Begrenzung der Brandausbreitung enthalten. Diese sind nach den Vorgaben des Eurocode nachzuweisen.
Ein Brand in einem Bauwerk ist gemäß EC 1 als ein „außergewöhnliches Ereignis“ anzusehen. Der Lastfall Brand ist nicht mit anderen Lastfällen bzw. anderen außergewöhnlichen Ereignissen zu vergleichen. Für die Bemessung ist

der Lastfall Brand als einzelner Lastfall zu betrachten, also nicht wie bei anderen Lastfällen üblich, mit diesen zu überlagern. Ebenfalls sind zeit- und lastabhängige Einflüsse auf das Tragverhalten des Bauteils, die vor dem Brand eingetreten sind, nicht zu berücksichtigen.
Der Eurocode 3 unterscheidet vier verschiedene Bemessungsmethoden:

- Gesamttragwerksberechnungen,
- Teiltragwerksberechnungen,
- Bauteilberechnungen
- und alternativ eine versuchsgestützte Bemessung.

Des Weiteren unterscheidet der EC 3 zwei Stufen brandschutztechnischer Nachweisverfahren:

- Nachweis mittels vereinfachter Rechenverfahren
- Nachweis mittels allgemeiner Rechenverfahren

Die Gesamttragwerksberechnungen und Teiltragwerksberechnungen sind den allgemeinen Rechenverfahren zuzuordnen. Die Bauteilberechnung ist ein vereinfachtes Rechenverfahren. Mit ihr dürfen einzelne Bauteile für den Brandfall berechnet werden, wie z. B. Stahlstützen und Stahlträger. Kann das Tragverhalten nicht zuverlässig mit den anerkannten Regeln nachgewiesen werden, so ist eine versuchsgestützte Bemessung notwendig.
Mit dem vereinfachten Rechenverfahren wird näherungsweise nachgewiesen, dass alle maßgebenden Einwirkungen innerhalb der geforderten Feuerwiderstandsklasse ohne Versagen des Bauteils aufgenommen werden können.

12.3 Materialeigenschaften

Die mechanischen Werkstoffeigenschaften von Stahl sind DIN EN 1993-1-1 zu entnehmen. Die Tabelle 12.1 enthält die Abminderungsfaktoren für die Spannungs-Dehnungsbeziehung bei erhöhter Temperatur.
Die Abminderungsfaktoren sind folgendermaßen definiert:

$k_{E,\theta}$ Elastizitätsmodul, relativ zur Fließgrenze bei 20 °C
$k_{y,\theta}$ effektive Fließgrenze, relativ zur Fließgrenze bei 20 °C
$k_{p,\theta}$ Proportionalitätsgrenze, relativ zur Fließgrenze bei 20 °C

$$\gamma_{M,fi} = 1{,}00$$

Tabelle 12.1 Reduktionsfaktoren k_θ für Spannungs-Dehnungsbeziehungen von Baustahl unter erhöhten Temperaturen bezogen auf 20 °C

Stahltemperatur θ_a	$k_{y,\theta} = \frac{f_{y,\theta}}{f_y}$	$k_{E,\theta} = \frac{E_{a,\theta}}{E_a}$
20 °C	1,000	1,000
100 °C	1,000	1,000
200 °C	1,000	0,900
300 °C	1,000	0,800
400 °C	1,000	0,700
500 °C	0,780	0,600
600 °C	0,470	0,310
700 °C	0,230	0,130
800 °C	0,110	0,090
900 °C	0,060	0,0675
1000 °C	0,040	0,0450
1100 °C	0,020	0,0225
1200 °C	0,000	0,000

12.4 Erwärmungskurve ungeschützter Stahlbauteile

In der Tabelle 12.2 ist die Erwärmungskurve ungeschützter Stahlquerschnitte nach der Einheitstemperaturkurve bei äquivalenter gleichmäßiger Temperatur im Querschnitt, die nach DIN EN 1993-1-2, 4.2.5.1 ermittelt wurde, angegeben.

Dabei ist:

k_{sh} Korrekturfaktor für den Abschattungseffekt

A_m/V der Profilfaktor des ungeschützten Stahlbauteils [1/m]

A_m die dem Brand ausgesetzte Oberfläche des Bauteils pro Längeneinheit [m²/m]

V das Volumen des Bauteils pro Längeneinheit [m³/m]

Bei I-Querschnitten unter nominaler Brandeinwirkung darf der Abschattungseffekt folgendermaßen bestimmt werden:

$$k_{sh} = 0{,}9 \cdot \frac{[A_m / V]_b}{[A_m / V]} \tag{12.1}$$

$[A_m / V]_b$ der Profilfaktor für den das Profil umschließenden Kasten

In allen anderen Fällen gilt der folgende Wert:

$$k_{sh} = \frac{[A_m / V]_b}{[A_m / V]} \tag{12.2}$$

Bei rechteckigen und runden Hohlprofilen, die von allen Seiten dem Brand ausgesetzt sind, hat der Abschattungseffekt keine Bedeutung und kann deshalb mit 1,0 angesetzt werden. In der Tabelle 12.3 sind die Profilfaktoren A_m/V für ungeschützte Stahlbauteile nach EC 3 angegeben.
Infolge des schnellen Festigkeitsverlustes von Stahl im Brandfall durch Überschreiten der kritischen Temperatur von ca. 500 °C, erreichen ungeschützte massive Stahlbauteile i. d. R. maximal eine Feuerwiderstandsklasse von R30. Deshalb wird in den Beispielen auch die kritischen Branddauer t_{cr} in [min] für die ungeschützte Stahlstütze berechnet. Dies ist eine iterative Berechnung.
1. Es ist die Temperatur $\theta_{a,cr}$ zu berechnen, bei der die Grenztragfähigkeit im Brandfall gerade erreicht ist.
2. Aus der Erwärmungskurve für ungeschützte Stahlbauteile kann dann mit dem zugehörigen Profilfaktor die kritische Branddauer t_{cr} abgelesen werden.

Tabelle 12.2 Erwärmungskurve ungeschützter Stahlbauteile nach Mensinger/Stadler [46] in Stahlbau 78 (2009), S. 254

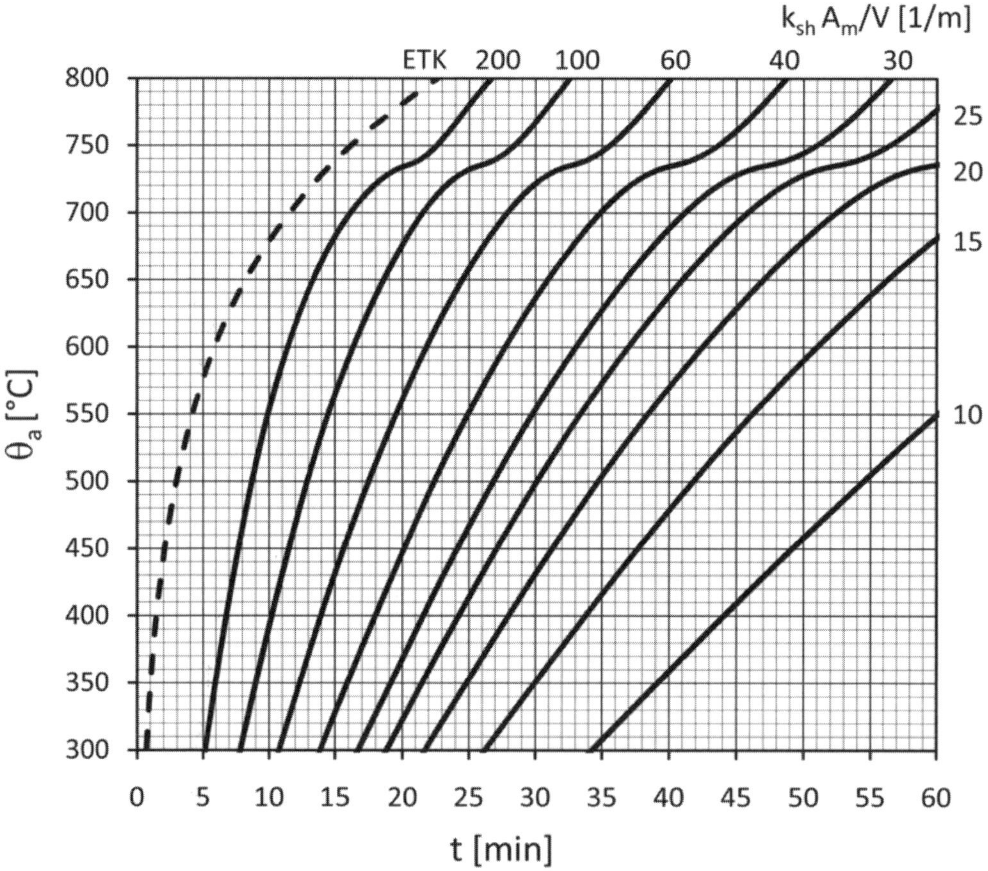

Tabelle 12.3 Profilfaktoren A_m/V für ungeschützte Stahlbauteile [EC 3, Teil 1-2]

Offener Querschnitt mit allseitiger Brandeinwirkung: $\frac{A_m}{V} = \frac{\text{Umfang}}{\text{Querschnittsfläche}}$ 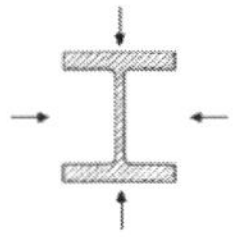	Rohr mit allseitiger Brandeinwirkung: $A_m / V = 1 / t$ 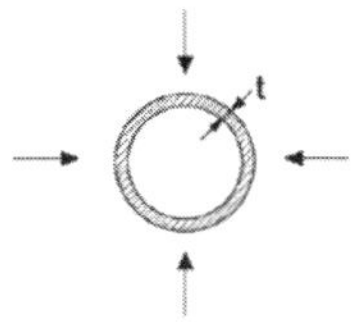
Offener Querschnitt mit dreiseitiger Brandeinwirkung: $\frac{A_m}{V} = \frac{\text{brandbeanspruchte Oberfläche}}{\text{Querschnittsfläche}}$ 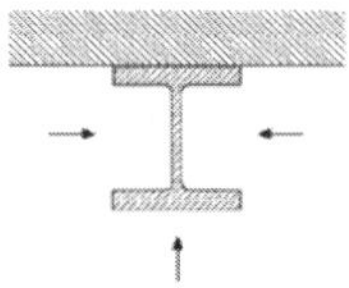	Hohlquerschnitt (oder geschweißter Kasten) mit allseitiger Brandeinwirkung: Wenn t « b: $A_m / V \approx 1 / t$ 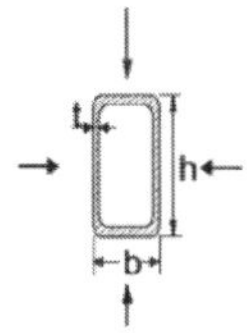
Flansch eines I-Querschnitts mit dreiseitiger Brandeinwirkung: $A_m / V = (b + 2t_f) / (bt_f)$ Wenn t « b: $A_m / V \approx 1 / t_f$ 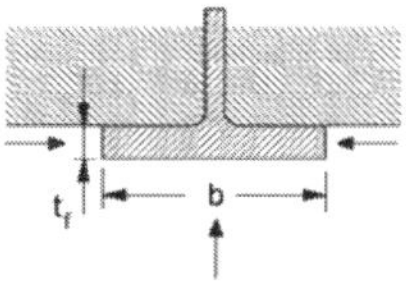	Geschweißter Kastenquerschnitt mit allseitiger Brandeinwirkung: $\frac{A_m}{V} = \frac{2(b+h)}{\text{Querschnittsfläche}}$ Wenn t « b: $A_m / V \approx 1 / t$ 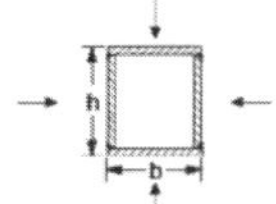
Winkel mit allseitiger Brandeinwirkung: $A_m / V = 2/t$ 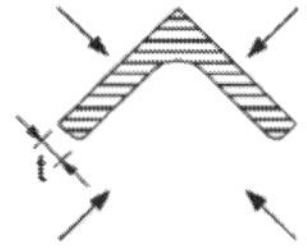	I-Querschnitt mit Kastenverstärkung und allseitiger Brandeinwirkung: $\frac{A_m}{V} = \frac{2(b+h)}{\text{Querschnittsfläche}}$ 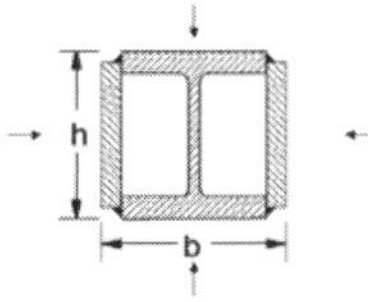
Flachstahl mit allseitiger Brandeinwirkung: $A_m / V = 2(b + t) / (bt)$ Wenn t « b: $A_m / V \approx 2 / t$ 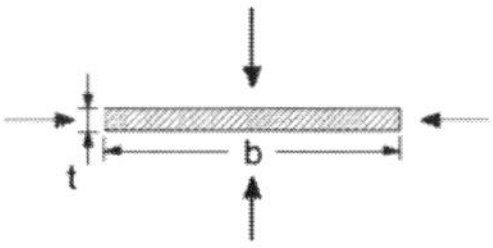	Flachstahl mit dreiseitiger Brandeinwirkung: $A_m / V = (b + 2t) / (bt)$ Wenn t « b: $A_m / V \approx 1 / t$ 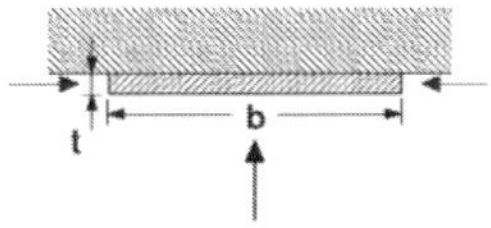

12.5 Erwärmungskurve geschützter Stahlbauteile

Die Erwärmungskurve für innenliegende Stahlkonstruktionen nach der Einheitstemperaturkurve, die durch Brandschutzmaterialien geschützt sind, wird nach DIN EN 1993-1-2, 4.2.5.2, ermittelt. Sie ist in Tabelle 12.4 und vergrößert auf Seite 378 dargestellt, s. auch entsprechende Erwärmungskurve in [46].

In der Tabelle 12.5 sind einige Profilfaktoren für geschützte Stahlbauteile angegeben. Wichtige thermische Materialkennwerte von Brandschutzbekleidungen sind in Tabelle 12.6 angegeben.

Tabelle 12.4 Erwärmungskurve geschützter Stahlbauteile nach Minnert

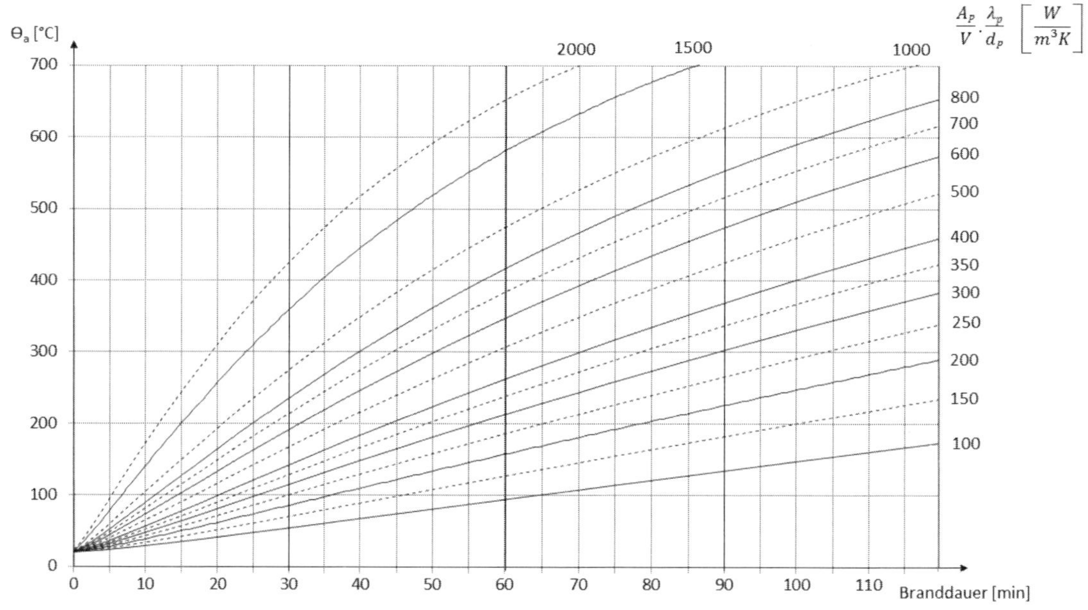

A_p/V Profilfaktor

A_p Umfang des Brandschutzmaterials

V Stahlquerschnittsfläche

λ_p Wärmeleitfähigkeit der Brandschutzverkleidung (siehe Tabelle 12.6)

Tabelle 12.5 Profilfaktoren für geschützte Stahlbauteile

Skizze	Beschreibung	Profilfaktor (A_p/V [1)])
	Profilfolgende Verkleidung	$\frac{\text{Stahlumfang}}{V}$
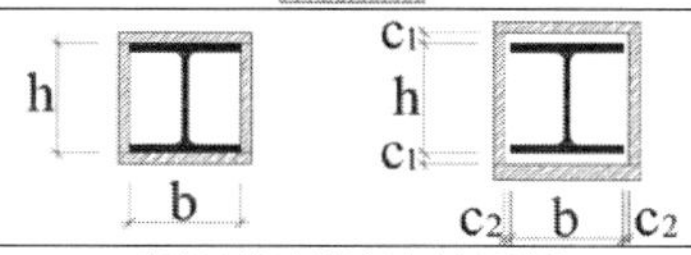	Kastenverkleidung[2)]	$\frac{2\cdot(b+h)}{V}$
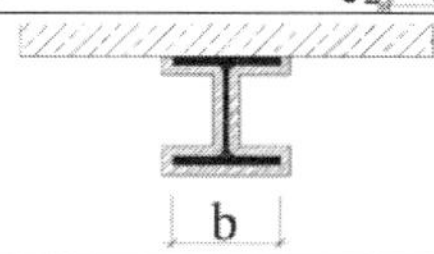	Profilfolgende Verkleidung mit 3-seitiger Brandbeanspruchung	$\frac{\text{Stahlumfang}-b}{V}$
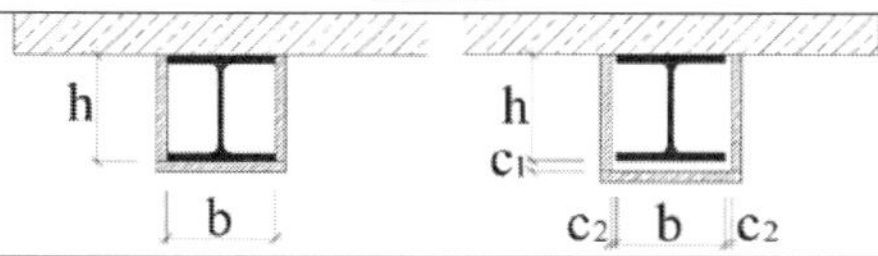	Kastenverkleidung[2)] mit 3-seitiger Brandbeanspruchung	$\frac{2h+b}{V}$

[1)] Fläche des Stahlquerschnitts.
[2)] Die Größe der Zwischenräume c_1 u. c_2 sollte $h/4$ nicht überschreiten.

Tafel 12.6 Thermische Materialkennwerte von Brandschutzbekleidungen

Brandschutzmaterial	Wärmeleitfähigkeit λ_p [W/m·K]	Spezifische Wärme c_p [J/kg·K]	Rohdichte ρ_p [kg/m³]
Putzbekleidungen: Mörtel einschließlich Vermiculite- und Perlitemörtel	0,12	1100	550
Plattenbekleidungen: Für feuerwiderstandsfähige Bauarten geeignete Gipsplatten	0,20	1700	945

12.6 Bemessung mit kritischer Temperatur

Die Einwirkungen im Brandfall ergeben sich nach der Vereinfachung in DIN EN 1993-1-2, 2.4.2, Anmerkung 2, zu:

$$E_{d,fi} = \eta_{fi} \cdot E_d = 0{,}651^{1)}\, E_d \qquad (12.3)$$

E_d Einwirkung bei Normaltemperatur

[1)] $0{,}7 \cdot E_d$ für Nutzlasten Kategorie E

Nachfolgend wird das vereinfachte Bemessungsverfahren auf Temperaturebene (θ_{cr}-Verfahren) aufgezeigt. Dieses Verfahren kann jedoch nur angewendet werden, wenn keine Einflüsse aus Verformung oder Stabilität zu beachten sind. Die kritische Stahltemperatur errechnet sich zu:

$$\theta_{a,cr} = 39{,}13 \cdot \ln\left[\frac{1}{0{,}9674 \cdot \mu_0^{3,833}} - 1\right] + 482 \tag{12.4}$$

mit $\mu_0 = E_{d,fi} / R_{d,fi,0} = \eta_{fi} \cdot \gamma_{M,fi} / \gamma_{M0} = \eta_{fi} \cdot 1{,}0 / 1{,}0 = \eta_{fi}$

Alternativ darf auf der sicheren Seite liegend mit $\eta_{fi} = 0{,}65$ der Ausnutzungsgrad zu $\mu_0 = 0{,}65$ angesetzt werden. Die vorhandene Temperatur im verkleideten Stahlbauteil kann mit Hilfe von Tabelle 12.4, unter Vernachlässigung der Energieaufnahme in der Bekleidung, grafisch ermittelt werden.

Beispiel

Ein Deckenträger in einem Hörsaalgebäude mit einer Stahlbetondecke, nicht als Verbundträger ausgebildet, hat eine Spannweite von 7,50 m. Für den Brandschutznachweis liegt ein Biegeträger mit Kastenverkleidung und 3-seitiger Brandbeanspruchung vor.
Kein Biegedrillknicken.

Profil: IPE 400: $h = 400$ mm; $b = 180$ mm
Werkstoff: S235
Feuerwiderstandsklasse: R90
gewählt: Verkleidung aus Gipsplatten $d_p = 2 \text{ x } 1{,}5$ cm
Vereinfacht wird der Ausnutzungsgrad mit $\mu_0 = 0{,}65$ angesetzt. Die kritische Stahltemperatur errechnet sich zu:

$$\theta_{a,cr} = 39{,}13 \cdot \ln\left[\frac{1}{0{,}9674 \cdot 0{,}65^{3,833}} - 1\right] + 482 = 540 \text{ °C}$$

Eingangswert für Tabelle 12.4:

$$d_p = 2 \cdot 1{,}5 = 3{,}00 \text{ cm} = 0{,}03 \text{ m}$$

$$A = V = 84{,}5 \text{ cm}^2 = 0{,}00845 \text{ m}^2$$

$$A_p = 2 \cdot h + b = 2 \cdot 0{,}40 + 0{,}18 = 0{,}98 \text{ m} \quad \text{nach Tabelle 12.5}$$

$$\lambda_p = 0{,}2 \qquad \text{nach Tabelle 12.6}$$

$$\frac{A_p}{V} \cdot \frac{\lambda_p}{d_p} = \frac{0{,}98}{0{,}00845} \cdot \frac{0{,}20}{0{,}03} = 773$$

Abgelesen aus Tabelle 12.4:

$$\theta_a = 540 \text{ °C} \leq \theta_{a,cr} = 540 \text{ °C}$$

Der Nachweis für die Feuerwiderstandsklasse R90 ist erbracht!

12.7 Beanspruchungen im Brandfall

System, Belastung und Querschnitt sind aus der Kaltbemessung gegeben. Die mechanischen Einwirkungen sind in der Regel zum Zeitpunkt $t = 0$ unter Verwendung der Kombinationsfaktoren $\psi_{1,1}$ oder $\psi_{2,1}$ zu bestimmen. Im Brandfall werden die Teilsicherheitsbeiwerte für die Einwirkungen $E_{\text{fi,d,t}}$ gleich 1,0 gesetzt.

$$E_{\text{fi,d,t}} = G_{\text{k}} + \psi_{\text{fi}} \cdot Q_{\text{k,1}} \tag{12.5}$$

Für die relevante Branddauer muss nachgewiesen werden:

$$E_{\text{fi,d,t}} \leq R_{\text{fi,d,t}} \tag{12.6}$$

$R_{\text{fi,d,t}}$ ist der entsprechende Bemessungswert der Tragfähigkeit im Brandfall.
Bei der Kombination von Einwirkungen handelt es sich im Brandfall um eine außergewöhnliche Beanspruchung. In DIN EN 1991-1-2 wird empfohlen, für den Brandfall die quasi-ständige Größe $\psi_{2,1} \cdot Q_{\text{k,1}}$ zu verwenden.

Im Nationalen Anhang zu DIN EN 1991-1-2 ist Folgendes festgelegt:
Es ist grundsätzlich die quasi-ständige Größe $\psi_{2,1} \cdot Q_{\text{k,1}}$ zu verwenden. Eine Ausnahme bilden Bauteile, deren führende veränderliche Einwirkung der Wind ist; in diesem Fall ist für die Einwirkung aus Wind die häufige Größe $\psi_{1,1} \cdot Q_{\text{k,1}}$ zu verwenden.

Damit ist in der Regel der Kombinationsfaktor ψ_{fi} für den Brandfall $\psi_{\text{fi}} = \psi_{2,1}$ anzuwenden.

12.8 Querschnittsklassifizierung im Brandfall

Die Querschnittsklassifizierung wird wie unter Normaltemperatur durchgeführt, wobei ein Abminderungsfaktor von 0,85 die Einflüsse aus der erhöhten Temperatur berücksichtigt.

$$\varepsilon = 0{,}85 \cdot \sqrt{\frac{235}{f_{\text{y}}}} \tag{12.7}$$

12.9 Zugstäbe im Brandfall

Die folgende Berechnung gilt für Querschnitte mit gleichmäßiger Temperatur θ_{a}.
Bemessungswert der Tragfähigkeit im Brandfall:

$$N_{\text{fi,t,Rd}} = k_{\text{y},\theta} \cdot N_{\text{Rd}} \cdot \frac{\gamma_{\text{M0}}}{\gamma_{\text{M,fi}}} = k_{\text{y},\theta} \cdot N_{\text{Rd}} \cdot \frac{1{,}00}{1{,}00} = k_{\text{y},\theta} \cdot N_{\text{Rd}} \tag{12.8}$$

N_{Rd} Bemessungswert der Tragfähigkeit bei Normaltemperatur

12.10 Biegeträger im Brandfall

Die folgende Berechnung gilt für Querschnitte mit gleichmäßiger Temperatur θ_a der Querschnittsklassen 1, 2 und 3.
Bemessungswert der Tragfähigkeit im Brandfall:

$$M_{\text{fi,t,Rd}} = k_{\text{y},\theta} \cdot M_{\text{Rd}} \cdot \frac{\gamma_{\text{M0}}}{\gamma_{\text{M,fi}}} = k_{\text{y},\theta} \cdot M_{\text{Rd}} \cdot \frac{1{,}00}{1{,}00} = k_{\text{y},\theta} \cdot M_{\text{Rd}} \tag{12.9}$$

M_{Rd} Bemessungswert der Tragfähigkeit bei Normaltemperatur

12.11 Querkraftnachweis im Brandfall

Die folgende Berechnung gilt für Querschnitte mit gleichmäßiger Temperatur θ_a der Querschnittsklassen 1, 2 und 3.
Bemessungswert der Tragfähigkeit im Brandfall:

$$V_{\text{fi,t,Rd}} = k_{\text{y},\theta,\text{web}} \cdot V_{\text{Rd}} \cdot \frac{\gamma_{\text{M0}}}{\gamma_{\text{M,fi}}} = k_{\text{y},\theta,\text{web}} \cdot V_{\text{Rd}} \cdot \frac{1{,}00}{1{,}00} = k_{\text{y},\theta,\text{web}} \cdot V_{\text{Rd}} \tag{12.10}$$

V_{Rd} Bemessungswert der Tragfähigkeit bei Normaltemperatur

12.12 Druckstäbe im Brandfall

Die folgende Berechnung gilt für Querschnitte **mit gleichmäßiger Temperatur** $\boldsymbol{\theta_a}$ der Querschnittsklassen 1, 2 und 3.
Bemessungswert der Tragfähigkeit im Brandfall:

$$N_{\text{b,fi,t,Rd}} = k_{\text{y},\theta} \cdot \chi_{\text{fi}} \cdot A \cdot \frac{f_{\text{y}}}{\gamma_{\text{M,fi}}} = k_{\text{y},\theta} \cdot \chi_{\text{fi}} \cdot A \cdot f_{\text{y}} \tag{12.11}$$

Für den Abminderungsfaktor χ_{fi} ist der kleinste Wert von $\chi_{\text{y,fi}}$ und $\chi_{\text{z,fi}}$ zu berücksichtigen, d. h. es ist der Nachweis um beide Achsen zu führen. Die dimensionslose Schlankheit $\bar{\lambda}_\theta$ für die Temperatur θ_a wird aus der Schlankheit $\bar{\lambda}$ bei Normaltemperatur hergeleitet.

$$\bar{\lambda}_\theta = \bar{\lambda} \cdot \sqrt{\frac{k_{\text{y},\theta}}{k_{\text{E},\theta}}} \tag{12.12}$$

Für den Abminderungsfaktor χ_{fi} gilt eine eigene Abminderungskurve:

$$\alpha = 0{,}65 \cdot \sqrt{\frac{235}{f_{\text{y}}}} \tag{12.13}$$

$$\phi_\theta = \frac{1}{2} \cdot \left(1 + \alpha \cdot \bar{\lambda}_\theta + \bar{\lambda}_\theta^2\right) \tag{12.14}$$

$$\chi_{\text{fi}} = \frac{1}{\phi_\theta + \sqrt{\phi_\theta^2 - \overline{\lambda}_\theta^{2}}} \tag{12.15}$$

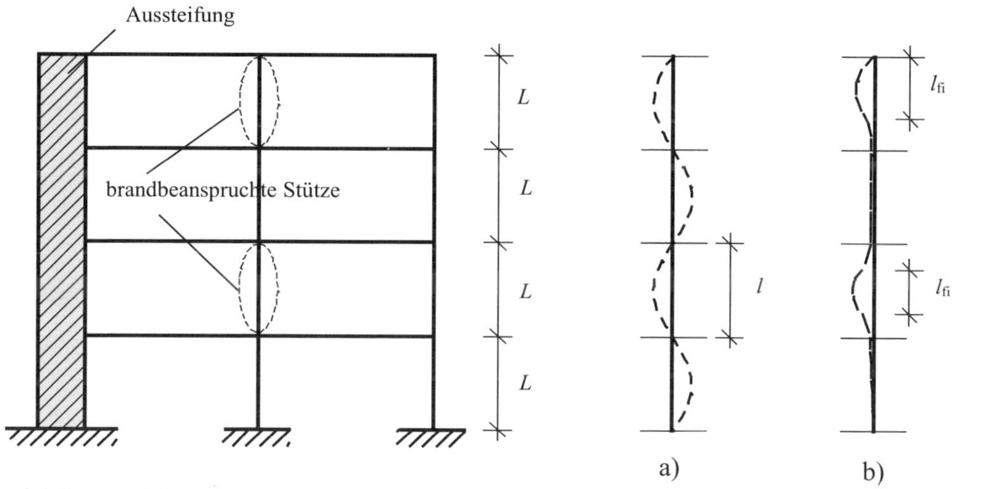

a) Knickfigur bei Raumtemperatur b) Knickfigur im Brandfall

Abb. 12.1 Tragverhalten von Stützen in ausgesteiften Rahmentragwerken

Zur Bestimmung der Knicklänge l_{fi} gelten die Regeln von DIN EN 1993-1-1 mit folgender Ausnahme für ausgesteifte Rahmentragwerke nach DIN EN 1993-1-2, 4.2.3.2:

Bei gegen Seitenverschiebung ausgesteiften Rahmen darf die Knicklänge l_{fi} unter Berücksichtigung seitlicher Festhalterungen berechnet werden, wenn die Anschlüsse steif oder verformbar ausgebildet sind und die Bauteile, die die oberen und unteren Brandabschnitte abtrennen, mindestens den gleichen Feuerwiderstand aufweisen wie die Stützen.

Falls jedes Stockwerk einen eigenen Brandabschnitt mit ausreichendem Feuerwiderstand bildet, darf bei innenliegenden Stockwerken die Knicklänge l_{fi} einer durchgehenden Stütze mit $l_{\text{fi}} = 0{,}5L$ und bei dem obersten Stockwerk mit $l_{\text{fi}} = 0{,}7L$ berechnet werden, s. Abb. 12.1.

Die Gleichung (12.12) gilt unter der Annahme, dass das gesamte Tragwerk dem Brand ausgesetzt ist. Dies ist sehr ungünstig für Stockwerkrahmen, wo jedes Stockwerk einen eigenen Brandabschnitt bildet. In diesem Fall sollte die Schlankheit $\overline{\lambda}_\theta$ unter Berücksichtigung der reduzierten Materialkennwerte im Brandabschnitt berechnet werden. Für den Elastizitätsmodul gilt dann im Brandabschnitt E_θ. Der Verzweigungslastfaktor $\alpha_{\text{fi,cr}}$ wird im Allgemeinen mit einem Programm ermittelt. Es gilt:

$$N_{\text{fi,cr}} = \alpha_{\text{fi,cr}} \cdot N \tag{12.16}$$

$$\bar{\lambda}_{\theta} = \sqrt{\frac{k_{y,\theta} \cdot A \cdot f_y}{N_{fi,cr}}} \tag{12.17}$$

12.13 Biegedrillknicken für Biegung im Brandfall

Die folgende Berechnung gilt für Querschnitte mit **gleichmäßiger Temperatur $\boldsymbol{\theta_a}$** der Querschnittsklassen 1, 2 und 3.
Bemessungswert der Tragfähigkeit im Brandfall:

$$M_{b,fi,t,Rd} = k_{y,\theta} \cdot \chi_{LT,fi} \cdot W_y \cdot \frac{f_y}{\gamma_{M,fi}} = k_{y,\theta} \cdot \chi_{LT,fi} \cdot W_y \cdot f_y \tag{12.18}$$

Querschnittsklasse 1, 2 $\quad W_y = W_{pl,y}$

Querschnittsklasse 3 $\quad W_y = W_{el,y}$

Die dimensionslose Schlankheit $\bar{\lambda}_{LT,\theta}$ für die Temperatur θ_a wird aus der Schlankheit $\bar{\lambda}_{LT}$ bei Normaltemperatur hergeleitet.

$$\bar{\lambda}_{LT,\theta} = \bar{\lambda}_{LT} \cdot \sqrt{\frac{k_{y,\theta}}{k_{E,\theta}}} \tag{12.19}$$

Für den Abminderungsfaktor $\chi_{LT,fi}$ gilt eine eigene Abminderungskurve:

$$\alpha = 0{,}65 \cdot \sqrt{\frac{235}{f_y}} \tag{12.20}$$

$$\phi_{LT,\theta} = \frac{1}{2} \cdot \left(1 + \alpha \cdot \bar{\lambda}_{LT,\theta} + \bar{\lambda}_{LT,\theta}^2\right) \tag{12.21}$$

$$\chi_{LT,fi} = \frac{1}{\phi_{LT,\theta} + \sqrt{\phi_{LT,\theta}^2 - \bar{\lambda}_{LT,\theta}^2}} \tag{12.22}$$

12.14 Biegedrillknicken für Druck und Biegung

Die Berechnung für Druck und Biegung im Brandfall erfolgt nach dem Ersatzstabverfahren. Bei dem vereinfachten Rechenverfahren ist eine Berechnung nach Theorie II. Ordnung bisher nicht vorgesehen. Die folgende Berechnung gilt für Querschnitte mit **gleichmäßiger Temperatur $\boldsymbol{\theta_a}$**, der Querschnittsklassen 1, 2 und 3.
Bemessungswert der Tragfähigkeit im Brandfall:

$$\frac{N_{fi,Ed}}{N_{b,min,fi,t,Rd}} + k_y \cdot \frac{M_{y,fi,Ed}}{M_{y,fi,t,Rd}} + k_z \cdot \frac{M_{z,fi,Ed}}{M_{z,fi,t,Rd}} \le 1 \tag{12.23}$$

$$\frac{N_{\text{fi,Ed}}}{N_{\text{b,z,fi,t,Rd}}}+k_{\text{LT}}\cdot\frac{M_{\text{y,fi,Ed}}}{M_{\text{b,fi,t,Rd}}}+k_{\text{z}}\cdot\frac{M_{\text{z,fi,Ed}}}{M_{\text{z,fi,t,Rd}}}\le 1 \tag{12.24}$$

Tabelle 12.7 Anpassungsfaktor β_{M}

Momentenverlauf		
Stabendmomente 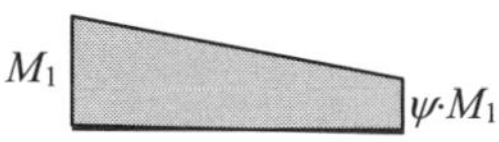 $-1\le\psi\le 1$	Momente aus Querlast 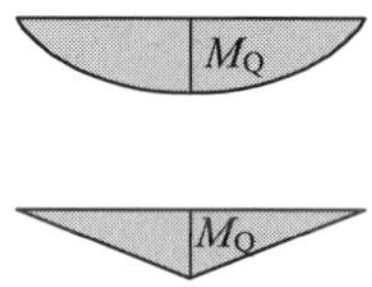	Momente aus Querlast mit Stabendmomenten 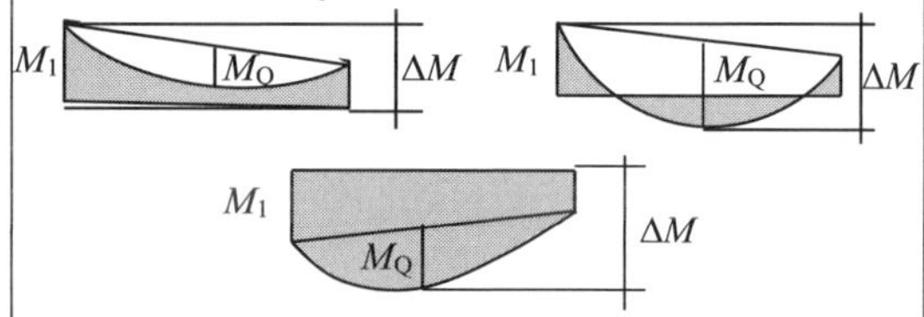
$\beta_{\text{M},\psi}=1{,}8-0{,}7\cdot\psi$	$\beta_{\text{M,Q}}=1{,}3$ $\beta_{\text{M,Q}}=1{,}4$	$\beta_{\text{M}}=\beta_{\text{M},\psi}+\frac{M_{\text{Q}}}{\Delta M}\left(\beta_{\text{M,Q}}-\beta_{\text{M},\psi}\right)$ $M_{\text{Q}}=\lvert\max M\rvert$ nur aus Querlast $\Delta M=\lvert\max M\rvert$ bei nicht durchschlagendem Momentenverlauf $\Delta M=\lvert\max M\rvert+\lvert\min M\rvert$ bei durchschlagendem Momentenverlauf

Dabei ist:

$N_{\text{b,min,fi,t,Rd}}$ der kleinere Wert von

$$N_{\text{b,y,fi,t,Rd}}=k_{\text{y},\theta}\cdot\chi_{\text{y,fi}}\cdot A\cdot\frac{f_{\text{y}}}{\gamma_{\text{M,fi}}} \text{ und } N_{\text{b,z,fi,t,Rd}}=k_{\text{y},\theta}\cdot\chi_{\text{z,fi}}\cdot A\cdot\frac{f_{\text{y}}}{\gamma_{\text{M,fi}}}$$

Querschnittsklassen 1, 2 $\quad W_{\text{y}}=W_{\text{pl,y}}$

Querschnittsklasse 3 $\quad W_{\text{y}}=W_{\text{el,y}}$

$$M_{\text{y,fi,t,Rd}}=k_{\text{y},\theta}\cdot W_{\text{y}}\cdot f_{\text{y}}\cdot\frac{\gamma_{\text{M0}}}{\gamma_{\text{M,fi}}}=k_{\text{y},\theta}\cdot W_{\text{y}}\cdot f_{\text{y}}$$

$$M_{\text{z,fi,t,Rd}}=k_{\text{y},\theta}\cdot W_{\text{z}}\cdot f_{\text{y}}\cdot\frac{\gamma_{\text{M0}}}{\gamma_{\text{M,fi}}}=k_{\text{y},\theta}\cdot W_{\text{z}}\cdot f_{\text{y}}$$

Weiterhin gilt:

$$k_{\text{LT}}=1-\frac{\mu_{\text{LT}}\cdot N_{\text{fi,Ed}}}{N_{\text{b,z,fi,t,Rd}}}\le 1$$

mit $\mu_{\text{LT}}=0{,}15\cdot\bar{\lambda}_{\text{z},\theta}\cdot\beta_{\text{M,LT}}-0{,}15\le 0{,}9$

$$k_{\text{y}}=1-\frac{\mu_{\text{y}}\cdot N_{\text{fi,Ed}}}{N_{\text{b,y,fi,t,Rd}}}\le 3$$

mit $\mu_y = (2 \cdot \beta_{M,y} - 5) \cdot \bar{\lambda}_{y,\theta} + 0,44 \cdot \beta_{M,y} + 0,29 \leq 0,8$ mit $\bar{\lambda}_{y,20\,°C} \leq 1,1$

$$k_z = 1 - \frac{\mu_y \cdot N_{fi,Ed}}{N_{b,z,fi,t,Rd}} \leq 3$$

mit $\mu_z = (1,2 \cdot \beta_{M,z} - 3) \cdot \bar{\lambda}_{z,\theta} + 0,71 \cdot \beta_{M,z} - 0,29 \leq 0,8$

Momentenbeiwert β_M nach Tabelle 12.7

12.15 Verbindungen im Brandfall

In DIN EN 1993-1-2, 4.2.1, Absätze (5) und (6), sind Regeln für den Nachweis der Anschlüsse im Brandfall angegeben. Im Anhang D sind alternativ detaillierte Regeln angegeben, die für geschraubte und geschweißte Verbindungen angewendet werden dürfen. Die Nachweise orientieren sich an den Bemessungswerten für den Kaltfall, wobei die Abminderungsfaktoren für Festigkeiten von Schrauben und Schweißnähten bei erhöhter Temperatur θ_a zu berücksichtigen sind. Die Abminderungsfaktoren sind in Tabelle 12.8 angegeben.

Tabelle 12.8 Reduktionsfaktoren k_θ für Festigkeiten von Schrauben und Schweißnähten unter erhöhten Temperaturen bezogen auf 20 °C

Stahltemperatur θ_a	Schrauben auf Zug und Abscheren $k_{b,\theta}$	Schweißnähte $k_{w,\theta}$
20 °C	1,000	1,000
100 °C	0,968	1,000
150 °C	0,952	1,000
200 °C	0,935	1,000
300 °C	0,903	1,000
400 °C	0,775	0,876
500 °C	0,550	0,627
600 °C	0,220	0,378
700 °C	0,100	0,130
800 °C	0,067	0,074
900 °C	0,033	0,018
1000 °C	0,000	0,000

Die Temperatur einer Verbindung darf unter Verwendung des lokalen *A*/*V*-Verhältnisses der Bestandteile der Verbindung bestimmt werden. Als Vereinfachung darf eine gleichmäßige Temperaturverteilung in der Verbindung bestimmt werden. Diese Temperatur darf unter der Voraussetzung des maximalen *A*/*V*-Verhältnisses der angeschlossenen Stahlbauteile ermittelt werden (Anhang

D). Für Stahlträger mit einer Betonplatte ist eine gesonderte Regelung im Anhang D angegeben.

Bemessungswerte bei erhöhten Temperaturen θ_a:

$$F_{v,t,Rd} = k_{b,\theta} \cdot \frac{\gamma_{M2}}{\gamma_{M,fi}} \cdot F_{v,Rd} \qquad \text{für Kategorie A} \qquad (12.25)$$

$$F_{b,t,Rd} = k_{b,\theta} \cdot \frac{\gamma_{M2}}{\gamma_{M,fi}} \cdot F_{b,Rd} \qquad \text{für Kategorie A} \qquad (12.26)$$

$$F_{ten,t,Rd} = k_{b,\theta} \cdot \frac{\gamma_{M2}}{\gamma_{M,fi}} \cdot F_{t,Rd} \qquad \text{für Kategorien D und E} \qquad (12.27)$$

Bei gleitfesten Verbindungen der Kategorien B und C sollte davon ausgegangen werden, dass das Gleiten im Brandfall stattgefunden hat. Bemessungswerte wie Kategorie A.

$$F_{w,t,Rd} = k_{w,\theta} \cdot \frac{\gamma_{M2}}{\gamma_{M,fi}} \cdot F_{w,Rd} \qquad \text{für Kehlnähte} \qquad (12.28)$$

Die Tragfähigkeit von voll durchgeschweißten Stumpfnähten sollte bei Temperaturen unter 700 °C anhand der Tragfähigkeit des geschwächten angeschlossenen Teils mit den Abminderungsfaktoren des Grundmaterials bestimmt werden. Bei Temperaturen über 700 °C gelten die für Kehlnähte angegebenen Abminderungsfaktoren auch für Stumpfnähte (Anhang D).

Tabelle 12.4 Vergrößerung der Erwärmungskurve geschützter Stahlquerschnitte

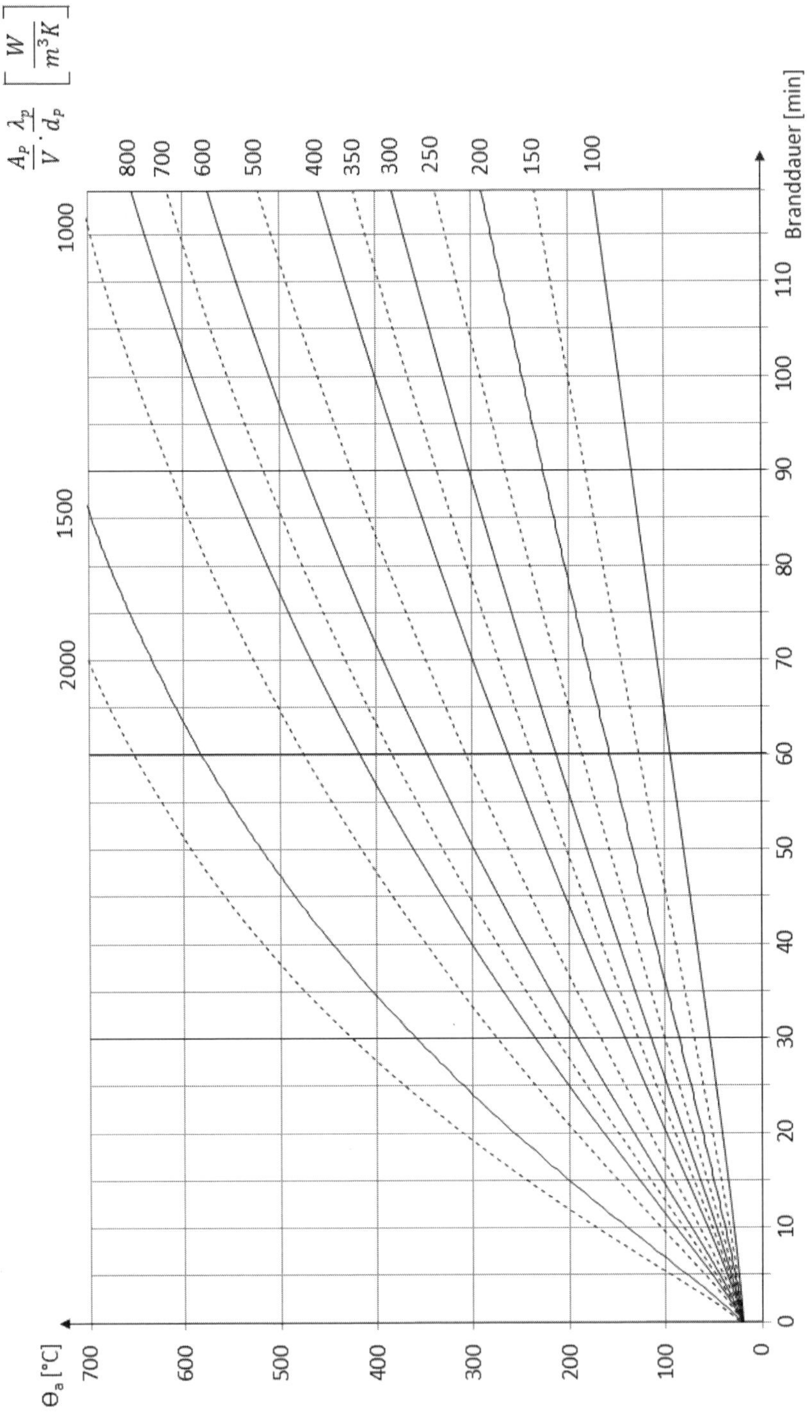

12.16 Beispiele

Bisher wird in Deutschland der EC3-1-2 kaum angewendet. Voraussetzung ist, dass die Wärmeleitfähigkeit λ_p der Brandschutzverkleidung bekannt ist, um die Erwärmungskurve geschützter Stahlquerschnitte anwenden zu können.
Ein zweiter Weg, der in der Praxis heute beschritten wird, gibt die Dicke der Brandschutzbekleidung an, die sicherstellt, dass der Stahlquerschnitt eine vorgegebene Temperatur, die Bemessungstemperatur, nicht überschreitet. Damit sind der Elastizitätsmodul und die Fließgrenze des Stahles bei erhöhter Temperatur bekannt und die Bemessung im Brandfall kann durchgeführt werden. In Tabelle 12.1 sind die Raduktionsfaktoren angegeben, z. B. sind die zugehörigen Reduktionsfaktoren bei 500 °C Stahltemperatur:

$$\theta_a = 500\ °\text{C} \quad k_{y,\theta} = 0{,}780 \quad k_{E,\theta} = 0{,}600$$

Der Nachweis vieler Beispiele erfolgt hier exemplarisch für Gebäude in Österreich, da der EC3-1-2 in Österreich angewendet wird.

Beispiel 12.16.1: Druckstab

Die Stahlstütze ist ein Bauteil im Geschoss in einem ausgesteiften Rahmentragwerk mit der Stockwerkshöhe von 4 m. Die Grenztragfähigkeit im Kaltfall beträgt $N_{b,z,Rd} = 1061$ kN.
Druckstab mit Kastenverkleidung und 4-seitiger Brandbeanspruchung
Einwirkungen im Brandfall für Verkaufsräume:
Ständige Einwirkungen: $G_k = 300$ kN
Veränderliche Einwirkungen: $Q_k = 350$ kN

$$N_{fi,Ed} = G_k + \psi_{2,1} \cdot Q_k = 300 + 0{,}6 \cdot 350 = 510\ \text{kN}$$

Profil: HEB 200 $h = 200$ mm $b = 200$ mm
Werkstoff: S235
Feuerwiderstandsklasse: R90
Gewählt: z. B. Bekleidung aus Knauf Fireboard nach K252.at/K253.at, Technische Information von Knauf in Österreich.

Mindestdicken -d- von Fireboard in Abhängigkeit vom U/A-Wert, Bekleidung 3- bis 4-seitig
Bemessungstemperatur 500 ° C

Knauf Fireboard-Bekleidung für Stahlträger K252.at und Stahlstützen K253.at						
Profilarten	Feuerwiderstandsklasse	Verhältniswert U/A des Stahlprofiles (m^{-1}) bei Plattendicke (mm) 15	20	25	30	35
I- oder H-Profile 1) mit offenem Querschnitt	R 30	≤ 280	≤ 360			
	R 60		≤ 80	≤ 360		
	R 90			≤ 60	≤ 120	≤ 360
Hohlprofile rechteckig oder quadratisch	R 30	≤ 140	≤ 360			
	R 60		≤ 60	≤ 280	≤ 360	
	R 90				≤ 80	≤ 360
Hohlprofile kreisförmig	R 30	≤ 200	≤ 360			
	R 60		≤ 60	≤ 360		
	R 90			≤ 50	≤ 80	≤ 360

1) Bekleidungsdicken für Standard-I- bzw. H-Profile können den Tabellen auf den nachfolgenden Seiten entnommen werden

In dieser Tabelle werden die Mindestdicken von Fireboard in Abhängigkeit vom Profilfaktor A/V bei der Bemessungstemperatur von max. 500 °C angegeben. Diese Tabellen gibt es auch für andere Bemessungstemperaturen, was eine angepasste wirtschaftliche Bemessung ermöglicht.
Eingangswert für Tabelle:

$$A = V = 78{,}1\ \text{cm}^2 = 0{,}00781\ \text{m}^2$$

$$A_\text{p} = 2 \cdot h + 2 \cdot b = 2 \cdot 0{,}20 + 2 \cdot 0{,}20 = 0{,}80\ \text{m} \quad \text{nach Tabelle 12.5}$$

$$\frac{A_\text{p}}{V} = \frac{0{,}80}{0{,}00781} = 102$$

$$d_\text{p} = 30\ \text{mm}$$

Abgelesen aus Tabelle 12.1 die zugehörigen Reduktionsfaktoren bei 500 °C Stahltemperatur:

$$\theta_\text{a} = 500\ °\text{C} \quad k_{\text{y},\theta} = 0{,}780 \quad k_{\text{E},\theta} = 0{,}600$$

Die Querschnittsklassifizierung wird wie unter Normaltemperatur durchgeführt, wobei ein Abminderungsfaktor von 0,85 die Einflüsse aus der erhöhten Temperatur berücksichtigt.

$$\varepsilon = 0{,}85 \cdot \sqrt{\frac{235}{f_\text{y}}} = 0{,}85$$

Nachweis max c/t nach Tabelle 4.2 und 4.4 im Band 1:
Flansch: vorh $c/t = 5{,}17 < 0{,}85 \cdot \max c/t = 0{,}85 \cdot 13{,}8 = 11{,}7$
Steg: vorh $c/t = 14{,}9 < 0{,}85 \cdot \max c/t = 0{,}85 \cdot 42 = 35{,}7$
Der Querschnitt erfüllt auch die Bedingungen der Querschnittsklasse 1.

Die folgende Berechnung gilt für Querschnitte mit gleichmäßiger Temperatur θ_a der Querschnittsklassen 1, 2 und 3. Für den Abminderungsfaktor χ_fi ist der kleinste Wert von $\chi_{\text{y,fi}}$ und $\chi_{\text{z,fi}}$ zu berücksichtigen.

1. Knicklängenbeiwert: $\beta = 0{,}5$

$$i_\text{z} = 5{,}07\ \text{cm}$$

$$\bar{\lambda}_\text{z} = \frac{\beta \cdot L_{\text{cr,z}}}{i_\text{z} \cdot \lambda_1} = \frac{0{,}5 \cdot 400}{5{,}07 \cdot 93{,}9} = 0{,}420$$

$$\bar{\lambda}_\theta = \bar{\lambda}_\text{z} \cdot \sqrt{\frac{k_{\text{y},\theta}}{k_{\text{E},\theta}}} = 0{,}420 \cdot \sqrt{\frac{0{,}780}{0{,}600}} = 0{,}479$$

$$\alpha = 0{,}65 \cdot \sqrt{\frac{235}{f_\text{y}}} = 0{,}65$$

$$\phi_\theta = \frac{1}{2} \cdot \left(1 + \alpha \cdot \bar{\lambda}_\theta + \bar{\lambda}_\theta^2\right) = \frac{1}{2} \cdot \left(1 + 0{,}65 \cdot 0{,}479 + 0{,}479^2\right) = 0{,}770$$

$$\chi_{\text{z,fi}} = \frac{1}{\phi_\theta + \sqrt{\phi_\theta^2 - \bar{\lambda}_\theta^2}} = \frac{1}{0{,}770 + \sqrt{0{,}770^2 - 0{,}479^2}} = 0{,}728$$

$$N_{\text{b,z,fi,t,Rd}} = k_{\text{y},\theta} \cdot \chi_{\text{z,fi}} \cdot A \cdot f_\text{y} = 0{,}780 \cdot 0{,}728 \cdot 78{,}1 \cdot 23{,}5 = 1042\ \text{kN}$$

$$\frac{N_{\text{fi,Ed}}}{N_{\text{b,z,fi,t,Rd}}} = \frac{510}{1042} = 0{,}49 \le 1{,}00$$

Die Heißbemessung wird nicht maßgebend. Günstig wirkt sich die kleinere Knicklänge aus.

2. Knicklängenbeiwert: $\beta = 1{,}0$

Abgelesen aus Tabelle 12.1 die zugehörigen Reduktionsfaktoren bei 500 °C Stahltemperatur:

$\theta_a = 500\ °C \quad k_{y,\theta} = 0{,}780 \quad k_{E,\theta} = 0{,}600$

$$i_z = 5{,}07 \text{ cm}$$

$$\bar{\lambda}_z = \frac{\beta \cdot L_{cr,z}}{i_z \cdot \lambda_1} = \frac{1{,}0 \cdot 400}{5{,}07 \cdot 93{,}9} = 0{,}840$$

$$\bar{\lambda}_\theta = \bar{\lambda}_z \cdot \sqrt{\frac{k_{y,\theta}}{k_{E,\theta}}} = 0{,}840 \cdot \sqrt{\frac{0{,}780}{0{,}600}} = 0{,}958$$

$$\alpha = 0{,}65 \cdot \sqrt{\frac{235}{f_y}} = 0{,}65$$

$$\phi_\theta = \frac{1}{2} \cdot \left(1 + \alpha \cdot \bar{\lambda}_\theta + \bar{\lambda}_\theta^2\right) = \frac{1}{2} \cdot \left(1 + 0{,}65 \cdot 0{,}958 + 0{,}958^2\right) = 1{,}27$$

$$\chi_{z,fi} = \frac{1}{\phi_\theta + \sqrt{\phi_\theta^2 - \bar{\lambda}_\theta^2}} = \frac{1}{1{,}27 + \sqrt{1{,}27^2 - 0{,}958^2}} = 0{,}475$$

$$N_{b,z,fi,t,Rd} = k_{y,\theta} \cdot \chi_{z,fi} \cdot A \cdot f_y = 0{,}780 \cdot 0{,}475 \cdot 78{,}1 \cdot 23{,}5 = 680 \text{ kN}$$

$$\frac{N_{fi,Ed}}{N_{b,z,fi,t,Rd}} = \frac{510}{680} = 0{,}75 \le 1{,}00$$

Die Feuerwiderstandsklasse R90 ist erfüllt.

Berechnung der kritischen Branddauer t_{cr} für die ungeschützte Stahlstütze

Ist die Stütze ungeschützt, wird R30 nicht erreicht. Man kann aber die kritische Branddauer t_{cr} berechnen, bei der die Tragfähigkeit der Stahlstütze unter der kritischen Stahltemperatur $\theta_{a,cr}$ erreicht ist. Dies ist eine iterative Berechnung.

1. Es ist die Temperatur $\theta_{a,cr}$ zu berechnen, bei der die Grenztragfähigkeit im Brandfall gerade erreicht ist.
2. Aus der Erwärmungskurve für ungeschützte Bauteile nach Tabelle 12.2 kann dann mit dem zugehörigen Profilfaktor die kritische Branddauer t_{cr} abgelesen werden.

Für dieses Beispiel gilt:

$$\theta_{a,cr} = 558\ °C \quad k_{y,\theta} = 0{,}600 \quad k_{E,\theta} = 0{,}432$$

$$i_z = 5{,}07 \text{ cm}$$

$$\bar{\lambda}_z = \frac{\beta \cdot L_{cr,z}}{i_z \cdot \lambda_1} = \frac{1{,}0 \cdot 400}{5{,}07 \cdot 93{,}9} = 0{,}840$$

$$\bar{\lambda}_\theta = \bar{\lambda}_z \cdot \sqrt{\frac{k_{y,\theta}}{k_{E,\theta}}} = 0{,}840 \cdot \sqrt{\frac{0{,}600}{0{,}432}} = 0{,}990$$

$$\alpha = 0{,}65 \cdot \sqrt{\frac{235}{f_y}} = 0{,}65$$

$$\phi_\theta = \frac{1}{2} \cdot \left(1 + \alpha \cdot \bar{\lambda}_\theta + \bar{\lambda}_\theta^2\right) = \frac{1}{2} \cdot \left(1 + 0{,}65 \cdot 0{,}990 + 0{,}990^2\right) = 1{,}31$$

$$\chi_{z,\text{fi}} = \frac{1}{\phi_\theta + \sqrt{\phi_\theta^2 - \bar{\lambda}_\theta^2}} = \frac{1}{1{,}31 + \sqrt{1{,}31^2 - 0{,}990^2}} = 0{,}461$$

$$N_{\text{b,z,fi,t,Rd}} = k_{y,\theta} \cdot \chi_{z,\text{fi}} \cdot A \cdot f_y = 0{,}600 \cdot 0{,}461 \cdot 78{,}1 \cdot 23{,}5 = 508 \text{ kN}$$

$$\frac{N_{\text{fi,Ed}}}{N_{\text{b,z,fi,t,Rd}}} = \frac{510}{508} \approx 1{,}0$$

$$k_{\text{sh}} = 0{,}9 \cdot \frac{A_{\text{m,b}}}{A} = 0{,}9 \cdot \frac{2 \cdot 0{,}20 + 2 \cdot 0{,}20}{0{,}00781} = 92{,}2 \text{ 1/m}$$

$t_{cr} \approx 16\,\text{min}$ nach Tabelle 12.2

Beispiel 12.16.2: Biegedrillknicken im Brandfall

Ein Stahlträger hat eine Spannweite von 7,00 m. Für den Brandschutznachweis liegt ein Biegeträger mit Kastenverkleidung und 3-seitiger Brandbeanspruchung vor.

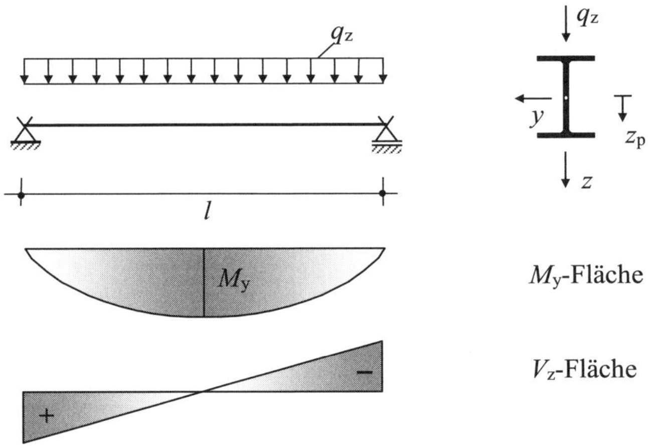

Abb. 12.2 Einfeldträger mit Gleichstreckenlast

Ständige Einwirkungen: $g_k = 4{,}00$ kN/m

Veränderliche Einwirkungen: $q_k = 8{,}00$ kN/m

Profil: IPE 400: $h = 400$ mm; $b = 180$ mm

Werkstoff: S235

Feuerwiderstandsklasse: R90

gewählt: Bekleidung aus Knauf Fireboard nach K252.at/K253.at, Technische Information von Knauf in Österreich. In Österreich wird der EC 3-1-2 angewendet.

Eingangswert für Tabelle:

$$A = V = 84{,}5 \text{ cm}^2 = 0{,}00845 \text{ m}^2$$

$$A_p = 2 \cdot h + b = 2 \cdot 0{,}40 + 0{,}18 = 0{,}98 \text{ m}$$ nach Tabelle 12.5

$$\frac{A_p}{V} = \frac{0{,}98}{0{,}00845} = 116$$

$$d_p = 30 \text{ mm}$$

Abgelesen aus Tabelle 12.1 die zugehörigen Reduktionsfaktoren bei 500 °C Stahltemperatur:

$$\theta_a = 500\ °\text{C} \quad k_{y,\theta} = 0{,}780 \quad k_{E,\theta} = 0{,}600$$

Nachweis unter Normaltemperatur
Querschnittsklassifizierung:
Nachweis max *c/t* nach Tabelle 4.2 und 4.4 im Band 1:
Flansch: vorh *c/t* = 4,79 < max *c/t* = 9,0
Steg: vorh *c/t* = 38,5 < max *c/t* = 72
Der Querschnitt erfüllt die Bedingungen der Querschnittsklasse 1.
Querschnittswerte: $I_z = 1320\ \text{cm}^4$; $I_t = 51{,}1\ \text{cm}^4$; $I_w = 490\ 000\ \text{cm}^6$; $h = 400$ mm

$$W_{pl,y} = 1307\ \text{cm}^3$$

Einwirkungen im Kaltfall:

$$e_{Ed} = 1{,}35 \cdot g_k + 1{,}50 \cdot q_k = 1{,}35 \cdot 4{,}00 + 1{,}50 \cdot 8{,}00 = 17{,}4\ \text{kN/m}$$

$$M_{y,Ed} = e_{Ed} \cdot \frac{l^2}{8} = \frac{17{,}4 \cdot 7{,}00^2}{8} = 107\ \text{kNm}$$

$$N_{cr,z} = \frac{\pi^2 \cdot E \cdot I_z}{l^2} = \frac{\pi^2 \cdot 21\ 000 \cdot 1320}{700^2} = 558\ \text{kN}$$

$$c^2 = \frac{I_w + 0{,}039 \cdot l^2 \cdot I_t}{I_z} = \frac{490\ 000 + 0{,}039 \cdot 700^2 \cdot 51{,}1}{1320} = 1111\ \text{cm}^2$$

Angriffspunkt am Obergurt: $z_p = -\dfrac{h}{2} = -20$ cm

$$M_{cr} = \zeta \cdot N_{cr,z} \cdot \left(\sqrt{c^2 + 0{,}25 \cdot z_p^2} + 0{,}5 \cdot z_p\right)$$

$$M_{cr} = 1{,}12 \cdot 558 / 100 \cdot \left(\sqrt{1111 + 0{,}25 \cdot 20^2} - 0{,}5 \cdot 20\right) = 155\ \text{kNm}$$

$$\bar{\lambda}_{LT} = \sqrt{\frac{W_{pl,y} \cdot f_y}{M_{cr}}} = \sqrt{\frac{1307 \cdot 23{,}5}{155 \cdot 100}} = 1{,}41$$

Kurve b

$\chi_{LT} = 0{,}468$ nach Tabelle 9.5 im Band 1

$k_c = 0{,}94$ nach Tabelle 9.6 im Band 1

$$f = 1 - 0{,}5 \cdot (1 - k_c) \cdot \left[1 - 2{,}0 \cdot \left(\bar{\lambda}_{LT} - 0{,}8\right)^2\right]$$

$$f = 1 - 0{,}5 \cdot (1 - 0{,}94) \cdot \left[1 - 2{,}0 \cdot (1{,}41 - 0{,}8)^2\right] = 0{,}992 \text{ jedoch} < 1{,}0$$

$$\chi_{LT,mod} = \frac{\chi_{LT}}{f} = \frac{0{,}468}{0{,}992} = 0{,}472$$

$$M_{b,Rd} = \chi_{LT,mod} \cdot W_{pl,y} \frac{f_y}{\gamma_{M1}} = 0{,}472 \cdot 1307 \frac{23{,}5}{1{,}10 \cdot 100} = 132\ \text{kNm}$$

$$\frac{M_{y,Ed}}{M_{b,Rd}} = \frac{107}{132} = 0{,}81 \le 1{,}0$$

Nachweis im Brandfall
Querschnittsklassifizierung:

$$\varepsilon = 0{,}85 \cdot \sqrt{\frac{235}{f_y}} = 0{,}85$$

Nachweis max *c/t* nach Tabelle 4.2 und 4.4 im Band 1:
Flansch: vorh $c/t = 4{,}79 < 0{,}85 \cdot \max c/t = 0{,}85 \cdot 9{,}0 = 7{,}65$
Steg: vorh $c/t = < 0{,}85 \cdot \max c/t = 0{,}85 \cdot 72 = 61{,}2$
Der Querschnitt erfüllt die Bedingungen der Querschnittsklasse 1.

Einwirkungen im Brandfall für Versammlungsräume:

$$e_k = g_k + \psi_{2,1} \cdot q_k = 4{,}00 + 0{,}6 \cdot 8{,}00 = 8{,}80 \text{ kN/m}$$

$$M_{\text{fi,Ed}} = e_k \cdot \frac{l^2}{8} = \frac{8{,}80 \cdot 7{,}00^2}{8} = 53{,}9 \text{ kNm}$$

Die folgende Berechnung gilt für Querschnitte mit gleichmäßiger Temperatur θ_a der Querschnittsklassen 1, 2 und 3.

Querschnittsklassen 1, 2 $\quad W_y = W_{\text{pl,y}} = 1307 \text{ cm}^3$

Die dimensionslose Schlankheit $\bar{\lambda}_{\text{LT},\theta}$ für die Temperatur θ_a wird aus der Schlankheit $\bar{\lambda}_{\text{LT}}$ bei Normaltemperatur hergeleitet.

$$\bar{\lambda}_{\text{LT},\theta} = \bar{\lambda}_{\text{LT}} \cdot \sqrt{\frac{k_{y,\theta}}{k_{E,\theta}}} = 1{,}41 \cdot \sqrt{\frac{0{,}780}{0{,}600}} = 1{,}61$$

Für den Abminderungsfaktor $\chi_{\text{LT,fi}}$ gilt eine eigene Abminderungskurve:

$$\alpha = 0{,}65 \cdot \sqrt{\frac{235}{f_y}} = 0{,}65$$

$$\phi_{\text{LT},\theta} = \frac{1}{2} \cdot \left(1 + \alpha \cdot \bar{\lambda}_{\text{LT},\theta} + \bar{\lambda}_{\text{LT},\theta}^2\right) = \frac{1}{2} \cdot \left(1 + 0{,}65 \cdot 1{,}61 + 1{,}61^2\right) = 2{,}32$$

$$\chi_{\text{LT,fi}} = \frac{1}{\phi_{\text{LT},\theta} + \sqrt{\phi_{\text{LT},\theta}^2 - \bar{\lambda}_{\text{LT},\theta}^2}} = \frac{1}{2{,}32 + \sqrt{2{,}32^2 - 1{,}61^2}} = 0{,}251$$

$$M_{\text{b,fi,t,Rd}} = k_{y,\theta} \cdot \chi_{\text{LT,fi}} \cdot W_{\text{pl,y}} \cdot f_y = 0{,}78 \cdot 0{,}251 \cdot 1307 \cdot 23{,}5 / 100 = 60{,}1 \text{ kNm}$$

$$\frac{M_{\text{fi,Ed}}}{M_{\text{b,fi,t,Rd}}} = \frac{60{,}1}{62{,}3} = 0{,}96 \leq 1{,}00$$

Der Nachweis ist eingehalten für R90. Hier ist der Brandschutznachweis maßgebend.

Nachweis der Tragfähigkeit der Querkraft im Brandfall:

$$V_{\text{fi,Ed}} = e_k \cdot \frac{l}{2} = \frac{8{,}80 \cdot 7{,}00}{2} = 30{,}8 \text{ kN}$$

$$V_{\text{fi,t,Rd}} = k_{y,\theta,\text{web}} \cdot V_{\text{Rd}} = k_{y,\theta,\text{web}} A_v \cdot \tau_{\text{Rd}} = 0{,}780 \cdot 42{,}7 \cdot 13{,}6 = 453 \text{ kN}$$

$$\frac{V_{\text{fi,Ed}}}{V_{\text{fi,t,Rd}}} = \frac{30{,}8}{453} = 0{,}068 \leq 1{,}00$$

Berechnung der kritischen Branddauer t_{cr} für den ungeschützten Stahlträger

Für dieses Beispiel gilt:

$$\theta_{a,cr} = 520\ °C \qquad k_{y,\theta} = 0,717 \quad k_{E,\theta} = 0,541$$

$$\frac{M_{fi,Ed}}{M_{b,fi,t,Rd}} \approx 1,00$$

$$k_{sh} = 0,9 \cdot \frac{A_{m,b}}{A} = 0,9 \cdot \frac{2 \cdot 0,40 + 2 \cdot 0,18}{0,00845} = 124\ 1/m$$

$t_{cr} \approx 12\,\text{min}$ nach Tabelle 12.2

Beispiel 12.16.3: Druck und Biegung im Brandfall

In dem folgenden Beispiel soll exemplarisch die Bemessung im Brandfall gezeigt werden, wenn die Wärmeleitfähigkeit λ_p bekannt ist. Für einen Wandstiel als Pendelstütze soll der Nachweis im Brandfall geführt werden. Nach DIN EN 1993-1-2 ist für das vereinfachte Rechenverfahren der Nachweis des Bauteils möglich. Sowohl für den Nachweis in der Biegeebene als auch senkrecht zur Biegeebene handelt es sich um einen Ersatzstabnachweis, wobei die erhöhte Temperatur θ_a zu berücksichtigen ist. Bei der Festlegung der Knicklänge im Brandfall sind die besonderen Randbedingungen nach Abb. 12.1 zu beachten. Für die Stütze sei die Feuerwiderstandsklasse R60 gefordert. Es wird zunächst die Berechnung im Kaltfall angegeben und dann der Nachweis im Brandfall geführt.

Charakteristische Einwirkungen

$G_k = 60,4$ kN aus Eigengewicht

$S_k = 49,0$ kN aus Schneelast

$w_{Dk} = 2,13$ kN/m aus Winddruck

<u>Nachweis der Pendelstütze mit Ersatzstabnachweisen im Kaltfall-Verfahren c</u>

$$N_{Ed} = 1,35 \cdot 60,4 + 1,5 \cdot 0,5 \cdot 49,0 = 118\ \text{kN}$$

$$\gamma_M = \gamma_{M0} = 1,00$$

$$w_{Ed} = 1,50 \cdot 2,13 = 3,20\ \text{kN/m}$$

$$N_{Ed} = 118\ \text{kN}$$

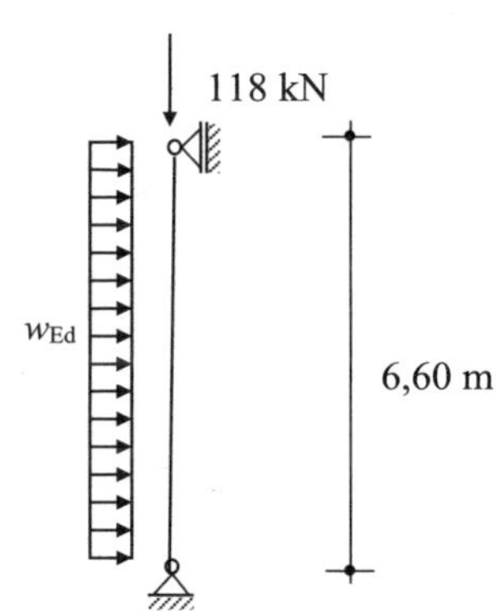

System und Belastung

Werkstoff: S 235
Nachweisverfahren: Elastisch-Plastisch
Profil: HEA 180
c/t-Verhältnis ist eingehalten.

Querschnittswerte:

$$I_y = 2510\ \text{cm}^4;\ W_{pl,y} = 325\ \text{cm}^3$$

$$N_{pl,Rd} = A \cdot \sigma_{Rd} = 45,3 \cdot 23,5 = 1065\ \text{kN}$$

$$M_{pl,y,Rd} = W_{pl,y} \cdot \sigma_{Rd} = 325 \cdot 23,5 = 7638\ \text{kNcm} = 76,4\ \text{kNm}$$

Schnittgrößen:

$$M_{\mathrm{y,Ed}} = \frac{w_{\mathrm{Ed}} \cdot l^2}{8} = \frac{3{,}20 \cdot 6{,}60^2}{8} = 17{,}4 \text{ kNm}$$

Tragsicherheitsnachweis:

$$\frac{V_{\mathrm{z,Ed}}}{V_{\mathrm{pl,z,Ed}}} \leq 0{,}5$$

Vereinfachter Nachweis:

$$\frac{N_{\mathrm{Ed}}}{N_{\mathrm{pl,Rd}}} + \frac{M_{\mathrm{y,Ed}}}{M_{\mathrm{pl,y,Rd}}} = \frac{118}{1065} + \frac{17{,}4}{76{,}4} = 0{,}338 \leq 1{,}00$$

Ersatzstabnachweis der Pendelstütze um die *z-z*-Achse

$$\gamma_{\mathrm{M1}} = 1{,}10$$

Knicken *z-z*-Achse

Querschnittswerte:

$$I_{\mathrm{z}} = 925 \text{ cm}^4$$

Nach Tabelle 3.2 in Band 1 ist dieses Profil bei Knicken um die *z*-Achse der Kurve c zugeordnet.

$$N_{\mathrm{cr,z}} = \frac{\pi^2 \cdot E \cdot I_{\mathrm{z}}}{L_{\mathrm{cr}}^2} = \frac{\pi^2 \cdot 21\,000 \cdot 925}{660^2} = 440 \text{ kN}$$

$$\bar{\lambda}_{\mathrm{z}} = \sqrt{\frac{N_{\mathrm{pl}}}{N_{\mathrm{cr,z}}}} = \sqrt{\frac{45{,}3 \cdot 23{,}5}{440}} = 1{,}56 \quad \text{Tabelle 3.1 in Band 1} \quad \chi_{\mathrm{z}} = 0{,}296$$

$$N_{\mathrm{b,z,Rd}} = \frac{\chi_{\mathrm{z}} \cdot A \cdot f_{\mathrm{y}}}{\gamma_{\mathrm{M1}}} = \frac{0{,}296 \cdot 45{,}3 \cdot 23{,}5}{1{,}10} = 286 \text{ kN}$$

$$\frac{N_{\mathrm{Ed}}}{N_{\mathrm{b,z,Rd}}} = \frac{118}{286} = 0{,}413 \leq 1{,}00$$

Biegedrillknicken ohne Normalkraft

Querschnittswerte:

$$I_{\mathrm{t}} = 14{,}8 \text{ cm}^4;\ I_{\mathrm{z}} = 925 \text{ cm}^4;\ I_{\mathrm{w}} = 60\,210 \text{ cm}^6$$

$$h = 17{,}1 \text{ cm};\ W_{\mathrm{pl,y}} = 325 \text{ cm}^3$$

$$c^2 = \frac{I_{\mathrm{w}} + 0{,}039 \cdot l^2 \cdot I_{\mathrm{t}}}{I_{\mathrm{z}}} = \frac{60\,210 + 0{,}039 \cdot 660^2 \cdot 14{,}8}{925} = 337 \text{ cm}^2$$

$$N_{\mathrm{cr,z}} = \frac{\pi^2 \cdot E \cdot I_{\mathrm{z}}}{l^2} = \frac{\pi^2 \cdot 21\,000 \cdot 925}{660^2} = 440 \text{ kN}$$

$\zeta = 1{,}12$ nach Tabelle 9.3, Band 1

$$M_{\mathrm{cr}} = \zeta \cdot N_{\mathrm{cr}} \cdot \left(\sqrt{c^2 + 0{,}25 \cdot z_{\mathrm{p}}^2} + 0{,}5 \cdot z_{\mathrm{p}} \right)$$

$$M_{\mathrm{cr}} = 1{,}12 \cdot 440 / 100 \cdot \left(\sqrt{337 + 0{,}25 \cdot 8{,}6^2} - 0{,}5 \cdot 8{,}6 \right) = 71{,}7 \text{ kNm}$$

$$\bar{\lambda}_{\mathrm{LT}} = \sqrt{\frac{W_{\mathrm{pl,y}} \cdot f_{\mathrm{y}}}{M_{\mathrm{cr}}}} = \sqrt{\frac{325 \cdot 23{,}5}{71{,}7 \cdot 100}} = 1{,}03$$

$\chi_{\mathrm{LT}} = 0,682$ nach Tabelle 9.5

$k_{\mathrm{c}} = 0,94$ nach Tabelle 9.6

$$f = 1 - 0,5 \cdot (1 - k_{\mathrm{c}}) \cdot \left[1 - 2,0 \cdot \left(\bar{\lambda}_{\mathrm{LT}} - 0,8 \right)^2 \right]$$

$$f = 1 - 0,5 \cdot (1 - 0,94) \cdot \left[1 - 2,0 \cdot (0,682 - 0,8)^2 \right] = 0,971 \text{ jedoch} < 1,0$$

$$\chi_{\mathrm{LT,mod}} = \frac{\chi_{\mathrm{LT}}}{f} = \frac{0,682}{0,971} = 0,702 \leq 1,0$$

$$M_{\mathrm{b,Rd}} = \chi_{\mathrm{LT,mod}} \cdot W_{\mathrm{pl,y}} \frac{f_{\mathrm{y}}}{\gamma_{\mathrm{M1}}} = 0,702 \cdot 325 \frac{23,5}{1,10 \cdot 100} = 48,7 \text{ kNm}$$

$$\frac{M_{\mathrm{y,Ed}}}{M_{\mathrm{b,Rd}}} = \frac{17,4}{48,7} = 0,357 \leq 1,0$$

<u>Interaktionsbeziehung für Biegedrillknicken mit Normalkraft</u>

Imperfektionsbeiwert k_{zy}:

$$n_{\mathrm{z}} = \frac{N_{\mathrm{Ed}}}{N_{\mathrm{b,z,Rd}}} = \frac{118}{286} = 0,413$$

Für Querschnittsklassen 1 und 2 gilt:

$\bar{\lambda}_{\mathrm{z}} \geq 0,4 \qquad \psi = 0 \qquad \alpha_{\mathrm{h}} = +0$

$C_{\mathrm{mLT}} = 0,95$ nach Tabelle 10.4 in Band 1

$$k_{\mathrm{zy}} = 1 - \frac{0,1 \cdot \bar{\lambda}_{\mathrm{z}} \cdot n_{\mathrm{z}}}{C_{\mathrm{mLT}} - 0,25} = 1 - \frac{0,1 \cdot 1,56 \cdot 0,413}{0,95 - 0,25} = 0,908$$

$$\geq 1 - \frac{0,1 \cdot n_{\mathrm{z}}}{C_{\mathrm{mLT}} - 0,25} = 1 - \frac{0,1 \cdot 0,413}{0,95 - 0,25} = 0,941$$

$$\frac{N_{\mathrm{Ed}}}{N_{\mathrm{b,z,Rd}}} + k_{\mathrm{zy}} \cdot \frac{M_{\mathrm{y,Ed}}}{M_{\mathrm{b,Rd}}} = \frac{118}{286} + 0,941 \cdot \frac{17,4}{48,7} = 0,749 \leq 1$$

Ersatzstabnachweis der Pendelstütze um die *y*-*y*-Achse

$\gamma_{\mathrm{M1}} = 1,10$

<u>Knicken *y*-*y*-Achse</u>

Querschnittswerte:

$I_{\mathrm{y}} = 2510 \text{ cm}^4$

Nach Tabelle 3.2 in Band 1 ist dieses Profil bei Knicken um die *y*-*y*-Achse der Kurve b zugeordnet.

$$N_{\mathrm{cr,y}} = \frac{\pi^2 \cdot E \cdot I_{\mathrm{y}}}{L_{\mathrm{cr}}^2} = \frac{\pi^2 \cdot 21\,000 \cdot 2510}{660^2} = 1194 \text{ kN}$$

$$\bar{\lambda}_{\mathrm{y}} = \sqrt{\frac{N_{\mathrm{pl}}}{N_{\mathrm{cr,y}}}} = \sqrt{\frac{45,3 \cdot 23,5}{1194}} = 0,944 \text{ Tabelle 3.1 in Band 1} \quad \chi_{\mathrm{y}} = 0,633$$

$$N_{\mathrm{b,y,Rd}} = \frac{\chi_{\mathrm{y}} \cdot A \cdot f_{\mathrm{y}}}{\gamma_{\mathrm{M1}}} == \frac{0,633 \cdot 45,3 \cdot 23,5}{1,10} = 613 \text{ kN}$$

$$\frac{N_{\text{Ed}}}{N_{\text{b,y,Rd}}} = \frac{118}{613} = 0{,}192 \leq 1{,}00$$

Interaktionsbeziehung für Biegedrillknicken mit Normalkraft

$$n_{\text{y}} = \frac{N_{\text{Ed}}}{N_{\text{b,y,Rd}}} = \frac{118}{613} = 0{,}192$$

Für Querschnittsklassen 1 und 2 gilt:

$$\bar{\lambda}_{\text{z}} \geq 0{,}4 \qquad \psi = 0 \qquad \alpha_{\text{h}} = +0$$

$$C_{\text{my}} = 0{,}95 \quad \text{nach Tabelle 10.4 in Band 1}$$

$$k_{\text{yy}} = C_{\text{my}} \cdot \left(1 + \left(\bar{\lambda}_{\text{y}} - 0{,}2\right) \cdot n_{\text{y}}\right) = 0{,}95 \cdot \left(1 + \left(0{,}944 - 0{,}2\right) \cdot 0{,}192\right) = 1{,}09$$

$$\leq C_{\text{my}} \cdot \left(1 + 0{,}8 \cdot n_{\text{y}}\right) = 0{,}95 \cdot \left(1 + 0{,}8 \cdot 0{,}192\right) = 1{,}10$$

$$\frac{N_{\text{Ed}}}{N_{\text{b,y,Rd}}} + k_{\text{yy}} \cdot \frac{M_{\text{y,Ed}}}{M_{\text{b,Rd}}} = \frac{118}{613} + 1{,}09 \cdot \frac{17{,}4}{48{,}7} = 0{,}582 \leq 1$$

Nachweis der Pendelstütze mit Ersatzstabnachweisen im Brandfall

$$N_{\text{fi,Ed}} = 60{,}4 + 0{,}0 \cdot 49{,}0 = 60{,}4 \text{ kN}$$

$$\gamma_{\text{M}} = \gamma_{\text{M0}} = 1{,}00$$

$$w_{\text{fi,Ed}} = 0{,}2 \cdot 2{,}13 = 0{,}426 \text{ kN/m}$$

$$N_{\text{fi,Ed}} = 60{,}4 \text{ kN}$$

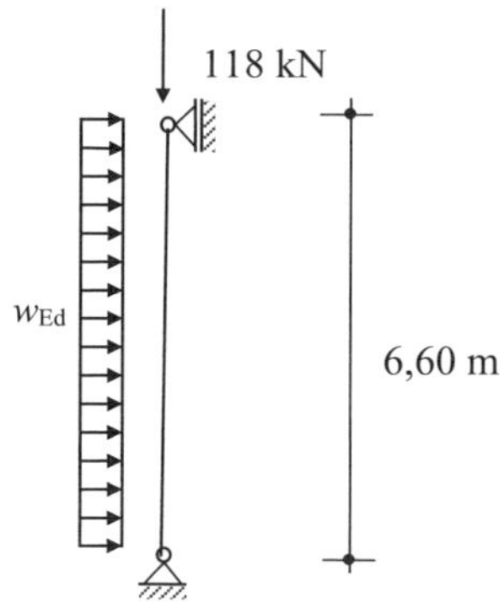

System und Belastung

Werkstoff: S 235
Nachweisverfahren: Elastisch-Plastisch
Profil: HEA 180
c/t-Verhältnis ist im Brandfall eingehalten.
Profil: HEA 180 $\quad h = 171$ mm $\quad b = 180$ mm
Werkstoff: S235
Feuerwiderstandsklasse: R60
Gewählt: Verkleidung aus Gipsplatten $d_{\text{p}} = 2 \text{ x } 1{,}5$ cm
Eingangswert für Tabelle 12.4:

$$d_{\text{p}} = 2 \cdot 1{,}5 = 3{,}00 \text{ cm} = 0{,}03 \text{ m} \qquad A = V = 45{,}3 \text{ cm}^2 = 0{,}00453 \text{ m}^2$$

$$A_{\text{p}} = 2 \cdot h + 2 \cdot b = 2 \cdot 0{,}171 + 2 \cdot 0{,}180 = 0{,}702 \text{ m nach Tabelle 12.5}$$

$$\lambda_{\text{p}} = 0{,}2 \qquad \text{nach Tabelle 12.6}$$

$$\frac{A_{\text{p}}}{V} \cdot \frac{\lambda_{\text{p}}}{d_{\text{p}}} = \frac{0{,}702}{0{,}00453} \cdot \frac{0{,}20}{0{,}03} = 1033$$

Abgelesen aus Tabelle 12.4 die zugehörige Stahltemperatur:

R60: $\theta_{\text{a}} = 480\ °\text{C} \quad k_{\text{y},\theta} = 0{,}824 \quad k_{\text{E},\theta} = 0{,}620$

Schnittgrößen:

$$M_{\text{fi,y,Ed}} = \frac{w_{\text{fi,Ed}} \cdot l^2}{8} = \frac{0{,}426 \cdot 6{,}60^2}{8} = 2{,}32 \text{ kNm}$$

Ersatzstabnachweis der Pendelstütze um die *z-z*-Achse

Knicken *z-z*-Achse

Knicklängenbeiwert: $\beta = 1,0$

$$\bar{\lambda}_{z,\theta} = \bar{\lambda}_z \cdot \sqrt{\frac{k_{y,\theta}}{k_{E,\theta}}} = 1,56 \cdot \sqrt{\frac{0,824}{0,620}} = 1,80$$

$$\alpha = 0,65 \cdot \sqrt{\frac{235}{f_y}} = 0,65$$

$$\phi_{z,\theta} = \frac{1}{2} \cdot \left(1 + \alpha \cdot \bar{\lambda}_{z,\theta} + \bar{\lambda}_{z,\theta}^2\right) = \frac{1}{2} \cdot \left(1 + 0,65 \cdot 1,80 + 1,80^2\right) = 2,71$$

$$\chi_{z,fi} = \frac{1}{\phi_{z,\theta} + \sqrt{\phi_{z,\theta}^2 - \bar{\lambda}_{z,\theta}^2}} = \frac{1}{2,71 + \sqrt{2,71^2 - 1,80^2}} = 0,211$$

$$N_{b,z,fi,t,Rd} = k_{y,\theta} \cdot \chi_{z,fi} \cdot A \cdot f_y = 0,824 \cdot 0,211 \cdot 45,3 \cdot 23,5 = 185 \text{ kN}$$

Biegedrillknicken ohne Normalkraft

Die dimensionslose Schlankheit $\bar{\lambda}_{LT,\theta}$ für die Temperatur θ_a wird aus der Schlankheit $\bar{\lambda}_{LT}$ bei Normaltemperatur hergeleitet.

$$\bar{\lambda}_{LT,\theta} = \bar{\lambda}_{LT} \cdot \sqrt{\frac{k_{y,\theta}}{k_{E,\theta}}} = 1,03 \cdot \sqrt{\frac{0,824}{0,620}} = 1,19$$

Für den Abminderungsfaktor $\chi_{LT,fi}$ gilt eine eigene Abminderungskurve:

$$\alpha = 0,65 \cdot \sqrt{\frac{235}{f_y}} = 0,65$$

$$\phi_{LT,\theta} = \frac{1}{2} \cdot \left(1 + \alpha \cdot \bar{\lambda}_{LT,\theta} + \bar{\lambda}_{LT,\theta}^2\right) = \frac{1}{2} \cdot \left(1 + 0,65 \cdot 1,19 + 1,19^2\right) = 1,59$$

$$\chi_{LT,fi} = \frac{1}{\phi_{LT,\theta} + \sqrt{\phi_{LT,\theta}^2 - \bar{\lambda}_{LT,\theta}^2}} = \frac{1}{1,59 + \sqrt{1,59^2 - 1,19^2}} = 0,378$$

$$M_{b,fi,t,Rd} = k_{y,\theta} \cdot \chi_{LT,fi} \cdot W_y \cdot f_y = 0,824 \cdot 0,378 \cdot 325 \cdot 23,5 / 100 = 23,8 \text{ kNm}$$

Interaktionsbeziehung für Biegedrillknicken mit Normalkraft

Imperfektionsbeiwert k_{LT}:

$$\beta_{M,LT} = 1,3 \quad \text{nach Tabelle 12.7}$$

$$\mu_{LT} = 0,15 \cdot \bar{\lambda}_{z,\theta} \cdot \beta_{M,LT} - 0,15 = 0,15 \cdot 1,80 \cdot 1,3 - 0,15 = 0,201 \le 0,9$$

$$k_{LT} = 1 - \frac{\mu_{LT} \cdot N_{fi,Ed}}{N_{b,z,fi,t,Rd}} = 1 - \frac{0,201 \cdot 60,4}{185} = 0,934 \le 1$$

$$\frac{N_{fi,Ed}}{N_{b,z,fi,t,Rd}} + k_{LT} \cdot \frac{M_{fi,y,Ed}}{M_{b,fi,t,Rd}} = \frac{60,4}{185} + 0,934 \cdot \frac{2,32}{23,8} = 0,417 \le 1$$

Ersatzstabnachweis der Pendelstütze um die *y-y*-Achse

Knicken *y-y*-Achse

Knicklängenbeiwert: $\beta = 1,0$

$$i_y = 7,45 \text{ cm} \quad \bar{\lambda}_y = \frac{\beta \cdot L_{cr,y}}{i_y \cdot \lambda_1} = \frac{1,0 \cdot 660}{7,45 \cdot 93,9} = 0,943$$

$$\bar{\lambda}_{y,\theta} = \bar{\lambda}_y \cdot \sqrt{\frac{k_{y,\theta}}{k_{E,\theta}}} = 0,943 \cdot \sqrt{\frac{0,824}{0,620}} = 1,09$$

$$\alpha = 0,65 \cdot \sqrt{\frac{235}{f_y}} = 0,65$$

$$\phi_{y,\theta} = \frac{1}{2} \cdot \left(1 + \alpha \cdot \bar{\lambda}_{y,\theta} + \bar{\lambda}_{y,\theta}^2\right) = \frac{1}{2} \cdot \left(1 + 0,65 \cdot 1,09 + 1,09^2\right) = 1,77$$

$$\chi_{y,fi} = \frac{1}{\phi_{y,\theta} + \sqrt{\phi_{y,\theta}^2 - \bar{\lambda}_{y,\theta}^2}} = \frac{1}{1,77 + \sqrt{1,77^2 - 1,09^2}} = 0,316$$

$$N_{b,y,fi,t,Rd} = k_{y,\theta} \cdot \chi_{y,fi} \cdot A \cdot f_y = 0,824 \cdot 0,316 \cdot 45,3 \cdot 23,5 = 277 \text{ kN}$$

$$N_{b,min,fi,t,Rd} = N_{b,z,fi,t,Rd} = 185 \text{ kN}$$

Interaktionsbeziehung für Biegedrillknicken mit Normalkraft

$$M_{y,fi,t,Rd} = k_{y,\theta} \cdot M_{pl,Rd} = 0,824 \cdot 76,4 = 63,0 \text{ kNm}$$

$\beta_{M,y} = 1,3$ nach Tabelle 12.7

$$\bar{\lambda}_{y,20\,°C} = 0,943 \leq 1,1$$

$$\mu_y = (2 \cdot \beta_{M,y} - 5) \cdot \bar{\lambda}_{y,\theta} + 0,44 \cdot \beta_{M,y} + 0,29 \leq 0,8$$

$$\mu_y = (2 \cdot 1,3 - 5) \cdot 1,09 + 0,44 \cdot 1,3 + 0,29 = -1,75 \leq 0,8$$

$$k_y = 1 - \frac{\mu_y \cdot N_{fi,Ed}}{N_{b,y,fi,t,Rd}} 1 + \frac{1,75 \cdot 60,4}{277} = 1,38 \leq 3$$

$$\frac{N_{fi,Ed}}{N_{b,min,fi,t,Rd}} + k_y \cdot \frac{M_{fi,y,Ed}}{M_{y,fi,t,Rd}} = \frac{60,4}{185} + 1,38 \cdot \frac{2,32}{63,0} = 0,377 \leq 1$$

Der Nachweis ist eingehalten für R60. Hier ist der Kaltfall maßgebend.
Feuerwiderstandsklasse: R90
Gewählt: Verkleidung aus Gipsplatten $d_p = 2 \text{ x } 1,5$ cm
Eingangswert für Tabelle 12.4:

$$d_p = 2 \cdot 1,5 = 3,00 \text{ cm} = 0,03 \text{ m}$$

$$A = V = 45,3 \text{ cm}^2 = 0,00453 \text{ m}^2$$

$A_p = 2 \cdot h + 2 \cdot b = 2 \cdot 0,171 + 2 \cdot 0,180 = 0,702$ m nach Tabelle 12.5

$\lambda_p = 0,2$ nach Tabelle 12.6

$$\frac{A_p}{V} \cdot \frac{\lambda_p}{d_p} = \frac{0,702}{0,00453} \cdot \frac{0,20}{0,03} = 1033$$

Abgelesen aus Tabelle 12.4 die zugehörige Stahltemperatur:
R90: $\theta_a = 620$ °C $\quad k_{y,\theta} = 0,422 \quad k_{E,\theta} = 0,274$

Ersatzstabnachweis der Pendelstütze um die *z-z*-Achse

Knicken *z-z*-Achse
Knicklängenbeiwert: $\beta = 1,0$

$$\overline{\lambda}_{z,\theta} = \overline{\lambda}_z \cdot \sqrt{\frac{k_{y,\theta}}{k_{E,\theta}}} = 1{,}56 \cdot \sqrt{\frac{0{,}422}{0{,}274}} = 1{,}94$$

$$\alpha = 0{,}65 \cdot \sqrt{\frac{235}{f_y}} = 0{,}65$$

$$\phi_{z,\theta} = \frac{1}{2} \cdot \left(1 + \alpha \cdot \overline{\lambda}_{z,\theta} + \overline{\lambda}_{z,\theta}^2\right) = \frac{1}{2} \cdot \left(1 + 0{,}65 \cdot 1{,}94 + 1{,}94^2\right) = 3{,}01$$

$$\chi_{z,fi} = \frac{1}{\phi_{z,\theta} + \sqrt{\phi_{z,\theta}^2 - \overline{\lambda}_{z,\theta}^2}} = \frac{1}{3{,}01 + \sqrt{3{,}01^2 - 1{,}94^2}} = 0{,}188$$

$$N_{b,z,fi,t,Rd} = k_{y,\theta} \cdot \chi_{z,fi} \cdot A \cdot f_y = 0{,}422 \cdot 0{,}188 \cdot 45{,}3 \cdot 23{,}5 = 84{,}5 \text{ kN}$$

Biegedrillknicken ohne Normalkraft

Die dimensionslose Schlankheit $\overline{\lambda}_{LT,\theta}$ für die Temperatur θ_a wird aus der Schlankheit $\overline{\lambda}_{LT}$ bei Normaltemperatur hergeleitet.

$$\overline{\lambda}_{LT,\theta} = \overline{\lambda}_{LT} \cdot \sqrt{\frac{k_{y,\theta}}{k_{E,\theta}}} = 1{,}03 \cdot \sqrt{\frac{0{,}422}{0{,}274}} = 1{,}28$$

Für den Abminderungsfaktor $\chi_{LT,fi}$ gilt eine eigene Abminderungskurve:

$$\alpha = 0{,}65 \cdot \sqrt{\frac{235}{f_y}} = 0{,}65$$

$$\phi_{LT,\theta} = \frac{1}{2} \cdot \left(1 + \alpha \cdot \overline{\lambda}_{LT,\theta} + \overline{\lambda}_{LT,\theta}^2\right) = \frac{1}{2} \cdot \left(1 + 0{,}65 \cdot 1{,}28 + 1{,}28^2\right) = 1{,}74$$

$$\chi_{LT,fi} = \frac{1}{\phi_{LT,\theta} + \sqrt{\phi_{LT,\theta}^2 - \overline{\lambda}_{LT,\theta}^2}} = \frac{1}{1{,}74 + \sqrt{1{,}74^2 - 1{,}28^2}} = 0{,}343$$

$$M_{b,fi,t,Rd} = k_{y,\theta} \cdot \chi_{LT,fi} \cdot W_y \cdot f_y = 0{,}422 \cdot 0{,}343 \cdot 325 \cdot 23{,}5 / 100 = 11{,}0 \text{ kNm}$$

Interaktionsbeziehung für Biegedrillknicken mit Normalkraft

Imperfektionsbeiwert k_{LT}:

$\beta_{M,LT} = 1{,}3$ nach Tabelle 12.7

$$\mu_{LT} = 0{,}15 \cdot \overline{\lambda}_{z,\theta} \cdot \beta_{M,LT} - 0{,}15 = 0{,}15 \cdot 1{,}94 \cdot 1{,}3 - 0{,}15 = 0{,}228 \le 0{,}9$$

$$k_{LT} = 1 - \frac{\mu_{LT} \cdot N_{fi,Ed}}{N_{b,z,fi,t,Rd}} = 1 - \frac{0{,}228 \cdot 60{,}4}{84{,}5} = 0{,}837 \le 1$$

$$\frac{N_{fi,Ed}}{N_{b,z,fi,t,Rd}} + k_{LT} \cdot \frac{M_{y,fi,Ed}}{M_{b,fi,t,Rd}} = \frac{60{,}4}{84{,}5} + 0{,}837 \cdot \frac{2{,}32}{11{,}0} = 0{,}891 \le 1$$

Der Nachweis ist in diesem Fall auch für R90 eingehalten. Hier ist der Brandfall maßgebend.

Berechnung der kritischen Branddauer t_{cr} für die ungeschützte Stahlstütze

$\theta_{a,cr} = 640$ °C $\quad k_{y,\theta} = 0{,}374 \quad k_{E,\theta} = 0{,}238$

$$\frac{N_{fi,Ed}}{N_{b,z,fi,t,Rd}} + k_{LT} \cdot \frac{M_{fi,y,Ed}}{M_{b,fi,t,Rd}} = \frac{60{,}4}{73{,}7} + 0{,}810 \cdot \frac{2{,}32}{9{,}74} = 1{,}01 \approx 1$$

$$k_{sh} = 0{,}9 \cdot \frac{A_{m,b}}{A} = 0{,}9 \cdot \frac{2 \cdot 0{,}171 + 2 \cdot 0{,}180}{0{,}00453} = 155 \text{ 1/m}$$

$t_{cr} \approx 16\,\text{min}$ nach Tabelle 12.2

Beispiel 12.16.4: Zweigelenkrahmen mit langer Voute

Dieses Beispiel ist in Band 1, Abschnitt 11.3, ausführlich behandelt. Unabhängig von den möglichen Brandschutzkonzepten soll hier die kritische Stahltemperatur $\theta_{a,cr}$ einzelner Bauteile des Hallenrahmens berechnet werden. Mit der kritischen Stahltemperatur $\theta_{a,cr}$ kann dann die Branddauer t_{cr} der einzelnen Bauteile, geschützt oder ungeschützt, berechnet werden. Es ist die Stütze und der Rahmenriegel zu untersuchen. Das Bauteil mit der kleinsten Branddauer t_{cr} ist maßgebend für die Stahlhalle. Für die Verbindungsmittel ist ebenfalls die kritischen Stahltemperatur $\theta_{a,cr}$ zu ermitteln.
Für die Einwirkungen im Brandfall sind für eine Halle das Eigengewicht, der Schnee und die Windlasten zu berücksichtigen. Es gilt für alle veränderlichen Einwirkungen der Kombinationsbeiwert ψ_2 mit Ausnahme des Windes, für den nach dem Nationalen Anhang der Kombinationsbeiwert ψ_1 zu berücksichtigen ist. Der Hallenrahmen bildet einen eigenen Brandabschnitt.

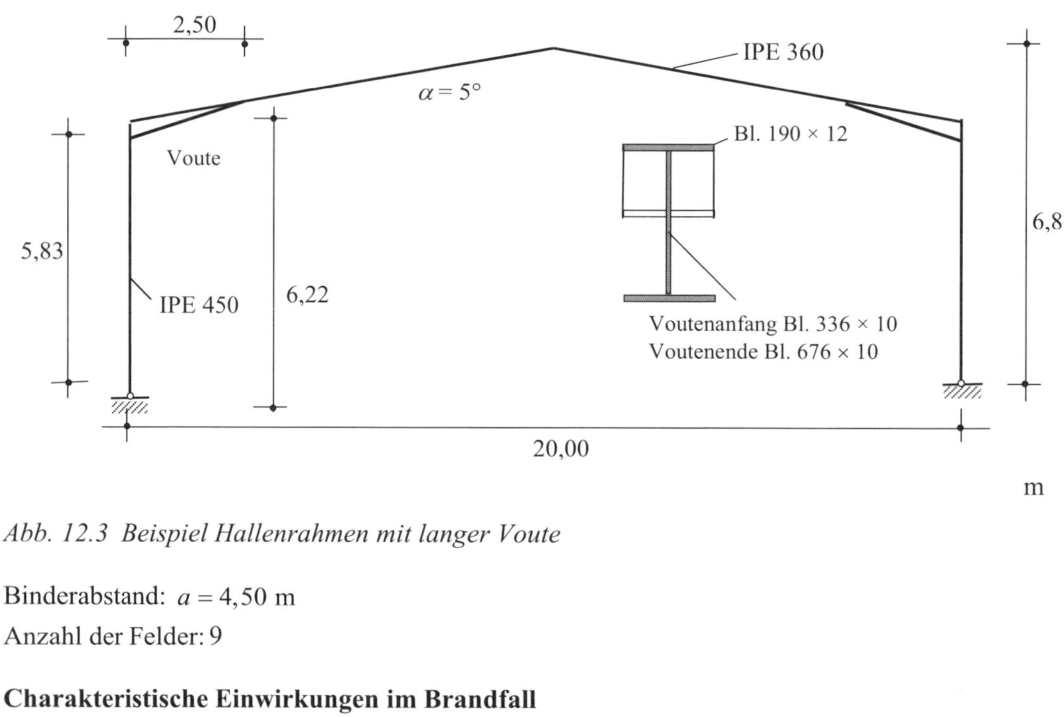

Abb. 12.3 Beispiel Hallenrahmen mit langer Voute

Binderabstand: $a = 4{,}50$ m

Anzahl der Felder: 9

Charakteristische Einwirkungen im Brandfall

Bei der Berechnung der charakteristischen Einwirkungen ist das statische System der Dacheindeckung zu beachten. Vereinfachend wird hier ein Einfeldträger angenommen. Die Einwirkungen werden dann mit dem Binderabstand $a = 4{,}50$ m des Hallenrahmens berechnet.

Der Dachsog wird nicht berücksichtigt. Es ist die folgende Lastkombination für den Nachweis der Stütze und des Riegels im Brandfall zu untersuchen:

$LT_{fi}(1{,}00 \cdot g + 0{,}00 \cdot s + 0{,}2 \cdot w)$

$g_k = 2{,}85$ kN/m $\qquad g_{fi,Ed} = 2{,}85$ kN/m

$s_k = 3{,}06$ kN/m $\qquad s_{fi,Ed} = 0$ kN/m

$G_k = 17$ kN $\qquad G_{fi,Ed} = 17$ kN

$w_{Dk} = +1{,}61$ kN/m $\qquad w_{fi,Dd} = +0{,}2 \cdot 1{,}61 = 0{,}322$ kN/m

$w_{Ek} = -0{,}734$ kN/m $\qquad w_{fi,Ed} = -0{,}2 \cdot 0{,}734 = -0{,}147$ kN/m

Querschnittswerte
Werkstoff: S 235
Nachweisverfahren: Elastisch-Plastisch
$\gamma_{M,fi} = 1{,}00$
Profil der Stütze: IPE 450
c/*t*-Verhältnis ist eingehalten.

$I_y = 33\ 740$ cm^4, $W_{pl,y} = 1702$ cm^3, $A = 98{,}8$ cm^2, $A_v = 50{,}8$ cm^2

Profil Riegel: IPE 360
c/*t*-Verhältnis ist eingehalten.

$I_y = 16\ 270$ cm^4, $W_{pl,y} = 1019$ cm^3, $A = 72{,}2$ cm^2, $A_v = 35{,}1$ cm^2

Profil Voutenanfang nach Abb. 12.3:
c/*t*-Verhältnis ist eingehalten.

$I_y = 16\ 970$ cm^4, $W_{pl,y} = 1076$ cm^3, $A = 79{,}2$ cm^2, $A_v = 33{,}6$ cm^2

Profil Voutenende nach Abb. 12.3:
c/*t*-Verhältnis ist eingehalten.

$I_y = 81\ 100$ cm^4, $W_{pl,y} = 2712$ cm^3, $A = 113$ cm^2, $A_v = 67{,}6$ cm^2

System und Belastung in kN und m

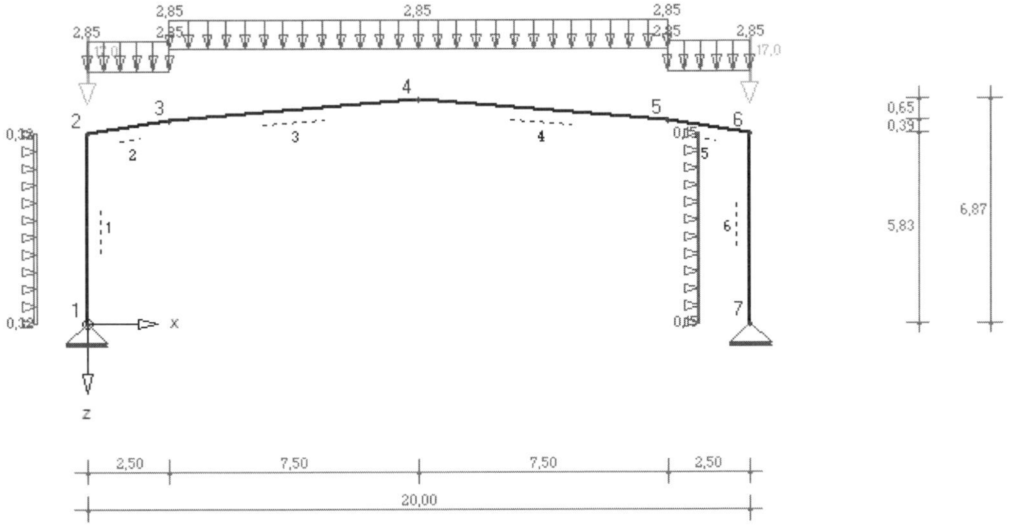

Berechnung der Schnittgrößen des Rahmens in der Tragwerksebene nach Theorie I. Ordnung im Kaltfall

Die Berechnung erfolgt mit dem Programm GWSTATIK.

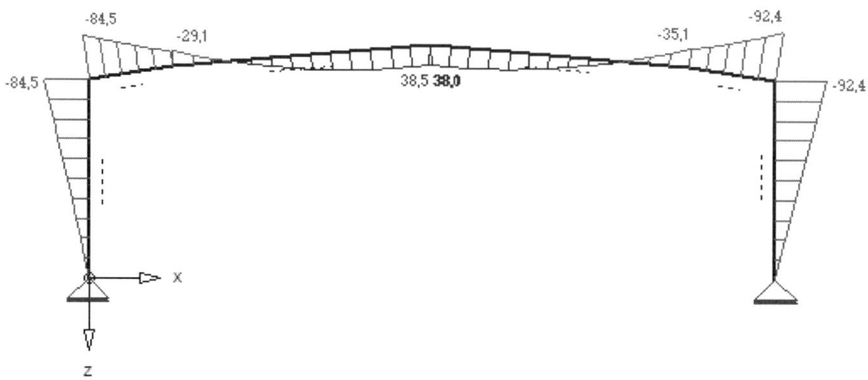

M_y -Fläche

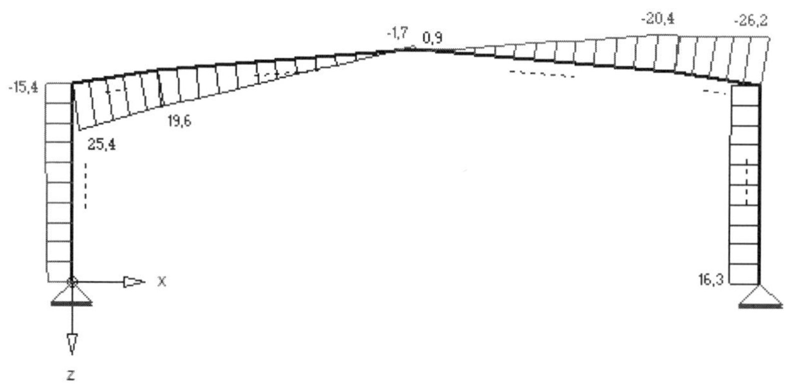

V_z -Fläche

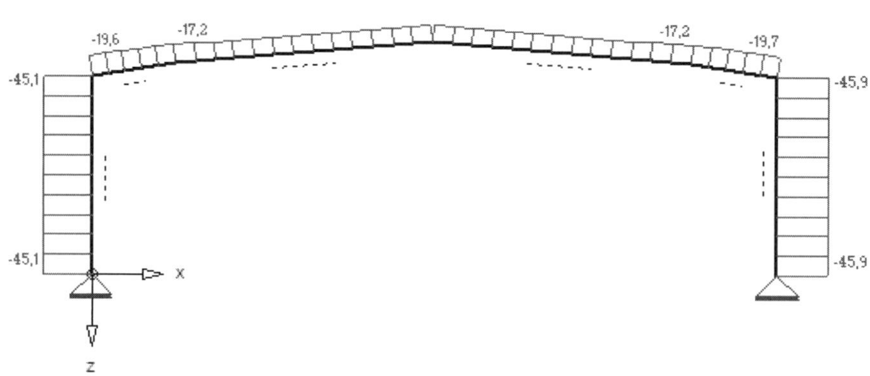

N -Fläche

1. Nachweis der Stütze im Brandfall

Die Berechnung der kritischen Stahltemperatur $\theta_{a,cr}$ für die ungeschützte Stahlstütze ist eine iterative Berechnung. Die kritischen Stahltemperatur $\theta_{a,cr}$ ist erreicht, wenn der Nachweis für die Stütze gerade gleich 1,0 ist.

Kritische Brandwerte für die Stütze

$$\theta_{a,cr} = 573\ °C \quad k_{y,\theta} = 0{,}553 \quad k_{E,\theta} = 0{,}388$$

$$E_{fi} = k_{E,\theta} \cdot E = 0{,}388 \cdot 21\ 000 = 8148\ kN/cm^2$$

$$\sigma_{fi,Rd} = k_{y,\theta} \cdot \sigma_{Rd} = 0{,}553 \cdot 23{,}5 = 13{,}0\ kN/cm^2$$

$$\tau_{fi,Rd} = k_{y,\theta} \cdot \tau_{Rd} = 0{,}553 \cdot 13{,}6 = 7{,}52\ kN/cm^2$$

Profil der Stütze: IPE 450

c/t-Verhältnis ist eingehalten.

$$N_{fi,Rd} = A \cdot \sigma_{fi,Rd} = 98{,}8 \cdot 13{,}0 = 1284\ kN$$

$$M_{y,fi,Rd} = 2 \cdot S_y \cdot \sigma_{fi,Rd} = 2 \cdot 851 \cdot 13{,}0\,/\,100 = 221\ kNm$$

$$V_{z,fi,Rd} = A_v \cdot \tau_{fi,Rd} = 50{,}8 \cdot 7{,}52 = 382\ kN$$

Nachweis der Stütze in der Tragwerksebene

Der Nachweis wird mit den Schnittgrößen am Anschnitt geführt.

Nachweis der Stütze, hier des Stabes 6 am Punkt 6:

$$M_{y,fi,Ed} = 92{,}4 \cdot \frac{583 - 35}{583} = 86{,}7\ kNm;\ N_{fi,Ed} = 45{,}9\ kN;\ V_{z,fi,Ed} = 16{,}3\ kN$$

$$\frac{V_{z,fi,Ed}}{V_{z,fi,Rd}} \le 0{,}5$$

$$\frac{N_{fi,Ed}}{N_{fi,Rd}} + \frac{M_{y,fi,Ed}}{M_{y,fi,Rd}} = \frac{45{,}9}{1284} + \frac{86{,}7}{221} = 0{,}428 \le 1{,}0$$

Ersatzstabnachweis der Stütze um die z-z-Achse im Brandfall

Knicken z-z-Achse

$$\bar{\lambda}_z = 1{,}51$$

$$\bar{\lambda}_{z,\theta} = \bar{\lambda}_z \cdot \sqrt{\frac{k_{y,\theta}}{k_{E,\theta}}} = 1{,}51 \cdot \sqrt{\frac{0{,}553}{0{,}388}} = 1{,}80$$

$$\alpha = 0{,}65 \cdot \sqrt{\frac{235}{f_y}} = 0{,}65$$

$$\phi_{z,\theta} = \frac{1}{2} \cdot \left(1 + \alpha \cdot \bar{\lambda}_{z,\theta} + \bar{\lambda}_{z,\theta}^2\right) = \frac{1}{2} \cdot \left(1 + 0{,}65 \cdot 1{,}80 + 1{,}80^2\right) = 2{,}71$$

$$\chi_{z,fi} = \frac{1}{\phi_{z,\theta} + \sqrt{\phi_{z,\theta}^2 - \bar{\lambda}_{z,\theta}^2}} = \frac{1}{2{,}71 + \sqrt{2{,}71^2 - 1{,}80^2}} = 0{,}211$$

$$N_{b,z,fi,t,Rd} = k_{y,\theta} \cdot \chi_{z,fi} \cdot A \cdot f_y = 0{,}553 \cdot 0{,}211 \cdot 98{,}8 \cdot 23{,}5 = 271\ kN$$

Biegedrillknicken ohne Normalkraft

Die dimensionslose Schlankheit $\bar{\lambda}_{LT,\theta}$ für die Temperatur θ_a wird aus der Schlankheit $\bar{\lambda}_{LT}$ bei Normaltemperatur hergeleitet.

$\bar{\lambda}_{LT} = 0{,}835$ s. Band 1, S. 346

$$\bar{\lambda}_{LT,\theta} = \bar{\lambda}_{LT} \cdot \sqrt{\frac{k_{y,\theta}}{k_{E,\theta}}} = 0{,}835 \cdot \sqrt{\frac{0{,}553}{0{,}388}} = 0{,}997$$

Für den Abminderungsfaktor $\chi_{LT,fi}$ gilt eine eigene Abminderungskurve:

$$\alpha = 0{,}65 \cdot \sqrt{\frac{235}{f_y}} = 0{,}65$$

$$\phi_{LT,\theta} = \frac{1}{2} \cdot \left(1 + \alpha \cdot \bar{\lambda}_{LT,\theta} + \bar{\lambda}_{LT,\theta}^2\right) = \frac{1}{2} \cdot \left(1 + 0{,}65 \cdot 0{,}997 + 0{,}997^2\right) = 1{,}32$$

$$\chi_{LT,fi} = \frac{1}{\phi_{LT,\theta} + \sqrt{\phi_{LT,\theta}^2 - \bar{\lambda}_{LT,\theta}^2}} = \frac{1}{1{,}32 + \sqrt{1{,}32^2 - 0{,}997^2}} = 0{,}458$$

$$M_{b,fi,t,Rd} = k_{y,\theta} \cdot \chi_{LT,fi} \cdot W_y \cdot f_y = 0{,}553 \cdot 0{,}458 \cdot 1702 \cdot 23{,}5 / 100 = 101 \text{ kNm}$$

Interaktionsbeziehung für Biegedrillknicken mit Normalkraft

Imperfektionsbeiwert k_{LT} nach Tabelle 12.7:

$$\beta_{M,\psi} = 1{,}8 - 0{,}7 \cdot \psi = 1{,}8 - 0{,}7 \cdot 1{,}0 = 1{,}10$$

$$\beta_{M,LT} = \beta_{M,\psi} = 1{,}10$$

$$\mu_{LT} = 0{,}15 \cdot \bar{\lambda}_{z,\theta} \cdot \beta_{M,LT} - 0{,}15 = 0{,}15 \cdot 1{,}80 \cdot 1{,}10 - 0{,}15 = 0{,}147 \le 0{,}9$$

$$k_{LT} = 1 - \frac{\mu_{LT} \cdot N_{fi,Ed}}{N_{b,z,fi,t,Rd}} = 1 - \frac{0{,}147 \cdot 45{,}9}{271} = 0{,}975 \le 1$$

$$\frac{N_{fi,Ed}}{N_{b,z,fi,t,Rd}} + k_{LT} \cdot \frac{M_{fi,y,Ed}}{M_{b,fi,t,Rd}} = \frac{45{,}9}{271} + 0{,}975 \cdot \frac{86{,}7}{101} = 1{,}006 = 1$$

Ersatzstabnachweis der Stütze um die *y-y*-Achse im Brandfall

Knicken *y-y*-Achse

$$\bar{\lambda}_y = \sqrt{\frac{N_{pl}}{N_{cr}}} = \sqrt{\frac{98{,}8 \cdot 23{,}5}{1653}} = 1{,}19 \qquad \text{mit GWSTATIK berechnet}$$

$$\bar{\lambda}_{y,\theta} = \bar{\lambda}_y \cdot \sqrt{\frac{k_{y,\theta}}{k_{E,\theta}}} = 1{,}19 \cdot \sqrt{\frac{0{,}553}{0{,}388}} = 1{,}42$$

$$\alpha = 0{,}65 \cdot \sqrt{\frac{235}{f_y}} = 0{,}65$$

$$\phi_{y,\theta} = \frac{1}{2} \cdot \left(1 + \alpha \cdot \bar{\lambda}_{y,\theta} + \bar{\lambda}_{y,\theta}^2\right) = \frac{1}{2} \cdot \left(1 + 0{,}65 \cdot 1{,}42 + 1{,}42^2\right) = 1{,}97$$

$$\chi_{y,fi} = \frac{1}{\phi_{y,\theta} + \sqrt{\phi_{y,\theta}^2 - \bar{\lambda}_{y,\theta}^2}} = \frac{1}{1{,}97 + \sqrt{1{,}97^2 - 1{,}42^2}} = 0{,}300$$

$$N_{b,y,fi,t,Rd} = k_{y,\theta} \cdot \chi_{y,fi} \cdot A \cdot f_y = 0{,}553 \cdot 0{,}300 \cdot 98{,}8 \cdot 23{,}5 = 385 \text{ kN}$$

<u>Interaktionsbeziehung für Biegedrillknicken mit Normalkraft</u>
Imperfektionsbeiwert k_y nach Tabelle 12.7:

$$\beta_{M,\psi} = 1{,}8 - 0{,}7 \cdot \psi = 1{,}8 - 0{,}7 \cdot 1{,}0 = 1{,}10$$

$$\beta_{M,y} = \beta_{M,\psi} = 1{,}10$$

$$\bar{\lambda}_{y,\theta} = \bar{\lambda}_{y,20\,°C} \cdot \sqrt{\frac{k_{y,\theta}}{k_{E,\theta}}} = 1{,}10 \cdot \sqrt{\frac{0{,}553}{0{,}388}} = 1{,}31$$

$$\bar{\lambda}_{y,20\,°C} \leq 1{,}1$$

$$\mu_y = (2 \cdot \beta_{M,y} - 5) \cdot \bar{\lambda}_{y,\theta} + 0{,}44 \cdot \beta_{M,y} + 0{,}29 \leq 0{,}8 \text{ mit } \bar{\lambda}_{y,20\,°C} \leq 1{,}1$$

$$\mu_y = (2 \cdot 1{,}10 - 5) \cdot 1{,}31 + 0{,}44 \cdot 1{,}10 + 0{,}29 = -2{,}89 \leq 0{,}8$$

$$k_y = 1 - \frac{\mu_y \cdot N_{fi,Ed}}{N_{b,y,fi,t,Rd}} = 1 + \frac{2{,}89 \cdot 45{,}9}{279} = 1{,}48 \leq 3$$

$$\frac{N_{fi,Ed}}{N_{b,min,fi,t,Rd}} + k_y \cdot \frac{M_{y,fi,Ed}}{M_{y,fi,t,Rd}} = \frac{45{,}9}{271} + 1{,}48 \cdot \frac{86{,}7}{221} = 0{,}750 \leq 1$$

Berechnung der kritischen Branddauer tcr für die ungeschützte Stahlstütze

$$\theta_{a,cr} = 573\ °C$$

$$k_{sh} = 0{,}9 \cdot \frac{A_{m,b}}{A} = 0{,}9 \cdot \frac{2 \cdot 0{,}450 + 2 \cdot 0{,}190}{0{,}00988} = 117\ 1/m$$

$t_{cr} \approx 14\,\text{min}$ nach Tabelle 12.2

2. Nachweis des Rahmenriegels im Brandfall

Die Berechnung der kritischen Branddauer t_{cr} für den ungeschützten Rahmenriegel ist eine iterative Berechnung. Die kritische Branddauer t_{cr} ist erreicht, wenn der Nachweis für den Rahmenriegel gerade gleich 1,0 ist.

<u>Kritische Brandwerte für den Rahmenriegel</u>

$$\theta_{a,cr} = 608\ °C \quad k_{y,\theta} = 0{,}452 \quad k_{E,\theta} = 0{,}297$$

$$E_{fi} = k_{E,\theta} \cdot E = 0{,}315 \cdot 21000 = 6615\ \text{kN/cm}^2$$

$$\sigma_{fi,Rd} = k_{y,\theta} \cdot \sigma_{Rd} = 0{,}475 \cdot 23{,}5 = 11{,}2\ \text{kN/cm}^2$$

$$\tau_{fi,Rd} = k_{y,\theta} \cdot \tau_{Rd} = 0{,}475 \cdot 13{,}6 = 6{,}46\ \text{kN/cm}^2$$

Profil Voutenanfang nach Abb. 12.3:
c/t-Verhältnis ist eingehalten.

$$N_{fi,Rd} = A \cdot \sigma_{fi,Rd} = 79{,}2 \cdot 11{,}2 = 887\ \text{kN}$$

$$M_{y,fi,Rd} = W_{pl,y} \cdot \sigma_{fi,Rd} = 1076 \cdot 11{,}2 / 100 = 121\ \text{kNm}$$

$$V_{z,fi,Rd} = A_v \cdot \tau_{fi,Rd} = 33{,}6 \cdot 1{,}0 \cdot 6{,}46 = 217\ \text{kN}$$

Profil Voutenende nach Abb. 12.3:
c/t-Verhältnis ist eingehalten.

$$N_{fi,Rd} = A \cdot \sigma_{fi,Rd} = 113 \cdot 11{,}2 = 1266\ \text{kN}$$

$$M_{y,fi,Rd} = W_{pl,y} \cdot \sigma_{fi,Rd} = 2712 \cdot 11,2 / 100 = 304 \text{ kNm}$$

$$V_{z,fi,Rd} = A_v \cdot \tau_{fi,Rd} = 67,6 \cdot 1,0 \cdot 6,46 = 437 \text{ kN}$$

Profil Riegel: IPE 360
c/t-Verhältnis ist eingehalten.

$$N_{fi,Rd} = A \cdot \sigma_{fi,Rd} = 72,7 \cdot 11,2 = 814 \text{ kN}$$

$$M_{y,fi,Rd} = W_{pl,y} \cdot \sigma_{fi,Rd} = 1019 \cdot 11,2 / 100 = 114 \text{ kNm}$$

$$V_{z,fi,Rd} = A_v \cdot \tau_{fi,Rd} = 35,1 \cdot 6,46 = 227 \text{ kN}$$

Nachweis des Rahmenriegels in der Tragwerksebene

Nachweis der Voute, hier des Stabes 5 am Punkt 6:

$$M_{y,fi,Ed} = 92,4 - 26,2 \cdot \frac{0,45}{2} = 86,5 \text{ kNm}; \; N_{fi,Ed} = 19,7 \text{ kN}; \; V_{z,fi,Ed} = 26,2 \text{ kN}$$

$$\frac{V_{z,fi,Ed}}{V_{z,fi,Rd}} \le 0,5$$

$$\frac{N_{fi,Ed}}{N_{fi,Rd}} + \frac{M_{y,fi,Ed}}{M_{y,fi,Rd}} = \frac{19,7}{1266} + \frac{86,5}{304} = 0,300 \le 1,0$$

Nachweis im First, am Punkt 4:

$$M_{y,fi,Ed} = 38,5 \text{ kNm}; \; N_{fi,Ed} = 17,2 \text{ kN}; \; V_{z,fi,Ed} = 1,7 \text{ kN}$$

$$\frac{V_{z,fi,Ed}}{V_{z,fi,Rd}} \le 0,5$$

$$\frac{N_{fi,Ed}}{N_{fi,Rd}} + \frac{M_{y,fi,Ed}}{M_{y,fi,Rd}} = \frac{17,2}{814} + \frac{38,5}{114} = 0,357 \le 1,0$$

Ersatzstabnachweis des Rahmenriegels um die *z-z*-Achse im Brandfall

Knicken *z-z*-Achse

Für die veränderliche Normalkraft wird der Mittelwert im Riegel gewählt.

$$N_{Ed} = \frac{19,6 + 17,2}{2} = 18,4 \text{ kN}$$

$$\bar{\lambda}_z = \sqrt{\frac{N_{pl}}{N_{cr}}} = \sqrt{\frac{72,7 \cdot 23,5}{1854}} = 0,960 \quad \text{s. Beispiel in Band 1, Abschnitt 11.3}$$

$$\bar{\lambda}_{z,\theta} = \bar{\lambda}_z \cdot \sqrt{\frac{k_{y,\theta}}{k_{E,\theta}}} = 0,960 \cdot \sqrt{\frac{0,452}{0,297}} = 1,18$$

$$\alpha = 0,65 \cdot \sqrt{\frac{235}{f_y}} = 0,65$$

$$\phi_{z,\theta} = \frac{1}{2} \cdot \left(1 + \alpha \cdot \bar{\lambda}_{z,\theta} + \bar{\lambda}_{z,\theta}^2\right) = \frac{1}{2} \cdot \left(1 + 0,65 \cdot 1,18 + 1,18^2\right) = 1,58$$

$$\chi_{z,fi} = \frac{1}{\phi_{z,\theta} + \sqrt{\phi_{z,\theta}^2 - \overline{\lambda}_{z,\theta}^2}} = \frac{1}{1{,}58 + \sqrt{1{,}58^2 - 1{,}18^2}} = 0{,}380$$

$$N_{b,z,fi,t,Rd} = k_{y,\theta} \cdot \chi_{z,fi} \cdot A \cdot f_y = 0{,}452 \cdot 0{,}380 \cdot 72{,}7 \cdot 23{,}5 = 293 \text{ kN}$$

Biegedrillknicken ohne Normalkraft

Die dimensionslose Schlankheit $\overline{\lambda}_{LT,\theta}$ für die Temperatur θ_a wird aus der Schlankheit $\overline{\lambda}_{LT}$ bei Normaltemperatur hergeleitet. Da der Querschnitt des Rahmenriegels durch die langen Vouten nicht konstant ist, wird der Verzweigungslastfaktor α_{cr} näherungsweise für das konstante Profil IPE 360 berechnet und die höhere Steifigkeit im Bereich der Vouten vernachlässigt. Ungünstig wirkt dagegen der größere Angriffspunkt der Querbelastung. Mit diesem Verzweigungslastfaktor wird der Nachweis geführt. Die Berechnung wird mit dem Programm LTBeam, s. Band 1, durchgeführt. Nachweis im Punkt 4.

Drehbettung: $c_{\vartheta,k} = 12{,}4$ kNm/m s. Beispiel in Band 1, Abschnitt 11.3

Schubbettung : $S = 6350$ kN s. Beispiel in Band 1, Abschnitt 11.3

$$\alpha_{cr} = 6{,}67$$

$$\overline{\lambda}_{LT} = \sqrt{\frac{M_{pl}}{M_{cr}}} = \sqrt{\frac{1019 \cdot 23{,}5}{6{,}67 \cdot 38{,}5 \cdot 100}} = 0{,}967$$

$$\overline{\lambda}_{LT,\theta} = \overline{\lambda}_{LT} \cdot \sqrt{\frac{k_{y,\theta}}{k_{E,\theta}}} = 0{,}967 \cdot \sqrt{\frac{0{,}452}{0{,}297}} = 1{,}19$$

Für den Abminderungsfaktor $\chi_{LT,fi}$ gilt eine eigene Abminderungskurve:

$$\alpha = 0{,}65 \cdot \sqrt{\frac{235}{f_y}} = 0{,}65$$

$$\phi_{LT,\theta} = \frac{1}{2} \cdot \left(1 + \alpha \cdot \overline{\lambda}_{LT,\theta} + \overline{\lambda}_{LT,\theta}^2\right) = \frac{1}{2} \cdot \left(1 + 0{,}65 \cdot 1{,}19 + 1{,}19^2\right) = 1{,}59$$

$$\chi_{LT,fi} = \frac{1}{\phi_{LT,\theta} + \sqrt{\phi_{LT,\theta}^2 - \overline{\lambda}_{LT,\theta}^2}} = \frac{1}{1{,}59 + \sqrt{1{,}59^2 - 1{,}19^2}} = 0{,}378$$

$$M_{b,fi,t,Rd} = k_{y,\theta} \cdot \chi_{LT,fi} \cdot W_y \cdot f_y = 0{,}452 \cdot 0{,}378 \cdot 1019 \cdot 23{,}5 / 100 = 40{,}9 \text{ kNm}$$

Interaktionsbeziehung für Biegedrillknicken mit Normalkraft

Imperfektionsbeiwert k_{LT} nach Tabelle 12.7:

$$\beta_{M,\psi} = 1{,}8 - 0{,}7 \cdot \psi = 1{,}8 - 0{,}7 \cdot \frac{84{,}5}{92{,}4} = 1{,}16$$

$$\beta_{M,LT} = \beta_{M,\psi} + \frac{M_Q}{\Delta M}\left(\beta_{M,Q} - \beta_{M,\psi}\right) = 1{,}16 + \frac{127}{131}\left(1{,}30 - 1{,}16\right) = 1{,}30$$

$$\mu_{LT} = 0{,}15 \cdot \overline{\lambda}_{z,\theta} \cdot \beta_{M,LT} - 0{,}15 = 0{,}15 \cdot 1{,}18 \cdot 1{,}30 - 0{,}15 = 0{,}080 \le 0{,}9$$

$$k_{LT} = 1 - \frac{\mu_{LT} \cdot N_{fi,Ed}}{N_{b,z,fi,t,Rd}} = 1 - \frac{0{,}080 \cdot 18{,}4}{380} = 0{,}996 \le 1$$

$$\frac{N_{fi,Ed}}{N_{b,z,fi,t,Rd}} + k_{LT} \cdot \frac{M_{fi,y,Ed}}{M_{b,fi,t,Rd}} = \frac{18{,}4}{293} + 0{,}996 \cdot \frac{38{,}5}{40{,}9} = 1{,}00 = 1$$

Berechnung der kritischen Branddauer t_{cr} für den ungeschützten Rahmenriegel

$$\theta_{a,cr} = 608\ °C$$

$$k_{sh} = 0,9 \cdot \frac{A_{m,b}}{A} = 0,9 \cdot \frac{2 \cdot 0,360 + 2 \cdot 0,170}{0,00727} = 131\ 1/m$$

$$t_{cr} \approx 15\,min \quad \text{nach Tabelle 12.2}$$

3. Nachweis der Verbindungsmittel im Brandfall

Maßgebend für den Nachweis der Verbindungsmittel ist das A/V-Verhältnis des Bauteils, zu dem die Verbindung gehört. Für den Nachweis der Verbindungsmittel kann ebenfalls die kritische Branddauer t_{cr} ermittelt werden. Es empfiehlt sich aber die folgende Vorgehensweise: Der Nachweis für die Verbindungsmittel wird mit der Brandtemperatur $\theta_{a,cr}$ des zugehörigen Bauteils geführt. Ist dieser Nachweis nicht eingehalten, wird der Nachweis für dieses Verbindungsmittel maßgebend und es ist dann die zugehörige kritische Branddauer t_{cr} zu bestimmen.

In dem Beispiel ist die maßgebende Brandtemperatur $\theta_{a,cr} = 608\ °C$. Für diese Temperatur ergeben sich nach Tabelle 12.8:

Für die Schweißnähte gilt: $k_{w,\theta} = 0,358$

Für die Berechnung nach dem vereinfachten Verfahren gilt:

$$f_{fi,vw,d} = k_{w,\theta} \cdot \frac{\gamma_{M2}}{\gamma_{M,fi}} \cdot f_{vw,d}$$

Für S 235 erhält man:

$$f_{fi,vw,d} = 0,358 \cdot \frac{1,25}{1,00} \cdot 20,8 = 9,31\ kN/cm^2$$

Für die Schrauben gilt: $k_{b,\theta} = 0,210$

$$F_{fi,Rd} = k_{b,\theta} \cdot \frac{\gamma_{M2}}{\gamma_{M,fi}} \cdot F_{Rd} = 0,210 \cdot \frac{1,25}{1,00} \cdot F_{t,Rd} = 0,263 \cdot F_{Rd}$$

Beispiel: Stirnplattenstoß mit bündiger Platte – Nachweis am First
IPE 360 mit t_p = 35 mm und M 24-10.9, Kategorie D

Die Momententragfähigkeit beträgt im Kaltfall $M_{j,Rd} = 133$ kNm, siehe Beispiel 3.7.1 in Band 3, s. Abb. 12.4.

Die Berechnung des Stirnplattenstoßes erfolgt im Brandfall mit der kritischen Stahltemperatur $\theta_{a,cr}$ für das zugehörige Bauteil, hier der Rahmenriegel. Falls dieser Nachweis nicht eingehalten ist, wird das Verbindungsmittel maßgebend für die kritische Stahltemperatur $\theta_{a,cr}$ auch des zugehörigen Bauteils.

$\theta_{a,cr} = 608\ °C \quad k_{y,\theta} = 0,452 \quad k_{E,\theta} = 0,388 \quad k_{w,\theta} = 0,358 \quad k_{b,\theta} = 0,210$

Auf den zusätzlichen Index $_{fi}$ wird wegen der Übersicht und Lesbarkeit verzichtet.

Stahlgüte der Stirnplatte: S 235 $\quad f_{y,p} = 0,452 \cdot 23,5 = 10,6\ kN/cm^2$

Stahlgüte des Trägers: S 235 $\quad f_{y,b} = 0,452 \cdot 23,5 = 10,6\ kN/cm^2$

Teilsicherheitsbeiwert: $\quad \gamma_M = 1,00$

Dicke der Stirnplatte: $t_p = 35$ mm

Schrauben: M 30-10.9-D $d_0 = 26$ mm $F_{t,Rd} = 0,210 \cdot 1,25 \cdot 254 = 66,7$ kN

$A_s = 3,53$ cm^2

Profil: IPE 360 $h = 360$ mm $t_f = 12,7$ mm $t_w = 8$ mm

$M_{pl,y,Rd} = W_{pl,y} \cdot \sigma_{Rd} = 1019 \cdot 10,6 / 100 = 108$ kNm

Schweißnahtdicke: $a_f = 6$ mm; $a_w = 4$ mm

Beanspruchbarkeit der Schweißnaht nach dem richtungsbezogenen Verfahren:

$$\sigma_w \leq 0,358 \cdot 1,25 \cdot 25,5 = 11,4 \text{ kN/cm}^2$$

Beanspruchbarkeit der Schweißnaht nach dem vereinfachten Verfahren:

$$f_{vw,d} = 0,358 \cdot 1,25 \cdot 20,8 = 9,31 \text{ kN/cm}^2$$

Berechnung der Momententragfähigkeit ohne Vorspannung

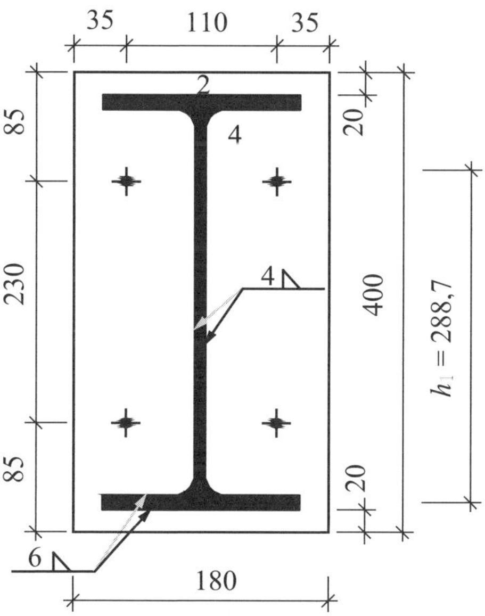

Abb. 12.4: Stirnplattenstoß für IPE 360 mit bündiger Platte

a) Tragfähigkeit in der Zugzone

1. Schraubenreihe in der Zugzone

1. Stirnblech mit Biegung

Schraubenreihe neben einer Steife. Wirksame Länge des T-Stummels nach Tabelle 3.1:

$$m = \frac{110}{2} - \frac{8}{2} - 0,8 \cdot 4 \cdot \sqrt{2} = 46,5 \text{ mm}$$

$$e = 35 \text{ mm} \qquad n = e_{min} = 35 \text{ mm}$$

$$m_2 = 85 - 20 - 12,7 - 0,8 \cdot 6 \cdot \sqrt{2} = 45,5 \text{ mm}$$

$$\lambda_1 = \frac{m}{m+e} = \frac{46,5}{46,5+35} = 0,57 \qquad \lambda_1 = \frac{m}{m+e} = \frac{46,5}{46,5+35} = 0,57$$

$\alpha = 5,3$ nach Abb. 6.11

$$l_{\text{eff,cp}} = 2 \cdot \pi \cdot m = 2 \cdot \pi \cdot 46,5 = 292 \text{ mm}$$

$$l_{\text{eff,nc}} = \alpha \cdot m = 5,3 \cdot 46,5 = 246 \text{ mm}$$

Modus 1: $l_{\text{eff,1}} = l_{\text{eff,nc}} \leq l_{\text{eff,cp}} = 246$ mm

Modus 2: $l_{\text{eff,2}} = l_{\text{eff,nc}} = 246$ mm

Grenzzugkraft des T-Stummels:

$m = 46,5$ mm

$n = e = 35 \text{ mm} \leq 1,25 \cdot m = 1,25 \cdot 46,5 = 58,1 \text{ mm}$

$$M_{\text{pl,1,Rd}} = \frac{1}{4} \cdot l_{\text{eff,1}} \cdot t_{\text{p}}^2 \cdot f_{\text{y,p}} / \gamma_{\text{M0}} = \frac{1}{4} \cdot 24,6 \cdot 3,5^2 \cdot 10,6 / 1,0 = 799 \text{ kNcm}$$

$$M_{\text{pl,2,Rd}} = \frac{1}{4} \cdot l_{\text{eff,2}} \cdot t_{\text{p}}^2 \cdot f_{\text{y,p}} / \gamma_{\text{M0}} = \frac{1}{4} \cdot 24,6 \cdot 3,5^2 \cdot 10,6 / 1,0 = 799 \text{ kNcm}$$

$$F_{\text{T,1,Rd}} = \frac{4 \cdot M_{\text{pl,1,Rd}}}{m} = \frac{4 \cdot 799}{4,65} = 687 \text{ kN}$$

$$F_{\text{T,2,Rd}} = \frac{2 \cdot M_{\text{pl,2,Rd}} + n \cdot \Sigma F_{\text{t,Rd}}}{m+n} = \frac{2 \cdot 799 + 3,5 \cdot 2 \cdot 66,7}{4,65 + 3,5} = 253 \text{ kN}$$

$$F_{\text{T,3,Rd}} = \Sigma F_{\text{t,Rd}} = 2 \cdot 66,7 = 133 \text{ kN}$$

$$F_{\text{T,4,Rd}} = \frac{2 \cdot M_{\text{pl,1,Rd}}}{m} = \frac{2 \cdot 799}{4,65} = 344 \text{ kN}$$

Wirksame Tragfähigkeit des Stirnblechs mit Biegung:

$F_{\text{T,3,Rd}} = 133$ kN

2. Trägersteg auf Zug

$b_{\text{eff,t,wb}} = l_{\text{eff,1}} = 246$ mm

$$F_{\text{t,wb,Rd}} = b_{\text{eff,t,wb}} \cdot t_{\text{wb}} \cdot f_{\text{y,wb}} / \gamma_{\text{M0}} = 24,6 \cdot 0,8 \cdot 10,6 / 1,0 = 209 \text{ kN}$$

Kehlnähte auf Zug:

$$F_{\text{w,Rd}} = b_{\text{eff,t,wb}} \cdot \Sigma a \cdot \frac{f_{\text{u}}}{\beta_{\text{w}} \cdot \gamma_{\text{M2}} \cdot \sqrt{2}} = 24,6 \cdot 0,8 \cdot 11,4 = 224 \text{ kN}$$

Wirksame Tragfähigkeit des Trägersteges auf Zug:

$F_{\text{t,wb,Rd}} = 209$ kN

3. Kleinste Tragfähigkeit der 1. Schraubenreihe

$F_{\text{1,Rd}} = 133$ kN

Da keine Schraubengruppen vorhanden sind, ist dies der endgültige Wert.

b) Tragfähigkeit in der Druckzone

Trägerflansch auf Druck

$$F_{\text{c,fb,Rd}} = M_{\text{c,Rd}} / (h - t_{\text{fb}}) = 10\ 800 / (36,0 - 1,27) = 311 \text{ kN}$$

$F_{\text{1,Rd}} = 133 \text{ kN} \leq F_{\text{c,fb,Rd}} = 311 \text{ kN}$

keine Reduktion.

c) Momententragfähigkeit $M_{j,Rd}$ um den Druckpunkt:

$$M_{fi,j,Rd} = \sum_r h_r \cdot F_{tr,Rd} = h_1 \cdot F_{1,tr,Rd} = 28,87 \cdot 133 / 100 = 38,4 \text{ kNm}$$

Das Beispiel zeigt, dass durch die starke Reduzierung der Tragfähigkeit der Schrauben im Brandfall bei den üblichen Stirnplattenstößen mit dicken Platten das Schraubenversagen maßgebend wird. Deshalb ist folgende Näherung möglich:

$$M_{fi,j,Rd} = k_{b,\theta} \cdot 1,25 \cdot M_{j,Rd} = 0,210 \cdot 1,25 \cdot 133 = 34,9 \text{ kNm}$$

d) Nachweis

$$N_{fi,Ed} = -17,2 \text{ kN} \qquad M_{fi,Ed} = +38,5 \text{ kNm}$$

$$\frac{N_{fi,Ed}}{N_{fi,Rd}} = \frac{17,2}{814} = 0,02 \leq 0,05$$

Der Anteil der Normalkraft braucht nicht berücksichtigt werden.

$$\frac{M_{fi,Ed}}{M_{fi,Rd}} = \frac{38,5}{38,4} = 1,00 \leq 1,0$$

Der Nachweis ist hier gerade eingehalten.

e) Nachweis des Schweißnahtanschlusses:

$$a_f = 6 \text{ mm}; \; a_w = 4 \text{ mm}$$

$$A_z = 2 \cdot a_w \cdot d = 2 \cdot 0,4 \cdot 29,9 = 23,9 \text{ cm}^2$$

$$A_f = a_f \cdot (4 \cdot b - 4 \cdot r - 2 \cdot t_w) = 0,6 \cdot (4 \cdot 17,0 - 4 \cdot 1,8 - 2 \cdot 0,8) = 35,5 \text{ cm}^2$$

$$A = A_f + A_z = 35,5 + 23,9 = 59,4 \text{ cm}^2$$

$$I_y = \frac{1}{2} \cdot a_f \cdot b \cdot h^2 + \frac{1}{2} \cdot a_f \cdot (b - 2 \cdot r - t_w) \cdot (h - 2 \cdot t_f)^2 + \frac{1}{6} \cdot a_w \cdot d^3$$

$$I_y = \frac{1}{2} \cdot 0,6 \cdot 17,0 \cdot 36^2 + \frac{1}{2} \cdot 0,6 \cdot (17,0 - 2 \cdot 1,8 - 0,8) \cdot (36 - 2 \cdot 1,27)^2 + \frac{1}{6} \cdot 0,4 \cdot 29,9^3$$

$$I_y = 12\,624 \text{ cm}^4$$

Nachweis im Querschnittspunkt 2:

$$\sigma = \frac{N}{A} + \frac{M_y}{I_y} \cdot z = -\frac{17,2}{59,4} + \frac{3850}{12\,624} \cdot \left(-\frac{36}{2}\right) = -5,78 \text{ kN/cm}^2 \leq f_{fi,vw,d} = 9,31 \text{ kN/cm}^2$$

Nachweis im Querschnittspunkt 4:

$$\sigma = \frac{N}{A} + \frac{M_y}{I_y} \cdot z = -\frac{17,2}{59,4} + \frac{3850}{12\,624} \cdot \left(-\frac{29,9}{2}\right) = -4,85 \text{ kN/cm}^2$$

$$\tau_{w,z} = \frac{V_z}{A_z} = \frac{1,7}{23,9} = 0,07 \text{ kN/cm}^2$$

$$\sigma_{w,Ed} = \sqrt{\sigma_w^2 + \tau_{w,y}^2 + \tau_{w,z}^2} = \sqrt{4,85^2 + 0,07^2} = 4,85 \text{ kN/cm}^2 \leq f_{fi,vw,d} = 9,31 \text{ kN/cm}^2$$

13 Tabellen

Tabelle 13.1 Grenzabscherkräfte $F_{v,Rd}$ je Schraube und Scherfuge in kN

Lage der Scherfuge	Festigkeitsklasse	Schraubengröße							
		M12	**M16**	**M20**	**M22**	**M24**	**M27**	**M30**	**M36**
rohe Schrauben – Scherfuge im Schaft	4.6	21,7	38,6	60,3	73,0	86,8	110	136	195
	5.6	27,1	48,2	75,4	91	108	138	170	244
	8.8	43,4	77,2	121	146	174	220	271	391
	10.9	54,2	96,5	151	182	217	275	339	489
rohe Schrauben und Passschrauben – Scherfuge im Gewinde	4.6	16,2	30,1	47,0	58,2	67,8	88	108	157
	5.6	20,2	37,7	58,8	72,7	84,7	110	135	196
	8.8	32,4	60,3	94	116	136	176	215	314
	10.9	33,7	62,8	98,0	121	141	184	224	327
Passschrauben – Scherfuge im Schaft	4.6	25,5	43,6	66,4	79,7	94	118	145	206
	5.6	31,9	54,5	83,0	100	118	148	181	258
	8.8	51,0	87,2	133	159	189	237	290	413
	10.9	63,7	109	166	199	236	296	362	516

Tabelle 13.2 Grenzzugkräfte $F_{t,Rd}$ je Schraube in kN

Schraubenart	Festigkeitsklasse	Schraubengröße							
		M12	**M16**	**M20**	**M22**	**M24**	**M27**	**M30**	**M36**
Senkschrauben	4.6	17,0	31,7	49,4	61,1	71,2	92,5	113	165
	5.6	21,2	39,6	61,7	76,4	89,0	116	141	206
	8.8	34,0	63,3	98,8	122	142	185	226	329
	10.9	42,5	79,1	124	153	178	231	283	412
alle Schrauben (außer Senkschrauben)	4.6	24,3	45,2	70,6	87,3	102	132	162	235
	5.6	30,3	56,5	88,2	109	127	165	202	294
	8.8	48,6	90,4	141	175	203	264	323	471
	10.9	60,7	113	176	218	254	331	404	588

Tabelle 13.3 Grenzdurchstanzkräfte $B_{p,Rd}$ je Schraube in kN bezogen auf die Blechdicke $t = 10$ mm

Schraubenart	Stahlgüte	Schraubengröße							
		M12	**M16**	**M20**	**M22**	**M24**	**M27**	**M30**	**M36**
Sechskantschrauben nach DIN 7990 und DIN 7968	S 235	103	136	171	194	205	234	263	314
	S 275	123	163	204	231	245	280	314	375
	S 355	140	185	233	263	279	319	358	428
HV-Schrauben nach DIN EN 14399-4 und DIN EN 14399-8	S 235	125	154	182	205	234	263	286	343
	S 275	149	183	217	245	280	314	342	410
	S 355	170	209	248	279	319	358	389	467

Tabelle 13.4
Grenzlochleibungskräfte für Scher-Lochleibungsverbindungen in kN mit normalem Lochspiel bezogen auf die Blechdicke $t = 10$ mm, Werkstoff S 235 mit $3 \text{ mm} \leq t \leq 40$ mm Voraussetzung: $e_2 \geq 1{,}5 \cdot d_0$ und $p_2 \geq 3 \cdot d_0$ gültig ab Festigkeitsklasse 4.6; Werkstoff S 355 gültig ab Festigkeitsklasse 5.6: Tafelwerte mal 1,36

Δ*d*	p_1 mm	Schraubengröße							
		M12	**M16**	**M20**	**M22**	**M24**	**M27**	**M30**	**M36**
	30	44,9							
	35	55,9				↓ bei größeren Abständen gleicher Wert			
	40	67,0	56,5						
	45	78,1	67,2						
	50	86,4	77,9	73,1					
	55	↓	88,5	84,0	81,4				
	60		99,2	94,9	92,4	89,7			
	65		110	106	103	101			
	70		115	117	114	112	103		
	75		↓	128	125	123	113	110	
Loch-abstand p_1	80			139	136	134	124	121	
	85			144	147	145	135	132	
	90			↓	158	156	146	142	135
	95				↓	167	157	153	146
	100					173	167	164	157
	105					↓	178	175	168
	110						189	186	179
	115						194	197	190
	120						↓	208	201
	125							216	212
	130							↓	223
	135								234
Δ*d*	e_1 mm	Schraubengröße							
		M12	**M16**	**M20**	**M22**	**M24**	**M27**	**M30**	**M36**
	20	44,3							
	25	55,4	53,3						
	30	66,5	64,0	65,5	66,0				
	35	77,5	74,7	76,4	77,0	77,5			
	40	86,4	85,3	87,3	88,0	88,6	86.4	87,3	
	45	↓	96,0	98,2	99,0	99,7	97,2	98,2	
	50		107	109	110	111	108	109	111
	55		115	120	121	122	119	120	122
Rand-abstand e_1	60		↓	131	132	133	130	131	133
	65			142	143	144	140	142	144
	70			144	154	155	151	153	155
	75			↓	158	166	162	164	166
	80				↓	173	173	175	177
	85					↓	184	186	188
	90						194	196	199
	95						↓	207	211
	100							216	222
	105							↓	233
	110								244

Tabelle 13.5
Grenzlochleibungskräfte für Verbindungen mit Passschrauben in kN bezogen auf die Blechdicke t = 10 mm, Werkstoff S 235 mit 3 mm $\leq t \leq$ 40 mm
Voraussetzung: $e_2 \geq 1{,}5 \cdot d_0$ und $p_2 \geq 3 \cdot d_0$; gültig ab Festigkeitsklasse 4.6;
Werkstoff S 355 gültig ab Festigkeitsklasse 5.6: Tafelwerte mal 1,36

Δd = 0 mm	p_1 mm	Schraubengröße							
		M12	**M16**	**M20**	**M22**	**M24**	**M27**	**M30**	**M36**
	30	48,6							
	35	60,6				↓ bei größeren Abständen gleicher Wert			
	40	72,6	65,4						
	45	84,6	77,4						
	50	93,6	89,4	82,2					
	55	↓	101	94,2	90,6	87,0			
	60		113	106	103	99,0			
	65		122	118	115	111	106		
	70		↓	130	127	123	118	112	
	75			142	139	135	130	124	
Loch-abstand p_1	80			151	151	147	142	136	
	85			↓	163	159	154	148	137
	90				166	171	166	160	149
	95				↓	180	178	172	161
	100					↓	190	184	173
	105						202	196	185
	110						↓	208	197
	115							220	209
	120							223	221
	125							↓	233
	130								245
	135								257

Δd = 0 mm	e_1 mm	Schraubengröße							
		M12	**M16**	**M20**	**M22**	**M24**	**M27**	**M30**	**M36**
	20	48,0							
	25	60,0	60,0						
	30	72,0	72,0	72,0	72,0	72,0			
	35	84,0	84,0	84,0	84,0	84,0	84,0		
	40	93,6	96,0	96,0	96,0	96,0	96,0	96,0	
	45	↓	108	108	108	108	108	108	108
	50		120	120	120	120	120	120	120
	55		122	132	132	132	132	132	132
	60		↓	144	144	144	144	144	144
Rand-abstand e_1	65			151	156	156	156	156	156
	70			↓	166	168	168	168	168
	75				↓	180	180	180	180
	80					↓	192	192	192
	85						202	204	204
	90						↓	216	216
	95							223	228
	100							↓	240
	105								252
	110								264

Tabelle 13.6
Abmessungen nach [52] und für querkraftbeanspruchte Stirnplattenanschlüsse

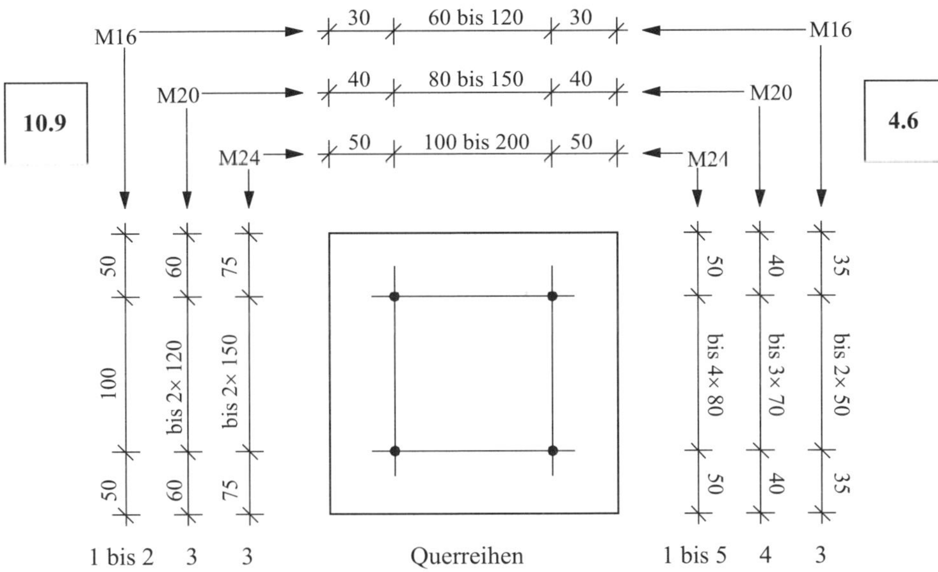

M16 und M20 t =10 mm
M24 t =12 mm

alle Platten t =10 mm

Tabelle 13.7
Abmessungen nach [52] für Winkelanschlüsse mit Schrauben 4.6

Schrauben	gleichschenklige Winkel	ungleichschenklige Winkel
M16 4.6	L 90 × 9 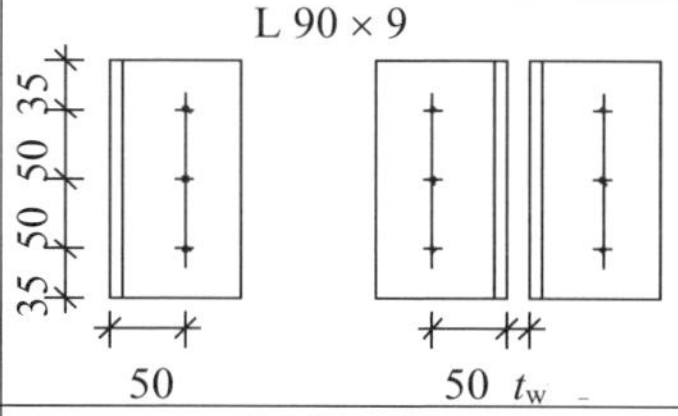 $m = 2$ $m = 3$	L 150 × 75 × 9 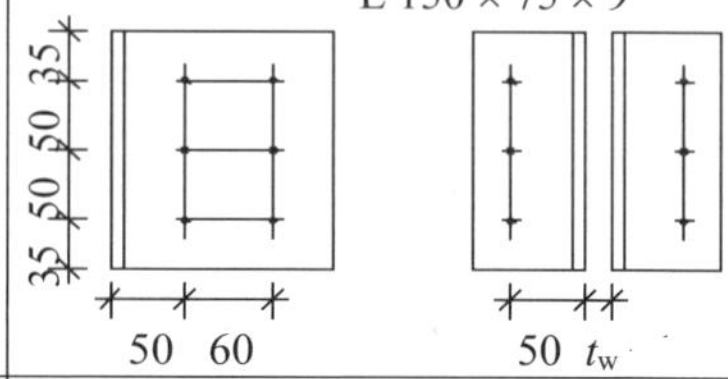 $m = 1$ $m = 2$ $m = 3$
M20 4.6	L 100 × 12 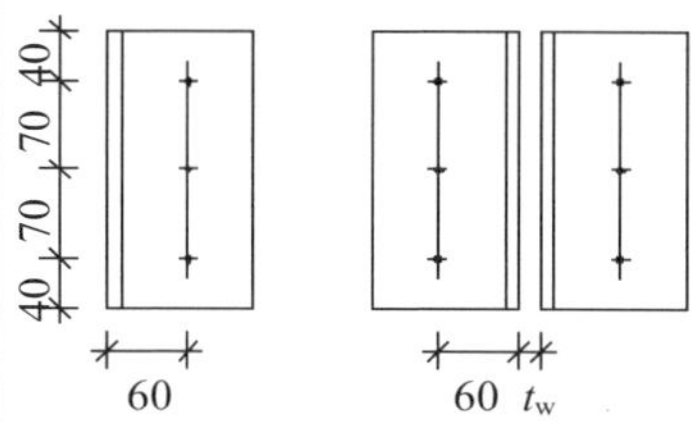 $m = 2$ $m = 3$ $m = 4$	L 180 × 90 × 12 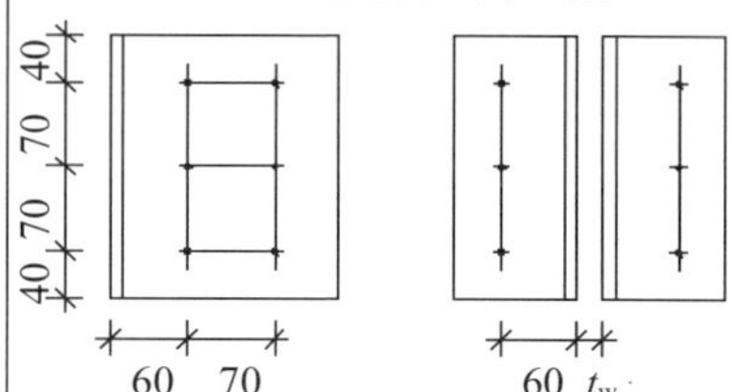 $m = 1$ $m = 2$ $m = 3$ $m = 4$
M24 4.6	L 120 × 12 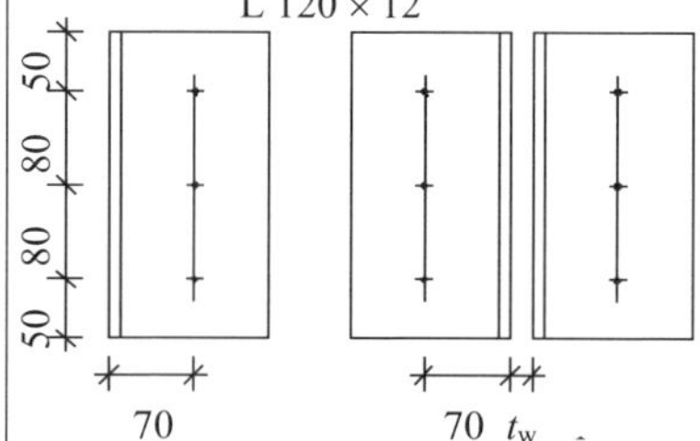 $m = 2$ $m = 3$ $m = 4$ $m = 5$	L 200 × 100 × 12 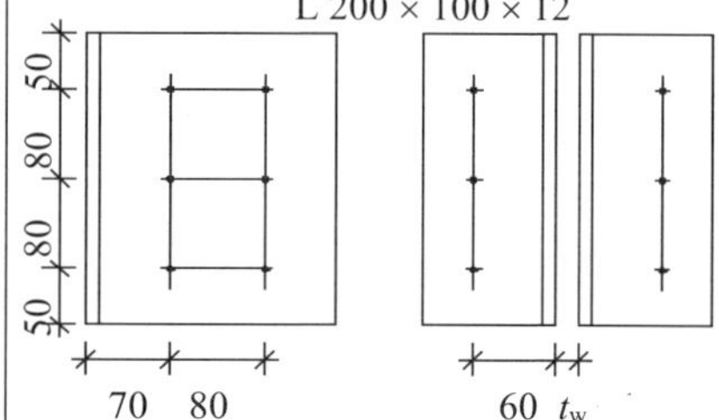 $m = 1$ $m = 2$ $m = 3$ $m = 4$ $m = 5$

m Anzahl der Querreihen

Tabelle 13.8
Abmessungen nach [52] für Winkelanschlüsse mit Schrauben 10.9

Schrauben	gleichschenklige Winkel	gleichschenklige Winkel
M16 10.9	Winkel: L 90x9 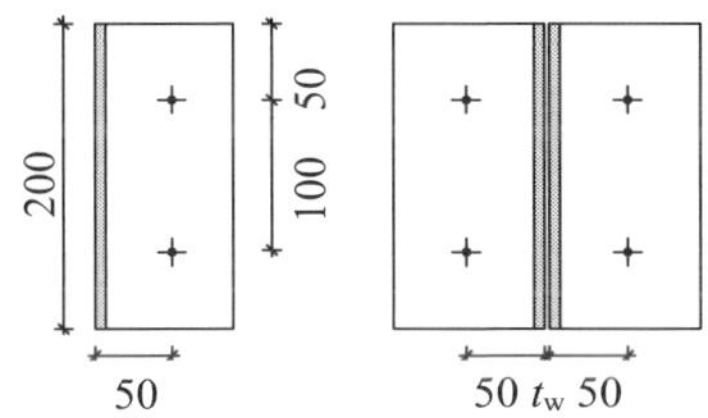 	
M20 10.9	Winkel: L 100x12 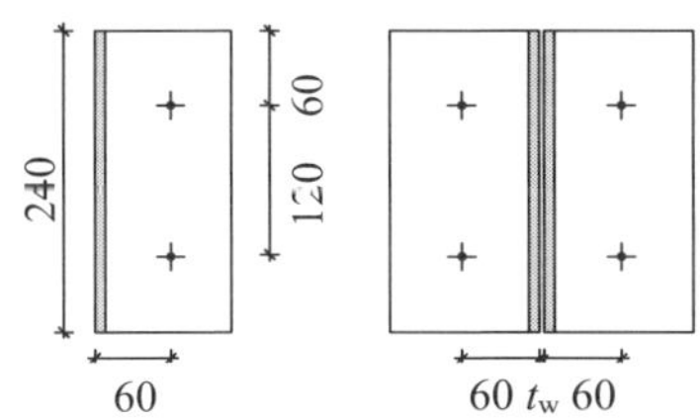 	Winkel: L 120x12 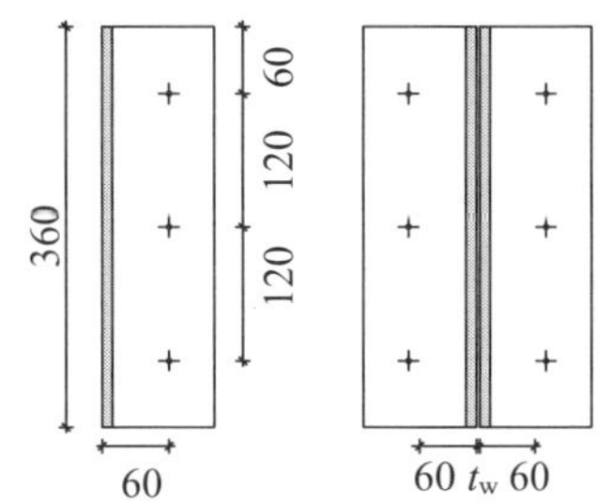
M24 10.9	Winkel: L 120x12 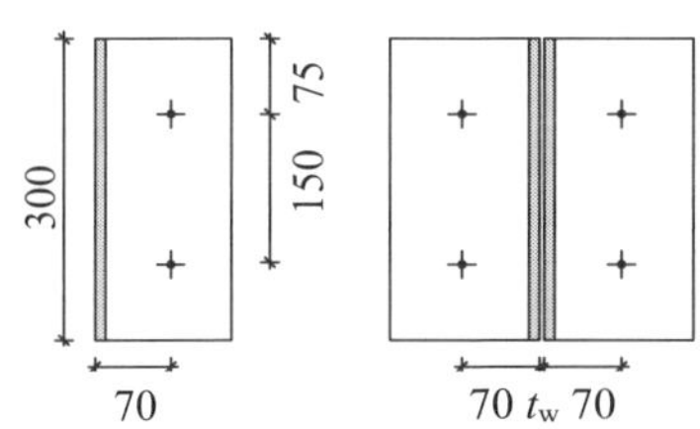 	Winkel: L 120x12 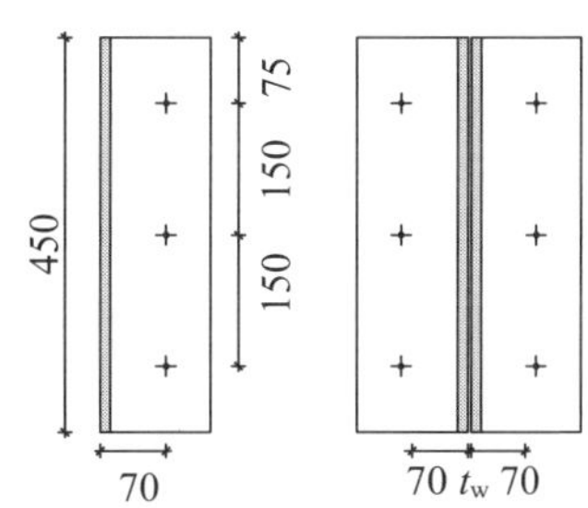

14 Literaturverzeichnis

14.1 Normen

[C1] DIN EN 1993-1-1:2010-12, Eurocode 3: Bemessung und Konstruktion von Stahlbauten –
Teil 1-1: Allgemeine Bemessungsregeln und Regeln für den Hochbau

[C2] DIN EN 1993-1-1/NA:2018-12, Nationaler Anhang – National festgelegte Parameter – Eurocode 3: Bemessung und Konstruktion von Stahlbauten –
Teil 1-1: Allgemeine Bemessungsregeln und Regeln für den Hochbau

[C3] DIN EN 1993-1-5:2019-10, Eurocode 3: Bemessung und Konstruktion von Stahlbauten –
Teil 1-5: Plattenförmige Bauteile

[C4] DIN EN 1993-1-5/NA:2018-11, Nationaler Anhang – National festgelegte Parameter – Eurocode 3: Bemessung und Konstruktion von Stahlbauten –
Teil 1-5: Plattenförmige Bauteile

[C5] DIN EN 1993-1-8:2010-12, Eurocode 3: Bemessung und Konstruktion von Stahlbauten –
Teil 1-8: Bemessung von Anschlüssen

[C6] DIN EN 1993-1-8/NA:2020-11, Nationaler Anhang – National festgelegte Parameter – Eurocode 3: Bemessung und Konstruktion von Stahlbauten –
Teil 1-8: Bemessung von Anschlüssen

[C7] DIN EN 1993-1-9:2010-12, Eurocode 3: Bemessung und Konstruktion von Stahlbauten –
Teil 1-9: Ermüdung

[C8] DIN EN 1993-1-9/NA:2010-12, Nationaler Anhang – National festgelegte Parameter – Eurocode 3: Bemessung und Konstruktion von Stahlbauten –
Teil 1-9: Ermüdung

[C9] DIN EN 1993-1-10:2010-12, Eurocode 3: Bemessung und Konstruktion von Stahlbauten –
Teil 1-10: Stahlsortenauswahl im Hinblick auf Bruchzähigkeit und Eigenschaften in Dickenrichtung

[C10] DIN EN 1993-1-10/NA:2016-04, Nationaler Anhang – National festgelegte Parameter – Eurocode 3: Bemessung und Konstruktion von Stahlbauten –
Teil 1-10: Stahlsortenauswahl im Hinblick auf Bruchzähigkeit und Eigenschaften in Dickenrichtung

[C11] DIN EN 1993-1-11:2010-12, Eurocode 3: Bemessung und Konstruktion von Stahlbauten –
Teil 1-11: Bemessung und Konstruktion von Tragwerken mit stählernen Zugelementen

[C12] DIN EN 1993-1-11/NA:2010-12, Nationaler Anhang – National festgelegte Parameter – Eurocode 3: Bemessung und Konstruktion von Stahlbauten –
Teil 1-11; Bemessung und Konstruktion von Tragwerken mit stählernen Zugelementen

[C13] DIN EN 1993-6:2010-12, Eurocode 3: Bemessung und Konstruktion von Stahlbauten –
Teil 6: Kranbahnen

[C14] DIN EN 1993-6/NA:2017-11, Nationaler Anhang – National festgelegte Parameter – Eurocode 3: Bemessung und Konstruktion von Stahlbauten – Teil 6: Kranbahnen

[C15] DIN EN 1990:2010-12, Eurocode: Grundlagen der Tragwerksplanung

[C16] DIN EN 1990/NA:2010-12, Nationaler Anhang – National festgelegte Parameter – Eurocode: Grundlagen der Tragwerksplanung

[C17] DIN EN 1991-1-1:2010-12, Eurocode 1: Einwirkungen auf Tragwerke –
Teil 1-1: Allgemeine Einwirkungen auf Tragwerke – Wichten, Eigengewicht und Nutzlasten im Hochbau

[C18] DIN EN 1991-1-1/NA:2010-12, Nationaler Anhang – National festgelegte Parameter – Eurocode 1: Einwirkungen auf Tragwerke
Teil 1-1: Allgemeine Einwirkungen – Wichten, Eigengewicht und Nutzlasten im Hochbau

[C19] DIN EN 1991-1-2:2010-12, Eurocode 1: Einwirkungen auf Tragwerke –
Teil 1-2: Allgemeine Einwirkungen – Brandeinwirkungen auf Tragwerke

[C20] DIN EN 1991-1-2/NA:2015-09, Nationaler Anhang – National festgelegte Parameter –Eurocode 1: Einwirkungen auf Tragwerke –
Teil 1-2: Allgemeine Einwirkungen – Brandeinwirkungen auf Tragwerke

[C21] DIN EN 1991-1-3:2010-12, Eurocode 1: Einwirkungen auf Tragwerke –
Teil 1-3: Allgemeine Einwirkungen – Schneelasten

[C22] DIN EN 1991-1-3/NA:2019-04, Nationaler Anhang – National festgelegte Parameter –Eurocode 1: Einwirkungen auf Tragwerke –
Teil 1-3: Allgemeine Einwirkungen – Schneelasten

[C23] DIN EN 1991-1-4:2010-12, Eurocode 1: Einwirkungen auf Tragwerke –
Teil 1-4: Allgemeine Einwirkungen – Windlasten

[C24] DIN EN 1991-1-4/NA:2010-12, Nationaler Anhang – National festgelegte Parameter – Eurocode 1: Einwirkungen auf Tragwerke –
Teil 1-4: Allgemeine Einwirkungen – Windlasten

[C25] DIN EN 1992-1-1:2011-01, Bemessung und Konstruktion von Stahlbeton- und Spannbetontragwerken – Teil 1-1: Allgemeine Bemessungsregeln und Regeln für den Hochbau

14.2 Literatur

[1] Roik, K. (1983): Vorlesungen über Stahlbau, 2. Auflage, Berlin, Verlag Ernst & Sohn

[2] Petersen, Ch. (1993): Stahlbau, 3. Auflage, Braunschweig/Wiesbaden, Verlag Vieweg & Sohn

[3] Wagenknecht, G. (2014): Stahlbau-Praxis nach Eurocode 3, Band 1, Tragwerksplanung, Grundlagen, 5. Auflage, Berlin, Bauwerk Beuth Verlag

[4] Lohse, W. (2002): Stahlbau 1, 24. Auflage, B.G. Teubner

[5] Lohse, W. (2005): Stahlbau Teil 2, 20. Auflage, Stuttgart/Leipzig, B.G. Teubner

[6] Kindmann, R./Stracke, M. (1993): Verbindungen im Stahl- und Verbundbau, Berlin, Verlag Ernst & Sohn

[7] Kindmann, R./Krüger, U. (2013): Stahlbau Teil 1 – Grundlagen, mit Beispielen nach Eurocode 3, Berlin, Verlag Ernst & Sohn

[8] Kindmann, R. (2008): Stahlbau Teil 2: Stabilität und Theorie II. Ordnung, Berlin, Verlag Ernst & Sohn

[9] Kahlmeyer, E./Hebestreit, K./Vogt, W. (2008): Stahlbau nach DIN 18 800 (11.90), 5. Auflage, Werner Verlag

[10] Holschemacher, K. (Hrsg), (2013): Entwurfs- und Berechnungstafeln für Bauingenieure, 6. Auflage, Berlin, Bauwerk Beuth Verlag

[11] DIN 18800 Teil 1, (Nov. 2008), Stahlbauten; Bemessung und Konstruktion

[12] Fügetechnik und Schweißtechnik (1995): 5. überarbeitete und erweiterte Auflage, Düsseldorf, Deutscher Verlag für Schweißtechnik

[13] Adam, V./Zhang, X. (1994): Eine praktische Bemessungsmethode für ausgeschnittene Knotenbleche zum Anschluss von I-Profilen , Stahlbau 63, S. 49–58

[14] Lange, J./Friemann, H./Suppes A. (2002): Tragverhalten und Optimierung von ausgeschnittenen Knotenblechen, Stahlbau 69, S. 112–123

[15] DSTV-Ringbuch (1979): DASt, Typisierte Verbindungen im Stahlhochbau, 1. Ergänzung 1984, Köln, Stahlbau-Verlagsgesellschaft

[16] Oberegge, O./Hockelmann, H.-P./Dorsch, L. (1997): Bemessungshilfen für profilorientiertes Konstruieren, 3. Auflage, Köln, Stahlbau-Verlagsgesellschaft

[17] Sedlacek, G./Weynand, K./Oerder, S. (2000): Typisierte Anschlüsse im Stahlhochbau, 1. Auflage, Köln, Stahlbau-Verlagsgesellschaft
Sedlacek, G./Weynand, K./Kinkhammer, R. (2002): Typisierte Anschlüsse im Stahlhochbau, Band 2, 2. Auflage, Köln, Stahlbau-Verlagsgesellschaft

[18] CESTRUCO project (2003): CD-Rom „Structural Connections according to Eurocode 3 – Frequently Asked Questions, Czech Technical University in Prague, www.fsv.cvut.cz/cestruco

[19] Tschemmernegg, F./Huber, G./Huter M./Rubin, D. (1997): Komponentenmethode und Komponentenversuche zur Entwicklung von Baukonstruktionen in Mischbauweise, Stahlbau 66, S. 624–638

[20] Schween, T. (1997): Zum Verhalten von Zweigelenkrahmen mit nachgiebigen, teiltragfähigen Knoten, Bauingenieur 72, S. 405–408

[21] Weynand, K./Feldmann, M./Sedlacek G. (1997): Nachgiebige Anschlüsse im Stahlbau: Modell nach Eurocode 3, Sicherheits- und Wirtschaftlichkeituntersuchungen, Stahlbau 66, S. 770–781

[22] Unterweger, H./Greiner, R. (2004): Zur Rotationssteifigkeit standardisierter geschraubter Stirnplattenverbindungen nach Eurocode, Stahlbau 63, S. 151–159

[23] Czerwenka, G./Schnell, W. (1967): Einführung in die Rechenmethoden des Leichtbaus I, Bibliographisches Institut, Mannheim

[24] Ungermann, D./Weynand, K./Jaspart, J.P./Schmidt, Björn (2005): Momententragfähige Anschlüsse mit und ohne Steifen. In: Kuhlmann, U. (Hrsg.): Stahlbau-Kalender 2005, S. 599–670, Berlin, Verlag Ernst & Sohn

[25] Wagenknecht. G. (2007): Tragwerke mit verformbaren Verbindungen – Einfluss der Vorspannung von planmäßig vorgespannten Stirnplattenverbindungen. In: Matthias Kraus (Hrsg.): Festschrift Rolf Kindmann. S. 1–30, Aachen, Shaker Verlag

[26] Wagenknecht, G. (2008): Influence of preloaded bolts on constructions with semi-rigid connections. In: EUROSTEEL 2008, 5th European Conference on Steel and Composite Structures, ECCS European Convention for Constructional Steelwork, S. 519–524

[27] Stiglat/Wippel (1983): Platten, Berlin, Verlag Ernst & Sohn

[28] Hahn, J. (1985): Durchlaufträger, Rahmen, Platten und Balken auf elastischer Bettung, 14. überarbeitete Auflage, Düsseldorf, Werner Verlag

[29] Oberegge, O.: in Schneider Bautabellen für Ingenieure, 18. Auflage, S. 8.33, Werner Verlag

[30] Bär, A. (1980): Die Einspannung von Stahlprofilen in Stahlbetonbauteile. Bautechnik 57, S. 82–88

[31] Bär, A. (1999): Bemessungsvorschlag für in Stahlbetonköcher eingespannte I-Profile. Bautechnik 76, H. 12, S. 1083–1088

[32] Mang, F./Koch, E./Stiglat, K./Seiler, J. (2002): In Betonfundamente eingespannte Stahlstützen aus I-Profilen. Stahlbau 71, S. 653–660

[33] Kindmann, R./Laumann, J. (2005): Erforderliche Einspanntiefe von Stahlstützen in Betonfundamenten. Stahlbau 74, S. 564–579

[34] Haibach E. (1989): Betriebsfestigkeit, Verfahren und Daten zur Beurteilung, Düsseldorf, VDI-Verlag

[35] Haibach E. (1970): Modifizierte lineare Schadensakkumulations-Hyphothese zur Berücksichtigung des Dauerfestigkeitsabfalls mit fortschreitender Schädigung, Technische Mitteilungen des Laboratoriums für Betriebsfestigkeit, Darmstadt, TM Nr. 50/70

[36] Radaj, D. (2003): Ermüdungsfestigkeit, Grundlagen für Leichtbau, Maschinen- und Stahlbau, Springer Verlag

[37] Lindner, J./Scheer, J./Schmidt, H. (1993): Stahlbauten – Erläuterungen zu DIN 18 800 Teil 1 bis Teil 4, 3. Auflage, Berlin/Köln, Beuth Verlag, Berlin, Verlag Ernst & Sohn

[38] Klöppel, K./Scheer, J. (1960): Beulwerte ausgesteifter Rechteckplatten, Berlin, Verlag Ernst & Sohn

[39] Klöppel, K./Möller, K.H. (1968): Beulwerte ausgesteifter Rechteckplatten, II. Band, Berlin, Verlag Ernst & Sohn

[40] Kindmann, R./Wöllhardt, J. (2012): Programm Beulen – FE-Programm, Version 04/13, Lehrstuhl für Stahl- und Verbundbau, Ruhr-Universität Bochum

[41] Braun, B./Kuhlmann, U. (2009): Bemessung und Konstruktion von aus Blechen zusammengesetzten Bauteilen nach DIN EN 1993-1-5, in Stahlbaukalender 2009, in: Kuhlmann, U. (Hrsg.): Stahlbau-Kalender 2009, Berlin, Verlag Ernst & Sohn

[42] Beg, D./Kuhlmann, U./Davaine L./Braun, B. (2010): Design of Plated Structures, Eurocode 3: Design of steel structures, Part 1–5: Design of plated structures, Berlin, Verlag Ernst & Sohn

[43] EBPlate, Version 2.01, Centre Technique Industrial de la Construction Metallique (CTICM), www.cticm.com

[44] Kuhlmann, U./Zizza, A./Braun, B. (2012): Stahlbaunormen, DIN EN 1993-1-5: Bemessung und Konstruktion von Stahlbauten – Plattenförmige Bauteile, in: Kuhlmann, U. (Hrsg.): Stahlbau-Kalender 2012, Berlin, Verlag Ernst & Sohn

[45] Unterweger, H./Kettler, M. (2013): Plattenbeulen nach Eurocode EN 1993-1-5 und Vergleich mit den (alten) nationalen Normen DIN bzw. ÖNORM, Tagungsband 35. Stahlbauseminar 2013 der Akademie der Hochschule Biberach in Neu-Ulm und Wien

[46] Mensinger, M./Stadler, M. (2009): Aktualisierte Diagramme zur Bemessung von Stahlkonstruktionen für den Brandfall nach Eurocode 3, Stahlbau 78, S. 253–258

[47] Kindmann, R./Krahwinkel, M. (2012): Stahl- und Verbundkonstruktionen, Entwurf, Konstruktion und Berechnungsbeispiele, 2. Auflage, Wiesbaden, Verlag Springer Vieweg

[48] Lebeda, C. (2013): Baulicher Brandschutz, Nationale und Europäische Normung, Planungsrecht, Praxisbeispiele, 3. Auflage, Berlin, Bauwerk Beuth Verlag

[49] Wagenknecht, G. (2017): Stahlbau-Praxis nach Eurocode 3, Mit Berechnungsbeispielen, Band 3, Komponentenmethode, Grundlagen, Bemessungstabellen für biegesteife Stirnplattenanschlüsse nach DASt, 2. Auflage, Berlin, Bauwerk Beuth Verlag

[50] Hillebrecht, V./Rubert, A./Strutzke, M. (2012): b/t-Interaktionsdiagramme zum vereinfachten Beulsicherheitsnachweis nach DIN EN 1993-1-5 für Platten aller Baustahlsorten. Stahlbau 81, S. 358–365

[51] Merkblatt 322 (2012): Geschraubte Verbindungen im Stahlbau, Stahl-Informations-Zentrum, Düsseldorf

[52] Weynand, K./Oerder, R. (2013): Typisierte Anschlüsse im Stahlhochbau nach DIN EN1993-1-8, Köln, Stahlbau Verlags- und Service GmbH, Düsseldorf

[53] Jaspart. J.-P./Demonceau, J.-F./Renkin, S./Guillaume, M.L. (2009): European Recommodations for The Design of Simple Joints in Steel Structures – Eurocode 3: Design of Simple Joints in Steel Structures, Part 1-8, ECCS Technical Committee 10 – Structural Connections, ECCS Publication No 126

[54] Jaspart. J.-P./Weynand, K. (2016): Design of Joints in Steel and Composite Structures, Eurocode 3 – Design of steel structures , Part 1-8 – Design of joints, Eurocode 4 – Design of composite steel and concrete structures, Part 1-1 – General rules und rules for buildings, ECCS Eurocode Design Manual of Joints, Berlin, Verlag Wilhelm Ernst & Sohn

[55] Bauforumstahl (Hrsg.), Ungermann, D./Puthli, R./Ummenhofer, Th./Weynand, K. (2015): Eurocode 3, Bemessung und Konstruktion von Stahlbauten, Band 2: Anschlüsse, DIN EN 1993-1-8 mit Nationalem Anhang, Kommentar und Beispiele, Berlin, Verlag Wilhelm Ernst & Sohn und Beuth Verlag

15 Stichwörterverzeichnis

Anfangsrotationssteifigkeit 4
Anschlussblech 161
Anschlusswinkel 151, 154
Auflagerpressung 246, 250, 255
Ausgeschnittene Knotenbleche 99
Ausgesteifte Fußplatten 258, 291
Ausklinkung 150, 155, 159
Ausreißen 151, 159, 187

Beanspr. einer Schweißnaht 54
Betriebsfestigkeitsnachweis 303, 307
Bettungsmodul 247, 249
Beulfeld 328, 336, 342
Beulsicherheitsnachweis 326, 340, 353
Beulsteifen 336
Beulwert 124, 328, 334, 335, 342, 344
Biegesteife Stöße 195
Biegesteifer Anschluss 66, 75, 78, 223, 228
Brandschutz im Stahlbau 386
Bündige Platte 222, 260, 285

Dauerfestigkeit 309, 211
Dauerfestigkeitsdiagramm 313
Deckenträger 139, 158
Doppelwinkelanschluss 149, 150
Druckschwellbeanspruchung 284
Dünnwandiges Rohr 68, 78

Elastische Bettung 246
Ermüdung 15, 131, 307, 311
Ermüdungsfestigkeitskurve 317
Ermüdungsnachweis 316, 318, 321
Exzentr. Knotenausbildung 304

Fachwerk 296
Fachwerkknoten 299
Fast bündige Platte 262, 263
Festigkeitsklasse 1, 5, 9
Firststoß 199
Flankenkehlnähte 72, 87, 96, 107
Fließmuster 208
Fußeinspannung 268
Fußplatte 245, 250, 255, 258, 263, 265
Fußriegel 84, 269
Fußriegeleinspannung 269
Fußträger 230, 270, 276
Futterplatten 227

Gekreuzte Zugdiagonalen 109, 298
Gelenkige Anschlüsse 139
Geschlitztes Stabende 87, 94
Geschraubter Anschluss 226
Geschraubter Stoß 195, 238
Geschweißter Anschluss 84, 106, 224
Geschweißter Stoß 195
Gewinde 4
Grenzabscherkraft 2, 18, 19, 45,173, 428
Grenzbeulspannungen 339, 353
Grenzgleitkraft 3
Grenzlochleibungskraft 2, 12, 20, 22, 430
Grenzpressung 245
Grenzschweißnahtspannungen 59
Grenzzugkraft 3, 16, 23, 201, 428

Hochfeste Schrauben 5, 11, 86

Kehlnaht 54, 55, 57, 58, 61, 72, 87, 265
Kerbfälle 310
Klassifizierung 324
Knaggenauflager 133
Knicklängen 305
Knickstabähnliches Verhalten 345
Knotenblechanschluss 88, 91, 115
Knotenblechnachweis 96
Köcherfundament 278
Kollektivbeiwert 324
Konstruktive Ergänzung 95
Kragplatte 250, 256

Längssteife 125, 337, 341, 345, 376
Laschenstoß 29, 40, 195, 196, 214
Lastangriff an Platten 128, 135
Lebensdauer 307, 311, 314, 324
Linienquerschnitt 62
Lochspiel 5, 8, 10

Mindeststeifigkeit 337
Mittelbarer Anschluss 95
Mittelspannung 308, 311, 316
Mittige Beanspruchung 31

Momentenbeanspruchung 31
Momententragfähigkeit 212
Montageanschlüsse 301

Nebenspannungen 303
Nennlochspiel 5, 8, 10, 22
Nennspannungskonzept 316

Passschrauben 5, 8, 428
Pfettenauflager 126, 163
Pfettenauflagerung 126
Plattenbeulen 321
Plattenbiegung 136, 256, 258
Plattentheorie 255, 260, 263, 264, 285
Polares Flächenmoment 26
Profilwahl 298
Punktequerschnitt 20, 25, 31, 34, 151, 217

Quadratisches Hohlprofil 263, 359
Quersteife 336, 339, 344, 348, 351

Radlasteinleitung 325
Rahmenecke 224, 225, 228, 236
Rand- und Lochabstände 11, 12, 20, 22
Randspannungsverhältnis 328, 334
Rechn. Schweißnahtdicke 60
Rechteckhohlprofil 67
Rechteckiges Hohlprofil 240
Rippen 121, 128, 137, 163, 291
Rippenlose Krafteinleitung 121, 134, 163
Rohe Schrauben 5, 434

Schadensäquivalent 321
Schädigungsberechnung 315, 318
Schädigungshypothese 316
Schaftquerschnitt 9, 14
Scherfuge 7, 18, 28, 434
Scherkräfte 265
Scher-Lochleibungsverbindung 8, 18, 435
Schraubenform 4
Schraubenverbindung 1, 2, 13, 14, 18
Schraubenwerkstoff 1
Schubdübel 85, 220, 266
Schubfeld 227, 234
Schweißnahtlänge 53, 55, 75, 85, 87, 96
Schweißverbindung 49, 52, 56
Schwingbreite 308, 309, 311, 313, 321
Sinnbilder für Schrauben 12
Spannungskollektiv 311
Spannungskollektivbeiwert 324
Spannungsquerschnitt 9
Sprödbruch 50
Stabanschlüsse 36, 86
Steifenkennwerte 352
Stirnkehlnähte 96
Stirnplattenanschluss 142, 158, 227, 238
Stirnplattenstoß 198, 200, 212, 238, 424
Stützenstoß 128, 135, 199
Systemwahl 296

Terrassenbrüche 50
Trägerauflager 163
Trägerflansch 211, 426
Trägersteg 123, 142, 212
Trägerstoß 199, 201, 218
Träger-Stützenanschluss 202, 224, 227
Trapezförmiges Schubfeld 230
T-Stummel 202, 209, 210, 219, 258, 274
Typisierte Anschlüsse 157

Verformungen 30, 96, 142, 223, 278, 349
Verschieblicher Rahmen 416
Verzweigungslast 329
Vorspannung 3, 5, 11, 14
Voute im Riegel 230

Wandriegel 139, 165
Wechselbeanspruchung 308
*Winter*kurve 339
Wirksame Gurtbreite 327, 341, 343, 352
*Wöhler*linie 309
*Wöhler*versuch 308, 313

Zementmörtelfuge 245
Zugfestigkeit 1, 22
Zugkräfte 267
Zugschwellbeanspruchung 308
Zugstabanschluss 36
Zweigelenkrahmen 227, 238, 416
Zwischenbiegung 106, 303, 306
Zwischenfachwerke 297